ECO—FRIEND
AUTOMOTIVE
ELECTRICAL
ELECTRONIC
SYSTEMS

친환경 자동차 전기·전자 시스템

구민사

저자약력

| 전석환

전기전자 공학박사
파주직업전문학교 학교장
정보통신고급기술자
직업능력개발훈련교사(전자기기일반/전자기기개발/전자부품개발/반도체디스플레이)
(現) 서정대학교 자동차과 전임교수

친환경 자동차 전기·전자 시스템

초판 인쇄 | 2023년 6월 23일
초판 발행 | 2023년 6월 30일
개정 1판 발행 | 2025년 12월 30일

| **저 자** | 전석환
| **발행인** | 조규백
| **발행처** | 도서출판 구민사
(07293) 서울특별시 영등포구 문래북로 116, 604호(문래동3가 46, 트리플렉스)
| **전 화** | (02) 701-7421
| **팩 스** | (02) 3273-9642
| **홈페이지** | www.kuhminsa.co.kr
| **신고번호** | 제 2012-000055호(1980년 2월 4일)
| **ISBN** | 979-11-6875-653-3 (93550)

| **정 가** | 29,000원

PREFACE

머리말

현대 산업사회에서 전기, 전자 기술은 공학 전반에 걸쳐 활용되기 때문에 전기, 전자 공학도는 물론 건설, 기계, 에너지, 자동차 등 전기와 융합되는 기술을 배우는 사람에게 전기, 전자 기술에 관한 이해와 습득이 필수적으로 요구되고 있다. 특히 전기 · 디지털 전자회로 분야는 모든 첨단산업에서 가장 중요한 전문분야로 인식되고 있다.

실제로 광범위한 전기, 전자공학을 심층 학습하는 것은 대단히 어렵지만 이 책에서는 필수적이고 기초적인 이론에 중점을 두어 자동차의 전기, 전자공학 및 센서의 기초를 습득하고자 하는 사람들이 쉽게 공부할 수 있도록 편찬하였다.

그간 교육 일선에서 전기 전자 기초 · 전자회로를 가르치며 이론과 실험에 도움이 될 수 있는 지침서의 필요성을 절감하여 이 책은 전문대학 또는 4년제 대학의 초급과정 전기, 전자공학 수업 교재로도 활동될 수 있을 뿐만 아니라 각종 전기 관련 국가기술 자격증 취득, 기술직 공무원 및 기업의 입사, 승진 시험에도 훌륭한 길라잡이가 될 수 있도록 본서를 준비하게 되었다.

본 책자는 자동차의 전기 · 전자 · 센서 시스템에 대하여 알고자 하는 모든 분들에게 필수 전문도서가 되도록 다음과 같이 자동차 전기 · 전자 · 센서 시스템에 꼭 필요한 구조와 원리를 집필하였다.

본 책자의 구성은 다음과 같다

chapter 01 기초 전기 · 전자

chapter 02 자동차 센서

chapter 03 자동차 배터리

chapter 04 시동장치

chapter 05 점화장치

chapter 06 충전장치

chapter 07 자동차 차체 전기장치

chapter 08 자동차 편의장치

본서를 통해 자동차 전기·전자 시스템을 공부하고자 하는 모든 분들에게 많은 도움이 되길 바라며 혹시 본 책자 중에 잘못된 내용이 있다면 여러분의 아낌없는 지적을 부탁드린다.

끝으로 이 책의 출판을 위해 적극적으로 도움주신 도서출판 구민사 조규백 대표님과 직원 여러분께 깊은 감사를 드린다.

저자 씀

CONTENTS

차례

Chapter 01
기초 전기 · 전자

Chapter 02

자동차 센서

Chapter 03

자동차 배터리

Chapter 04

시동장치

Chapter 05

점화장치

Chapter 06

충전장치

Chapter 07

자동차 차체 전기장치

Chapter

1

기초 전기 · 전자

1 전기 기초이론

1.1 물질의 구성

물질에 대한 일반적인 정의는 질량과 부피를 갖는 존재이다. 물질은 한 가지 물질(분자)로 이루어진 물질인 순물질(pure substance)과 섞어놓은 물질인 혼합물(mixture)로 분류된다. 물질을 구성하고 있는 작은 단위로 나누어보면 분자, 원자, 원자핵, 양성자·중성자, 소립자로 소립자에는 다시 매개입자와 렙톤, 쿼크 등이 있는데 이렇게 해서 "모든 물질은 쿼크와 렙톤으로 이루어졌다"고까지 말할 수 있게 되었다.

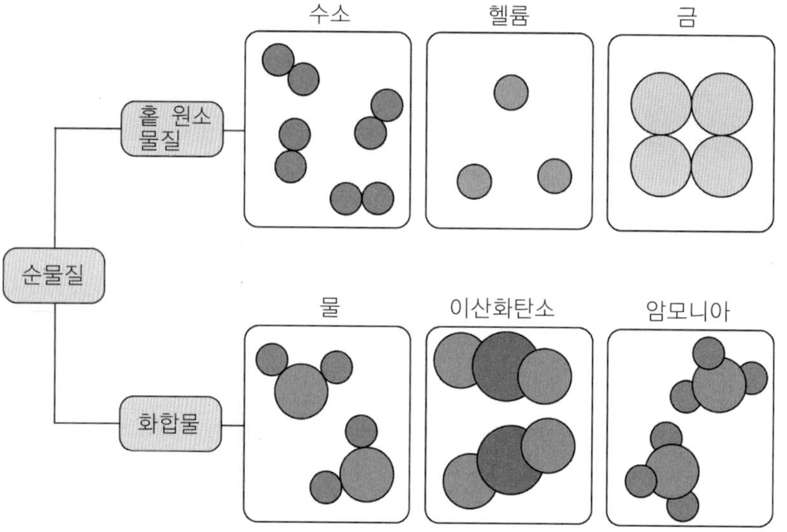

(a) 순물질

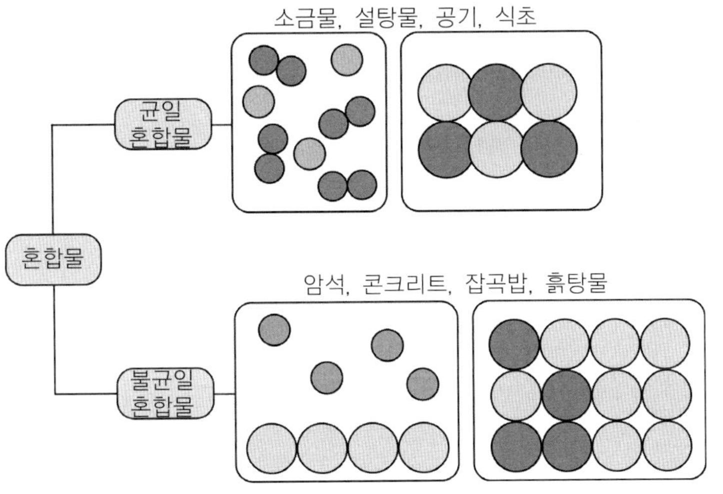

(b) 혼합물

「그림」 1-1. 물질의 분류

1.1.1 분자(molecule)

원자나 이온이 화학결합에 의하여 몇 개가 모여 그 물질의 특성을 가진 최소단위로서 미립자를 만드는 일이 있다. 이 경우에 그 미립자를 분자라고 한다. 분자는 일정한 질량·구조·원자조성을 가지며, 분자는 순수한 화합물에서 그 특징적인 조성과 화학적 성질을 유지시키는 가장 작은 입자이다. 분자는 수나 종류의 변화 없이 물이 고체·액체·기체로 상태 변화하는 것처럼 물리적 변화를 할 수도 있으나 화학반응을 통해 변형될 수도 있다. 분자의 크기는 보통 10^{-6}m 정도이다.

1.1.2 원자(atom)

화학원소로서의 특성을 잃지 않는 범위에서 도달할 수 있는 물질의 기본적인 최소 입자로 원자핵과 그 주위를 도는 전자로 이루어지며, 원자의 화학적 성질은 주로 전자 수에 따라 정해진다. 크기와 무게는 원자번호 순으로 증대한다. 원자의 크기는 보통 10^{-10}m 정도이다.

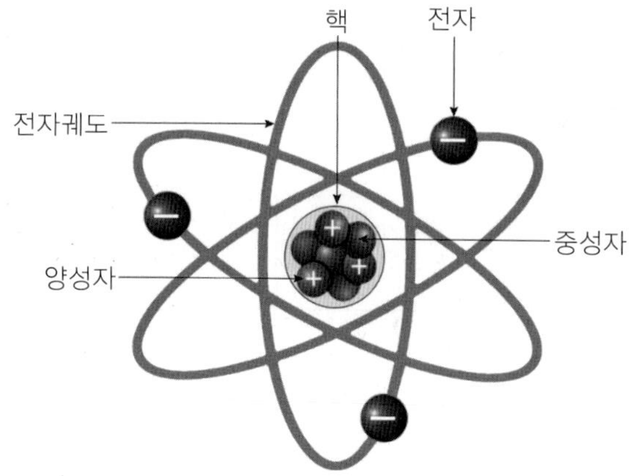

「그림」 1-2. 원자의 구조

1.1.3 원자핵(atomic nucleus)

원자핵은 원자 중심의 핵자(양성자와 중성자)와 중간자로 이루어진 작고 밀도가 높은 부분을 말한다. 원자핵의 크기는 보통 10^{-15}m 이다.

[1] 양성자(proton)

중성자(neutron)와 함께 원자핵을 구성하는 요소로 양자는 정의 전하를 가지기 때문에 원자핵은 정의 전기를 가지며, 부의 전기를 가진 궤도전자와의 사이에 인력이 작용해서 이것을 주위로 당겨서 원자를 구성하고 있다. 질량은 원자질량단위 amu로 1.007825amu로 전자의 약 1,840배이다. 양성자의 크기는 보통 10^{-18}m 이다.

[2] 중성자(neutron)

원자를 구성하는 입자 중 하나로 원자의 구성을 원자핵과 전자로 나누었을 때 양성자와 함께 원자핵을 형성하는 입자이다. 전기적으로 중성이며 질량은 양성자의 질량과 거의 유사하지만 정밀하게 본다면 조금 더 크고(양성자 질량 : 1.67262×10^{-27}kg vs 중성자 질량 : 1.67492×10^{-27}kg) 전자의 약 1,840배이다. 중성자의 크기는 보통 10^{-18}m 이다.

1.1.4 전자(electron)

음전하를 가지는 질량이 아주 작은 입자로 모든 물질의 구성요소이다. 일반적으로 e^-로 표시한다. 전자의 전하량은 기본전하량으로 모든 물질은 이 전하량의 정수배만큼의 전하량(1.6 × 10^{-19})을 갖는다. 원자핵의 주위를 원형 또는 타원형 궤도를 따라 빛의 1/10 정도의 속도로 운동한다.

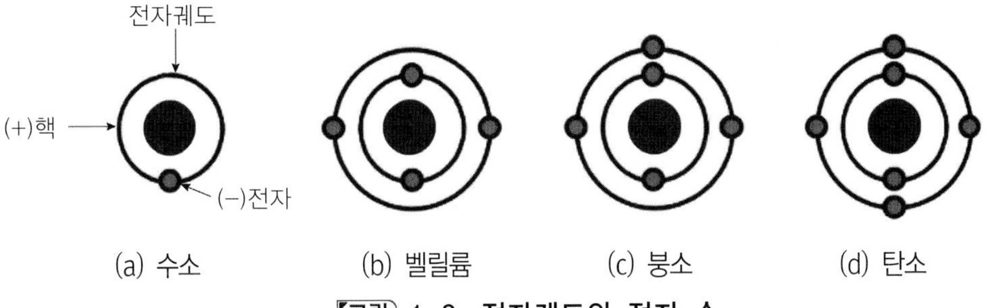

「그림」 1-3. 전자궤도와 전자 수

1.1.5 소립자

물질의 가장 기본적인 구성 요소로 물질을 세분해 가면 분자 → 원자 → 원자핵 → … 이라는 계열을 지나 소립자에 이른다. 많은 소립자들은 쿼크와 렙톤으로 구성되었다.

[1] 쿼크(quark)

현재 6종(種) 3류(類)가 있다고 가정되어 있다. 6종의 쿼크는 업(up) · 다운(down) · 스트레인지(strange) · 참(charm) · 보텀(bottom) · 톱(top)으로, 쿼크의 종은 향(flavor)으로, 유는 색(color)으로 각각 부르고 있다. 즉, 한 향은 3색을 가지고 있다. 양성자나 중성자는 3개의 쿼크로 이루어진다. 쿼크의 종류 중에서 가장 일반적인 것으로는 업 쿼크(up : 업 쿼크의 전하는 +2/3이다)와 다운 쿼크(down : 다운쿼크의 전하는 −1/3이다)다. 양성자는 업 쿼크 2개와 다운 쿼크 1개(전하 +1)의 결합으로 구성되며, 중성자는 다운 쿼크 2개와 업 쿼크 1개(전하 0)의 결합으로 구성된다고 보고 있다.

[2] 렙톤(lepton, 또는 경입자)

렙톤은 핵자(양성자와 중성자)보다 질량이 작아 경입자라고 하지만 τ 입자는 그 질량이 핵자의 2배정도 되므로, 경입자의 특징은 가볍다는 것이 아니라 강한 상호작용을 하지 않는다는 점에 있게 되어, 경입자라는 명칭보다는 약입자(弱粒子)라고 하는 편이 적절하다는 의견도 있다. 강한 상호작용을 하지 않는 소립자를 말하며, 그 특징은 전자기적 상호작용과 약한 상호작용만을 지니고 있다는 것이다.

렙톤에는 전자(electron), 전자중성미자(electron neutrino), 뮤(μ)-중간자(muon), 뮤(μ)-중성미자(muon neutrino) 및 타우(τ) 렙톤(tau), 타우(τ)-중성미자(tau neutrino)이 여섯 종류가 있다.

1.2 전기의 성질

일반적으로 원자궤도의 가장 바깥쪽 궤도에 있는 전자를 가전자라고 하며, 가전자의 수를 전자가라 하여 물질의 특성을 나타낸다. 바깥쪽 궤도의 전자는 원자핵으로부터 인력이 약하게 작용하므로 쉽게 궤도를 이탈하여 자유롭게 돌아다닐 수 있다. 이렇게 궤도를 이탈하는 전자를 자유전자라고 하며 물질의 전기적 성질을 결정하게 된다.

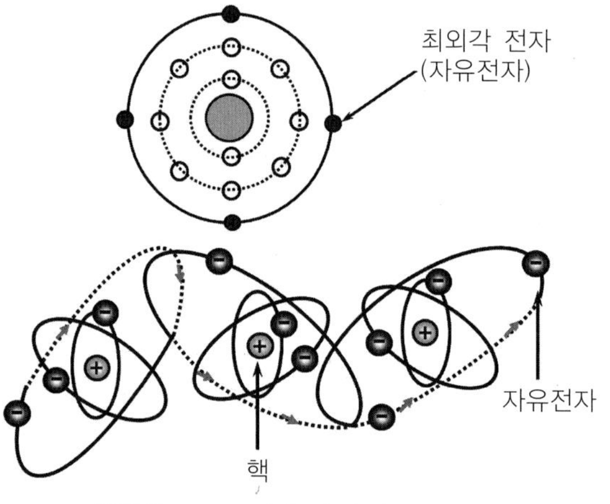

[그림] 1-4. 자유전자의 이동

원자들은 최외각 궤도에 있던 전자가 이탈하게 되면 전자가 빠져나간 자리는 정공(hole)이 되고 근처를 이동하는 다른 자유전자를 끌어당겨 채우게 되며 이러한 현상을 보고 전기의 흐름이라 한다.

1.3 전하(electric charge)

전하(electric charge)는 전자기장내에서 전기현상을 일으키는 주체적인 원인으로, 어떤 물질이 갖고 있는 전기의 양이다. 특히 공간에 있는 가상의 점이 갖는 전하를 점전하라고 하고, 전하의 단위는 쿨롱이며, 기호는 C이다. 전하의 크기를 전기량이라 하는데, 항상 기본 전하량 "e", 즉 1C(쿨롱)은 전자나 양성자 등과 같은 자연단위의 전하 1.6021×10^{-19}C(쿨롱)의 정수배가 된다. 전하의 양을 전하량이라고 한다.

전하량은 일정한 시간 동안 전선의 한 단면을 통과한 전하의 양이며 전류의 세기 단위는 암페어(A) 또는 쿨롱/초(C/s)로 나타낸다.

1쿨롱은 1A(암페어)의 전류가 흐르는 도체의 단면을 1초 동안에 전선의 한 단면을 통과하는 전하의 총량과 동일한 양이다. 1C은 전자나 양성자 등과 같은 자연단위의 전하 약 6.24×10^{-18}개로 전자나 양성자들의 전하의 양이다. 전하는 음의 전하와 양의 전하가 있다. 이는 질량과 같이 양의 값만 있는 다른 물리량과 다르다. 통상적으로 양성자나 양전자 따위의 전하를 양으로, 전자 등의 전하를 음으로 놓는다. 이렇게 전하를 띄는 물체는 대전체(帶電體)로 부른다.

1.4 전자와 전류

물질에 존재하는 (+)와 (-)성질을 띠는 입자들을 전하라고 한다. 전하는 물질이 전기적 성질을 나타내는데 기본적인 역할을 한다. (+)전하를 띠는 것은 원자핵, (-)전하를 띠는 것은 전자이며, 같은 전하끼리는 서로 밀어 내고, 다른 전하끼리는 서로를 끌어당기는 성질을 가진다.

전자는 작은 입자 중에서 음(-)전하를 지니는 질량이 매우 작은 입자로 정지 질량은 9.107×10^{-28}g이고, 전하는 1.6021×10^{-19}C이며, 축전지에 전구를 연결했을 때 (+)극과 (-)극 사이에 인력(引力)이 작용하여 전자는 (+)극 쪽으로 당겨지게 된다. 전자가 (+)극 쪽으로 이동하는 상태를 전류가 (+)극에서 (-)극으로 흐른다고 말하는 것이다.

전류의 세기는 도체의 임의의 단면적을 1초 동안 1C(쿨롱)의 전하가 통과할 때의 값을 단위로 하여 1A(암페어)라 하며, 전하의 이동방향을 전류의 (+)방향으로 정한다.

전류의 세기에 대한 공식은 다음과 같다.

$$\text{전류의세기} = \frac{\text{전하량}}{\text{시간}}$$

즉, 전류의 세기는 전하량과 비례하고, 전하가 흘러간 시간에 반비례한다.

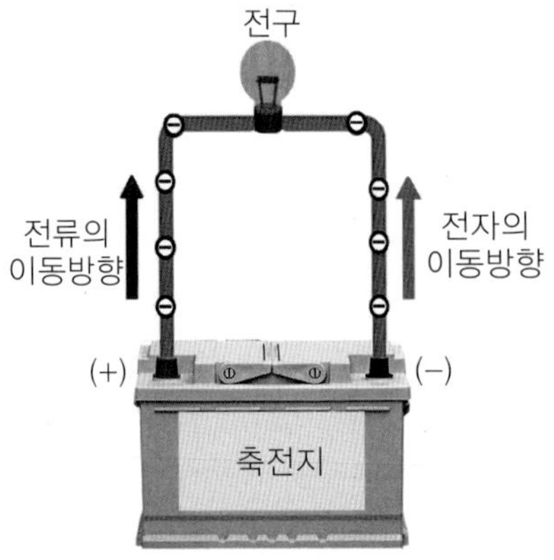

그림 1-5. 전자와 전류의 흐름

도체 내에서는 전류와 반대방향으로 자유전자가 이동한다. 즉, 1A의 전류가 흐르는 도선에는 1초마다 약 6.25×10^{18}개의 자유전자가 이동한다. 전류는 전원에서 공급받은 위치에너지를 부하로 전달해 주는 작용을 하는데, 이 과정에서 발열작용, 자기작용 및 화학작용의 3가지 작용을 한다.

전류의 발열작용은 전류가 지나는 도체 내에서 자유전자가 도체 내의 원자 또는 전자와 충돌하여 열(줄열)을 발생하는 현상을 말한다. 이 열을 이용한 것으로는 전구(lamp), 담배라이터, 예열플러그(glow plug), 각종 전열기기 등이 있으며, 일반 전기기기에서는 이 열의 발생으로 전력손실을 가져오며, 전열기기 내의 절연성이 떨어지는 원인이 되기도 한다. 따라서 각종 배선에서는 이로 인한 사고의 방지를 위해 전선의 지름 및 피복 종류에 따른 안전한 상태를 나타내는 안전전류 또는 허용전류를 규정하고 있다.

전류의 자기작용은 전류주위에 자기장이 발생하는 현상으로, 전동기, 발전기, 솔레노이드 기구, 전류계 등에서 사용되고 있다. 전류의 화학작용은 전해질 용액에 전류를 공급하였을 때 용액이 화학분해를 일으키는 현상을 말한다. 예를 들면 물에 전류를 흐르게 하면 음극에 수소, 양극에 산소가 발생하는데, 이 경우의 분해를 전기분해라 하며, 반대로 축전지 등과 같이 화학분해 작용을 이용하여 전기에너지를 발생시켜 전류를 발생시키는 작용도 있다.

1.5 도체, 절연체, 유전체, 반도체

1.5.1 도체(conductor)

자유전자(free electron)가 많아 금속과 같이 전기가 잘 통한다. 도체에 전압을 가하면 전기장이 형성되고 그러면 자유롭게 움직이고 있던 자유전자들이 전기장 때문에 힘을 받아 양이온과 충돌을 반복하게 되면 전기력선의 반대방향으로 이동하게 되어 전류가 흐른다. 전자의 이동방향과 전류의 방향은 반대이다. 전류는 300,000km/sec의 속도로 흐르는 것으로 알려져 있다.

전기가 잘 통하는 물질을 전기적 도체라고 하고 고체로는 금속, 액체로는 산, 알칼리염의 수용액이 이에 해당한다. 열을 잘 전달하는 물질은 열의 도체라고 하는데 금속이 대다수이며 보통 전기가 잘 통하는 금속일수록 열도 잘 전달한다.

1.5.2 절연체(insulator)

자유전자의 이동이 특히 적어 전기나 열을 전달하기 어려운 성질을 가지는 물질의 총칭으로 부도체라고도 한다. 전자가 속박되어 자유전자가 거의 없는 상태로 인해 상당히 높은 전압을 인가하지 않으면 자유전자가 발생하지 않는다. 플라스틱, 나무, 기름 등도 절연체이다.

1.5.3 유전체(dielectric material)

종이, 유리, 공기, 진공, 다이아몬드등과 같이 전기장 안에서 극성을 지니게 되는 절연체이다. 도체와 달리 유전체는 절연체이므로 전하가 통과하지 않지만 양전하에 대해서는 유전체의 음전하가, 음전하에 대해서는 유전체의 양전하가 늘어서게 되어 극성을 지니게 된다. 축전기에 유전체를 사용하면 전기용량을 크게 늘릴 수 있고 최대 동작 전압 역시 증가하게 된다.

1.5.4 반도체(semiconductor)

전류가 잘 흐르는 정도가 도체와 절연체의 중간 정도인 물질이며 반도체는 10^{12}개의 원자중 1개 정도의 불순물을 포함하는 정도로 높은 화학적 순도를 가지고 있다. 반도체로는 규소(Si), 게르마늄(Ge), 비소화갈륨(GaAs) 등이 있으며 절연체처럼 온도가 높아질수록 비저항이 감소한다.

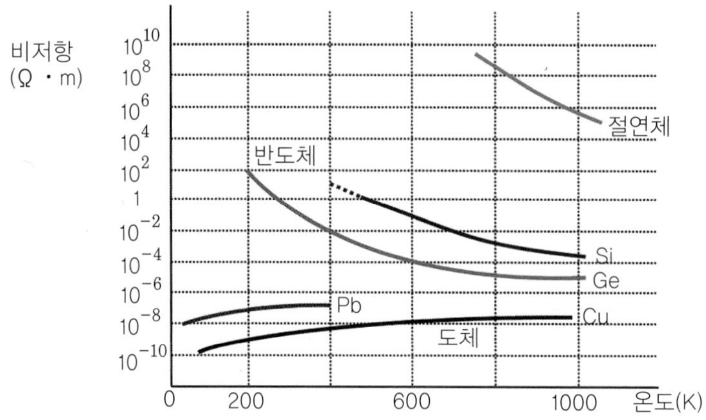

그림 1-6. 도체와 절연체 및 반도체 고유저항

1.6 축전기(condenser)

축전기(커패시터, capacitor)는 콘덴서(condenser)라고도 하며, 전기 회로에서 전기 용량을 전기적 퍼텐셜 에너지로 저장하는 장치이다.

1.6.1 축전기의 작동과 구조

축전기 내부는 2장의 얇고 평평한 금속판이 떨어져 있는 구조로 되어 있고, 사이에는 보통 절연체가 들어간다. 각 판의 표면과 절연체의 경계 부분에 전하가 비축되고, 양 표면에 모이는 전하량의 크기는 같지만 부호는 반대이다.

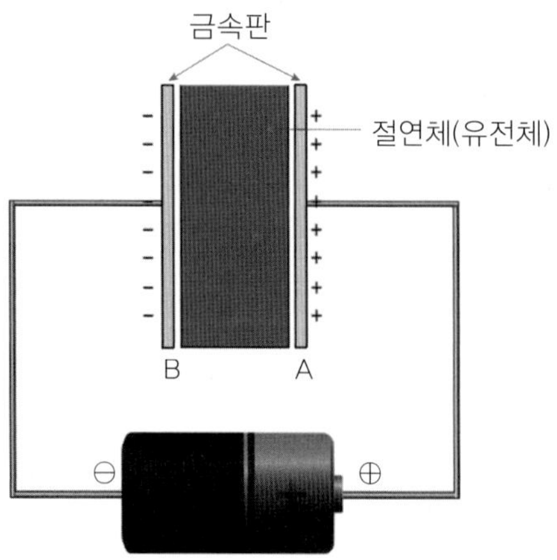

그림 1-7. 축전기의 작동과 구조

즉, 두 도체판 사이에 전압을 걸면 음극에는 (-)전하가, 양극에는 (+)전하가 유도되는데, 이로 인해 전기적 인력이 발생하게 된다. 이 인력에 의하여 전하들이 모여 있게 되므로 에너지가 저장된다.

1.6.2 축전기의 특성

축전기가 설치된 회로에 직류(DC)전압을 공급하면 축전기에는 짧은 시간 동안 충전이 되며, 충전이 완료된 후에는 직류전류는 더 이상 흐르지 못하고 차단이 된다. 이때 축전기의 저항은 무한대에 가깝다.

충전할 때 전원은 축전기의 한쪽 금속판으로부터 전자를 흡인하여 반대쪽 금속판으로 보낸다. 즉, 2장의 금속판 중 하나는 전자 과잉상태가 되고 반대쪽은 전자부족 상태로 되어 2장의 금속판 사이에 전압이 저장된다. 이 상태에서 전원을 제거하여도 2장의 금속판에는 전압이 그대로 유지된다. 다음에 회로를 단락회로(short circuit)로 하면 축전기에 충전되어 있던 전하가 방전이 된다. 그리고 축전기의 2장의 금속판에 가하는 전압을 점차 증가시켜 일정수준 이상이 되면 절연체가 손상되고 축전기는 통전된다. 이것을 절연파괴라 한다.

1.6.3 축전기의 종류

용량, 크기, 온도, 주파수 등의 특성을 위해 유전체를 사용하며, 유전체의 종류에 따라 여러 종류의 콘덴서로 나누어진다. 하나의 극으로 이루어진 단극성 콘덴서와 양극으로 이루어진 양극성 콘덴서가 존재하는데 극성이 있는 콘덴서는 긴 리드선이 +극, 짧은 리드선이 -극이다.

① 전해 콘덴서(eletrolytic Condenser) : 유전체를 얇게 할 수 있어 작은 크기에도 큰 용량을 얻을 수 있다는 장점이 있다. 양극(긴선이 +)성 콘덴서가 있으며, 극, 전압, 용량 등이 콘덴서 표면에 적혀있다. 이 콘덴서는 주로 전원의 안정화, 저주파 바이패스 등에 활용된다.

② 탄탈 콘덴서(tantalum Condenser) : 전극에 탄탈륨 이라는 재질을 사용한 콘덴서로, 용도는 전해 콘덴서와 비슷하지만 오차, 특성, 주파수 특성 등이 전해 콘덴서보다 우수하다.

③ 세라믹 콘덴서(ceramic Condenser) : 유전율이 큰 세라믹 박막, 티탄산 바륨 등의 유전체를 재질로 한 콘덴서이다. 박막형이나 원판형의 모양을 가지며, 용량이 비교적

작고, 고주파 특성이 양호하여 고주파 바이패스에 흔히 사용된다.

④ 칩 세라믹 콘덴서(chip ceramic Condenser) : 칩 모양의 콘덴서로 소형화를 위해 탄탈륨을 유전체로 하는 콘덴서이다. 일반적으로 집적회로에 부착하여 사용할 수 있다.

⑤ 적층 세라믹 콘덴서 : 유전체로 고유전율계 세라믹을 다층구조로 사용하는 콘덴서로, 특성이 양호하고 소형이라는 특징이 있다. 단극 콘덴서로, 온도, 주파수 특성이 양호하기 때문에 바이패스용이나 온도변화에 민감한 회로에 주로 사용된다.

⑥ 슈퍼 콘덴서(super Condenser) : 전기용량이 큰 콘덴서를 말한다. 용량이 크며 비교적 크기가 작기 때문에 전지로 사용된다.

⑦ 필름 콘덴서(film Condenser) : 필름 양면에 금속박을 대고 원통형으로 감은 콘덴서이다.

⑧ 마일러 콘덴서(폴리에스테르 필름 콘덴서) : 폴리에스테르 필름의 양면에 금속박을 대고 원통형으로 감은 콘덴서 이다. 극성이 없고, 용량이 작은 편에 속한다. 고주파 특성이 양호하기 때문에 바이패스용, 저주파, 고주파 결합용으로 사용된다.

⑨ 스티롤 콘덴서 : 폴리스티렌 필름을 유전체로 사용하는 콘덴서이다. 필름을 감은 구조이기 때문에 고주파에는 사용할 수 없으며, 필터회로나 타이밍 회로 등에 주로 사용된다.

⑩ 폴리프로필렌 콘덴서 : 폴리프로필렌 필름을 유전체로 사용하는 콘덴서로 높은 정밀도가 요구되는 곳에 주로 사용한다.

⑪ 마이카 콘덴서(mica Condenser) : 운모(mica)를 유전체로 하는 콘덴서로 주파수 특성이 양호하며 안정성, 내압이 우수하다는 장점이 있다. 주로 고주파에서의 공진회로나 필터회로 등을 구성할 때, 고압회로를 구성할 때 사용한다.

⑫ 가변용량 콘덴서 : 용량을 변화시킬 수 있는 콘덴서를 말한다. 주파수 조정에 사용하며 트리머, 바리콘이 있다.

⑬ 트리머(trimmer) : 세라믹을 유전체로 사용한 가변용량 콘덴서로 주로 이동통신 및 방송 시스템에 필요한 주파수에 따라 용량 값을 필요한 만큼 조정하는데 사용된다.

⑭ 바리콘(varicon) : 공기를 유전체로 사용한 가변용량 콘덴서로, 라디오 방송을 선택하는 튜너 등에 사용된다.

(a) 전해 콘덴서 (b) 탄탈 콘덴서 (c) 세라믹 콘덴서

(d) 칩 세라믹 콘덴서 (e) 적층 세라믹 콘덴서 (f) 슈퍼 콘덴서

(g) 마일러 콘덴서 (h) 스티롤 콘덴서 (i) 폴리프로필렌 콘덴서

(j) 마이카 콘덴서 (k) 트리머 (l) 바리콘

「그림」 1-8. 축전기의 종류

1.6.4 축전기의 정전용량

축전기에 저장되는 전기량을 쿨롱(coulomb)이라 하며, Q로 표시하고 쿨롱 Q는 가해지는 전압 E에 비례한다. 즉, 전압이 높을수록 많은 양의 전기를 저장할 수 있고, 이들 사이에 다음과 같은 관계가 있다.

$$Q = CE$$

Q : 축전기에 저장되는 전기량(coulomb)
C : 정전용량
E : 축전기에 가해지는 전압

따라서 축전기의 정전용량 C(패럿)은 C= Q/E가 된다. 정전용량은 금속판의 면적, 가해지는 전압, 금속판사이의 절연체의 절연도에 비례하며, 금속판사이의 거리에는 반비례한다. 1V의 전압을 가하였을 때 1쿨롱(coulomb)의 전기가 저장되는 축전기의 용량을 1패럿(F : farad)이라 하며 정전용량의 단위로 사용한다.

축전기 정전용량(패럿)의 단위는 다음과 같다.

① 1밀리 패럿 = 1mF = 10^{-3}F

② 1마이크로패럿 = 1μ F = 10^{-6}F

③ 1나노 패럿 = 1nF = 10^{-9}F

④ 1피코패럿 = 10pF = 10^{-12}F

1.6.5 축전기의 연결방법

[1] 축전기의 직렬연결

여러 개의 축전기를 직렬연결하면 각각의 정전용량과 관계없이 일정한 양의 전하가 축전기에 충전되며 정전용량을 감소시키는 결과가 된다. 그리고 합성용량은 각각의 정전용량 중 가장 작은 것보다도 더 작다. 축전기를 직렬연결하면 전체 전압의 일부만 인가되므로 전압에 대한 내구성이 높아진다.

축전기 직렬연결에서 전압은 다음과 같다.

$$E = E_1 + E_2 + E_3 + \cdots\cdots + E_n$$

$$\frac{Q}{C} = \frac{Q}{C_1} + \frac{Q}{C_2} + \frac{Q}{C_3} + \cdots\cdots + \frac{Q}{C_n}$$

여기서 각 항을 Q로 나누면

$$\frac{1}{C} = \frac{1}{C_1} + \frac{1}{C_2} + \frac{1}{C_3} + \cdots\cdots + \frac{1}{C_n}$$

이 된다. 또 몇 개의 축전기를 직렬로 연결한 경우 전체의 정전용량은 1개일 때보다 작아진다. 이것을 공식으로 나타내면 다음과 같다.

$$C = \frac{1}{\frac{1}{C_1} + \frac{1}{C_2} + \frac{1}{C_3}} [F]$$

이것은 (+)의 전하와 (-)의 전하를 상쇄된다고 생각하면 된다.

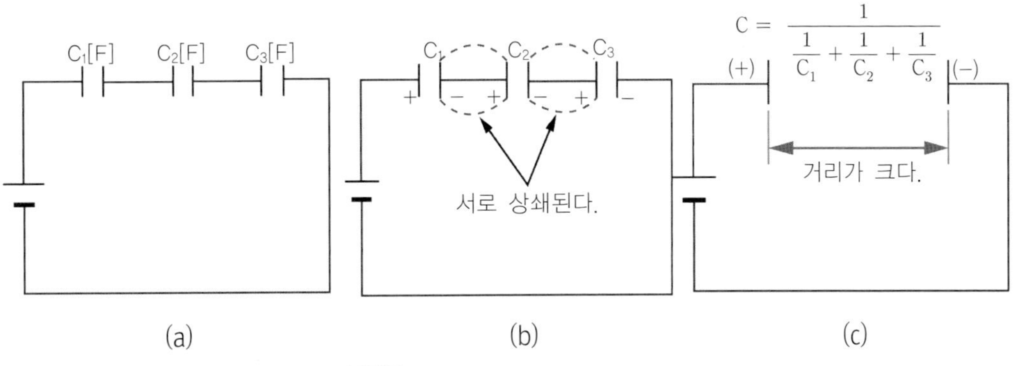

그림 1-9. 축전기의 직렬연결

이에 따라 두 금속판 사이에 거리가 멀어지는 효과가 발생하며, 정전용량이 같은 2개의 축전기를 직렬로 연결하면 전체의 정전용량은 1/2이 되고, 3개를 연결하면 전체 용전용량은 1/3, 4개를 연결하면 1/4이 된다.

[2] 축전기의 병렬연결

여러 개의 축전기를 병렬로 연결하면 전극 판의 면적을 증가시키는 것과 같은 효과를 얻을 수 있다. 따라서 합성 정전용량은 C는 각각의 축전기 용량의 합과 같게 된다. 병렬연결에서의 전압은 다음과 같다.

$$E = E_1 \times E_2 \times E_3 \times \cdots\cdots \times E_n$$

그리고 합성 정전용량은 각각의 전하의 합과 같다.

$$Q= Q_1 + Q_2 + Q_3 + \cdots\cdots + Q_n$$

$$Q= C_1E + C_2E + C_3E + \cdots\cdots + C_nE$$

여기서 양변을 E로 나누면

$$C= C_1 + C_2 + C_3 + \cdots\cdots + C_n$$

이 된다.

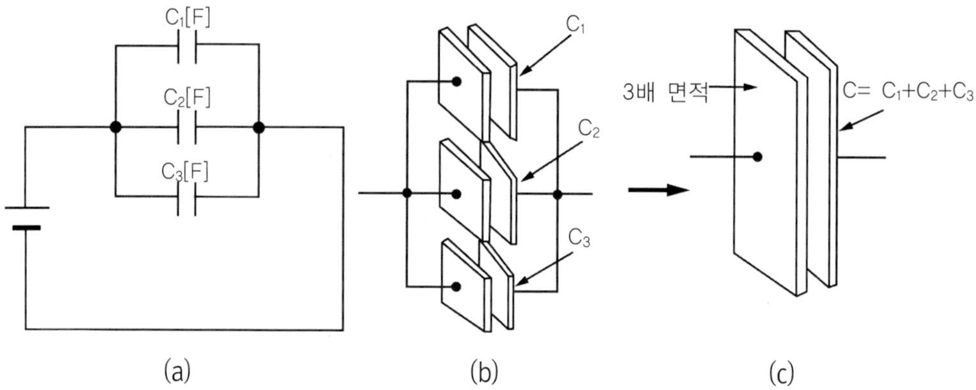

그림 1-10. 축전기의 병렬연결

만약 3개의 축전기를 병렬로 연결했을 때 전체 정전용량은 1개의 용량보다 3배가 커진다. 이것을 공식으로 표시하면 $C= C_1+C_2+C_3$[F]이다. 이것은 두 판의 면적이 증가한 것으로 생각하면 된다.

1.6.6 축전기의 충·방전

축전기는 직류(DC)는 통하지 않으나 교류(AC)는 통한다. 축전기에 전지를 접속하면 축전기에 충전이 시작되어 축전기의 양쪽 전극의 전압이 전지의 전압과 같게 될 때까지 전류가 들어가며, 충전이 완료되면 전류가 흐르지 않는다. 축전기가 충전된 상태에서 전지를 분리하면 전하가 축적된 상태로 있으나 축전기를 접속(short)하면 방전되어 축적되었던 전하가 없어진다.

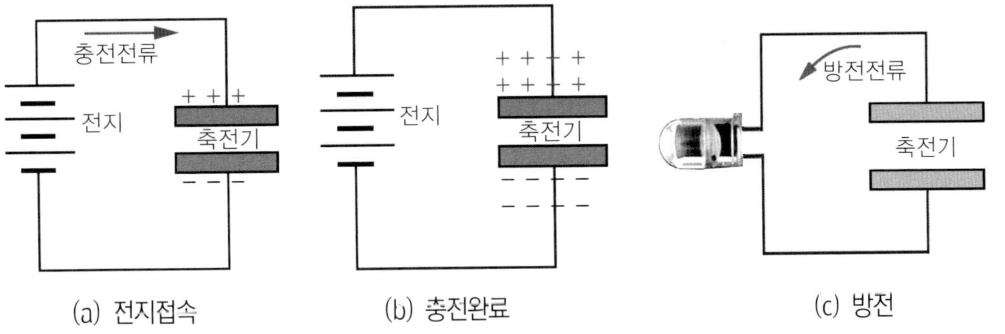

그림 1-11. 축전기의 충·방전

이와 같이 충·방전은 순간적으로 이루어지며, 교류에서는 (+), (−)가 차례로 흐르기 때문에 충·방전이 반복되고 있는 것과 같은 상태를 이루어 전류가 흐른다. 그러나 축전기의 용량이 적은 경우에는 적은 전류가 흘러도 곧바로 전압이 상승하여 더 이상 전류가 흐르지 않게 된다. 따라서 축전기도 교류에 대하여 일종의 저항의 성질을 나타낸다. 이 축전기의 교류적 저항을 용량 리액턴스(capacitive reactance)라 한다.

1.7 전압 또는 전위차

물이 담긴 A, B의 용기에 파이프를 연결하면 물은 수위가 높은 A쪽에서 수위가 낮은 B쪽으로 흐르게 되며 이 때 물이 흐르는 세기는 용기 A와 B의 수위차이 즉, 수압에 의하여 결정이 된다. 따라서 (+)전하 A와 (−)전하 B를 전선 C로 연결하면 (+)전하는 전선 C를 통하여 (−)전하를 향하여 전류가 흐른다. 이때 A에서 B를 향하여 수위차이 만큼의 전기적 압력이 가해졌다고 가정할 수 있는데 이와 같은 전기적인 압력을 전압(電壓)이라 한다. 즉, 전압이란 도체 안에 있는 두 점사이의 전기적인 위치 에너지의 차이이다.

전압의 단위는 볼트(Volt, 기호는 V)로 표시한다. 1V란 「1옴(Ω)의 도체에 1A의 전류를 흐르게 할 수 있는 전기적인 압력」을 말하며, 단위는 1㎸=1,000V, 1V=1,000㎷로 표시한다.

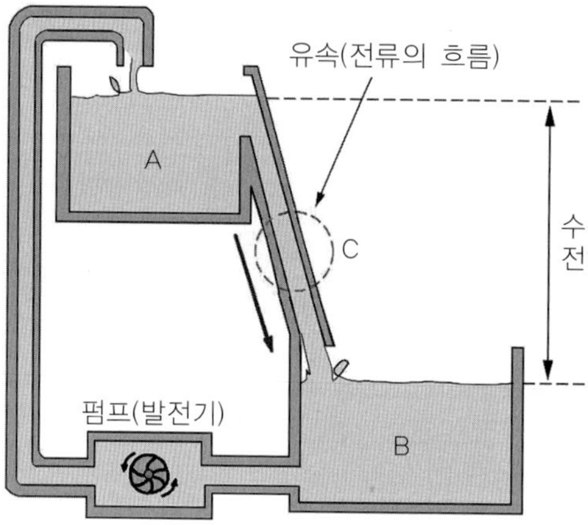

그림 1-12. 수압과 전압

1.7.1 직렬연결과 병렬연결

[1] 전지의 직렬연결

2개 이상의 전지를 서로 다른 극끼리 연결한다. 즉, 전지의 (-)극에 다른 전지의 (+)극을 연결한다. 전지를 직렬로 연결했을 때 전체 전압(V)의 크기는 각 전지의 전압을 합한 것과 같고 전류는 일정하다. 높은 전압을 얻을 수 있지만 전지를 오래 사용할 수 없다.

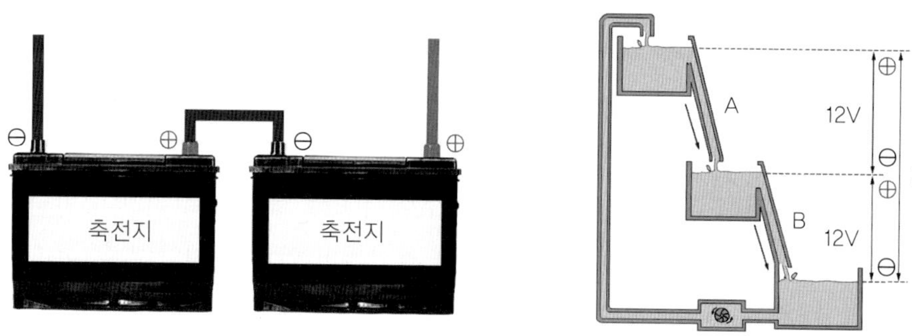

(a) 축전지의 직렬연결 (b) 수위와 전압

그림 1-13. 직렬연결과 전위차

[2] 전지의 병렬연결

2개 이상의 전지를 서로 같은 극끼리 연결한다. 즉, 전지의 (+)극은 (+)극끼리, (-)극은 (-)극끼리 연결한다. 전지를 병렬로 연결했을 때 전체 전압(V)의 크기는 전지 한개의 전압과 같고 각 전지의 전류를 합한 것과 같다.

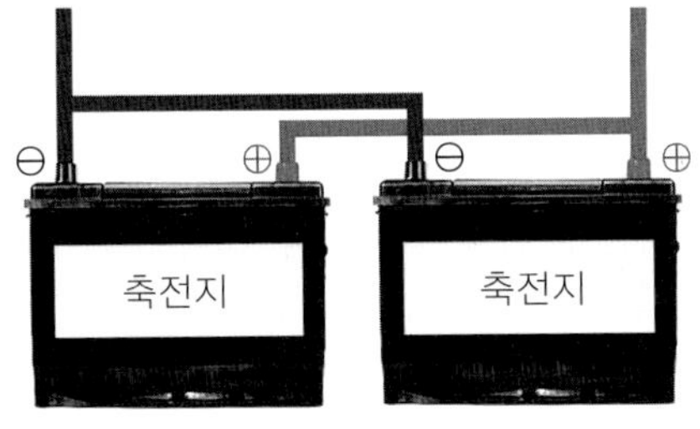

(a) 축전지의 병렬연결

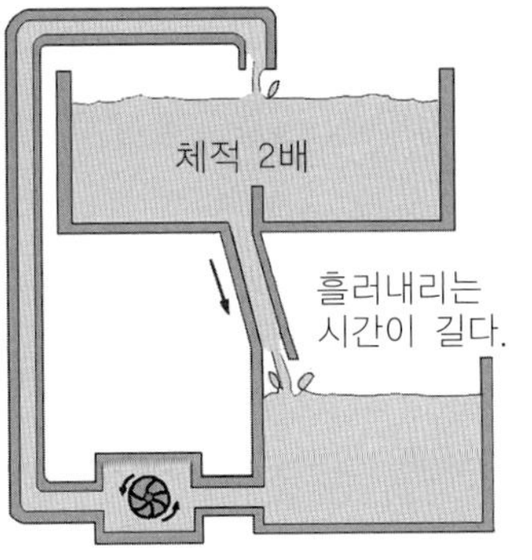

(b) 물의 체적과 흐르는 시간

그림 1-14. 병렬연결과 전류

병렬 연결하는 전지의 개수가 많아질수록 전지를 오랫동안 사용할 수 있으나 높은 전압을 얻을 수 없다.

1.7.2 기전력(electromotive force)

전기의 경우에도 전류를 계속 흐르게 하려면 전압을 발생시켜야 하는데, 기전력(起電力)은 역학적 에너지(또는 화학변화의 에너지)에 의해서 전압을 만들어내는 힘을 기전력(起電力)이라 한다. 기전력의 크기는 전압으로 표시되므로 단위도 볼트(V)로 표시한다.

1.8 저항(resistance)

도체에서 전류의 흐름을 방해하는 정도를 표시하는 물리량으로 전기저항(electric resistance)이라 한다. 저항의 종류에는 전선의 전기저항도 있으나 전구나 전동기 등의 부하에도 저항을 지니고 있다. 저항은 전류의 흐름을 방해하는 요소이므로 전선의 저항이 크면 부하에 흐르는 전류가 감소하여 충분한 전기를 공급하지 못하므로 전선의 저항은 작아야 한다. 반대로 전기를 얼마나 잘 흐르게 하는 지를 나타내는 물리량은 전기 전도도(electrical conductance)라고 한다.

전기는 저항이 같더라도 전선의 단면적이 적으면 전류가 잘 흐르지 못하고 전선의 단면적이 크면 전류가 잘 흐르게 되는데, 이것은 전선의 저항에 의하여 발생되는 것이다. 저항의 단위는 옴(Ohm) 기호는 (Ω)을 사용한다.

1.8.1 고유저항

물질의 저항은 재질, 형상, 온도에 따라서 변화하며, 형상과 온도를 일정하게 하면 재질에 따라서 저항 값이 변화한다. 따라서 여러 가지 도체재료의 저항의 크기를 비교할 때에는 모든 같은 크기의 도체에 대한 저항을 비교한다. 즉, 길이 1m, 단면적 $1m^2$인 도체의 두 면사이의 저항 값으로 비교하며, 그 재료의 고유저항 또는 비저항이라 한다.

고유저항의 기호는 로(ρ)로 표시하며 단위는 Ω·m이다. 실제로 $1m^2$는 그 크기가 너무 크므로 $1cm^2$의 고유저항의 단위로 일반적으로 Ω·cm를 사용한다.

[도체의 고유저항]

도체의 명칭	고유저항 (μΩ·cm)20℃	도체의 명칭	고유저항 (μΩ·cm)20℃
은(Ag)	1.62	니켈(Ni)	6.9
구리(Cu)	1.69	철(Fe)	10.0
금(Au)	2.40	강	20.6
알루미늄(Al)	2.62	주철	57~114
황동(Cu+Zn)	5.7	니켈-크롬(Ni-Cr)	100~140

1.8.2 도체의 형상에 의한 저항

도체의 저항은 단면적과 길이에 따라 다르며, 같은 재질의 전선이라도 전류가 흐르는 방향과 수직되는 방향의 단면적이 커지면 저항이 감소하고, 전류가 흐르는 거리가 증가하면 그 만큼 원자사이를 뚫고 나가야 하므로 저항이 커진다. 즉, 도체의 저항은 길이에 비례하고 단면적에 반비례한다.

도체의 단면 고유저항을 ρ(Ω·cm), 단면적을 A(㎠), 도체의 길이를 ℓ(cm)인 도체의 저항을 R(Ω)이라 하면

$$R = \rho\frac{\ell}{A}(\Omega)$$

의 관계가 있으며 도체와 그 형상이 정해지면 저항 값을 계산을 할 수 있다. 그리고 도체

의 길이가 2배로 증가하면 저항도 2배로 증가하지만, 단면적이 2배로 증가하면 저항은 1/2로 감소된다.

1.8.3 온도와 저항의 관계

온도의 변화는 물질이 고유하게 가진 전기적 특성인 비저항을 변화시킨다. 일반적으로 도체의 경우 온도가 높아질수록 비저항이 커지는 경향을 보인다. 이것은 온도가 높아지면 분자 운동이 활발해지는 것과 같은 것이다. 탄소, 반도체 같은 반도체와 부도체는 온도가 높아질수록 비저항이 낮아지는 경향을 보인다. 이것은 온도가 높아질수록 원자에 들어 있는 전자가 에너지를 얻기 때문이다. 에너지를 얻은 전자는 원자에게서 벗어나 자유롭게 움직이며 전자의 흐름에 참여하게 됩니다. 따라서 온도가 높아지면 반도체와 부도체의 비저항이 작아진다.

금속의 저항은 온도상승에 비례하여 직선적으로 증가한다. 그리고 온도 1℃ 상승하였을 때 저항 값이 어느 정도 크게 되었는가의 비율을 표시하는 것을 저항의 온도계수라 한다. 정류기를 실리콘 다이오드로 사용하는 교류발전기에서는 온도가 상승하면 저항이 적어져 과대전류가 흘러 파손되므로 온도가 낮아지도록 냉각팬이나 방열판을 사용하여 과대전류의 흐름을 방지하고 있다. 이 회로를 온도 보상회로라 한다.

1.8.4 접촉저항

도체와 도체가 1개의 접촉면에 접했을 때 접촉면의 전기저항 값으로 도체의 접촉 부분에서 다른 부분보다 큰 저항이 존재하고, 그 때문에 전류의 흐름을 방해하며 열이 발생한다. 접촉 저항에는 도체와 도체를 접속할 때 헐겁게 연결하거나 마모되어 전류의 통로가 접촉 면적보다 작아져 생기는 집중 저항과 녹이나 페인트를 떼어내지 않고 전선을 연결하여 접촉면에 형성되는 절연 박막 때문에 생기는 경계 저항이 있다.

1.8.5 저항기(resistor)

저항성질을 띠는 회로소자이다. 저항기는 크게 저항의 크기가 정해져 있는 저항인 고정저항(fixed resistor)과 반대로 저항의 크기가 변해 저항 값을 조절할 수 있는 가변저항(variable resistor)이 있다. 저항기의 종류는 다음과 같다.

① 탄소 피막 저항기(카본 저항기) : 저항체로 탄소계 재료를 사용한다. 높은 정밀도가

필요하지 않은 아날로그 회로나 디지털 회로에 가장 널리 사용되고 있다.

② 금속 피막 저항기(금피 저항기) : 저항체로 Ni · Cr(니켈 크롬) 등을 사용한다. 겉모양은 탄소 피막 저항기와 비슷하다. 정밀도가 높고 고주파 특성이 좋고 온도 변화에 대해서도 안정되어 있다.

③ 산화 금속 피막 저항기(산금 저항기) : 저항체로 산화 금속 피막을 사용하고 내열성이 우수하고 중간 전력용으로 사용한다.

④ 솔리드 저항기 : 탄소 분말과 수지를 굳혀서 성형한 저항기로 기생 인덕턴스 성분이 높고 고주파용으로 사용하며 저항값의 제어가 어렵고 정밀도가 비교적 좋지 않다.

⑤ 법랑 저항기 : 가느다란 금속선을 절연체에 감은 권선 저항기를 법랑으로 감싼 저항기로 내열성이 매우 높고 대 전력용으로 사용되며 인덕턴스 성분이 크므로 고주파용도로는 적합하지 않다.

⑥ 시멘트 저항기 : 가느다란 금속선을 절연체에 감은 권선 저항기를 시멘트로 굳힌 저항기이다. 시멘트는 방열성이 좋기 때문에 대 전력용으로 사용되며 인덕턴스 성분이 크므로 고주파 용도로는 적합하지 않다.

⑦ 후막칩 저항기 : 회로가 점점 소형화 되고 부품의 대부분이 SMT(Surface Mount Technology) 공법에 의해 장착되면서 개발된 새로운 형태의 저항기 이다. 이러한 칩 형태의 저항기는 세라믹 기판 위에 저항체를 후막 형태로 얹어서 제조하며 지속적으로 소형화가 이루어지고 있다. 특히 고주파 특성이 우수하고 소형이므로 최신 전자기기들에는 대부분 이러한 칩 형태의 저항기가 사용된다.

⑧ 네트워크 저항기(어레이 저항기) : 부품의 집적도를 더욱 높이기 위해 여러 개의 저항기를 하나의 패키지 안에 넣고 저항 네트워크를 구성하여 IC와 같은 형태를 갖는 부품도 있다.

⑨ 박막형 칩 저항기 : 박막형 칩 저항기는 후막형 칩 저항기와 거의 같은 모양을 가지고 있지만 저항체 막의 두께가 훨씬 얇고 저항체 금속으로 Ni-Cr계, TiN, TaN 등이 주로 사용된다. 박막형 칩 저항기는 후막저항기보다 저항값 허용차와 저항 온도계수특성이 정밀하고 전류 노이즈특성, 고주파특성이 우수하여 정밀 기기 등에 주로 사용된다.

⑩ 가변 저항기 : 가변 저항기는 저항 값을 바꿀 수 있는 형태의 저항의 총칭이다. 흔히 볼륨(Volume)이라고 부르는 단어는 신호의 양을 조절한다는 의미이지만 일반적으로 손잡이를 돌려서 저항 값을 가감하는 가변저항을 가리킨다.

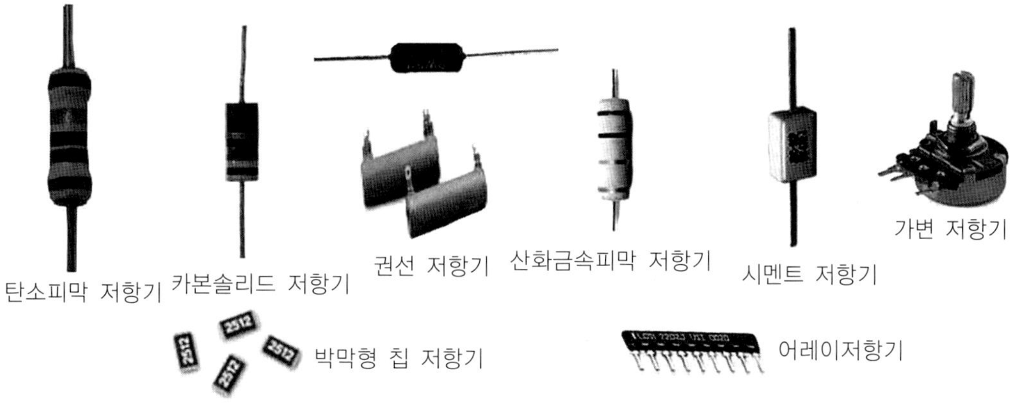

그림 1-15. 저항기의 종류

2 전기의 기본법칙

2.1 옴의 법칙(ohm′ s law)

옴의 법칙은 도체의 두 지점사이에 나타나는 전위차(전압)에 의해 흐르는 전류가 일정한 법칙에 따르는 것을 말한다. 전기회로에서는 흐르는 전압, 전류, 저항사이에는 다음과 같은 일정한 관계가 있다. 즉, 도체를 흐르는 전류는 도체에 가해진 전압에 비례하고, 그 도체의 저항에 반비례한다.

$$I = \frac{E}{R}, \quad R = \frac{E}{I}, \quad E = IR$$

I : 도체를 흐르는 전류(A), E : 도체에 가해진 전압(V),
R : 도체의 저항(Ω)

2.2 전력과 전력량

2.2.1 전력(electric power)

전력은 단위 시간 당 전류가 할 수 있는 일의 양을 말한다. 전구(lamp)에 전압을 인가하여 전류를 흐르게 하면 빛이나 열이 발생한다. 또, 냉각팬 에서 모터는 날개를 돌리기 위해 기계적인 운동을 한다. 이와 같이 전기기구나 장치는 전기 에너지를 소비하여 일을 한다. 이때 전기 에너지가 소비되는 비율(rate)을 전력(electric power)이라 한다. 다시 말하면 시간 t초 동안 W[J]의 에너지가 소비되었다면,

$$\textbf{전력} = \frac{\text{에너지}}{\text{시간}} \quad \textbf{또는} \quad P = \frac{W}{t}$$

로 정의된다. 전력의 단위는 와트(W : watt)로 표시한다. 전력의 정의에 의하면, 1W란 1줄(J)의 에너지가 1초 동안 소비되었을 때 전력의 크기이다.

$$\textbf{1와트(W)} = \frac{1\text{줄}(J)}{1\text{초}(s)}$$

전력이 큰 경우에는 단위로서 1kW = 1,000W를 사용한다. 또, 전동기의 힘을 표시하는 것으로 마력(PS)이라는 단위를 사용하는데, 마력과 와트의 관계는 다음과 같다.

$$1\text{마력} = 1PS = 735.5[W]$$

전압이나 전류가 증가하면 전력도 증가한다. 즉, 전압 E를 인가하여 전류 I가 흐를 때에 전력 P = EI[W] 로 표시된다. 만약 저항 R에 전류 I가 흐른다면, E = IR의 관계로부터 저항에서 소비되는 전력은 다음 공식으로 된다.

$$P = EI = IR \times I = I^2R = E \times \frac{E}{R} = \frac{E^2}{R} \ [W]$$

이와 같이, 전력은 모두 저항에서 소비된다.

2.2.2 전력량(watt hour)

앞에서 단위 시간당 하는 일을 전력(watt)이라 정의하였다. 그러나 전기기기는 일정한 시간 동안 사용하여 일을 한다. 예를 들면, 선풍기를 오래 켜 놓을 경우 사용되는 전기 에너지가 증가한다. 전류가 1시간 동안 생산 또는 소비된 전력의 양을 전력량(watt hour)이

라 하며, 전력과 그 전력을 사용한 시간과의 곱으로 나타낸다.

따라서 P[W]의 전력을 t초 동안 사용할 때, 전력량 W는

$$W = P \times t[Wh]$$

로 표시된다. 에너지의 단위는 줄(J)이지만, 전력량의 단위로는 Ws(watt-second), Wh(watt hour), kWh(kilo watt hour)를 사용한다.

만약 전류 [I]가 저항 [R]에 t초 동안 흐르는 경우 전력량은

$$W = P \times t = I^2Rt[kWh]$$

이다. 이 전력량은 저항에서 모두 열로 소비되는 것이며, 이때 발생하는 열량을 H 칼로리(calorie)라 하면

$$H = 0.24I^2Rt[kcal]$$

의 관계 공식이 성립한다.

이 공식은 앞에서 설명한 바와 같이 저항에서 발생하는 열량이 전류의 제곱(I^2)과 저항(R)의 곱에 비례하는 것을 의미하며, 이것을 줄의 법칙이라 한다. 이와 같이 저항에 전류가 흘러서 발생하는 열을 줄 열이라 하고, 전기 히터, 전구 등에서 이용된다. 또, 스위치나 플러그에서 접점의 접촉저항에서는 이 줄열 때문에 스위치가 발열, 산화되므로 점차로 접촉 불량의 원인이 되기도 한다.

2.3 저항연결 방법

저항을 연결하는 방법에는 직렬연결과 병렬연결 그리고 직・병렬연결이 있다. 어느 접속이든지 전체의 저항(R)은 전압(E)을 전류(I)로 나눈 R= E/I[Ω]이 되며, 회로의 저항전체를 합성하는 경우에는 이를 합성저항 또는 전체 저항이라 한다.

2.3.1 저항의 직렬연결(series connection)

저항을 한 줄로 접속하는 것을 직렬연결이라고 한다. 직렬연결의 특징은 다음과 같다.

① 합성저항은 각 저항의 합과 같다.

② 어느 저항에서나 똑같은 전류가 흐른다.

③ 각 저항에 걸리는 전압의 합은 전원전압과 같다.

④ 동일한 전원을 연결하면 전압은 개수의 배가되고 용량은 1개일 때와 같다.

⑤ 서로 다른 전원을 연결하면 전압은 각 전압의 합과 같고 용량은 평균값으로 된다.

⑥ 큰 저항과 매우 작은 저항을 연결하면 매우 작은 저항은 무시된다.

직렬연결에서는 어느 저항에서나 항상 똑같은 전류가 흐른다. 즉, R_1에 흐르는 전류와 R_2에 흐르는 전류는 같다.

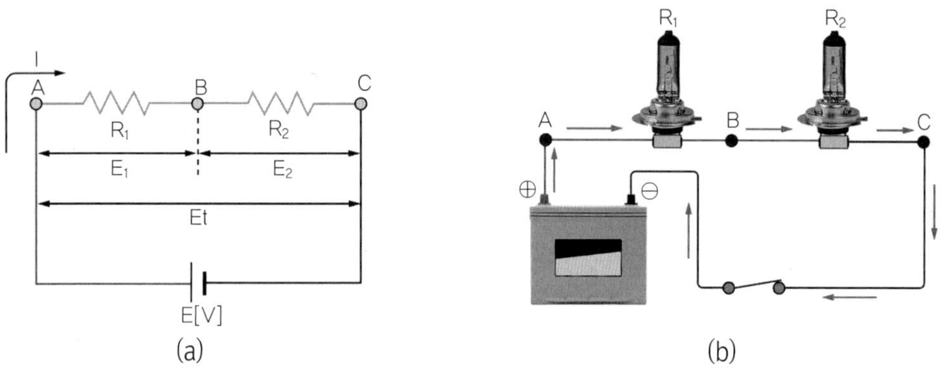

그림 1-16. 저항의 직렬연결

각 저항의 양끝의 전압을 E_1, E_2라 하면 옴의 법칙에 따라

$$E_1 = IR_1,\ E_2 = IR_2$$

가 된다. 따라서

$$E = E_1 + E_2 = IR_1 + IR_2 = I(R_1 + R_2)$$

이 되므로 A와 C사이의 합성저항을 R이라 하면 E= IR이 되어 IR= I(R1 + R2)이므로

$$R = R_1 + R_2$$

가 된다. 따라서 n개의 저항 R1, R2, R3 ……, Rn을 직렬로 연결하였을 때 합성저항

(R)은 각 저항의 합과 같게 되므로

$$R = R_1 + R_2 + R_3 + \cdots\cdots + Rn$$

으로 되어 직렬연결의 합성저항은 각 저항의 어느 하나보다 크게 된다.

2.3.2 저항의 병렬연결(parallel connection)

저항을 병렬로 접속하는 것을 병렬연결이라고 한다. 병렬연결의 특징은 다음과 같다.

① 어느 저항에서나 똑같은 전압이 가해진다.
② 합성저항은 각 저항의 어느 것보다도 작다.
③ 저항이 감소하는 것은 전류가 나누어져 저항 속을 흐르기 때문이다.
④ 각 회로에 흐르는 전류는 다른 회로의 저항에 영향을 받지 않으므로 양끝에 걸리는 전류는 상승한다.
⑤ 동일한 전원을 연결할 경우 전압은 1개일 때와 같으나 용량은 개수의 배가된다.
⑥ 매우 큰 저항과 적은 저항을 연결하면 그 중에서 큰 저항은 무시된다.
⑦ 합성저항의 역수는 각 저항의 역수의 합과 같다.

그림 17과 같이 A, B사이에 전압 E를 가하면 각 저항 R_1, R_2에는 똑같은 전압이 가해지므로 각 회로의 전류는 옴의 법칙에 따라 다음과 같이 구할 수 있다. 그리고 A점에 유입된 전류를 I라 하면, 전류 I는 A점에서 나누어져 I_1, I_2가 되어 각 저항을 흐르므로 전류 I는 I_1과 I_2의 합과 같다. 즉,

$$I = I_1 + I_2, \quad I = \frac{E}{R_1} + \frac{E}{R_2} = E\left(\frac{1}{R_1} + \frac{1}{R_2}\right)$$

이 된다. 그리고 A, B의 사이의 합성저항을 R이라 하면

$$I = \frac{E}{R}$$ 가 되며

$$\frac{E}{R} = E\left(\frac{1}{R_1} + \frac{1}{R_2}\right)$$ **이므로**

$$\frac{1}{R} = \frac{1}{R_1} + \frac{1}{R_2}$$ **이 된다.**

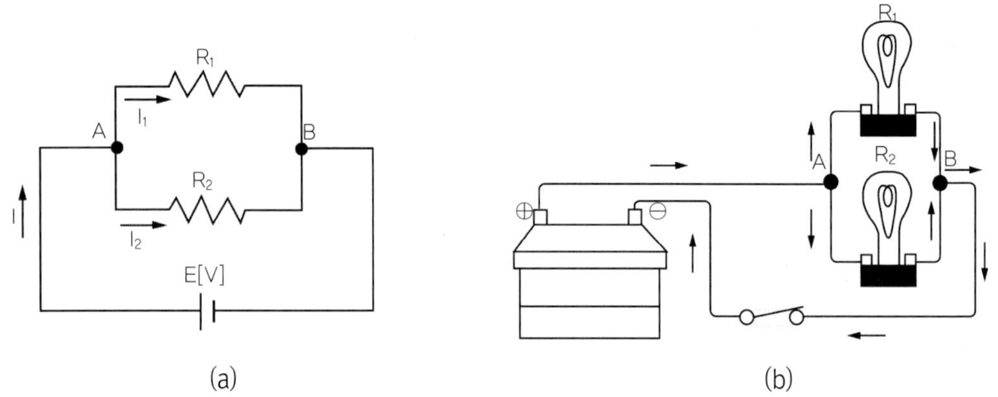

그림 1-17. 병렬연결

따라서 n개의 저항 R_1, R_2, R_3 ……, R_n을 병렬로 접속하였을 경우 그 합성저항을 R이라 하면

$$\frac{1}{R} = \frac{1}{R_1} + \frac{1}{R_2} + \frac{1}{R_3} + \cdots\cdots + \frac{1}{R_n}$$ **가 된다.**

2.3.3 직 · 병렬연결

직 · 병렬연결이란 직렬과 병렬연결을 혼합한 것이다. 합성저항은 직렬 합성저항과 병렬 합성저항을 더한 값이 되며 회로에 흐르는 전류와 전압이 상승한다.

그림 18에서 합성저항은 $R = \dfrac{1}{\dfrac{1}{R_1} + \dfrac{1}{R_2}} + R_3 + R_4$로 나타낼 수 있다.

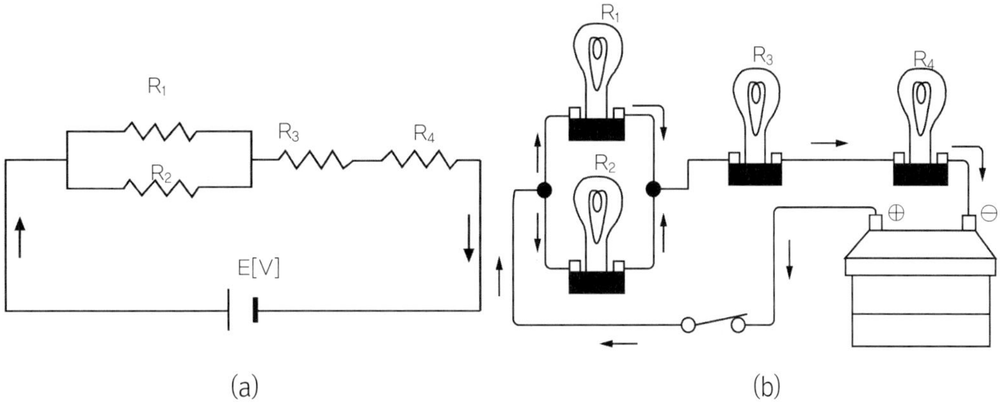

그림 1-18. 저항의 직 · 병렬연결

2.4 전압강하(voltage drop)

전원에서 전기 에너지를 소비하는 부하에 전류가 흐를 때에는 도중의 전선저항(R) 때문에 전압이 소비되며, 전기회로에서 사용하고 있는 전선의 저항이나 회로 접속부분의 접촉저항 등으로 소비되는 전압을 그 저항에 의한 전압강하(voltage drop)라 한다. 전압강하는 직렬연결에서 많이 발생하며, 전압강하가 커지면 전장부품의 기능이 저하하므로 배선에 사용하는 전선의 굵기는 알맞은 것을 사용하여야 한다. 전압강하의 특징은 다음과 같다.

① 저항을 통하여 전류가 흐르면 전압강하가 발생한다.

② 전류가 크고 저항이 클수록 전압강하도 커진다.

③ 회로에서 전압강하의 총합은 회로의 공급전압과 같다.

④ 불완전한 접속 또는 저항이 증가한 경우, 전장부품에 인가되는 전압이 낮아지므로 작동불량을 유발한다.

2.5 키르히호프의 법칙(kirchhoff′ s law)

전기회로에서 전압과 전류를 구하는 해결 법칙의 하나로 전하량 보존 및 에너지 보존에 기초하여 유도된다. 전원이 2개 이상인 복잡한 회로에서 합성전력, 전류의 분포, 저항 등을 다룰 때에는 옴의 법칙을 발전시킨 키르히호프의 법칙을 사용한다.

2.5.1 제1법칙(전류법칙)

키르히호프의 전류 법칙(Kirchhoff's Current Law, KCL)이라고도 한다. "회로 내의 어떤 한 점에 유입된 전류의 총합과 유출한 전류의 총합은 똑같다"는 이론으로 전하보존의 법칙이다. 이러한 관계를 「키르히호프의 제1법칙」 이라 한다.

그림 19에서 다음 공식이 성립된다.

$$I_1 + I_3 + I_4 = I_2 + I_5$$

$$(I_1 + I_3 + I_4) - (I_2 + I_5) = 0$$

$$\therefore \ \Sigma I = 0$$

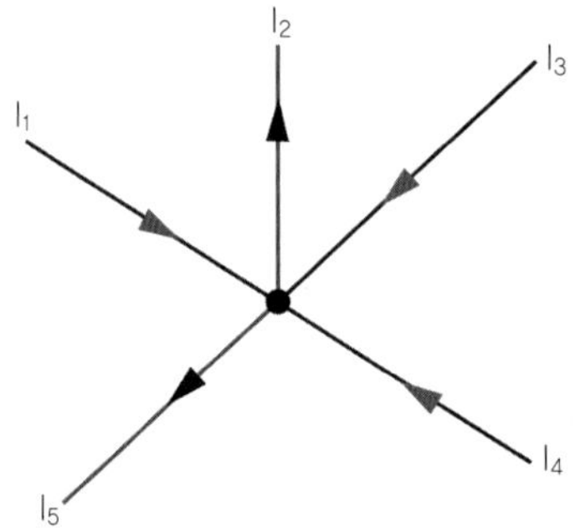

그림 1-19. 키르히호프의 제1법칙

2.5.2 제2법칙(전압법칙)

키르히호프의 전압법칙(Kirchhoff's Voltage Law, KVL)이라고도 하고 고리규칙이라고도 한다. 한 전자(전하운반자)의 입장에서 볼 때, 전자는 전원을 거치면서 에너지를 받고, 회로 소자를 지나면서 일을 한다. 이 때 에너지의 출입은 전자의 전하량과 전위의 변화의 곱으로 나타난다. 전자가 제자리로 돌아올 때 같은 퍼텐셜 준위로 돌아오므로, 들어온 에너지와 나간 에너지는 동일해야 한다. 이는 전원이 일한 만큼 에너지가 회로 소자로 전달된다는 뜻이 된다.

그림 20에서 기전력 E(V)에 의하여 R(Ω)의 저항에 I(A)의 전류가 흐르는 회로에서 옴의 법칙에 따라 E = IR이 된다.

이것을 문자로 표시하면

기전력 = 전압강하에 의한 전압의 합계

가 되어 A → B → C → D의 방향에서는 기전력과 전압강하가 같다는 것을 의미한다.

이상의 설명은 간단한 회로의 경우이나 전원이 2개 이상 있는 복잡한 회로에서도 적용된다. 즉, “임의의 폐회로에 있어 기전력의 총합과 저항에 의한 전압강하의 총합은 같다”.

따라서 키르히호프의 제2법칙은 에너지 보존법칙으로 임의의 한 폐회로에서 소비된 전압강하의 총합과 기전력의 총합과 같다. 즉 전압강하의 총합은 기전력의 총합이다.

$$V_T = V_1 + V_2 + V_3 = 0$$

$$V_T - (V_1 + V_2 + V_3) = 0$$

$$V_T - V_1 - V_2 - V_3 = 0$$

$$\therefore \ \Sigma V = 0$$

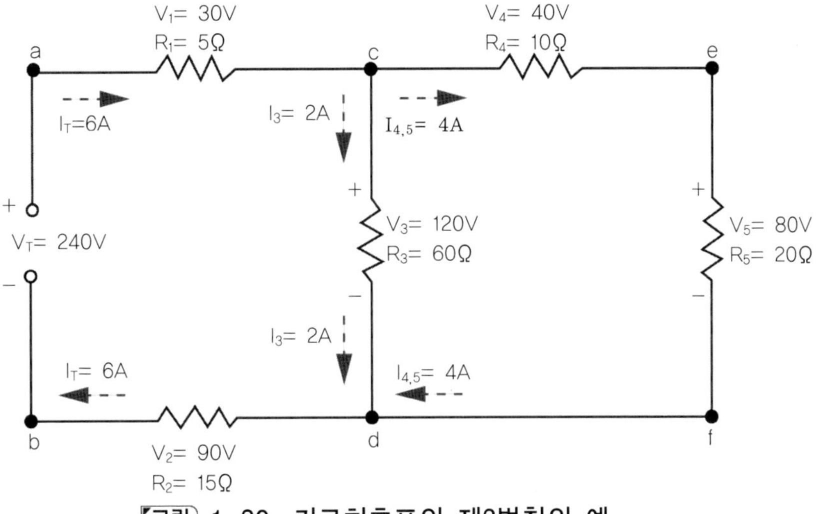

그림 1-20. 키르히호프의 제2법칙의 예

3 전기와 자기

3.1 자석의 성질

자철광은 철이나 니켈 등을 잡아당기는 성질을 지니고 있는데 이 성질을 자성(磁性)이라 하며, 잡아당기는 작용을 자기라고 한다. 그리고 자성을 지니고 있는 물체를 자석(磁石)이라 한다. 자석에는 자철광과 같은 천연자석 이외에 영구자석(永久磁石)과 코일에 전류를 흐르게 하면 자석이 되는 인공자석 등이 있다.

자석의 성질은 같은 종류의 자극은 서로 밀고, 다른 종류의 자극은 서로 잡아당기며, N(north)극과 S(south)극이 있다. 다른 자석이나 쇠붙이 등이 자석에 붙을 수 있는 영역에서 자력은 활성화 상태이다. 이 자력이 미치는 범위가 자계(magnetic field)이다. 자력선의 성질은 다음과 같다.

① 자력선은 N극에서 방사되어 S극으로 들어간다.

② 자계의 방향은 자력선의 방향에 의해서 결정된다.

③ 자력선의 밀도(자속밀도 : magnetic flux density)는 자계의 강도에 의한다.

④ 각각의 자력선은 서로 반발하거나 혼입되지 않는다.

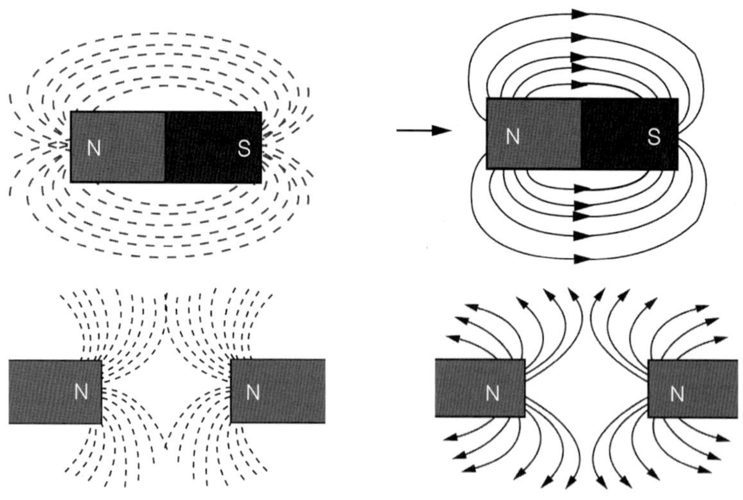

그림 1-21. 자석의 성질

3.2 자석과 자기

3.2.1 자성체의 종류

[1] 자성체(magnetic material)

자기유도에 의해 자화되거나 자성을 가지게 되는 물체로 자극의 가까운 쪽에는 다른 종류의 극성이 형성되고 자극의 먼 쪽에는 같은 극성이 형성되는 철, 니켈, 코발트, 크롬 등이 여기에 속한다.

[2] 반자성체(diamagnetic matcrial)

자계를 작용시키면 자기유도에 의해서 자극이 가까운 쪽에는 같은 종류의 극성이 형성되고 자극의 먼 쪽에는 다른 종류의 극성이 형성되는 물체로 수소, 탄소, 인, 구리, 안티몬 등이 이에 속한다.

[3] 상자성체(paramagnetism)

상자성이란, 외부자장이 없을 때에는 자화되지 않고, 자장을 인가하면 그 방향에 약하게 자화하는 자성을 띤다.

[4] 비자성체(nonmagnetic material)

자계 중에 놓인 상태에서도 거의 자기를 느끼지 않는 물체로 알루미늄, 황동, 백금, 베이클라이트 등이 여기에 속한다.

3.2.2 자기장과 자력선, 자속

[1] 자기장(자계, magnetic field)

자기장이란 자석이나 전류에 의해 자기력이 작용하는 공간으로 자기력을 매개하는 벡터장이다. 자장(磁場), 즉 자성 물체 주위에 자기력이 작용하는 공간으로 자극의 N극에서 발생하여 S극에 이르는 자속선이다.

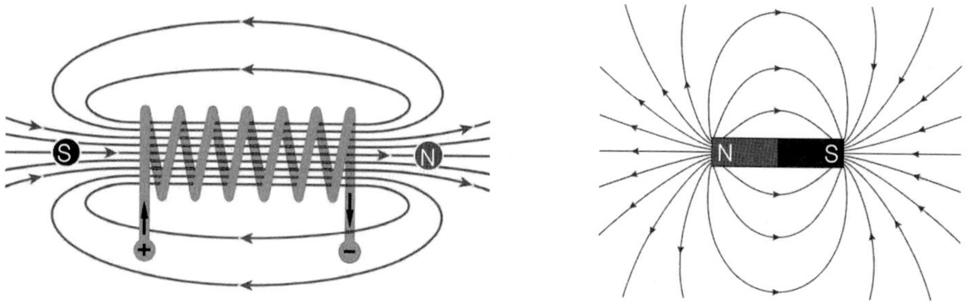

(a) 자계의 형성 (b) 자력선의 형성

「그림」 1-22. 자계와 자력선의 형성

자기장의 방향은 자기장 안에 있는 나침반이 가리키는 방향과 같다. 또한 자기장의 방향을 연속적으로 이은 선의 간격이 촘촘할수록 자기장의 세기가 세다. 자석 위에 종이를 1장 얹어 놓고 그 위에 철분을 뿌리면 철분이 자석선을 따라서 배열되는데, 이것으로 자계를 눈으로 볼 수 있다.

어떤 장소의 자계 방향과 세기는 그곳에 둔 1wb(웨버)의 정자극(正磁極)에 작용하는 힘으로 표시하고, 그 힘의 크기가 1N(뉴턴)일 때를 자계의 세기 단위로 해서 1A/ m로 정한다.

[2] 자력선(magnetic line of force)

자계의 분포 상태를 나타내기 위해 편의상 가상한 곡선 군으로 그 선상의 임의 점에서의 접선이 자계방향을 나타내도록 한 선이 자력선인데, 닫혀 진 선의 각 점을 지나는 자력선에 둘러싸인 공간부분을 자력선관이라고 한다.

[3] 자속(magnetic flux)

자속(磁束)은 자장 안에 유한한 면적을 지나는 자기력선의 수직성분의 합을 나타내는 물리량이다. 자속의 양 기호는 F, 단위는 웨버(Wb)를 쓴다. 1Wb의 자극에서 나오는 자속은 한 줄이며 자극의 수와 일치한다. 자속밀도의 단위는 Wb/㎡를 사용한다. 이 자력선의 방향과 직각되는 단위면적(1㎠)을 통과하는 전체의 자력선을 자속이라 한다.

3.2.3 쿨롱의 법칙(coulomb's law)

프랑스의 물리학자 쿨롱에 의해 발견된 전기력 및 자기력에 관한 법칙이다. 쿨롱 법칙 또는 쿨롱 힘 법칙은 자석의 자극 세기는 그 부근에 다른 자석을 놓았을 때 양쪽 자극 사이에 작용하는 흡입력 또는 반발력의 크기를 표시한다. 즉, 2개의 자극의 세기를 각각 M_1, M_2라 하고 자극사이의 거리를 r 이라 하면 양쪽 자극사이에 작용하는 힘 F는 다음의 관계 공식으로 표시된다.

$$F \infty \frac{M_1 \times M_2}{r^2}$$

2개의 자극사이에 작용하는 힘은 거리의 2승에 반비례하고, 두 자극의 곱에 비례한다. 이것을 쿨롱의 법칙(Coulomb's Law)이라 한다.

3.2.4 자기유도 작용(self-induction action)

자석이 아닌 것을 자계 속에 넣으면 새로운 자석이 되는 작용을 자기유도라 하고, 이 물체는 자기유도 작용에 의하여 자화(磁化)되었다고 한다. 그리고 연강은 자석이 가까이 있을 경우에는 자화가 되지만 자석이 멀리 떨어지면 자기가 없어지므로 일시자석이라 한다. 또 경강은 일단 자화가 되면 자석을 멀리하여도 자기가 남아 있게 된다. 이때 남아 있는 자기를 잔류자기라 하며, 잔류자기가 안정되어 시간이 경과하여도 자기가 변화하지 않는 것을 영구자석이라 한다. 잔류자기를 제거하려면 반대방향에서 자화력을 가하여야 한다.

이와 같이 경강이 자화할 때에는 자기적인 경력이 나타나며, 이 현상을 히스테리시스(hysteresis)라 한다. 경강을 자화하는 방향을 주기적으로 변화시키면 히스테리시스로 인하여 열이 발생되어 온도가 상승한다.

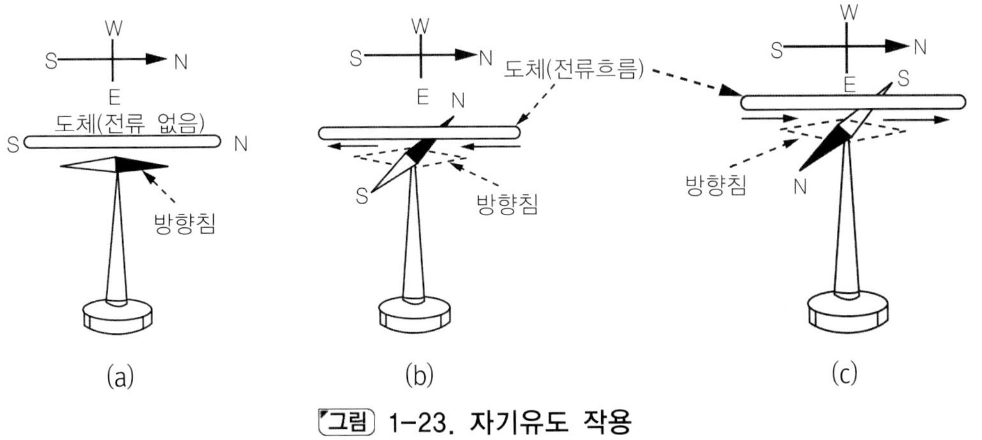

「그림」 1-23. 자기유도 작용

3.3 전류에 의한 자계형성

두꺼운 종이에 구멍을 뚫고 전선을 통과시킨 후 전류를 흐르게 하고 종이 위에 철분을 뿌리면 철분은 전선을 중심으로 하여 여러 갈래의 원형을 형성하는데 이것은 전선에 전류가 흐르면 전선 주위에 맴돌이 자력선이 생기기 때문이다. 이 자력선을 이용하여 자동차에서는 각종 릴레이와 전동기 등에서 응용한다.

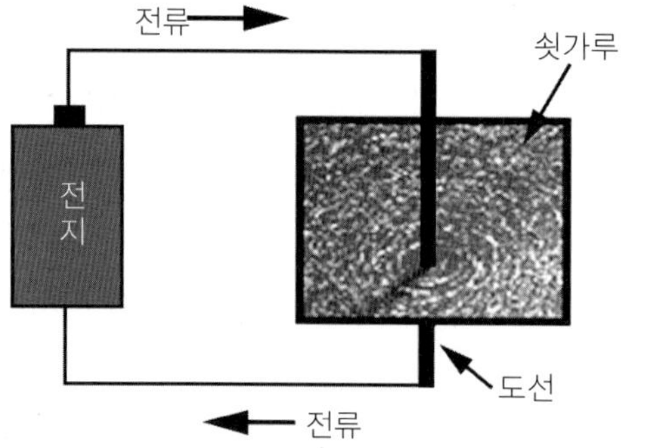

(a) 쇳가루의 자계형성

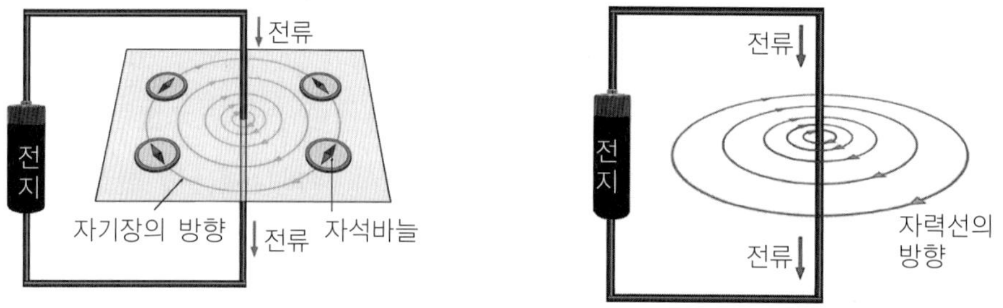

(b) 자석바늘의 자계형성

그림 1-24. 전류가 형성하는 자계

3.3.1 앙페르의 오른나사의 법칙

프랑스의 물리학자 앙페르(andre marie ampare)가 전류와 자석과의 관계를 발견한 법칙이다. 전선에 전류를 흐르게 하면 그 주위에 전류의 세기에 비례하고 전선에서의 거리에 반비례하는 자계가 생기며, 그 자력선은 전선을 중심으로 하는 동심원이 되며, 전류가 흐르는 방향과 자력선의 방향사이에는 다음의 관계가 있다.

「전류의 방향을 오른나사의 진행방향에 일치시키면 자력선의 방향은 오른나사가 돌려지는 방향과 일치한다.」 이것을 앙페르의 오른나사의 법칙이라 한다. 그리고 기호로 표시하고자 할 때에는 전류가 들어가는 곳은 자력선이 오른나사가 돌려지는 방향(⊗)으로 표시하고, 전류가 나오는 곳은 그 반대방향(⊙)으로 표시한다.

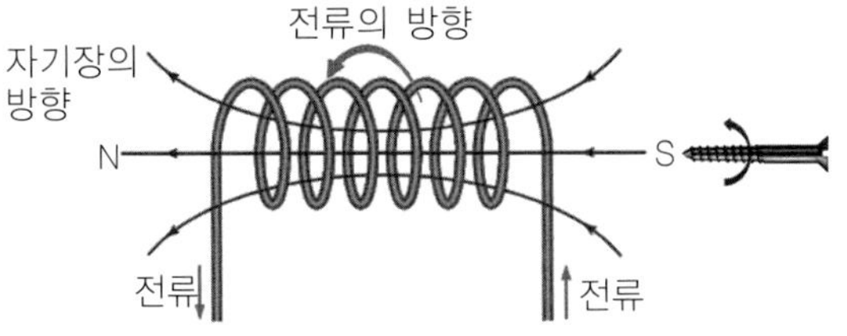

그림 1-25. 오른나사의 법칙

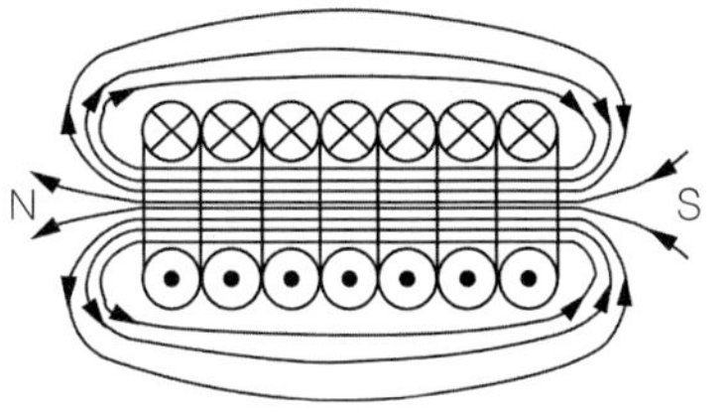

그림 1-26. 코일 내의 자계

3.3.2 코일이 형성하는 자계

코일 모양으로 전선을 여러 번 감고 전류를 흐르게 하면 자력선의 세기는 각 코일에 발생하는 자력선의 합이 되며, 자력선이 나오는 쪽이 N극, 들어가는 쪽이 S극이며 이때 자계는 코일의 바깥쪽과 안쪽에서 하나로 연결된다. 코일 주위의 자계는 전류가 많이 흐를수록, 코일의 권수가 많을수록 크며 그리고 코일 내부에 철심을 넣고 전류를 흐르게 하면 철심에서 발생하는 자속은 코일의 권수와 전류의 곱에 비례하여 증가하고 막대자석과 같은 작용을 한다. 이런 원리를 이용하여 자동차에서는 기동전동기의 솔레노이드 스위치, 전기자 코일, 계자코일 등에서 사용한다.

3.3.3 오른손 엄지손가락의 법칙

코일이나 전자석에서 자계의 방향을 알고 싶을 때 사용하는 법칙으로서, 오른손 엄지손가락을 다른 네 개의 손가락과 직각이 되게 한 다음 네 손가락을 전류가 흐르는 방향으로 코일을 잡으면 엄지손가락의 방향이 자력선의 방향인 N극이 된다.

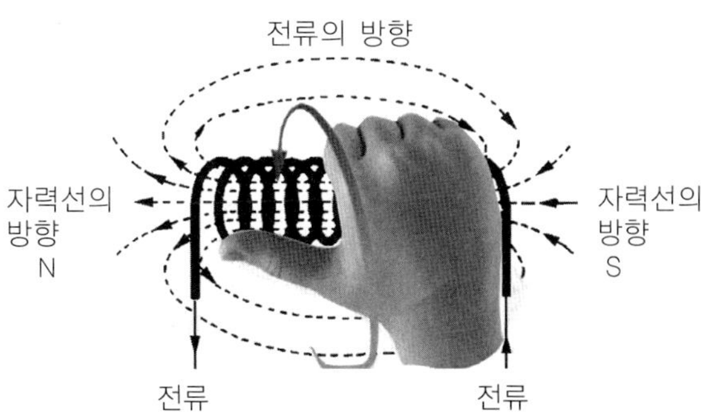

그림 1-27. 오른손 엄지손가락의 법칙

3.3.4 솔레노이드(solenoid)

솔레노이드는 코일을 촘촘하게 원통형으로 말아 만든 기구로 전류를 흐르게 하였을 때 자석이 되게 한 기구이다. 또 솔레노이드 내부에 철심을 넣고(이것을 전자석이라고 함) 솔레노이드에 전류를 흐르게 하면 철심에 자속이 발생하며 이 자속은 철심에 포화되지 않는 한 솔레노이드의 권수 n과 여기에 흐르는 전류 I와의 곱 nI에 비례하여 증가한다. 이 nI는 자속을 발생시키는 능력을 표시하는 것으로 기자력이라 하며, 이 단위는 암페어횟수(AT : ampere turn)이다.

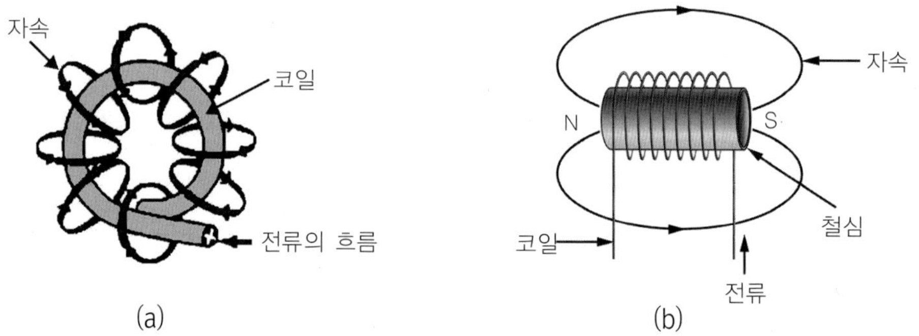

그림 1-28. 솔레노이드의 자속

3.4 전자력과 유도 작용

3.4.1 전자력

자계 중에 두어진 도체에 전류를 흘리면 전류 및 자계와 직각 방향으로 도체를 움직이는 힘이 발생한다. 이것을 전자력이라 한다. 전자력의 크기는 다음과 같다.

$$F = BIl \cdot \sin\theta \text{ (N)}$$

B : 자속밀도(Wb/㎡)　　I : 전류(A)　　l : 도체 길이(m)

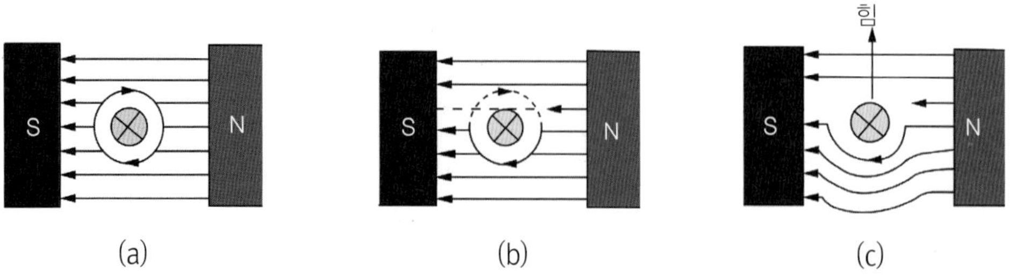

그림 1-29. 자계 중의 도체에 작용하는 전자력

3.4.2 플레밍의 왼손법칙

영국의 전기공학도 플레밍(john ambrose fleming)에 의해 고안된 전자기의 법칙에 세 손가락을 이용한 법칙이다. 자력선의 방향, 전류의 방향 및 도체가 움직이는 힘의 방향에는 일정한 관계가 있으며 이것을 왼손을 이용하여 보면 도체가 움직이는 방향을 정확하고 쉽게 알 수 있다.

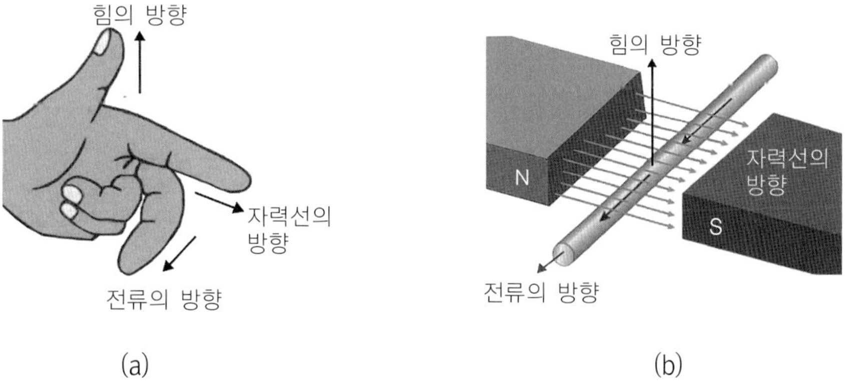

그림 1-30. 플레밍의 왼손법칙

왼손의 엄지, 인지, 장지를 직각이 되게 펴고 인지를 자력선의 방향에, 장지를 전류의 방향에 일치시키면 도체는 엄지손가락의 방향으로 전자력(힘)이 작용하는 법칙을 플레밍의 왼손법칙이라 한다. 즉, 전자력은 전류를 공급받아 기계적인 일을 하는 전동기, 전류계, 전압계 등에서 사용된다.

3.4.3 플레밍의 오른손법칙

유도기전력의 방향은 (+), (-)도체를 움직이는 운동의 방향과 자력선의 방향에 따라서 결정이 되는데 이들 방향의 관계는 다음과 같다. 오른손 엄지손가락, 인지, 장지를 서로 직각이 되게 하고 인지를 자력선의 방향에, 엄지손가락을 도체의 운동방향에 일치시키면 장지가 유도 기전력방향을 표시한다. 이 법칙을 플레밍의 오른손법칙이라 한다.

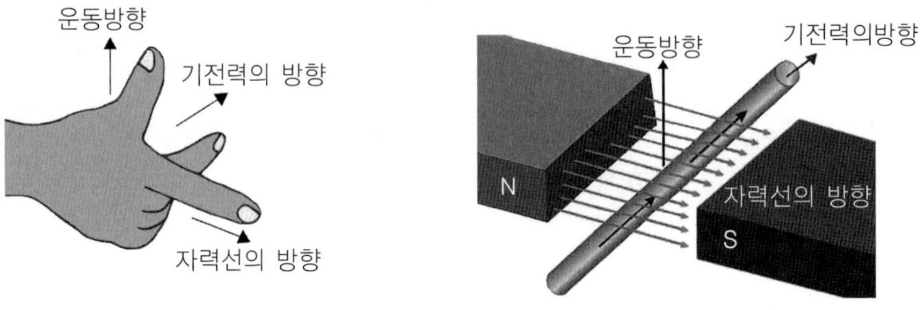

(a) (b)

그림 1-31. 플레밍의 오른손법칙

도체에 전류계를 접속한 후 도체를 상하로 움직이면 전류계의 지침은 좌우로 흔들리며, 도체의 움직임이 빠르면 빠를수록 전류계의 지침이 크게 흔들리게 되는데 이것은 기전력이 발생하기 때문이다.

3.4.4 전자유도 작용

[1] 전자유도

코일 속에 자석을 넣었다가 빼었다가 하는 작용을 반복하면 코일 속을 통과하는 자속이 변화하므로 코일에는 기전력이 유기되어 전류계 지침이 움직인다. 즉, 코일 속의 자속이 변화하는 것은 코일이 자속을 끊는 것과 같은 작용이 되어 기전력이 유기되는데 이것을 전자유도 또는 전자유도 작용이라 한다.

전자유도에 의하여 발생하는 기전력의 크기는 단위시간 동안에 자속의 변화량과 코일의 권수를 곱한 값으로 결정되며, 전자유도 작용은 자계 내에서 도체를 움직여 기전력을 발생시키는 방법으로 발전기에서 이용되고 있으며, 코일을 통과하는 자속을 변화시켜서 유도기전력을 발생시키는 방법은 점화코일에서 사용하고 있다.

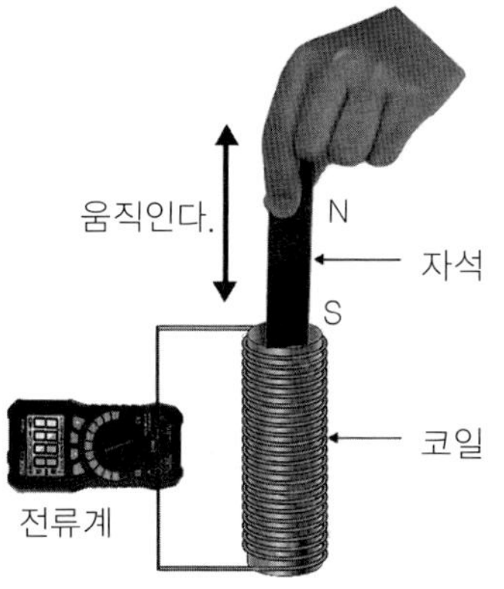

그림 1-32. 전자유도

[2] 유도 기전력의 크기

(1) 도체에 자력선을 변화시켰을 경우

맨 처음 도체와 교차되어 있는 자력선의 수가 ∅이었다고 하면, 이 자력선이 t인 시간에 변화하여 ∅′가 되었을 때 발생되는 기전력 E의 크기는

$$E = \frac{\varnothing - \varnothing'}{t}$$

로 표시되며, 도체가 N권의 코일이면 유도 작용이 겹치므로

$$E = N \times \frac{\varnothing - \varnothing'}{t}$$

가 된다.

(2) 도체와 자력선과의 상대운동에 할 때

이때의 기전력의 크기는 단위시간에 절단한 자력선의 수에 비례한다. 즉, t초 동안에 ∅의 자력선을 절단하였다고 하면 기전력의 크기 E는

$$E = \frac{\varnothing}{t}$$

가 되며, 기전력은 상대운동의 속도가 빠를수록, 절단한 자력선의 수가 많을수록(자속의

밀도가 클수록) 커진다.

3.4.5 렌즈의 법칙(lenz's law)

렌츠의 법칙은 1834년 독일의 물리학자 하인리히 렌즈에 의해 발견된 전자유도에 관한 법칙이다. 전기 회로에서 발생하는 유도 기전력은 폐회로를 통과하는 자속의 변화에 반하는 유도 자기장을 만드는 방향으로 발생한다. 폐회로를 통과하는 자속이 감소할 경우 이를 증가시킬 수 있는 유도 자기장을 만들기 위해, 유도 전류가 그에 맞는 방향으로 흐르게 된다. 즉, 자석이 움직이는 것을 방해하는 방향으로 유도 전류가 흐른다. 코일에 발생하는 유도기전력은 코일을 통과하는 자속이 많고 자속의 변화속도가 빠를수록 유도 기전력이 크게 발생하는데 이것을 렌즈의 법칙이라 하여 발전기에 응용된다.

[1] 자속의 증가작용

그림 33(a)와 같이 코일에 자석의 N극을 가까이하면 코일을 지나는 자속이 흐트러진다. 이것을 방지하려고 코일 자체의 유도 작용에 의해 N극이 자계를 형성하여 자석의 N극이 접근하는 것을 방해하고 유도전류를 코일에 흐르도록 하여 코일을 통과하는 자속을 증가시킨다.

[2] 자속의 감소작용

그림 33(b)와 같이 코일에서 자석을 멀리하면 코일 자체는 유도 작용에 의하여 자석 쪽에 S극을 형성하여 자석이 멀어지는 것을 방해하려고 한다.

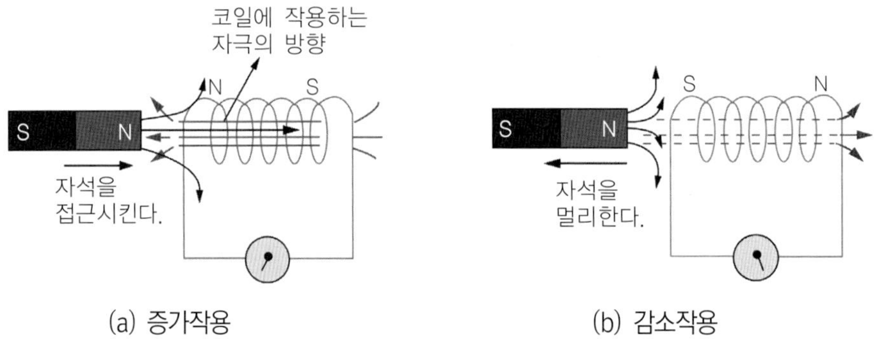

그림 1-33. 자속의 증가와 감소시 기전력의 변화

따라서 유도 전류를 자속의 증가 때와는 반대로 흐르도록 하여 코일을 통과하는 자속이 감소한다. 즉, 렌즈의 법칙에서 유도 기전력은 코일 내에 자속의 변화를 방해하는 방향으로 생긴다.

3.4.6 자기유도와 상호유도 작용

[1] 자기유도 작용(self-induction)

자기(自己)유도 작용은 코일에 배터리를 연결하고 전류를 흘리면 자기력선이 발생해 전자석이 되는데 전류가 흐르는 순간에 자기력선이 발생해서 커지게 된다. 이때 변화하는 자기력선에 따라 코일 자체에 유도 기전력이 발생하며 이를 자기유도 작용이라고 부른다. 자기유도 작용은 코일의 권수가 많을수록 철심이 들어 있을수록 커진다. 즉, 그림 34(a)에서와 같이 스위치를 닫아(ON) 코일에 전류를 흐르게 하면 코일 내부에 자속이 발생하고 코일에는 렌즈의 법칙에 의하여 기전력이 발생하여 전류의 흐름을 방해한다. 그리고 그림 34(b)에서와 같이 스위치를 열면(OFF) 자속이 급속히 감소하면서 다시 코일에 역기전력이 발생한다.

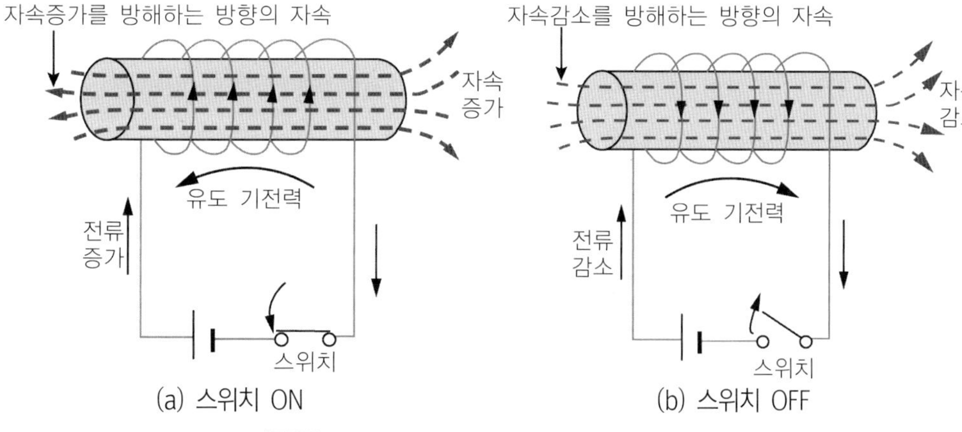

그림 1-34. 자기유도 작용의 원리

이와 같이 코일자체의 전류변화에 의하여 기전력이 유도되는 작용이다. 자동차의 점화코일의 1차 코일에서 사용하며 12V의 전압을 200~300V로 승압시킨다. 일반적으로 자기유도 작용에 의하여 발생되는 기전력의 크기는 전류의 변화속도에 비례한다. 즉,

기전력 $\propto$ 전류의 변화속도

기전력 = 자기 인덕턴스(L) × 전류의 변화속도

가 된다. 따라서

$$L = \frac{\text{기전력}}{\text{전류의 변화속도}}$$

이 비례상수 L은 코일의 자기 인덕턴스(self-inductance)라 하며, 단위는 헨리(Henry, 기호 H)를 사용한다. 즉, 자기 인덕턴스 L(H)의 코일에서 그 코일에 흐르는 전류가 t초 동안에 I(A) 변화하였을 때 기전력의 크기 E는

$$E = -L\frac{I}{t}$$

로 표시한다.

[2] 상호유도 작용(mutual induction)

그림 35와 같이 A, B의 두 코일을 가까이한 후 A코일에 흐르는 전류를 스위치로 단속(ON/OFF)하면 B코일에 기전력이 발생한다. 이것은 A코일의 전류에 의하여 발생한 자력선이 스위치의 OFF에 따라 전류와 함께 변화하기 때문이다. 이때 렌즈의 법칙에 의해 자력선의 방향은 1차코일의 전류의 흐름과 반대방향이다.

이와 같이 하나의 전기회로에 자력선의 변화가 생겼을 때 그 변화를 방해하려고 다른 전기회로에 기전력이 발생하는 현상을 상호유도 작용이라 한다. 여기서 전원과 연결된 A코일을 1차코일, B코일을 2차코일이라 하며, 자동차에서는 점화코일의 2차코일 에서 상호유도 작용을 이용하여 15,000~30,000V의 고전압을 얻는다.

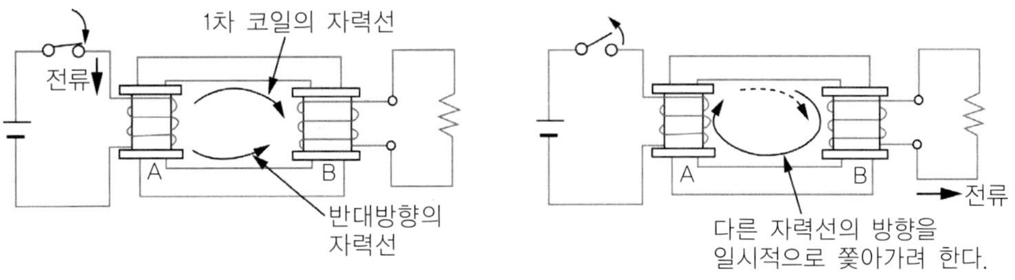

(a) 스위치 OFF → ON　　　　(b) 스위치 ON → OFF

그림 1-35. 상호유도 작용

1차 코일에 흐르는 전류의 변화로 높거나 낮은 상호유도 기전력을 얻을 수 있다. 기전력 용량의 등급은 2차 코일에 의해 결정되며, 상호유도의 기호를 M, 그리고 측정단위를 H(Henry)라 한다.

상호유도의 1H는 1차 코일에 초당 1A의 전류를 변화시키고 이 1차 코일에 의해 2차 코일이 1V의 기전력을 발생하는 것을 말한다. 이것을 공식으로 표시하면 다음과 같다.

$$M = L \times \frac{2차\ 코일의\ 권수(N_2)}{1차\ 코일의\ 권수(N_1)}$$

$$e2 = L \times \frac{N_2}{N_1} \times \frac{I}{t} = e_1 \times \frac{N_2}{N_1}$$

e_1 : 자기유도 기전력[V]　　e_2 : 상호유도 기전력[V]
M : 상호 인덕턴스[H]　　L : 자기 인덕턴스
N_1 : 1차코일의 권수　　N_2 : 2차코일의 권수

(a) 낮은 상호 인덕턴스　　　　(b) 높은 상호 인덕턴스

그림 1-36. 인덕턴스와 코일권수

3.4.7 역기전력(back electromotive force)

전기기재(電氣器材)나 전기회로에서 전원전압과 반대방향으로 생기는 기전력으로 변압기・직류전동기・교류전동기 같이 인덕턴스를 가진 회로에 전원에서 전력을 공급하면 전압을 거는 순간 급격히 전류가 흐르기 시작하므로 패러데이의 전자기유도 법칙에 의해 전류의 변화 크기에 비례하는 기전력이 걸려진 전압과 반대방향으로 생긴다. 이것을 역기전력이라고 한다.

그림 37과 같이 스위치를 넣으면 코일 A의 역기전력은 최초의 전압과 같은 전압이기 때문에 전류는 0이지만, 그 후 전류가 흐르기 시작하여 그림 38과 같이 점점 증가한다. 이때 코일 A에는 저항 R이 있어 옴의 법칙에 의해 전류 I_A가 흐르면 그 저항에는 전압 강하가 발생하여 아래와 같은 공식의 크기로 된다.

$$V = I_A \cdot R[V]$$

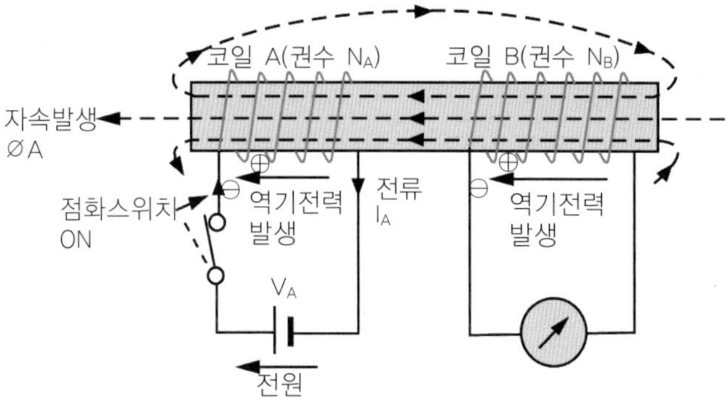

그림 1-37. 전류의 변화와 역기전력

이 전압강하 때문에 코일 A에 흐르는 전압은 전류가 증가하므로 약해지고, 역기전력도 약해진다. 이때 코일의 역기전력 E[V]와 코일의 저항분량에서 발생하는 전압강하 $I_A \cdot R[V]$을 가한 것이 통상 전압과 동등하게 되나, 역기전력과 전압강하는 시간과 함께 변하여 일정전류(포화전류)로 될 즈음에 전압강하는 100%로 되고 역기전력은 0으로 된다.

$$V_B = E + I_A \cdot R$$

이와 같이 스위치를 ON할 때에는 역기전력이 최초의 전원전압과 같은 전압으로 나타나

시간과 더불어 감소하며, 이에 따라 흐르는 전류도 일정 전류로 되어 최종의 포화전류는 $I_A = \frac{V_B}{R}$ [A]로 되어 안정된다.

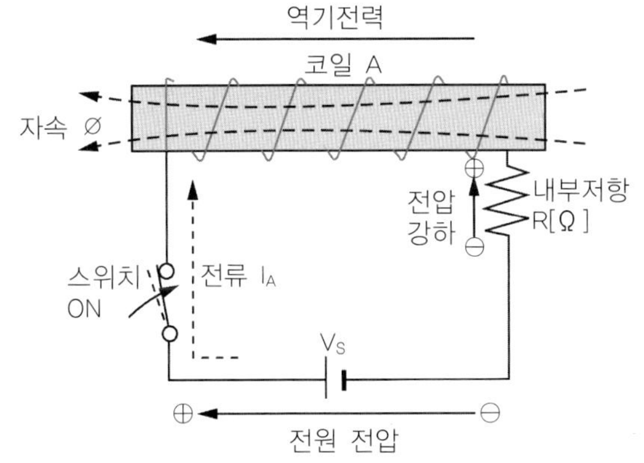

그림 1-38. 코일 A의 역기전력

이렇게 하여 일정 전류로 흐르고 있는 코일의 전류를 차단하면 전류가 갑자기 0으로 되고 자속 또한 0으로 된다. 따라서 자속이 0으로 되는 변화가 생기기 때문에 기전력(E)이 발생하며 이것은 아래 공식과 같이 자속 변화율(dØ/dt)에 코일 권수를 곱한 크기의 전압이 된다.

$$E = -N\frac{d\varnothing}{dt} [V]$$

N : 코일 권수 dØ : 자속변화 dt : 시간변화

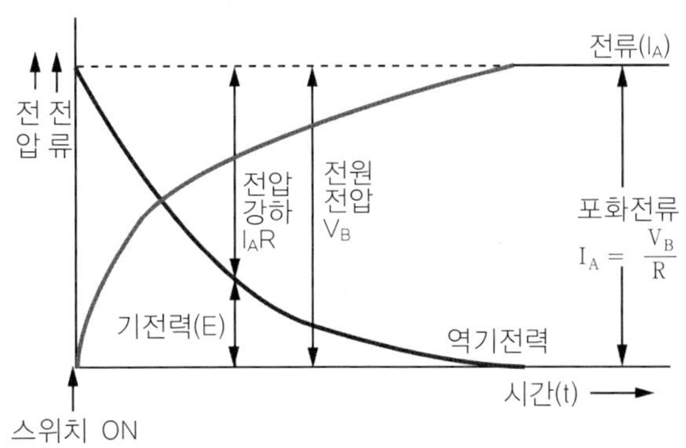

그림 1-39. 전류의 변화와 역기전력

3.4.8 맴돌이 전류(eddy current)

도체의 내부 안에서 만들어지는 전류로, 도체 전체가 아닌 일부분에 소용돌이 모양으로 닫힌 통로를 흐르는 전류로서, 도체 내부를 지나는 자기력선속의 변화로 인해서 생기는 전류를 말한다. 자석을 도체판 위에서 이동시키면 자기력선속이 변하면서 맴돌이전류가 생기고, 맴돌이전류의 자기장은 자석의 이동을 방해하게 된다.

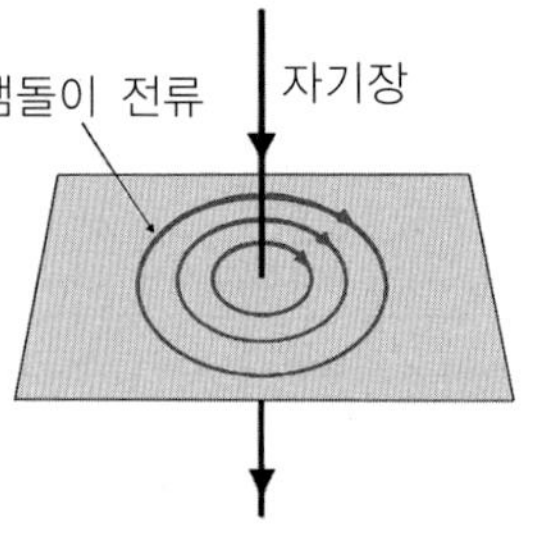

그림 1-40. 맴돌이 전류

3.5 직류와 교류

3.5.1 직류(direct current)

흐르는 방향이 일정한 전류로 약칭으로 DC라 하며, 전류 가운데 방향과 크기가 일정한 것을 가리키는 경우가 많으며 방향은 일정하나 크기가 달라지는 경우는 직류와 구별하여 맥동전류(脈動電流)라 한다. 전지의 전압처럼 극성(+ · −)이 일정한 전압을 직류전압이라 한다.

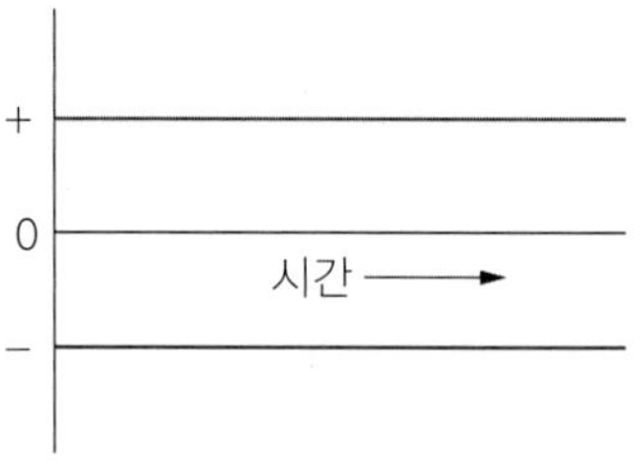

그림 1-41. 직류

3.5.2 교류(alternating current)

시간이 경과함에 따라 크기와 방향이 주기적으로 변하는 전류 또는 전압으로 약칭으로 AC라 하고, 주기적인 파형을 가지며 평균값은 0이 된다. 대표적인 교류는 사인파의 파형을 하고 있으며, 이것을 사인파 교류라 하고, 그렇지 않은 교류를 비사인파 교류라 한다. 1개의 파형이 반복되는 시간간격을 주기라 하며, 1초 동안에 반복하는 수를 주파수(㎐)라 한다. 일반적인 전력은 50㎐ 또는 60㎐이며 이것을 상용주파수라 하고 상용주파수보다 낮은 것을 저주파, 높은 것을 고주파라 한다. 상(相)의 수에 따른 분류에서는, 3상 교류, 단상교류 등이 있다.

일반적으로 사인파교류에서 전류는 $I = I_0\sin(\omega t+\varphi)$로 주어진다. 이때 I는 전류의 순시 값(instantaneous value), ω 는 각주파수(角周波數), φ 는 초기위상, I_0는 전류의 최대값, t는 시간이다. 전류의 세기는 실효값으로 표시하며, 사인파교류의 실효 값은 전류의 최대값 I_0의 $\frac{1}{\sqrt{2}}$(0.707)배이다.

교류전류계·교류전압계 등의 눈금은 이 실효값을 나타낸다.

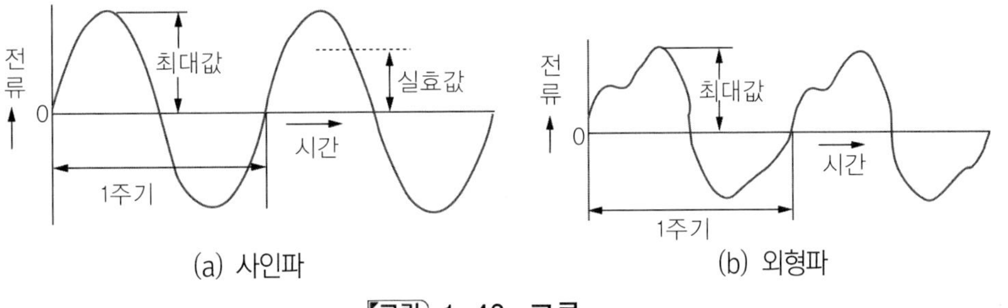

그림 1-42. 교류

따라서 1A의 전류 100V의 전압일 때의 전류 및 전압의 최대값은 실효값×1.414이므로 약 1.41A 및 약 141V이다. 교류회로에 교류기전력 $e = E_0\sin\omega t$를 걸 때, 회로에 흐르는 전류는 $I = I_0\sin(\omega t+\varphi)$로 표시되며, 전압과 전류 사이에는 위상차 φ가 있다. 이것이 교류회로의 특징이며, I_0와 φ 는 회로의 임피던스에 의해 결정된다.

예를 들어, 인덕턴스 L헨리인 코일, 커패시턴스 C패럿인 축전기, 저항 RΩ 이 직렬로 연결되어 있는 LCR의 직렬회로의 전류의 최대값 I_0는, $I_0=\frac{E_0}{Z}$, $Z=\sqrt{R^2\left(\omega L-\frac{1}{\omega C}\right)^2}$

으로 주어진다. 이때 Z는 회로의 임피던스의 크기이다. 또 φ 는, $\tan\phi = \frac{\omega L - \frac{1}{\omega C}}{R}$ 로 주어진다.

4 반도체(semiconductor)

4.1 반도체의 개요

반도체는 열 등의 에너지를 통해 전도성을 급격하게 변화시킬 수 있는 고체 물질이다. 그 중에서도 상온에서는 도체보다는 전하를 잘 이동시키지는 못하나 절연체보다는 비교적 전하를 잘 이동시키는 물질(물체)로 상온에서의 전기 저항률이 도체와 절연체의 중간정도로 저항 값이 10^{-4}~10^{10}Ω ·㎝인 정도의 비저항을 가지나 그 범위가 엄격하게 정해져 있지 않다. 또 온도상승에 따라 금속 및 도체는 저항률이 증가하나 반도체는 온도상승에 따라 저항률이 급격히 낮아진다.

반도체는 불순물의 첨가, 빛 조사, 온도변화 등 외부요인에 의해 그 전기적 성질이 크게 변화하는데, 이 특성은 저항률(전기전도율)에 관한 성질보다도 더욱 중요하며, 주로 증폭장치, 계산 장치 등을 구성하는 집적회로를 만드는 데에 쓰인다.

[1-각 물질의 고유저항]

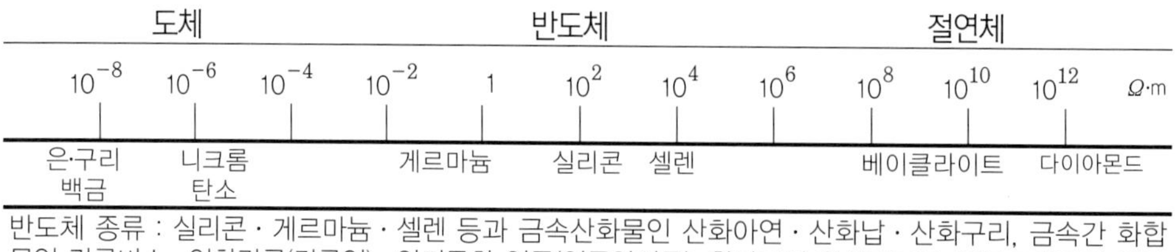

반도체 종류 : 실리콘 · 게르마늄 · 셀렌 등과 금속산화물인 산화아연 · 산화납 · 산화구리, 금속간 화합물인 갈륨비소 · 인화갈륨(갈륨인) · 안티몬화 인듐(인듐안티몬), 황화물인 황화카드뮴, 텔루르화물인 텔루르화카드뮴, 유기 화합물인 안트라센 등

4.1.1 반도체의 성질

① 다른 금속이나 반도체와 접속하면 정류작용(다이오드), 증폭작용 및 스위칭 작용(트랜지스터)을 한다.

② 빛을 받으면 고유저항이 감소한다(포토다이오드 및 포토트랜지스터).

③ 열을 받으면(온도가 상승하면) 전기 저항 값이 변화하는 지백(zee back)효과를 나타낸다(서미스터).

④ 압력을 받으면 전기가 발생하는 피에조(piezo)효과를 나타낸다(압전소자).

⑤ 자기(磁氣)를 받으면 통전성이 변화하는 홀(hall)효과를 나타낸다.

⑥ 전류가 흐르면 열을 흡수하는 펠티어(peltier)효과를 나타낸다.

⑦ 쇠붙이는 가열하면 저항이 커지지만 반도체는 반대로 작아진다.

⑧ 반도체에 섞여 있는 불순물의 양에 따라 저항을 매우 커지게도 할 수 있다.

⑨ 교류 전기를 직류전기로 바꾸는 정류작용을 할 수도 있다.

⑩ 반도체가 빛을 받으면 전기를 일으키는데 이를 광전효과라 한다.

⑪ 어떤 반도체는 전류를 흘리면 빛을 내기도 한다.

4.1.2 반도체의 장점 및 단점

[1] 반도체의 장점

① 매우 소형이고, 가볍다.

② 내부 전력손실이 매우 적다.

③ 예열시간을 필요로 하지 않고 곧 작동한다.

④ 기계적으로 강하고, 수명이 길다.

[2] 반도체의 단점

① 온도가 상승하면 그 특성이 매우 나빠진다(게르마늄은 85℃, 실리콘은 150℃ 이상 되면 파손되기 쉽다).

② 역내압이 매우 낮다.

③ 정격 값 이상 되면 파괴되기 쉽다.

4.2 반도체의 종류

4.2.1 진성 반도체(intrinsic semiconductor)

진성 반도체란 불순물을 첨가하지 않은 순수한 반도체로(실리콘 결정의 순도는 99.9999999999%) 도체의 결정에 불순물이 없거나, 있더라도 매우 적고 게르마늄이나 실리콘은 결정이 같은 수의 전자와 홀(hole, 정공(+)전기가 남아 있는 빈자리)이 있는 반도체이며 절연체에 가까워 원자핵에 결합되어 있는 전자가 움직일 수 없기 때문에 외부에 전압을 걸어도 전류는 흐르지 않는다.

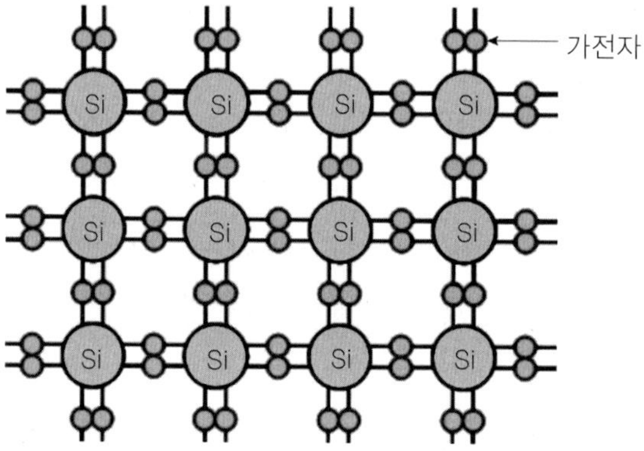

「그림」 1-43. 진성 반도체 실리콘의 공유결합

4.2.2 불순물 반도체(extrinsic semiconductor)

불순물반도체는 반도체의 한 종류이다. 비고유 반도체 또는 외인성 반도체(extrinsic semiconductor)라고도 한다. 순수한 진성반도체에 불순물(도펀트)를 소량첨가(도핑)한 것이다. 정공은 전자를 받아들일 수 있으므로 억셉터(acceptor), 전자를 추가로 제공하는 것은 도너(donor)라고 한다. 어떠한 불순물을 주입하는가에 따라 반도체의 도너 또는 억셉터로 작용하게 된다. 이러한 반도체를 불순물 반도체라고 한다.

[1] N형 반도체(N-type semiconductor)

실리콘에 5가의 원소인 비소(As), 안티몬(Sb), 인(P) 등의 원소를 조금 섞으면 5가의 원자가 실리콘 원자 1개를 밀어내고 그 자리에 들어가 실리콘 원자와 공유결합을 한다. 이때 5가의 원자에서는 전자 1개가 남게 되며 이 경우 전기의 캐리어(carrier : 운반자)가 전자이므로 (-)라는 의미에서 N형 반도체라 한다. 전자를 만들어 주는 불순물 원자를 도너라 부른다.

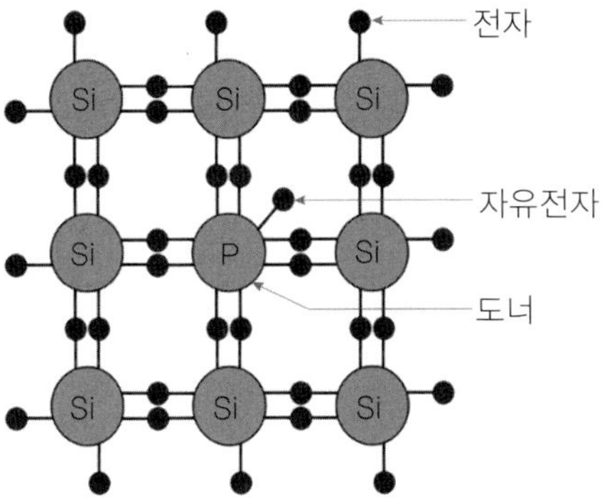

「그림」 1-44. N형 반도체

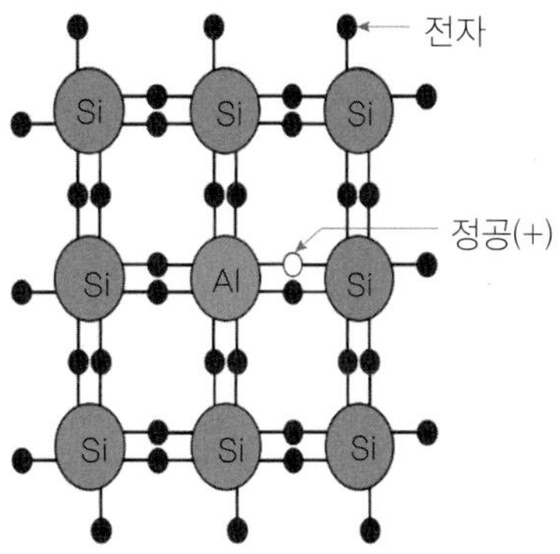

「그림」 1-45. P형 반도체

[2] P형 반도체(P-type semiconductor)

자유전자보다 정공을 증가시킨 반도체이다. 진성반도체에 정공을 증가시키기 위해 불순물인 3가 원소(알루미늄(Al), 붕소(B), 갈륨(Ga), 인듐(In))를 첨가한다. 규소의 가전자는 4개이고 갈륨은 3개이므로 공유결합하기 위해서는 가전자 1개가 부족하다. 이때 전자가 부족한 곳이 정공이 되고, 전체의 캐리어는 자유전자보다 정(positive)의 전기를 갖는 정공 쪽이 많아지게 되고 positive의 머리문자를 따서 P형 반도체라 한다.

4.3 반도체 소자(semiconductor device)의 종류

반도체 소자는 반도체 소자 또는 솔리드 스테이트 소자는 전자공학에서, 반도체의 전기전도 특성을 이용한 전자 회로나 비슷한 장치에 주로 쓰이는 부품을 뜻한다.

4.3.1 다이오드(diode)

다이오드는 저마늄(germanium) 또는 게르마늄(Ge : germanium)이나 규소(Si)로 만들어지고, 주로 한쪽 방향으로 전류가 흐르도록 제어하는 반도체 소자를 말한다. 정류, 발광 등의 특성을 지니는 반도체 소자이다.

다이오드는 한쪽 방향으로만 전류가 흐르기 쉬운 성질을 이용한 정류용이나 검파용의 것을 말하며, 다이오드는 P형 반도체와 N형 반도체를 마주 대고 접합한 것이며, P형 부분에는 애노드(A), N형 부분에는 캐소드(K)의 전극이 양 끝에 설치되어 있고, P형 부분과 N형 부분이 접하고 있는 면을 접합면이라 한다. 접합면 부근은 캐리어가 결핍한 층이 발생되는데 이것을 공핍층이라 한다.

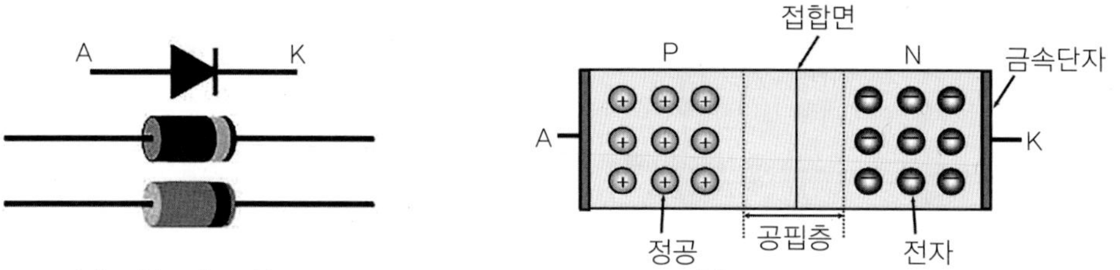

(a) 기호 및 모형
(b) 다이오드 구조

그림 1-46. 다이오드

[1] PN접합에 순방향 전압을 가한 경우

전원을 P형에는 (+)을, N형에는 (−)을 접속하면 P형의 홀은 (+)극에 반발하여 N형으로 유입되고, N형의 전자는 (−)극에 반발하여 P형 속으로 유입된다. 이에 따라 다이오드에는 전류가 흐르며 이러한 상태를 순방향 흐름이라 한다.

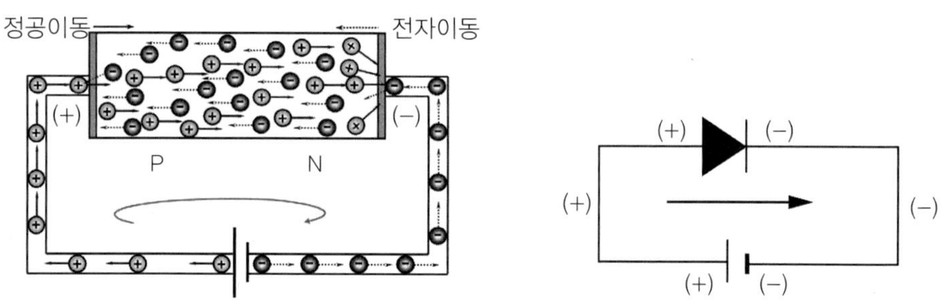

(a)
(b)

그림 1-47. 순방향(전류가 흐를 때)흐름

[2] PN접합에 역방향 전압을 가한 경우

P형 부분에 음(−)전압, N형 부분에 양(+)전압을 가하면 P형 부분의 정공은 음극에, N형 부분의 전자는 양극에 끌려가며, 전위 장벽은 높아지고 더욱 공핍층의 폭도 넓어진다. 따라서 캐리어의 이동이 되지 않으므로 전류는 흐르지 않는다.

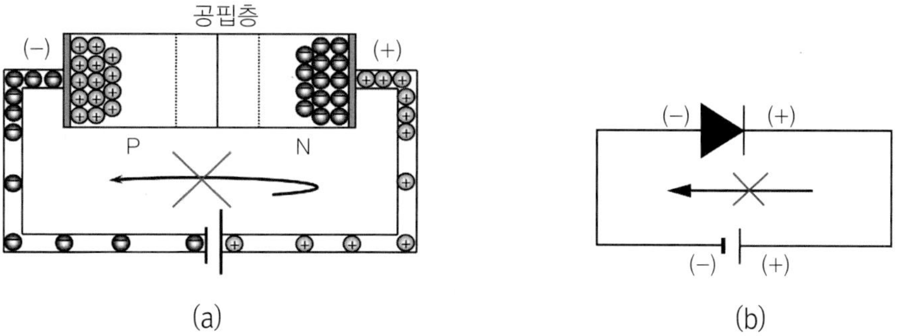

그림 1-48. 역 방향(전류가 흐르지 않을 때)흐름

4.3.2 제너 다이오드(zanier diode)

제너 다이오드는 실리콘 다이오드의 일종으로 정전압 다이오드라고도 한다. 일반적인 다이오드와 유사한 PN 접합 구조이나 다른 점은 매우 낮고 일정한 항복 전압 특성을 갖고 있어, 어떤 전압 하에서도 역 방향으로 전류가 통할 수 있도록 제작한 것이다. 즉, 역 방향으로 가해지는 전압이 어떤 값에 도달하면 순방향 흐름과 같이 급격히 전류를 흐르게 한다.

그림 1-49. 제너 다이오드

이때의 전압을 제너전압(브레이크다운 전압 : brake down voltage)이라 부른다. 또 역방향 전압이 점차 감소하여 제너전압 이하가 되면 역방향 전류가 흐르지 못한다. 이 제너전압은 온도 및 사용에 의한 변화가 적으며, 자동차용 교류발전기의 전압 조정기 전압 검출이나 일정 전압회로 등에서 사용하고 있다.

4.3.3 발광 다이오드(LED : light emission diode)

발광 다이오드는 순방향으로 전류를 흐르게 하면 빛이 발생되는 것이며, 발광 원리는 전계 발광 효과를 이용하고 있다. 또한 전력 소모도 현저히 적을뿐더러 수명도 길다.

발광다이오드의 색은 사용되는 재료에 따라서 다르며 자외선 영역에서 가시광선, 적외선

영역까지 발광하는 것을 제조할 수 있다. 빛을 발생할 때에는 순방향 흐름으로 10mA 정도의 전류가 필요하며, PN형 접합면에 순방향 전압을 가하여 전류를 흐르게 하면 캐리어(carrier)가 지니고 있는 에너지 일부가 빛으로 변화하여 외부로 방사된다. 극성이 있으므로 애노드와 캐소드를 반대로 인가했을 경우 발광하지 않는다. 또한 역방향 내전압이 낮으며 파괴되기도 쉽다.

용도는 각종 파일럿램프, 배전기의 크랭크 각 센서와 상사점(TDC)센서, 차고 센서, 조향핸들 각속도 센서 등에서 사용한다. 물질의 특성에 따라 빛의 색깔이 달라지며, 인화갈륨인 경우, 아연 및 산소원자가 관여하는 발광은 적색이고, 질소원자가 관여하는 발광은 녹색이다.

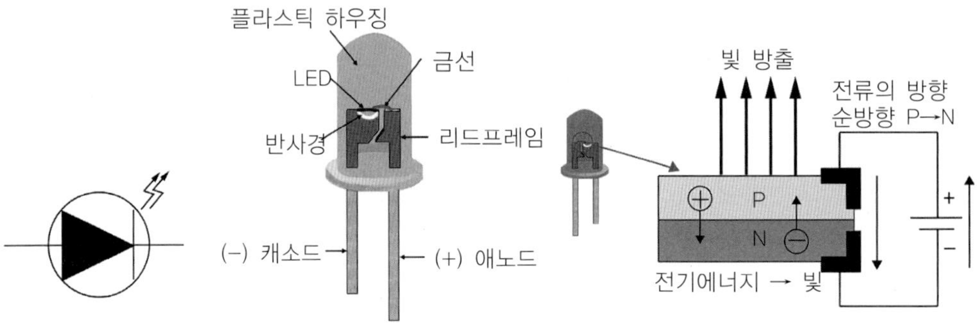

(a) 기호 (b) 구조 (c) 원리

그림 1-50. 발광 다이오드

4.3.4 포토다이오드(photo diode)

포토다이오드(광다이오드)란 광검출기 같은 기능이 있는 반도체 다이오드이다. 광다이오드는 소자의 민감한 부분에 빛이 들어오도록 창이나 광섬유 연결 패키지가 있다. 또한 창 없이 자외선이나 엑스선을 검출하는 데도 사용된다.

PN다이오드에 역방향 전압을 걸어놓으면 평상시에는 저항 역할을 해 전류가 흐르지 않는다. 하지만 PN다이오드가 빛을 받으면 빛이 저항을 줄여주기 때문에 역방향 전압에서도 전류(역방향전류)를 흐르게 할 수 있다.

포토다이오드는 빛 에너지를 전기 에너지로 바꿀 수 있는 소재이다. 따라서 다양한 전자기파를 전기신호로 바꾸는 역할을 한다. 이것은 빛의 양에 의해 자유전자, 정공이 활성화되어 빛의 양에 비례하게 역방향 전류가 흐른다. 용도는 배전기 내의 크랭크각 센서와 상사점(TDC) 센서, 차고센서, 조향핸들 각속도 센서 등에서 사용한다.

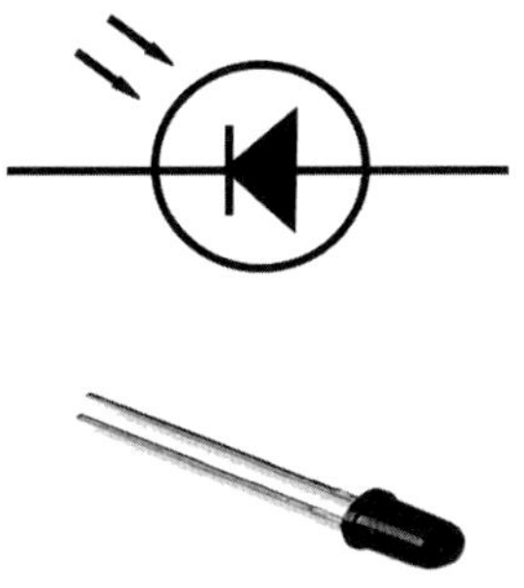

(a) 기호 및 외형

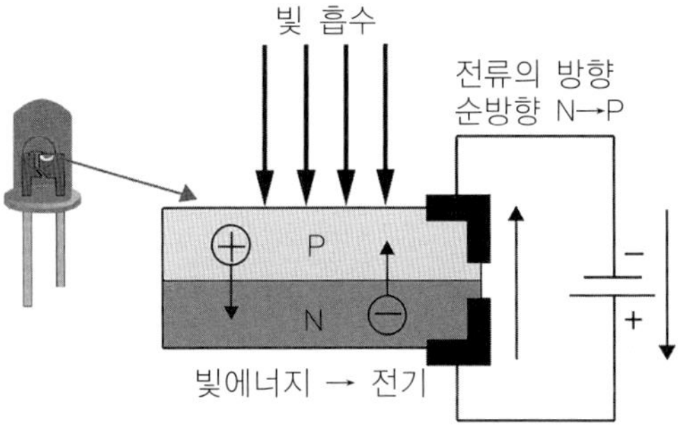

(b) 원리

그림 1-51. 포토다이오드

4.4 트랜지스터(transistor)

트랜지스터는 저마늄, 규소 따위의 반도체를 이용하여 전자 신호 및 전력을 증폭하거나 스위칭하는 데 사용되는 반도체 소자이다. 트랜지스터는 PN형 다이오드의 N형 쪽에 P형을 덧붙인 PNP형과, P형 쪽에 N형을 덧붙인 NPN형이 있으며, 3개의 단자 부분에는 인출선이 붙어 있다.

그림 1-52. 트랜지스터

중앙부분을 베이스(B, base : 제어부분), 양쪽의 P형 또는 N형을 각각 이미터(E : emitter) 및 컬렉터(C : collector)라고 한다. PNP형은 이미터에서 베이스로 전류가 흐르고, NPN형은 베이스에서 이미터로 전류가 흐른다.

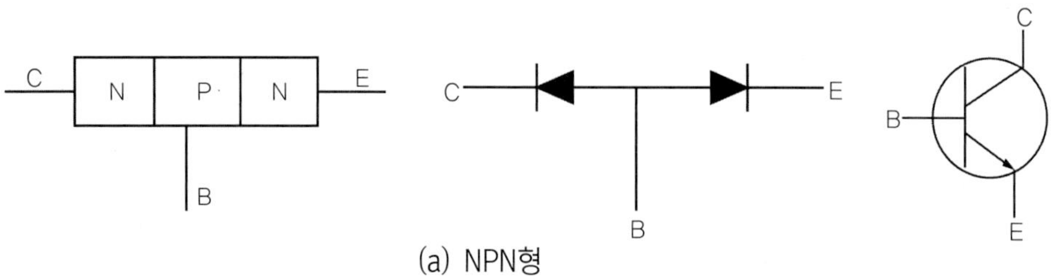

(a) NPN형

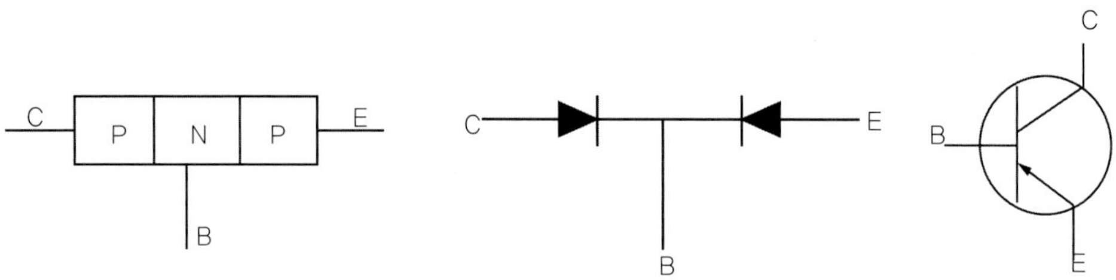

(b) PNP형

그림 1-53. 트랜지스터의 구조 및 기호

4.4.1 트랜지스터에 전류가 흐를 때

베이스와 이미터사이에 순방향 전압 V_1을 가하고 있으므로 전위장벽은 낮아지며, 이미터의 N형의 부분은 불순물의 농도가 짙으므로 전자가 다수 발생하고 베이스의 P형 부분은 두께가 얇아 불순물 농도도 저하하고 있으므로 정공은 매우 적다. 이미터의 전자는 전위장벽을 지나 확산하면서 베이스로 향하고 1% 정도가 베이스의 정공과 결합하여 소멸한 베이스의 약간의 정공은 전지의 [+]극이 계속 보급되므로 이것이 약간의 베이스 전류 I_B가 된다.

베이스의 정공과 결합되지 않은 이미터로부터의 99% 정도의 전자는 컬렉터 쪽의 전압 V_2에 의해 컬렉터 쪽으로 이동한다. 이것이 컬렉터 전류 I_C가 된다. 이미터의 전자는 전지의 [-]극에서 계속 보급되므로 이것이 이미터 전류 I_E가 되며, 이미터 전류 I_E의 대부분은 컬렉터 전류 I_C가 되고 베이스 전류 I_B로 되는 것은 매우 적다.

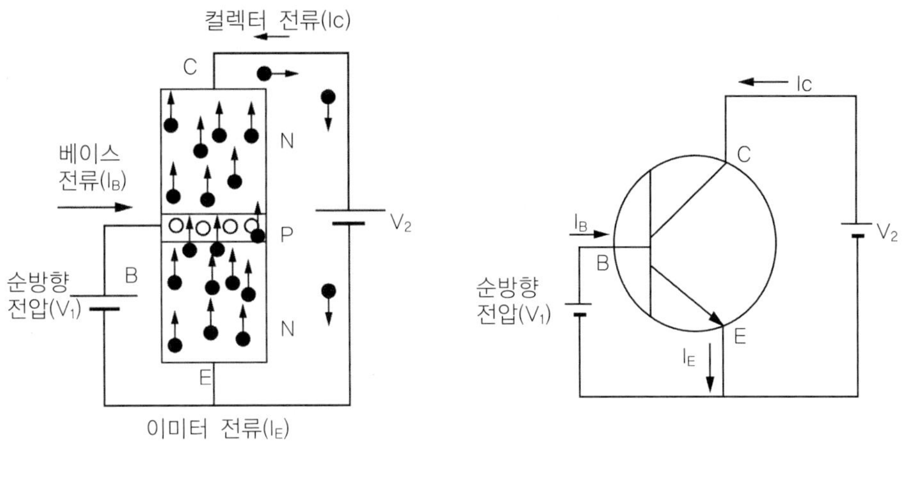

(a) (b)

그림 1-54. 베이스 전류가 흐를 때(트랜지스터에 전압을 가하는 방법)

4.4.2 트랜지스터에 전류가 흐르지 않을 때

베이스와 이미터사이에는 전압이 가해지지 않으므로 베이스 전류가 흐르지 않을 때이며, 컬렉터와 베이스에만 역방향 전압이 가해져 있는 경우 컬렉터와 베이스의 접합면 부근은 장벽이 높아 컬렉터 베이스사이에 전류는 흐르지 않는다.

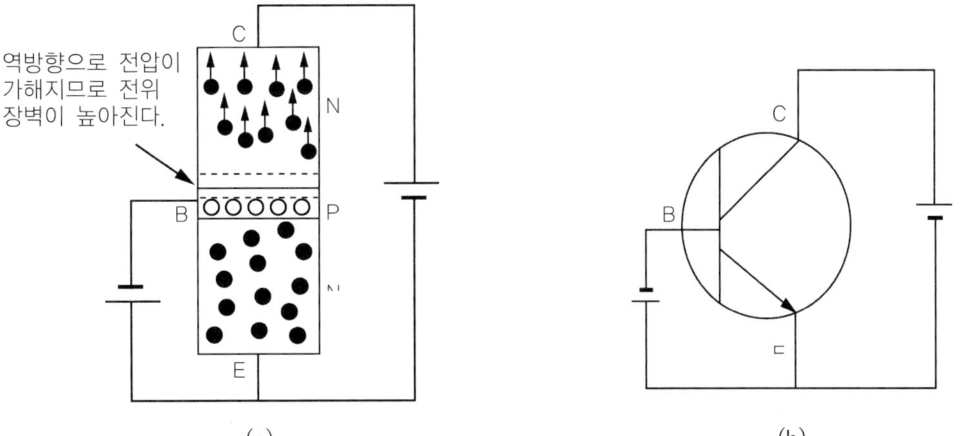

(a) (b)

그림 1-55. 베이스 전류가 흐르지 않을 때

4.4.3 트랜지스터의 작용

트랜지스터의 대표적인 작용으로는 스위칭작용, 증폭작용 및 발진작용 등이 있다.

[1] 스위칭작용

트랜지스터의 컬렉터 전류 I_C와 이미터 전류 I_E사이를 도통 상태로 하려면 베이스 전류 I_B를 흐르게 하면 된다. 반대로 베이스 전류 I_B를 단속하면 컬렉터 전류 I_C와 이미터 전류 I_E를 단속할 수 있다. 이것을 트랜지스터의 스위칭작용이라 하며 릴레이와 같이 작은 전류로 큰 전류를 제어하며 릴레이는 1초에 100~200회 정도 스위치 작동을 할 수 있지만 트랜지스터는 1초에 1000회 정도 스위칭작용을 할 수 있고 릴레이와 같이 접점의 마모나 채터링이 없어 동작이 안정된다.

[2] 증폭작용

트랜지스터는 베이스전류 I_B를 약간 변화시키는 것으로 컬렉터 전류 I_C를 크게 바꿀 수 있으며, 베이스전류 I_B와 컬렉터전류 I_C의 합은 이미터전류 I_E가 되고, 컬렉터 전류 I_C와 베이스전류 I_B의 비율을 직류증폭률이라 하며, h_{FE}로 나타낸다. $I_E = I_B + I_C$, $h_{FE} = \frac{I_C}{I_B}$로 h_{FE}의 값은 일반적으로 10~10,000이다.

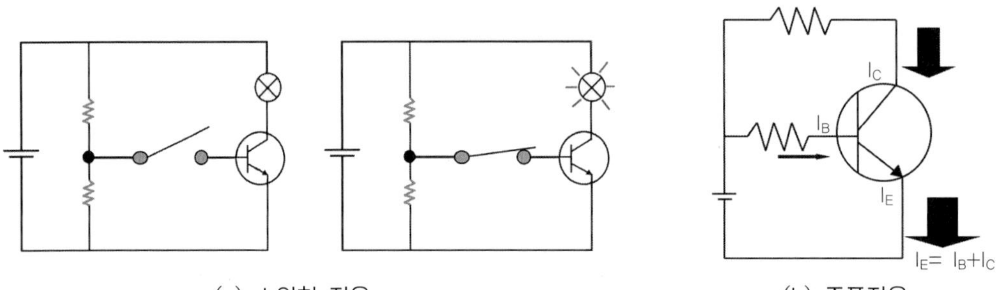

(a) 스위칭 작용 (b) 증폭작용

그림 1-56. 트랜지스터 작용

4.4.4 포토 트랜지스터(photo transistor)

이것은 PN접합부에 빛을 쪼이면 빛 에너지에 의해 발생한 전자와 홀이 외부로 흐른다. 입사광선에 의해 전자와 홀이 발생하면 역 전류가 증가하고, 입사광선에 대응하는 출력전류가 얻어지는데 이를 광전류라 한다. 빛이 베이스전류 대용으로 사용되므로 전극이 없고 빛을 받아서 컬렉터 전류를 제어한다.

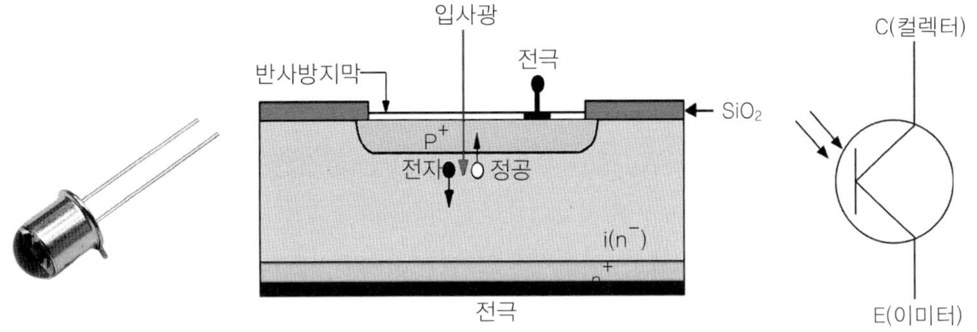

(a) 외형 (b) 구조 (c) 기호

그림 1-57. 포토트랜지스터의 구조 및 기호

4.4.5 사이리스터(thyrister)

이것은 SCR(silicon control rectifier)이라고도 하며 PNPN 또는 NPNP 접합으로 되어 있으며 스위칭작용을 한다. 사이리스터는 일반적으로 단방향 3단자를 사용한다. (+)쪽을 애노드(anode), (−)쪽을 캐소드(cathode), 제어단자를 게이트(gate)라 부른다. 애노드에서 캐소드로의 전류가 순방향 흐름이며, 캐소드에서 애노드로 전류가 흐르는 방향을 역방향 흐름이라 한다.

순방향 흐름은 전류가 흐르지 못하는 상태이며, 이 상태에서 게이트에 (+)를, 캐소드에는 (−)를 연결하면 애노드와 캐소드가 순간적으로 통전되어 스위치와 같은 작용을 하며, 이후에는 게이트 전류를 제거하여도 계속 통전상태가 되며 애노드의 전압을 차단하여야만 전류 흐름이 해제된다.

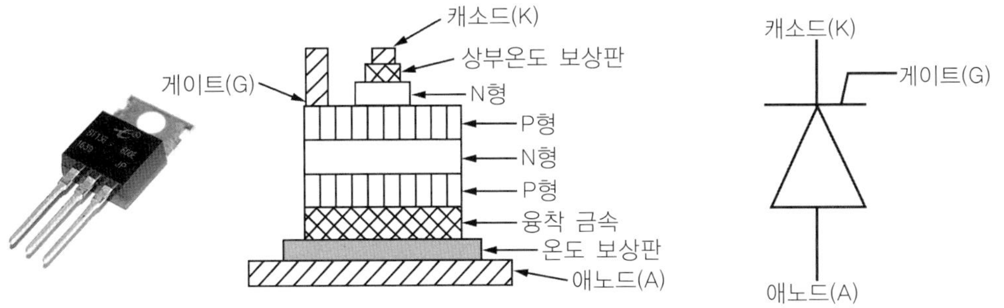

(a) 외형 (b) 구조 (c) 기호

그림 1-58. 사이리스터

4.5 IC(집적회로 : integrated circuit)

절연기판 위에 트랜지스터, 다이오드, 저항, 축전기 등의 각 소자를 단독 또는 조합시켜 정밀하게 여러 가지 작동을 하도록 구성시킨 것이다. IC회로는 혼성 IC회로(hybrid IC)와 모놀리식 IC회로(monolithic IC)로 구분할 수 있으며, 혼성은 얇은 막(thin film) 혼성 IC 회로와 두꺼운 막(thick film) 혼성 IC회로로 나눈다.

현재 IC회로의 주축을 이루고 있는 것은 모놀리식 IC회로이며, 두께 1mm, 한 변이 5mm 정도인 반도체(실리콘)의 얇고 작은 조각, 즉 칩(chip) 또는 다이(die) 위에 전자회로를 형성시켜 만든다. 이들 칩에 들어 있는 각각의 회로소자 수는 소규모 IC회로(SSI)에서는 약 100개 미만, 중규모 IC회로(MSI)에서는 100~1,000개, 대규모 IC회로(LSI)에서는 1,000~10만개, 그리고 초 대규모 IC회로(VLSI)에서는 10만개 이상이다. 트랜지스터를 기준으로 할 때 소형 진공관은 약 200배의 크기이다.

4.5.1 RAM(random access memory)

RAM은 기억시키거나 지우는 작용의 두 회로가 있어 정보의 기록・해독이 가능하므로 컴퓨터나 주변 단말기기의 기억장치에 널리 쓰이고 있다. 장점으로는 가격이 싸고, 소형, 낮은 소비전력, 고속 호출, 비파괴성 해독 등이며, 단점으로는 전원을 차단하면 기억되어 있던 모든 데이터가 지워진다. 종류에는 전원이 연결된 상태에서 일정한 주기마다 리프레시(refresh)조작을 해주어야만 정보가 지워지지 않는 다이내믹램(DRAM)과 전원만 연결되어 있으면 정보가 지워지지 않는 스태틱램(SRAM)이 있다.

이와 같이 전원이 끊어지면 정보가 상실되는 것을 휘발성 메모리(volatile memory)라 하고, 스태틱램은 다른 IC회로와 접속하기 쉽고 읽어내기 및 써 넣기가 간단하며, 고속으로 할 수 있는 이점이 있는 반면 다이내믹램과 같은 기억용량으로 하려면 3~4배의 소자가 더 필요하므로 그만큼 복잡하고 가격도 비싸다. 다이내믹램은 64MB가 주로 사용되고 256MB가 실용화 되고 있으며, 대용량화에 적합하다.

4.5.2 ROM(read only memory)

ROM은 컴퓨터의 판독전용 기억장치를 말한다. 한번 기억시키면 다음에는 전혀 내용을 지울 수 없다.

전원을 차단하여도 정보가 없어지지 않는 비휘발성(non-volatile) 기억장치이며, 문자패턴 발생기나 코드 변환기처럼 실행하는 처리가 일정하고 많은 양으로 사용되는 것은 기억할 정보를 소자의 제조와 동시에 설정하기 때문이다. 따라서 ROM은 정보를 소자의 구조로 기억하고 있으므로 바꾸어 쓸 수가 없다. 하지만 써넣기, 소거, 다시 써넣기가 가능한 ROM을 EP-ROM(erasable and program mable-read only memory)이라 한다.

4.6 컴퓨터의 논리회로

불 대수(Boolean algebra)를 이용하여 1개 이상의 논리 입력을 일정한 논리 연산에 의해 1개의 논리 출력을 얻는 회로로, 트랜지스터나 다이오드 등으로 조합하여 나타내는 회로를 말한다. 이 회로를 이용하면 복잡한 논리를 간결하고 정확하게 표현할 수 있어 컴퓨터 등에 이용된다. 논리회로를 구성하는 기본 단위를 논리 게이트라 하며, 논리회로에 전류가 흐를 때는 "1", 흐르지 않을 때는 "0"으로 표시한다.

[10진법과 2진법의 비교]

10진법	2진법	숫자	10진법	2진법	숫자
0	0	영	6	110	육
1	1	일	7	111	칠
2	10	이	8	1000	팔
3	11	삼	9	1001	구
4	100	사	10	1010	십
5	101	오			

4.6.1 OR회로(논리합회로)

OR 게이트(OR gate)는 논리합을 구현하는 디지털 논리 게이트이다. 입력 A, B 중 최소한 어느 한쪽의 입력이 1이면, 출력이 1이 되는 회로이다.

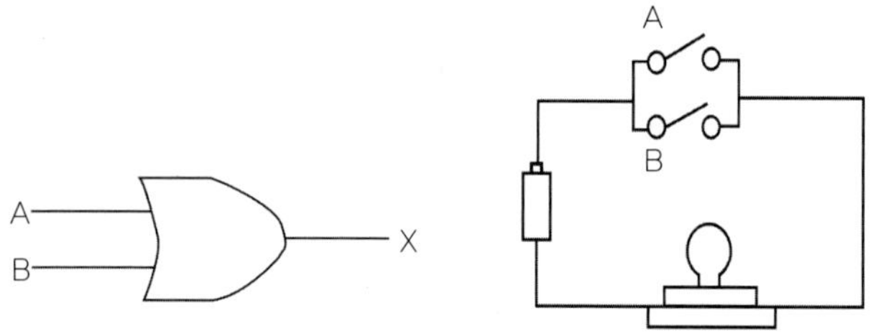

A	B	X(출력)
0	0	0
0	1	1
1	0	1
1	1	1
X= A+B		

(a) 기호 (b) 등가회로 (c) 진리값표

그림 1-59. OR회로

4.6.2 AND회로(논리적회로)

AND 게이트는 논리곱을 구현하는 기본 디지털 논리 게이트이다. 여러 개의 입력정보가 있을 경우 모든 입력이 1일 때에만 출력에 1을 출력하고 그 이외는 0을 출력하는 회로이다.

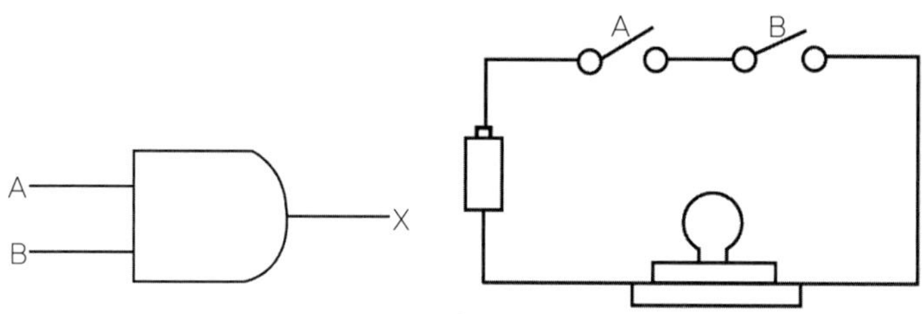

A	B	X(출력)
0	0	0
0	1	0
1	0	0
1	1	1
X = A · B		

(a) 기호 (b) 등가회로 (c) 전리값표

그림 1-60. AND회로

4.6.3 NOT회로(부정회로)

NOT 게이트 입력을 반전시키는 논리 게이트이다. 입 · 출력신호가 서로 정반대일 경우 즉, 입력이 1일 때 출력은 0, 입력이 0일 때 출력은 1이 되는 회로이다.

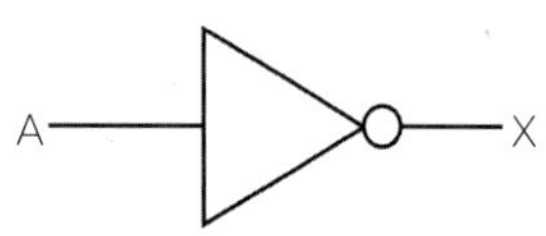

입력	출력
0	1
1	0
$X = \bar{A}$	

(a) 기호 (b) 전리값표

그림 1-61. NOT회로

4.6.4 NOR회로(부정 논리합회로)

NOR 게이트는 부정논리합을 구현하는 디지털 논리 회로이다. 모든 입력단자(端子)에 "0"이 입력되었을 때에만 출력단자 에 "1"을 출력하는 회로이다.

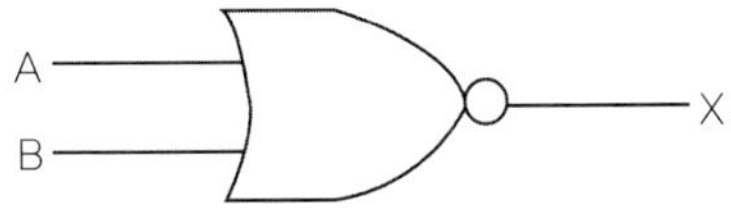

(a) 기호

A	B	X(출력)
0	0	1
0	1	0
1	0	0
1	1	0

$X = \overline{A + B}$

(b) 진리값표

그림 1-62. NOR회로

4.6.5 NAND회로(부정 논리적회로)

2개 이상의 입력단자와 1개의 출력단자가 있어 적어도 1개의 입력단자에 입력 "1"이 가해졌을 때 출력단자에 "1"이 나타나고 또한 어느 쪽의 입력단자도 "0"일 때에는 출력단자에 "1"이, 역으로 어느 쪽의 입력단자도 "1"일 때에는 출력단자에 "0"이 나타나도록 한 회로이다.

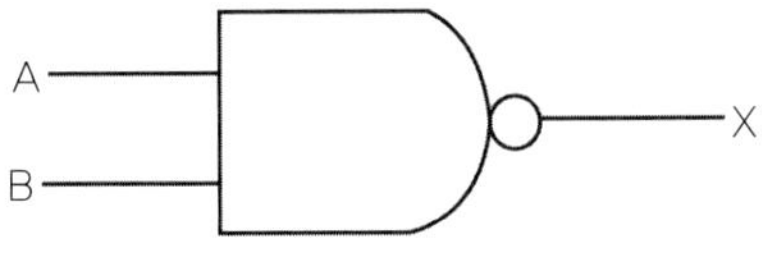

(a) 기호

A	B	X(출력)
0	0	1
0	1	1
1	0	1
1	1	0

$X = \overline{A \cdot B}$

(b) 진리값표

그림 1-63. NAND회로

4.7 전자부품 기호

명 칭	약 호	회로도 기호	기 능
저항	R		전압이나 전류를 제어하기 위해 작동
가변 저항	VR	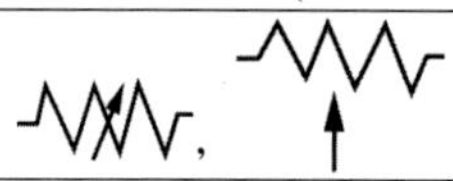	저항값이 변함, 볼륨, TPS 등에 사용
다이오드	D	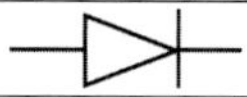	한쪽 방향으로 전류 흐름
발광 다이오드	LED	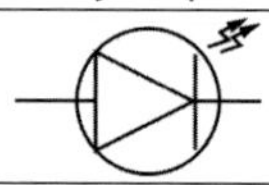	빛을 발하는 다이오드
포토 다이오드	APD	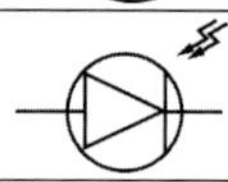	빛이 통과하면 전기가 흐름
제너 다이오드	ZD	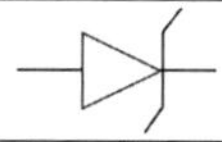	평상시에는 전기가 흐르지 않으나 어떤 조건이 되면 전기가 흐름
트랜지스터	TR	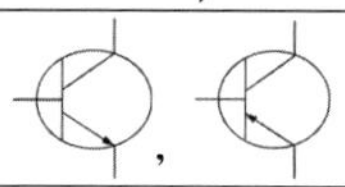	증폭, 스위칭용
축전기	C	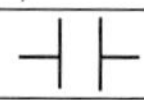	고주파 바이패스용
전해 축전기	C	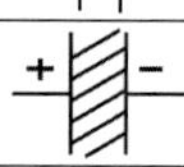	저주파 바이패스용이나 평활용으로 극성과 내전압에 주의
접지(어스)	E	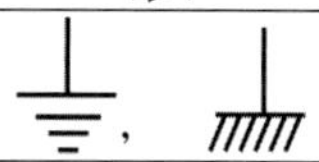	전기장치, 겉의 케이스 등의 전위를 대지의 전위와 같게 하는 것
스위치	SW	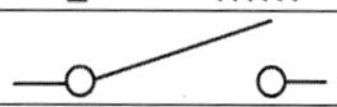	전원 ON, OFF
퓨즈	FUSE	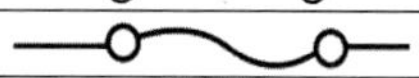	회로 보호
전자석		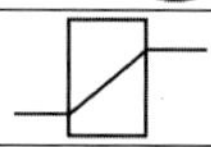	전기를 통하면 자석이 됨
사이리스터	SCR	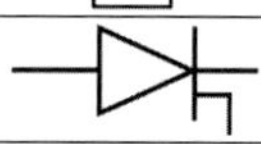	전류를 제어하는 기능
코일	L	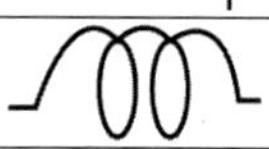	전기도선을 원통형으로 감은 것
변압기	T	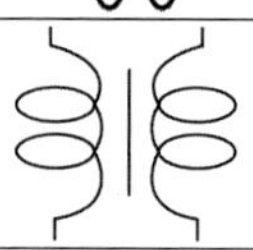	전압을 필요한 값으로 변환시키는 장치
포토 트랜지스터	PT		빛이 통과하면 전류가 흐름
전지(배터리)	BAT	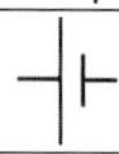	
접속하지 않는 배선		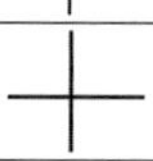	
압전소자		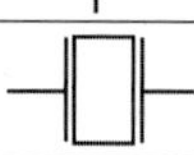	결정에 변형력을 가하면 그 힘에 비례하는 전하가 생김

명 칭	약 호	회로도 기호	기 능
접속하는 배선		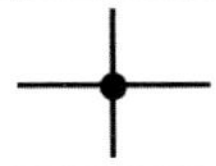	
논리회로	AND	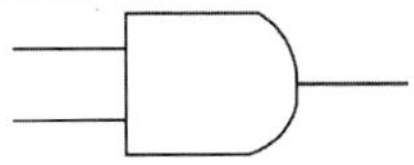	논리적
	OR	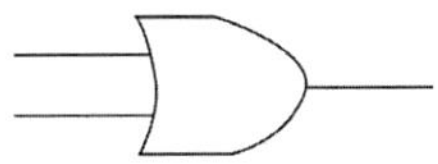	논리합
	NOT	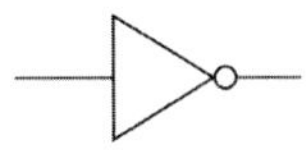	논리 부정
	NAND	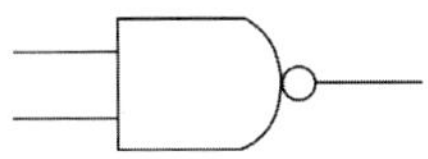	논리적 부정
	NOR	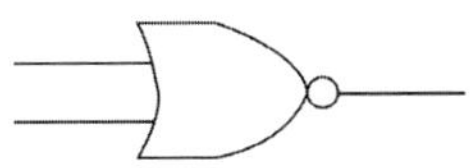	논리합 부정

Chapter

2

자동차 센서

01 센서의 개요
02 센서의 분류
03 자동차 센서의 종류

1 센서의 개요

센서는 "느낀다", "감지기"등의 의미를 갖는 라틴어에서 온 말이며 원래는 인간의 감각 작용을 가리키고 있다. 일반적으로 센서란 환경에 대한 변화나 특정 이벤트인 열, 빛, 온도, 압력, 소리 등의 물리적인 양이나 그 변화를 감지하거나 신호를 검출하여 전기적신호(전류, 전압, 임피던스)로 변환시켜 사람이 읽거나 판단할 수 있도록 변환된 출력 결과를 보여주거나, 센서로부터 얻은 정보를 이용하여 자동차에 원하는 동작을 처리한다. 자동차의 스마트화, 전장화가 빠르게 가속화되면서, 자동차에 적용되는 센서의 종류과 개수가 급격하게 증가해 현재 자동차에는 30여종 200여개의 센서가 사용되고 있다.

그림 2-1. 각종 센서

2 센서의 분류

2.1 능동형과 수동형

모든 센서는 능동형(active)과 수동형(passive)인 두 종류로 나눌 수 있다.

2.1.1 능동형 센서(active sensor)

능동형 센서는 동작을 위해 여기신호(excitation signal)라고 하는 외부 전원(external

power)을 사용한다. 여기신호는 센서에서 출력 신호를 만들기 위해 필요한 전원이다. 능동형 센서의 특성은 외부 효과에 반응하고, 이에 따른 변화량이 전기적인 신호로 변하기 때문에 능동형 센서를 때때로 파라미터형(parametric)이라 부르기도 한다. 이것은 센서의 파라미터들이 여기신호를 변조하고, 이렇게 변조된 측정값에 정보가 있다는 것을 의미한다. 예를 들면, 서미스터는 온도에 민감한 저항체이다. 이것은 어떠한 전기적인 신호를 생성시키지는 않지만, 서미스터에 전류를 흐르게 하면(여기신호), 서미스터의 저항을 전류 또는 전압에 의해 측정할 수 있다. 이러한 저항 변화로부터 전달함수를 이용해서 온도를 계산할 수 있다. 능동형 센서의 또 다른 예제로 저항성 스트레인 게이지를 들 수 있는데, 마찬가지로 센서의 저항을 측정하기 위해 외부에서 전류를 흘려야만 한다.

2.1.2 수동형 센서(passive sensor)

수동형 센서는 어떤 부가적인 에너지원이 필요하지 않으며, 외부 자극에 대해 직접 전기적인 신호로 출력하는 센서이다. 즉, 입력된 외부자극 에너지가 센서에 의해 출력 신호로 변환된다. 서모커플, 포토다이오드, 압전센서 등이 수동형 센서에 해당한다. 능동형은 센서 쪽에서 임의의 신호를 내보내어 반사되어 오는 신호를 분석해서 감지하는 센서를 의미하며, 반면 수동형은 물체 자체에서 나오는 신호를 이용해서 감지하는 센서를 의미한다. 따라서 능동형은 송신부와 수신부가 함께 있으며, 부가적인 전원 및 회로가 필요한 단점이 있다. 반면, 수동형은 수신부만 있으면 되므로 회로구성이 간편한 장점은 있으나 잡음에 취약한 단점이 있다.

2.2 선택된 기준점에 따라 분류

선택된 기준점에 따라 센서를 절대적인 것과 상대적인 것으로 분류할 수 있다.

2.2.1 절대적 센서

절대적 센서는 측정 조건에 무관하게 절대적인 물리적 크기에 따라 외부자극을 탐지하는 방식이다. 절대적인 센서의 예로 온도 센서인 서미스터를 들 수 있다. 서미스터의 저항은 절대온도 스케일과 직접 비례 관계에 있어 서미스터의 저항을 측정하면 절대온도를 바로 환산할 수 있다.

2.2.2 상대적 센서

상대적인 센서는 몇 가지 특수한 경우와 관계된 신호를 출력하는 방식이다. 상대적인 센서의 예로 서모커플(thermocouple) 온도센서를 들 수 있다. 서모커플은 온도에 따라 기전력이 발생하는 센서이지만, 기준점을 어디에 두느냐에 따라 기전력이 변한다. 현재 가장 많이 사용하는 방법은 얼음물이 있는 0℃를 기준으로 서모커플의 기전력을 측정하여 온도로 환산한다. 만약 표준점을 0℃가 아닌 다른 온도로 설정하게 되면 서모커플에서 나온 기전력은 다른 방법으로 온도를 환산해야 한다.

2.3 출력신호 형식에 따른 분류

2.3.1 아날로그형

① 온도, 속도, 압력, 변위, 전류, 전압 등 시간의 변화에 따라 연속적으로 변화하는 신호나 전압을 생성한다.

② 보통 수 마이크로 볼트에서 수 밀리볼트로 매우 낮으므로 어떤 형태로든 신호를 증폭하는 과정이 필요하다.

[아날로그형 종류 및 특징]

종 류	특 징
가변 전압형 센서	• 센서에 입력되는 물리량의 값에 의해 센서의 출력전압이 아날로그적으로 변화하는 것 • 에너지 변환형 : 센서 자체가 전압을 발생시키는 것(기준전압 공급 없음) CPS(crank position sensor), 압전형, 열기전력, 노크센서 • 에너지 제어형 : 기준전압센서, 3-wire센서 TPS, 포텐셔미터 전원공급, 출력신호, 접지선의 3개의 선으로 구성되어 있음 신호처리는 센서의 출력을 증폭기 또는 A/D변환기에 직접연결 후 처리
가변 저항형 센서	센서에 입력되는 물리량의 값에 의해 저항 값이 아날로그적으로 변화하는 것 • 신호처리과정 : 저항값 → 전압 → 디지털신호로 변환(A/D) • 사용되는 물리량 : 변형, 열, 자기, 빛, 화학흡착 또는 반응열
가변 전류형 센서	센서에 입력되는 물리량의 값에 의해 센서의 출력전류가 변화 • 신호처리 : 전류 → 전압 변화 • 종류 : 외부 광전효과형, 전리형, 전기화학형 등 외부광 전효과형(광전자 배증관 : Photo multiplier)
인덕턴스 변화형	• 투자율이 높은 재료를 코일의 중간에 삽입하여 변위, 힘 등의 역학량 계측에 이용(기계적인 변위를 비접촉으로 계측하는 경우)

종 류	특 징
센서	• 측미계(미소변위측정), 압력측정, 진동측정
용량 변화형 센서	• 센서에 입력되는 물리량의 값에 의해 용량(conductance)이 아날로그적으로 변화하는 센서 • 용량을 변화 시키는 변수 : 전극간 거리, 전극면적, 전극간 유전율 압력측정, 미소변위측정, 수분계, 콘덴서마이크로폰 등에 이용
주파수 변화형 센서	• 센서에 입력되는 물리량에 의해 센서가 발생하는 연속 주기신호의 주파수가 아날로그적으로 변화하는 것 • 도플러효과를 이용한 속도계(LDV : laser doppler velocimeter) • 신호처리 : 주파수변화 → 직류전압 → 디지털 변환(A/D) 주파수변화 → 디지털 주파수계로 계수

2.3.2 디지털형

① 논리 1 또는 0의 바이너리 출력 신호를 생성한다.

② 디지털 신호는 bit 또는 byte 형태의 데이터를 비연속적으로 생성한다.

[디지털형 종류 및 특징]

종류	특징
On/Off형	센서에 입력되는 물리량이 어느 일정한 값 이상이면 "ON"상태로 출력되고 그 이하 값이면 "OFF"상태를 출력함(threshold level) • TTL IC(입력 5V) : 0.8V 이하(OFF), 2.5V 이상(ON) 속도가 빠르나 전파 잡음에 약하고 정전기에 취약하다 • CMOS IC(입력 3~18V) : 1/3 이하(OFF), 2/3 이상(ON) 소비전력이 매우 적다 • 접점형 : 각종 스위치류 무접점형 : Photo TR을 이용한 가로등의 On/Off 센서
펄스형	센서의 출력이 펄스 형태로 나타나는 것 • 물리량의 변화 → 펄스 시간폭, 펄스시간간격, 펄스발생률의 변화 • CAS, VSS 등

2.4 센서 재료에 따른 분류

센서 재료	대표적인 센서
금속	RTD, 스트레인 게이지, 로드 셀, 연전대
반도체	홀 소자, 홀 IC, 반도체 압력센서, 포토다이오드, CCD
세라믹	습도센서, 서미스터, 가스센서, 압전센서, 산소센서
광섬유	온도센서, 레벨센서, 압력센서, 변형센서
유전체	초전형센서, 온도센서
고분자	습도센서, 압전센서
생체물질	각종 바이오센서
복합재료	PZT 압전센서

2.5 변환현상에 따른 분류

분 류	대표적인 센서 예
역학 센서	근접센서, 회전각센서, 레벨센서, 가속도센서, 진동센서, 하중센서, 압력센서, 유량센서
전자기센서	홀센서, 홀 IC, 자기저항(MR)센서
광센서	포토다이오드, 포토트랜지스터, 적외선센서, 가시광센서, 자외선센서, 광전관
온도 센서	열전대, RTD, NTC/PTC 서미스터, IC 온도센서
화학 센서	가스센서, 습도센서, 이온센서, 효소센서

3 자동차 센서의 종류

자동차용 센서는 파워트레인에서부터 섀시, 안전, 편의장치, 배기장치, 텔레매틱스와 같은 다양한 곳에 폭넓게 사용되고 있다. 현재 자동차에 사용되고 있는 센서의 종류에는 온도센서, 압력센서, 유량센서, 자기센서, 광센서, 음향센서, 위치 센서, 속도 센서, 관성 센서, 산소 센서, 질소산화물 센서, 이미지 센서 등이 사용되고 있다.

그림 2-2. 자동차 각종 센서

3.1 온도 센서(temperature sensor)

온도의 변화에 응답하는 센서로 온도변화를 감지하여 온도관리를 자동화하는데 이용된다. 온도 센서란 열을 감지하여 전기신호를 내는 센서로 일반적으로 접촉식과 비접촉식으로 나누어진다. 접촉식은 실제 측정대상에 직접 접촉시켜서 온도 값을 측정하는 방식이며 비접촉식은 물체로부터 방사되는 열선을 측정하는 방법이다.

일반적으로 많이 사용되는 3가지 센서는 열전쌍(thermocouple), RTD(resistance temperature detectors) 및 서미스터(thermistor)이다. 열전쌍은 서로 다른 두 종류의 금속의 기전력을 이용한 온도센서로 특성이 다른 두 종류의 도체의 양단을 접합해 폐회로를 만들고 한쪽 끝단에 온도 차이를 주면 이 회로에 열기전력이 발생하게 된다. 이 온도에 비례하여 기전력이 커지는데 이 기전력의 크기를 이용하여 온도를 측정하는 온도센서를 thermocouple이라고 한다.

RTD는 저항 온도센서의 한 종류로, 금속선의 전기저항이 온도가 증가함에 따라 저항값이 증가하는 성질을 응용한 것이다. RTD에 많이 쓰는 금속 물질은 백금이다. 백금은 넓은 온도 범위에 걸쳐 안정성, 직선성, 내화학성이 우수해 많이 사용한다. 온도 범위 및 사용 목적에 따라 백금 외 구리, 니켈도 활용한다. 자동차용 센서로 NTC서미스터가 주로 사용되고 있으며 NTC서미스터는 온도가 상승하면 전기 저항값이 민감하게 감소하는 성질이 있는 반도체 소자를 말한다. 망간, 니켈, 코발트, 철, 동, 티탄 등의 금속 산화물을 소결해서 만든다.

PTC 서미스터는 온도의 상승에 따라 저항값이 증가하는 정특성 온도계수(positive temperature coefficient)로 티탄산바륨이 주성분이고 소량의 바나듐을 가해서 만든다. 주로 계측기나 회로온도보상용으로 사용된다.

[온도센서 유형 비교]

특 성	열전쌍	RTD	서미스터
온도범위	−210~1760℃	−240~650℃	−40~250℃
민감도	낮음	중간	매우 높음
응답시간	중간, 빠름	중간	중간, 빠름
내구성	탁월	양호	미흡
비용	가장 낮음	높음	낮음
신호 컨디셔닝 요구사항	냉접점 보상 증폭 단선 열전대 감지	구동 도선저항 교정	구동
정확도	중간	높음	중간

3.1.1 흡입 공기온도센서(IATS : intake air temperature sensor)

공기는 온도에 따라 밀도가 변화하기 때문에, 정확한 공기 유량을 측정하기 위해서는 흡기온도에 따른 밀도 변화량을 보정하여야 한다. ECU(ECM)는 공기량 측정센서의 유량 정보와 흡기 온도센서의 온도 정보를 이용하여 정확한 흡입 공기량을 계산한다. 흡기 온도센서는 공기 중에 노출되어 있으며, 서미스터(thermistor)는 온도가 올라가면 저항이 감소하고, 온도가 내려가면 저항이 증가되는 부저항 온도계수(NTC : negative temperature coefficient) 특성을 가지고 있다.

(a)

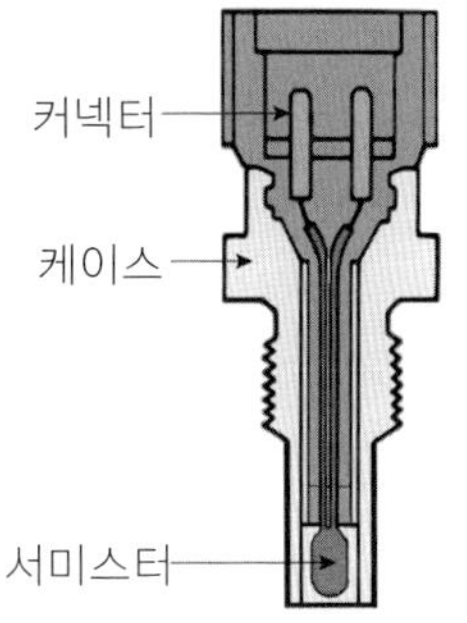

(b)

그림 2-3. 흡입 공기온도센서

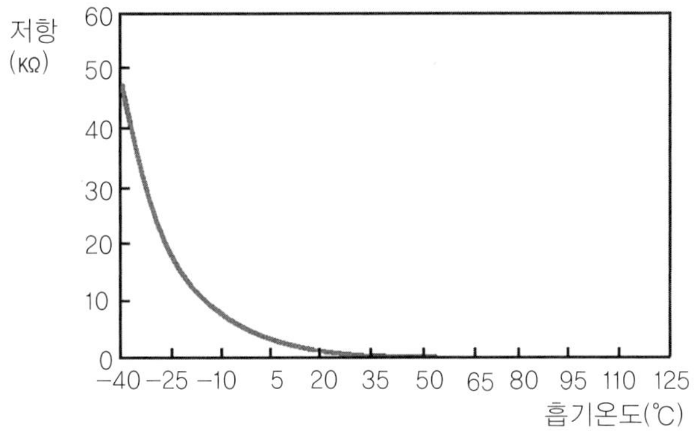

(a)

흡기온도(℃)	출력저항(KΩ)
−40	40.93~48.35
−20	13.89~16.03
0	5.38~6.09
10	3.48~3.90
20	2.31~2.57
40	1.08~1.21
50	0.76~0.85
60	0.54~0.62
80	0.29~0.34

(b)

그림 2-4. 흡입 공기온도센서의 특성

흡기 온도센서는 흡입공기량 계측기 내부 또는 별도로 흡입관로 상에 설치되며 일부 차종에서는 MAP센서 내부에 설치(T-MAP센서)하기도 하나 대부분 원리나 특성은 유사하며, 흡기온도를 ECU(ECM)가 검출하는 데 사용된다. IATS의 역할은 다음과 같다.

① 흡입되는 공기의 온도를 감지

② 공기의 무게(공기 분자 수)를 정확히 알기 위함

③ 엔진에 흡입되는 실제 공기량을 계산하도록 한다.

④ ECU(ECM)는 IATS로 부터의 출력전압을 기초로 하여 흡입공기 온도에 대한 연료 분사량의 보정을 행한다.

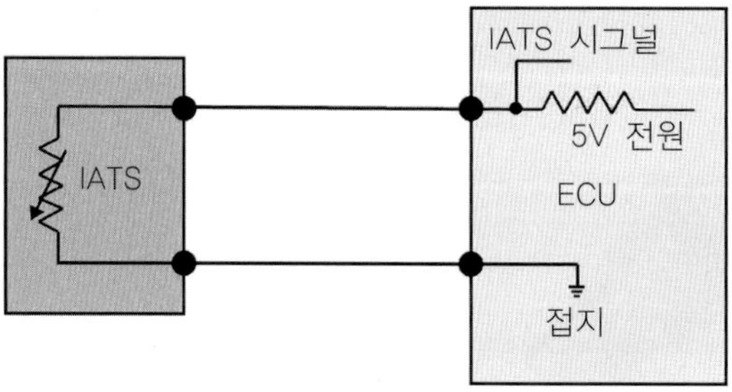

그림 2-5. 흡입공기 온도센서 회로도

부특성 서미스터는 보통 2선으로 이루어진 회로로 구성되며 한 선은 접지되고 다른 한 선은 기준 전압을 공급하여 온도에 따라 변화되는 온도센서의 저항 값에 따라 변화되는 전압공급선의 전압으로 온도를 확인하는 방법을 사용한다. 흡입공기 변화에 따라 낮은 흡입공기 온도에서는 출력전압이 높아지고, 높은 흡입공기 온도에서는 낮은 출력전압을 나타낸다.

[흡입공기 온도센서의 출력전압]

점검 조건	온도(℃)	출력 전압(V)
점화스위치 ON	0	3.3~3.7
	20	2.4~2.8
	40	1.6~2.0
	80	0.5~0.9

3.1.2 냉각 수온센서(ECTS : engine coolant temperature sensor)

엔진 냉각 수온센서는 실린더블록 또는 서모스탯 입구의 냉각수 통로에 설치되며 냉각수의 온도를 검출하여 온도가 상승하면 저항 값이 작아지고, 온도가 내려가면 저항 값이 커지는 부특성 서미스터(NTC thermistor)로 일종의 저항기이다. 냉각수온 변화에 따라 낮은 냉각수 온도에서는 출력전압이 높아지고, 높은 냉각수 온도에서는 낮은 출력전압을 나타낸다. 서미스터의 저항변화는 전압으로 변화되며 출력전압 신호는 ECU의 A/D컨버터(analog/digital converter)를 통하여 입력 처리된다.

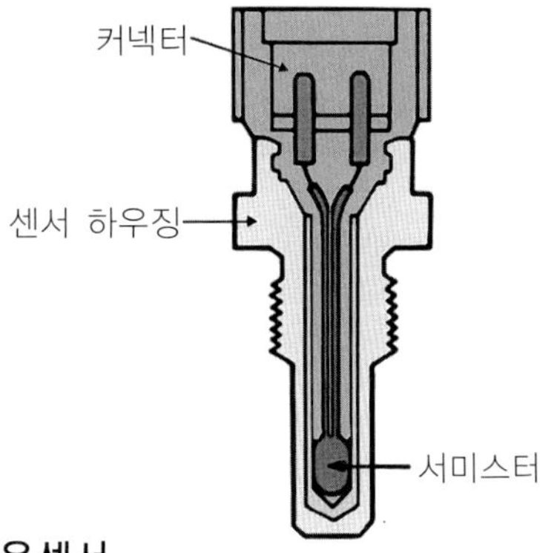

「그림」 2-6. 수온센서

따라서 냉각수온센서는 엔진의 냉각수온 변화에 따른 연료 분사량의 증감 및 점화시기를 보정하는데 사용한다. ECTS의 출력전압은 IATS와 마찬가지로 1~5V사이이다. ECU의 전원은 하나의 저항체를 거쳐 냉각 수온센서에 공급되며, 그 저항체와 서미스터는 직렬로 연결되어 있다.

엔진(냉각수)의 온도는 엔진에 흡입된 공기의 밀도나 연료의 무화상태에 영향을 주어 연소시간을 변화시키고 엔진의 기계적 마찰계수나 엔진오일의 점도에도 영향을 주어 엔진의 내구성이나 성능을 변화시키는 중요한 변수이므로 엔진 제어시스템은 ECTS 신호를 받아 점화타이밍이나 연료 분사량, 아이들 rpm, 쿨링 팬 작동, 에어컨 작동, 자동변속기의 변속시기, CVVT시스템, 증발가스 퍼지나 증발시스템 감시등 다양하게 사용하고 있다. 엔진의 형식에 따라 차이가 있지만 대부분 85℃~105℃사이이고 적정온도가 높을수록 엔진의 열효율이 높은 엔진이며 온도변화는 엔진의 속도나 부하에 따라 천천히 올라갔다 천천히 내려오는 과정을 반복하게 된다.

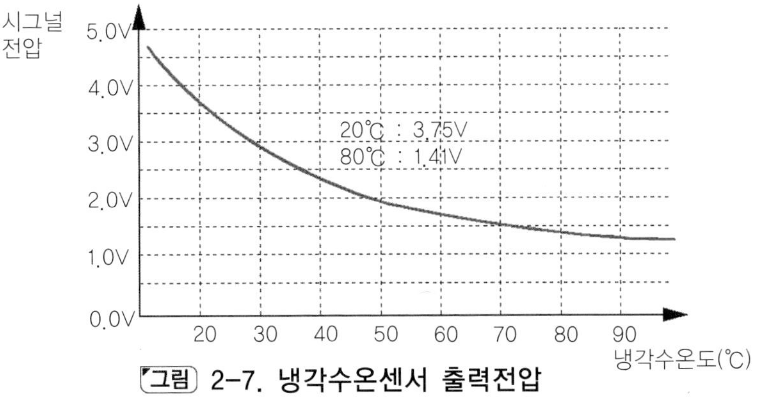

「그림」 2-7. 냉각수온센서 출력전압

[저항 값 및 전압값]

냉각수 온도(℃)	저항값(kΩ)	전압값(V)
0	5.18~6.6	4.05
20	2.27~2.73	3.44
40	1.06~1.30	2.72
80	0.29~0.35	1.25

최근에는 반도체산업의 발전함에 따라 원가절감을 목적으로 엔진제어 시스템용 ECTS에 수온게이지용 센서를 일체로 조립하여 1개의 센서에 2개의 회로(3선이나 4선회로)를 사용한 ECTS도 있다. 3선 회로는 온도 게이지용 센서 접지를 센서 바디에 연결하여 엔진 접지를 이용하거나 엔진 제어시스템용 접지선에 같이 연결된 형식이고 4선 회로는 고장이나 오작동을 방지하기 위하여 두 센서 회로의 접지선을 독립적으로 설치한 형식이다.

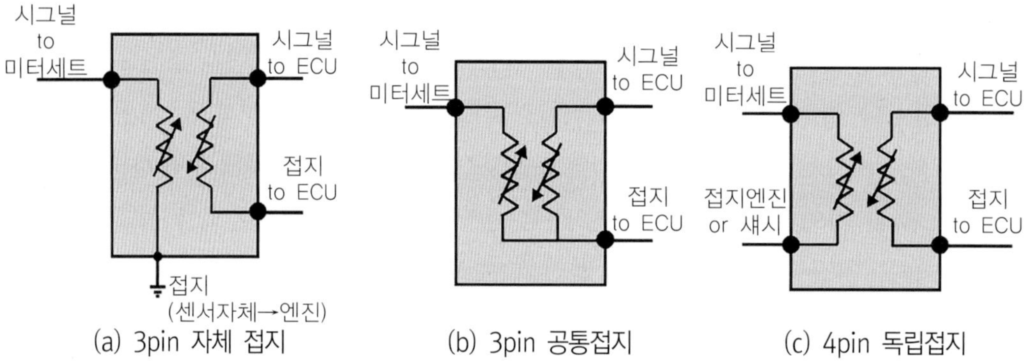

그림 2-8. ECTS 1센서 2회로

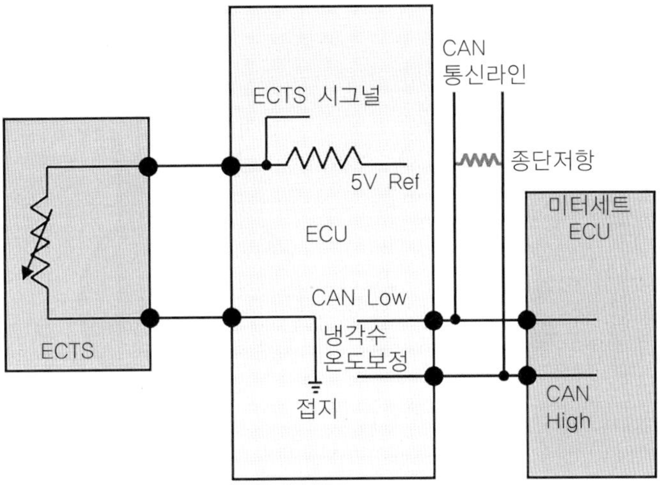

그림 2-9. 통신을 이용한 수온 게이지 시그널 회로도

자동차 사용자에게 각종 정보를 알려주는 계기판(미터셋)이 전자식으로된 시스템을 사용하는 경우 엔진제어시스템용 ECTS 하나만 사용하고 수온게이지 유닛의 신호는 엔진제어시스템 모듈(ECM)에서 미터세트 모듈로 통신으로 전달하기도 한다.

3.1.3 배기가스 온도 센서(EGTS : exhaust gas temperature sensor)

배기가스 온도센서는 광영역 부특성 서미스터로 터보차저 전단과 CPF의 산화 촉매와 촉매 필터사이에 설치되어 필터 재생시 촉매필터에 장착된 배기온도 센서를 이용해 재생에 필요한 온도를 모니터링 한다. 또한, 재생시스템의 작동시 과도한 온도상승은 필터의 손상을 가져올 수 있기 때문에 재생 온도를 유지할 수 있도록 피드백 해주는 기능도 있다.

특히, 배기다기관에 장착된 광범위 배기온도센서는 100~900℃의 넓은 온도범위를 감지하는 센서로 주로 승용 디젤자동차의 배기가스 저감을 위한 장치에 장착되어 정화시스템의 제어 및 보호를 목적으로 사용되고 있다. 필터는 엔진과 배기시스템, 촉매 등의 온도를 상승시켜 PM을 태우는 장치이므로 온도상승에 따른 관련부품의 손상을 방지하고 정확한 온도를 검출하기 위해 두 개의 배기가스 온도센서가 장착되는 것이다. 또한, Pt 전극 간 세라믹 저항의 온도 의존성을 이용하여 FULL 저항(Rp)에 의해 산출된 전압 값으로 온도를 검지하고 온도가 높을수록 저항치가 작아지는 NTC 서미스터 소자를 이용하여 단순한 회로구성으로도 제어가 가능하다.

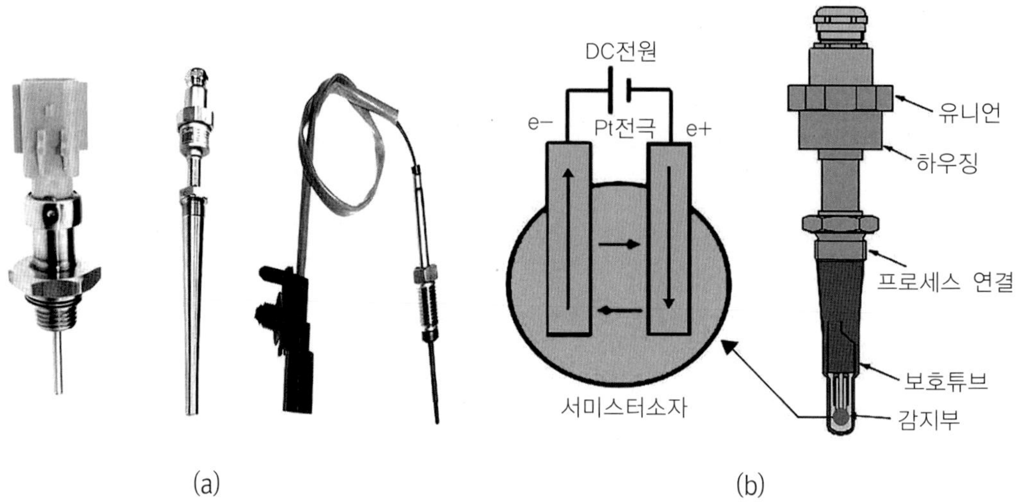

그림 2-10. 배기가스 온도 센서

[배기가스 온도센서 저항]

온도(℃)	저항값(kΩ)	최소값(kΩ)	최대값(kΩ)
100	371	289	481
300	5.92	5.3	6.61
600	0.363	0.347	0.379
900	0.0893	0.0845	0.0949

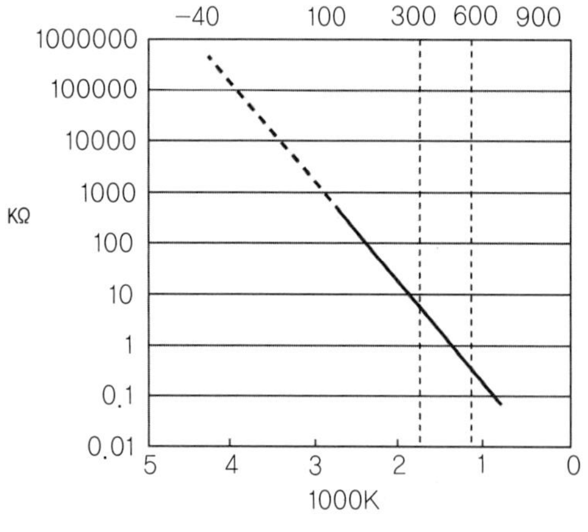

그림 2-11. 배기가스 온도센서의 특성

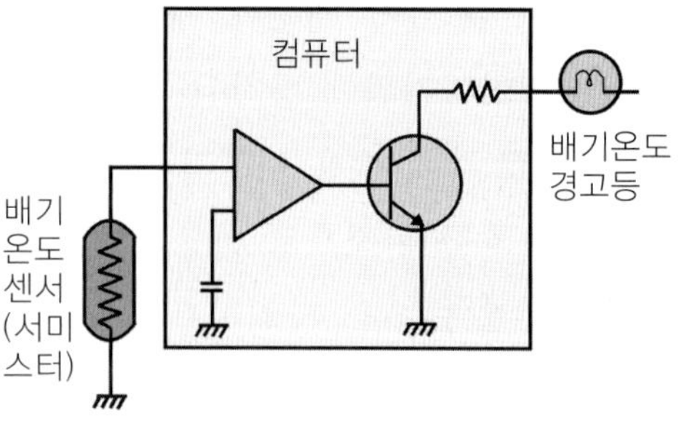

그림 2-12. 배기온도센서의 입력회로

3.1.4 외기 온도센서(ATS : ambient temperature sensor)

외기(外氣) 온도센서는 차실 외부의 온도를 검지하는 부특성 서미스터가 내장되어 있어 온도가 상승하면 저항 값이 낮아지고, 온도가 낮아지면 저항 값이 상승하는 특성으로 온도를 감지하여 에어컨 ECU에 전달되면 ECU는 내기(內氣) 센서나 일사(日射) 센서와 함께 에어믹스, 댐퍼 개도, 풍량(風量), 압축기의 작동을 제어하여 운전자가 선택한 온도에 근접하도록 보정한다.

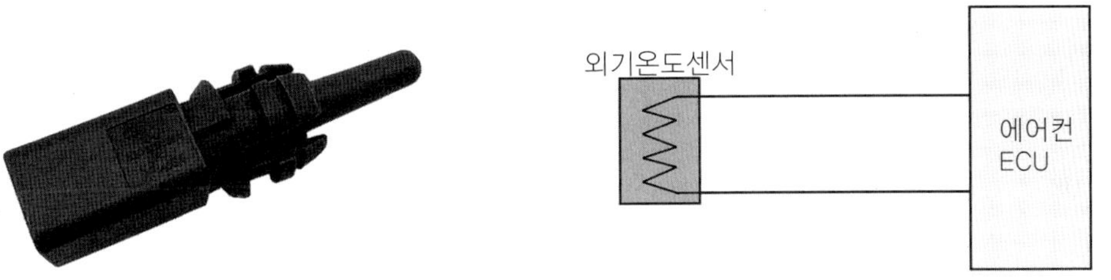

그림 2-13. 외기온도 센서 및 회로도

3.1.5 실내 온도센서(in-car temperature sensor)

실내 온도센서는 서미스터를 전선에 접속하고 에폭시 수지로 코팅한 구조로서 자동차 차실 내의 공기를 모터에 연결된 팬이 회전하면서 실내공기를 흡입한 후 부품 중앙에 위치한 온도센서가 온도를 감지하여서 컴퓨터에 입력하는 것으로서 공기 혼합 액추에이터에 의해 공기 혼합 패널이 자동으로 움직이면서 실내온도를 조절한다고 할 수 있다.

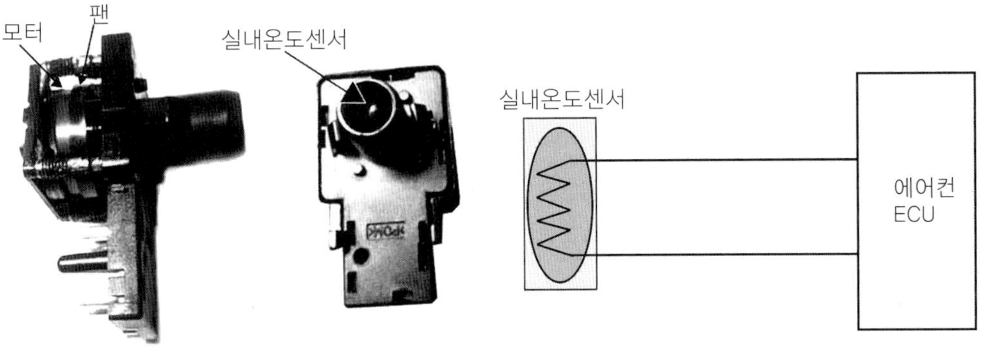

그림 2-14. 실내온도 센서 및 회로도

3.1.6 에어컨용 서모센서(핀 센서)

열 교환 사이클의 반복으로 이베퍼레이터가 빙결되는 것을 방지할 목적으로 이베퍼레이터 코어의 온도를 감지하여 에어컨 ECU에서 엔진 ECU로 컴프레서 작동 릴레이 출력전원을 차단한다.

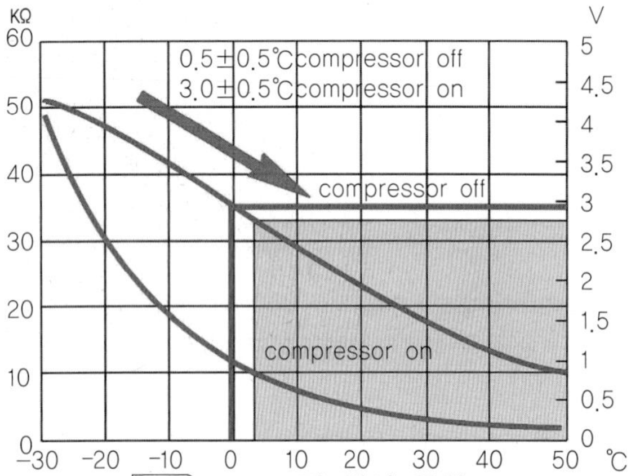

「그림」 2-15. 핀 센서 특성

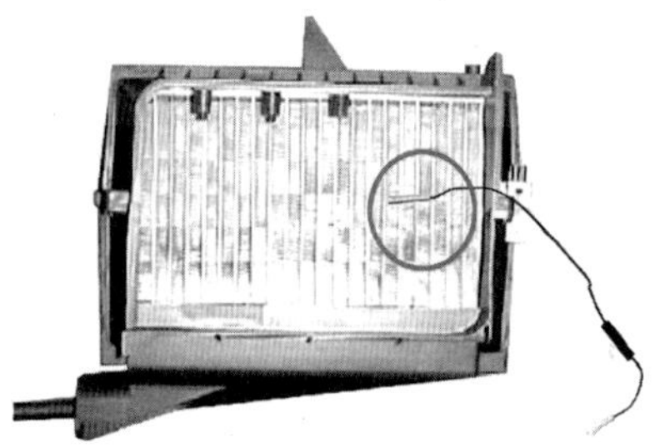

「그림」 2-16. 핀 센서

핀 센서는 온도가 낮아지면 저항값이 높아지고 온도가 높아지면 저항값이 낮아지는 부특성 서미스터를 사용하여 코어의 감지온도 0.5℃ 이하일 경우 에어컨 ECU에서 트리플 스위치의 출력 전원을 12V출력에서 0V로 출력제어 한다(에어컨 컴프레서 작동은 엔진 ECU A15번 단자 12V인가 시 A21번 단자가 접지되어 에어컨 릴레이 ON된다).

온도 (℃)	저항값 (KΩ)	온도 (℃)	저항값 (KΩ)	온도 (℃)	저항값 (KΩ)
-10	18012.8	8	8015.1	26	3875.2
-8	16387.9	10	7365	28	3590.8
-6	14927.4	12	6774.5	30	3330.1
-4	13612.9	14	6237.4	32	3090.9
-2	12428.5	16	5748.4	34	2871.3
0	11360	18	5302.8	36	2669.3
2	10394.8	20	4896.3	38	2483.6
4	9521.9	22	4525	40	2312.5
6	8731.5	24	4185.7	42	2154.9

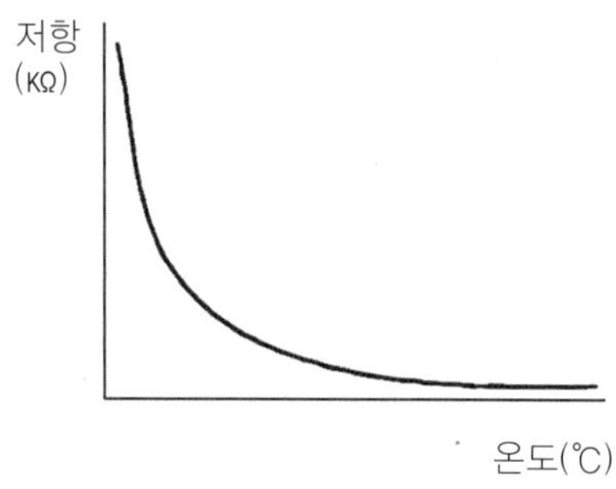

「그림」 2-17. 핀센서의 온도별 저항변화

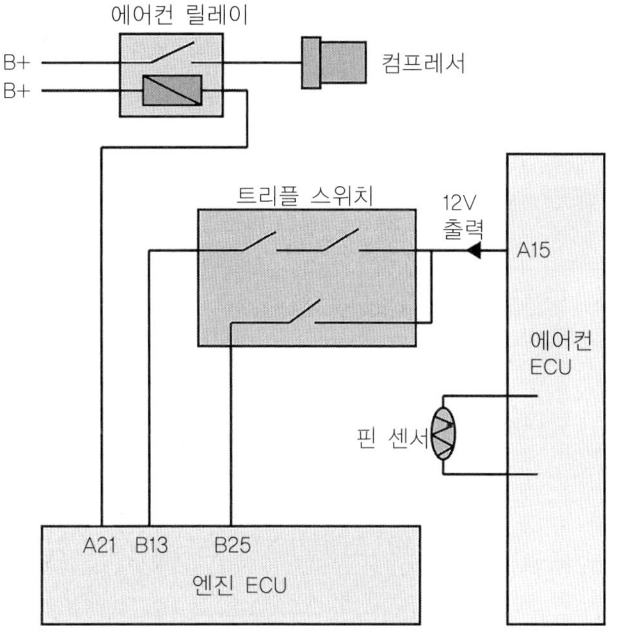

그림 2-18. 핀센서의 회로도

3.1.7 EGR가스 온도센서(EGR sensor, exhaust gas recirculation sensor)

EGR밸브의 흡기포트 쪽에 장착되어 EGR가스 온도를 검출하는 센서로 NTC형 서미스터가 내장되어 재순환하는 배출가스의 온도를 계측하고 EGR이 작용하고 있을 때와 그렇지 않을 때의 온도 차를 이용해서 EGR장치의 고장을 판단하기 위해 사용한다.

(a) EGR가스 온도센서

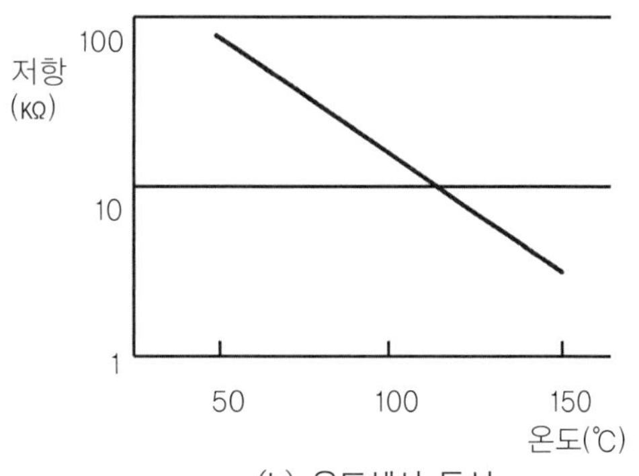

(b) 온도센서 특성

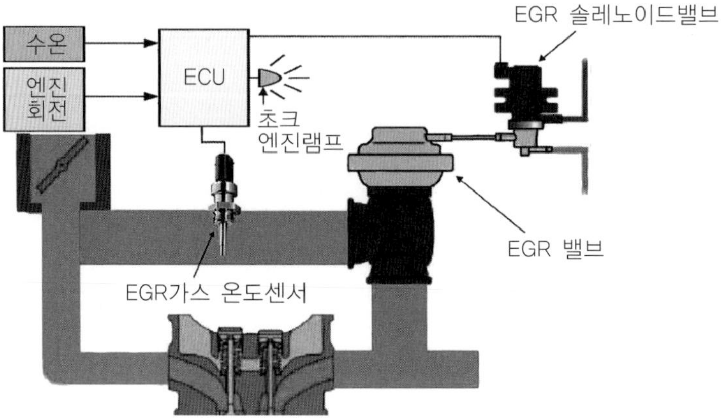

(c) EGR 고장진단 시스템 구성도

그림 2-19. EGR가스의 온도센서

3.1.8 유온센서(oil temperature sensor)

유온센서는 자동변속기 오일의 작동 온도를 감지하여 변속기 컨트롤 모듈(TCU)에 전달한다. 유온센서는 온도가 올라갈수록 저항이 낮아지는 부특성(NTC) 서미스터로 이 정보를 받아 저온과 고온 범위에서 댐퍼 클러치 작동 및 비작동 영역을 검출하고 변속기 유압 보정제어의 정보로 사용된다.

(a) (b)

그림 2-20. 유온센서

자동변속기의 오일온도가 너무 낮을 경우에는 각 클러치 유압을 조절하여 충격발생을 적게 하고, 4속으로 장시간 등판 주행 시에는 토크컨버터의 슬립으로 인해 변속기 내부의 ATF(자동변속기 오일)의 온도가 상승하게 되며 오일의 점도가 낮아져 자동변속기에 문제가 생기기 때문에 오일온도가 약 125℃ 이상이 되면 자동변속기의 컴퓨터는 변속패턴을 바꾸어 주행하도록 TCM 속단을 내려 온도가 상승하는 것을 방지한다. 만약 유온센서의 이상이 감지되면 80℃로 간주하여 제어한다.

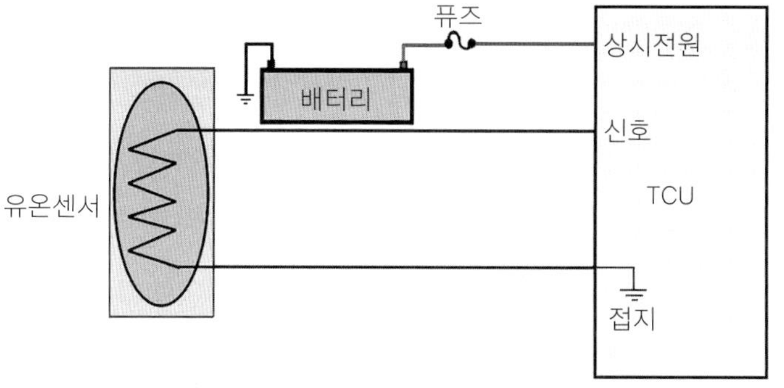

「그림」 2-21. 유온센서의 회로도

3.1.9 연료 온도센서(fuel temperature sensor)

연료 온도센서는 연료의 온도를 ECU에 전달하는 부특성 저항체이다. 커먼레일 디젤엔진은 리턴 연료 온도가 많이 상승하는데 경유 온도가 상승하게 되면 윤활막이 파괴되고 이 경우 연료를 윤활제로 사용하는 고압펌프가 손상되기 쉽다. 이 같은 이유로 연료온도가 규정 이상 상승하게 되면 연료 분사량을 제한해 엔진 회전수가 3,000rpm 이상 상승하지 않는다.

연료 온도센서는 연료온도를 측정해 압력을 보정하기 위해 저압라인에 설치되어 있으며 5V가 센서에 공급되고 온도에 따른 전압의 감소는 아날로그-디지털 컨버터(ADC)를 통해 ECU로 입력되어 연료온도를 측정한다. 연료 온도센서 결함시 발생될 때 복원 온도는 95℃이다.

「그림」 2-22. 연료 온도센서

3.2 압력 검출용 센서(pressure sensor)

차량용 압력센서는 기존의 단순한 공기압 등의 압력을 감지하는 기능에서 점차 발전되어 최근에는 파워트레인 제어, 주행안전 제어 등 구동계 등에 적용하여 연비향상, 배기가스 클린화, 안정성 향상 등의 목적을 달성할 수 있다.

압력센서는 출력신호의 방식에 따라 2가지로 나눌 수 있다. 스위치 신호를 내는 것은 "압력스위치"라고 부르며, 압력센서라고 하면, 압력의 정도를 전기신호로 만들어주는 것을 말한다. 전기신호는 대개 직류 0V에서 10V, 또는 5V 또는 직류 4mA에서 20mA사이에 전류이고 보통 비례되는 신호를 발생하는 장치에 쓰이는 경우가 많다. 스위치로 분류되는 것도, 센서의 범위에 들기 때문에 혼동하는 경우가 많으니 확실히 구분해야 한다.

적용압력별로 압력센서를 구분하면, 저압・중압・고압으로 나눌 수 있다. 저압용은 주로 실리콘 MEMS(micro electro mechanical systems, 미소 전자기계시스템)공법으로 제조하여 적용되고 있으며, 고압용은 금속소재를 기반으로 제조되고, 최고압력 10~60bar 범위의 중압용 센서는 세라믹 멤브레인(membrane) 구조체를 응용한 세라믹형 압력센서가 적용되고 있다. 세라믹 멤브레인 방식에는 적용원리에 따라 다시 압저항식(piezo resistive)과 정전용량식(capacitive)으로 구분된다.

세라믹형 압력센서는 연료펌프용 압력센서, 에어컨 컴프레서용 압력센서, 오일 압력센서 등이 있다. 그리고 압력센서는 통상적으로 매우 세심한 센서들이기 때문에 취급에 각별한 주의가 필요하고 압력센서 특징은 다음과 같다.

① 반도체 압력센서는 온도 의존성이 크다.
② 압력센서 모듈에는 스위칭 타입과 아날로그 출력 타입이 있다.
③ 반도체 압력센서의 바이어스 회로에는 정전류 구동법이 좋다.
④ 압력센서는 설치 중 부주의한 응력을 주어서는 안 된다.

3.2.1 대기 압력센서(BPS : barometric pressure sensor)

대기압력은 공기의 밀도(密度)를 나타내는 하나의 지표이다. 고도(高度)가 높아짐에 따라 공기밀도가 낮아지므로 실린더로 흡입되는 공기량이 적어진다. 따라서 일정한 공연비(혼합비)를 유지하기 위하여 필요한 연료량은 고도가 높아질수록 작아지므로 점화시기도 공기밀도에 따라 조정이 필요하며, 일부의 자동차에서는 배기가스 재순환(EGR : exhaust gas recirculation)밸브의 가동 및 공전속도 조정을 보정하기 위하여 사용되기도 한다. 또한 고도 또는 기후에 따라 변화하는 공기의 밀도를 보정하기 위하여 대기압력 측정이 요구되는데, 이를 위한 장치가 대기 압력센서이다.

일반적으로 피에조 압전효과(piezo electric effect)에 의해 스트레인 게이지(strain gauge)의 저항치가 압력에 비례해서 변화하므로 이 압력변화를 출력전압으로 절대 압력을 측정한다.

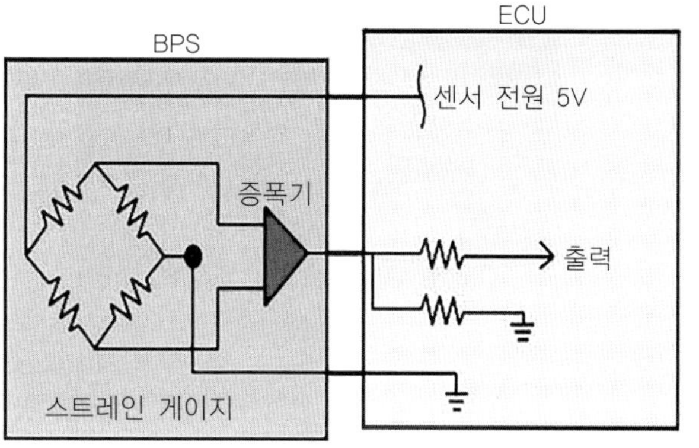

(a) (b)

「그림」 2-23. 대기 압력센서 및 회로도

3.2.2 부스트 압력센서(BPS : boost pressure sensor)

엔진 컨트롤 모듈(ECU)은 엔진에 공급되는 기본 연료 분사량을 결정하기 위해 엔진으로 유입되는 정확한 공기량을 알아야 한다. 따라서 엔진으로 유입되는 공기량을 계측하기 위해서 부스트 압력센서가 사용되며, 이 센서는 흡기다기관 내의 압력을 측정한다. 부스트 압력센서는 흡기관내의 압력을 계측하여 흡입공기량을 간접적으로 산출하는 간접 계측방식으로 흡기다기관 내의 압력변화에 따라 절대압력에 비례하는 아날로그 출력신호를 엔진 컨트롤 모듈로 전달하고, 엔진 컨트롤 모듈은 이 신호를 이용하여 엔진 회전수와 함께 흡입공기량을 산출하여 기본 정보로 사용한다.

부스트 압력센서는 흡기다기관의 압력을 측정하기 위해 흡기 매니폴드에 장착되어 있으며 흡입 압력센서는 압력변환 소자(피에조)와 변환소자의 출력신호를 증폭하는 하이브리드 IC로 구성되어 있다. 압력 변환소자는 반도체의 압전저항 효과를 이용한 실리콘 다이어프램식이며 실리콘 다이어프램의 한쪽은 100% 진공실이고 다른 한 쪽은 흡기관의 압력이 작용되는 구조로 되어 있다.

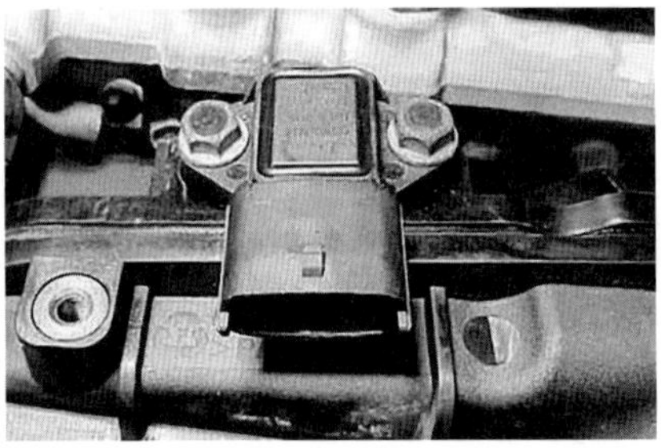

(a)

(b)

그림 2-24. 부스트 압력센서

압력(kPa)	출력전압(V)
32.5	0.5
284	4.5

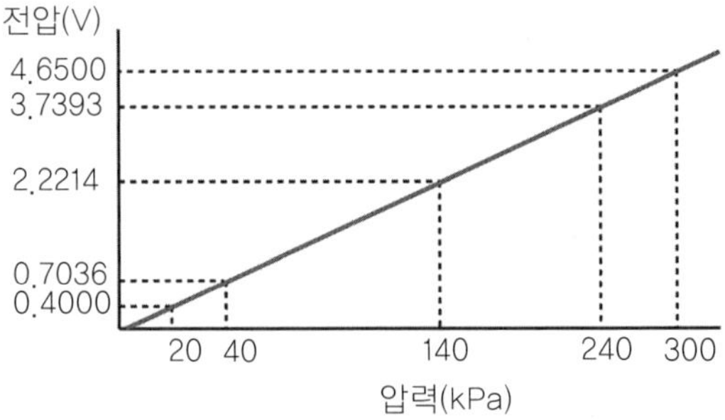

그림 2-25. 부스트 압력센서 출력전압

즉, 흡기관의 압력변화에 따른 실리콘 변화에 따라 출력 값을 얻게 된다. 페일세이프시 차량은 주행이 가능하나 엔진출력을 제한 흡기압에 따른 연료보정과 타이밍 정지하고, 부스터압을 100kPa으로 고정제어 및 연료량을 40㎣/st 이하로 제한하므로 매연 발생과 출력이 떨어지는 원인이 될 수 있고, 또 다른 기능으로 EGR 작동금지 등을 결정한다.

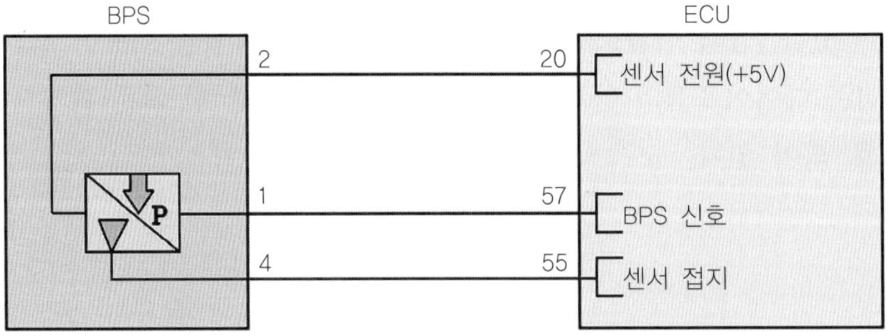

그림 2-26. 부스트 압력센서 회로 및 커넥터

3.2.3 레일 압력센서(RPS : rail pressure sensor)

레일 압력센서는 딜리버리 파이프(커먼레일)에 장착되어 있으며, 피에조 압전소자 방식으로 레일안의 연료는 압력센서의 블라인드 홀을 거쳐 센서 다이어프램에 도달하고 다이어프램의 형상이 변할 때 다이어프램에 부착된 레이어의 전기적 저항이 같이 변화되어 압력신호를 전기적인 신호로 전환된다.

(a)

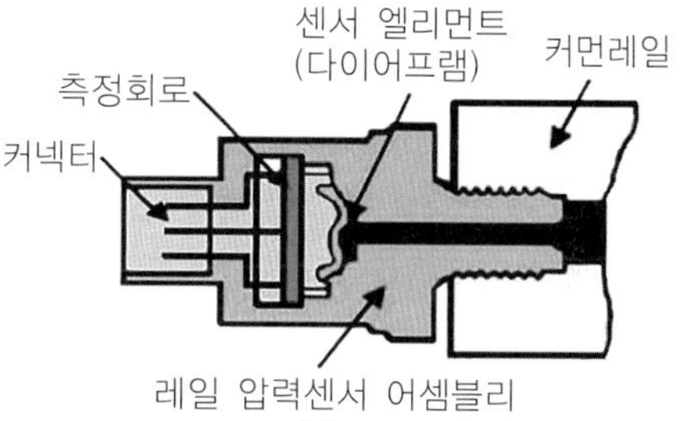

(b)

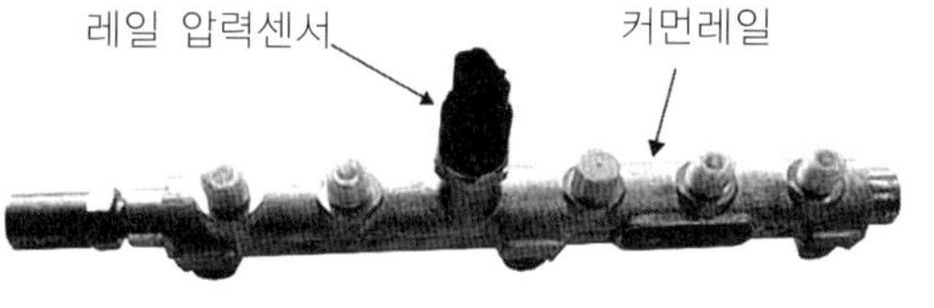

(c)

그림 2-27. 레일 압력센서

센서에 의해 측정된 신호는 증폭되어 ECU로 입력되어 커먼레일 내부의 연료압력을 검출한다. ECU는 현재 엔진 회전수와 부하 상태에 따른 최적의 레일 압력제어를 위해 레일 압력센서의 신호를 입력받아 연료압력 조절밸브와 레일압력조절밸브의 전류를 제어하여 피드백 신호로 사용한다. 하지만 기계적 혹은 전기적 문제로 인해 ECU에서 제어하려 하는 목표레일압력 범위를 벗어나는 문제 발생시 ECU는 엔진의 이상 제어를 방지하기 위해 연료량을 제한하고 고장시 레일압력을 330bar로 고정한다.

조건	출력전압(V)
공회전	약 1.3
1,500rpm	2.0~2.2
6,300rpm	약 2.8

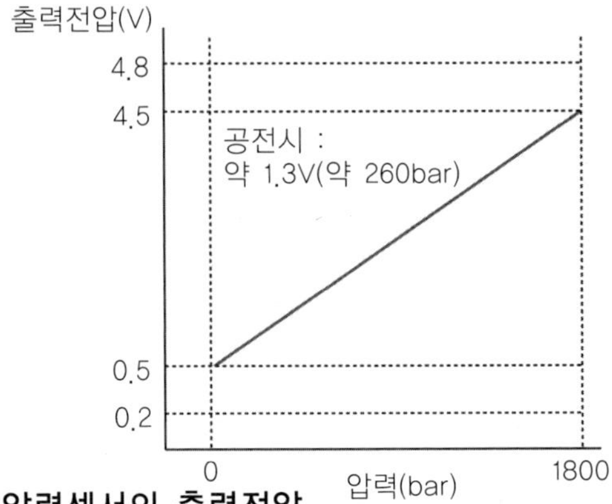

「그림」 2-28. 레일 압력센서의 출력전압

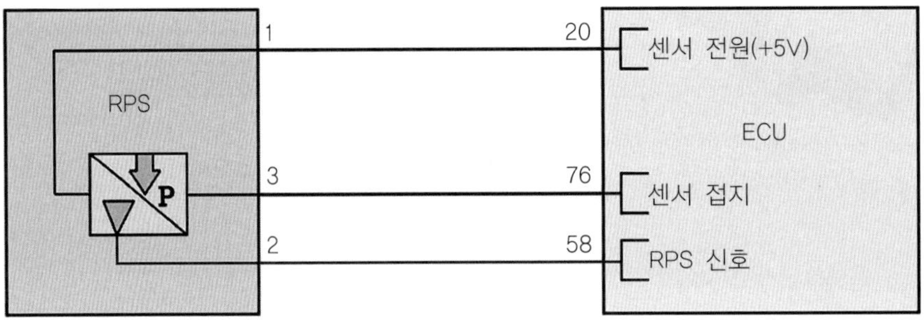

「그림」 2-29. 레일 압력센서의 회로

3.2.4 연료 압력센서(FPS : fuel pressure sensor)

연료 압력센서는 저압 연료펌프 상단에 장착되어 있으며 저압 연료 라인의 압력을 측정한다.

「그림」 2-30. 연료 압력센서

압력(kPa)	출력전압(V)
50	0.3
600	2.5
1100	4.5

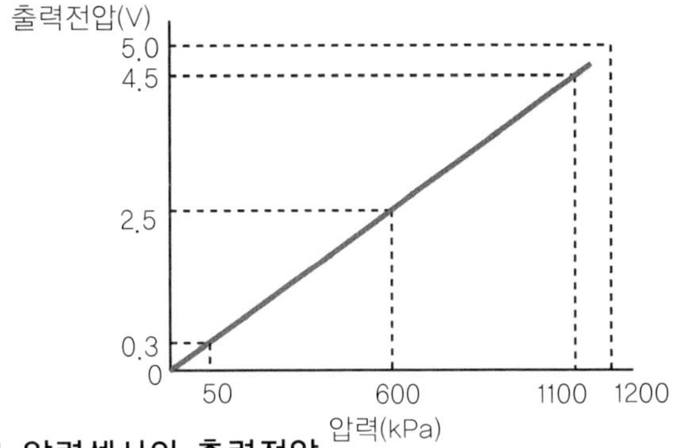

「그림」 2-31. 연료 압력센서의 출력전압

검출된 압력은 전압 신호로 엔진의 ECU에 입력되어 인젝터의 연료 보정 신호로 이용된다. 센서의 출력특성은 연료압력의 증가에 따라 일정하게 증가된다.

고압 레귤레이터에 의해서 50kgf/㎠ 이상은 증가되지 않지만, 비정상적으로 압력이 증가하거나 감소할 경우에는 엔진의 ECU에서 연료의 압력에 따른 인젝터 구동시간을 보정한다. 엔진의 ECU는 고압모드와 저압모드를 연료 압력센서의 출력 값에 따라서 판정한다.

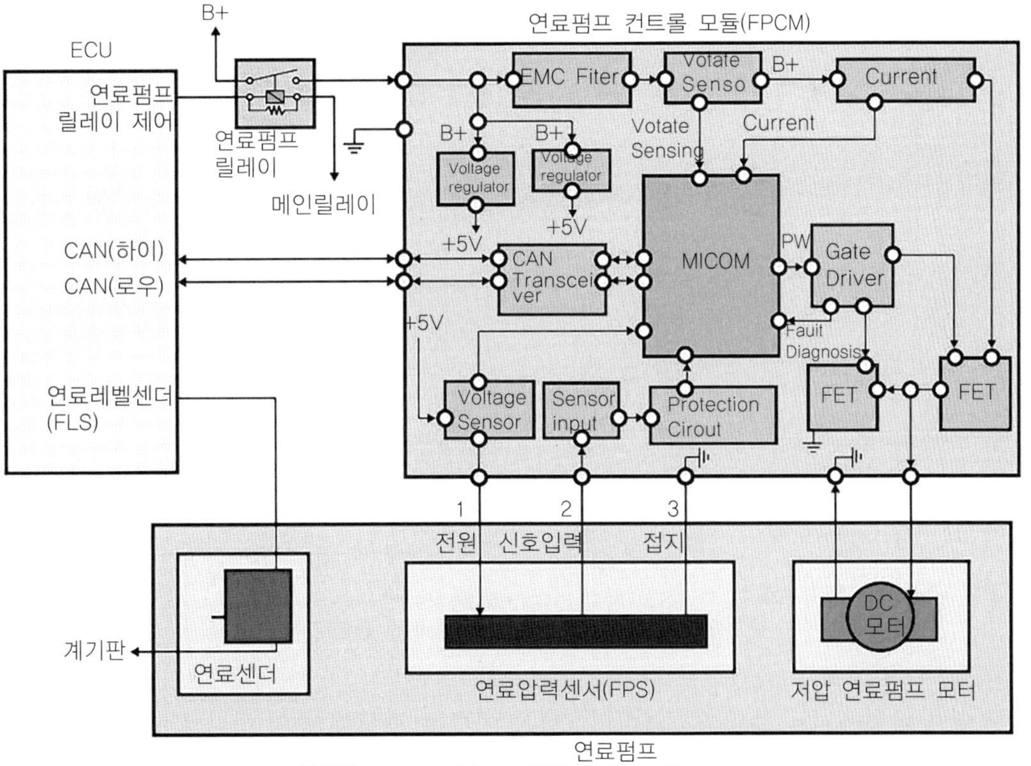

「그림」 2-32. 연료 압력센서의 회로도

3.2.5 연료탱크 압력센서(FTPS : fuel tank pressure sensor)

연료탱크 압력센서는 연료계통의 증발가스 제어시스템의 구성요소로서, 연료탱크, 연료펌프 또는 캐니스터 등에 장착되어 있으며, 퍼지 컨트롤 솔레노이드밸브(PCSV) 작동 상태와 증발가스제어시스템의 누기 여부를 점검하기 위해 압전소자 방식의 압력센서가 장착되어 있다.

증발가스제어시스템(the evaporative emission control system)은 광화학 스모그를 발생시킬 수 있는 탄화수소(HC)가 연료탱크로부터 대기로 방출되는 것을 막기 위한 시스템이다. 연료탱크로부터 증발된 연료는 캐니스터에 응집된다. 응집된 증발 연료는 ECU가 제어하는 퍼지컨트롤 솔레노이드밸브(PCSV)를 통해서 엔진으로 유입된다.

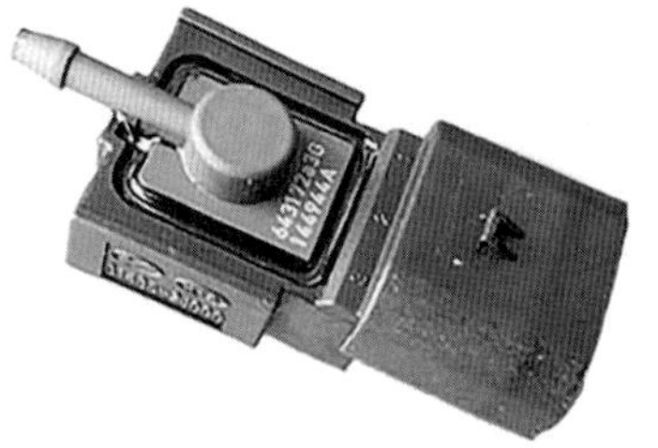

그림 2-33. 연료탱크 압력센서

압력(kPa)	출력전압(V)
−6.67	0.5
0	2.5
+6.67	4.5

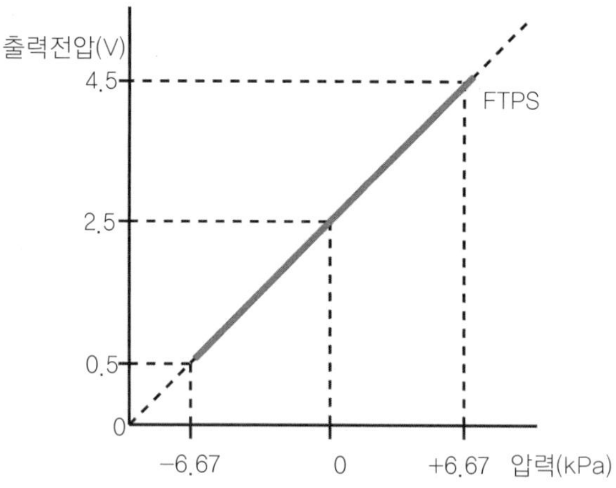

그림 2-34. 연료탱크 압력센서 출력전압

연료탱크 압력센서는 증발가스제어시스템을 이루는 구성품 중의 하나로 연료탱크의 압력을 검출하여 ECU로 입력시키면 ECU는 연료압력센서 신호로 퍼지컨트롤 솔레노이드밸브

작동상태를 점검하며 캐니스터 컨트롤밸브(CCV)작동시 연료탱크의 압력을 모니터하여 증발가스제어시스템에서의 리크(leak)발생을 검출한다.

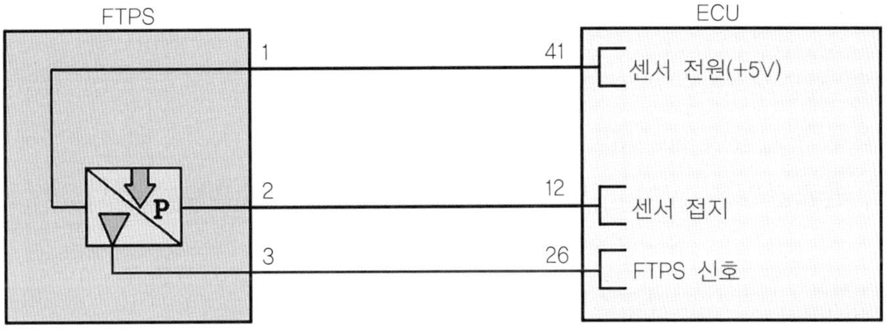

그림 2-35. 연료탱크 압력센서의 회로도

3.2.6 차압센서(DPS : differential pressure sensor)

차압센서는 압력의 차를 측정하는 센서로 수압(受壓)요소인 다이어프램이나 벨로즈의 양쪽에 압력을 도입하는 방식과 2개의 수압요소를 사용하는 방식이 있다. 프로세스 공업용으로는 전자의 방식으로 된 것이 압력측정뿐 아니라 오리피스 유량계나 레벨계용의 차압 센서로써 널리 사용되고 있다. 출력신호를 분류하면 공기식과 전기식으로, 신호변환의 구성 방법으로 분류하면 힘 평형식과 변위식으로 대별된다.

힘 평형식은 벨로즈(공기식)나 전자코일(전기식)에 출력신호를 귀환하여 차압에 의한 힘과 균형을 이루게 하는 방식이다. 변위식에서는 차압의 전기신호 변환부분에는 정전(靜電)용량식, 반도체 변형 게이지식, 인덕턴스식 등의 센서가 사용된다. 자동차용 차압센서는 피에조 압전소자를 이용하여 CPF(catalyzed particulate filter)의 전단과 후단의 압력 차이를 검출하여 0~5V의 선형적인 출력을 발생한다.

그림 2-36. 차압센서

ECU는 재생필터의 재생 시기 판단을 위한 PM포집 량을 예측하기 위해 CPF 차압센서의 출력신호를 이용하여 필터 전·후방의 압력차를 이용하여 CPF 내부에 포집된 분진(탄소 알갱이, 황화합물, 겔 상태의 연소 잔여물질)량을 검출한다. 필터 전·후방에 각각 한 개 씩의 센서가 장착되는 것이 아니고 한 개의 센서를 이용해 두 개의 파이프에서 발생하는 압력차를 검출해 엔진 ECU로 전송한다.

입구와 출구의 차압이 20~30kPa 이상 발생할 경우에 ECU는은 재생모드에 진입한다. 청정상태의 출력전압은 1V이고 DPF 막힘이 발생하면 전압은 올라간다.

차압(kPa)	출력전압(V)
0	1
10	1.35
20	1.7
30	2.05
40	2.4
50	2.775
60	3.1
70	3.45
80	3.8
90	4.15
100	4.5

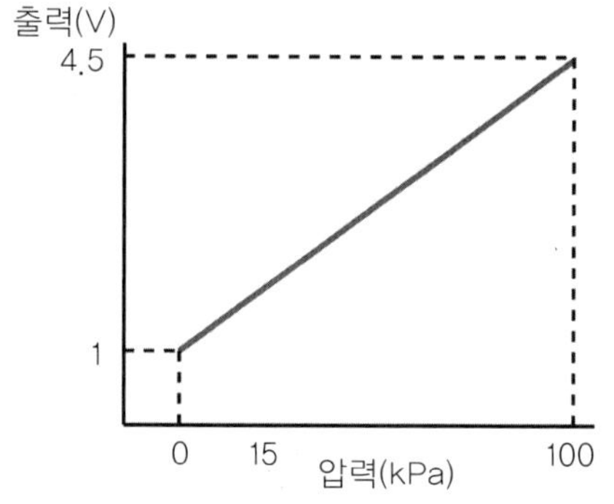

그림 2-37. 차압센서의 출력전압

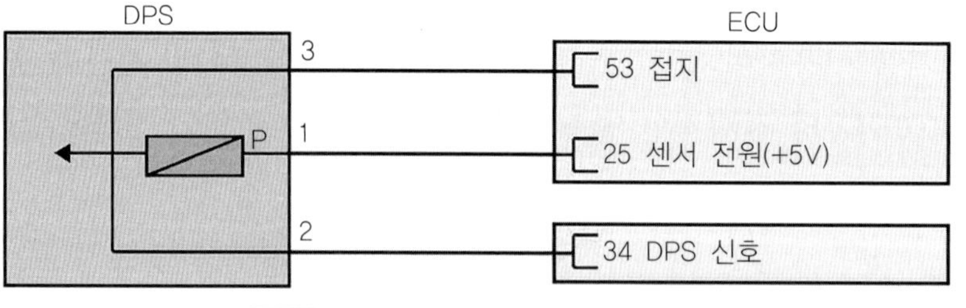

그림 2-38. 차압센서의 회로도

3.2.7 마스터실린더 압력센서

제동 시 마스터실린더 내부에서 발생되는 압력을 검출하여 VDC ECU로 보내면 VDC ECU는 이 신호를 기준으로 EBD제어 여부를 판단하는데 쓰인다.

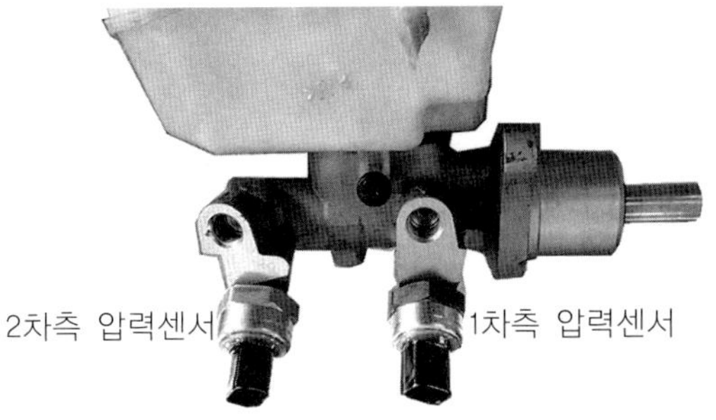

「그림」 2-39. 마스터 실린더 압력센서

마스터실린더 압력센서는 마스터실린더 하단부에 2개가 설치되어 있다. 앞쪽이 1차 측 압력센서이고 뒤쪽이 2차 측 압력센서이다. 마스터실린더 압력센서는 VDC가 작동 중일 때 운전자의 제동의지를 감지하기 위해 브레이크액 압력감지를 한다. 내부에 세라믹 디스크와 세라믹 판으로 구성되어 있다. 압력센서 내부에 세라믹 디스크가 있어 움직임에 따라 값이 변한다. 좌측의 세라믹판은 고정되어 있고 우측의 세라믹 판이 압력이 가해질 때 두 디스크사이의 거리가 변화하게 된다. 두 디스크사이의 거리변화에 따라 정전용량이 변하게 되는데 이 변화량으로 압력 값을 인식하고 전압이 틀리게 출력된다.

공급전압은 4.75~5.25V이고 출력범위는 0.25~4.75V이다. 비작동시 출력전압은 0.5V이며 작동압력은 0~170bar이다. 그리고 압력센서가 2개 장착된 이유는 VDC시스템의 신뢰성을 높이기 위함이며 서로의 값을 비교분석하여 고장여부를 판단한다.

3.2.8 ABS 브레이크 오일 압력센서

ABS 브레이크 오일 압력센서는 VDC가 작동 중일 때 운전자의 제동 의지를 감지하여 축압기의 오일압력을 검출하여 펌프의 ON/OFF 또는 이상 저압을 스위치 신호로 출력하기 위해 컨트롤 유니트(HECU)에 부착되어 있다.

압력센서는 현재의 압력 값을 측정하는 두 개의 회로가 있으며 브레이크 오일의 온도를 측정하는 회로로 구성되어 있다. 컨트롤 유니트(HECU)는 압력센서의 두 신호를 비교하여 만약 규정 값의 범위와 다르면, 센서의 고장으로 감지한다.

 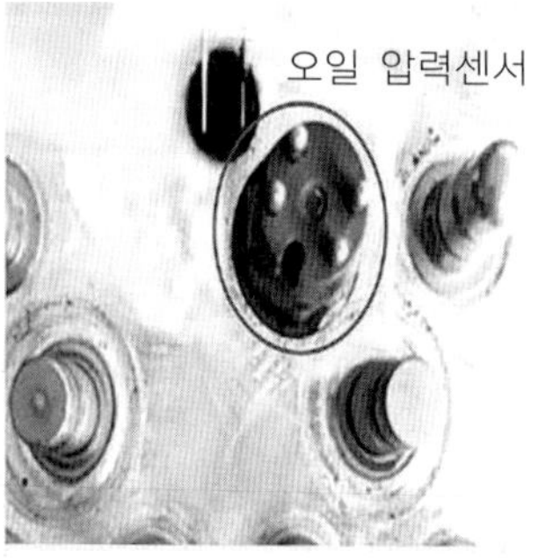

「그림」 2-40. ABS 브레이크 오일 압력센서

구조는 반도체 변형 게이지와 금속 다이어프램으로 구성되어 있으며 압력을 다이어프램에 붙어 있는 반도체 게이지로 감지하여 센서 출력을 공급 전압에 비례하는 아날로그 신호로 컨트롤 유니트는 공급전압 대비 신호 값의 비율에 의해 압력 값을 인식한다. SCC(smart cruise control)시스템이 적용되는 경우는 휠에 공급되는 브레이크 오일의 압력을 측정하기 위해서, 2개의 압력센서가 추가로 사용된다.

3.2.9 TPMS 센서(tire pressure monitoring system)

일반적으로 차량 타이어 공기압 측정용으로 실리콘 압력센서 방식을 사용하며 반도체 기반 실리콘 압력센서는 최근에 실용화가 가속되고 있는 센서로 크리프현상이 없고 선형성이 우수하며 소형、경량으로 진동에도 매우 강한 것이 특징이다. 차량용 타이어 공기압 측정 센서로 주로 응용되는 실리콘 압력센서 혹은 압전형 실리콘 센서로 일컬어지는 센서는 진동과 내맥동이 심한 환경에서 높은 특성을 보여준다. 이 센서는 -40℃~125℃사이의 온도에서 압력측정에 사용되며, 이 센서의 특징으로서 높은 직선성과 주파수 범위, 외부자극으로 부터 거의 영향을 받지 않는 히스테리시스(hysteresis) 특성으로 고정밀 측정에 적합한 센서이다.

실리콘 압력센서 외부에서 압력이 가해지면 압저항 효과(piezo resistive effect)를 응용 반도체에 압력이 인가되면 저항 값이 변하는 현상을 이용한다. 압저항형 실리콘 압력 센서는 실리콘 단결정을 얇게 애칭 하여 수압용 다이어프램을 만들고 여기에 IC와 동일한 제조방법으로 불순물 확산에 의해 4개의 압저항을 휘트스톤 브리지(wheastone bridge) 회로로 접속한다.

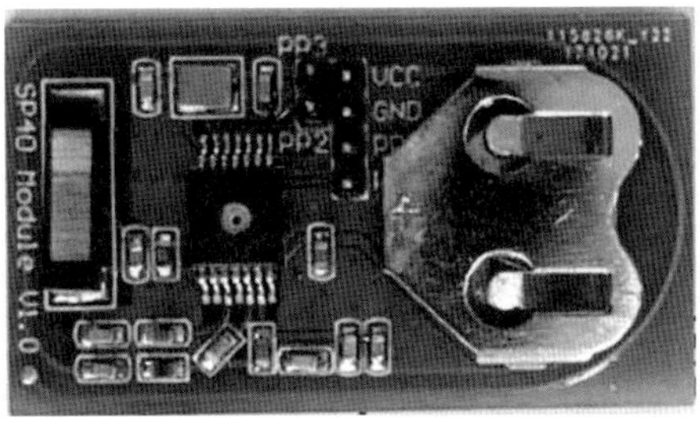

「그림」 2-41. TPMS 센서 모듈의 구성

압력이 가해지면 다이어프램이 변형을 일으키고 이로 인해 압저항의 저항값이 변하면 브리지 회로에 의해 압력에 비례하는 신호를 출력한다. TPMS 센서에 할당된 주파수가 국내는 433㎒이고 출력은 10㎽ 정도이다.

3.3 공기유량센서(AFS : air flow sensor)

유량은 단위시간 당 흐르는 공기의 양으로 정의되며, 공기의 양이 체적인 경우에는 체적유량이고, 질량인 경우에는 질량유량이 된다. 따라서 유량의 단위는 체적유량의 경우는 ℓ/s 또는 ㎥/s이고, 질량 유량인 경우에는 kgf/s이다. 엔진제어장치에서 흡입공기의 유량은 엔진의 성능, 운전성능, 연료 소비율 등에 직접적인 영향을 미치는 요소이다.

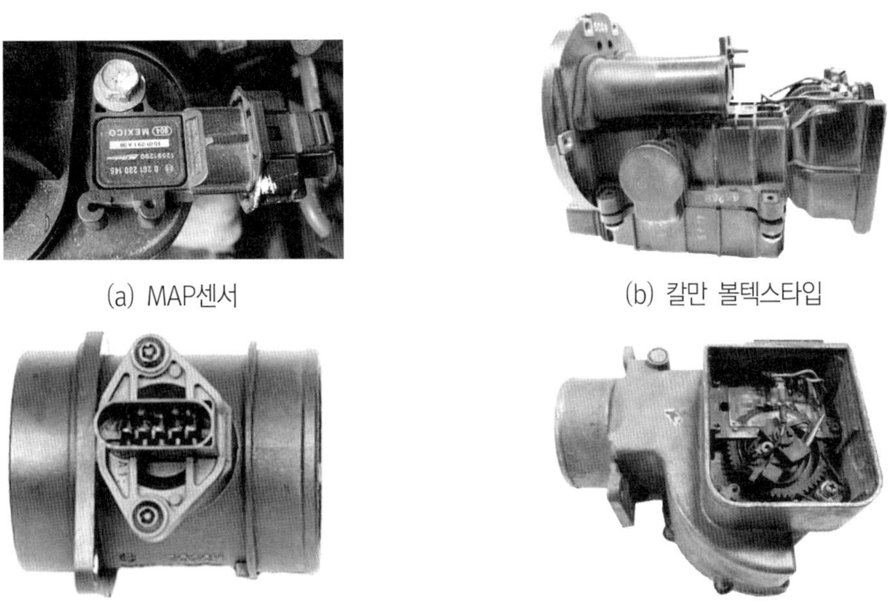

(a) MAP센서 (b) 칼만 볼텍스타입

(c) 핫 필름타입 (d) 베인, 메저링 플레이트타입

「그림」 2-42. 흡입 공기량 센서

흡입공기량의 계측방법에는 직접 계측방식과 간접 계측방식이 있으며 직접 계측방식은 흡입공기의 체적이나 질량을 측정하는 방식으로 체적유량 측정방식(volumetric flow measuring type)과 질량유량 측정방식으로 나누며 간접계량방식은 흡입공기량을 직접 검출하지 않고 흡기매니폴드 내의 절대압력이나 스로틀밸브의 각도 및 엔진의 회전속도로부터 공기량을 측정하는 MAP센서(manifold absolute pressure sensor)가 있다.

직접계측방식은 AFM(air flow meter)에 공기가 직접 접촉하여 계측되며, 공기의 흐름량을 전기적 신호로 변환시켜 ECU로 보내는 방식으로 베인식(vane or measuring plate type), 칼만와류식(karman vortex type), 열선식(hot wire type), 열막식(hot film type) 등이 있다.

3.3.1 MAP센서(manifold absolute pressure sensor)

MAP센서(흡기다기관 절대압력 센서)는 흡기다기관 내의 절대압력을 측정하여 실린더로 흡입되는 공기량을 간접적으로 알아내는 것이며, MAP센서는 절대압력에 비례하는 아날로그 출력신호를 ECU로 전달하고, 이 출력신호는 실린더로 흡입되는 공기량으로 환산하여 흡입 공기량에 대응하는 인젝터 구동시간의 제어에 이용된다. MAP센서는 피에조 압전소자를 이용하고 있다.

MAP센서는 흡기다기관의 압력변화에 따라 흡입공기량을 간접적으로 검출하여 연료의 기본 분사 량과 분사시간 및 점화시기를 결정하는데 사용된다. 맵 센서(MAPS)는 서지탱크에 장착되어 있으며 맵 센서는 압전소자(piezo-electric element)와 압전소자의 출력신호를 증폭하는 하이브리드 IC로 구성된다.

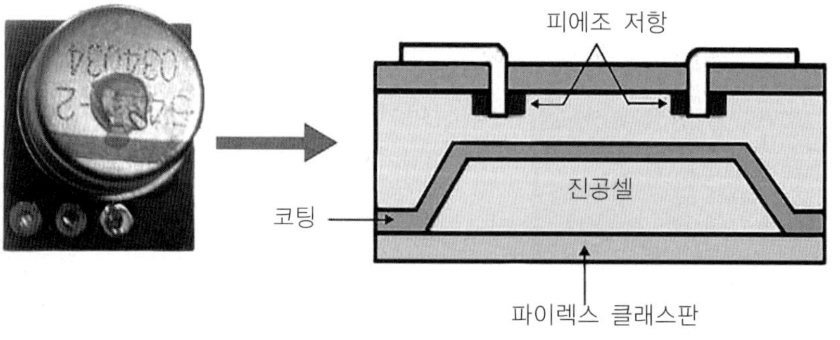

「그림」 2-43. MAP센서의 구조

압전소자는 반도체의 압전 저항효과를 이용한 실리콘 다이어프램 형식이며, 실리콘 다이어프램의 한쪽은 100% 진공실이고 다른 한 쪽은 흡기관의 압력이 작용되는 구조로 되어 있다. 압력측정은 MAP센서 내부에 설치된 센서 칩에 의해 이루어진다. 센서 칩의 압력 도입구멍으로 인가된 압력은 압력에 따라 저항 값이 변화하는 실리콘 다이어프램 뒤쪽에 작용한다.

실리콘 다이어프램 상에는 4개의 저항으로 구성된 휘스톤 브리지가 형성되어 압력이 인가되면 다이어프램에 변형이 발생하며 이때 피에조 저항효과에 의해 4개의 저항 값들에 변화가 발생하게 되어 압력에 비례하는 선형(線型)적인 출력전압을 얻는다. 이 출력전압은 실리콘 다이어프램의 주위 회로부분에서 증폭작용 및 특성 조정을 거친 후 출력단자를 통하여 ECU로 전달된다.

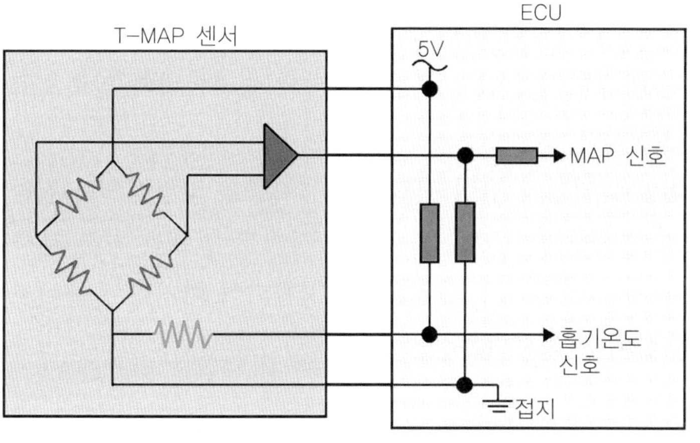

그림 2-44. T-MAP 센서회로도

ECU로 전달된 출력전압은 다시 압력으로 환산된 후 미리 내장되어 있는 엔진 회전속도(rpm)와 압력에 따른 공기량 환산방식에 따라 흡입공기량으로 환산하고, ECU는 이 흡입공기량에 대응하는 연료분사를 위해 인젝터 구동시간을 제어한다. 즉, MAP센서는 흡기다기관의 압력변화에 따라 흡입공기량을 간접적으로 검출하여 연료의 기본 분사 량과 분사시간 및 점화시기를 결정하는데 사용된다. 공전 시에는 흡기다기관내의 진공도가 낮은 전압 0.9~1.7V(250㎜Hg)를 출력하고, 스로틀밸브가 완전히 열린 상태에서는 진공도가 낮아 높은 전압 4~5V(760㎜Hg)을 출력한다.

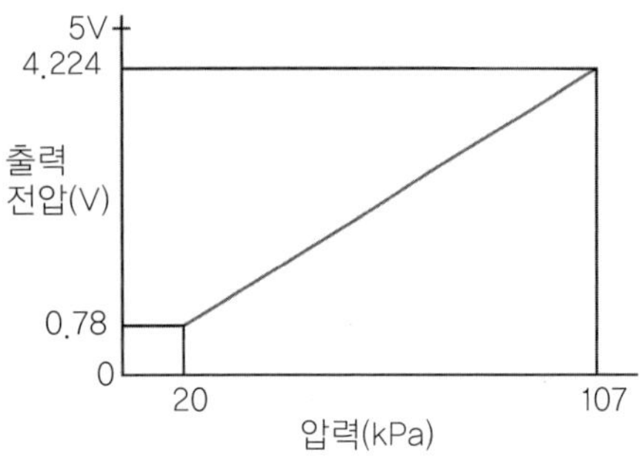

[전압값과 진공도의 관계]

전압 / 압력	5V	4V	3V	2V	1V
mmHg	760	608	456	304	152
kPa	101.3	81.04	60.78	40.52	20.26
mbar	1013	810.4	607.8	405.2	202.6

그림 2-45. MAP센서의 출력값(T-MAP센서)

3.3.2 베인식 AFS(vane type air flow sensor)

흡입되는 공기량을 에어크리너 케이스에 장착되어 엔진 내로 흡입되는 공기의 부압에 의해 가동베인(미저링 플레이트)이 흡입되는 공기량에 따라서 회전 운동하여 가변되면 미저링 플레이트 반대편에 설치되어 있는 포텐셔미터의 슬라이더와 일축으로 연동하여 저항판 위를 움직이게 된다.

그러면 입력된 전압에 저항이 걸린 전압만큼 공기량을 직접적으로 검출하여 측정된 공기량을 전기적 신호로 변환하여 ECU로 입력하는 장치로 연료의 기본 분사량을 결정하는 중요한 신호이다. 연료펌프 스위치가 AFS내부에 장착되어 미저링 플레이트에 공기가 검출됨과 동시에 접점이 붙어 연료모터가 작동된다.

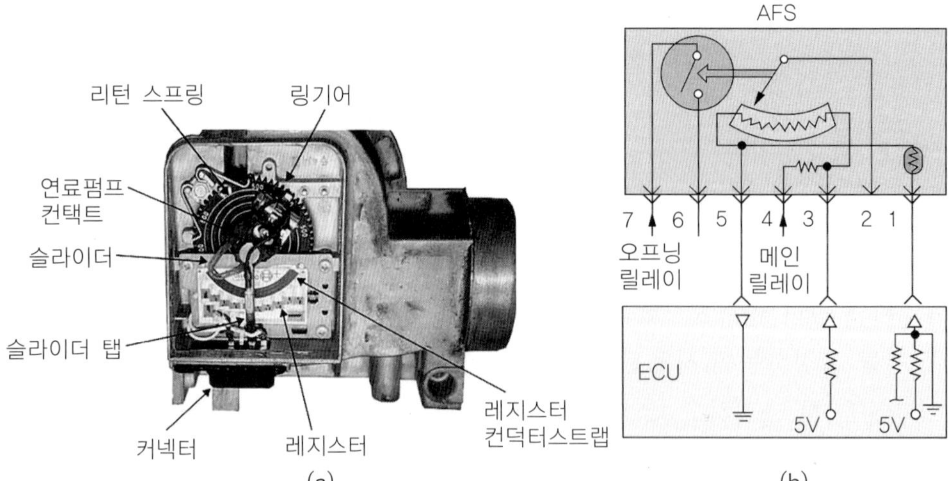

그림 2-46. 베인식 AFS와 회로도

3.3.3 칼만와류식 AFS(karman vortex type air flow sensor)

칼만 와류방식 공기유량센서의 계측원리는 균일하게 흐르는 유동부분에 와류(vortex)발생장치를 놓으면 칼만 와류라는 와류 열(vortex street)이 발생하는데 이 칼만 와류의 발생 주파수와 흐름속도와의 관계로부터 유량을 계측한다. 따라서 칼만 와류의 발생 주파수를 측정하면 흐름속도를 알 수 있고, 흐름속도와 공기통로의 유효 단면적의 곱으로부터 체적유량을 구할 수 있다. 입구에 설치된 철망은 공기가 일정한 방향으로 유입되도록 한다.

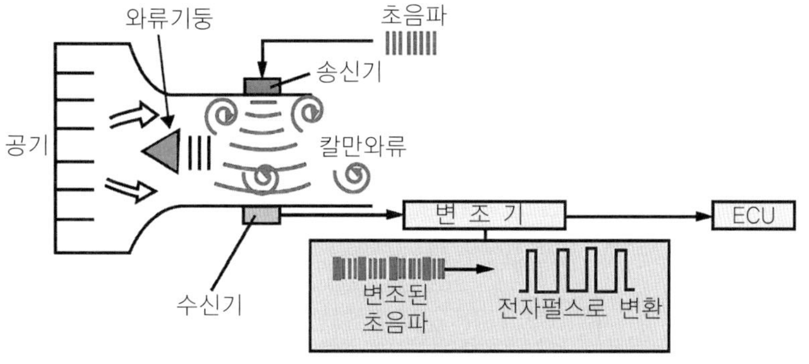

그림 2-47. 칼만 와류방식(초음파 검출방식)

초음파 검출방식은 와류에 의한 공기의 밀도변화를 이용하여 관로 내에 연속적으로 발신되는 일정한 초음파를 수신할 때 밀도변화에 의해 수신신호가 와류의 수만큼 흩어지는 것으로 와류의 발생 주파수를 검출한다. 출력신호는 디지털(digital)신호이기 때문에 마이크로프로세서(micro processer)에서 처리하기에 매우 유리한 장점을 지니고 있다. 또한 출력신호는 흡입 공기량에 비례하는 주파수신호를 나타낸다. 즉, 공기량이 적을 경우는 주파수가 낮고, 공기량이 증가하면 주파수가 높아지는 특성이 있다(700rpm은 약 30㎐, 2,500rpm은 약 95㎐, 4,000rpm은 약 140㎐).

(a) 공기량이 적을 때(공전시 : 낮은 주파수)　　(b) 공기량이 많을 때(전부하시 : 높은 주파수)

그림 2-48. 칼만 와류방식의 출력신호

그러나 측정하는 유량이 체적유량이므로 질량유량으로 변환하기 위하여 흡입공기 온도 및 대기 압력에 따른 보정이 필요하다. 칼만 와류방식은 흡기온도센서와 대기압센서(BPS)가 함께 설치되어 있다.

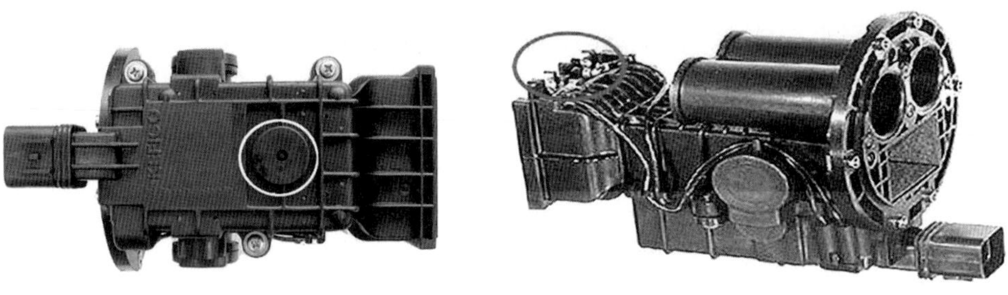

(a) 대기압력센서 (b) 흡기온도센서

「그림」 2-49. 칼만 와류방식 공기유량센서의 형상

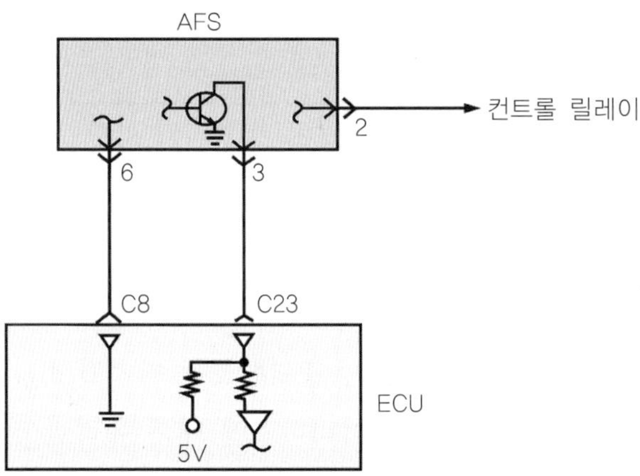

「그림」 2-50. 칼만 와류방식의 회로도

3.3.4 핫 와이어 에어플로우 센서(hot wire air mass sensor)

핫 와이어 타입의 경우 흡기의 온도, 압력, 밀도와는 상관없이 엔진에 유입된 흡기질량을 직접 계측한다. 따라서 외부의 온도나 고도 등에 영향을 받지 않는 특성이 있고 따라서 대기압 센서나 흡기온도 센서를 생략할 수 있는 장점이 있지만 최근에는 배출가스 규제 강화로 인하여 이들 센서를 사용하여 정밀도를 높이고 있다.

장착위치는 에어클리너와 스로틀 바디 사이이며 열선과 저항들은 원통내부에 설치되고, 입구에 설치된 미세한 철망은 이물질로 인한 열선의 기계적 파손을 방지하는 역할도 한다.

(a) (b)

그림 2-51. 핫 와이어 에어플로우 센서

원통 안에 가운데 뾰족하게 튀어나온 부분이 온도보상 저항이고, 아주 가는 실선이 온도 변화에 저항 값의 변화가 일정하고 고온에서 산화가 되지 않는 백금 열선이다. 열선은 항상 100℃를 유지하도록 전기적으로 가열된다. 열선을 통과하는 공기가 많을수록 열선은 더 많이 냉각되므로 열선의 온도를 일정하게 유지하기 위해서는 전류를 더 많이 공급해야 한다.

전류의 증가는 열선의 원래의 설정 온도로 될 때까지 계속된다. 따라서 공급한 전류의 값이 흡입 공기량을 측정하는 기준이 된다. 열선은 자체 질량이 아주 작기 때문에 아주 급속히 일정한 온도로 가열된다. 보통 1초에 1,000회 정도 반복해서 측정이 가능하며 반응시간이 짧은 것이 장점이다. 열선이 흡기통로에 설치되어 있기 때문에 열선에 오염물질이 퇴적될 경우 측정결과에 오차가 생기므로 이를 방지하기 위해서 핫 와이어는 항상 깨끗한 상태를 유지해야 하므로 정기적으로 청소를 해 주어야 한다.

청소방법은 엔진이 작동 후 정지 신호가 ECU로 입력되는 시점, 즉, 키 스위치가 ON상태에서 OFF가 된 후부터 일정기간(약 4~5초)이 지난 후 순간적(약 1초간)으로 많은 전류를 공급하여 핫 와이어의 이물질을 약 1,000℃ 정도로 가열하여 순간적으로 퇴적물을 연소시켜 제거한다. 이러한 작동은 자기 청정회로(burn-off circuit)에 의해 이루어지며 이것을 클린 버닝(clean burning)이라고 한다.

통과 공기유량이 증가하면 열선은 냉각되어 저항이 감소하고 제어회로에서는 즉시 통과 전류를 증가시키게 되며 이 전류의 증가는 열선의 온도가 원래의 설정온도(약 100℃)가 될 때까지 계속된다. 따라서 ECU는 이 전류의 증감을 감지하여 흡입 공기량을 계산한다.

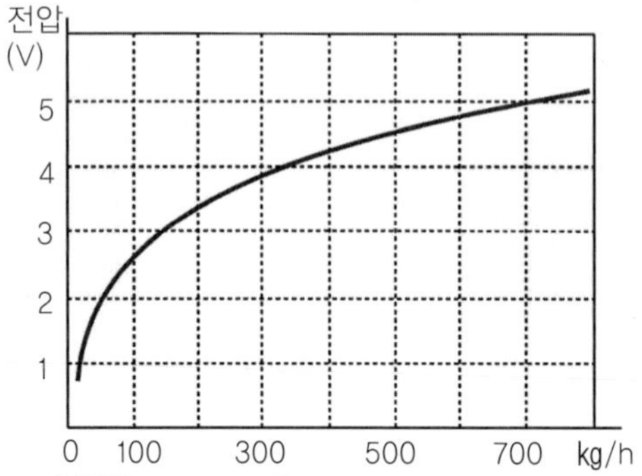

그림 2-52. 흡입공기량과 신호전압

"흡입공기량 ∝ 열선의 방열량= 전류 I의 증가= 전압의 증가"로 아래 회로도에서 열선 RH는 들어오는 흡입공기에 노출되어 있고 흡입공기량이 많을수록 RH(열선저항)를 일정온도로 유지하기 위하여 제어회로는 더 많은 전류를 흘러주어야 한다. 그러면 열에 걸리는 전압은

$$V = I \times RH(\text{열선저항})$$

이 되고 회로도에서 A-B점 사이의 전위차에 해당된다. 그리고 이 전압과 공기질량유량과의 관계는 다음과 같다.

[전압값과 공기질량과의 관계]

출력전압(V)	공기질량(kg/h)	출력전압(V)	공기질량(kg/h)
0.3	7.34	3.0	149.07
0.5	10.06	3.5	226.66
1.0	19.85	4.0	335.66
1.50	35.58	4.5	500.16
2.0	58.79	4.76	614.61
2.5	94.70	5.00	730.01

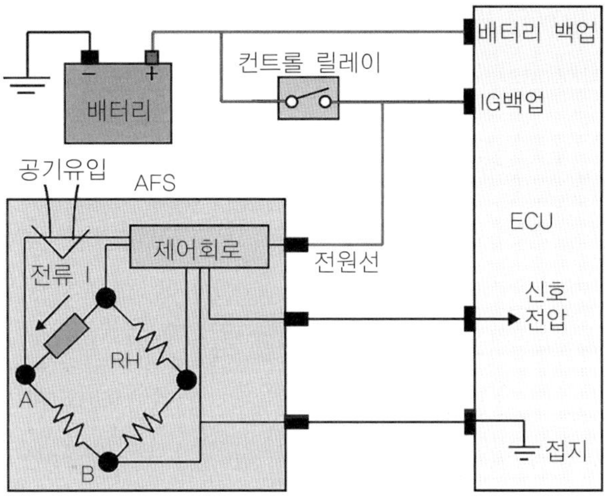

그림 2-53. 핫 와이어 AFS 회로도

3.3.5 핫 필름 AFS(hot film type air flow sensor)

열막식 공기량 센서라고도 하며, 에어클리너와 스로틀바디사이에 설치되어있고, 핫 필름 공기유량센서는 열선방식의 단점을 보완하여 등장한 것이다. 핫 와이어 방식은 백금열선, 온도센서, 정밀저항 등으로 구성되어 있어서 생산 비용이 높은 편이다. 그러나 열막 센서(hot film resistor)는 공기의 유동방향과 일치하여 설치되므로 열선식에 비해 오염에 덜 민감하다. 따라서 클린 버닝을 할 필요가 없고 생산비가 저렴하며 응답성도 좋은 장점을 지닌다.

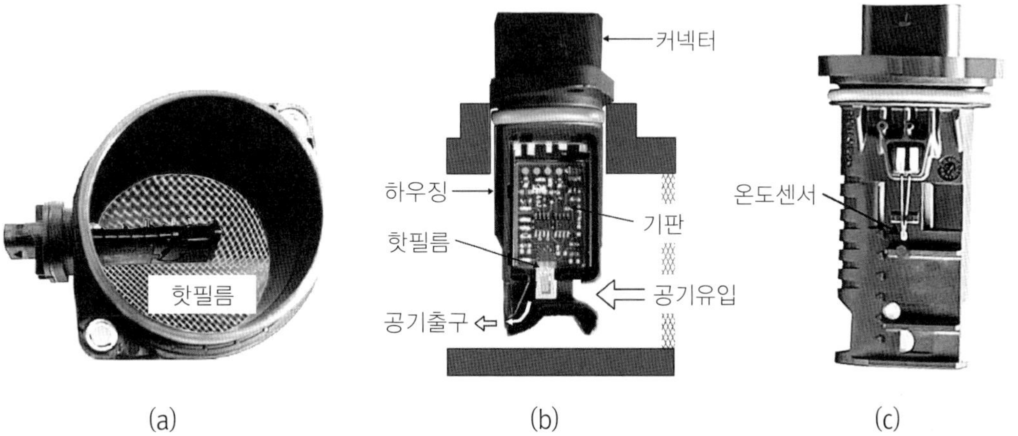

그림 2-54. 핫 필름방식 AFS의 구조

핫 필름방식은 열선방식의 백금열선(약 70㎛ 두께의 가느다란 백금선), 온도센서, 정밀 저항기 등을 세라믹(ceramic) 기판(약 0.2㎜)에 박막층 저항으로 집적시킨 것이며, 계측원리는 열선방식과 같다.

핫 필름방식은 열선방식에 비하여 열손실이 적기 때문에 작게 하여도 되며, 오염 정도가 낮고 온도차를 일정하게 유지하도록 하이브리드 IC가 제어한다. 따라서 공기량 출력은 공기의 밀도변화에도 상응될 수 있으므로 온도나 압력에 의한 ECU의 보정이 필요 없다.

핫 필름(hot film)형식의 센서는 흡입공기량을 측정하여, 주파수 신호를 ECU에 전달하는 역할을 한다. ECU는 흡입공기량이 많을 경우는 가속상태이거나 고 부하 상태로 판정하며, 반대로 흡입공기량이 적을 경우에는 감속 상태이거나 공회전 상태로 판정한다. ECU는 이러한 센서 신호를 이용하여, EGR량과 연료량을 보다 정확하게 제어할 수 있다.

3.4 위치 및 회전각센서

위치 정보를 제공하는 센서는 스로틀밸브의 열림 정도를 나타내는 스로틀포지션센서, 액셀러레이터 포지션센서), 배기가스 재순환장치에서 EGR밸브 포지션센서, 크랭크축포지션센서, 캠축포지션센서, 차고센서, 조향휠각 센서 등이 사용된다. 이와 같은 센서는 위치를 검출하기 위한 계측원리는 전위차계(potentiometer), 전기저항, 홀(hall)효과, 전자유도, 광학적인 방법 등이 사용된다.

3.4.1 스로틀 위치센서(TPS : throttle position sensor)

[1] 스로틀 바디

스로틀 바디는 운전자의 가속페달을 밟고 떼는 것(가속의지)에 따라 스로틀 밸브(플랩)를 제어하여 엔진으로 흡입되는 공기의 양을 조절한다. 일반적으로 에어클리너와 흡기매니폴드 사이에 설치되며, 스로틀 밸브의 위치를 감지하는 스로틀포지션센서(TPS)와 공회전 속도를 조절하는 ISA(Idle speed actuator)가 설치되어 있다.

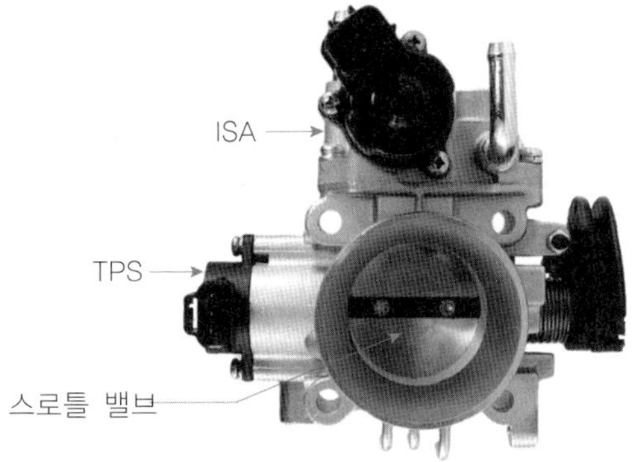

(a) 스로틀 바디 어셈블리

(b) 스로틀 위치센서(TPS)

그림 2-55. 스로틀 바디 및 스로틀 위치센서

ETC(Electronic throttle control) 방식의 스로틀 바디에서는 운전자의 가속페달을 밟으면 페달에 부착되어 있는 엑셀 포지션센서(APS : Accelerator position sensor)가 페달의 위치(변화량)를 검출하여 ECU로 보낸다. ECU는 이를 기준으로 다른 입력신호와 함께 스로틀 밸브의 열림 량을 연산하여 스로틀 바디에 부착된 모터를 구동시켜 엔진의 작동상태와 적합한 스로틀 밸브의 개도를 변화시키게 된다. 즉, 스로틀 밸브의 개도는 전기적 신호와 모터에 의해 변화된다. 이와 같은 구도방식을 Drive-by-wire라고 한다. ETC(Electronic Throttle Control) 시스템의 경우에는 스로틀포지션 센서가 모터와 함께 일체형으로 스로틀 바디에 조립되어 있다.

(a) ETC 스로틀 바디

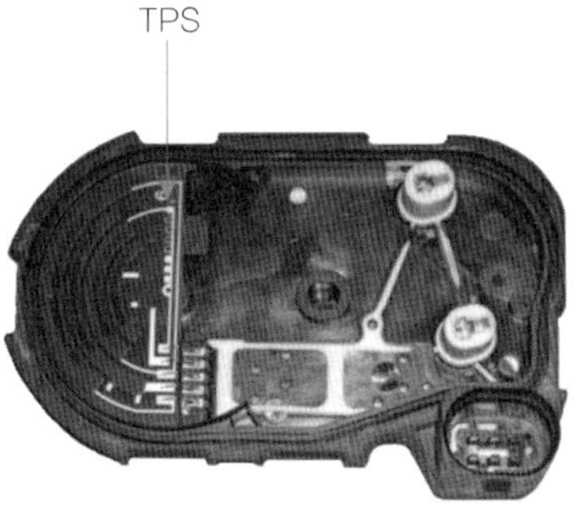

(b) ETC TPS

그림 2-56. ETC 스로틀 바디 및 ETC TPS 내부 구조

[2] TPS 기능 및 구조

스로틀 위치센서는 스로틀밸브의 열림 정도를 검출하여 공회전, 가감속 등의 엔진부하 상태를 판별하는 센서로 스로틀밸브의 축과 같이 연동되는 가변 저항기의 일종인 전위차계(potentiometer)이다.

스로틀밸브가 회전하면 저항 값이 변화하며 이 변화되는 저항 값은 전압변화로 출력되며 ECU는 이 출력 전압 값과 엔진의 회전수 등 다른 센서로 부터의 입력신호를 바탕으로 엔진의 운전조건을 판정하여 분사 량을 결정한다.

TPS의 종류에는 선형방식(linear type)과 접점방식(switch type)이 있다. 전위차계는 저항선이나 저항물질로 만든 일종의 가변 저항기이다. 전원 공급단자와 접지단자, 미끄럼 운동을 하는 와이퍼에 연결된 신호단자로 구성되어 있다. 전원 공급단자와 접지단자사이의 저항은 전위차계 전체의 저항이다.

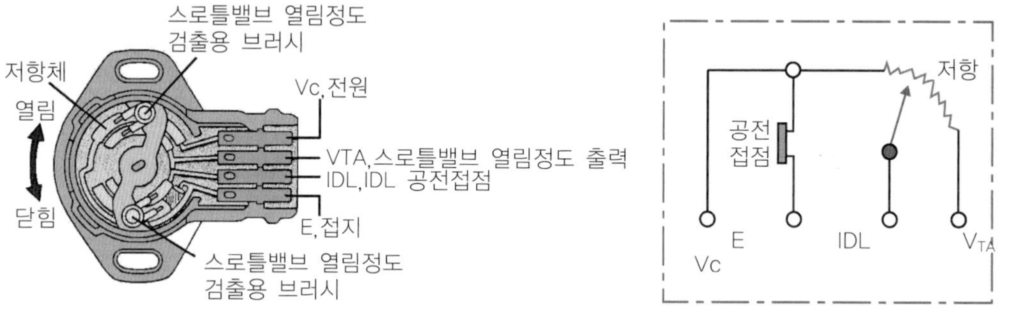

(a) 구조 (b) 내부회로

그림 2-57. 선형방식 스로틀포지션 센서 위치 및 구조 내부회로

그러나 신호단자와 접지단자사이의 저항은 미끄럼 운동하는 와이퍼가 움직임에 따라 변화되며, 이것은 공급된 일정한 전압을 분압 된 형태로 신호를 발생한다. 스로틀밸브와 연동하여 움직이는 2개의 브러시가 있고, 1개의 접점이 저항 물체 위를 미끄럼 운동하여 움직이는데 따라 스로틀밸브의 열림 정도에 대응하는 선형적인 출력전압을 얻을 수 있다. 또한, 스로틀밸브의 완전 닫힘 상태를 검출하기 위한 공전 접점이 있다. 먼저 ECU로부터 센서는 센서 전원 5V가 인가된다.

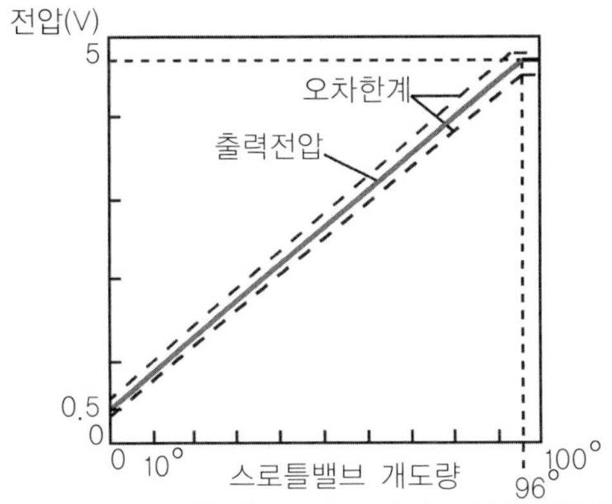

그림 2-58. 스로틀밸브 개도량에 따른 전압값 변화

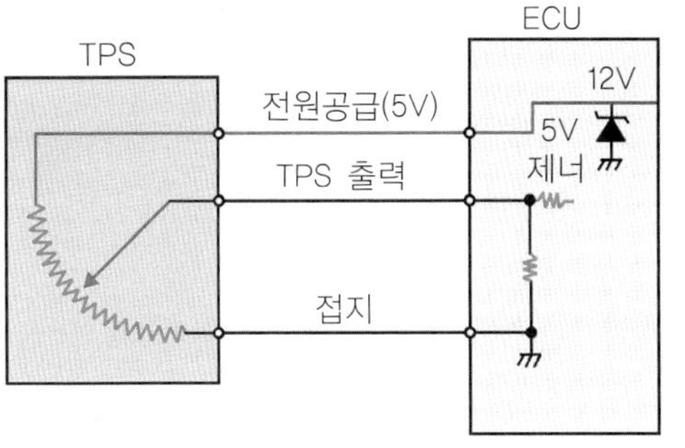

그림 2-59. TPS 회로도

가속시에는 스로틀밸브의 개도가 커짐에 따라 센서 전원단자와 신호단자사이의 가변 저항 값이 감소하여 출력전압이 커지며, 반대로 감속시에는 가변 저항 값이 증가하여 출력전압이 작아진다. 즉, 센서 출력전압은 스로틀밸브의 개도량에 비례한다. 스로틀밸브가 완전히 닫혔을 때 전압은 대략 0.5V 정도이며, 완전히 개방되었을 때는 약 4.7V 정도가 된다.

3.4.2 액셀러레이터 포지션센서(APS : accelerator position sensor)

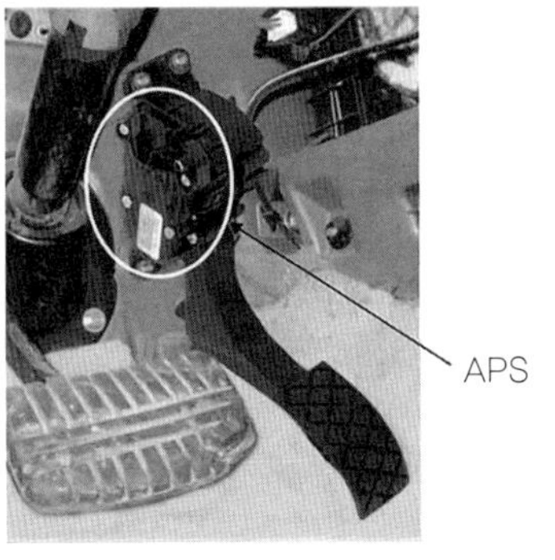

(a) 설치위치

(b) 내부구조

그림 2-60. 액셀러레이터 포지션센서

엑셀 페달 위치 센서는 엑셀 페달 모듈에 장착되어 있으며, 엑셀 페달 위치 센서는 2개의 포텐셔미터(potentiometer)로 구성되어 있으며, 이 들은 서로 독립된 회로(전원, 접지 및 신호)를 구성하고 있다.

[액셀러레이터 포지션센서 출력전압]

조 건	출력 전압	
	APS 1	APS 2
공회전	0.7~0.8	0.275~0.475
완전히 밟음	3.8~4.4	1.75~2.35

엑셀 페달 위치 센서는 운전자의 가속의지를 ECU에 전달하여, 가속 요구량에 따른 엔진 ECU는 센서 1의 신호로 연료 분사량과 분사시기를 결정하는 주된 역할을 하는 가장 중요한 센서이다.

페달 위치 센서는 신뢰도가 중요한 센서로, 주 신호인 센서 1과 센서 1을 감시하는 센서 2로 구성되어 있다. 센서 1과 2는 서로 독립된 전원과 접지로 구성되어 있으며, 센서 2는 센서 1 출력의 1/2 출력을 발생하여, 센서 1과 2의 전압 비율이 일정 이상 벗어날 경우 에러로 판정된다.

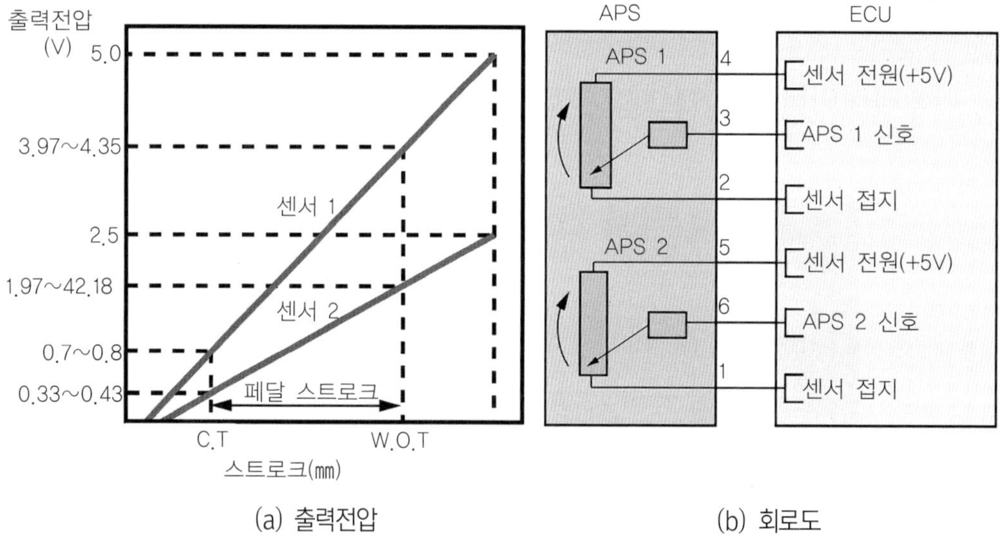

「그림」 2-61. 악셀페달 위치센서 출력전압 및 회로도

3.4.3 크랭크각 센서(CAS : crank angle sensor)

엔진의 점화시기를 제어하기 위해서는 피스톤의 위치를 알아야 하는데 크랭크각과 피스톤의 변위는 서로 상관관계가 있으므로 크랭크 각도를 검출하면 피스톤의 위치를 알 수 있다. 그리고 점화 시기는 적어도 크랭크 각 1°단위의 정도를 요구한다.

예를 들어 엔진 회전속도가 3,000rpm인 경우 크랭크각 1°는 시간적으로 56㎲라는 극히 짧은 시간이 되므로 타이밍을 정확히 제어하기 위해서는 크랭크각을 정확히 검출해야만 한다.

일반적으로 CAS는 점화시기의 기준인 크랭크각과 함께 회전수의 검출도 병행하고 있다. 크랭크각 센서는 엔진 회전속도 및 크랭크각의 위치를 감지하여 연료분사시기 및 연료 분사시간과 점화시기 등의 기준 신호를 제공한다. CAS는 CPS(crank position sensor, CKP sensor)라고도 하며 1번 상사점을 검출하기 위해 #1TDC 센서 또는 cam angle sensor를 별도로 캠축에 장착하기도 한다.

크랭크각의 검출방법에는 발광다이오드(LED) 및 포토다이오드 등으로 구성된 광전식(optical type), 마그네틱 픽업(magnetic pick up)과 톤 휠(tone wheel) 등을 이용한 전자식(inductive pulse generator type), 자기저항형, 홀 센서식(hall generator type), 자기 FET 소자식, 리드 스위치 등 여러 가지 방식이 있다.

[1] 자기 저항형 센서(reluctance sensor)

자기 저항형은 타이밍로터(timing rotor)와 로터의 바깥쪽에 설치된 픽업코일(pick up coil), 자석 등으로 구성되어 있다. 자석의 자속은 타이밍로터를 거친 후 픽업코일을 통과하고 있으며, 타이밍로터가 회전하면 로터 돌기부분의 간극이 변화하기 때문에 픽업코일을 통과하는 자속 량이 변하게 된다.

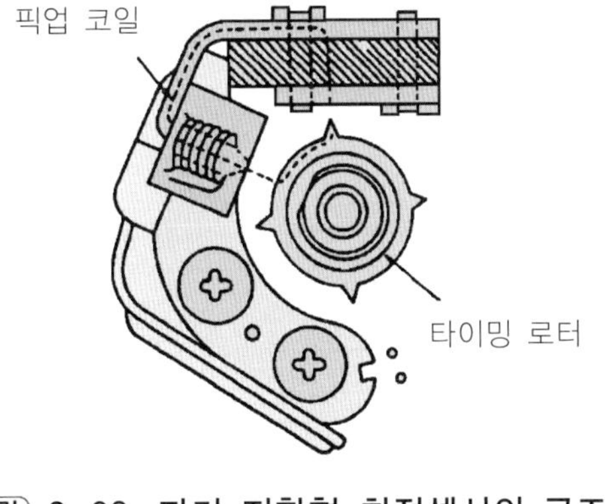

「그림」 2-62. 자기 저항형 회전센서의 구조

이때 자속 량의 변화에 상응하여 전압이 코일의 양끝에 발생하며, 발생전압은 자속의 변화를 방해하는 방향으로 발생하므로 교류전압의 형태로 나타난다. 이때 픽업코일에서 전압이 유지되기 위해서는 자속이 변화하고 있어야 한다는 점이 중요하다. 즉, 엔진이 가동되지 않을 때에는 자속의 변화가 없으므로 출력 전압이 0이 되기 때문에 엔진을 가동하여야만 위치를 알 수 있고 타이밍을 맞출 수 있다.

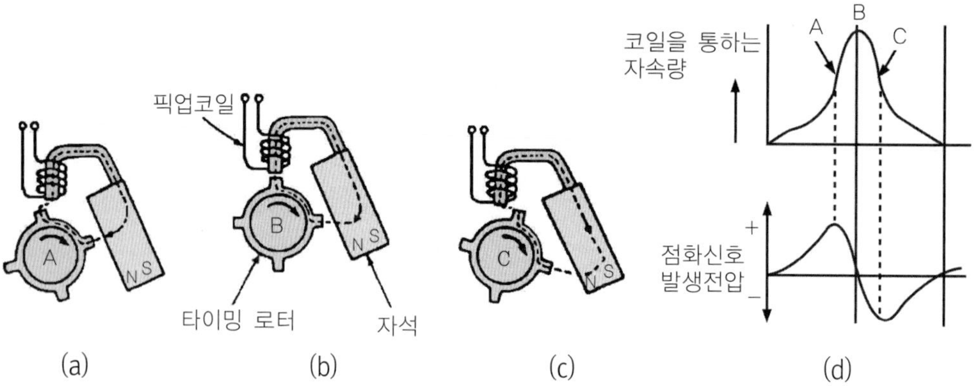

그림 2-63. 픽업코일의 전압발생

[2] 홀센서(hall sensor)

홀센서는 일종의 반도체 발전기로서 홀효과(hall effect)를 이용한 것으로 홀소자는 게르마늄, 칼륨, 비소 등을 사용하여 작고 얇으며 편평한 반도체 물질로 만들어진다. 홀 효과(hall effect)란 도체에 전류가 흐르는 상태에서 전류의 방향과 수직으로 자기장이 형성될 때, 전류가 흐르는 도체 내에서 전류와 수직방향으로 전위차가 발생(전기장 형성)하는 현상을 말한다.

그림 2-64. 홀센서

전류가 같은 방향이라도 전하를 운반하는 입자의 전하 부호에 따라 발생하는 전기장의 방향이 달라진다. 그리고 입자의 농도에 따라서도 전기장의 세기가 달라진다.

자기장 내에서 전하가 움직이면 로렌쯔의 법칙을 따르는 힘(lorentz force)이 전하에 작용하여 전하가 이동방향에 수직으로 힘을 받는다. 이 원리에 의해 전류가 흐르는 도체에 자기장이 가해지면 도체 내부를 흐르는 전하가 진행방향에 수직으로 힘을 받아 도체의 한 쪽으로 치우쳐 흐르게 된다. 이렇게 전하가 한 쪽으로 치우침으로 인해 전하가 몰려있는 곳과 그렇지 않은 곳 사이에 전위차가 발생하는 현상을 홀 효과라고 한다.

도체, 전류, 자기장이 있을 때, 전자는 도체의 아래쪽으로 힘을 받아 위쪽-아래쪽에 전압이 형성된다. 이 때 발생하는 전압(전위차)을 홀 전압이라 한다.

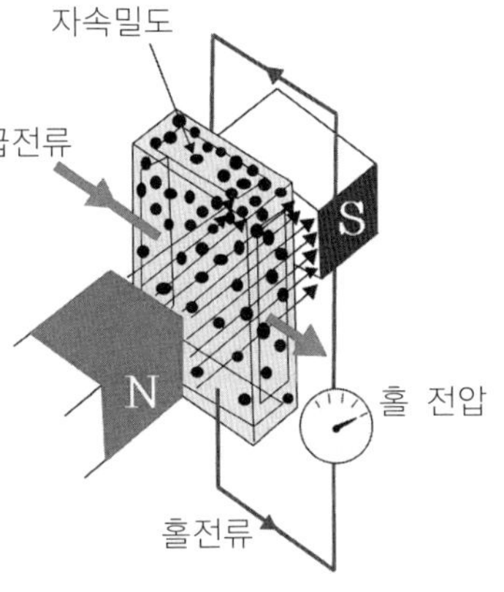

그림 2-65. 홀효과

홀센서는 센서 내부의 회로 판에 도체가 접근하면 신호가 발생하는 반도체인 홀 소자와 증폭기가 기본적으로 설치되고 홀 전류를 흘리면 발생된 전압은 ECU에 입력되고 컴퓨터는 아날로그/디지털 변환기(A/D컨버터)를 거쳐 디지털 펄스가 발생된다. 이 펄스를 트랜지스터의 베이스에 걸면 트랜지스터가 ON, OFF되면서 스위칭을 한다. 이때 오픈 컬렉터전압을 출력전압으로 하여 ECU로 입력된다. 홀 소자는 반도체로 전원이 공급되어야 작동하기 때문에 자동차 엔진에서 사용되는 홀 센서와 엔진컨트롤 모듈과의 회로는 기본적으로 홀 소자에 전원을 공급하는 (+)선과 (-)선, 그리고 시그널이 출력되는 선등 3선을 필요로 한다.

자동차에서의 홀 센서 회로센서의 입력전압은 주전원(배터리 쪽)에서 직접 공급되는 회로에서는 12V이지만 전자제어 엔진 컨트롤 모듈(ECU)에서 공급되는 경우에는 센서 기준전압인 5V를 사용하고 있으며 센서의 출력전압은 입력전압이 5V일 때는 5V이고 입력전압이 12V일 때는 12V가 출력되기도 하지만 5V가 출력되는 회로도 있다. 홀 센서가 사용되는 분야는 직류전류감지, 교류전류감지, 자장의 세기감지, 전류의 극성감지, 방향감지, 회전체의 회전수 감지, 비접촉식 스위치 등이 있다.

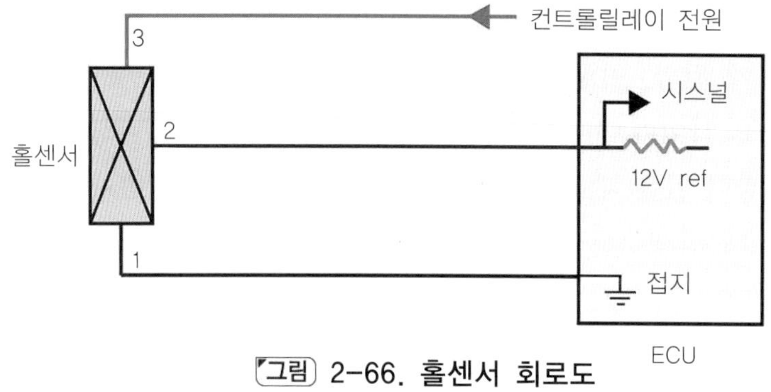

「그림」 2-66. 홀센서 회로도

[3] 광학식 크랭크각 센서(optical type CAS)

광학식 크랭크각 센서는 엔진 회전속도를 광센서를 이용하여 검출하는 것으로 각각 2개씩의 발광다이오드(LED : light emitting diode)와 포토다이오드(photo diode)어셈블리와 No.1 TDC 및 회전수 검출용 slit plate를 배전기 축 내에 설치하여 발광다이오드에서 나온 빛이 디스크가 회전할 때 슬릿을 통과하면 포토다이오드가 빛을 받아 일반 다이오드와는 반대방향으로 통전되어 ECU에 5V가 입력되고 빛이 차단되면 0V가 입력된다.

4개의 슬릿에서 얻어지는 신호는 엔진 회전수를 연산하는 기준신호로써 크랭크축의 압축상사점이 정 위치에 있는지 검출하는 크랭크각 센서이다. 신호는 연료분사순서와 점화시기를 결정하는데 가장 중요한 신호로 이용된다.

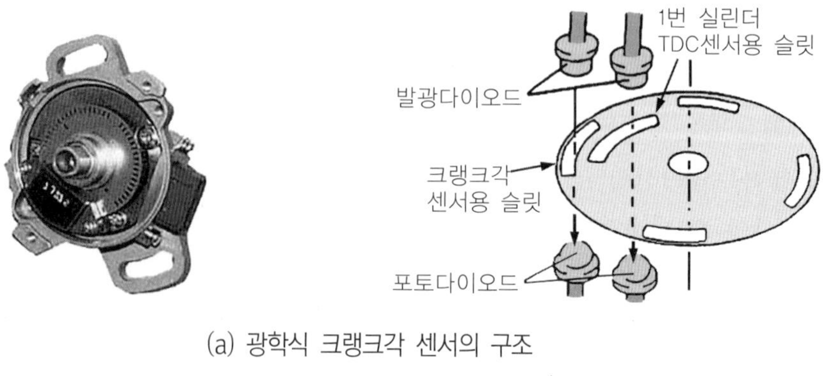

(a) 광학식 크랭크각 센서의 구조

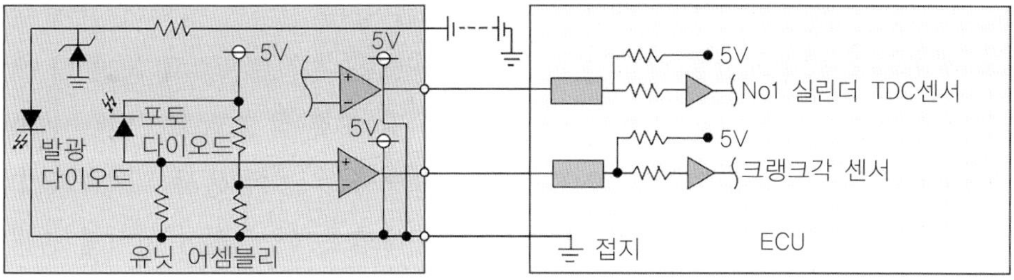

(b) 광학식 크랭크각 센서의 회로도

그림 2-67. 광학식 크랭크각 센서의 회로도

[4] 마그네틱방식 크랭크각 센서(magnetic type CAS)

마그네틱방식 크랭크각 센서는 영구자석, 코일, 코어 등으로 구성되어 있으며, 이 방식은 target wheel의 톱니(tooth : long tooth와 short tooth로 구성)가 마그네틱센서로 된 CAS를 지나칠 때 센서에서 발생되는 전자력을 차단하면서 전압이 발생된다.

마그네틱방식 크랭크각 센서는 크랭크축에 설치된 톤 휠(또는 타킷 휠이라고도 함)에 여러 개의 돌기(장치마다 다르며 일반적으로 6° 간격으로 58개의 돌기를 설치하고, 2개는 제거하여 참조 점으로 사용하는 경우도 있다)를 설치하고 돌기 가까이 센서를 설치한다. 따라서 엔진이 가동됨에 따라 크랭크축에 함께 설치된 톤 휠이 회전하고 이에 따라 센서 내의 자속이 변화하며 전압 신호를 발생한다. 이때 돌기와 센서 사이의 간극(에어 갭)이 매우 중요하다. 즉, 규정간극보다 작을 경우에는 정상적인 출력신호보다는 높은 전압이 발생하여 고속운전에서 불안정한 상태를 발생시킬 수 있으며, 반대로 규정보다 간극이 클 때에는 정상적인 출력신호보다 낮은 출력전압을 발생하여 크랭킹할 때 문제가 발생할 수 있다.

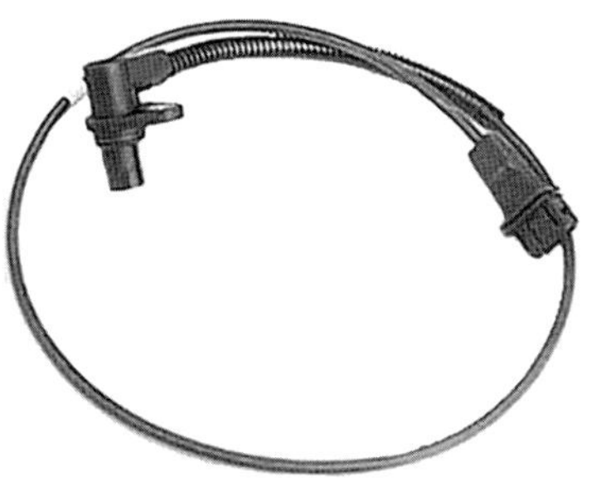

(a)

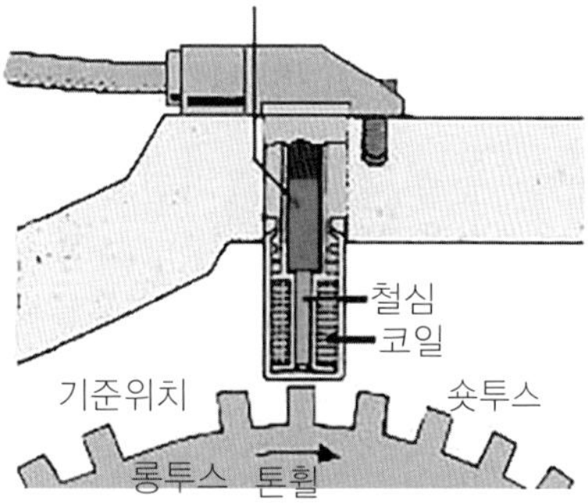

(b)

그림 2-68. 마그네틱방식 크랭크각 센서의 구조

따라서 크랭크 각 센서를 설치할 때에는 규정토크와 규정 간극을 정확히 하여 설치하는 것이 매우 중요하다. 발생전압은 에어 갭이 작을수록 회전수가 높을수록 높게 나오며 에어 갭이 클수록 회전수가 낮을수록 낮게 나온다. 플라이휠 내측에 고정되어 있는 인크리먼트 타입의 드리븐 플레이트 사이에서 교류(AC)전압을 발생시킨다. 이 센서는 영구자석에 구리선을 감은 부드러운 철심으로 구성되어 있으며, 자기 흐름은 센서 휠이 센서를 통과하면서 사인(sin)파 곡선의 AC전압이 생성된다.

크랭크샤프트가 회전하면 크랭크샤프트 포지션 센서에 근접된 드리븐 플레이트의 이(tooth)중 프런트 에지(front edge)부근에서는 (+)시그널이 발생되고 리어 에지(rear edge)부근에서는 (-)시그널이 발생된다.

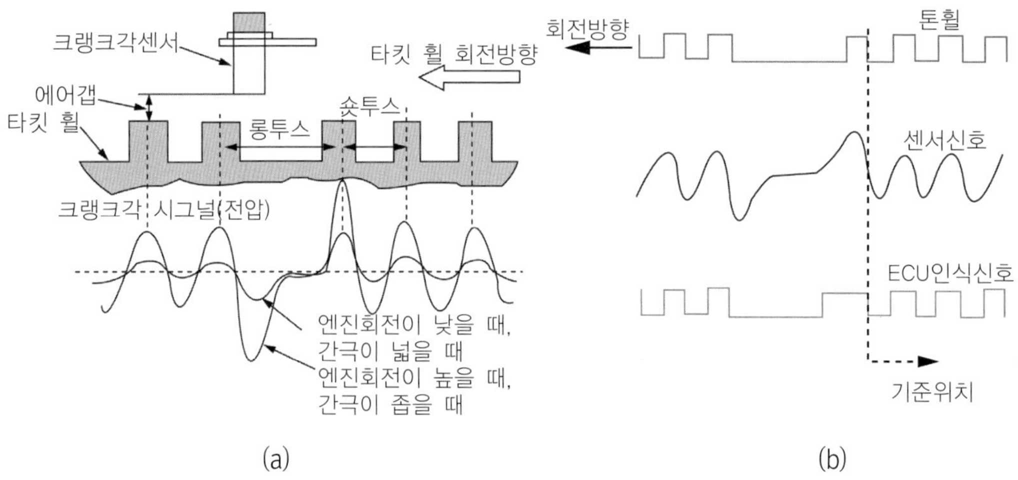

「그림」 2-69. 마그네틱방식 크랭크각 센서의 구조와 출력특성

이때 발생되는 교류(AC) 전압은 엔진회전수가 증가할수록 커지며, 인크리먼트 타입의 드리븐 플레이트에서 삭제된 2개의 이(tooth)부위에서는 시그널이 발생되지 않는다.

ECU는 교류신호를 디지털신호로 변환시켜 크랭크샤프트의 각도 및 피스톤의 위치, 엔진 회전수를 인식함으로써 크랭크샤프트와 연동되는 피스톤 위치는 분사시기를 연산하는데 결정적인 역할을 한다. 또한 참조 점과 캠 포지션 센서를 분석해 1번 실린더를 인식하고 크랭크샤프트의 회전속도를 연산한다.

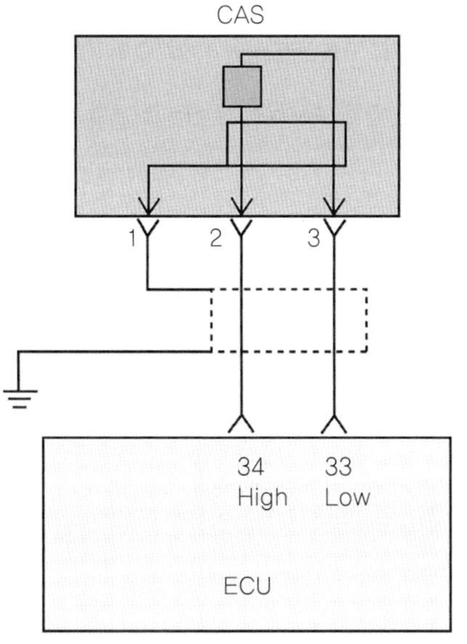

「그림」 2-70. 마그네틱방식 크랭크각 센서의 회로 및 단자구성

3.4.4 캠축 포지션센서(CMP : cam shaft position sensor & No 1 TDC sensor)

1번 실린더의 압축행정 상사점을 감지하는 것으로 각 실린더를 판별하여 연료분사 및 점화순서를 결정하는데 사용한다. 제조회사에 따라서 1번 실린더 상사점 센서 또는 페이스 센서(phase sensor) 등으로 부르며, 홀 효과(hall effect)를 이용하는 센서의 경우는 홀 센서라 부르기도 한다. 크랭크 각 센서와 같은 측정원리를 사용하며, 홀 효과를 이용하는 것과 광학방식 센서의 경우는 크랭크 각 센서와 함께 설치되기도 한다.

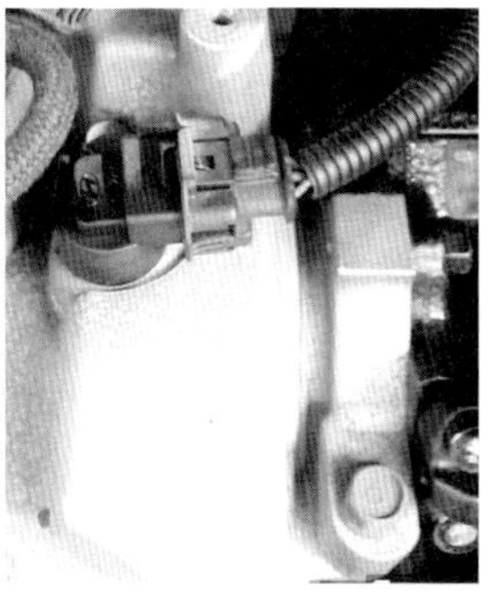

「그림」 2-71. 캠축 위치 센서

캠축 포지션센서는 캠축에 설치된 돌기가 캠축과 같이 회전하면서 홀 센서의 감지 부분과의 간극이 변화하여 기전력을 발생하는 원리를 이용한 것으로, 캠축 1회전(크랭크축 2회

전)에 1번의 디지털 펄스신호를 출력한다. 즉, 홀소자에 전류가 흐르면 소자 내부의 전자가 한쪽 방향으로 편향되어 전위차가 발생하므로 이 전압을 검출하는 것이다. 출력전압은 전류와 자계의 세기에 비례하며, 소자의 두께가 얇을수록 크게 된다.

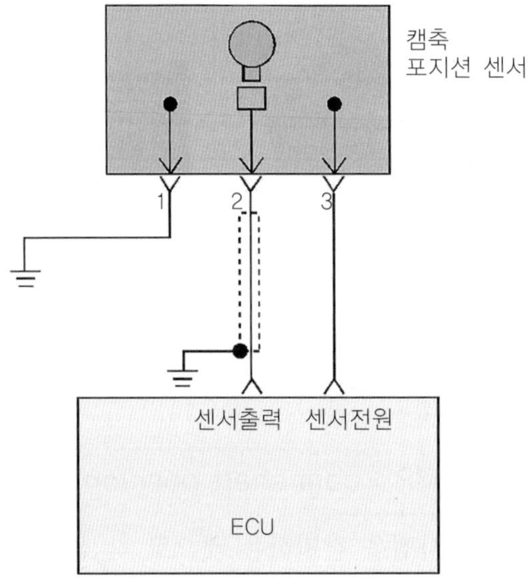

「그림」 2-72. 홀 센서식 캠축 포지션 센서의 회로도

3.4.5 차고센서(vehicle height sensor)

차고센서는 앞 차고센서와 뒤 차고센서가 있다. 앞 차고센서는 차체와 앞차축의 상대위치(자동차 높이)를 검출하여 자동차 앞쪽의 바운싱(bouncing), 노스다운(nose down) 등의 자동차 높이 수준을 검출한다. 뒤 차고센서는 차체와 뒤차축의 상대위치(자동차 높이)를 검출하여 자동차 뒤쪽의 상태 즉 바운싱(bouncing), 피칭(pitching) 등의 자동차 높이 수준을 검출한다.

(a) 프런트 차고센서

(b) 리어 차고센서

「그림」 2-73. **차고센서**

차고센서는 차체와 차축에 연결되어 있으므로 차체의 상하 움직임에 따라 레버(lever)가 회전하므로 레버의 회전량 변화를 검출한다. 차고센서는 현가장치 형식에 따라 앞뒤에 각각 1개씩 설치하거나 또는 앞쪽에 2개, 뒤쪽에 1개로 최대 3개까지 설치한다. 차고센서를 4바퀴 모두에 설치하지 않는 이유는 4바퀴의 독립적인 제어가 끊임없이 반복되어 차체가 평면을 이루지 못하는 문제가 발생할 수 있기 때문이다.

차고센서 내부는 발광다이오드(LED)와 포토트랜지스터, 슬릿 판(slit plate)으로 구성되어 있다. 자동차 높이(차고)가 변하면 자동차 높이 변화에 대응하여 발광다이오드와 포토트랜지스터사이의 중앙에 위치한 슬릿 판이 회전한다.

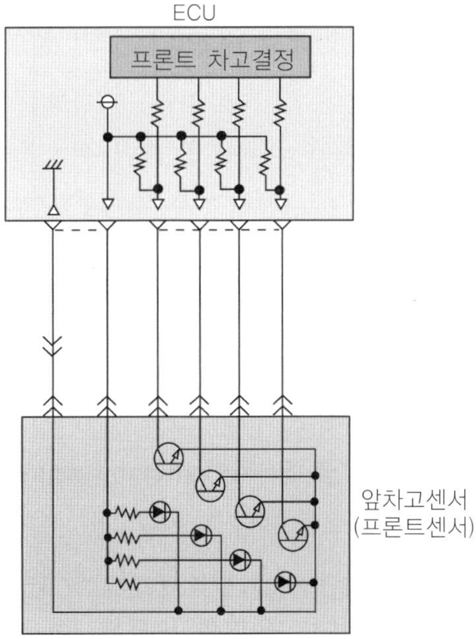

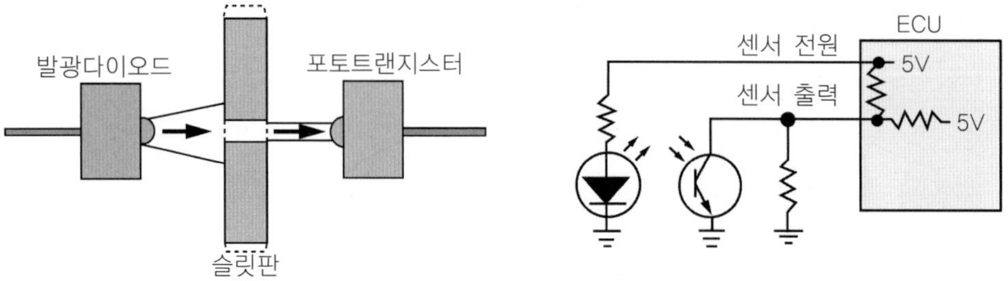

그림 2-74. 차고센서 회로도(옵티컬방식)

이때 발광다이오드에서 내보낸 빛이 회전하는 슬릿 판에 의해 ON/OFF되면서 포토트랜지스터에 가해진다. 실제 차고센서 내부에는 3~4쌍의 발광다이오드와 포토다이오드가 설치되어 있어 자동차 높이(차고)변화를 여러 단계로 검출한다. 또 차고센서는 가변저항 방식도 사용하는데 이것은 엔진에서 사용하는 스로틀 위치센서(TPS) 원리와 같다. 이 센서는 옵티컬 방식(optical type)에 비해 자동차 높이의 검출이 정밀한 특징이 있다.

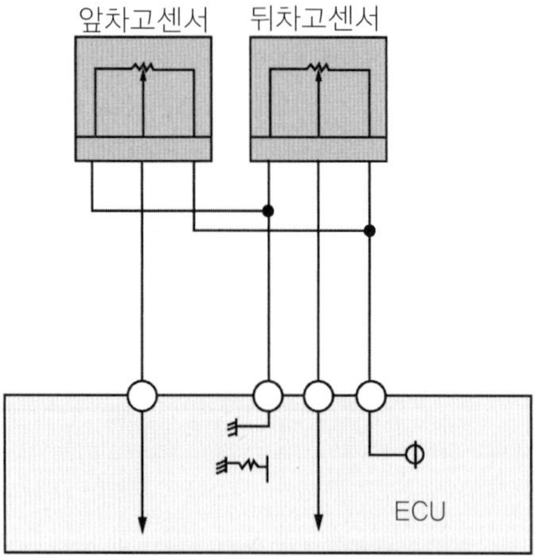

그림 2-75. 차고센서(가변 저항방식)

3.4.6 조향 휠 각속도 센서(steering wheel angle speed sensor)

조향 휠 각 센서는 조향 축에 설치되어 있으며, 조향 휠을 조작하면 포토 단속기의 발광다이오드(발광소자)와 포토트랜지스터(수광소자)사이에 설치된 디스크 판이 조향 휠의 회전운동에 따라 회전하며, 이때 발광다이오드의 빛이 포토트랜지스터 쪽으로 통과됨에 따라 조향 휠의 조향방향, 조향각도, 조향속도를 검출하여 ECU에 입력시킨다. ECU는 이 신호를 기준으로 좌우 진동(롤 : roll)을 검출한다.

(a) 장착위치

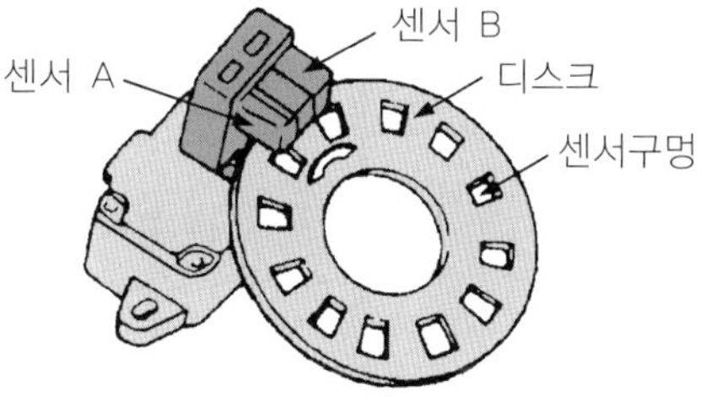

(b) 형상

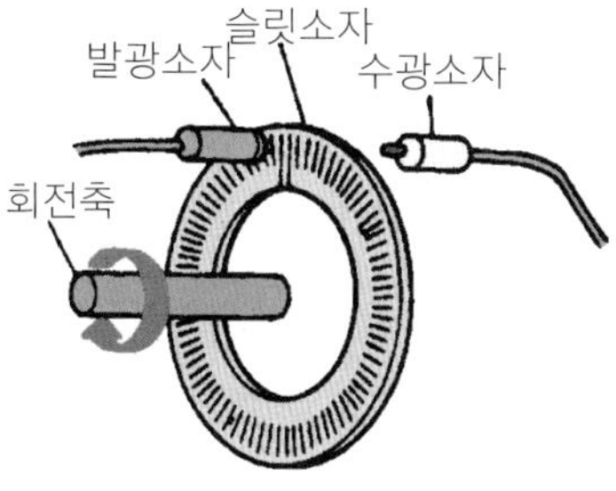

(c) 원리

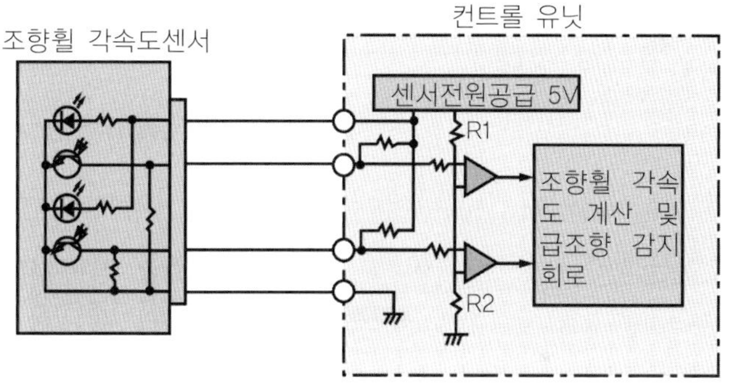

(d) 회로도

그림 2-76. 조향휠 각속도 센서 회로

3.5 가스농도센서

3.5.1 산소센서(O_2 sensor, lambda sensor)

배기가스와 같은 고온 환경에서는 세라믹 기반의 산소센서가 주로 사용되고 있다. 고체 전해질로써 사용될 수 있는 다양한 종류의 세라믹 소재들 중, YSZ(yttria stabilized zirconia)는 고온에서 안정적으로 이온을 이동시킬 수 있으므로 자동차용 산소센서의 소재로 널리 활용되고 있다.

YSZ의 경우, 산소이온의 이동은 지르코니아(ZrO_2)에 일부 첨가(6~12mol.%)된 이트륨(Y_2O_3)에 의해서 발생하는 산소 공백(oxygen ion vacancies)에 의해 가능하다. YSZ를 기반으로 하는 산소센서의 출력은 산소이온의 전기화학적 반응에 의해 발생한다.

[1] 지르코니아(zirconia) 센서

세라믹 즉, 지르코니아(ZrO_2)와 이트륨(yttrium, 원소기호-Y)으로 지르코니아(ZrO_2)는 티탄족인 지르코늄의 산화물로 산화지르코늄이라고도 부르며 분자량 123.22, 녹는점 약 2700℃의 내식성이 강한 금속으로 제작된 고체 전해질 소자의 양쪽 표면에 아주 얇은 초미세 백금피막을 도금하였다. 센서부 표면의 백금코팅(전극)을 보호하기 위하여 프로텍트 캡을 씌우고 배기가스가 백금코팅(전극)과 접촉될 수 있도록 원형이나 긴 홈형의 구멍을 판다.

외부표면은 산소농도가 낮은 배기가스에 노출되어 있으며, 백금피막을 통해 센서 하우징과 접촉하여 (-)극을 형성하고, 백금피막 위에 다공성 세라믹을 코팅하고 내부표면에는 산소농도가 높은 대기에 노출되어 있으며, 제2의 백금피막을 통해 외부로 나가는 (+)배선과 연결되어 있다.

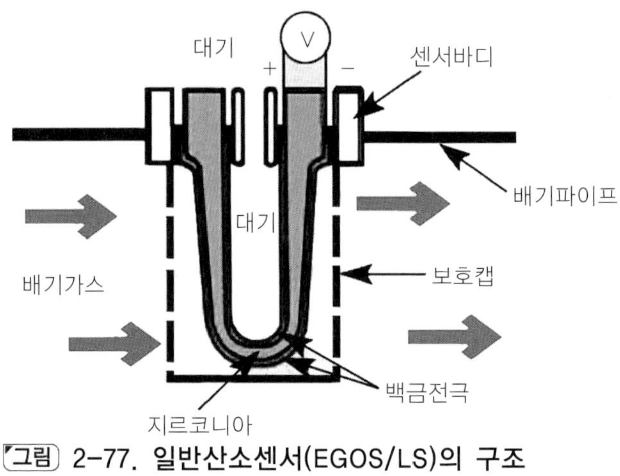

그림 2-77. 일반산소센서(EGOS/LS)의 구조

산소센서의 U자형 튜브 내부에는 대기공기가 들어갈 수 있는 구조(일반 산소센서/EGO/LS)로 되어 있고 일반 산소센서의 활성화 시간을 단축시키기 위한 가열식 산소센서(HEGO/LSH)는 튜브내에 히팅코일이 설치되며 센서부가 U자형이 아닌 평판(Planar)형 구조로 되어 있는 가열식 산소센서(LSF)도 있다. 고체 전해질 소자는 고온(300℃ 이상)에서 양측 표면에서의 산소농도차가 크면 기전력을 발생시키는 성질이 있다. 대기측의 산소농도와 배기가스 측의 산소농도 즉, 양쪽의 산소분압차가 크면, 산소이온은 산소분압이 높은 대기측에서 산소분압이 낮은 배기가스 측으로 이동한다.

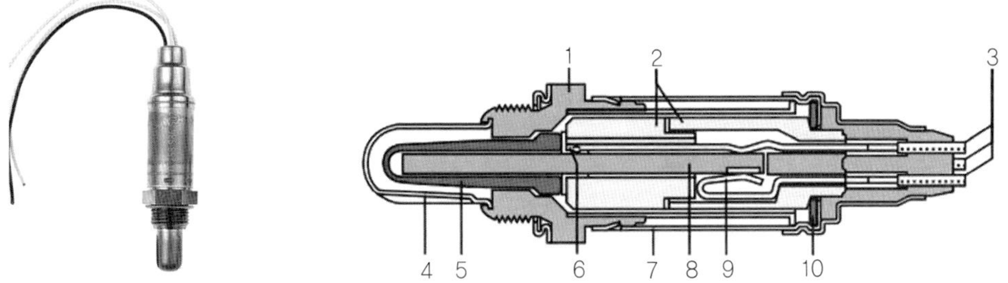

1. 센서 하우징 2. 세라믹튜브 3. 배선 4. 내부 보호캡 5. 센서 엘리먼트 6. 전극연결 포인트
7. 외부 보호캡 8. 히터 엘리먼트 9. 히터연결 포인트 10. 스프링 와셔

「그림」 2-78. 지르코니아 타입 O_2센서의 구조

그 결과 두 전극사이에는 네른스트 식(nernst equation)에 의한 기전력이 발생된다. 센서 양쪽 표면 간의 산소 농도차가 크면 클수록 기전력은 증가한다. 지르코니아 산소센서는 공기와 연료의 비율이 이론공연비보다 농후하면 약 1V, 희박하면 약 0V를 출력하며 이론공연비 부근에서 출력전압이 급변한다. 백금의 촉매작용이 기전력의 발생에 영향을 미치는 이유는 다음과 같다.

농후한 혼합기($\lambda < 0.99$)가 연소되었을 경우, 배기가스가 센서 소자 외부표면의 백금에 접촉되면 백금의 촉매작용에 의해 배기가스 중의 저 농도의 O_2는 배기가스 중의 CO나 HC와 반응하여 거의 소진된다. 결과적으로 센서 소자 외부표면의 산소농도가 크게 낮아지면, 센서 소자 양측 표면 간의 산소농도 차는 아주 커지면서 약 800㎷~ 900㎷ 정도의 기전력을 발생시킨다. 이론 혼합비($\lambda = 1.0$)에서의 발생전압은 약 450 ~500㎷ 정도이다.

희박한 혼합기($\lambda > 1.0$)가 연소되었을 경우에는 배기가스 중에 O_2는 많고 CO는 그 양이 적기 때문에 CO와 O_2가 백금에 접촉, 반응하여 CO_2가 되어도 배기가스 중의 O_2 농도는 크게 낮아지지 않는다. 즉, 센서소자 양측의 O_2 농도차가 상대적으로 크지 않기 때문에 약 300㎷~100㎷ 정도의 기전력이 발생한다.

지르코니아 산소센서는 저온에서는 산소 이온(ion)의 이동이 적기 때문에 출력특성이 크게 변화한다. 산소센서의 출력특성이 안정되는 작동온도는 약 600℃ 정도로 온도가 300℃ 이하일 경우에 반응속도는 초(second) 단위이지만, 약 600℃ 정도의 정상작동온도에서는 50㎳ 이내에 반응한다. 이런 이유 때문에 공기비센서 온도가 300 ℃ 이하일 경우에는 제어회로가 기능하지 않도록 한다.

그러나 온도가 지나치게 높으면 센서의 수명을 단축시키게 된다. 보통 산소센서의 수명은 주행거리 약 100,000㎞ 정도가 된다. 산소센서의 내부에 가열코일(heating coil)은 엔진의 배기가스 온도가 낮을 때는 가열코일에 의해 20~30초 정도면 센서를 작동온도까지 가열시켜 곧바로 공기비제어를 시작할 수 있으며, 배기가스 온도가 높을 때는 배기가스에 의해 가열된다. 센서의 온도를 항상 일정 범위로 가열하여 공기비제어 정밀도를 높게 유지할 수 있고 산소센서가 설치된 엔진에서도 무연연료를 사용해야 하며 산소센서 고장 시 촉매기가 손상될 수 있다.

[2] 티타니아(titania) 센서

센서 세라믹의 재질로는 티탄 - 디옥사이드(TiO_2) 또는 스트론튬 티탄산염(strontium titanate)이 주로 사용된다. 세라믹 절연체의 끝(tip)에 티타니아 소자가 설치되어 있다. 센서 세라믹의 표면은 다공성 백금전극으로 코팅되어 있다. 외형은 지르코니아 공기비센서와 비슷하지만, 작동원리는 지르코니아 공기비센서와는 크게 다르다.

티탄 - 디옥사이드는 센서 세라믹의 온도 그리고 센서 세라믹의 산소 정공 농도의 변화에 따라 도전성(conductivity)이 변화한다. 산화 티타늄(TiO_2)이 주위의 산소분압에 대응해서 산화 또는 환원되어 전기저항이 변화하는 성질을 이용하고 있다. 이 센서는 공기비 $\lambda = 1$을 기준으로 저항값이 급격히 변화하는 특성을 가지고 있다. 티타니아 산소센서는 이론공연비 부근에서 저항이 급변하는 성질을 이용한 것으로 농후한 공연비에서 0.3~0.8V, 희박한 공연비에서 4.3~4.7V를 출력한다.

최근에는 산소센서의 활성도를 높이기 위하여 내부에 히터를 장착하기도 한다. ECU에는 센서 소자와 직렬로 측정저항(measuring resistance)이 연결되어 있다.

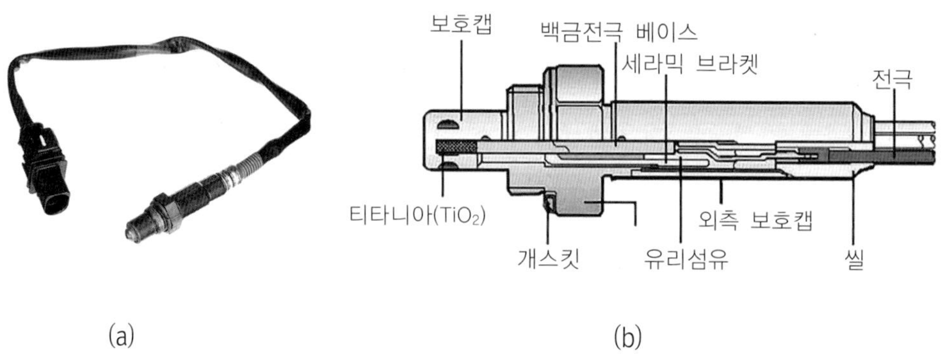

그림 2-79. 티나니아타입 O_2센서의 구조

배기가스의 산소농도에 따라 티탄 세라믹 소자의 저항 값이 변화하기 때문에, 측정저항에서의 전압은 0.4V(희박 혼합기)와 3.9~5V(농후 혼합기) 사이에서 변화한다. 지르코니아 센서와는 달리 기준 공기를 필요로 하지 않는다. 제어 주파수는 센서의 정상작동 온도범위(600℃~700℃)에서 1㎐ 이상이다. 센서는 200℃부터 작동을 시작하지만, 이때의 신호주파수는 혼합기의 정확한 수정을 위한 제어주파수로는 너무 낮다. 센서의 온도가 850 ℃ 이상일 경우 센서는 파손될 수 있다.

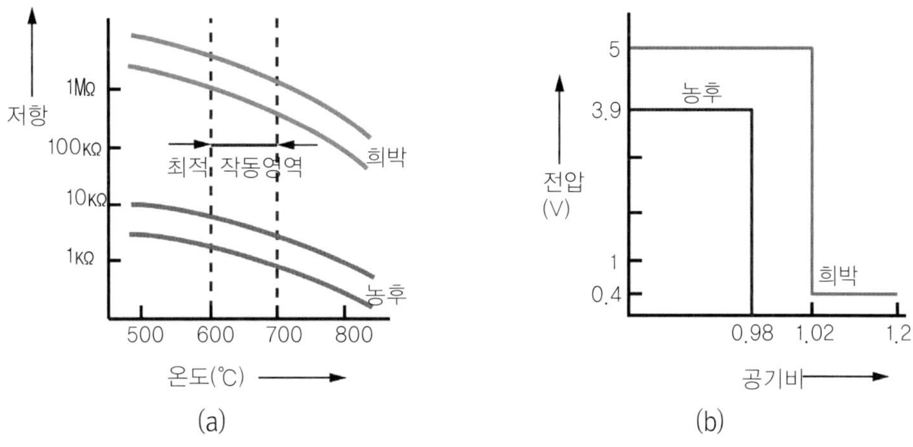

그림 2-80. 티타니아타입 O_2센서의 특성곡선

[산소센서의 특성 비교]

종류 / 항목	산화 지르코니아 산소센서	산화 티타니아 산소센서
원리	이온 전도성을 이용한다.	전자 전도성을 이용한다.
출력	기전력이 변화한다.	저항 값이 변화한다.
감지	산화 지르코니아 표면	산화 티타니아 내부
특징	배기가스와 표준 가스 분리	배기가스 중 소자 삽입
첨가물	안정화용 이트륨 첨가	-
공연비	조정이 쉽다.	조정이 어렵다.
내구성	작다.	크다.
응답성	불리하다.	유리하다.
가격	유리하다.	불리하다.

[3] 광역 산소센서(wide band oxygen sensor)

광역 산소센서는 이론 공연비보다 넓은 범위의 공기연료비를 정량적으로 정확하게 알아낼 수 있는 산소센서로 자동차용으로는 희박연소 엔진용(가솔린 린번 엔진이나 GDI 엔진, 전자제어 디젤엔진)으로 사용되며 전영역 산소센서라고 부르기도 한다. 한쪽 백금전극에 직류전압을 공급하면 산소를 펌핑 하는 작용을 하기도 한다. 너무 희박한 상태나 너무 농후한 상태에서는 반응 폭이 작아 혼합비를 정확하게 나타낼 수 없는 단점이 있다.

광역산소센서는 기존의 지르코니아 산소센서에서 사용되는 농담전지셀(센서셀)과 지르코니아 산소센서와 같은 구조이지만 직류전압을 공급하면 산소가 펌핑되는 제한 전류셀을 연결한 구조로 되어 있다.

광역산소센서의 구조는 배기가스가 접촉되는 부분부터 보호셀, 펌핑셀(전류 제한셀), 센서셀(농담 전지셀), 기준셀, 히타셀이 순차적으로 연결되고 펌핑셀과 센서셀 사이의 배기관과 연결된 확산실을 만들고 센서셀과 기준셀 사이에 기준셀을 만들어 대기공기를 넣어 밀폐시킨 구조로 되어있으며 펌핑셀과 센서셀 양쪽에는 백금전극이 설치되었다. 보호셀은 펌핑셀의 전극을 보호하기 위하여 전극과 배기가스사이에 설치된다. 펌핑셀은 산화성 가스인 배기가스중 산소가 많을 때 전류를 공급하면 지르코니아 소자는 확산실의 산소를 배기관쪽으로 펌핑하고 환원성 가스인 일산화탄소나 이산화탄소가 많은 농후한 공연비상태의 배기가스가 확산 실에 들어오면 전류가 발생하면서 배기관 쪽의 산소를 확산실로 펌핑하게 된다.

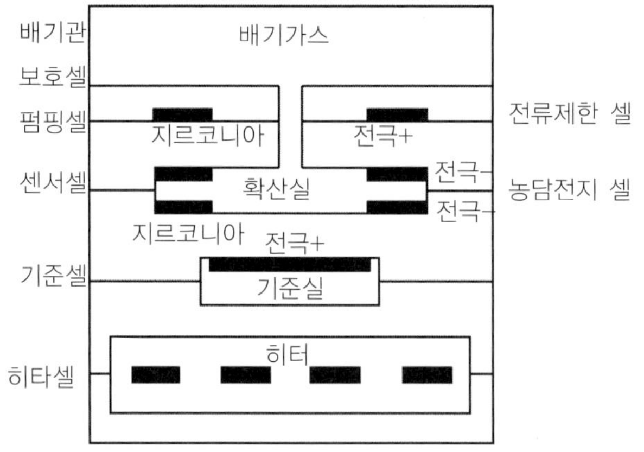

그림 2-81. 광역 O_2센서의 내부구조

센서셀은 지르코니아 타입 일반 산소센서와 같이 기준실과 확산실의 산소량 비율에 따라 0~1V의 전압이 발생하게 되고, 기준셀에는 대기공기를 밀폐시킨 기준실이 있으며 히터셀의 온도를 산소센서 전체에 전달하는 역할을 한다. 히터셀은 히터 코아를 외부로 부터 보호하고 열을 차단하는 기능을 한다. 광역 산소센서는 희박상태에서는 기준실의 공기를 배기관 쪽으로 펌핑하고 농후상태에서는 배기관 쪽의 일산화탄소를 환원하여 산소를 기준 실 쪽으로 펌핑하면 컨트롤 회로는 기준실의 센서 출력전압이 기준전압에 맞게 일정하게 유지시키려 펌핑셀의 전류를 제어하게 된다.

광역 산소센서 컨트롤시스템은 이론공연비인 람다 1(14.7 : 1)일 때 센서셀의 출력전압이 일정하도록(예 : 450㎷) 하고 확산 실에 산소가 많은 희박영역에서는 펌핑셀(전류 제한셀)에 전류를 공급하여 확산실의 산소를 배기관 쪽으로 펌핑하고 확산실에 일산화탄소가 많은 농후영역에서는 펌핑셀에서 전류가 발생하면서 배기관의 산소를 확산 실 쪽으로 펌핑하게 되면 시스템은 전류의 방향과 크기에 따라 공기연료비를 정확하게 알 수 있으므로 시스템에서 요구하는 공기연료비에 해당하는 전압이 센서셀에서 출력되도록 연료량을 조절한다. 즉, 엔진에 유입된 공기량에 비하여 연료가 부족해 산소가 남는 희박상태의 배기가스가 기준실 옆의 확산 실에 유입되면 배기가스 중에 포함된 산소농도와 기준실의 산소농도 차이로 산소가 이동하게 되어 기준전압이 변화되며 이것을 감지한 센서 컨트롤 회로에서 펌핑셀에 전기(전류)를 공급하면 지르코니아 소자는 확산실의 산소를 배기관 쪽으로 통과(펌핑)시키게 되며 산소 통과 량은 전기공급량(전류량)에 따라 비례하여 증가하게 되어 엔진 제어시스템은 전기공급량(전류량)에 따라 어느 정도 희박한지를 공기연료비로 환산하게 된다.

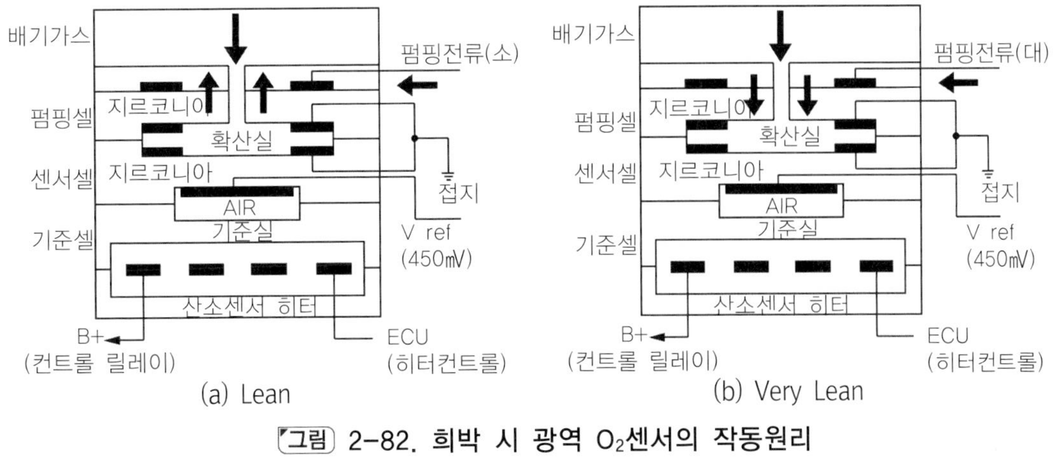

「그림」 2-82. 희박 시 광역 O_2센서의 작동원리

반대로 공기연료비가 농후하여 배기가스 중에 일산화탄소가 증가하게 되면 펌핑셀의 지르코니아 소자는 배기관 쪽의 일산화탄소와 이산화탄소에서 산소를 환원하여 확산실로 통과시키게 되는 동시에 전기(전류)를 발생시켜 컨트롤 회로 쪽으로 흐르게 되고 엔진 제어 시스템은 이때 발생된 전기량(전류량)으로 현재 엔진 연소실에 공급된 농후한 공기연료비가 얼마나 농후한지를 계산하게 된다.

희박과 농후의 기준은 기준실 백금단자(+)에 이론공연비(14.7 : 1, 람다 1)에 준하는 기준전압(약 450㎷)을 공급하고 확산 실에 들어온 배기가스중 산소농도와 기준실의 산소농도에 따른 전압이 기준전압과 차이가 없을 때를 람다 1이라 정하고 기준전압보다 낮다면 펌프셀 백금전극(+)에 전기(전류)를 공급하여 산소를 펌핑하고 기준전압보다 높다면 일산화탄소를 환원하여 확산실로 펌핑되면서 전기(전류)가 발생되어 펌프셀 백금전극에서 컨트롤 회로 쪽으로 흐르게 된다.

따라서 컨트롤회로와 펌핑셀사이의 전류흐름 방향과 크기에 따라 희박과 농후가 결정되는데 펌핑셀에서 컨트롤회로로 전류가 흐르면 희박상태를 나타내고 컨트롤회로에서 펌핑셀 쪽으로 전류가 흐르면 농후상태를 나타내며 전류의 크기에 따라 공기연료비를 확인하는데 이때의 전류는 ±3mA 정도이다.

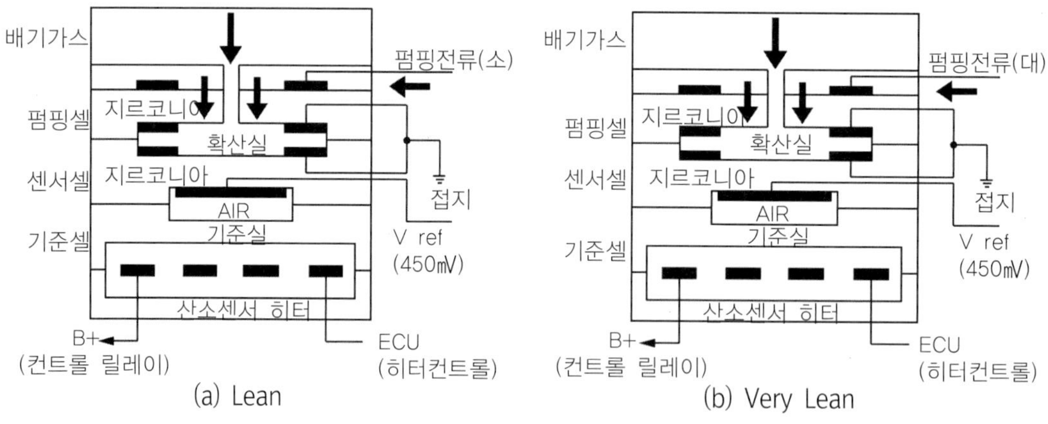

그림 2-83. 농후 시 광역 O_2센서의 작동원리

3.5.2 NOx 센서

배기가스 중 질소산화물을 감지하는 NOx 센서는 가스감지 원리에 따라 반도체 방식(semiconductor type), 제한전류 방식(amperometric type), 혼합전위 방식(mixed potentiometric type)이 있다. 반도체방식의 가스센서는 절연 기판위에 전극, 금속산화물 세라믹 소재로 이루어진 감지막이 증착되어 있는 구조를 갖는다. 이산화 타이타늄 (TiO_2), 산화주석(SnO_2), 삼산화 텅스텐(WO_3)과 같은 금속산화물 감지막 표면에 산소가 흡착된다. 감지막이 150℃ 이상의 온도로 가열되면 흡착된 산소의 전자들이 여기되면서 전기전도도를 갖게 된다.

그림 2-84. NOx 센서

반도체방식의 가스센서가 자동차 배기가스와 같은 수백 ℃ 이상의 고온에서 작동하기 위해 고온에서 비교적 안정적인 TiO_2를 감지막으로 사용할 수 있다. 반도체방식의 가스센서는 간단한 구조와 저렴한 제조비용을 가지고 있고, 검침대상이 되는 가스에 대한 감도가 매우 우수한 편이다. 하지만 NOx 외에 CO, O_2, 암모니아(NH_3) 등의 이종의 가스에 의해 신호의 변화가 비교적 큰 단점이 있다.

그림 2-85. 반도체형 가스센서의 구조

일산화질소(NO : nitric oxide) 및 이산화질소(NO_2 : nitrogen dioxide)를 질소와 산소로 분해하여 얻어진 산소에 의한 전류를 측정하는 방법인 제한 전류방식 NOx센서는 배기가스의 NO, NO_2를 NO로 단일화하기 위한 산소 펌핑셀과 NO의 분해로 생성된 산소를 펌핑하는 측정셀로 구성되어 있다.

첫째 셀은 산소의 농도를 일정하게 만들어 주기 위한 목적으로 외부공기에 비해 약 150

mV의 전압을 가하면 배기가스 중의 산소를 펌핑시켜 셀내의 산소분압을 약 1,000ppm 정도가 되도록 한다. 둘째 셀은 NO_2를 NO로 만들어 주기 위해 외부공기에 비해 약 450mV의 전압을 가하여 산소를 펌핑하여 산소의양을 약 10^{-10}atm이 되도록 만들어 NO_2로부터 형성된 NO와 기존의 NO를 로듐(Rh)전극을 통해 측정 셀에 인가전압을 400~450mV가하여 그 전류량으로부터 NO의 양을 측정하기 위한 Rh전극이 있는 셀이다. 측정 셀에 존재하는 산소는 오직 NO의 분해에 의해서만 생성된 것으로 측정 셀에 인가된 전압에 의한 산소흐름의 크기는 NO의 농도에 연관된다.

그러나 이러한 방식의 NOx센서의 신호는 수 μV로 자동차의 여타의 전기적 신호에 비하여 그 크기가 작으며, 산소 펌핑을 위한 구멍의 재현성이 어렵다는 문제점이 있다.

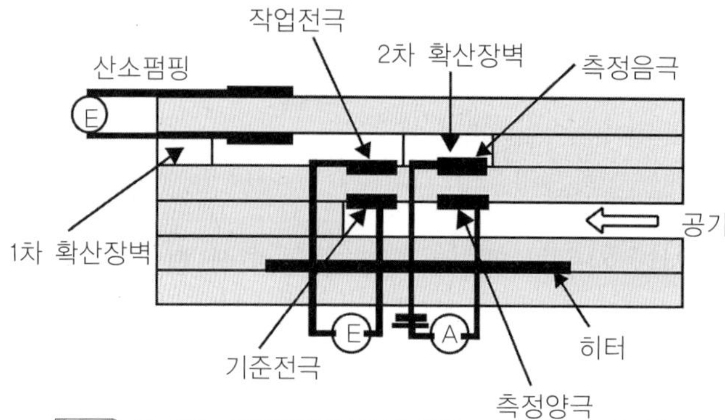

그림 2-86. 제한전류방식 NOx 센서 소자 구조

혼합 전도방식의 NOx센서 방식은 열역학적으로 평형상태에 있지 않는 가스를 검지하는 방법으로, 귀금속 촉매전극과 산화물 촉매전극사이의 촉매반응 차이를 이용한다. 센서의 구조는 매우 간단한데 사용되는 산화물은 주로 첨정석(spinel)형으로서 $ZnFe_2O_4$, $NiCr_2O_4$, $CdCr_2O_4$, $CdMn_2O_4$ 등이 있다.

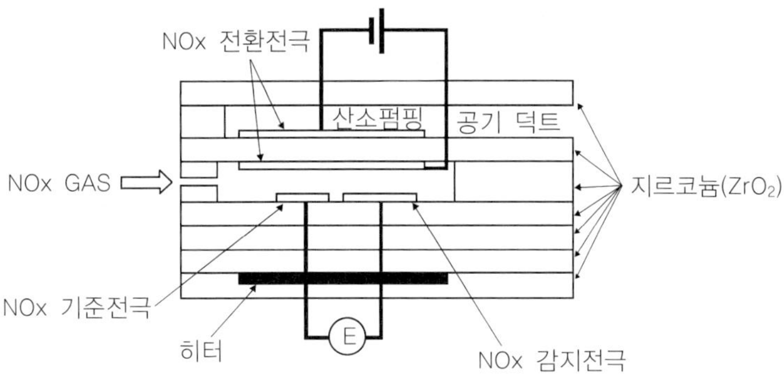

그림 2-87. 혼합전도 방식의 NOx 센서 소자 구조

그러나 혼합전도방식의 경우 기전력에 영향을 끼치는 두 가스, NO와 NO_2가 서로 상쇄되는 기전력 값을 나타내므로 두 가스를 동시에 측정할 수 없는 단점이 있고 감도 또한 작아서 분해 한계가 1ppm 정도이다.

3.5.3 PM센서(particulate matter sensor)

PM센서는 DPF 후단에 장착되어 DPF의 정상 동작 여부를 모니터링한다. PM센서는 전압이 걸린 2개의 디지털단자에 PM의 쌓임에 따른 전류 흐름의 변화를 감지하는 방식이다. 전기전도도 방식의 PM센서 구조는 고온에서의 내구성이 우수한 Al_2O_3 기판 표면에 빗살무늬의 전극(IDE : inter digitated electrode)이 형성되어 있고, 기판 내부에는 히터와 온도센서가 내장되어 있다.

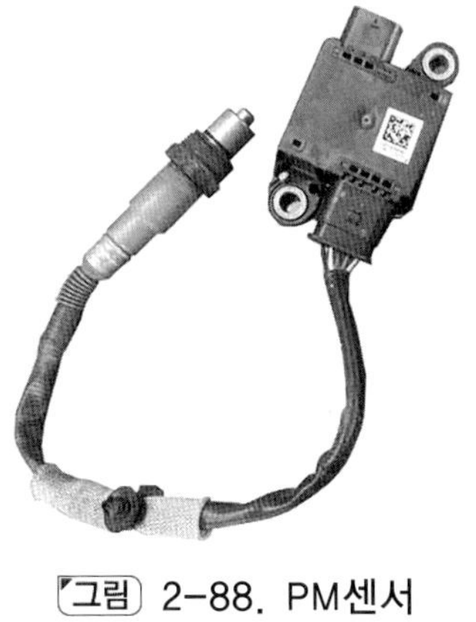
그림 2-88. PM센서

전기전도도 방식의 PM 감지 원리는 매우 간단하다. 초기 IDE의 저항은 무한대로 가정할 수 있다. 센서 동작 시, 배기가스 중 PM이 센서 표면 IDE의 도체사이에 부착이 되고, 부착된 PM들이 전기적인 브리지를 형성하여 도체사이를 연결하면 IDE 전극의 저항이 수 MΩ 에서 수십 kΩ 까지 감소하게 된다. 이에 따라, IDE에 일정 전압을 인가했을 때 PM에 의한 전류량이 증가하게 된다. 일정시간이 경과하였을 때, 배기가스 중 PM의 농도가 높을 경우 더 큰 전류 증가량을 보인다.

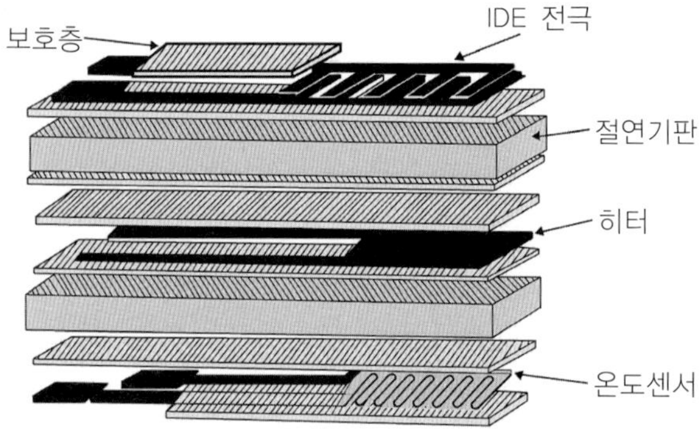

「그림」 2-89. 전기전도도 방식 PM센서 소자구조

3.6 노크센서(knock sensor)

노크센서(KS : knock sensor)는 엔진블록 측면에 설치되어 있으며, 엔진의 효율 향상을 위하여 높은 압축비의 엔진 개발이 요구된다. 그러나 압축비가 상승하면 연소 최대 압력이 증가하여 엔진의 효율은 향상되지만 그 만큼 노크의 발생 가능성이 커진다. 엔진의 정상적인 연소는 점화불꽃에 의해 혼합기에 점화되고 점화된 화염 면(flame front)이 전파되면서 이루어진다.

그런데 화염 면이 정상적으로 도달되기 전에 부분적으로 자기착화(self ignition)에 의해 급격하게 연소가 이루어지는 경우가 있다. 이 비정상적인 연소에 의해 발생하는 급격한 압력상승 때문에 실린더 내의 가스가 진동하여 충격적인 타음을 발생시키게 되며 이 현상을 노크 또는 노킹(knock or knocking)이라 한다. 노킹 발생시 진동을 감지하여 ECU로 전달하는 역할을 한다. 노킹신호를 받은 ECU는 점화시기를 지각시키고, 지각 후 노킹발생이 없으면 다시 진각 시키는 연속적인 제어를 통하여, 토크, 출력 및 연비가 항상 최적이 되도록 점화시기를 제어한다.

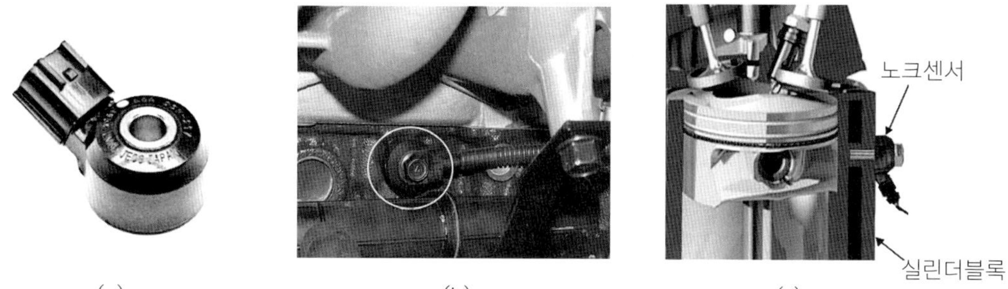

(a) (b) (c)

그림 2-90. 노크센서

3.6.1 전자 유도방식(jerk sensor)

코일 속에 자석의 철심을 넣고 철심의 끝 면 부근에 진동자(vibrator)를 설치하고 철심과의 사이에 작은 틈새(air gap)를 둔 구조이다. 실린더블록의 진동에 의해 진동자가 진동을 하면 진동자와 철심사이의 간극이 변화하여 자기저항이 변화하므로 코일 속의 자속이 변화하고, 전자유도 원리에 의해 코일에 기전력이 발생하게 된다. 이때 진동자의 고유 진동수를 엔진에서 노크가 일어나 발생하는 실린더블록의 진동수와 일치시키면 노크가 일어날 때 최고로 진동자가 공진하여 코일에 교류전압이 발생한다.

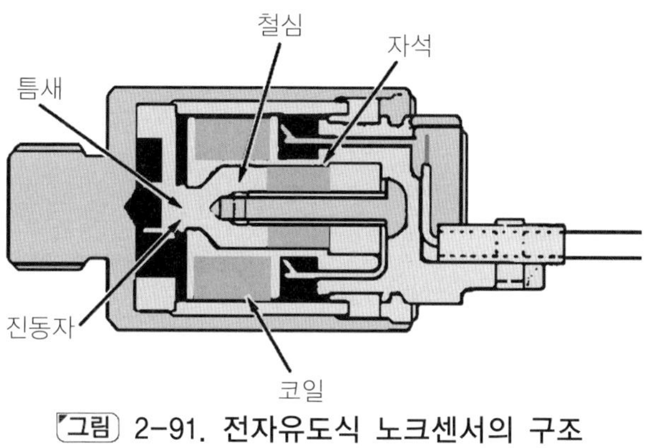

그림 2-91. 전자유도식 노크센서의 구조

3.6.2 압전방식 노크센서

압전방식 노크센서는 힘(압력)이나 기계적 진동을 받으면 전압을 발생하는 압전소자(피에조 반도체형 소자)를 이용한 것이며, 공진형과 비공진형이 있다.

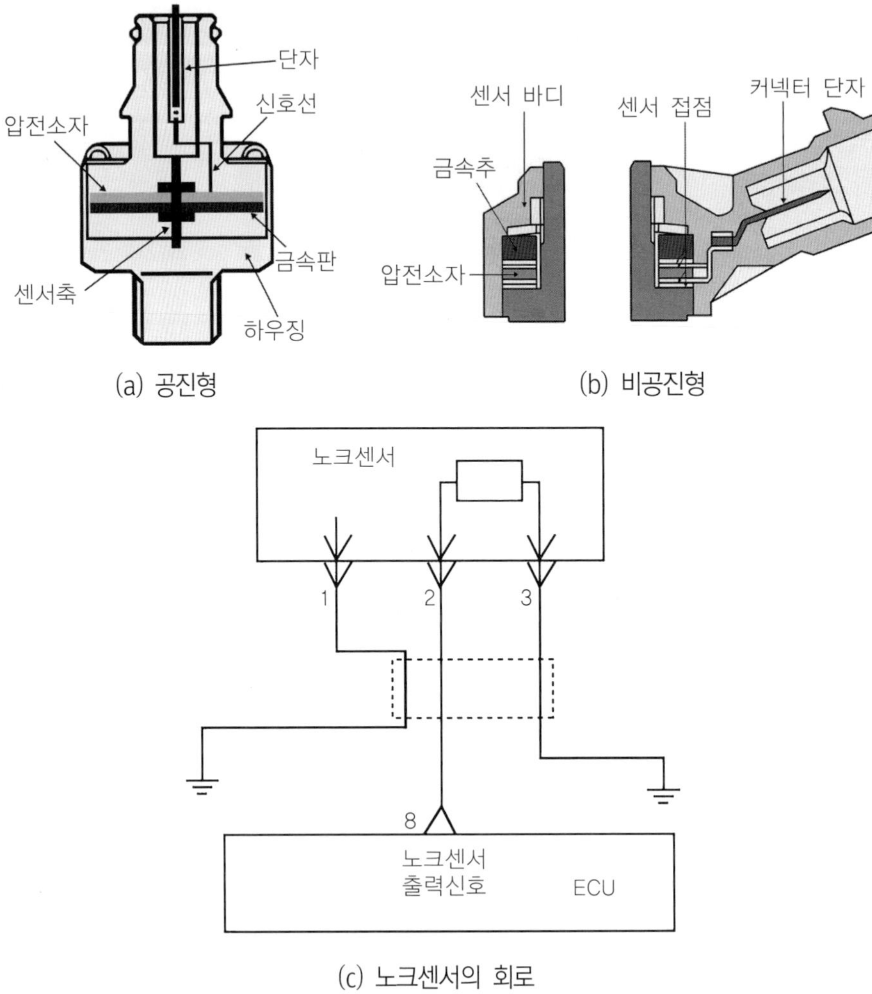

「그림」 2-92. 압전방식 노크센서의 구조 및 회로

공진형 노크센서는 축에 얇은 금속판에 고정시키고 압전소자를 붙이면 외부 진동에 의해 금속판이 진동되면서 압전소자가 작용하므로 발생전압이 높아 반응이 빠르고 성능이 우수하며 전기적 노이즈에도 안정적이지만 엔진에서 발생되는 노킹 주파수와 센서의 공진주파수를 맞춰야 하는 단점이 있다.

비공진형 노크센서의 진동식은 금속추가 진동하는 것에 따라 압전소자가 작용하는 형식으로 금속파이프 아래 부분에는 압전소자를 위부분에는 금속 추를 조립하고 압전소자 윗면과 아랫면에 전극을 설치한 형태로 발생 주파수가 빠르고 범위가 넓지만 발생전압이 낮아 필터회로와 증폭회로가 필요하지만 모든 엔진에 적용이 가능한 장점이 있으며 압전소자를 점화플러그와 실린더헤드사이에 개스킷 형태의 센서로 만든 형식이다.

3.7 차속센서(VSS : vehicle speed sensor)

차속센서는 변속기 하우징이나 계기판 내에 장착되어 차량이 정지 상태인지 또는 주행상태인지를 컴퓨터 및 계기판에 알려주는 기능을 한다. 최근 자동차에 많은 전자제어 시스템이 사용되면서 자동차 속도가 필요한 모든 시스템에서 차속센서 시그널을 얻기 위한 방법으로 하나의 제어모듈에서 자동차 속도를 확인하여 공용통신(CAN 등)망에 올리면 차속센서 정보가 필요한 해당 시스템 모듈에서 공유하게 된다. 차속센서는 속도계 내에 내장된 리드 스위치 형식과 변속기에 설치되는 홀방식 또는 마그네틱 방식을 등이 있다.

3.7.1 리드 스위치식 차속센서

밀폐된 유리관 내부에 2개의 전극을 적당한 거리를 두고 평행으로 설치하는데 2개의 전극 중 1개는 자성에 반응하는 리드 플레이트를 사용하고 유리관 외부에 자성체를 가까이 접근시키면 리드 플레이트의 자화되어 자체 탄성보다 자성이 강해지면서 떨어져 있던 접점이 닫히면서 회로가 작동하여 스위치 작용을 하게 된다.

리드 스위치가 작동하면서 접점이 붙거나 떨어질 때 불꽃이 발생되는 것을 방지하기 위해 유리관 내부에는 비활성가스를 채워 내구성을 증가시킨다. 영구자석에 4~6개의 투쓰를 설치하여 스피드미터 케이블의 회전에 의해 영구자석이 회전하면서 발생되는 투쓰의 숫자(스위칭 수)를 확인하여 자동차의 속도를 알아낸다.

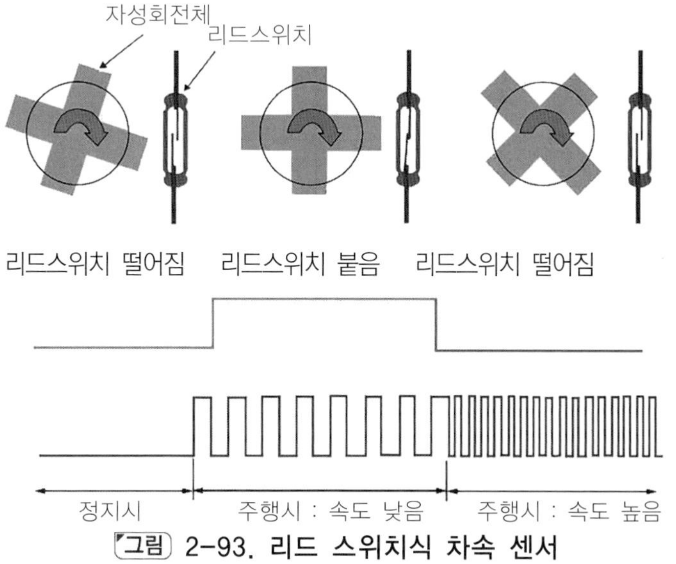

그림 2-93. 리드 스위치식 차속 센서

3.7.2 광전식 차속센서

스피드미터 내의 발광 다이오드와 포토트랜지스터를 대향시켜서 조합하는 포토커플러와 스피드미터 케이블로 구동되는 차광판(날개차)에 의해 차속을 검출한다. 스피드미터 케이블의 회전에 의해 발광 다이오드 빛이 차단되며, 이로 인해 포토트랜지스터가 ON, OFF가 되어 신호가 만들어진다.

3.7.3 마그네틱타입 차속센서

마그네틱타입은 엔진에서 많이 사용하고 있는 마그네틱타입 CKPS와 같은 원리를 가지고 있는데 엔진의 위치를 검출하기 위한 참고 점을 필요로 하지 않으므로 변속기 출력축과 연결된 회전체에 적당한 수의 요철을 만들어 회전수를 검출하게 된다. ABS 시스템에서 사용되고 있는 각 허브의 휠 스피드 센서의 신호(주파수)중 하나를 자동차 속도 신호로 사용하기도 한다.

3.7.4 홀타입 차속센서

홀 센서 타입은 CMPS로 많이 사용되고 있는 형식으로 회전판에 4~8개의 요철을 설치하여 시그널을 얻고 있다.

「그림」 2-94. 변속기에 설치된 차속센서

마그네틱 타입보다 최대 회전수에 제한을 받으므로 홀 타입 VSS는 1회전당 투쓰가 4~8개 인 타킷 휠을 주로 사용한다. 최근에는 정밀도가 높은 마그네틱 타입이나 홀 타입 스피드 센서를 많이 사용한다.

3.8 초음파 센서(ultrasonic sensor)

초음파(ultra sonic)는 사람의 귀로 들을 수 없는 20㎑대 이상의 음으로 초음파 센서는 공기 중의 소리를 감지하는 센서로 보통 초음파 센서에서 발사된 초음파 펄스가 피 측정물의 표면에서 반사되어 다시 초음파 센서로 되돌아 올 때까지의 시간을 측정하여 이를 기준으로 분석하여 필요한 정보를 얻는 방법을 사용하며, 초음파센서의 측정거리는 약 10m 정도이다. 초음파 센서는 가까운 거리에 있는 물체 혹은 사람의 유・무, 거리측정, 속도측정 등에 사용된다.

초음파 센서는 2개의 압전소자(또는 1개의 압전소자와 금속판)로 되어 있으며 2개의 압전소자로 되어 있는 것을 바이몰(bimole), 1개의 압전소자로 되어 있는 것을 유니몰(unimole)이라 부른다. 이것에 초음파가 입사되면 압전소바는 진동해서 전압이 발생되고 역으로 압전 소자에 전압을 인가하면 초음파가 발생이 된다.

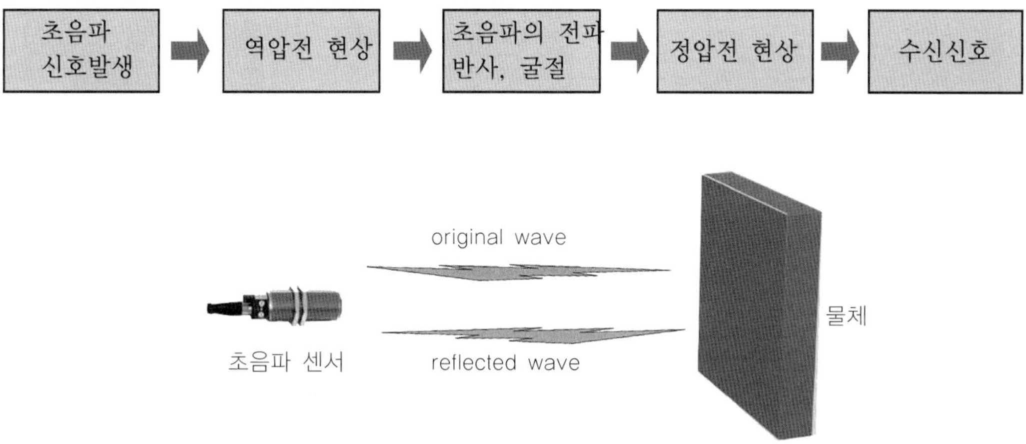

「그림」 2-95. 초음파 센서의 원리

초음파 센서는 센서 자신이 갖고 있는 고유 진동 주파수와 똑같은 주파수의 교류 전압을 가하면 좀 더 효율이 좋은 음파를 발생할 수 있다. 그래서 물체에서 반사된 음파를 그대로 센서로 입력(진동)시켜서 발생된 전압을 회로에서 처리함으로써 측정 거리를 계산할 수 있게 된다.

$$S = \frac{t \cdot c}{2}$$

s : 물체와의 거리(m)
t : 신호가 되돌아 올 때까지 걸리는 시간(s)
c : 음속(344m/s)

역압전 현상은 함수발생기에서 교류전압과 같이 전압 (+), (-)를 짧은 시간 동안 교차하여 걸어주면 압전소자의 변형과 원형이 교대로 일어나고 이것이 진동에너지가 되어 초음파를 역압전 현상을 발생시킨다. 정압전 현상은 검사 체에서 되돌아오는 초음파 신호를 받을 때 발생 정압전현진동자는 외부에서 에너지(파동)를 받으면 전압을 발생하고, 발생한 전압은 전압계로 측정한다.

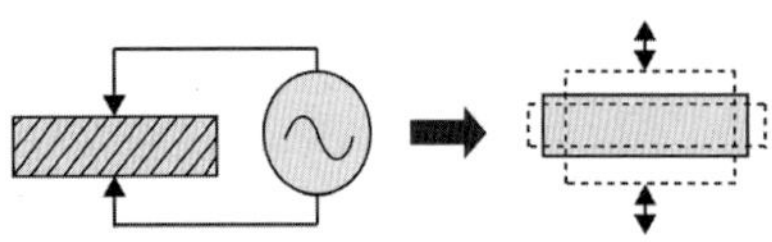

그림 2-96. 역압전 현상

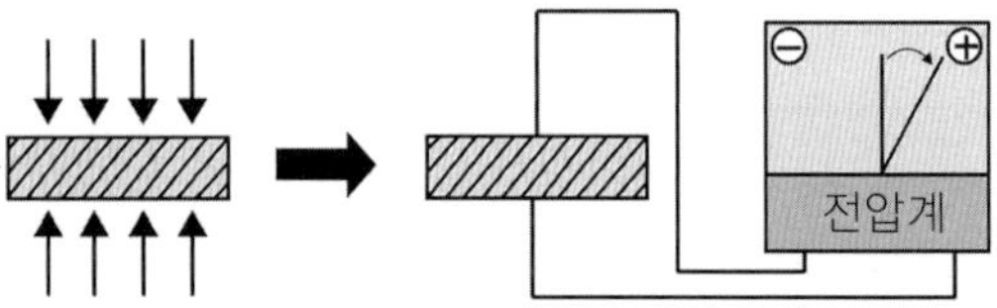

그림 2-97. 정압전 현상

3.8.1 초음파 센서의 분류

[1] 전자 유도형 센서

자계중의 전자가 받는 힘(로렌츠의 힘)을 이용하여 초음파의 방사나 검출을 하는 센서로서 자왜 또는 압전현상을 이용하는 센서와는 달리 비공진형인 것이 특징이다. 전자유도형 센서의 특징으로는 노이즈에 취약하며 주파수가 높아지면 효율이 저하되는 단점이 있으나 공진주파수에 좌우되지 않기 때문에 임의의 주파수에서도 사용가능하며 구동 또한 간단한 장점이 있다.

[2] 자왜형 센서

금속산화물 혼합분말을 압축 성형하여 제작한 페라이트나, 알루페로(알루미늄-철의합금), 니켈 등을 가공하여 코일을 감은 구조를 하고 있으며 이것에 전류를 흘리면 재료의 물리적 성질이나 구조에 따라서 결정되는 고유진동수에서 공진하여 자계와 수직인 방향으로 신축하면서 초음파를 발생하는 센서이다.

특히 페라이트를 사용한 자왜형 초음파센서는 고주파의 자장에 대하여 와전류의 발생이 적고 에너지변환효율이 양호하기 때문에 강력 초음파 발생용 트렌스듀서 등에도 사용되고 있다. 특징으로는 견고하나 외력에 의한 저항력이 약하여 충격에 주의 할 필요가 있으며 용도에 따른 주파수의 선정에 유념하여야 한다.

[3] 압전형 센서

수정 로셀염, 티탄산바륨($BaTiO_3$), 티탄산 지르콘 산납($Pb(Ti, Zr)O_3$-PZT) 등에서 발생하는 압전효과를 이용한 센서로서 현재 초음파 센서로 가장 많이 이용되고 있는 센서이다.

이러한 압전현상을 이용한 초음파 센서 중에서도 제작기법에 따라 여러 가지 종류로 구분되며 일반적인 특징으로는 구조가 간단하면서도 출력전압이 크며, 기계적 강도가 좋고 양호한 온도 및 습도특성을 지니고 있다.

3.8.2 초음파 센서의 종류

[1] 프리뷰센서(Preview Sensor)

프리뷰센서는 초음파에 의해 차체 앞쪽의 도로면에 있는 돌기 및 단차를 검출하는 기능을 하며, 앞 범퍼 안쪽의 좌・우에 설치되어 있다. 진동자(압전 세라믹)에 펄스(pulse) 전압을 가해서 얻어지는 초음파는 타이어 앞쪽의 도로면으로 향하여 200㎑정도의 주파수로 발신한다.

타이어 앞쪽에 돌기가 있으면 초음파는 돌기에 의해 반사되어 수신기로 되돌아온다. 이때 되돌아오는 초음파의 세기에 의해 전압이 발생되는 전자회로가 구성되어 있어 이 전압의 유무에 따라 앞쪽의 돌기 여부를 검출한다. 편평하게 보이는 포장도로에서도 도로면에는 작은 요철(凹凸)이 있다. 이 요철에 의해 초음파가 반사되기 때문에 센서에는 약한 초음파가 되돌아오는 것으로 일반적인 주행을 할 때에도 센서 내부에는 미세한 전압이 발생된다.

그러나 타이어 앞쪽에 단차가 있으면 센서로 되돌아오는 초음파가 차단되어 진동자에 의한 전압도 0V가 된다. 이에 따라 앞쪽의 단차를 검출할 수 있다.

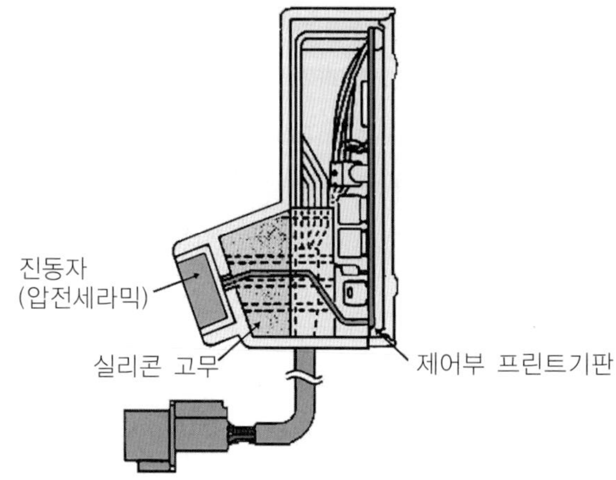

그림 2-98. 프리뷰센서의 구조

[2] 초음파 거리감지 센서

초음파 거리감지 센서는 자동차에 적용되어 이동시 물체의 탐지 및 거리를 측정할 수 있는 센서로서 통칭 공중 초음파 센서라 한다. 금속판과 압전 세라믹스를 접합한 바이몰프형 구조로서, 이는 압전 세라믹스와 금속판을 각각 1장씩 접합하여 진동판의 굴곡 진동의 원리를 이용하고 있다.

이러한 밀폐형(edge support) 구조를 갖는 초음파 센서는 그 구조 특성상 매우 견고하며 습기 및 먼지에 대한 내 환경 특성이 뛰어나고 특히 금속판의 가공치수의 변경만으로도 쉽게 필요한 주파수를 갖는 초음파 센서를 얻을 수 있는 장점이 있다. 한편 기계적 임피던스가 낮으며 고주파 대역인 80㎑ 이상에서는 적용이 어려운 단점이 있다.

[3] 초음파 차고센서

초음파 차고센서는 차량의 주행시 노면으로부터 차량의 바닥까지의 거리를 측정하여 측정된 차고의 변동 패턴으로 노면의 상태를 판단하고 주행조건에 따라서 차량의 쇽업쇼바의 감쇄력을 제어하여 조정안정성을 향상시키는 것에 목적을 둔 센서로서 노면의 미세한 높이 차이도 감지하여야 하므로 감지거리의 정밀도가 좋은 고주파수(200~300㎑)의 초음파를 적용하여야 한다.

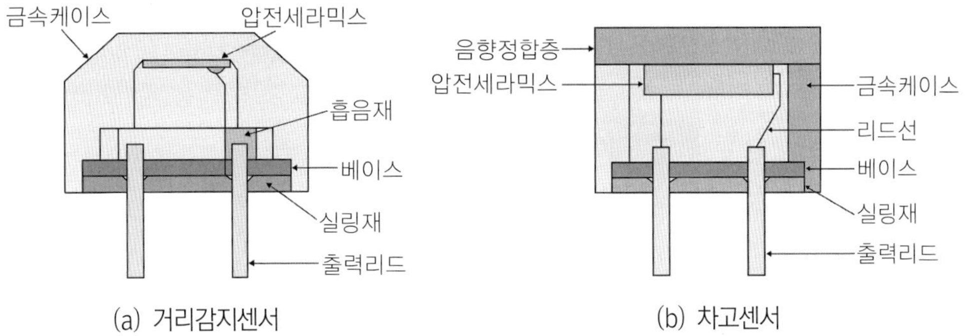

그림 2-99. 초음파식 센서의 종류

3.9 광 센서(optical sensor)

빛 자체 또는 빛에 포함되는 정보를 전기신호로 변환하여 검지하는 소자로 종류로는 개별 광센서와 1차원 및 2차원 광센서, 복합광 센서 등이 있고, 반도체 재료가 많이 사용되며, 사용하는 파장의 범위를 중심으로 선택된다. 광전변환의 원리는 다음과 같다.

① 광전효과 : 금속판에 빛을 쪼일 때 금속 내에 자유전자가 금속 표면 밖으로 방출되는 현상

② 광전도효과 : 반도체에 빛을 조사하면 도전율이 증가하는 현상

③ 광기전력효과 : P-N 접합이 있는 반도체에 빛을 조사하였을 때에 기전력이 발생하는 효과

④ 초전효과 : 결정의 일부를 가열하였을 때에 결정표면에 전하가 나타나는 현상

3.9.1 포토 센서(photo sensor)

메인 크래쉬 패드에 광기전성 다이오드를 내장하고 있고, 일사량 감지는 광기전성 다이오드에 빛이 받아들여지는 양에 비례하여 기전력이 발생되고 이 기전력이 에어컨 ECU에 전달되어 이 기전력(일사량)에 따라 토출온도와 풍량이 운전자가 선택한 온도에 근접할 수 있도록 보정해 준다.

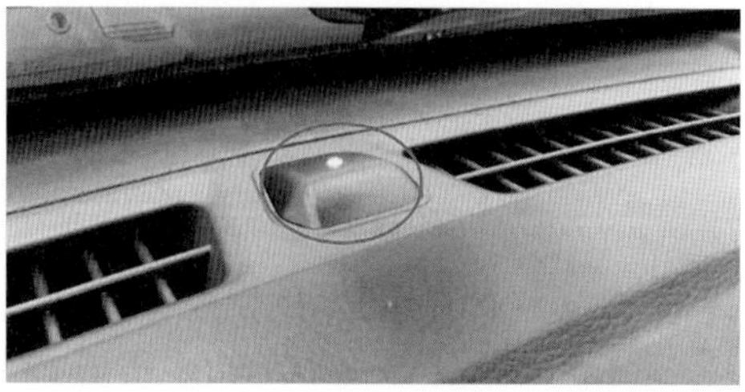

그림 2-100. 포토센서 위치

3.9.2 CDS 포토셀 센서(CDS photocell, 조도센서)

CDS(황화카드뮴)소자를 사용하여 CDS센서라고 한다. 광 에너지(빛)를 받으면 내부에 움직이는 전자가 발생하여 전도율이 변하는 광전효과를 가지는 소자를 사용한다.

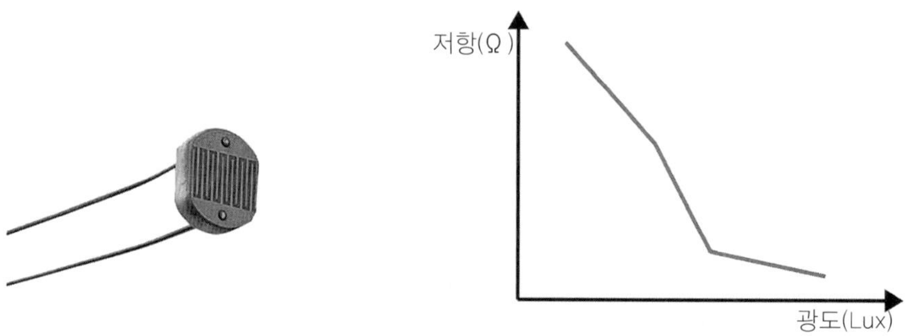

(a) (b)

그림 2-101. CDS 센서 및 특성

다른 이름으로는 광도전 셀이라고 불리기도 하며 어두운 곳에서는 절연체와 같이 저항이 높아 졌다가 가시광선이 닿으면 도체와 같이 저항이 낮아지는 성질을 갖고 있다. 오토라이트 제어에 사용되며 오토 라이트 내부에 장착되어 빛의 밝기를 감지하여 운전자가 다기능 스위치를 조작하지 않아도 자동 모드에 위치하면 자동으로 미등 및 헤드램프를 점등, 소등 시켜준다. 주간 주행 중 터널 진, 출입 시 또는 안개, 비, 눈, 등으로 주위 조도 변화 발생 시 작동한다.

3.9.3 레인센서(Rain Sensor)

레인센서는 LED와 포토 센서에 의해 비의 양을 감지한다. 차량 안에서 LED로부터 적외선을 전반사가 일어나도록 비스듬하게 쏘아주고 유리 표면에 빗물에 의해 반사되어 돌아오는 적외선을 포토다이오드가 이를 감지하여 비의 양을 감지한다.

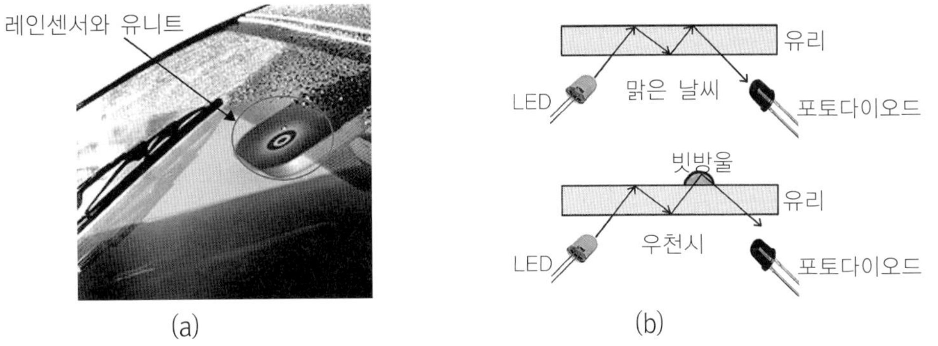

「그림」 2-102. 레인센서와 유니트 및 레인센서 시스템 원리

만약 비가 내리면, 빗물과 접촉한 유리창 경계면에서 전반사 조건이 틀어지고 반사광 세기가 줄어든다. 비가 많이 내릴수록 전반사되는 영역이 줄어들어 반사광 세기는 더 약해진다.

레인센서는 이를 감지해서 와이퍼 속도를 조절한다. 레인센서는 유리 투과율을 스스로 보정하는 servo회로를 갖고, 앞 창 유리의 투과율에 상관없이 일정하게 빗물 감지를 하는 기능을 갖는다.

3.10 이미지센서(image sensor)

반도체소자의 제조기술을 이용하여 집적회로화된 광전변환소자이다. 이미지센서는 카메라 렌즈를 통해 들어온 빛(영상 정보)을 전기적 디지털 신호로 변환해 디스플레이 장치로 촬영한 사진을 볼 수 있도록 하는 반도체다. 비디콘, 플럼비콘, 금속산화물반도체(MOS), 전하 결합소자(CCD) 등을 들 수 있다. 이미지센서는 CCD이미지 센서와 CMOS 이미지센서가 있다.

(a) CCD 이미지 센서 (b) CMOS 이미지센서

「그림」 2-103. CCD 이미지센서와 CMOS 이미지센서

3.10.1 CCD 이미지 센서

CCD(charge coupled device)는 전하결합소자라고 불린다. CCD는 반도체 속에 주입한 소수 반송자의 신호를 한 덩어리의 전하로 하여 외부전압에 의해 결정 표면과 평행방향으로 전송할 수 있는 반도체소자로 CCD에는 많은 수의 광다이오드 소자가 집적되어 있고, 이곳에 빛이 비추어지면 빛의 양에 따라 전자가 발생하고 그 전자가 생성된 양에 따라 화상(이미지)이 생겨난다.

CCD 이미지 센서는 치수나 화질 등의 여러 종류가 있으며, 디지털 카메라를 비롯하여 스캐너, 휴대폰, 자동차, 미사일의 센서 등에 폭넓게 쓰이고 있으며, 좋은 화질의 화상(이미지)을 얻기 위해서는 CCD가 클수록 좋다.

3.10.2 CMOS 이미지 센서

CMOS 이미지 센서(complementary metal oxide semiconductor image sensor)는 CMOS(상보성 금속산화막 반도체)를 이용한 고체 촬상 소자이다. CCD 이미지 센서와 동일하게 광다이오드를 사용하지만 제조 과정과 신호를 읽는 방법이 다르다. 단위 셀마다 증폭기를 가지고 있으며, 광변환된 전기신호의 읽기에 의해서 전기 노이즈의 발생이 적어지는 특징이 있으며, CMOS 소자의 크기가 작아서 소비 전력이 적다는 장점이 있고, A/D컨버터와 이미지 센서의 전체 컨트롤 기능이 하나의 칩에 통합됨으로써 저렴한 제조비용으로 대량생산과 소형화가 가능해 각광받고 있다.

최근 CMOS 이미지센서는 자율주행차, 의료, 머신비전, 보안, 가상현실, 증강현실 등 여러 산업 분야에서 사용된다.

[CCD와 CMOS 이미지 소자 기본 구조 비교]

비교 사항	CCD	CMOS
픽셀 신호 특성	아날로그 전하	아날로그 전기신호
센서 신호 특성	아날로그 전기신호	디지털 전기신호
시스템 신호 특성	디지털 전기신호	디지털 전기신호
픽셀 신호이동방법	전위차	증폭기
전기신호 출력지점	CCD이미지센서의 출력 단	각각의 픽셀
시스템 크기	상대적으로 큰 편	작음
시스템 구조의 복잡성	비교적 복잡	비교적 간단
회로 내장 부위	PCB(printed circuit board)	하나의 칩 상에 내장

3.11 비전센서(vision sensor)

비전센서는 센서 형식의 완전한 화상처리 시스템으로 하우징 안에 이미징 센서, 조명(또는 조명 연결부), 광학장치(또한 교환 렌즈), 하드웨어/소프트웨어 및 예를 들어 PLC 연결을 위한 이더넷과 디지털 인터페이스가 통합되어 있다.

비전센서를 이용한 보행자 감지의 애로사항은 카메라가 움직이고 보행자의 다양한 외양(wide range of appearance), 복잡한 배경(cluttered background) 등이다.

그림 2-104. 비전센서를 이용한 보행자 감지

비전센서 기반 보행자 감지의 주요 기술적 특징은 학습기반 접근(learning based approach), 추적기반 접근(tracking based approach), 외곽선 추출에 의한 ROI (region of interest, 관심영역. 영상처리상의 방법으로, 원본 이미지에서 관심영역을 추출할 수 있도록 설정하는 것) 설정, 다양한 인식기술, 신경망(neural network), SVM(support vector machine, 기본적으로 두 범주를 갖는 관측 값 들을 분류하는 방법으로, 주어진 데이터들을 가능한 멀리 두개의 집단으로 분리시키는 최적의 초평면(hyperplane, 전체 공간보다 차원이 하나 낮은 공간을 초평면이라고 한다.

평면 안에서는 직선이 초평면이고, 삼차원 공간 안에서는 보통의 평면이 초평면이다)을 찾는 것) 등이 있다.

[CMOS센서와 CCD센서의 비교]

특 징	CMOS	CCD
기술		
통합수준	++	--
동력소모	++	--
동적 범우	++	-
암흑 감시	-	++
비용		
형상모듈	O	O
시스템 통합	++	--
유효성		
자동차 성능(렌즈포함)	O	O
주요 흐름		
주요 공급자들이 기대 생산량	+	O

※++: very good, +: good, O : medium - : poor -- : very poor

이미지센서(image sensor)로는 기존의 CCD에 비하여 CMOS가 선호되고 있다. 극단적인 빛 조건에서는 비선형(non-linear)의 특성 이미지센서가 선호되는데 예를 들면 황혼을 향해 가는 경우, 터널을 들어가거나 나올 경우, 상향등을 켠 차와 조우할 때 특히, 로그 형태의 반응을 나타낼 때, 고 명암비(high dynamic)의 영상을 취득할 수 있어 자동차 환경에서 유용하다.

그림 2-105. 비전센서를 이용한 영상 취득

3.12 각속도 센서

3.12.1 G센서(gravity sensor)

G센서(가속도 센서)는 자동차가 선회할 때 G센서 내부의 철심이 자동차가 기울어진 쪽으로 이동하면서 유도되는 전압이 변화되는데 ECU는 유도되는 전압의 변화량을 검출한다. ECU는 차체의 기울어진 방향과 기울어진 양을 검출하여 안티 롤(anti roll)을 제어할 때 보정신호로 사용한다.

요 레이트 센서(yaw rate sensor) & 횡 G 센서는 하나의 단품으로 센터 플로어 콘솔 아래에 장착되어 있으며, 차종에 따라서는 종 가속도 센서가 포함되어 있다. 차량이 수직축을 기준으로 회전할 때 요 레이트 센서 내부에 플레이트 포크가 진동 변화를 일으키면서 전자적으로 감지한다. 차량의 요윙을 감지하여 요 속도가 일정속도(4deg/s)에 도달하면 VDC제어를 재개한다.

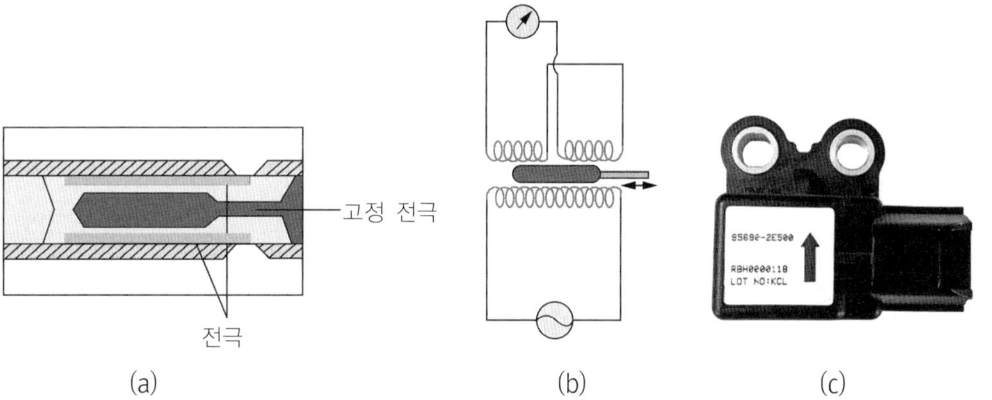

(a) (b) (c)

그림 2-106. G센서(가속도센서)

요 레이트 센서 & 횡 G센서는 센서 클러스터라고 부르기도 하며, 이 센서는 센서 자체 내부에 자기진단 기능을 가지고 있으며, 이러한 정보를 요 레이트 및 횡 가속도 신호로 별개의 CAN통신을 통해서 컨트롤 유닛(HECU)에 신호를 보낸다. 횡 G센서는 차량의 횡 가속도를 감지한다. 센서 내부에 작은 엘리먼트가 횡 가속도에 의해 편향이 가능한 레버암에 부착되어 있다. 횡 가속도에 따라 변하는 정전용량으로 차량에 작용하는 횡 가속도의 방향과 크기를 알 수 있다.

종 가속도 센서는 EPB제어를 위해서 사용되고 있으며, HECU는 이 센서의 신호를 받아서 비탈길의 경사도를 인지한다. EPB적용 차량의 센서 클러스터에는 요 레이트 센서, 횡 가속도 센서, 그리고 종 가속도 센서가 하나의 센서 안에 설치되어 있다.

3.12.2 자이로 센서(gyro sensor, gyroscope)

기본적으로 회전하는 물체의 역학운동을 이용한 개념으로 위치 측정과 방향 설정 등에 활용되는 기술이다. 현재 자이로 센서는 대부분이 정전용량형이며, 정전용량형자이로 센서는 회전속도에 비례하는 코리올리힘에 의한 미세기계구조물의 변형을 정전용량 변화로 검출하는 방식을 취하고 있다.

자이로 센서는 회전운동을 감지하기 위해서 항상 반대로 움직이는 전극을 한 벌 더 만들어 두고 코리올리스 효과(coriolis effect)에 의한 힘을 감지하도록 고안했다. 코리올리 힘이란 운동하는 물체의 속도에 비례하며 운동방향에 수직인 힘을 의미한다. 우선 두 개의 전극 가운데는 힌지(접히는 부분)를 두어서 전극이 움직일 때 항상 반대 방향으로 움직이게 만들어 두었다. 시그널 프로센서는 각각의 전극이 움직임으로 인해서 생기는 정전용량(capacitance)을 항상 비교한다.

정전용량에 차이가 없는 경우에는 회전운동이 없고 가속도만 있는 것으로 인지하게 된다. 회전운동이 발생하는 경우는 전극은 빨간색 방향으로 움직이지만, 파란색 화살표 방향으로 정전용량에 의한 힘이 발생하게 된다. 회전하는 속도에 비례해서 전극 사이에 정전용량의 차이가 발생하게 되니까 이것을 감지하여 회전을 감지하게 된다.

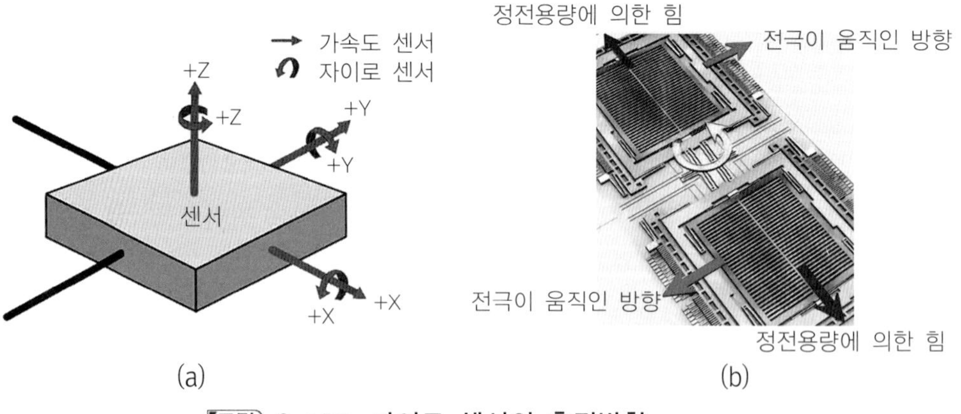

그림 2-107. 자이로 센서의 측정방향

3.13 기타 센서

3.13.1 전류 센서(current sensor)

교류전류 및 직류전류를 전류가 흐르면서 생기는 자기장을 이용하여 전도체에 흐르는 전류를 측정하는 센서이다. 전류를 감지하는 방법에는, 도너츠 모양의 자심을 사용하여 1차 및 2차 코일을 자심에 감아 2차 전류를 측정함으로써 1차 전류를 감지하는 커런트 트랜스(CT : current transformer)방식과, 전류에 의하여 생기는 자계 속에 홀 소자를 설치하여 홀 전압을 측정함으로써 자계의 강도 즉 전류의 강약을 감지하는 홀 소자방식, 그리고 전류의 대소로 용단하는 시간이 다른 퓨즈방식 등이 있다.

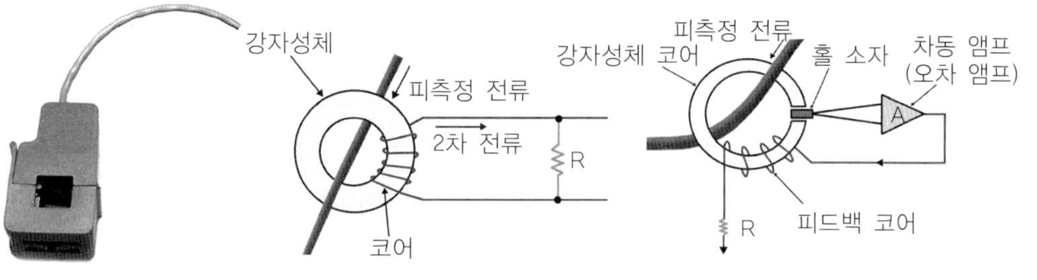

(a) 전류센서 (b) 커런트 트랜스방식 (c) 홀 소자방식

그림 2-108. 전류센서

3.13.2 조향 토크센서(Steering Torque Sensor)

조향 토크센서(Steering Torque Sensor)는 조향칼럼과 일체로 되어 있으며, 조향각센서, 조향모터와 함께 EPS(Electric Power Steer) 시스템의 핵심부품으로 조향축에 걸리는 토크를 측정하여 EPS 제어기에 전달하는 역할을 한다.

조향 토크센서는 운전자가 조향 휠을 조작하면 조향칼럼을 통해 래크와 피니언 그리고 바퀴를 돌릴 때 발생하는 토크를 측정한다. ECU는 조향 토크센서의 정보를 기초로 조향 조작력의 크기를 연산한다.

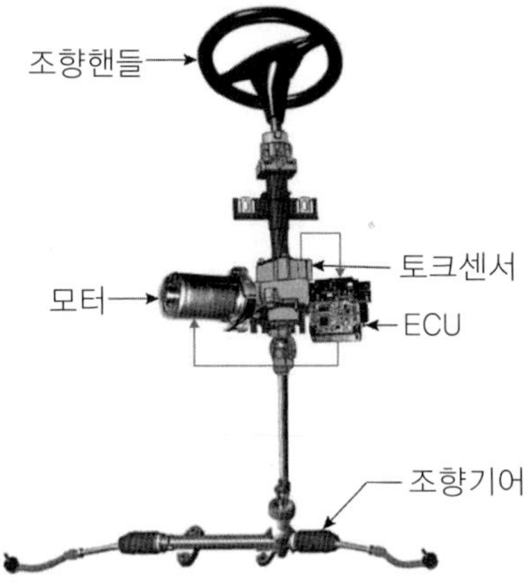

「그림」 2-109. 토크센서 설치 예

조향 토크센서의 종류에는 접촉식과 비접촉식으로 구분된다. 접촉식 토크센서에는 슬라이딩 방식의 저항형 Potentiometer, 접촉식 스트레인 게이지, SAW 토크센서 등이 있으나 내구성이 떨어지고, 2바퀴 반 이상 회전하는 자동차 조향 축에 설치하는데 부적합하기 때문에 자동차 조향토크센서로는 주로 비접촉식 토크센서를 사용한다.

[토크센서의 검출방식에 따른 분류]

구분	검출방식	센서
접촉식	스트레인 게이지(Strain gauge)	저항형 센서
	포텐시오미터(Potentiometer)	접촉 저항형 센서
	SAW(Surface Acoustic Wave)방식	SAW 센서
비접촉식	자기장 변화 검출식	자기저항(MR, AMR), Hall IC
	정전 용량식	용량형 센서
	광학식	광엔코더

자기식 토크센서는 샤프트 주위에 정해진 패턴의 자장을 형성시킨 상태에서 토크에 의해 회전 변위가 발생될 때 이에 따른 자기장의 변화가 발생하게 되고, 이를 자기센서로 측정하는 방식이다. 샤프트로부터 수 mm 이격하여 토크를 측정하며, 먼지나 액체 등 기타 비자성 물질이나 높은 회전 속도에서도 매우 잘 동작을 한다. 단점으로는 샤프트가 자화될 수 있으며, 강력한 자계 환경에 노출되어서는 안 된다.

비접촉 광학형 조향 토크센서는 발광 다이오드(led)와 수광소자(linear array) 각 2개와 입·출력 디스크(wide 1개, narrow 1개), 그리고 2개의 토크 연산부분으로 이루어져 있다. 조향할 때 조향 휠의 조작력은 입력디스크와 출력디스크 사이의 토션 바에 가해진다. 이때 토션 바가 비틀어짐에 따라 입·출력 디스크의 위상은 토션 바의 비틀림 양만큼 변화한다.

따라서 128개의 픽셀(pixel)로 이루어진 토크량 검출부에는 발광 다이오드로 부터 가해지는 투과 양이 변화하며, 센서는 투과 양을 전류로 변환하여 ECU로 보낸다. ECU는 이 정보로 전동기를 작동하여 조향 조작력을 제어한다.

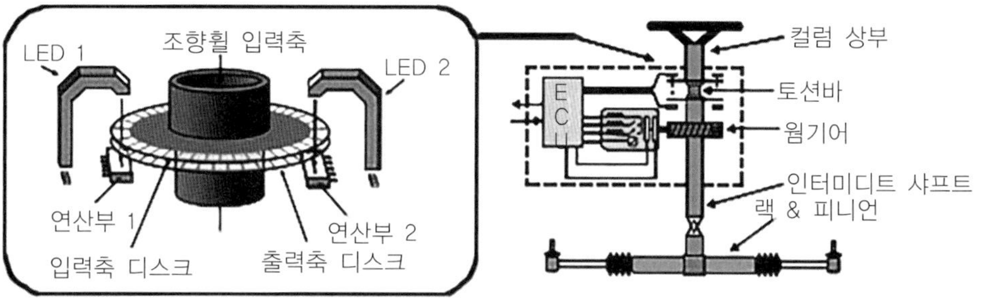

「그림」 2-110. 조향 토크센서의 구조

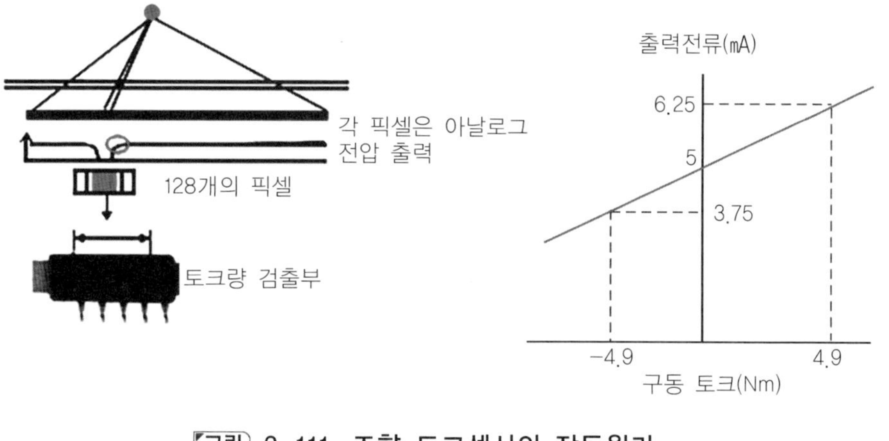

「그림」 2-111. 조향 토크센서의 작동원리

3.13.3 충돌 검출센서

충돌 검출센서는 자동차가 충돌할 때의 충격량을 검출하는 것으로 검출방법에 의한 분류는 다음과 같다.

[1] 충돌 예지센서

자동차가 충돌하기 전에 충돌의 불가피성 및 충돌의 강도를 예측 검출하는 것으로 이는 빛, 음파, 전파의 신호매체로 자동차와 자동차, 자동차와 장애물사이의 상대속도를 측정하여 충돌을 예측하는 센서이다.

[2] 충돌검출 센서

충돌검출 센서는 자동차 내 특정지점의 가속도를 측정하여 자동차의 충돌 및 충격량을 검출하는 센서로 대표적으로 가속도센서가 이용되고 있다. 초창기에는 기계방식 또는 전기-기계방식 센서를 주로 사용하였지만, 최근에는 반도체 전자방식 센서를 대부분 사용한다.

충돌검출 센서는 자동차의 종류에 따라 그 수량 및 설치위치가 달라진다. 일반적으로 에어백 ECU 내부에 1개, 정면 좌우 멤버에 전방 충돌센서 2개, 측면 충돌검출 센서는 좌우측 "B"필러 아래쪽에 1개씩 설치된다. 충돌검출 센서는 현재 에어백장치를 사용하고 있는 대부분의 자동차에서 이용하고 있으며 종류는 다음과 같다.

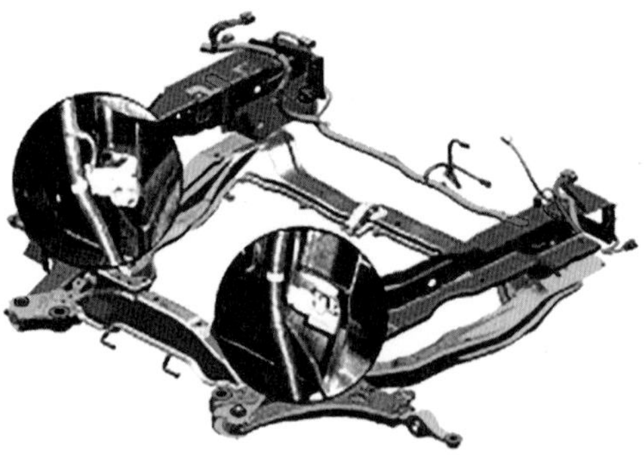

『그림』 2-112. 정면 충돌검출 센서의 설치위치

(1) 기계방식

기계방식 충돌검출 센서는 검출질량에 편향력을 가하기 위한 스프링 또는 자석, 감쇄기 구등에 의하여 격침을 작동시켜 충격방식 뇌관을 포함하는 가스 발생기를 작동시키는 구조로 되어 있다. 이 센서는 에어백 모듈, 가스발생기와 일체로 구성이 되어 조향 휠 내부에 설치된다. 외부와 연결을 위한 배선이 필요 없으므로 설치성능이 우수하고 가격이 싼 장점이 있다. 그러나 고장유무를 사전에 확인하기 어렵고 조향 휠의 위치에서 다양한 충돌상황에 대하여 적절히 작동하는 센서를 설계하기가 어렵다.

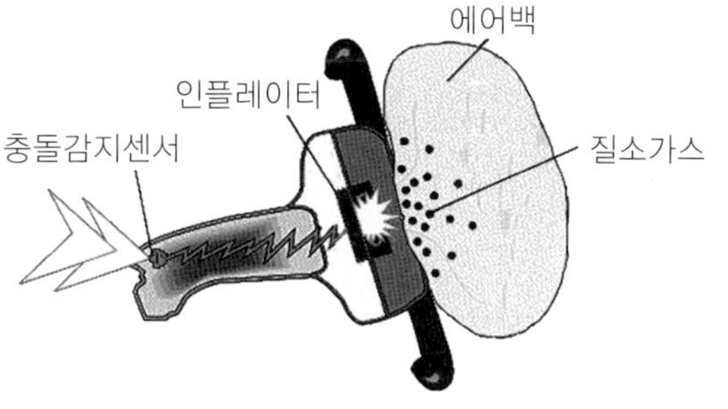

그림 2-113. 기계방식 충돌검출센서

(2) 전기-기계방식

전기-기계방식은 구조는 틀리지만 작동원리는 기계방식과 비슷하다. 단지 검출질량의 운동을 전기신호로 바꾸기 위한 전기스위치가 내장된 점이 다르다. 즉 자동차가 충돌할 때 검출질량이 편향력을 극복하고 정지위치에서 이동하여 내장된 전기접점을 닫아 센서에 연결된 외부의 스위치회로가 작동하도록 되어있다.

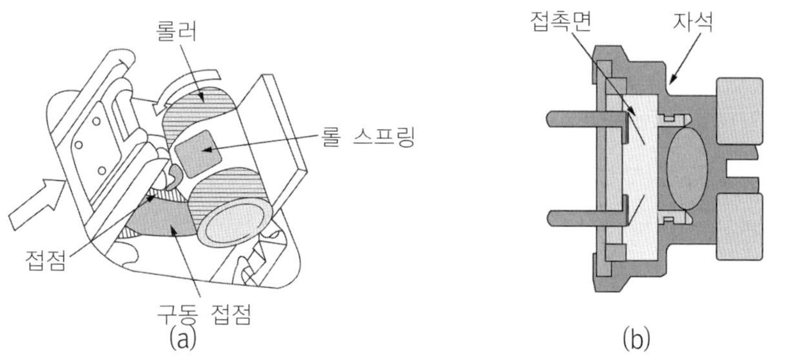

그림 2-114. 전기-기계방식 충돌검출센서

에어백 ECU는 이들의 작동을 검출하여 에어백의 전개여부에 대한 최종판단을 내린다.

(3) 전자방식

에어백 ECU의 전자기판 위에 반도체 가속도 센서와 마이크로프로세서를 내장하여 가속도 신호를 처리함으로서 에어백의 전개여부를 결정하고 전기방식 뇌관을 점화하도록 되어 있다. 전자방식 충돌검출 센서의 핵심은 미세 가공기술(micro-machining)을 응용한 반도체형 가속도 센서와 센서로부터 얻어진 가속도 신호의 처리를 위한 충돌검출 알고리즘(algorithm)에 있다.

(a) 가속도계 타입　　(b) 압력타입

「그림」 2-115. 정면, 측면 충돌검출센서

3.13.4 승객유무 검출센서(PPD : passenger presence detect)

승객유무 검출센서는 승객석 시트 쿠션부분에 설치되어 있으며, 승객 탑승유무를 판단하여 에어백 ECU로 데이터를 송신한다. 즉, 승객석에 승객이 탑승하면 정상적으로 승객석 에어백을 전개시키고 탑승하지 않은 경우에는 전개하지 않는 제어를 하기 위해 설치된다. 이 센서는 압전소자로 이루어져 있으며, 승객이 탑승하였을 경우와 탑승하지 않았을 경우의 하중변화에 따른 저항의 변화로 승객 탑승유무를 다음과 같이 판정한다.

① 승객 있음 : 15kgf 이상의 무게를 감지한 때
② 승객 없음 : 0.6kgf 이하의 무게를 감지한 때
③ 0.6~15kgf 이하의 무게를 감지한 때(gray zone)
④ PPD인터페이스 유닛은 PPD의 저항변화를 가지고 승객의 탑승 여부를 감지한다.
⑤ 승객 있음에서 승객 없음으로 변환될 때 오판을 방지하기 위해 9.6초 후 승객 없음으로 인정한다.

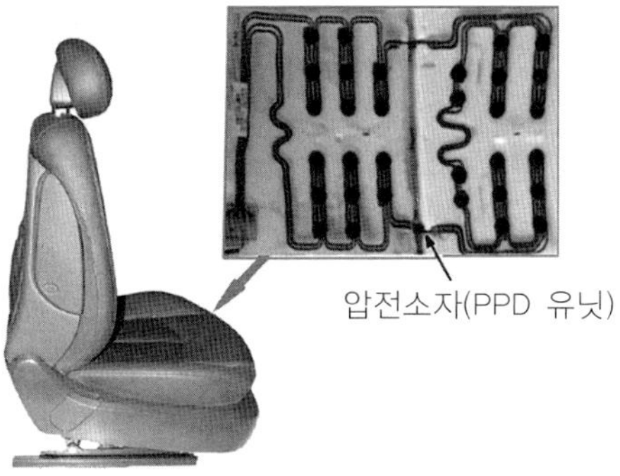

「그림」 2-116. 승객 유무 센서의 설치위치 및 구조

3.13.5 습도센서(humidity sensor)

습도센서는 공기 속의 수증기 양을 측정하는 센서로 대기 중의 습도를 검출하기 위한 화학센서의 일종으로서 주로 공기 중의 화학반응에 의한 색 변화, 이온량 변화를 기전력/전류변화 등으로 검출하는 센서이다. 습도의 측정원리는 물 분자나 수증기가 가지는 고유한 물리적인 성질을 이용하는 방식과 흡습성 물질에 물 분자가 흡착되어 일어나는 물리적 성질 변화를 측정하는 방식이 있다.

습도센서는 열전도식(서미스터식)과 금속 산화물인 세라믹계 등을 이용한 흡착식이 대부분이다. 습도센서를 재료에 따라 분류하면 전해질계 센서, 유기 고분자계 센서, 세라믹 센서, 마이크로파 수분센서, 방사선 센서 등으로 나눌 수 있다.

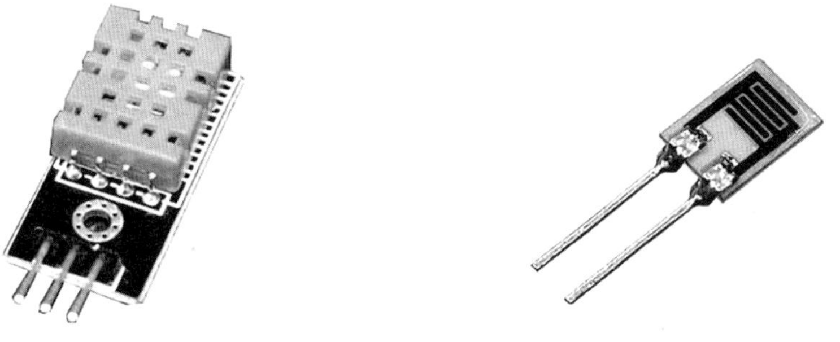

(a) (b)

「그림」 2-117. 습도센서

자동차 에어컨시스템에 사용되는 정전용량형 습도센서의 감습재료는 흡습성 고분자 재질인 셀룰로오스계를 응용하고 있다. 정전용량형 습도센서는 고분자 재질에 흡착되는 물분자량에 따라 정전용량이 변화되는 원리를 이용하여 만들며 습도 측정범위가 0~100%RH로

넓고 직선형의 출력을 갖기 때문에 응용 회로가 간단하며 직류에서 작동되므로 마이크로컴퓨터를 활용한 회로에 적용하기가 쉽다. 저항형 습도센서의 경우 저습도 및 고습도 측정이 어렵고 출력은 비선형이며 온도 변화에 대한 변화폭이 크고 수증기 응결, 소금물, 화학물질에 취약하며 센서에 직류를 인가하면 감습재료의 전해 작용 및 전극재료의 전리현상에 의해 영구적인 특성저하가 발생한다.

광학센서를 사용하는 방식은 유리에 먼지 등 이물질이 부착 시 측정 감도가 떨어지고 자동차 유리에 김 서림이 발생한 후 감지하게 되므로 김 서림을 빨리 제거하기 위해서는 송풍모터와 팬을 강하게 작동시켜야 하며 이로 인하여 소음이 발생되고 유리표면에 더운 바람이 갑자기 유입되어 순간적으로 김 서림이 많이 발생하게 된다.

3.13.6 라이다 센서(lidar sensor)

LiDAR는 light detection and ranging을 의미하는데 즉, 빛을 이용한 거리 측정을 의미한다. 라이다 센서는 레이저를 목표물에 비춤으로써 사물까지의 거리, 방향, 속도, 온도, 물질 분포 및 농도 특성 등을 감지할 수 있는 기술이다. 라이다 센서는 일반적으로 높은 에너지 밀도와 짧은 주기를 가지는 펄스 신호를 생성할 수 있는 레이저의 장점을 활용하여 보다 정밀한 대기 중의 물성 관측 및 거리 측정 등에 활용이 된다.

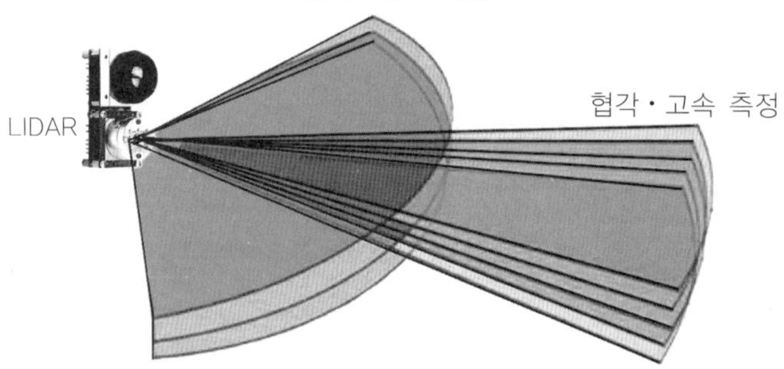

「그림」 2-118. 고속 3D 라이다 개념도

자동차용 라이다는 주행 중인 차량이 앞 차와의 충돌을 피하거나 또는 충격을 최소화할 수 있도록 차간거리를 실시간으로 측정하여 경고 또는 차량 자동제어를 할 수 있도록 하는 장치로 라이다 센서는 마이크로웨이브 기기에 비해 측정 가능거리 및 공간분석(spacial resolution)이 매우 높은 편으로 실시간 관측으로 2차원 및 3차원 공간 분포 측정이 가능한 장점이 있다.

라이다시스템은 레이저 송수신 모듈 및 신호처리 모듈로 구성되며, 레이저 신호의 변조 방법에 따라 ToF(time of flight) 방식과 PS(phase shift) 방식으로 구분된다.

ToF방식은 레이저 펄스 신호가 측정범위 내의 물체에서 반사되어 수신기에 도착하는 시간을 측정함으로써 거리를 측정하는 원리이며, PS방식은 특정 주파수를 가지고 연속적으로 변조되는 레이저 빔을 방출하고, 물체로부터 반사되어 오는 레이저 신호의 위상 변화량을 측정하여 거리를 측정하는 방식이다.

라이다 기술은 파장에 따라서 사용되는 응용분야가 다르다. 250㎚의 자외선(ultraviolet)은 기상관련 분야에 사용하고, 500~600㎚의 가시광선(visible) 영역은 수심 측량, 1040~1060㎚의 근적외선(near-infrared) 영역은 지형 맵핑에 사용한다. 그리고 1500~2000㎚의 적외선(infrared) 영역은 기상 측정 분야에 사용되며 특히 doppler LIDAR에 사용되고 있다. 그중 1550㎚ 파장 대역은 시각 안전 파장으로 최근 차량용으로 시각에 안전하면서도 눈에 보이지 않는 대역으로 적극적으로 활용되고 있다. 비교적 반사율이 높은 물체들에 대한 최대 측정 가능 거리는 120m, 200m, 250m인 것으로 제시되고 있으나, 반사율이 10%인 조건에서 측정 가능한 거리는 대부분 약 50m 수준이다.

3.13.7 레이더 센서(radar sensor)

레이더 센서는 FMCW(주파수 변조 연속파) 레이더를 사용하여 극한의 기상 조건에서도 움직이거나 정지한 대상을 측정해 주변 사물과의 거리, 속도를 탐지하는 장치이며 우리나라는 차량용 레이더 대역으로 24㎓ 대역과 77㎓ 대역이 아직까지는 유일하다. 카메라처럼 탐지 물체의 종류를 판별 할 수는 없지만, 전파를 이용하기 때문에 밤이나 나쁜 기상 환경, 양측이 모두 움직이는 상태에서도 안정적으로 거리측정이 가능하다.

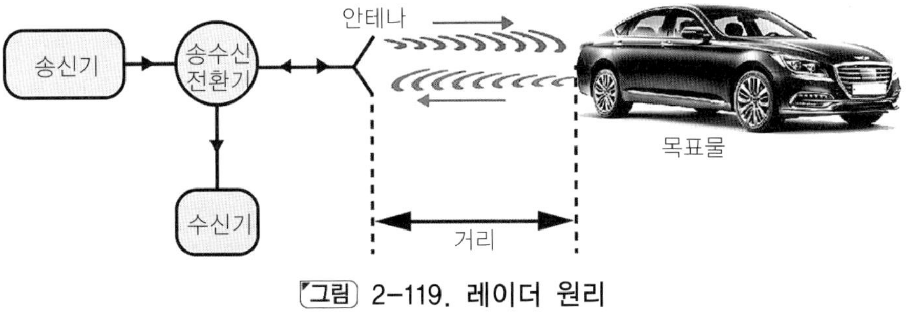

그림 2-119. 레이더 원리

따라서 카메라의 부족한 부분을 보안해 주는 역할을 한다. 레이더는 차종에 따라서 1~3개까지 장착이 되고 자율주행으로 가게 되면 5개까지도 포함될 것이다. 레이더는 기본적으로 수신기(receiver), 송신기(transmitter), 안테나로 구성되어 있다. 반사된 일부 에너지가 레이더로 되돌아오는 신호를 분석한다. 목표물까지의 거리는 송신된 신호가 다시 되돌아오는 시간으로부터 계산하고, 또한 물체의 상대적인 속도는 되돌아 온 신호 주파수의 도플러 변이로부터 계산할 수 있다.

카메라와 레이더 센서를 통해 앞차와의 간격과 차선, 사람과 자전거 등을 인식하여 운전자에게 경고를 주거나 직접적으로 차를 멈추거나 주행을 보조하는 시스템 전체를 우리는 ADAS라고 한다. ADAS(advanced driver assistance system)를 위한 레이더의 기능은 SCC(smart cruise control), 자동긴급 제동시스템(AEB : autonomous emergency braking system), 스마트 후·측방경보시스템(BSD : blind spot detection) 등이 있다. 레이더는 측정거리와 각도를 동시에 늘리는 게 어렵기 때문에 ADAS 기능에 따라 앞차와의 간격을 자동으로 조절하는 SCC의 경우 장거리 레이더(77㎓)가 적용되고, AEB와 BSD에는 중·단거리 레이더(24㎓)가 적용된다.

3.13.8 배터리 센서(IBS : intelligent battery sensor)

배터리 상태(충전상태, 노화상태, 시동능력 등)를 계산한 후 엔진 ECU로 전송하여 최종적으로 연비 향상을 위한 발전제어 시스템, ISG(Idle Stop &Go)시스템에 적용되는 부품이다. 배터리 센서의 하우징부재는 션트저항(shunt resistor), 인쇄회로기판, 터미널부재가 접속된 상태에서 핫 멜트(hot melt)로 포장하여 외곽 형상화되어 있다.

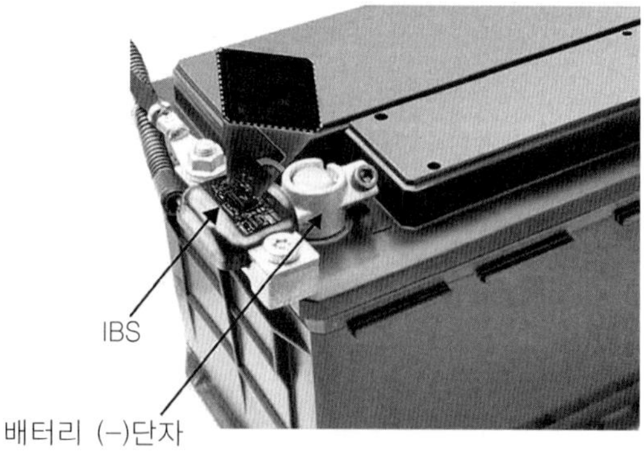

그림 2-120. 배터리 센서

셔트저항은 매우 낮은 저항을 셔트라 하고 분류기라고도 한다. 즉, 전류를 나눈다는 뜻으로 전류가 흐르는 전선 중간에 저항을 직렬로 넣고 저항에서 발생하는 전압강하를 옴의 법칙을 통해서 계산하여 전류를 측정한다.

IBS는 배터리의 전압, 전류, 온도 값을 표출해 차량의 엔진 ECU로 보내고 ECU에서는 그 정보를 바탕으로 발전기(alternaor)에서 전류를 생성해 배터리를 충전할지 말지를 결정을 하게 된다. 배터리의 (-)극에 IBS를 연결하고 전압, 전류, 온도 3가지의 양을 이용하여 현재 배터리의 충전량을 계산하고 ECU는 그 계산된 충전량을 바탕으로 적정한 충전량이라 판단을 하게 되면 발전기의 내부에 있는 코일을 자석으로 만들지 않아 배터리 충전을 하지 않는 원리이다. IBS에는 차종 엔진 사이즈 유종 현재 배터리의 용량이 내부에 인식이 되어 있다.

Chapter

3

자동차 배터리

1 배터리(축전지)의 개요

화학적 에너지를 전기적 에너지로 변환시키는 것을 방전(放電)이라 하고 또 다른 전원으로부터 전기에너지를 공급하여 화학에너지로 변환시켜 축적하는데 이 상태를 충전(充電)이라 한다. 이와 같이 충전과 방전이 반복되는 전지를 배터리 또는 2차 전지라고 한다. 1차 전지는 충전과 방전이 반복되지 않는다.

1.1 내연기관 배터리

내연기관 자동차가 운행 중에는 충전장치가 자동차의 각종 전기장치의 부하에 전기를 공급하지만 시동시 또는 엔진 정지시에는 충전장치가 작동되지 않기 때문에 배터리가 전원으로서 전기적 에너지를 공급하고 주행 중일 때에는 발전기의 출력과 부하와의 부조화를 조정하는 역할을 하는 2차 전지이다.

배터리는 전극의 작용물질과 전해액이 가지는 화학적 에너지를 전기적 에너지로 변환시키는 역할을 하며, 반대로 전기적 에너지를 공급하면 다시 화학적 에너지로 변환된다.

(a) 내연기관 납산 배터리

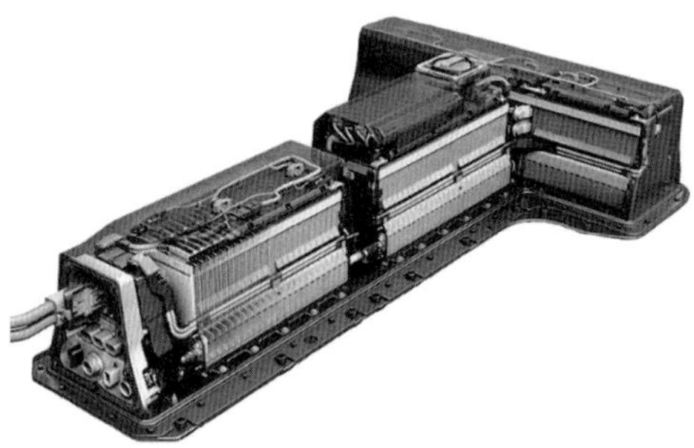

(b) 전기자동차 리튬이온 배터리 팩

그림 3-1. 자동차 배터리

1.2 전기자동차 배터리

전기자동차 배터리는 자동차의 모든 전기장치의 부하의 전원으로 전기적 에너지를 공급하고 전기 공급원으로부터 충전을 받는다.

1.2.1 셀 패키징에 따른 분류

전기자동차용 배터리는 각형 또는 원형 배터리 셀(cell)이 만들어지고 셀 여러 개를 모아 모듈(module)을 이루고, 모듈은 다시 여러 개를 모아 하나의 팩(pack)을 만들어 팩 상태로 전기자동차에 배터리가 들어가게 된다. 팩 모듈에는 냉각시스템과 제어시스템 등의 보호 시스템을 장착한다.

1.2.2 양극재로 쓰이는 물질에 의한 분류

현재 전기차에 쓰이는 배터리는 리튬이온 배터리로써 양극재, 음극재, 전해액, 분리막등 4대 요소로 이루어져 있다. 그중 양극재로 쓰이는 물질에 따라 니켈 삼원계인 NCA(니켈, 코발트, 알루미늄)와 NCM(니켈, 코발트, 망간) 배터리와 LFP(리튬, 인산, 철) 배터리로 나눌 수 있다.

1.3 배터리의 구비조건

1.3.1 내연기관 배터리

① 소형·경량이고 수명이 길어야 한다.
② 심한 진동에 견딜 수 있어야 하며, 다루기가 쉬워야 한다.
③ 전기 부하의 증가에 따라 용량이 크고, 가격이 저렴하여야 한다.
④ 고온 내구성이 있어야 한다.

1.3.2 전기 자동차 배터리

① 소형·경량이고 수명이 길어야 한다.
② 에너지 밀도와 출력이 크고, 가격이 저렴해야 한다.
③ 충전효율이 좋아야 한다.
④ 충전 용이성이 좋아야 하고 충전시간이 짧아야 한다.
⑤ 고온 및 저온 성능이 좋아야 한다.
⑥ 안정성이 좋아야 한다.

1.4 내연기관 배터리의 기능

① 시동장치의 전기적 부하를 부담한다.

② 발전기가 고장할 때 주행을 확보하기 위한 전원으로 작동한다.

③ 주행상태에 따른 발전기의 출력과 부하와의 불균형을 조정한다.

2 배터리의 종류

배터리 종류에는 크게 4가지 SLA(Sealed Lead Acid), AGM(Absorbent Glass Mat), EFB(enhance Flooded Battery), LFP(Lithium-ion Phosphate)가 있다.

2.1 납산 배터리(lead-acid battery)

납산 배터리는 SLA 타입으로 밀폐배터리라고 부르기도 한다. 납산 배터리의 기본구성은 이온화 경향이 서로 다른 2종류의 금속을 전극(극판)으로 하여 케이스 내에 전해액과 함께 넣는 것이다. 이와 같이 하면 양극과 음극의 양쪽 전극사이에 전위차가 발생된다. 여기에 전극사이에 부하를 접속하면 전극과 전해액 사이에 화학반응이 발생하여 전위가 높은 쪽에서 전위가 낮은 곳으로 전류가 흐른다.

납산 배터리 전해액으로는 묽은 황산, 양극판에는 과산화납을 음극판에는 해면상납을 사용하며 충전과 방전은 극판의 화학작용에 의해서 이루어진다.

2.1.1 납산 배터리의 장점

① 화학반응이 상온에서 일어나므로 위험성이 적다.

② 신뢰성이 크고, 원재료 구입이 용이하여 제조 원가가 낮다.

③ 대용량이 가능하며 다양한 크기로 제작 가능하다.

④ 저온, 고온 방전 특성이 우수하다.

⑤ 충전 효율(방전/충전 = 70% 이상)이 우수하다.

⑥ 과 충전 저항력이 강하다.

2.1.2 납산 배터리의 단점

① 배터리의 단위무게 당 충전 가능한 에너지의 양인 에너지 밀도가 30~40Wh/kgf 정도로 적다.

② 수명이 짧고, 충전시간이 길다.

③ 자기방전에 의해 충전상태 지속성이 낮다.

④ 방전 후 장기 보존이 어렵다.

⑤ 수소가스가 발생하므로 화기에 주의해야 한다.

2.2 리튬이온 배터리(Li-ion Battery)

리튬이온 전지는 금속 박지에 전극 재료를 도포하여 만들어져 있다. 리튬이온 전지는 2개의 전극(+, -극), 분리막, 전해질로 구성되어 있고 (+)극 전극물질은 리튬이온이 쉽게 들락거릴 수 있는 공간을 포함하는 결정구조(crystal structure)를 지녀야 되고, 산화와 환원이 될 수 있는 금속이온이 포함되어 있는 특징을 가지고 있다. (+)극으로 사용되는 물질로는 리튬코발트산화물($LiCoO_2$), 리튬철인산염($LiFePO_4$), 리튬망간산화물($LiMn_2O_4$) 등이 있으며, (-)극으로 이용되는 전극물질은 금속 리튬과 최근에 많이 사용되는 천연흑연(graphite) 등이 있으며, 흑연은 마치 종이가 겹쳐 있는 것과 같은 구조를 이루고 있는데, 이를 층상구조라고 한다. 양극에서 빠져나온 리튬이온이 이 층상구조 사이에 들어간다.

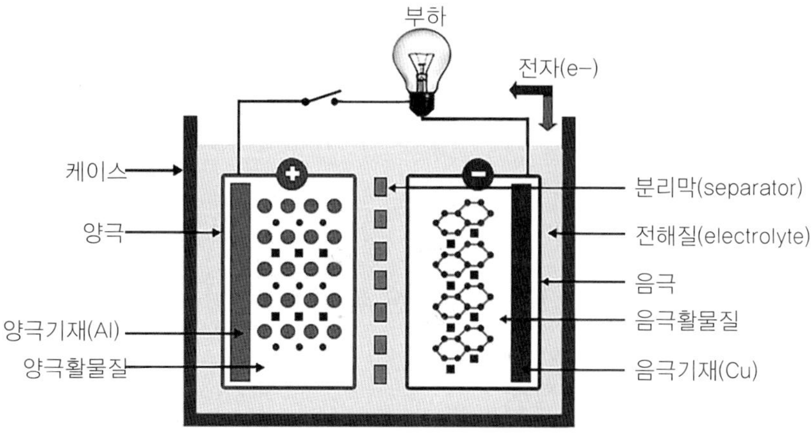

「그림」 3-2. 리튬이온 배터리의 구조

리튬이온 배터리는 양극(+)과 음극(-) 물질의 "산화 환원반응"으로 화학에너지를 전기에너지로 변환시키는 장치이다. "산화 환원반응"이란 반응물 간 "전자(e-) 이동"으로 일어나는 반응으로 전자를 잃은 쪽을 산화됐다고 하고 전자를 얻은 쪽을 환원됐다고 표현한다. 산화 환원반응에서, 리튬이온과 분리된 전자(e-)가 도선을 따라 음극과 양극 사이를 오갈 때 전기가 발생한다. 리튬이온 배터리는 리튬이온에서 분리된 전자가 양극에서 음극으로 이동하면 충전이 되고(음극에서 환원이 일어나 에너지를 저장), 반대로 음극에서 양극으로 이동하면 방전(양극에서 환원이 일어나 에너지 방출)이 되는 원리로 작동한다. 배터리 양극과 음극사이에는 분리막(separator)이 있다.

분리막은 미세한 구멍이 있어 리튬이온이 양극과 음극을 오갈 수 있게 한다. 하지만 양극과 음극의 물리적 접촉은 너무 뜨겁게 반응해서 폭발할 위험이 있다. 전해질(electrolyte)은 리튬 이온 염을 물이 전혀 없는 유기용매에 녹인 것을 사용하여 양극과 음극 간의 이온 이동을 가능케 하는 중간 매개체로 리튬이온의 원활한 이동을 돕는 역할을 한다. 전해질에 물이 있다면 리튬 금속과 폭발적인 반응이 일어난다.

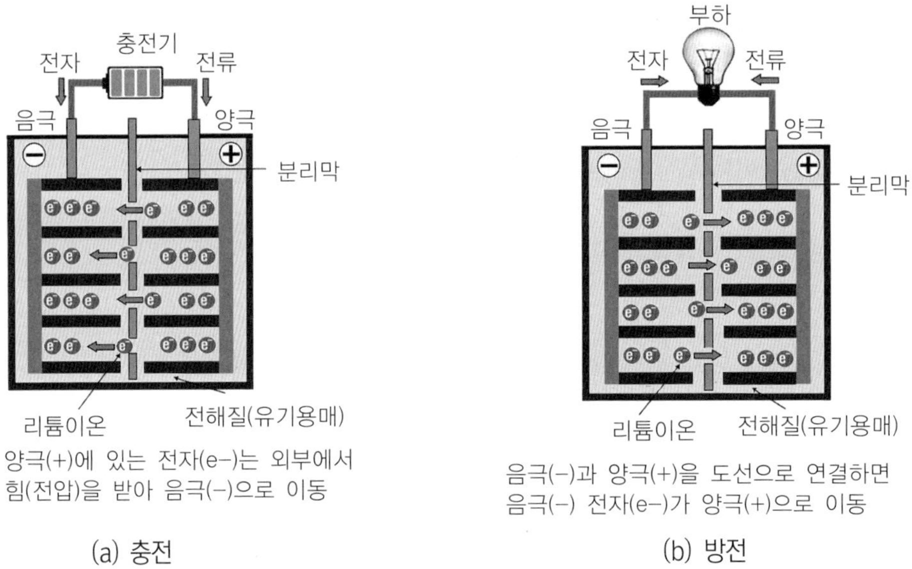

(a) 충전 (b) 방전

그림 3-3. 리튬이온 배터리 충·방전원리

2.2.1 리튬이온 배터리의 장점

① 에너지 밀도가 높은 데 비해, 무게가 가볍고 원하는 모양으로 제작이 가능하다.

② 크기에 비해 용량이 많고, 전압이 높다.

③ 재충전할 때 완전 방전이 되지 않은 배터리를 다시 충전하여 사용할 때, 기존의 구

동 시간보다 구동 가능한 시간이 줄어드는 현상인 메모리 효과가 없기 때문에 다 쓰지 않은 상태에서도 보충 충전이 가능하다.

④ 배터리를 사용하지 않아 에너지가 방전되는 현상인 자연 방전률이 적기 때문에 사용에 유리하다.

2.2.2 리튬이온 배터리의 단점

① 과 충전하면 빠른 속도로 열화 되고, 화재나 폭발 위험성이 있어 전용 충전기로 충전해야 한다.

② 과 방전시 위험하여 전지내부에 보호회로가 내장되어 있다. 보호회로의 필요성으로 리튬이온 배터리는 일정전압(4.5V) 이상이거나 이하일 때(3V), 일정온도 이상일 때 폭발 위험성이 있으며 또한 각 셀이 일정 전압 이하로 유지될 경우 배터리 수명에 영구적 손상을 입을 수 있다. 그래서 과충전(4.5V) 및 과방전(3V) 방지 보호회로가 필요하며 보호회로가 보호해도 자연적 방전에 의해 과방전이 일어날 수 있다.

③ 충격에 위험하다.

④ 제작이 어렵고 고도의 정밀도가 요구된다.

⑤ 충전이나 사용시, 온도가 높아져 과열되기 쉽고, 발화성이 강한 유기용매를 전해액으로 사용하기 때문에 과열시 발화 가능성이 높다.

⑥ 일정온도 이상시 또는 4.5V 이상 과 충전시 전해액이 분해되어 가스가 발생되어 전해액 누출 및 폭발성이 있어 견고한 외부 구조가 필요하다.

⑦ 과 방전될 경우 음극에 손상을 입는다.

2.3 알칼리 배터리(Ni-Cd battery)

전해액으로 알칼리 수용액을 사용하는 배터리로 일반적으로 양극에 수산화니켈을 사용하고 음극에 철을 사용한 에디슨배터리와 음극에 카드뮴을 사용한 융너 배터리가 있으며, 그 밖에 음극에 아연을 사용한 드럼배터리와 넓게는 양극에 산화은, 음극에 아연 또는 카드뮴을 사용한 것도 포함되나 대체로 융너 배터리가 널리 사용된다.

융너 배터리는 기전력이 약 1.33V이며 방전 중의 평균전압은 1.2V로 납 배터리보다 낮으나 기계적으로 튼튼하여 심한 사용조건에 잘 견디며 자기방전도 적고 수명이 길다는 장점을 가지고 있다. 카드뮴 음극의 전위가 수소의 전위보다 낮아서 카드뮴 전극이 전해액에 대해 완전히 불활성으로 된다. 따라서 유동전류가 아주 낮고 순간적인 방전에 유리하며 안정적으로 최대 방전상태를 유지한다.

알칼리 배터리는 충전상태에서 알칼리 배터리의 양극 활물질은 옥시 수산화니켈(NiOOH)이며, 음극 활물질은 금속 카드뮴(Cd)이지만 방전하면 화학반응이 일어나서 양극 활물질은 환원되어 수산화니켈($Ni(OH)_2$)이 되고 음극 활물질은 산화되어 수산화카드뮴($Cd(OH)_2$)이 된다.

최근 전해액인 수산화칼륨(KOH : potassium hydroxide)은 방전되면 수산기(OH)가 양극에서 음극으로, 충전되면 음극에서 양극으로 이행하는 반응을 돕는 매개 역할을 하지만, 직접 활물질과는 반응하지 않는다. 방전된 배터리를 충전할 때는 이것과 반대의 전기화학 반응이 일어나 충전 상태가 된다. 화학반응식은 다음과 같다.

[알칼리 배터리 화학반응식]

양극		음극	방전	양극		음극
$2NiOOH$	+	$Cd+2H_2O$	$\rightleftarrows$	$2Ni(OH)_2$	+	$Cd(OH)_2$
옥시수산화니켈		카드뮴	충전	수산화니켈		수산화카드뮴

2.3.1 알칼리 배터리의 장점

① 과충전, 과방전, 장기 방치 등 가혹한 조건에 잘 견딘다.
② 고율방전 성능이 매우 우수하다.
③ 출력밀도가 크다.
④ 수명이(10~20년) 매우 길다.
⑤ 충전시간이 짧다.

2.3.2 알칼리 배터리의 단점

① 에너지 밀도가 25~35Wh/kgf 정도로 적다.
② 전극에 사용하는 금속의 가격이 비싸다.
③ 자원 상 대량공급이 어렵다.

2.4 수소 연료전지(hydrogen fuel cell)

수소 연료전지는 반응물질을 지니고 있는 화학적 에너지를 연소(燃燒)라는 과정을 거치지 않고 직접 전기적 에너지로 변화시키는 장치이다.

이러한 에너지 형태의 변환이 전기·화학적 반응에서 이루어진다는 점에서는 현재 사용되고 있는 배터리와 비슷하지만 연료전지는 전지의 구성요소 또는 전지 내에 비축된 재료는 일체 반응에 참여하지 않는 점에서는 단순한 에너지 변환장치이다.

따라서 수소 연료전지가 작동되기 위해서는 외부로부터 적절한 수소의 공급이 이루어져야 하며 수소의 공급과 함께 반응 생성물질이 제거된다면 지속적인 발전이 가능하게 된다. 에너지 형태의 변환을 위하여 일어나는 수소 연료전지에서의 반응은 물의 전기분해 반응($H_2O \rightarrow H_2 + \frac{1}{2}O_2$)의 역반응이며, 외부에서 공급되는 수소와 공기 중의 산소가 반응하여 전기와 물이 생성되는 반응이다. 실제 연료전지에서 수소는 천연가스, 메탄올, 석탄가스 등 탄화수소 계열의 화석(化石) 연료로부터 개질반응을 통하여 공급된다.

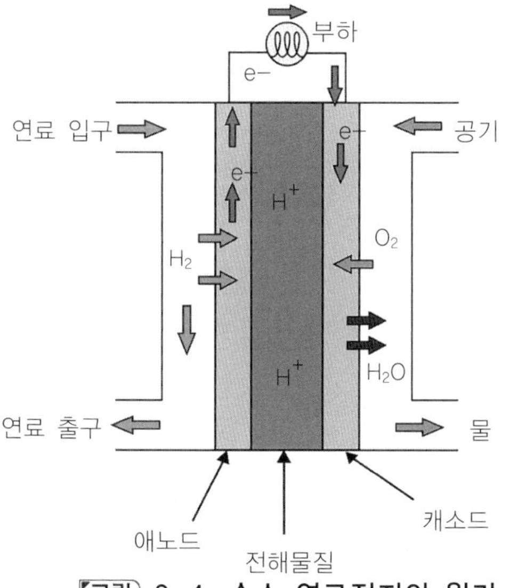

그림 3-4. 수소 연료전지의 원리

수소 연료 전지가 전기를 생성하는 원리는 수소(H_2)가 저장되어 있는 상태에서 양극(anode : +극)에서 수소(H_2)는 수소이온(H+)과 전자(e−)로 나눠진다. 전자는 윗부분의 도선을 통해 음극으로 이동해 외부에서 유입된 산소(O_2)를 만나 음이온이 되며, 수소는 전해질(electrolyte)를 지나 음극으로 이동해 음이온이 된 산소와 만나 물(H_2O)이 된다. 이런 방식으로 물과 전기가 함께 생성되고 전기는 사용, 발생하는 열과 물로 난방과 온수를 사용할 수 있고 또한 소음과 공해가 거의 발생하지 않지만 그러나 연료인 수소를 값싸게 생산할 수 없고 물은 배출되는 것이다.

2.4.1 수소 연료전지의 장점

① 에너지 효율이 높다.
② 발생하는 열과 물로 난방을 할 수 있다.
③ 소음과 공해가 거의 방생하지 않는다.
④ 수소 연료전지의 경우 화학물질을 저장하고 있는 것이 아니라 외부에서 공급받아 전기를 발생하기 때문에 반영구적이다.
⑤ 응답성이 좋다.
⑥ 연비가 좋다.

2.4.2 수소 연료전지의 단점

① 용기의 체적이 크고 형상 변경이 용이하지 않아 공간제약을 받는다.
② 수소를 대량으로 안전하게 보관하기 어렵다.
③ 촉매인 팔라듐, 백금, 세륨 등의 가격이 비싸 차량 가격이 비싸다.
④ 충전소가 적다.
⑤ 대량의 산소와 접촉하면 폭발할 위험이 있다.

3 납산 배터리의 작동원리

납산 배터리는 과산화납으로 된 양극판과 해면상납으로 된 음극판 및 묽은 황산인 전해액으로 구성되어 있다. 전해액인 묽은 황산은 물속에 용해되면서 (−)황산이온과 (+)수소이온으로 분리되어 존재한다.

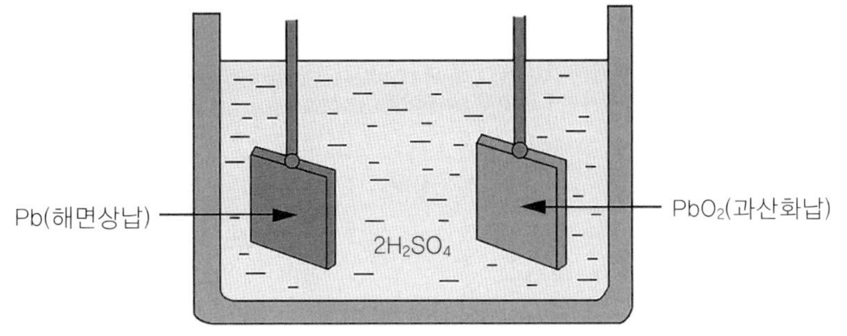

그림 3-5. 납산 배터리의 구성

3.1 방전 중의 화학작용

납산 배터리를 방전시키면 내부에서 화학적 변화를 일으켜 전해액 중의 황산이 양극판과 음극판에 작용한다. 이에 따라 양극판의 과산화납, 음극판의 해면상납 모두가 황산납 ($PbSO_4$)이 된다. 한편, 전해액인 묽은 황산 속의 수소는 양극판 속의 산소와 화합하여 물 (H_2O)을 생성한다. 따라서 전해액 중의 비중은 방전이 진행됨에 따라서 점차 낮아진다.

3.2 충전 중의 화학작용

방전된 납산 배터리에 발전기나 충전기를 접속하여 전류를 배터리로 공급하면 양쪽 극판과 물이 화학변화를 일으켜 극판의 표면에 부착되어 있던 황산납이 분해되어 전해액 속으로 방출된다. 이에 따라 양극판은 과산화납으로 음극판은 해면상납으로 환원이 된다. 또 전해액은 양쪽 극판에서 황산이 나오기 때문에 그 비중이 점차 증가하고 양극과 음극사이의 전압도 상승한다.

충전이 완료되면 그 이후의 충전전류는 전해액 중의 물을 전기 분해하여 양극판 쪽에서는 산소를 음극판 쪽에서는 수소를 발생시킨다. 배터리를 충전할 때의 화학반응은 방전할 때 설명한 진행과정의 역진행이 된다. 그러나 약간의 (+)수소이온은 양극판에서 전자상태로 이탈되어 증발된다. 또 물이 분해되어 발생한 약간의 산소이온은 양극판에 전자를 공급하고 산소로 환원되어 증발한다.

[납산 배터리 화학반응]

O_2		H_2				
↑		↑	방전			
PbO_2	$2H_2SO_4$	Pb	⇄	$PbSO_4$	$2H_2O$	$PbSO_4$
			충전			
(+)양극판	전해액	(-)음극판		(+)양극판	전해액	(-)음극판
과산화납	묽은 황산	해면상납		황산납	물	황산납
암갈색		회색				
결합력이 약함		다공성 상실				

4 납산 배터리의 구조

납산 배터리의 구조는 케이스 속에 12.6V 배터리의 경우에는 6개의 셀(cell)이 있으며, 이 셀 속에 양극판, 음극판 및 전해액이 들어 있으며 이들이 화학적 반응을 일으켜 각 셀마다 약 2.1V의 기전력을 발생시킨다.

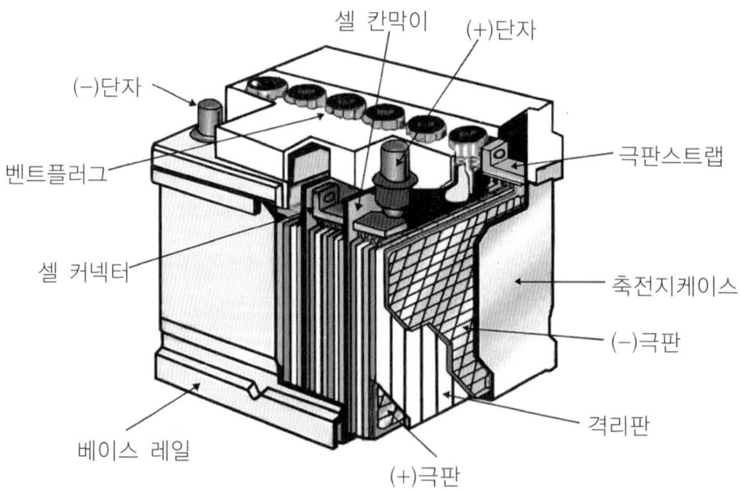

그림 3-6. 납산 배터리의 구조

4.1 극판(plate)

극판에는 양극판과 음극판이 있으며 격자(格子 : grid)에 납 분말이나 산화납을 묽은 황산으로 반죽하여 충전하고 건조 및 화학적 조성 등의 공정을 거쳐 양극판은 과산화납으로 음극판은 해면상납으로 한 것이다.

격자는 과산화납이나 해면상납의 탈락을 방지하고 외부와 작용물질과의 전기전도 작용을 하며, 재질은 납과 안티몬의 합금을 사용하였으나 최근의 MF 배터리에서는 납과 칼슘합금을 사용한다. 과산화납은 다공성으로 전해액의 확산 침투가 쉽다. 그리고 양극판이 음극판보다 더욱 활성적이므로 화학적 평형을 고려하여 음극판이 1장 더 많다.

4.2 극판군(plate group)

극판군은 양극판과 음극판 사이에 격리판을 끼운 후 군(group)을 만든 것이다. 양극군은 양극판과 연결단자를 음극군은 음극판과 연결단자를 용접하여 만든 것으로 용량에 따라 필요한 만큼의 극판을 용접하여 만든다. 이 극판군을 셀(cell)이라 부르며 기전력은 약 2.1V이다. 12V 배터리는 6개의 셀을 커넥터로 직렬 연결한 것이다.

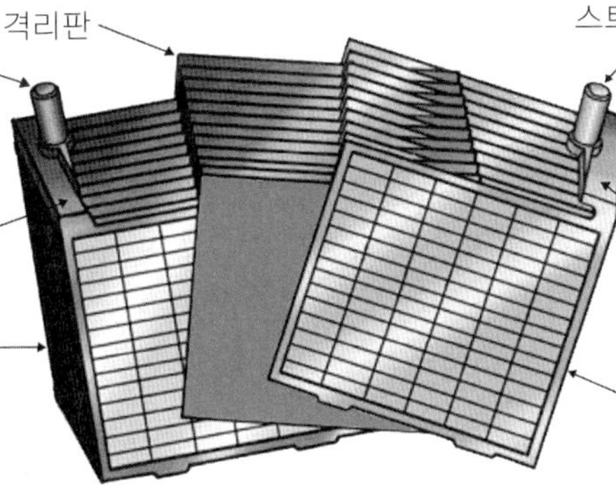

그림 3-7. 극판군의 구성

4.2.1 양극판(positive plate)

양극판은 기판에 과산화납(PbO_2)을 도포한 것으로 암갈색을 띠고 있으며, 풍부한 다공성의 과산화납 미립자가 결합되어 있어 전해액이 입자사이를 확산 침투되어 충분한 화학반응이 일어나도록 되어 있다.

4.2.2 음극판(negative plate)

음극판은 기판에 해면상납(Pb)을 도포한 것으로 회백색을 띄고 있으며, 추운 날씨에서의 시동능력 향상과 사용 중 화학반응에 의한 수축경화 현상으로 인한 활성물질 탈락을 방지하기 위하여 방축제 등 특수 첨가제를 첨부시킨다.

4.2.3 격리판(separators)

격리판은 양극판과 음극판사이에 위치하여 양쪽 극판의 단락(short)을 방지하는 일을 한다. 비전도성이며, 다공성인 합성수지로 만들며, 양극판 면에는 글라스 매트(glass mat)를 두어 격리판의 산화방지와 양극판의 탈락을 막아준다.

4.2.4 셀 커넥터(cell connecter)

셀 커넥터는 셀사이를 직렬로 연결하여 전기를 전달하는 납 합금의 주조물이며, 양극판 군과 용접된 커넥터는 다음 셀의 음극판 군과 용접된 커넥터와 연결된다.

셀사이의 연결방법은 셀 벽 위를 통과하여 연결하는 OP(over the partition)방법과 셀 벽을 통과시켜 연결하는 TP(through the partition)방법이 있는데 시동능력 향상을 위하여 TP방법을 대부분 사용한다. 커넥터는 내부의 전기를 방출하거나 외부로부터 전기를 받아들이는 단자와 극판군을 연결시켜주는 납합금 주조물로 되어 있다.

4.3 배터리 케이스(case)

배터리 케이스는 극판군과 전해액을 담고 있는 용기이며, 폴리프로필렌 또는 플라스틱 재질로 제작한다. 바닥에는 안장이 설치되어 있어 극판군이 흔들리지 않도록 하고 탈락된 활성물질을 바닥에 쌓이게 하여 배터리가 수명이 다 할 때까지 사용할 수 있도록 되어 있다.

4.3.1 배터리 커버(cover)

커버는 케이스와 밀착시켜 전해액이 누출되지 않도록 케이스 윗부분을 덮은 것으로 재질은 플라스틱이다. 단자를 성형할 수 있는 단자가 사출되어 있고 전해액 주액구가 있다.

4.3.2 배터리 단자(terminal)

배터리 단자는 배터리와 부하 쪽 회로를 연결하여 사용할 수 있도록 배터리 외부에 돌출된 납 합금이다. 단자는 테이퍼 원추형이며, (+)단자가 (-)단자보다 약간 굵다. 단자는 용도에 따라 테이퍼식, 볼트-너트식, 사이드 단자식 등이 있다.

4.3.3 벤트 플러그(vent plug)

커버의 가운데에는 전해액이나 증류수를 주입하거나 비중계용 스포이드(spoid)나 온도계를 넣기 위한 구멍과 이 구멍을 막아두기 위한 벤트 플러그가 있다. 이 플러그의 중앙이나 옆에는 작은 구멍이 있어 배터리 내부에서 발생한 산소와 수소가스를 방출한다.

각 셀마다 개별 마개를 사용하는 스크루 형식(screw type)과 3개의 셀을 1개의 집중 배기구조로 된 갱벤트 형식(gang vent type)이 있다. 최근에 사용하고 있는 MF 배터리에서는 벤트 플러그를 사용하지 않는 것도 있다.

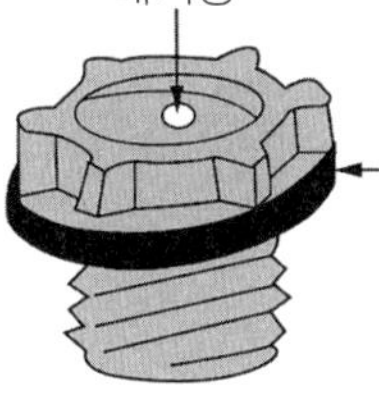

(a) 스크류형

(b) 갱벤트형

그림 3-8. 벤트 플러그

4.4 납산 배터리의 전해액

4.4.1 전해액 비중

전해액은 황산에 증류수를 섞어서 만든 무색투명의 묽은 황산이며, 양극판의 과산화납과 음극판의 해면상납에 침투하여 화학반응을 일으켜 전기를 발생시킨다. 자동차용 배터리는 완전 충전된 상태에서 전해액의 비중은 1.280(20℃)이나 이 수치는 배터리의 종류나 지역 또는 지역의 대기온도에 따라 달라진다.

배터리 전해액의 비중은 온도에 따라 변화한다. 온도가 높으면 용액이 엷어져 비중이 떨어지고 온도가 낮으면 비중이 증가한다. 온도가 1℃ 변화할 때 변화하는 비중을 온도계수라 하며 일반적으로 0.0007값을 사용하고 있다. 전해액의 온도는 1℃ 상승하면 비중은

0.0007 저하하게 되므로 전해액의 비중은 표준온도(20℃)를 설정하여 표준온도 외에는 아래와 같은 보정공식을 이용하여 환산해 주어야 한다.

$$S_{20} = St + 0.0007(t-20)$$

S_{20} : 표준온도(20℃)의 비중
St : t℃에서의 측정비중
t : 비중을 측정할 때의 전해액 온도(℃)

배터리가 방전될 때 방전량에 비례하여 비중이 낮아진다. 따라서 전해액의 비중을 측정하면 충전상태를 알 수 있게 된다. 배터리는 방전상태에서 사용하면 고장이 발생하는 경우가 많으므로 비중이 1.200(20℃) 정도가 되면 보충전하여 주는 것이 좋다. 배터리 비중 측정은 비중계를 사용한다.

$$\text{방전량(AH)} = \text{배터리 용량(AH)} \times \frac{\text{만충전시 비중} - \text{측정비중}}{\text{만충전시 비중} - \text{방전종지 비중}}$$

1Ah의 방전량에 대해 전해액 중의 황산(H_2SO_4)은 3.660g 소비되며, 0.67g의 물이 생성된다. 또 같은 1Ah의 충전량에 대해서도 0.67g의 물이 소비되고 3.660g의 황산이 생성된다. 1.280(20℃)의 묽은 황산 1ℓ 에 약 35%의 황산과 65%의 물(증류수)이 포함되어 있으며 묽은 황산 속에 포함되어 있는 황산의 양(중량, %)과 비중과의 관계를 알면 충·방전에 따르는 비중의 변화를 계산으로 구할 수 있다.

[전해액 비중과 잔존(殘存) 용량]

단자전압(V)	전해액 비중(20℃)		잔존용량(%)
	A	B	
2.1V 이상	1.280	1.260	100
2.00	1.230	1.210	75
1.95	1.180	1.160	50
1.85	1.130	1.110	25
1.75 이하	1.080	1.060	0

주) A : 완전히 충전되었을 때의 비중이 1.280(20℃)의 배터리 경우
B : 완전히 충전되었을 때의 비중이 1.260(20℃)의 배터리 경우

4.4.2 전해액의 빙결점

전해액의 빙결점은 전해액의 농도나 비중에 따라 변하므로 빙결점은 배터리의 방전량에 따라 변화한다.

완전히 충전된 상태의 전해액은 빙결점이 매우 낮으나 비중이 1.100부근으로 방전된 배터리는 한냉 지방에서 사용하는 경우 전해액이 쉽게 빙결되게 된다. 빙결된 배터리는 재사용이 불가능하다.

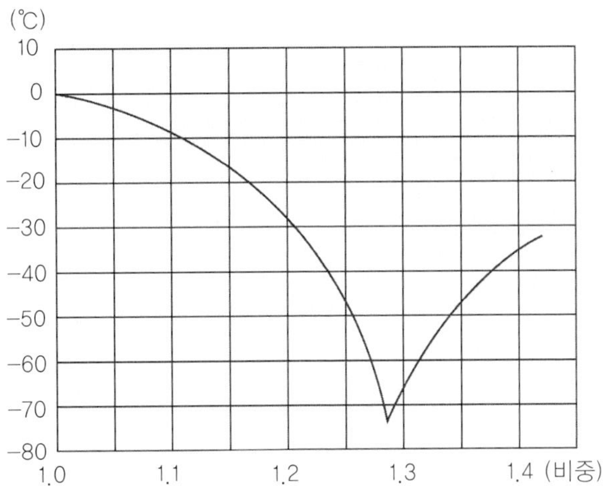

그림 3-9. 묽은 황산의 빙결점

5 납산 배터리의 특성

5.1 납산 배터리의 구분

5.1.1 유형별 구분

[1] MF 배터리(MF : maintenance free)

MF(무보수) 배터리는 가스발생과 충전 중 부수적 전해액 손실을 감소시키기 위해 소량

의 안티몬(주석)을 함유한 납 합금이나 납-칼슘 격자를 사용한다. MF 배터리는 전기장치가 정상 작동을 하게 되면 전해액의 감소는 거의 배터리 수명이 다할 때까지 유지된다. 또 MF 배터리는 자기방전이 작기 때문에 최초에 완전 충전된 상태였다면 사용치 않고 몇 개월간 방치하여도 큰 지장이 없다.

MF 배터리를 재충전할 때는 충전전압이 셀당 2.3~2.4V를 넘어서는 안 된다. 만약 과충전시에는 증류수가 소모되기도 한다.

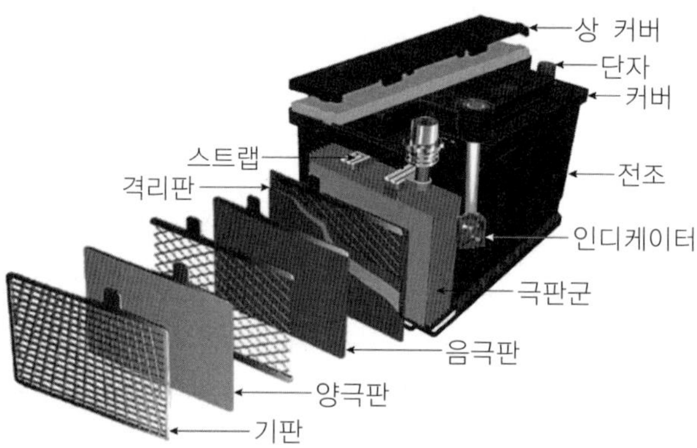

그림 3-10. MF 배터리의 구조 및 각부 명칭

① 기판(GRID) : 활물질을 지지하고 발생된 전기를 전도해주는 납합금판.

② 양극판(Positive Plate) : 기판에 활물질을 도포한 상태

③ 음극판(Negative Plate) : 기판에 활물질을 도포한 상태

④ 격리판(ENV. SEPARATOR) : 양극판과 음극판 사이에 위치하여 직접 접촉에 의한 Short를 방지하고, 특히, 봉투 식 격리판은 극판을 감싸고 있어 활물질에 의한 극판과의 Short를 방지한다.

⑤ 극판군(ELEMENT) : 양극판 + 격리판 + 음극판의 순으로 쌓아 스트랩에 용접한 극판 뭉치로 Cell당 기전력은 약 2V의 전압이 발생하며, 전압은 극판 크기나 매수에 관계없이 일정하다. 차량용 12V 배터리에는 이 극판군이 전조 안에 6개가 직렬로 연결되어 있다.

⑥ 전조(Container) : 전조는 전해액 및 극판군을 저장하는 용기로, 플라스틱 재질을 주로 사용한다. 내부는 격벽에 의해 분할되어 있으며(12V → 6등분 / 6V → 3등분) 전조의 바닥에는 안장이 붙어 있다.

⑦ 커버(Cover) : 배터리 내부의 전해액이 새어 나오지 않게 전조 윗부분을 덮는 부품으로 커버에는 전해액 주입구(Filling Hole) 및 가스와 증기를 배출시키는 Return Hole이 만들어져 있다.

⑧ 상 커버(Final Cover) : 커버 윗부분을 최종적으로 덮는 부품으로 Return Hole을 통해 배출된 가스와 증기는 미로형 구조를 통해 분리되어, 증기는 다시 Return Hole을 통해 Battery 내부로 환류($H2SO4$)되고, 가스(수소, 산소)는 Vent Hole을 통해 배출된다.

⑨ 폭발 방지 장치(Flame Arrester) : 상 커버 내부에 장착되어 폭발 방지 기능을 하는 부품으로 배출된 가스(수소, 산소)는 연소성이 있는데, Vent Hole을 통해 외부로 배출되기 전에 고밀도 기포 구조로 구성된 Flame Arrester를 통해, 배출 단면적을 줄여 폭발을 방지하는 기능을 한다.

⑩ 인디케이터(Indicator) : 상 커버 상단에 장착되어 배터리의 상태를 표시한다.

[배터리의 충전과 인디케이터의 색상]

배터리의 충전상태	인디케이터의 색상	조치 사항
GOOD CONDITION(정상)	녹색(green)	충전상태 양호, 배터리 즉시 사용 가능
UNDER CHARGE(충전부족)	흰색(white)	방전상태, 시동이 가능하더라도 인디케이터가 녹색이 될 때까지 충전요망
SHORT OF FLUID(전해액 부족)	적색(red)	증류수 주입 후 인디케이터가 녹색이 될 때까지 충전요망

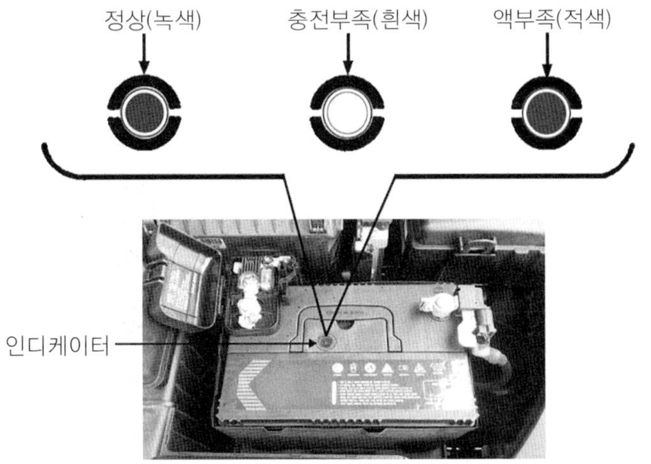

「그림」 3-11. MF 배터리 인디케이터

[2] 내(耐) 사이클 배터리(cycle-proof battery)

일반적으로 자동차용 배터리는 극심한 방전과 충전이 반복되므로 작용물질의 분리와 침적이 반복되기 때문에 양극판의 수명이 짧아지게 된다. 내 사이클 배터리는 침전물 형성을 방지하기 위해 격리판에 글래스 매트(유리 섬유매트)가 포함되어 있고 포켓 격리판과 펠트 층(felt layer)을 갖고 있어 일반적인 배터리보다 수명이 길다.

[3] 내 진동 배터리(Vibration proof battery)

내 진동 배터리는 성형수지 플라스틱 앵커가 극판이 케이싱 내에서 움직이지 못하도록 잡아주는 구조이다. 내 진동 배터리는 주파수 22㎐, 수직방향 최대 가속도 6g(g=9.8m/s^2)로 20시간에 걸친 사인파 진동시험에 견딜 수 있는 구조이다. 이러한 조건은 기존의 배터리에 비해 약 10배 정도의 내 진동성능을 강화한 것이다. 이 형식은 대형 디젤엔진 자동차나 건설기계와 트랙터 등에서 주로 사용한다.

[4] HD 배터리(heavy duty battery)

HD 배터리는 내 사이클 배터리와 내 진동 배터리를 결합시킨 형식으로 높은 진동과 사이클 스트레스에 노출되는 상용차량(대형 디젤엔진 자동차 등)에서 사용된다.

[5] AGM 배터리(absorbent glass mat battery)

배터리 내에 AGM이라는 흡수성 유리 섬유 격리판에 전해액을 흡수함으로써 전해액을 비유동적으로 조절하며, 배터리 상단에 밸브를 적용하여 충전 중 발생한 가스가 전조 밖으로 빠져 나가지 못하고 방전 중에 재결합하여 전해액으로 다시 돌아가기 때문에 가스방출을 최소화시켜준다.

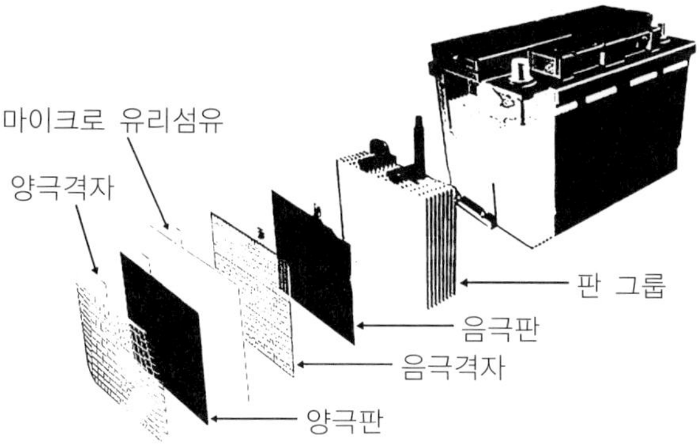

그림 3-12. AGM 배터리의 구조 및 각부 명칭

AGM 배터리는 진동 저항성이 뛰어나며, 완전히 밀봉되어 있고 배터리에 압력이 가해져 파손이 되더라도 전해액이 흘러내리지 않는다. 또한 특수 유리섬유 격리 기판에 전해액을 흡수시켜 전해액 유동을 방지한다. 극판사이에 매트가 삽입된 형태로 punch 기판을 적용하고 고밀도 배합 흡습성 격리판을 설치하여 긴압 강화가 가능하며, 온도차에 의한 성층화 방지가 가능하다. AGM 배터리 용도의 경우에는 오토스탑(ISG시스템) 장착 차량에는 의무적으로 사용되며, 오토스탑 기능이 없더라도 최신 출시되는 고급 차량에는 많이들 적용이 되고 있다. AGM 배터리 특징은 다음과 같다.

① 저온 시동능력(CCA)이 뛰어나서 하루에도 수십 번 시동을 거는데 문제가 없다.
② 충전과 방전 사이클(Cycle)이 우수해서 충전과 방전을 반복해도 수명이 길다.
③ 충전 흡수율이 뛰어나서 잦은 시동에도 충전이 빨리 된다.
④ 보유용량(RC)도 많아서 방전에도 도움이 될 수 있다.

[6] EFB 배터리(Enhanced Flooded Battery)

EFB 배터리는 폴리에스터 직조포를 사용하여 배터리의 성능을 높인 제품이다. 시동능력이 SLA보다 15%정도 높고, 충전・방전 수명은 2배정도 길다. 연료절감효과는 2~5% 정도 되지만, EFB 배터리의 특징은 AGM 배터리와 비슷하지만 AGM 배터리 보다는 조금 성능이 떨어진다.

EFB 배터리 용도로는 엔트리 레벨(Entry-Level) 오토스탑(ISG 시스템) 장착 차량에 적합하게 설계되어 있어 일반적으로 회생 제동장치가 없는 차량에 적합하고, 블랙박스 사용으로 충전과 방전 사이클(Cycle)이 잦은 차량, 주요한 업무용 차량, 주행거리가 많은 차량 등에 적합하다.

5.1.2 제조 과정별 분류

[1] 건식 충전 배터리(dry charged battery)

자동차용 배터리의 주된 제조방법이며, 충전된 극판을 특별한 방법으로 건조시킨 후 조립하고, 사용할 때 전해액을 주입하여 사용하도록 한 배터리이다. 저장・운반이 용이하며, 충전장비 없이도 사용이 가능하나 장기간 저장된 것은 사용할 때 전해액을 넣고 약간의 보충전을 행하여야만 배터리의 성능을 유지시킬 수 있다.

[2] 건식 미충전 배터리(dry uncharged battery)

산업용 배터리의 제조에 주로 사용하는 방법이며, 화학적 조성, 건조된 극판을 조립한 것으로 전해액 미주입, 충전되지 않은 배터리이다. 활성물질 중 일부가 산화납, 황산납으로 변한 음극판을 해면상납으로 부활시키기 위해 배터리 용량의 300~400% 초충전을 행하여 사용해야 한다. 최근에는 제조기술의 발달로 인하여 산업용 배터리 중 일부가 건식충전으로 제조・실용화되고 있다.

[3] 습식충전 배터리(wet changed battery)

습식충전 배터리는 조립 후 전해액을 주입하여 충전시킨 것으로 즉시 사용이 가능하도록 한 배터리이다. 주로 주문자 공급용(O.E.M.) 제품이 생산되며 보관할 때에는 자기방전에 의한 용량 감소와 비중저하를 일으키며, 전해액 감소를 초래한다. 따라서 장기간 보관할 때에는 보충전을 행하여야 하며, 배터리를 사용하지 않더라도 2개월에 1회 정도는 보충전을 실시하여야 한다.

5.2 납산 배터리의 방전율

배터리의 모든 성능은 전류의 크기에 따라 크게 영향을 받는다. 방전율이란 방전이 시작된 완전 충전상태 전지의 단자전압이 방전종지 전압까지 도달하는데 걸리는 시간 수를 말하는데 예를 들어 20HR(20시간율 전류)은 완전 충전된 배터리를 주변온도 25 ℃ 조건에서, 방전종지 전압(10.5V)에 도달하는데 20시간율 전류로 연속 방전한 시간의 전류를 말한다.

[시간율에 따른 방전 전기량]

방전 시간율	방전효율	방전전류의 크기	규정용량(100AH 경유)
20	100%	규정용량의 1/20A	100AH
10	92%	규정용량의 1/10A	92AH
5	80%	규정용량의 1/5A	80AH
1	68%	규정용량 1/1A	68AH

5.3 방전종지 전압

전압은 배터리의 온도에 따라 변화하는데, 이것의 변화는 1℃에 대하여 셀당 0.2~0.3㎷ 정도라 한다. 즉 온도에 따라 변화는 되지만 기전력의 변화는 극히 작은 값의 변화이기 때문에 무시된다.

그러나 배터리는 어느 정도 방전되면 그 후의 전압강하가 매우 급격한데 이 급격히 떨어지는 전압 이후로 방전시키면 배터리에 재생불능의 악영향을 줄 수 있는데 이 급강하점 이하로 방전시키지 않기 위하여 이 한계를 정하여 둘 필요가 있다. 이 한계를 방전종지 전압이라 한다. 20시간율 방전의 경우 방전종지 전압은 셀 당 1.75V이다.

5.4 20시간율 방전특성

배터리 용량의 20시간 율 전류로 셀 당 1.75V(6V 경우 5.25V, 12V 경우 10.5V)될 때까지 연속 방전하였을 때의 특성을 말하며 20시간율 전류는 자동차의 점등전류나 주차램프의 부하와 같다. 방전 중 배터리의 전압과 비중은 큰 변화가 없으나 방전말기에는 전압과 비중이 급속히 저하되는 특성을 나타낸다.

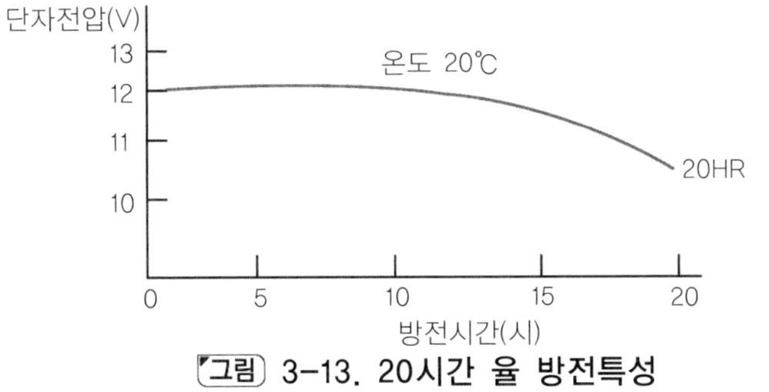

그림 3-13. 20시간 율 방전특성

5.4.1 보유용량(RC : reserve capacity)

충전 완료 후 전해액 온도 25℃에서 25A의 전류로 방전하여 종지전압이 10.5V까지의 지속시간으로 나타내는데 자동차의 충전장치가 고장 났을 때 배터리로 점등, 점화할 수 있는 최대 시간을 표시한 것이다.

5.4.2 저온시동 능력(CCA : cold cranking ampere)

충전 완료된 배터리를 -18℃로 유지시킨 다음, 방전종지 전압이 7.2V가 될 때까지 일정한 전류로 30초간 방전하였을 때 흐를 수 있는 전류로 겨울철 엔진 시동능력을 나타낸 것이다.

5.5 자기방전

자기방전이란 배터리가 보유하고 있는 전기량이 자연히 방전되는 현상을 말한다.

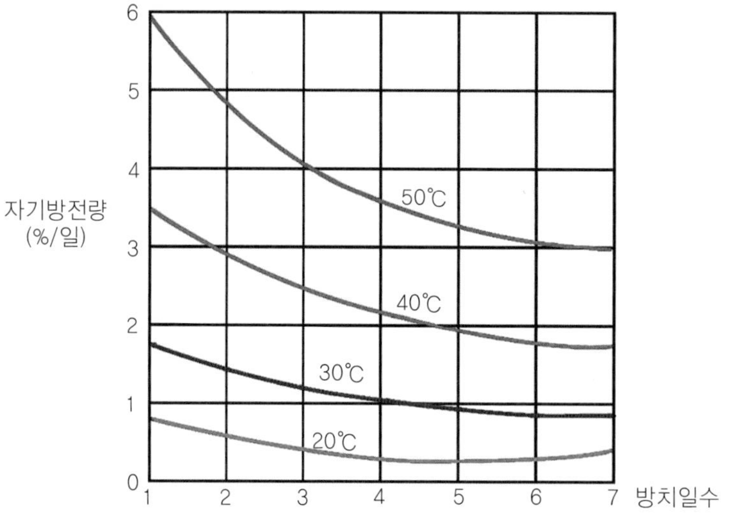

그림 3-14. 자기 방전량(방치일수 전해액 온도 관계곡선)

[자기 방전량]

온도	자기 방전량	비중 저하량
30℃	1일당 1.0%	1일당 0.0020
20℃	1일당 0.5%	1일당 0.0010
5℃	1일당 0.25%	1일당 0.0005

5.5.1 화학적인 반응으로 인한 자기방전

음극판의 해면상납은 전해액과 반응하여 서서히 황산납으로 변화하면서 자기방전을 일으킨다. 또 충전할 때 음·양극판에 발생하는 수소와 산소가 반대 극에 닿을 때 이것이 환원·산화를 일으켜 자기방전이 되기도 한다.

5.5.2 전기 화학적인 반응으로 인한 자기방전

극판이나 전해액에 존재하는 불순물 금속은 국부전지를 구성하여 자기방전이 일어난다. 또 극판에 닿은 전해액의 온도 차이와 농도차이로 인하여 기전력이 다르기 때문에 국부 전지가 구성되어 자기방전이 일어나기도 한다.

5.5.3 전기적인 반응으로 인한 자기방전

[1] 배터리 커버가 젖어 있을 때

배터리 커버에 황산이 묻어 먼지가 붙어 있을 때 배터리를 장치한 캐리어 등에 전기회로가 형성되어 전류가 흐르게 된다. 이 현상을 일반적으로 누전(leakage)이라 한다. 누전 되는 배터리는 전해액 중에 전류가 흐를 때 전류가 흘러나오는 측의 금속은 점차 전해액에 용출(溶出)되고 전류가 흘러 들어가는 측의 금속은 석출(析出)되는 현상인 전식현상(電飾現像)이 일어나 배터리의 (+)측 부근의 커넥터나 커넥터가 벌레 먹은 것처럼 점차 부식되어 얇아진다.

[2] 내부 단락이 생겼을 때

탈락한 활성물질이 배터리의 하부나 측면에 쌓이는 경우 또 격리판이 파괴되었을 경우 단락이 일어나 자기방전이 생긴다. 이 현상은 수명이 다된 배터리에서 많이 볼 수 있다.

5.6 납산 배터리의 용량

배터리의 용량은 완전히 충전시킨 배터리를 일정전류로 연속 방전하여 방전 중의 단자전압이 규정의 방전종지 전압에 달할 때까지 꺼내어 쓸 수 전기량이나 전력량을 말한다. 이때 전기량을 AH용량, 전력량을 WH 용량이라 한다. 배터리의 용량은 극판의 크기, 극판의 장수, 전해액의 양에 따라 결정된다.

- AH 용량= 일정 방전전류(A) × 방전 종지전압까지의 연속 방전시간(H)

- WH 용량= AH 용량(AH) × 방전 종지전압까지의 평균 방전전압(V)

5.7 납산 배터리의 내부저항

배터리 고유의 내부저항은 극판, 격리판, 전해액 등의 저항의 총합이며, 매우 작은 값이다. 그러나 전류가 흐를 때는 전기화학 반응으로 인하여 내부저항이 약간 증대한다. 배터리의 내부저항은 충·방전의 진행 상태와 배터리온도 등에 따라 다르다.

이것은 방전이 진행됨에 따라 양극사이의 활성물질이 전도성이 불량한 황산납으로 변화하기 때문이다.

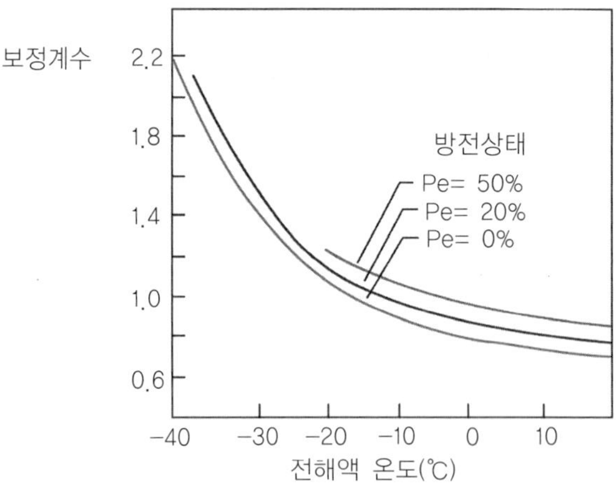

그림 3-15. 배터리 내부저항(전해액 및 방전상태와의 관계)

5.8 납산 배터리의 효율

배터리의 효율은 용량의 경우와 마찬가지로 주로 AH(ampere hours)효율과 WH (watt

hours)효율로 표시한다. AH효율은 방전한 전기량(AH)과 방전전과 같은 상태로 충전하는데 요하는 전기량(AH)과의 비율을 말하고 WH효율은 방전한 전력량(WH)과 방전전과 같은 상태로 충전하는데 요하는 전력량(WH)과의 비율을 말한다.

- AH효율= $\dfrac{\text{방전전류} \times \text{방전시간}}{\text{충전전류} \times \text{충전시간}}$

- WH효율= $\dfrac{\text{방전 평균 전압}}{\text{충전 평균 전압}} \times$ AH효율

5.9 배터리의 충전

5.9.1 접속방법에 의한 분류

[1] 직렬접속 충전방법

동일한 용량의 배터리를 동시에 충전하는 방법이다. 이 경우 각 배터리는 동일한 전류가 흐르므로 방전상태에 따라 충전전류를 각각 조정하여 흐르게 할 수 없다. 이 접속방법에서 충전전류는 배터리 1개 분량의 전류가 나올 수 있는 경우라면 충전은 가능하지만 충전기의 최대 정격전압에 의하여 접속 가능한 배터리 개수가 결정된다.

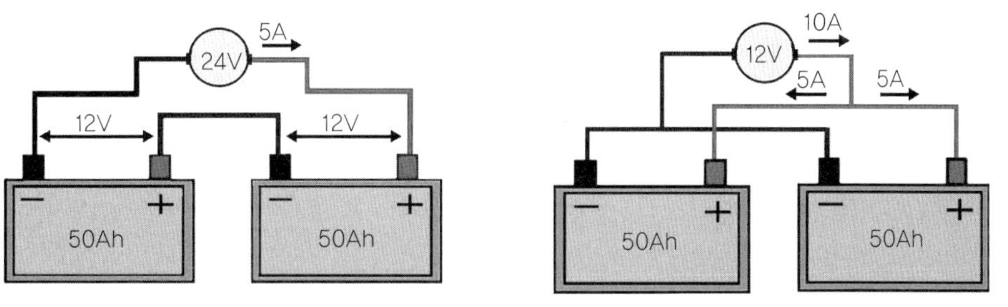

(a) 직렬연결방법 (b) 병렬연결방법

그림 3-16. 충전할 때의 배터리 접속방법

충전기의 최대 정격전압에서부터 배터리에 접속 가능한 개수를 결정하는 데는 배터리 1셀 당 2.7V 정도가 됨으로 12V 배터리에서는 대략 16V 정도로 하여 산출할 필요가 있다. 즉, 최대 정격전압 75V의 충전기에는 12V의 배터리를 직렬로 접속하여 충전하는 경우 4개까지 접속이 가능하게 된다.

[2] 병렬접속 충전방법

용량이 다른 배터리나, 방전량이 다른 배터리를 여러 개 동시에 충전할 수 있다. 각각의 배터리에는 동일한 충전전압이 가해짐으로 가변저항기를 결선하고 각각의 배터리에 따라 전류를 흐르게 하여 충전을 한다. 이 충전방법에서 출력전압은 배터리 1개당 전압으로도 가능하지만 충전전류가 이들 각 배터리 충전전류의 합계가 되므로 충전기의 정격전류에 의하여 동시에 충전 가능한 배터리의 개수는 정해진다.

충전기에는 보통 충전기와 급속 충전기가 있다. 이것은 기본적으로 보면 차이는 없으나 급속 충전기는 짧은 시간에 충전을 하기 위하여 출력전류는 큰 용량을 가지고 충전시간을 설정하기 위한 타이머가 있으며, 대형으로는 정류기나 변압기를 냉각하기 위한 팬이 설치되어 있는 것도 있다.

5.9.2 충전방법에 의한 분류

충전하는 방법에는 여러 가지가 있으며, 충전할 때는 전류(충전전류)는 모두가 충전반응으로서 이용되는 것이 아니라 충전 중 전해액의 발열에 의한 손실과 물의 전기분해에 따라 가스발생 등의 손실이 가해진다. 충전할 때 이들의 손실을 어떻게 하면 적게 하면서 효율을 좋게 충전하는가에 따라서 다음과 같이 분류한다.

[1] 정전류 충전방법

정전류 충전방법은 충전시작부터 완료될 때까지 일정한 전류를 유지·충전시키는 방법으로, 전압은 배터리 전압에 따라 점점 상승하고 충전기 전압과 배터리 상승전압과의 차이는 항상 일정전압으로 유지된다.

정전류 충전을 할 때 충전기의 조정전류 값 선정은 최대 충전전류 시에는 배터리 용량의 20%, 표준 충전전류 시에는 배터리 용량의 10%, 최소 충전전류 시에는 배터리 용량의 5%이며 단, 배터리 용량은 20시간율 용량이다.

[2] 정전압 충전방법

정전압 충전은 충전시작부터 완료될 때까지 일정한 전압을 유지 충전시키는 방법으로 배터리를 충전시킴에 따라 배터리 전압은 상승하고 배터리 전압과의 차이가 점점 감소하기 때문에 충전기 전류 또한 감소된다. 정전압 충전방법은 충전초기에 많은 전류가 흐르기 때문에 충전할 때 배터리에 손상을 줄 우려가 있다.

[3] 단별 충전방법

단별(段別) 충전방법은 충전 초기에는 큰 전류로 충전하고 시간의 경과와 함께 전류를 2~3단 단계적으로 낮추는 방법이다. 이것은 조작이 번거로운 반면 충전 중 전해액의 온도 상승이 적고 비교적 충전효율이 좋다.

[4] 준 정전압 충전방법

준(準) 정전압 충전방법은 정전압 충전방법에서 충전초기에 큰 전류가 흐르는 결점을 방지하는 방법이며, 충전초기에는 충전전압을 조금씩 낮추어 전류가 과다하게 흐르지 않도록 하고 어느 정도 충전이 진행되면 충전전압을 상승시키면서 정전압충전을 한다. 이 방법은 전해액의 온도상승을 방지할 수 있으며, 점점 전류가 저하되기 때문에 야간의 충전에 적합하다.

[5] 급속 충전방법

이 충전방법은 시간적 여유가 없을 때에 하는 충전이며, 급속 충전기를 사용한다. 충전 전류는 배터리의 방전상태와 충전시간에 따라 정해지나 배터리 용량의 1/2 정도의 전류가 바람직하며, 급속충전은 가능한 짧은 시간에 해야 한다.

급속충전을 할 때에는 차량에 장착된 배터리 (+), (–)단자에서 케이블 클램프를 떼어 낸 다음 충전기의 단자를 극성에 맞추어 설치하여야 한다. 배터리 단자의 케이블 클램프를 떼어 내지 않고 충전시킬 경우에는 발전기의 다이오드나 ECU 등 기타 전기회로가 손상이 된다.

5.9.3 충전시기에 의한 분류

[1] 초충전

초충전은 배터리 제조 후 전해액을 주입하고 최초에 실시하는 충전으로서 극판의 활성화가 목적이다. 이것을 「화성충전(化成充電)」이라고 하며 제작회사에서 출하할 때 실시하는 충전이다.

화성충전 외에 극판과 전해액을 길들이기 위해서 실시하는 충전은 판매점 또는 사용자가 충전하는 경우도 초충전이라고 하는 경우가 있다. 이 충전방법은「정전류 충전방법」으로 약 70시간 정도 장시간 충전한다.

[2] 보충전

보충전은 사용에 따라 또는 자기방전에 의하여 부족한 용량을 보충하기 위한 것으로 이것에는 보통충전과 급속충전이 있다. 보통충전은 일반적으로 20시간율을 기준으로 하여 충전전류를 산출하며, 배터리의 충전효율에 따라 다르지만 대개 방전량의 1.2~1.5배 정도의 충전량으로 한다.

급속충전은 위기에 있어서 시간율에는 관계없이 짧은 시간 동안에 실시하는 충전이며, 일시적으로 큰 전류로 충전을 하는 충전이다. 급속충전은 극판 중심부분까지 충전반응이 이루어지지 않으므로 급속충전을 한 후에는 반드시 보통충전을 할 필요가 있다.

[3] 회복충전

회복충전은 방전상태가 계속되어 극판 표면에 경도의 셀페이션(sulfation)을 일으켰을 때 이것을 다시 회복시키는데 사용되는 충전방법이다. 설페이션은 배터리 극판이 황산납으로 결정체가 되는 것으로, 배터리를 방전 상태로 장기간 방치하면 극판이 불활성 물질로 덮이는 현상을 말한다.

원인으로는 과방전 하였을 경우, 장기간 방전 상태로 방치하였을 경우, 전해액의 비중이 너무 낮을 경우, 전해액의 부족으로 극판이 노출되었을 경우, 전해액에 불순물이 혼입되었을 경우, 불충분한 충전을 반복하였을 경우 등이다. 충전방법은 정전류 충전방법을 이용하며, 매우 적은 전류로 40~50시간 충전을 실시한 다음 이것을 방전시켜 다시 위에서 설명한 충전을 실시함과 동시에 여러 번 되풀이한다.

[4] 균등충전

균등충전은 각 셀의 전해액 비중이 동일하지 않을 때 실시하는 충전으로서 평상시 전류값의 20~25% 증가의 계획적 과충전을 실시하여 각 셀의 비중을 균일화하기 위한 충전으로 정전류 충전방법이 사용된다.

5.9.4 배터리 취급 및 충전할 때의 주의사항

① 자동차의 배선을 수리하거나 커넥터를 떼어낼 때는 점화스위치가 OFF인 상태에서 배터리 접지(−)케이블을 먼저 분리하고, 접속할 때에는 배터리 (−)케이블을 나중에 접속시킨다.

② 배터리 케이스에 전해액이 묻어 있을 때는 탄산소다나 암모니아수로 닦아낸다.

③ 배터리 단자에 케이블 클램프를 단단히 체결하여 전압강하가 일어나지 않도록 하고 그리스를 얇게 발라 부식을 방지한다.

④ 전해액의 높이는 극판 위 10∼13㎜(대형 13~20㎜)사이에 있어야 하며, 전해액이 부족하면 증류수를 보충한다.

⑤ 기동전동기의 연속사용 시간은 10초 이내로 하는데 이는 배터리 과방전을 방지하고 기동전동기를 보호하기 위함이다.

⑥ 충전 전에 배터리의 벤트 플러그를 모두 개방을 한다.

⑦ 충전기 배선을 접속할 때에는 극성에 주의하여 극성이 바뀌지 않도록 하고 견고히 접속한다.

⑧ 실제 자동차에서 배터리를 충전할 경우에는 배터리 접지 케이블을 탈거 후 충전한다.

⑨ 충전할 때에는 전해액의 온도가 45℃ 이상 올라가지 않도록 하고, 충전할 때 다량의 수소가스가 발생되므로 통풍(환기)이 잘되는 곳에서 실시하며 화기를 가까이 해서는 안 된다.

⑩ 배터리를 사용하지 않을 때에는 2주마다 보충전을 한다.

5.9.5 배터리 시험

[1] 경부하 시험

전조등을 점등한 후 1분 후에 0.01V까지 읽을 수 있는 정밀한 전압계로 각 셀의 전압을 측정한다. 셀의 전압이 1.95V 이상이고 셀 사이의 전압차가 0.05V 이하이면 양호한 배터리이며, 각 셀사이의 전압차이가 1.95V 이하이고, 각 셀의 전압이 1.95V 또는 그 이상이라도 각 셀사이의 전압차이가 0.05V 이상일 경우에는 불량한 배터리이다.

[2] 중부하 시험

① 배터리 용량 시험기를 사용하여 측정한다.

② 전류계로 배터리 용량의 3배 전류로 15초 후에 전압을 읽는다.

③ 전압이 9.6V 이상이고, 비중이 1.230 이상이면 양호한 상태이다.

5.10 고전압 배터리

5.10.1 고전압 배터리시스템의 구성

고전압 배터리는 차량내의 타 제어시스템과의 통신을 통하여 아래의 항목을 제어한다.

① 에너지의 입·출력제어 : 에너지 잔량 정보표시(SOC), 가용 입·출력 파워 제한

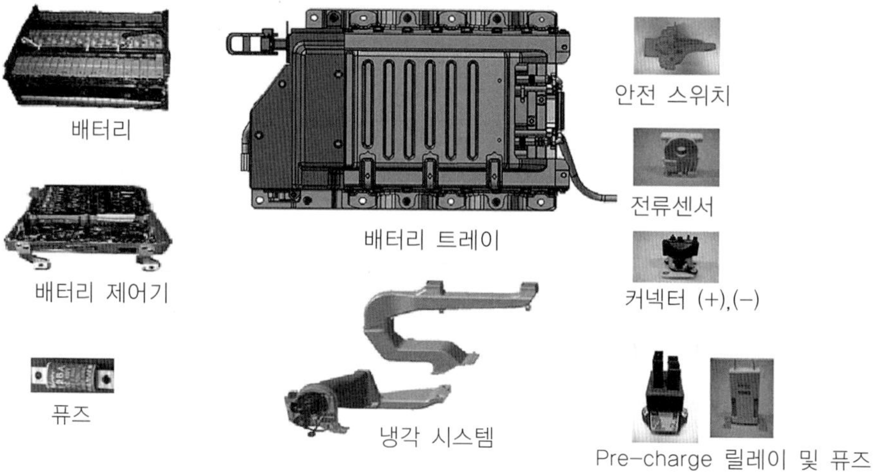

그림 3-17. 고전압 배터리의 구성도

② 안전 제어 : 배터리 소손 및 폭발 등의 위험성 방지를 위한 제어

③ 배터리의 최적 동작 환경조성 : 냉각 제어 등

5.10.2 고전압 배터리 구성

전기 자동차에 사용하는 고전압 배터리에는 제작 회사마다 다를 수 있지만 배터리의 기본 단위인 셀 패키징의 모양에 따라 원통형, 각형, 파우치형 세 가지로 나뉘며, 리튬이온 배터리(3.7~4.2V, 3000mAh 내외) 셀(Cell)이 약 96개 정도가 들어가고 약 12개 정도의 셀이 하나로 묶은 모듈(Module)이 약 8개, 모듈 8개가 하나로 묶은 팩(Pack) 1개가 들어가 있다.

① 원통형 : 건전지와 같이 원통형 모양의 셀이다. 가격이 저렴한 장점이 있지만 모듈 구성시 공간 효율이 낮고 수명이 짧다.

② 각형 : 납작한 알루미늄 상자 모양의 셀로써, 외부 충격에 강하고 모듈과 팩을 구성하기에 용이한 장점이 있지만, 무겁고 열 방출이 힘들다는 단점이 있다.

③ 파우치형 : 금속 셀이 아닌 비닐 재질 주머니에 소재를 담은 형태로써, 가볍고 다양한 모양으로 제조가 가능하다는 장점이 있지만, 안정성이 상대적으로 낮고 가격이 비싼 단점이 있다.

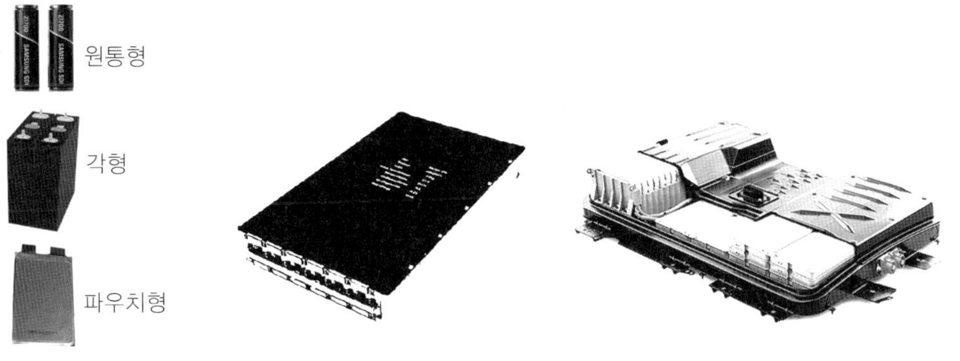

(a) 셀　　(b) 모듈　　(c) 팩

「그림」 3-18. 셀, 모듈, 팩

5.10.3 배터리 팩(Pack) 어셈블리

[1] 외기온도 센서

① 배터리 Pack 상단에 장착되어 있다.

② 부특성 NTC소자이다.

③ 배터리 주변온도를 감지하여 BMS ECU(배터리 제어 유니트)로 정보를 입력한다.

④ 외기온도센서 규정 저항값 : 1kΩ ±1%(25℃ 기준)

[2] 배터리 내부 모듈온도 센서

① 배터리 팩 내부에 장착되어 있다.

② 부특성 NTC소자이다.

③ 배터리 팩 내부온도를 감지하여 BMS ECU로 정보를 입력한다.

④ 외기 온도센서 규정 저항값 : 1㏀ ±1%(25℃ 기준)

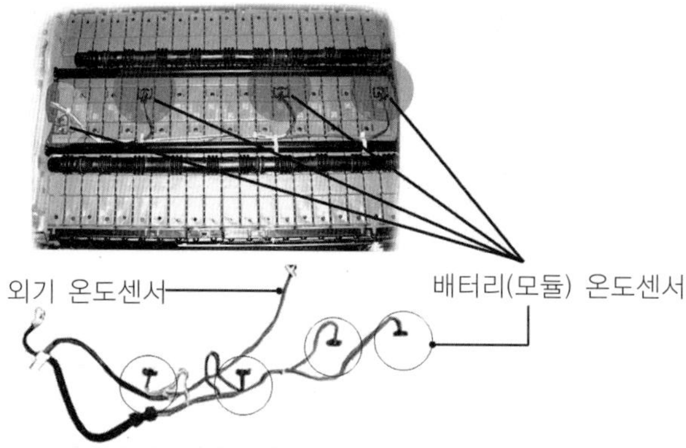

그림 3-19. 외기 온도센서, 배터리 온도센서

[3] 배터리 제어기(BMS ECU : battery management system ECU)

① 입·출력 에너지 제한 및 안전제어 그리고 에너지 잔존 용량 계산 등을 한다.

② 고전압 배터리 제어를 위한 컴퓨터이다.

③ 배터리 성능 유지를 위한 전류 온도전압 사용시간 등 각종 정보를 모니터링 한다.

④ 종합적으로 연산된 배터리 에너지 상태 정보를 HCU(hybrid control unit)또는 MCU(motor control unit)로 송신한다.

⑤ BMS는 배터리의 블록으로부터 전압을 모니터링 하여 각각의 블록 전압을 확인할 수 있다.

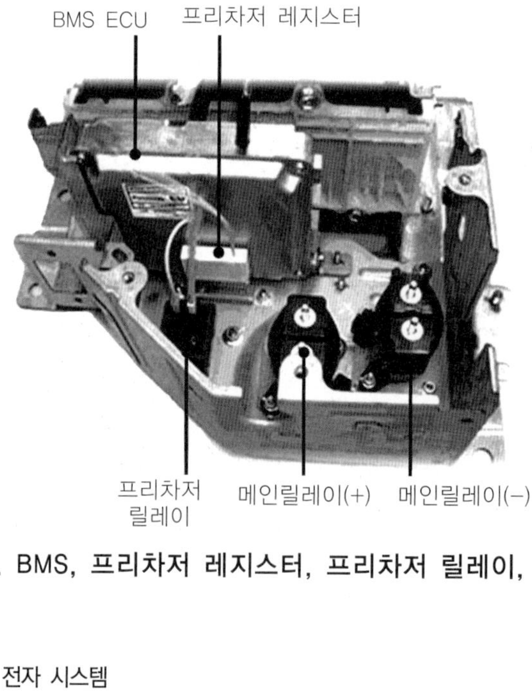

그림 3-20. BMS, 프리차저 레지스터, 프리차저 릴레이, 메인릴레이

[4] 메인 릴레이

① 고전압 배터리의 전원을 MCU(motor control unit)측으로 공급한다.

② 이그니션 키가 ON되고 고전압 전기 동력시스템이 정상일 경우 MCU는 메인릴레이를 작동시키고 고전압배터리 전원을 MCU내부에 설치된 인버터로 공급한다.

③ 메인 릴레이 저항값은 약 25Ω 정도이다.

[5] 프리차저 릴레이 및 레지스터

① 프리차저 릴레이는 메인 릴레이 (+)와 병렬회로로 되어있다.

② MCU는 프리차저 릴레이를 먼저 동작하여 (+)전원을 공급한다.

③ 프리차저 레지스터는 인버터 손상을 방지한다.

④ MCU는 프리차저 릴레이 작동 직후 완만한 전압상승을 완료하고 메인 릴레이(+)를 작동시켜 정상적인 전원 공급을 완료 즉시 프리차저 릴레이를 OFF한다.

⑤ 프리차저 릴레이 저항값은 약 110Ω 정도이고 프리차저 레지스터는 약 10Ω 정도이다.

[6] 전류센서

① 고전압 배터리 (-)케이블 측에 설치되어있다.

② 홀 효과를 이용해 배터리 전류량을 검출한다.

[7] 세이프티 플러그

① 고전압 배터리 전원을 임의로 차단시킬 수 있는 전원 분리장치로 과전류 방지용 퓨즈를 포함하고 있다.

② 고전압 전기 동력시스템과 관련된 부품을 탈·부착하거나 정비 점검시 세이프티 플러그를 탈거하면 고전압을 차단시킬 수 있다.

③ 이그니션 ON상태에서는 세이프티 플러그를 탈거하지 말아야 한다.

(그림) 3-21. 전류센서

(그림) 3-22. 세이프티 플러그

5.10.4 고전압 배터리 주요 제어 특성

[1] SOC 제어 특성

하이브리드 모드 제어를 위한 최적의 배터리 사용 영역에서의 제어한다.

SOC 영역	제어 내용
고 SOC 영역	방전 지향, 충전 금지
동작 SOC 영역 : ~70%	방전 지향, 충전 허용
최적 SOC 영역 : 55%~65%	충·방전 제어
동작 SOC 영역 : 20%~	충전 지향, 방전 허용
저 SOC 영역 :	충전 지향, 방전 금지

[2] SOC(state of charge) 게이지

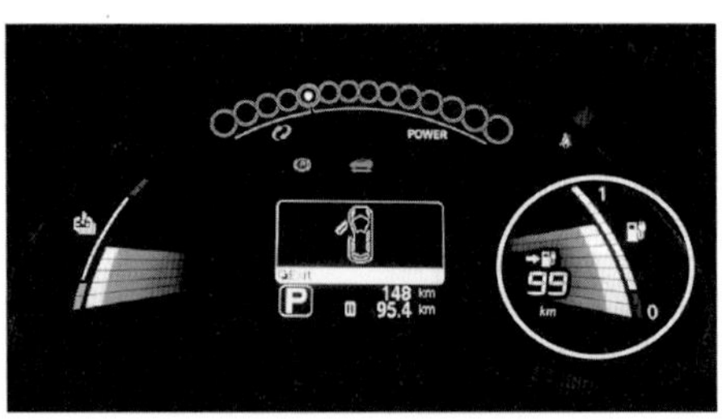

(그림) 3-23. SOC 게이지

게이지수	SOC(%)	게이지수	SOC(%)
28	≥ 77	13	56
27	75	12	55
26	73	11	54
25	71	10	53
24	69	9	52
23	67	8	51
22	65	7	50
21	64	6	47.5
20	63	5	45
19	62	4	42.5
18	61	3	40
17	60	2	37.5
16	59	1	35
15	58	0	〈 35
14	57		

5.10.5 고전압 배터리 취급시 유의사항

[1] 배터리시스템 화재 발생시

① 차량 시동 키 OFF : 에너지 입·출력금지

② SAFETY PLUG 분리(화재 초기에는 신속 분리, 화재진행 중에는 불가)

③ 차량 위치가 실내 일 경우 수소가스 방출을 위하여 문을 열어 환기한다.

④ 화재진압을 위하여 액체물질 사용을 금지하고 분말소화기 또는 모래를 이용한다.

[2] 가스 및 전해질 유출시

① 차량 시동키 OFF : 에너지 입·출력 금지

② SAFETY PLUG 분리(화재초기 또는 유출량이 적을 때 신속 분리, 화재진행 중 에는 불가)

③ 가스 발생 시 가스는 수소 및 알카리성 증기이므로 만일 차량 위치가 실내일 경우 즉각 환기를 시키고 안전한 장소로 대피한다.

④ 만일 누출된 액체가 피부에 접촉 시에는 즉각 붕산 용액으로 중화시키고, 흐르는 물 혹은 소금물로 환부를 세척한다.

⑤ 누출된 증기나 액체가 눈에 접촉 시에는 즉각 흐르는 물에 세척 후 의사의 진료를 받아야 한다.

⑥ 만일 고온에 의한 가스 누출일 경우 배터리가 완전히 상온으로 식을 때까지 사용을 금지한다.

[3] 차량 장기 방치시

① 차량 시동키 분리 : 암 전류 등에 의한 배터리 방전 방지

② 장기방치가 필요 할 때에는 방치 초기 배터리 SOC가 30% 이상 되어야 한다(클러스터내의 배터리 SOC 게이지가 적색구간 이상).

③ 2달 이상의 장기 방치 시에는 배터리 보호 및 관리를 위하여 균등 충전 실시한다.

④ 보조 배터리 방전여부 점검 및 교체 시 SOC 초기화에 따른 문제점을 점검한다.

Chapter

4

시동장치

1 시동장치의 개요

내연기관은 자기기동(self-starting)을 하지 못하므로 별도의 시동장치에 의해 시동되어야만 한다. 엔진을 시동하기 위하여 최초의 흡입과 압축 행정에 필요한 회전력을 외부로부터 공급하여 엔진을 회전시키는 장치가 시동장치이다.

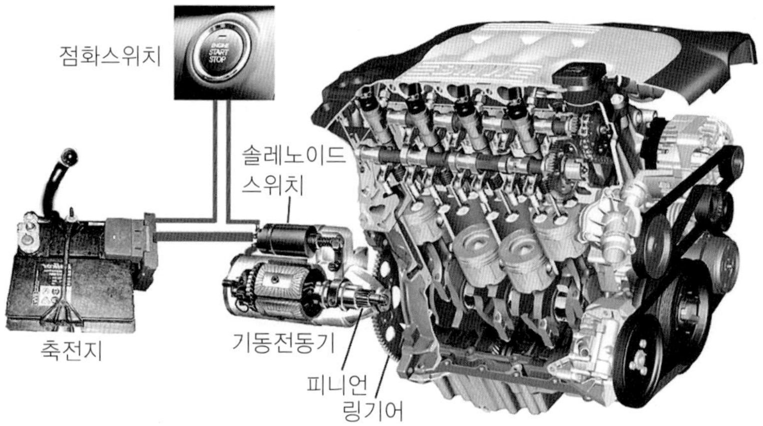

그림 4-1. 시동장치의 구성

따라서 가솔린엔진은 시동하기 위해서 기동전동기의 출력이 0.5~0.6PS이고, 100 rpm 이상으로 회전하여야 하며, 디젤엔진은 출력이 3~10PS이고, 180rpm 이상으로 회전하여야 한다. 스타터 스위치를 이용하여 엔진을 시동하는 경우, 스타터 스위치의 코일에 통전을 행하고, 스타터 스위치의 고정 접점을 폐로(閉路)하는 것에 의해, 차량용 전원으로부터 스타터 모터에 전력을 공급하여 스타터 모터에 회전토크를 발생시켜, 맞물려진 피니언 기어와 링 기어를 통하여 스타터 모터의 회전력을 엔진 크랭크축에 전하여 엔진을 시동시킨다.

이때, 스타터 스위치의 폐로시에는 아직 스타터 모터는 정지 상태이고, 역기전압(逆起電壓)이 발생하지 않기 때문에, 극히 작은 스타터 내부 저항에 의해 수백 암페어의 돌입(突入) 전류가 흐른다. 그때, 차량용 전원은 내부의 고유 저항에 의해 단자 전압이 저하되는 전압 강하를 발생한다. 이 때문에, 엔진의 시동 시에 있어서, 스타터 모터 기동시의 전류에 의한 차량용 전원의 전압 강하에 의해, 차량의 다른 전기 기기인 스테레오, 내비게이션 시스템, 에어컨시스템, 전조등 등의 사용 시에 순간차단 해야 한다. 이 순간차단은, 통상의 엔진의 시동에서는 특히 문제는 되지 않지만, 아이들링 스톱 기능이 탑재된 차량 등에서는, 아이들링 스톱 후의 재시동을 행할 때에 순간차단이 발생하여, 운전자 및 동승자에게 불쾌감을 준다.

버튼식 이그니션 록 스위치는 간단하게 자동차를 시동할 수 있고, 상기 마이크로프로세서의 리셋 시 마이크로프로세서의 메모리에 저장된 각각의 데이터를 통해 각각의 전장품, 구동장치, 제어장치, 및 시동장치가 초기 구동되고 상기 마이크로프로세서가 오 동작하는 경우 상기 출력 구동부의 레지스터에 저장된 신호들에 의해 전장품, 구동장치, 제어장치, 및 시동장치에 순차적으로 공급되므로 안전하게 자동차를 시동할 수 있는 효과를 얻는다.

1.1 시동장치의 성능

1.1.1 전동기의 효율

그림 2는 전동기에 가한 회전력, 회전속도, 출력 그리고 전압에 대한 전류와의 관계를 나타낸 것이다. 전동기의 출력은 kW로 표시되며, 다음과 같이 나타낸다.

$$P = \frac{1.03 \times T \times N}{1000} [kW]$$

P(kW) : 전동기의 출력
N(rpm) : 회전속도
T(kgf-m) : 회전력

기동전동기에 전류 증가함에 따라 전압이 감소하는 이유는 축전지 내부저항과 축전지 케이블 저항에 관계된다. 공급 전원에 의한 전기적 에너지와 전동기의 출력과의 비율을 효율이라 한다.

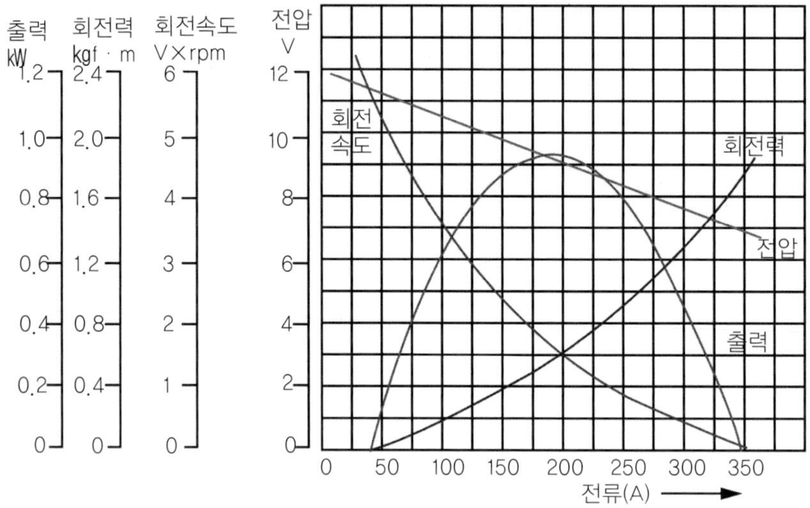

「그림」 4-2. 전동기의 전압과 전류에 따른 효율

전기에너지= 전류(I) × 전압(E) [W]

$$\text{효율}(\eta) = \frac{P \times 1000}{I \times E} \times 100[\%]$$

자동차용으로 사용하는 전동기는 100의 전기 에너지를 공급해도 모터에서 나올 수 있는 기계적인 출력은 고작 50~60% 정도로 미약하며 나머지 40~50%는 열로 변화되어 손실 된다.

1.1.2 시동토크

엔진을 회전시키기 위한 힘은 회전저항을 이겨야 하는데 회전저항은 실린더에 흡입하는 혼합기를 압축하는데 필요한 힘과 피스톤링, 베어링, 기어의 마찰력, 활동부분의 저항력 등에 의해 결정된다. 즉 실린더의 체적이나 압축비가 큰 엔진일수록 시동 토크가 커야 하고 외기의 온도에 의해 윤활유의 점도가 달라지는데 온도가 낮아지면 오일의 점도가 높아질 것이고 그만큼 마찰력도 커진다고 볼 수 있다. 기동 전동기의 시동 토크는 다음과 같이 구한다.

To = C · Vs

To : 시동토크　C : 엔진 정수　Vs : 실린더 체적(ℓ)

엔진정수는 엔진에 따라 다소 차이가 있다. 즉 실린더수와 압축비 등에 따라 다르나 4실린더의 경우 3~3.5이고 6실린더는 3.5~4 정도의 값이다.

1.1.3 최소 시동 회전수

엔진시동에 필요한 최소한의 전동기 회전수를 시동회전수라 하는데 일반적으로 -15 ℃에서 2사이클 엔진은 150~200rpm, 4사이클 엔진은 100rpm 정도이며 디젤엔진이 가솔린엔진보다 더 높아야 하고 기타 기온이나 실린더 수, 착화 방식 등에 따라 달라질 수 있다. 대체적으로 최저 회전속도보다 높으면 시동이 가능하나 낮을 때에는 시동을 할 수 없게 된다.

시동전동기의 회전수는 배터리에서 나오는 전류가 증가하면 상대적으로 배터리 전압이 강하하므로 회전수가 저하되는데 시동모터의 단자 전압은 배터리의 충전 부족이나 배터리에서 시동모터까지 배선의 접촉불량 등이 있을 경우나 시동모터의 브러시에 접촉 저항이 크면 내부 전압강하가 증대하여 회전수를 저하시키게 된다.

1.1.4 모터의 역기전력

모터가 회전하고 있을 때에는 전기자 코일이 자속을 차단하면서 회전하고 있으므로 발전기와 같이 코일 회전수에 비례하여 기전력을 유기한다.

즉, $Ec = K \times \Phi \times Ns$

Ec : 기전력
K : 정수
Φ : 자속
Ns : 모터의 회전수

여기서 기전력은 배터리에서 가해지는 전압과는 반대 방향으로 흘러 전기자의 전류를 방해하는 것과 같이 작용하므로 모터의 역기전력이라 한다.

이러한 역기전력은 모터의 회전수가 높을수록 자속을 많이 끊게 되므로 높아진다. 그러므로 모터의 단자에 가해지는 전압은 다음과 같이 나타낼 수 있다.

$V = Ec + Ia \times R$

단 R = Ra + Rs

V : 단자 전압	R : 모터의 내부저항
Ra : 전기자 회로 저항	Rs : 계자 코일 저항
Ia : 전기자 전류	

즉, 전기자 전류는 Ia = V-Ec/R

위 식에서와 같이 시동 모터는 부하가 크고 회전수가 낮을 때는 역기전력도 적기 때문에 전기자에 많은 전류가 흘러 큰 토크를 발생시키나 부하가 가벼워지고 회전수가 상승하면 역기전력도 커져서 전기자의 전류는 감소한다.

1.2 전동기의 작동원리

1.2.1 자계로부터 전류가 받는 힘

전기와 자기항의 자력선의 특성에서 설명한 바와 같이 서로 같은 극성끼리는 반발하는 힘을 가지며, 자력선이 섞일 수도 없다. 또 자력선은 진행 특성에서 가장 짧은 경로로 이동하려는 특성이 있다.

자계 내에 전류를 공급하면 도체 주위에는 오른나사의 법칙에 의해 자계가 형성된다. 또 도체 주위의 자력선은 자계 내의 자력선에 의해 중화되어 자력선의 1/2 정도가 사라진다. 그리고 자계 내의 자력선과 도체의 자력선사이에는 반발력이 발생하며, 힘(F)이 발생한다. 여기서 도체에 미치는 힘을 전자력이라 한다.

이것은 자력선과 전류에 의해 영향을 받는다. 힘의 방향은 검지, 중지의 방향에 의해 엄지의 방향으로 결정된다. 이것을 플레밍의 왼손 법칙이라 한다.

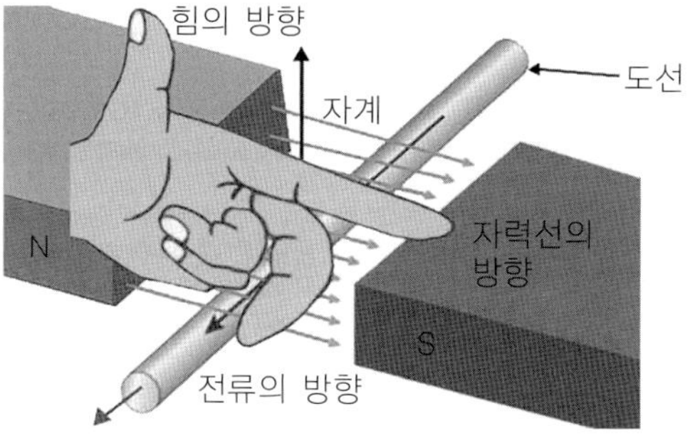

그림 4-3. 자계로부터 전류가 받는 힘

1.2.2 전동기와 플레밍의 왼손법칙

전동기는 전기자, 계자코일과 정류자, 브러시로 구성되어 있다. 브러시와 정류자를 통해 전기자코일에 전류가 공급되면 플레밍의 왼손법칙에 의해 힘이 발생하여 전동기가 회전한다. 이때 자계를 형성하기 위하여 사용하는 자석을 "계자(界磁)"라 한다.

플레밍의 왼손법칙에 의하여 전기자 코일 (A)는 아래쪽으로, 전기자 코일 (B)는 위쪽으로 힘을 받아 이 힘의 합성에 의해 전기자 코일이 같은 방향(시계 반대방향)으로 회전한다.

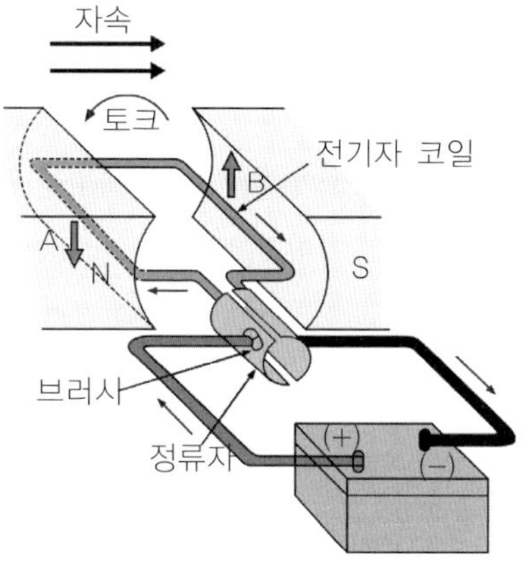

그림 4-4. 전동기의 회전원리

전기자 코일이 90°회전해서 자석과 수직으로 위치하는 순간에는 전기자 코일에는 전류가 흐르지 않게 되며, 이로 인하여 전기자 코일의 회전력이 약해진다. 이 직후 직류가 정류자를 통하여 전기자 코일에 역방향으로 흐르기 시작한다. 따라서 전기자 코일 (A)는 위로 힘이 작용하고, 전기자 코일 (B)는 밑으로 힘을 받는다. 즉, 전동기는 위에서 설명한 3단계를 통해 한 방향으로 회전할 수 있게 된다.

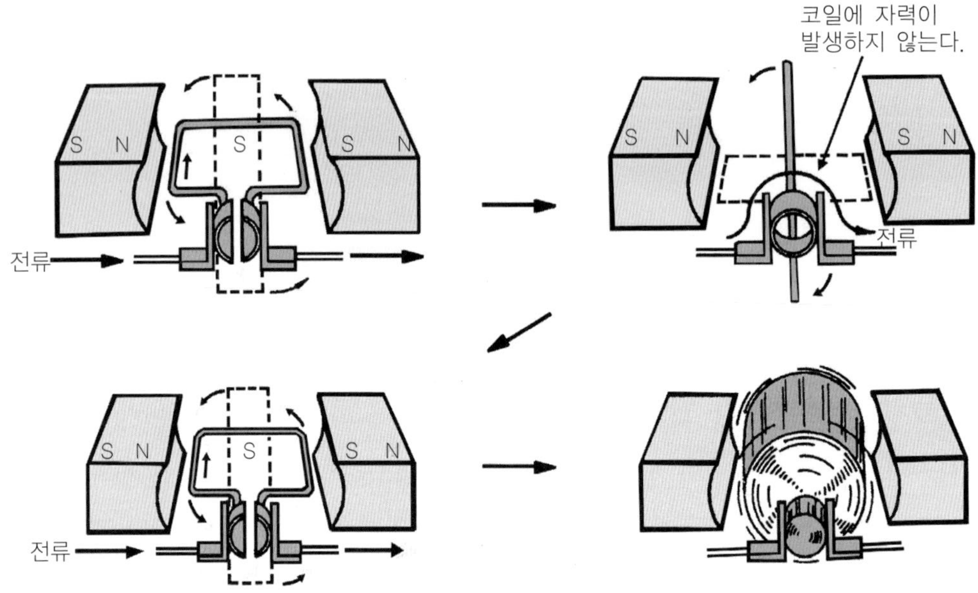

「그림」 4-5. 전동기의 작동원리

1.3 전동기 종류와 특성

1.3.1 DC 전동기(DC-motor)

직류 전동기에는 전기자 코일과 계자코일의 연결방법에 따라 직권전동기, 분권전동기, 복권전동기 등으로 분류한다. 자동차에 사용하는 기동전동기는 축전지를 전원으로 하는 직류 직권전동기를 사용한다.

[1] 직권전동기(series motor)

(1) 직권전동기의 작용

직권전동기는 계자코일과 전기자 코일이 직렬로 접속되어 있는 형식으로 전기자 전류는 전동기에서 발생하는 역 기전력에 반비례하며, 역 기전력은 전기자의 회전속도에 비례하여 발생된다. 또 전동기의 회전력은 전기자 전류와 계자의 세기와의 곱에 비례하므로 전기자에 전류가 클수록 발생되는 회전력도 크다.

따라서 직권전동기는 부하가 클 때에는 회전속도가 낮기 때문에 전기자에는 큰 전류가 흘러 큰 회전력을 발생되므로 자동차용 기동전동기에 알맞다.

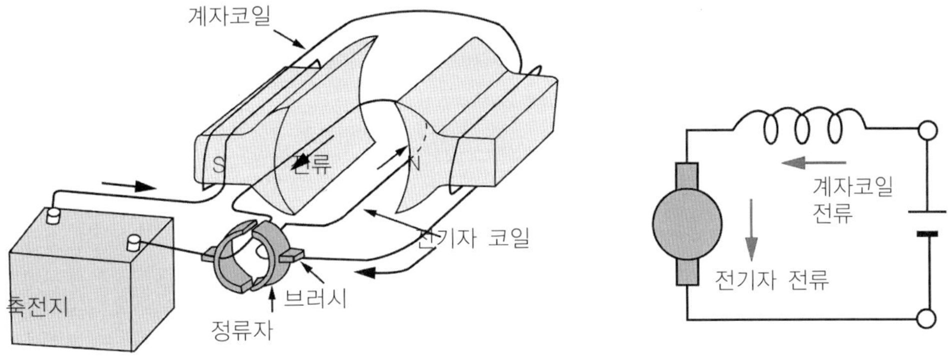

(a) (b)

「그림」 4-6. 직권전동기 작용과 회로도

(2) 직권전동기의 특성

1) 직권전동기의 회전력(motor torque)

전동기 회전력은 전기자 코일에 흐르는 전류(I_a)와 계자코일에 흐르는 전류(I_f)에 비례한다. 직권전동기에서 $I_a = I_f$이므로, 전류가 2배일 때 회전력은 4배가 된다. 즉, 직권전동기의 회전력은 전류 제곱에 비례한다.

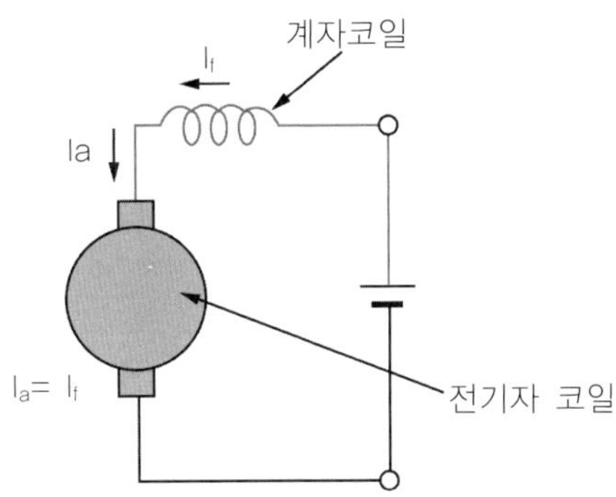

「그림」 4-7. 직권전동기의 회전력

2) 회전속도 특성

전동기가 회전하면 계자코일에서 발생하는 자속을 차단하므로 기전력이 유지된다. 이 기전력은 플레밍의 오른손법칙에 따라 가해진 단자전압의 방향과 역방향으로 발생되어 전기자 전류의 흐름을 방해하는 방향으로 작용한다. 이에 따라 직권전동기의 회전속도가 빨라질수록 전기자에 흐르는 전류가 감소되어 발생 회전력은 작아진다. 따라서 직권전동기는 부하가 높아 회전속도가 느릴수록 회전력 발생이 크고, 부하가 낮아 회전속도가 빠를수록 회전력 발생이 작아진다.

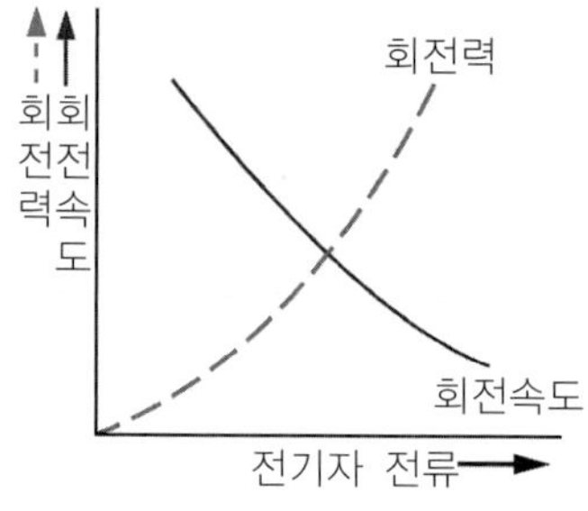

그림 4-8. 직권전동기 회전력 및 회전속도 특성

3) 직권전동기의 작동원리

직권전동기는 계자코일과 전기자 코일이 직렬로 접속되어 있다. 직권전동기의 작동원리는 다음과 같다.

① 그림 9(a) : 전기자의 극 ㉠은 N, ㉡은 S이다. 전기자는 계자코일의 극에 의해 흡인 및 반발하여 회전한다.

② 그림 9(b) : 이 정류자의 위치에서는 전류가 전기자로 흐르지 못하지만 관성에 의해 회전은 계속된다.

③ 그림 9(c) : 전기자의 극 ㉠은 S, ㉡은 N이다. 전기자 코일은 계자코일의 극에 의해 흡인 및 반발하여 회전한다.

④ 그림 9(d) : ㉡과 동일하게 전류는 흐르지 않지만 회전은 계속된다.

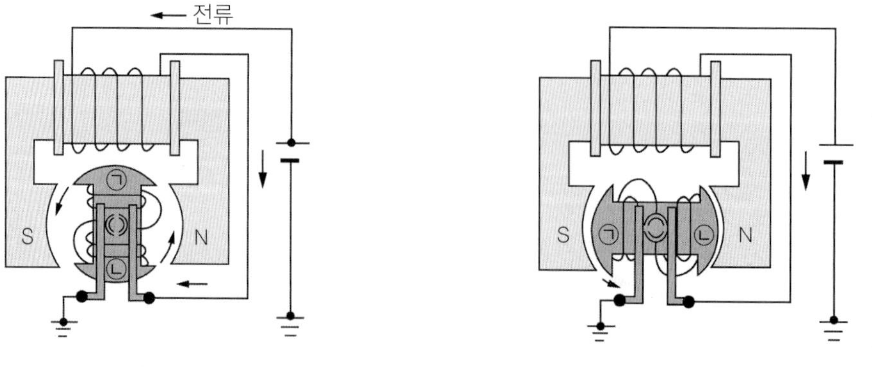

(a) (b)

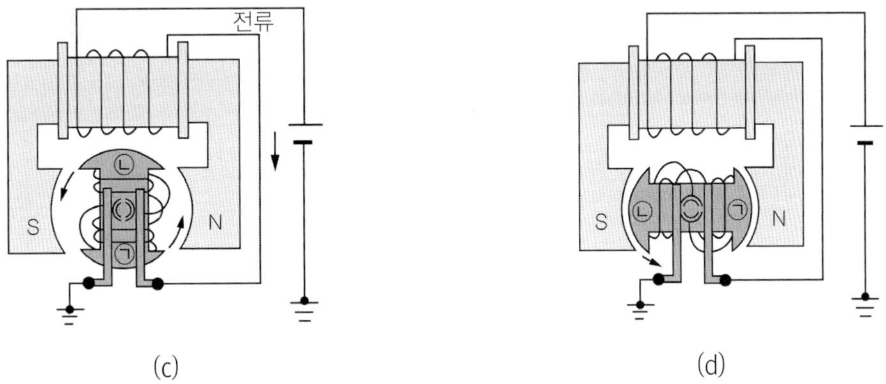

「그림」 4-9. 직권전동기의 원리

[2] 분권전동기(shunt motor)

(1) 분권전동기의 작용

분권전동기는 전기자 코일과 계자코일이 병렬로 연결된 방식으로 두 코일에 인가된 전압이 같다. 계자코일의 전류가 일정하므로 회전력은 회전자의 전류에 비례하여 증가한다. 회전속도에 의해 회전자의 전류는 상당한 영향을 받는다. 회전속도가 일정한 전동기에서 사용하며, 계자가 영구자석인 전동기와 같은 특성을 지니고 있으며, 회전력이 비교적 작다.

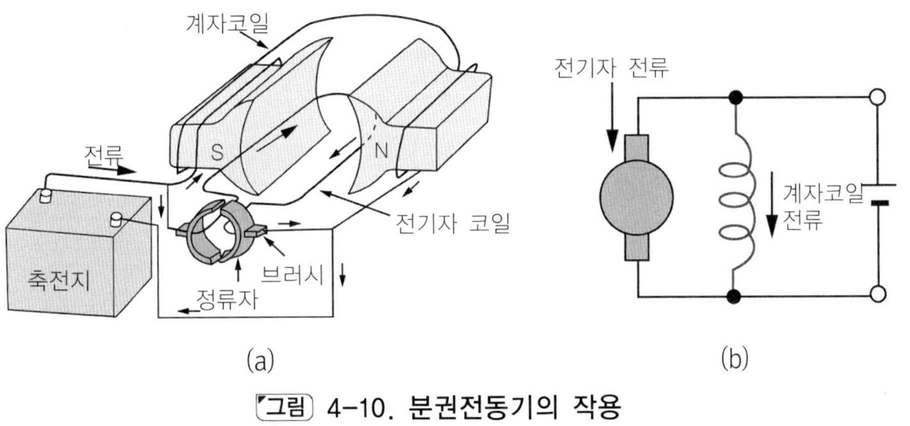

「그림」 4-10. 분권전동기의 작용

(2) 분권전동기의 특성

1) **회전력 특성**

분권전동기도 직권전동기와 같이 전기자에 흐르는 전류에 비례하나 자장의 크기가 일정하므로 발생 회전력은 직권전동기보다 낮다.

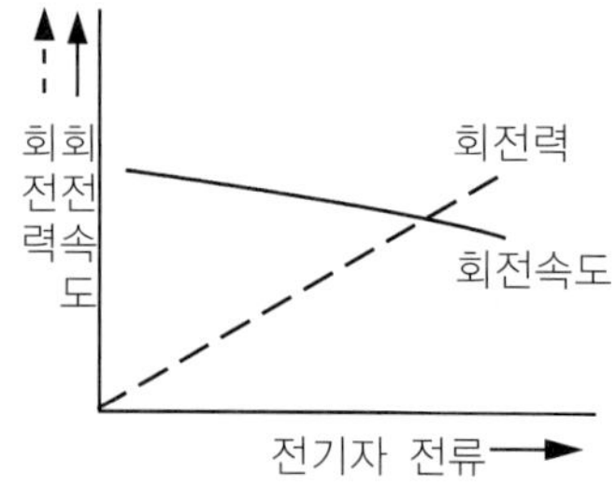

그림 4-11. 분권전동기의 특성 곡선도

2) 회전속도 특성

분권전동기는 가해지는 축전지 전압이 거의 일정하므로 회전속도의 변화가 거의 없다. 회전속도는 가해진 전압에 비례하고, 자장의 세기는 반비례한다. 자동차에서는 전동 팬, 히터 팬, 전동기 등에 사용된다.

[3] 복권전동기(compound motor)

복권전동기는 전기자 코일과 계자코일을 직·병렬로 연결하였으며, 직권과 분권의 공통 특성을 지녔으며, 자동차에서는 윈드 실드와이퍼 전동기에 사용된다. 또 대형 기동전동기에서는 2단계로 작용하는 직권과 분권의 2개의 계자코일을 가지고 있는 복권전동기를 사용한다.

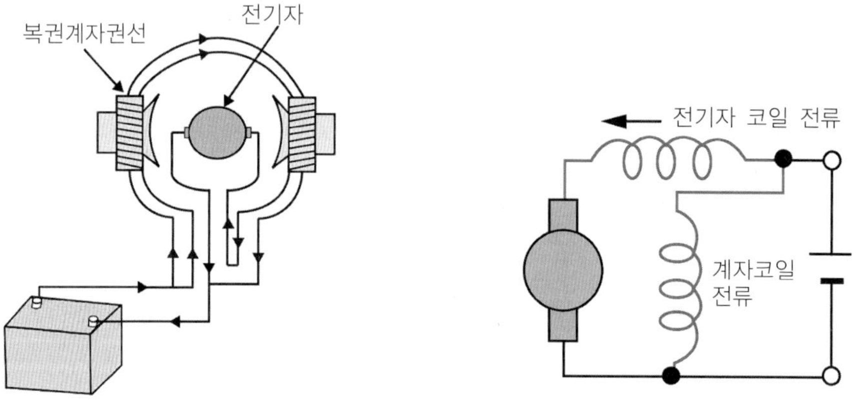

(a) (b)

그림 4-12. 복권전동기의 작용

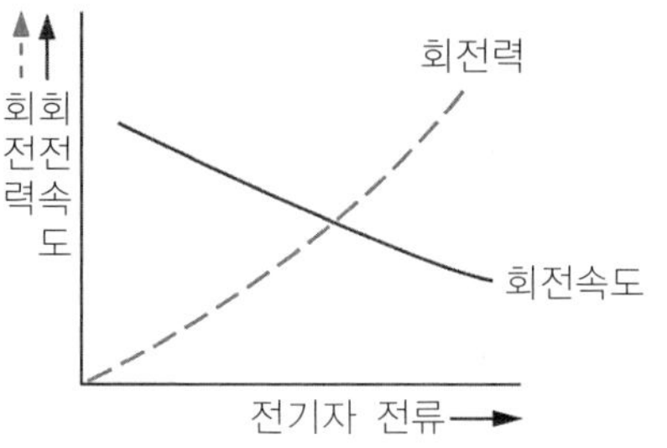

그림 4-13. 복권전동기의 특성 곡선도

첫 번째 단계에서는 분권코일이 전기자에 직렬로 연결되어 밸러스트 저항으로 작용하기 때문에 전기자 전류가 제한을 받는다. 이것은 전기자의 회전력을 낮은 상태로 만든다.

두 번째 단계에서는 기동전동기에 큰 전류가 작용하여 최대의 회전력을 발생시킨다. 이 때 분권코일은 전기자와 병렬로 연결되고 직권코일이 추가적으로 연결된다. 피니언이 최초 위치로 복귀하면 분권코일은 신속히 전기자를 정지시킨다.

[4] 타여자 분권전동기

전기자 권선과 계자권선을 별개의 회로로 구성되어 있는 방식으로 부하가 변해도 분권전동기와 같이 정속도 특성으로 운전할 수 있고 또한 계자전류를 일정하게 하고 전기자 전압을 변경하여 회전속도를 제어할 수 있는 전동기이다.

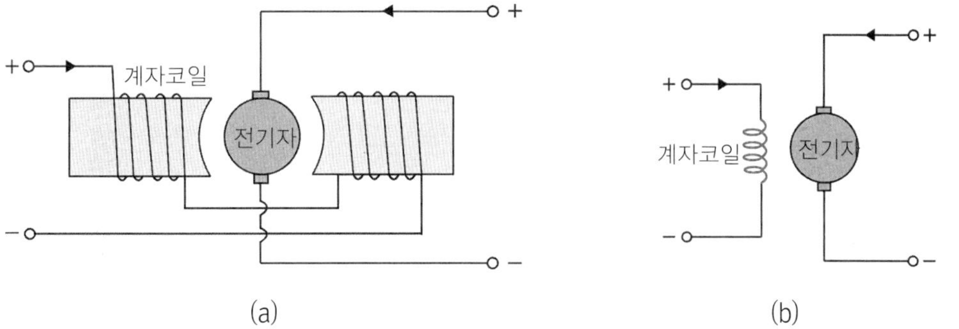

그림 4-14. 타여자 분권전동기

1.3.2 동기 전동기(synchronous motor)

동기 전동기도 플레밍의 왼손법칙으로 토크를 발생시키는데 동기 전동기의 회전자는 여자된 코일이나 영구자석을 통해 스스로 자계를 만들기 때문에 효율이 높고 응답이 빠르다.

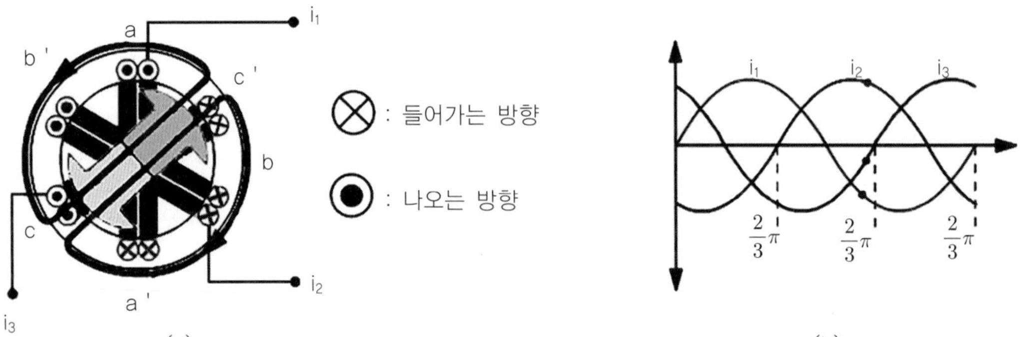

(a) (b)

그림 4-15. 3상 동기 전동기의 원리

[1] 영구자석 동기 전동기(permanent magnet synchronous motor)

하이브리드 자동차용 모터는 교류전류로 가동하는 영구자석식 동기모터가 사용되고 있다. 회전자에 스스로 자기장을 생성할 수 있는 영구자석이나 전자석이 존재하며, 이들이 상호작용하여 발생하는 자기 배열토크를 사용할 수 있다.

로터 주위에 배치된 고정자(스테이터)에 3상 교류전류를 통과시키면 모터 내에 회전자계가 발생한다. 로터의 회전위치를 레졸버가 검출하여 속도에 맞게 자계를 제어하면 로터에 설치된 영구자석이 회전자계에 흘러들어 회전토크가 발생한다. 토크의 강약은 흐르는 전류에 비례하고 이 전류를 제어하는 것에 의해 출력을 제어하는 게 가능하고, 회전자계와 로터자계의 각도를 제어하는 것에 의해 고 회전까지의 강한 토크를 발생한다. 특징은 다음과 같다.

① 유도전동기나 전자석 동기 전동기 보다 고효율이다.
② 정류자, 브러시, 계자여자 회로, 슬립링이 없어 보수가 용이하다.
③ 회전속도가 전원 주파수에 의해 결정된다. 상용 교류의 주파수는 장기적으로 안정되어 있다.
④ 속도를 변화시키기 위해서는 가변전압, 가변주파수 제어 인버터가 필요하다.
⑤ 기동 및 정지 시에 독특한 음이 발생한다.
⑥ 정현파 벡터 제어를 하기 위해, 회전자의 위상각을 검출하기 위한 홀 소자 등을 사용한 센서가 사용되는 등, 최근에는 직류 버스의 과전류 보호용 분류기 전압으로부터 교류전류를 재현하여, 회전자 위치를 마이크로컴퓨터로 계산하는 센서리스 방식이 주류가 되어 가고 있다.

⑦ 구형파에 의한 제어는 역기전력을 검출하여 위상각을 검출하는 방법이 일반적이다.

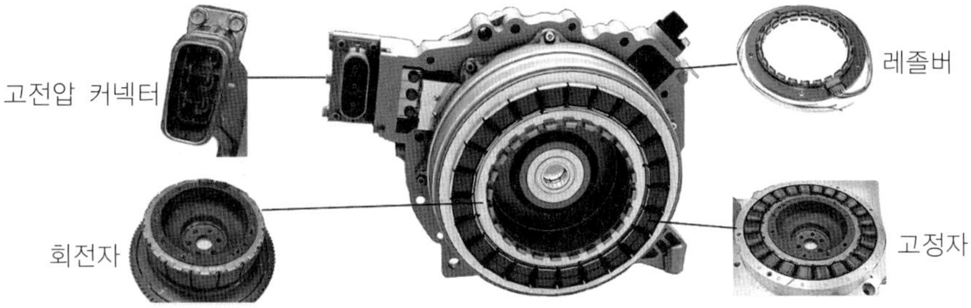

그림 4-16. 영구자석 동기 전동기의 구조

(1) 표면형 영구자석 동기전동기(SPMSM : surface permanent magnet synchronous motor)

회전자 표면에 자석이 배치된 형태의 전동기로 SPM이라고도 한다. 회전자의 영구자석이 고정자 전자석의 극을 쫓아가려는 힘인 자기 배열 토크를 주로 사용하며 이 힘은 회전자와 고정자 자속이 90도의 위상차를 가질 때 최대가 된다. 때문에 표면형 영구자석 동기전동기(SPMSM)는 모터 드라이브를 사용하여 고정자 회전자계를 제어하거나 기계적으로 회전자를 적정 회전수까지 강제로 돌려서 90도의 위상차를 유지, 회전자계와 고정자계를 동기화 시켜 운전하게 된다.

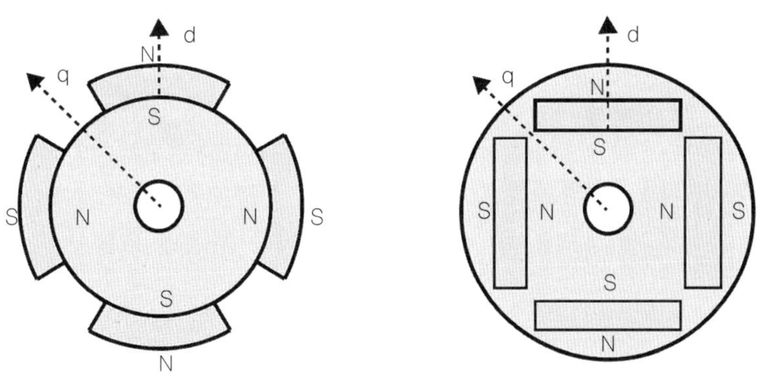

(a) SPMSM (b) IPMSM

그림 4-17. SPMSM와 IPMSM

SPMSM은 효율이 매우 높고 특성도 뛰어나 제어성이 우수하지만 회전자 표면에 영구자석을 직접 부착해야 하기 때문에 접착제와 테이프를 둘둘 감아 놓는 식으로 제작되는 경우가 많아 내환경성이 나쁘고 고 RPM으로 제작하기가 약간 불리한 단점이 있다. 또한, 회전자 인덕턴스가 위치와 무관하게 항상 동일하므로 센서리스 초기 기동이 불리하다.

(2) 매입형 영구자석 동기전동기(IPMSM : interior permanent magnet synchronous motor)

회전자 내부로 자석이 매입된 형태의 전동기이다. IPM이라고도 한다. SPM과 같은 원리로도 토크를 발생시킬 수 있지만 자석 배치를 적절히 조정하여 돌극비를 크게 만들면 이 릴럭턴스의 기울기로 인해 발생하는 릴럭턴스(인덕턴스, 자기저항) 토크도 이용할 수 있다. 이 때문에 IPM은 릴럭턴스 토크를 이용하기 위해 고정자와 회전자의 위상차가 90도에서 가변될 수 있으며 SPM보다 더 높은 출력밀도를 획득할 수 있다.

돌극비(saliency ratio)란 q축은 고정자 코어의 중심과 인접하는 2개의 영구 자석 자극부의 사이를 통과하는 인덕턴스 Lq, d축은 고정자 권선에 의한 생성되는 자계와 영구자석의 자계와 일치시켰기 때문에 고정자 코어의 중심과 영구자석의 중심을 통과한 인덕턴스 Ld는 유효 공극의 증가로 감소하게 된다는 것이다. 한편 Lq/Ld를 돌극비라 하고 이에 비례하여 약계자 제어를 통한 광범위한 가변속 운전을 할 수 있는 것이다.

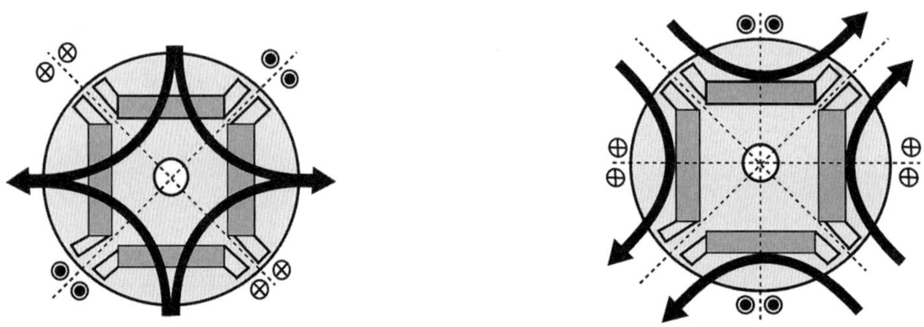

(a) d축 전기자반작용 자속의 흐름　　(b) q축 전기자반작용 자속의 흐름

그림 4-18. d, q축 전기자 반작용 자속의 흐름

SPM에 비해 자석이 내부로 매입되어 있어 내구성이 좋고 효율도 더 높으나 토크 발생원이 이원화되기 때문에 전류 토크곡선이 비선형이 되어 성능곡선을 추정하기 어려워지므로 상대적으로 모터 상수의 변화에 취약해지며 SPM에 비해 제어성이 나빠지는 단점이 있다. IPM은 회전자 위치에 따라 릴럭턴스가 다르게 나타나므로 고주파수의 전류를 주입해 보면 전류 파형의 변화가 확실히 나타난다. 이를 적절히 응용하면 100RPM이하의 극저속 센서리스 제어도 가능하고 정지 상태에서 N극과 S극의 판별 정확도를 크게 향상시킬 수

있다.

[2] 동기 릴럭턴스 전동기(SynRM : synchronous reluctance motor)

돌극비를 극단적으로 키워 릴럭턴스(인턱턴스, 자기저항) 토크만을 이용하는 전동기이다. 일반적인 전동기와는 달리 회전자의 구조가 마치 톱니바퀴 같은 모양으로 독특하게 설계된다는 특징이 있는데 이러한 구조에서 전기자에 전류를 인가하게 되면 전기자와 거리가 가까운 톱니바퀴 부분에서 톱니 부분이 자화 되면서 전기자에게 끌려오게 된다. 이런 원리를 이용하여 고정자계를 자기저항이 최소가 되는 회전자의 위치와 일정 각도 차를 유지하며 회전자를 견인하게 된다.

회전자에 영구자석이 사용되지 않으므로 희토류 의존도를 줄일 수 있고 저렴한 장점이 있지만 제어성과 원리가 상당히 까다로워서 영구자석 동기 전동기 이상으로 전자 의존도가 매우 높고 코깅이 상당히 크며 영구자석 전동기에 비해 출력밀도와 효율이 떨어진다.

[3] 인덕션 모터(유도 전동기 : induction motor)

스테이터부에 발생하는 회전 자계와 로터부에 생기는 유도자계와의 상호작용으로 회전력을 얻는다. 교류전원의 종류에 따라 크게 단상 유도전동기, 3상 유도전동기, 3상권선형 유도전동기 등이 있으며 일반적으로 3상 교류를 이용한다.

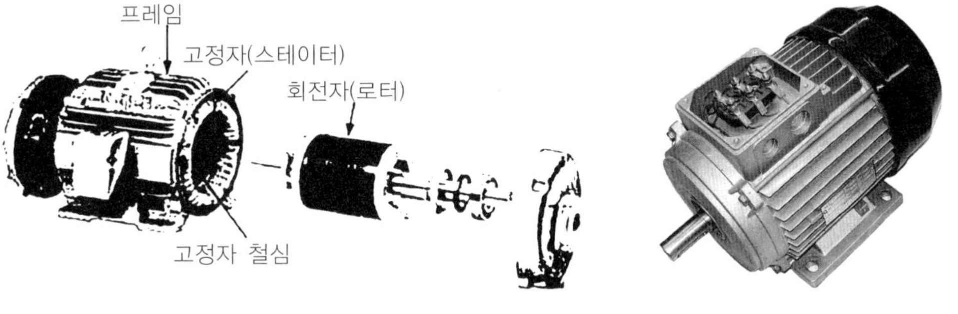

(a) (b)

그림 4-19. 인덕션 모터

유도전동기 모터의 원리는 고정자(스테이터) 권선에 흐르는 교류전류에 의해 발생하는 회전 자기장과 로터부에 발생하는 유도전류와의 상호작용에 의해 생기는 회전력이다. 이 때문에 인덕션 모터를 유도 모터라 한다. 구조로는 로터부(회전자)는 규소 강관을 적층한 것, 슬롯부는 구리나 알루미늄 등으로 노형으로 권선을 형성한 것이 사용되고 있다.

유도전동기의 스테이터에 공급되는 교류전력은 교류 주파수에 맞춰서 회전 자기장을 생성하고 로터는 스테이터보다 느린속도로 회전한다. 따라서 유도 전동기 스테이터의 자기장은 로터에 대해서 변화하거나 회전한다. 이것은 유도 전동기의 로터에 대향하는 전류를 유도하며, 실제로 전동기의 2차 권선은 외부 임피던스를 통해 단락되거나 닫힐 때 발생한다. 회전자속은 로터의 권선에 자기 선속을 유도하여 전류를 흐르게 한다.

로터 권선에서 유도 전류의 원인은 회전하는 스테이터 자기장이다. 로터 권선 전류의 변화에 맞서기 위해 로터는 회전하는 스테이터 자기장의 방향으로 회전하기 시작한다. 로터는 유도 스테이터 전류와 토크의 크기가 하중의 균형을 이룰 때까지 가속화 한다. 로터의 속도가 동기 속도 이하로 내려가면 로터 자계에서 회전속도는 올라간다.

로터에 유도된 자기장의 회전속도와 스테이터의 회전 방향에서 필드 회전속도 사이의 비율을 슬립이라 한다. 하중이 늘어나면 속도가 내려가고 슬립이 증가하여 부하를 돌리는데 충분한 토크가 발생한다.

이러한 이유로 유도 전동기는 비동기 전동기라고 하기도 한다. 유도 전동기의 회전 방향을 변경하는 방법은 3상 또는 단상 시스템에 따라 달라진다. 3상의 경우 반전이 2상 도체의 접속을 교환함으로써 이루어진다. 단상 분상 전동기에서 반전은 주요 권선과 기동회로 사이의 접속을 변경하여 이루어진다.

(1) 인덕션 모터의 특징

① AC 전원의 동력용 모터에 적합하다.

② 구조가 간단하고 튼튼하다.

③ 가격이 저렴하고 수명이 길다.

④ 어느 정도의 정속성도 가지고 있다.

⑤ 경부하에서의 효율은 일반적으로 낮다.

⑥ 수하 특성을 갖게 할 수 있다(로터의 도체 저항을 올려주면 된다).

2 기동전동기의 작동과 구조

2.1 기동전동기의 작동원리

점화스위치를 시동(St)위치로 돌리면 전류는 기동전동기 솔레노이드 스위치의 ST(시동) 단자를 통하여 풀인 코일을 거쳐 접지로 흐른다. 이때 풀인 코일은 플런저와 접촉판을 닫힘 위치로 당기는 전자력을 형성하여 기동전동기 솔레노이드 스위치 B(축전지)단자와 M(전동기)단자사이의 접촉이 이루어진다.

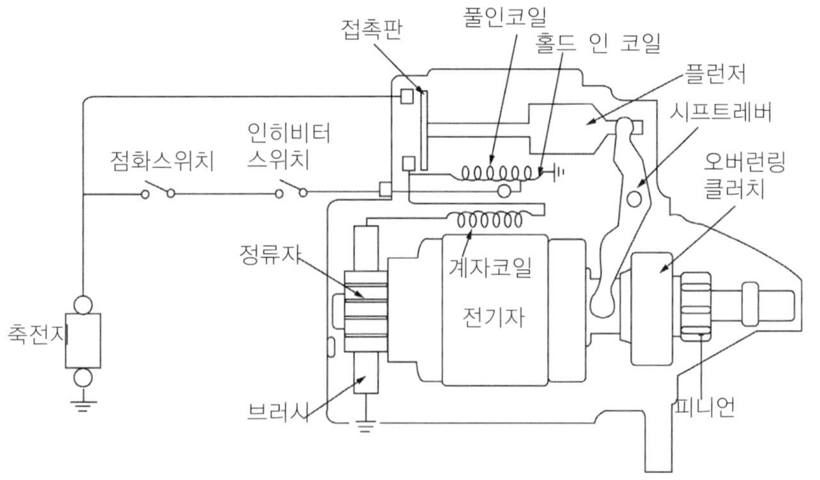

「그림」 4-20. 기동전동기의 작동회로도

B단자와 M단자사이의 접촉은 높은 전류회로에 에너지를 전달하고 계자코일 및 브러시에 축전지 전압을 인가하여 기동전동기가 크랭킹을 하도록 한다.

솔레노이드 스위치의 플런저는 시프트 레버(shift lever)를 통하여 피니언으로 연결된다. 풀인 코일의 전자력이 플런저를 이동시키면 피니언은 엔진 플라이휠 링 기어로 이동한다. 즉, 접촉 판이 솔레노이드 스위치 B단자와 M단자 사이를 접촉시키면 피니언과 플라이휠 링 기어가 완전히 물리고 기동전동기의 회전으로 플라이휠이 회전한다. 이때 풀인 코일의 전류 공급이 차단된다.

홀드 인 코일(hold in coil)은 풀인 코일에 흐르던 전류가 차단되는 순간 솔레노이드 스위치 ST단자를 통하여 에너지를 받아 기동전동기로 흐르는 전류가 약해질 때 접촉 판이 접촉된 상태로 있도록 하는 추가 전자력을 공급한다. 또 엔진을 시동할 때 전기자의 과도한 회전에 의한 손상을 방지하기 위하여 피니언에 오버러닝 클러치를 두고 있다. 자동변속기 차량에 설치된 인히비터 스위치는 점화스위치를 ST 위치로 돌리면 솔레노이드 스위치 ST단자에 축전지 전압을 인가한다.

2.2 기동전동기의 구조

기동전동기는 회전부분인 전기자, 전기자 철심 및 코일, 정류자와 고정부품인 계철, 계자 철심, 계자코일, 브러시와 홀더 그리고 피니언 물림기구인 솔레노이드 스위치와 오버러닝 클러치로 구성되어 있다.

그림 4-21. 기동전동기의 구조

2.2.1 기동전동기의 회전부분

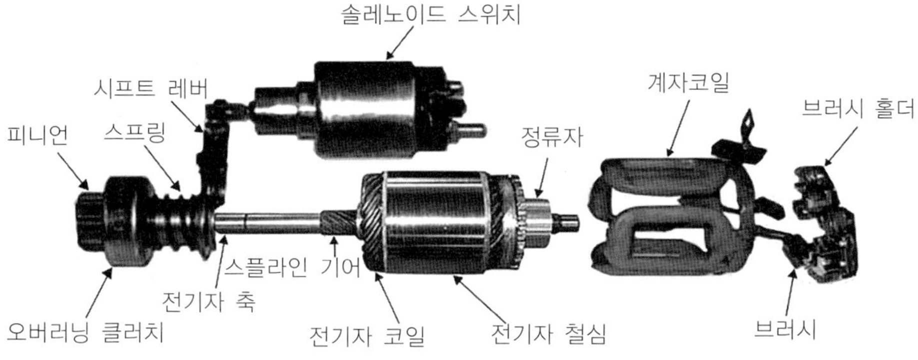

그림 4-22. 기동전동기의 주요부

[1] 전기자(armature)

전기자는 회전력을 발생하는 부품으로 철심, 전기자 코일, 정류자로 구성되며 축 양끝은 베어링으로 지지되어 자계(계철) 내에서 회전한다. 전기자 축(armature shaft)은 큰 회전력을 받는 부분으로 절손, 변형, 굽힘 등이 일어나지 않도록 베어링 지지부분을 특수강으로 제작하며, 내마멸성을 증대시키기 위하여 담금질되어 있다. 피니언의 섭동부분에는 스플라인이 파여져 있다. 그리고 정류자 편의 아랫부분을 V형 링으로 조여 회전 중 원심력에 의해 이탈되지 않게 하였다.

그림 4-23. 전기자의 구조

[2] 전기자 철심(armature core)

전기자 철심은 전기자 코일을 유지하며, 계자철심에서 발생한 자계의 자기회로가 되어 자력선을 잘 통과시키고 동시에 맴돌이 전류를 감소시키기 위해 0.35~1.0㎜의 규소강판을 성층해서 사용하고 있다.

전기자가 회전하면 역기전력이 유기되어 열이 발생하기 때문에 전동기의 효율이 저하되므로 바깥둘레에는 전기자 코일이 들어가는 홈이 파져 있어 사용 중 발열되지 않도록 한다. 또 고속으로 회전할 때 전기자 코일의 지지 및 보호하는 역할을 한다.

[3] 전기자 코일(armature coil)

전기자 코일의 결선 방법에는 파권(wave winding)과 중권(lap winding)이 있는데 기동전동기에는 파권이 거의 많이 사용되고 있다. 왼쪽에서 나가서 오른쪽으로 가면서 오른쪽으로 들어오면 중권, 오른쪽에서 나가서 오른쪽으로 가면서 왼쪽으로 들어오면 파권이다.

전기자 코일은 큰 전류가 흐를 수 있는 평각 구리선을 운모, 종이, 합성수지 등으로 절연하여 코일의 한쪽은 N극 쪽에 다른 한쪽 끝은 S극이 되도록 전기자 철심의 홈에 끼워져 있다. 전기자 코일의 양끝은 정류자 편에 납땜되어 모든 코일에 동시에 전류가 흘러 각각에 생기는 전자력이 합해져 전기자를 회전시킨다.

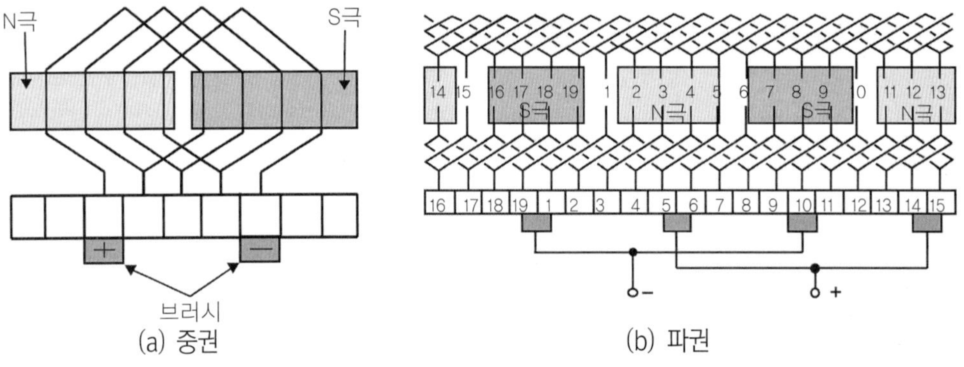

그림 4-24. 전기자 코일 결선방식

[4] 정류자(commutator)

정류자는 브러시에서의 전류를 일정한 방향으로만 흐르도록 하는 것으로 단단한 구리판을 절연체로 싸서 원형으로 제작한 것이다. 정류자편 사이는 1㎜ 정도 두께의 운모로 절연되어 있고 운모의 언더컷(under cut)은 0.5~0.8㎜이며, 한계 값은 0.2㎜이다.

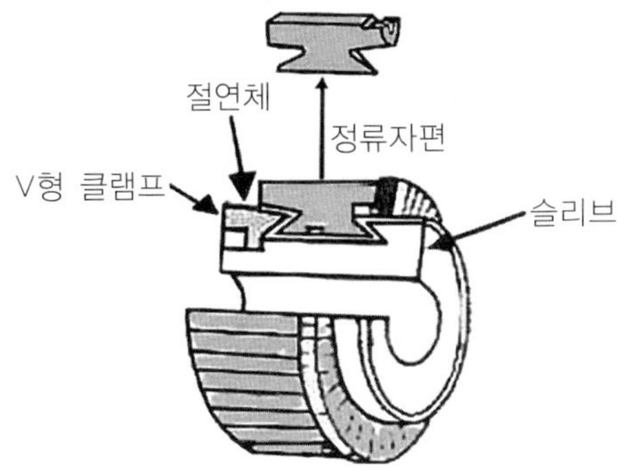

(a) 정류자

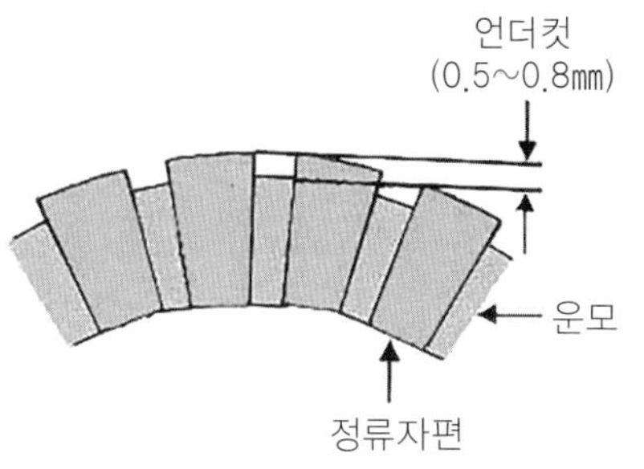

(b) 언더컷

「그림」 4-25. 정류자와 언더컷

2.2.2 기동전동기의 고정부분

[1] 계철(york)

계철은 기동전동기 케이스이며, 보통 강판을 둥글게 만든 통으로 안쪽 면에 계자철심을 열박음 하거나 볼트로 지지하고 자력선의 통로역할을 하며, 한편 외부로 부터의 이물질 유입을 방지하고 힘에 대하여 내부를 보호하는 역할도 한다.

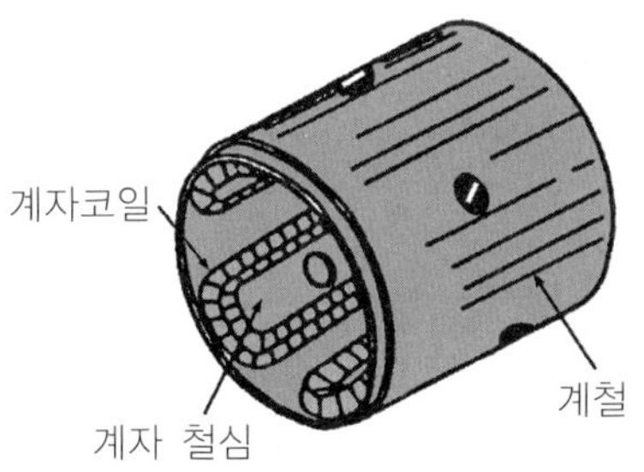

(a)

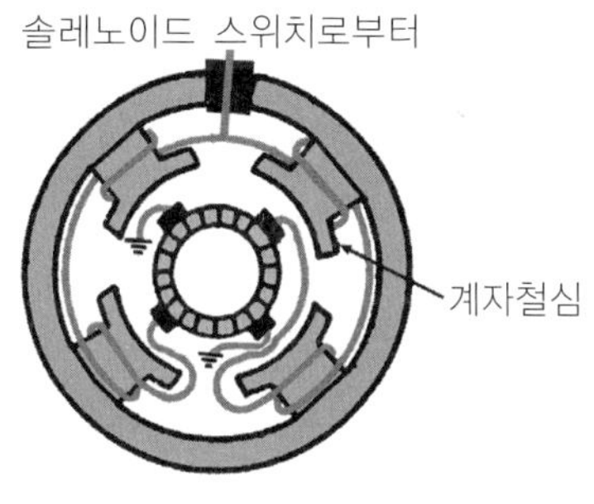

(b)

「그림」 4-26. 기동전동기의 고정부분

[2] 계자철심(field core)

계자철심은 인발성형 강이나 단조 강으로 만들었으며, 계자코일이 감겨져 있으므로 전류가 흐르면 전자석이 된다. 전기자에 접한 곳에는 면적을 크게 하여 자속이 통과하기 쉽게 하고 동시에 계자코일을 지지하는 역할을 한다. 계자철심의 수에 의해 극수가 정해지며, 4개이면 4극(pole)이 된다.

[3] 계자코일(field coil)

계자철심에 감겨져 전류가 흐르면 자력을 일으켜 계자철심을 자화한다. 계자코일과 전기자 코일은 직류직권 방식이기 때문에 전기자 전류와 같은 크기의 큰 전류가 계자코일에도 흐른다.

[4] 브러시와 브러시 홀더(brush holder)

브러시는 정류자를 통하여 전기자 코일에 전류를 전달하는 역할을 한다. 일반적으로 3~4개가 설치되는데 그 중 2개는 절연된 브러시 홀더에 지지되어 정류자와 접촉하고 다른 1~2개는 접지된 브러시 홀더에 지지되어 정류자와 접촉하고 있다.

기동전동기의 브러시는 큰 전류가 흐르기 때문에 금속-흑연계열의 재료를 사용하며, 사용 전압이 높은 것일수록 흑연이 많이 들어 있다. 브러시는 정류자를 거쳐 전기자 코일에 전류를 공급하기 때문에 스프링 장력에 의해 정류자에 압착되며, 브러시 홀더 내에서 상하 섭동한다. 스프링 장력은 브러시의 성질, 진동, 정류, 마멸도 등에 따라 다르나 대략 0.5~1.0kgf/㎠이다. 브러시는 표준길이의 1/3 이상 마모되면 교환하여야 한다.

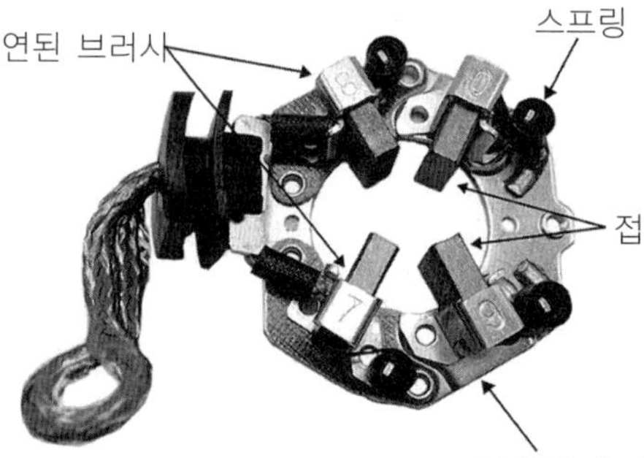

그림 4-27. 브러시와 브러시 홀더

[5] 베어링(bearing)

기동전동기는 하중이 크고 사용하는 시간이 짧기 때문에 대부분 부싱(bushing)을 사용한다. 또 베어링에는 윤활이 잘 되도록 홈이 파져 있고 구리함유 합금으로 된 것도 있다.

2.2.3 피니언 물림기구

피니언 물림기구는 기동전동기 피니언, 오버러닝 클러치, 시프트레버, 전기자 축으로 구성된다. 이 기구는 기동전동기 피니언을 통해 엔진의 플라이휠 링 기어에 동력을 전달하는 기능을 한다.

기동전동기는 기동전동기의 피니언과 엔진 플라이휠의 링 기어를 통해 회전력이 전달된다. 높은 기어비율(약 10 : 1~15 : 1)을 이용하여 비교적 작고, 고속인 기동전동기로 엔진의 큰 크랭킹 저항을 극복할 수 있기 때문에 기동전동기의 크기를 작게 할 수 있고 무게를 가볍게 할 수 있다. 기동전동기의 피니언의 잇수와 플라이휠 링기어 잇수비에 의한 기동 전동기의 필요 회전력은 다음과 같다.

$$\text{기동 전동기의 필요 회전력} = \frac{\text{피니언의 잇수} \times \text{회전 저항}}{\text{링 기어의 잇수}}$$

또 시동 회전력을 전달하고, 원하는 순간에 물림 해제를 할 수 있는 기동전동기 피니언과 플라이휠 링 기어의 완벽한 물림을 보장하기 위해서는 다음과 같은 기동전동기 피니언의 형식이 필요하다.

① 물림을 용이하게 하기 위해 인벌류트(involute) 치형으로 한다.

② 기동전동기 피니언의 페이스(teeth face) 및 플라이휠 링 기어의 페이스(기동전동기 디자인에 따라)를 챔퍼링(chamfering)한다.

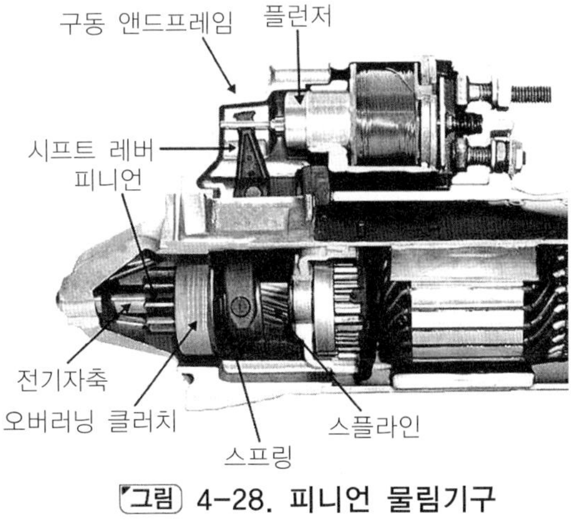

그림 4-28. 피니언 물림기구

③ 기동전동기 피니언과 플라이휠 링 기어 사이의 중심거리를 늘려 기어 플랭크에 충분한 백래시를 확보한다.

④ 정지 상태에서 기동전동기 피니언의 바깥쪽 페이스는 플라이휠 링 기어의 페이스로부터 일정거리 떨어져 있어야 한다.

⑤ 수명을 길게 하기 위해 기동전동기 피니언과 플라이휠 링 기어의 재질 및 담금질 방법을 서로 일치시킨다.

엔진이 시동되면, 기동전동기를 보호하기 위해 피니언은 즉각 플라이휠 링 기어에서 분리시켜야 한다. 즉 기동전동기와 엔진 플라이휠이 자동적으로 분리되어야 한다. 이를 위해 기동전동기에는 오버러닝 클러치와 복귀기구를 두고 있다.

[1] 솔레노이드 스위치 방식(magnetic switch type)

솔레노이드 스위치에는 시프트 레버를 잡아당기기 위한 플런저와 여자코일로 되어 있으며, 여자코일은 플런저를 잡아당기는 풀인 코일(pull in coil) 잡아당긴 상태를 유지하는 홀드 인 코일(hold in coil)로 되어 있다. 점화스위치를 ST위치로 하면 솔레노이드 스위치 내의 풀인 코일과 홀드 인 코일이 축전지의 전류로 강력한 전자석이 되어 플런저를 잡아당긴다.

플런저는 시프트레버를 잡아당겨 기동전동기 피니언을 플라이휠 링 기어에 물린다. 이 물림이 완료되는 순간 솔레노이드 스위치 내의 접촉판에 의해 B단자와 M단자가 연결되어 기동전동기로 축전지 전류가 흘러 강력한 회전을 시작한다.

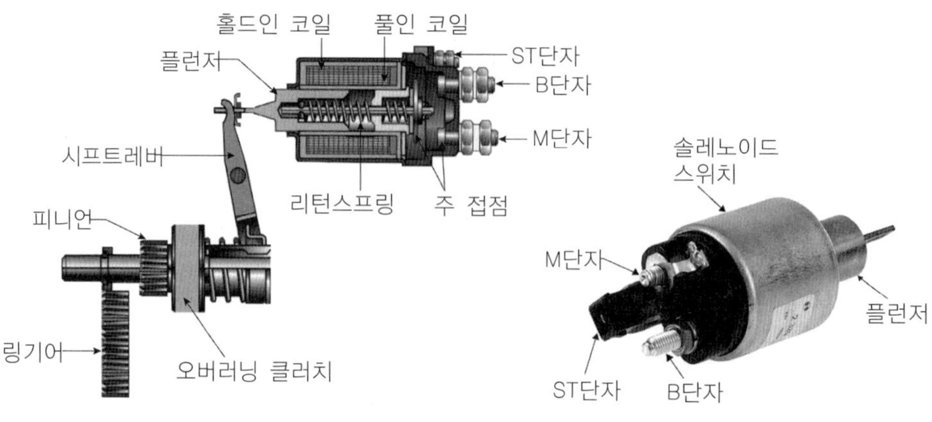

그림 4-29. 솔레노이드 스위치의 구조

(1) 점화스위치를 ST로 할 때

① 솔레노이드 스위치 내의 풀인 코일과 홀드 인 코일이 여자 되어 전자력으로 플런저를 잡아당겨 기동전동기 피니언을 움직인다.

② 기동전동기 피니언과 플라이휠 링 기어가 물리면 큰 전류가 기동전동기로 흘러 엔진이 회전하고 플런저는 홀드 인 코일에 의해 유지되게 된다.

(2) 점화스위치 ON위치

솔레노이드 스위치의 풀인 코일과 홀드 인 코일을 통해 흐르던 전류가 차단되며, 이때 두 코일에 자화력이 없어져 플런저는 리턴스프링에 의해 복귀한다.

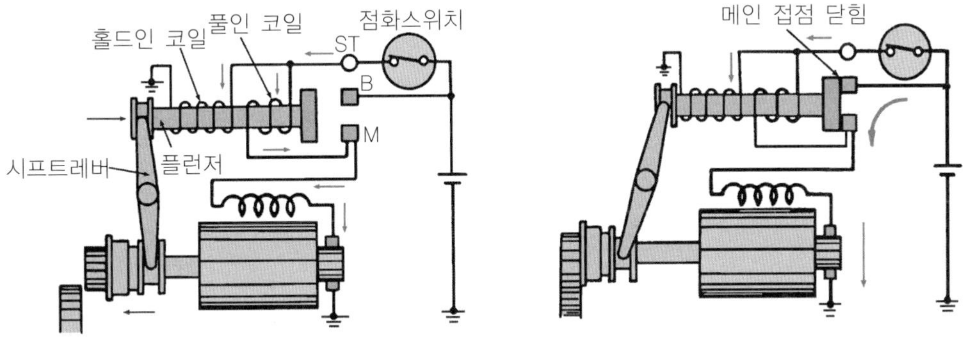

(a) (b)

그림 4-30. 작동회로도

[2] 전기자 섭동방식(magnetic sliding gear type)

전기자 축의 끝부분에 기동전동기 피니언이 고정되어 있고 전기자 철심의 중심과 계자철심의 중심이 서로 편심되어 있다. 계자코일은 전기자를 이동시키기 위한 보조 계자코일과 회전력을 발생시키는 주 계자코일로 되어 있다.

점화스위치를 ST위치로 하면 솔레노이드 스위치의 상부접점이 접촉하여 보조 계자코일과 전기자 코일로 전류가 공급된다. 이때 계자철심의 자력으로 전기자 철심은 계자철심의 중심에 끌어 당겨지고 서서히 회전하면서 전기자가 이동하여 기동전동기 피니언이 플라이휠 링 기어에 물린다. 전기자의 이동이 끝날 무렵 솔레노이드 스위치의 하부접점이 접촉하면 주 계자코일과 전기자 코일로 전류가 공급되어 전기자가 회전하여 기관이 크랭킹 된다.

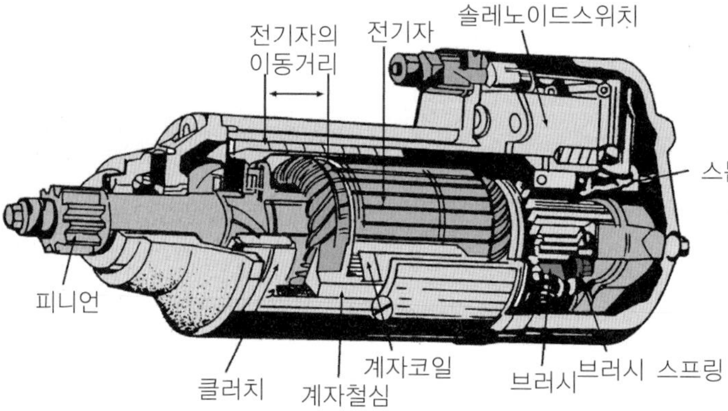

「그림」 4-31. 전기자 섭동 기동전동기

기관이 시동된 다음에는 플라이휠 링 기어가 기동전동기 피니언을 구동하게 되지만 다판 형식 오버러닝 클러치에 의하여 기관의 회전력이 차단된다. 회전력이 차단되어 전동기의 부하가 가벼워지면 계자코일에 흐르던 전류도 감소하고 리턴 스프링에 의하여 전기자는 제자리로 되돌아가면서 기동전동기 피니언이 플라이휠 링 기어로부터 이탈된다.

[3] 벤딕스형(관성 섭동형, bendix type)

이 형식은 피니언의 관성과 기동 전동기가 무부하에서 고속으로 회전하는 성질을 이용한 것이다. 작동은 기동전동기에 전류가 흐르면 전기자는 고속 회전을 한다. 그러나 피니언은 관성으로 인하여 전기자 축과 함께 회전하지 못하고 나사 슬리브 위를 회전하면서 축방향으로 이동하여 정지되어 있는 플라이휠 링기어에 물린다.

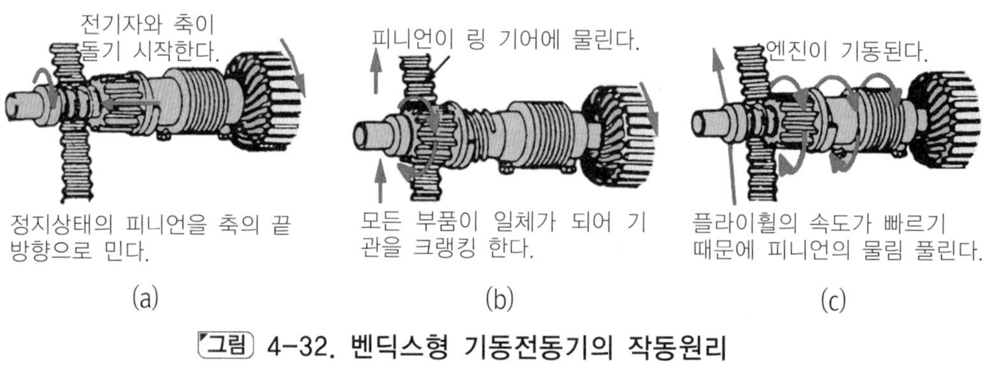

「그림」 4-32. 벤딕스형 기동전동기의 작동원리

피니언이 나사 슬리브 끝에 도달하여 링기어와 완전히 물리면 전기자의 회전력이 구동

스프링, 나사 슬리브를 거쳐 피니언에 전달되며, 피니언은 큰 회전력으로 플라이휠 링기어를 구동한다. 엔진이 시동되면 피니언이 플라이휠 링기어에 의해 회전하므로 나사 슬리브 위를 반대방향으로 미끄럼 운동하여 양쪽 기어의 물림이 풀리고 피니언은 제자리로 복귀한다. 따라서 엔진을 시동한 후 기동전동기가 엔진에 의하여 고속 회전하는 일이 없으므로 오버러닝 클러치(over running clutch)를 필요로 하지 않는다.

2.2.4 오버러닝 클러치

[1] 롤러방식 오버러닝 클러치(roller type over-running clutch)

구동 슬리브 피니언, 코일 스프링 등으로 구성되어 있으며, 구동 슬리브 안쪽 면에는 전기자축의 스플라인이 파져 있다. 이 구동 슬리브는 시프트 레버에 의해 전기자 축의 스플라인 상을 섭동하여 플라이휠 링 기어와 물림되어 기관을 시동할 때 전기자축의 회전력은 먼저 구동 슬리브로 전달되고 다시 이것과 기동전동기 피니언 사이에 있는 몇 개의 롤러를 거쳐 피니언에 전달된다.

엔진을 시동할 때 전기자축의 회전력은 먼저 구동 슬리브를 거쳐 외부 레이스에 전달되어 외부 레이스가 회전하면 기동전동기 피니언과 일치가 된다. 따라서 전기자축의 회전력이 플라이휠 링 기어로 전달된다. 엔진이 시동되면 기동전동기 피니언의 회전이 외부 레이스보다 빨라진다. 이에 따라 기동전동기 피니언이 공회전하게 되어 기동전동기가 엔진에 의해 구동되지 않는다.

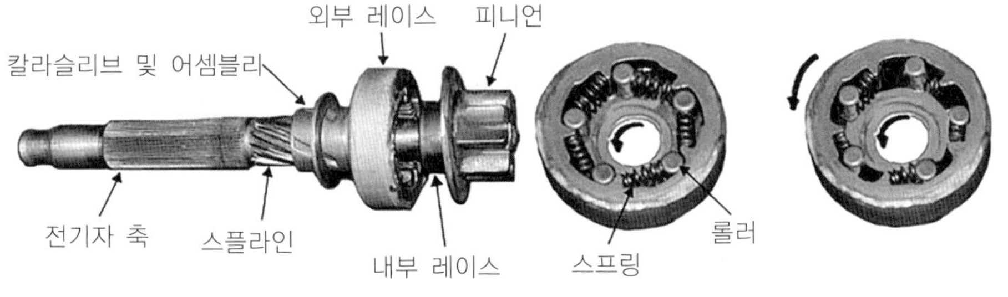

(a) 클러치의 구조　　(b) 시동 후　　(c) 시동할 때

「그림」 4-33. 롤러방식 오버러닝 클러치

[2] 스프래그 방식 오버러닝 클러치(sprag type over-running clutch)

중량급 엔진에 사용되며, 바깥 레이스는 기동전동기에 의해 구동된다. 엔진이 시동되어 엔진이 피니언을 구동하면 안 레이스가 바깥 레이스보다 빨리 회전하여 바깥 레이스와 안

레이스의 고정이 풀려 엔진이 기동전동기를 구동하지 않도록 한다.

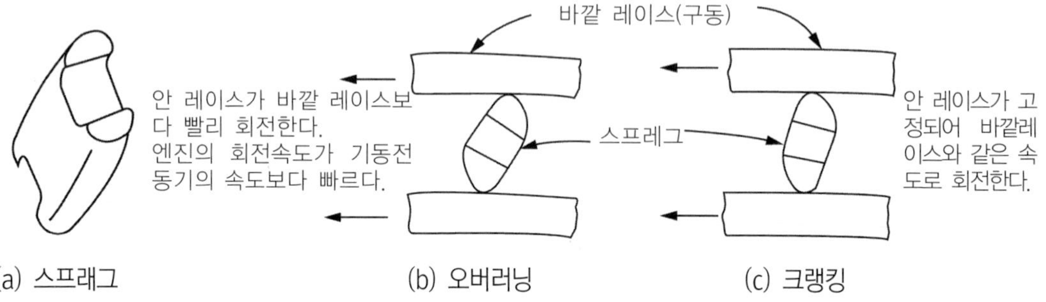

「그림」 4-34. 스프래그 방식 오버러닝 클러치

[3] 다판 클러치방식(multiple disc clutch)

엔진이 시동된 다음 기동전동기 피니언이 플라이휠 링 기어에 의해 회전하게 되면 피니언 축이 전기자축보다 빠르게 회전하므로 어드밴스 슬리브가 회전하게 되어 나선형 스플라인의 작용으로 어드밴스 슬리브는 피니언과 멀어져 구동 및 피동 클러치 사이의 면압이 감소되어 미끄럼이 생겨 엔진 회전력을 차단한다.

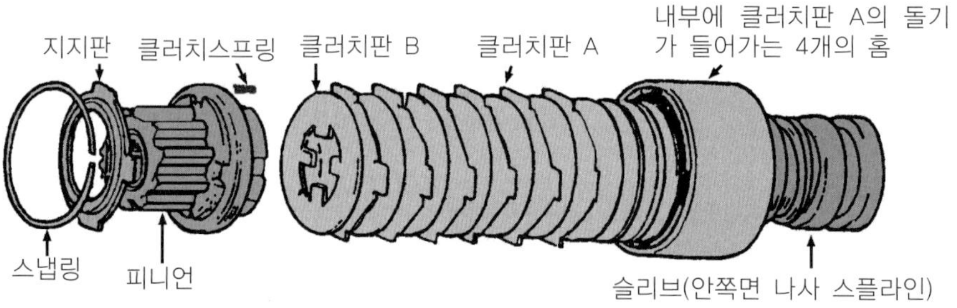

「그림」 4-35. 다판 클러치의 구조

2.2.5 감속기어식 기동전동기

감속 기어식은 기동전동기 내부에 3～4 : 1 정도의 감속비를 가지는 기어를 사용하여 전동기를 소형, 고속화, 저 토크형으로 만들 수 있으므로 중량을 감소시키는 효과를 얻을 수 있다. 피니언과 링 기어 사이의 감속비까지 생각하면 총감속비가 거의 45 : 1로 된다. 일부 승용차와 디젤엔진에서 많이 사용된다.

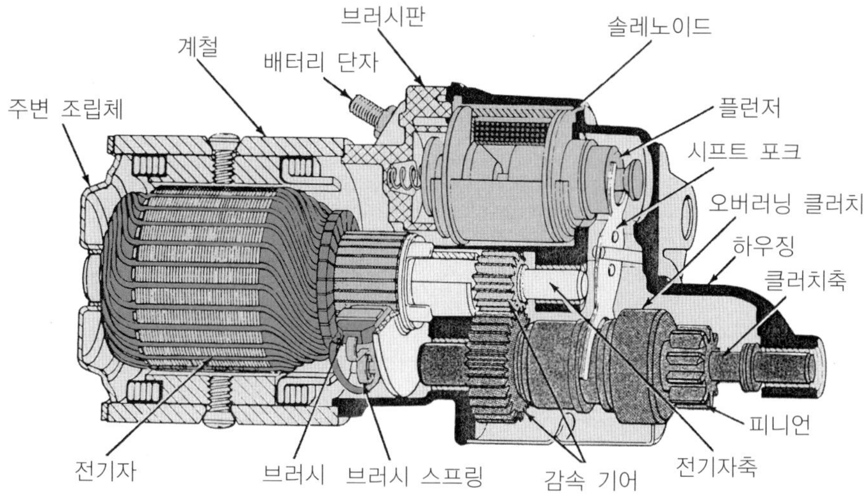

「그림」 4-36. 감속 기어식 기동전동기

2.2.6. 유성기어식 기동전동기

근래에는 기동전동기의 소형 경량화 추세에 부합하기 위해 유성기어식 기동전동기를 많이 사용한다. 링 기어를 기동전동기의 하우징을 이용하여 고정시키고 전기자를 고속으로 회전시켜 4.5 : 1 정도로 감속시키는데 피니언과 링 기어 사이의 감속비까지 감안하면 총 감속비가 70 : 1에 이른다. 계자 코일을 전자석을 이용하지 않고 영구자석을 사용하는 기동전동기에서도 이 방식을 많이 사용하고 있다. 직접구동방식에 비해 중량이 거의 60% 정도 감소된다.

최근 기동전동기의 신뢰성과 내구성이 많이 향상되어 50,000회 정도 기동이 가능하고 효율도 많이 향상되었다. 특히 기동전동기 효율을 향상시키면 배터리용량을 작게 할 수 있으므로 여러 가지로 유리하다.

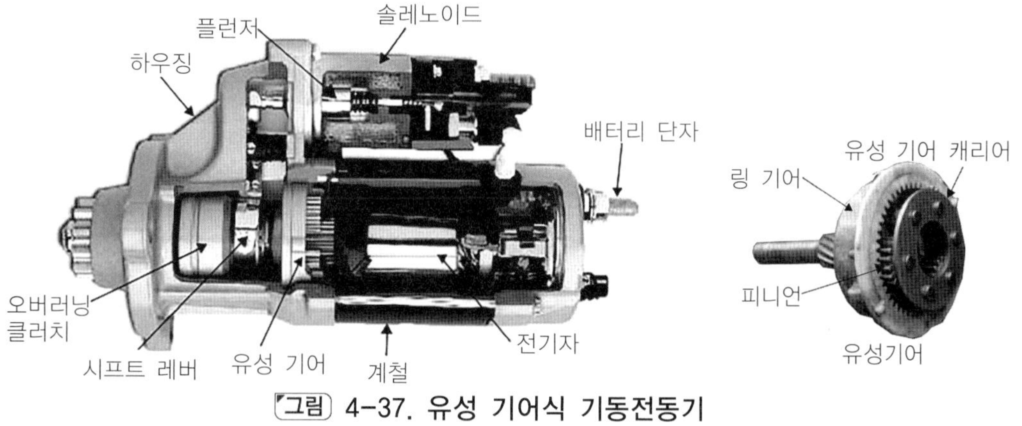

「그림」 4-37. 유성 기어식 기동전동기

Chapter

5

점화장치

1 점화장치의 개요

가솔린엔진은 실린더 내에 압축된 혼합 가스를 착화시켜야한다. 가솔린 엔진의 점화장치는 실린더 내의 혼합 가스를 점화플러그의 전극으로부터 전기불꽃을 발생시켜서 혼합가스를 적정시기에 연소시키는 장치이다. 점화시키는 시점과 점화 지속 시간은 엔진의 성능에 크게 영향을 미치게 된다. 가솔린엔진에 점화장치가 나쁘면 시동성이 떨어지거나, 공회전 시 엔진 부조, 가속 시 출력이 떨어지거나 차량 떨림 현상이 발생하게 된다. 이러한 현상은 바로 유해 배출가스 증가와 연비 악화로 이어지게 된다.

엔진의 고성능화와 배출가스의 규제와 함께 반도체 산업의 급속한 발달로 초기의 단속기 접점방식 점화장치에서 최근에는 전자 점화방식으로 발전하였다. 전자 점화장치는 컴퓨터에 의해 1차코일 전류의 통전개시 및 점화시기를 제어하기 때문에 최적의 제어를 통해 성능과 연료소비율 향상 및 배기가스 제어에 훨씬 유리하다.

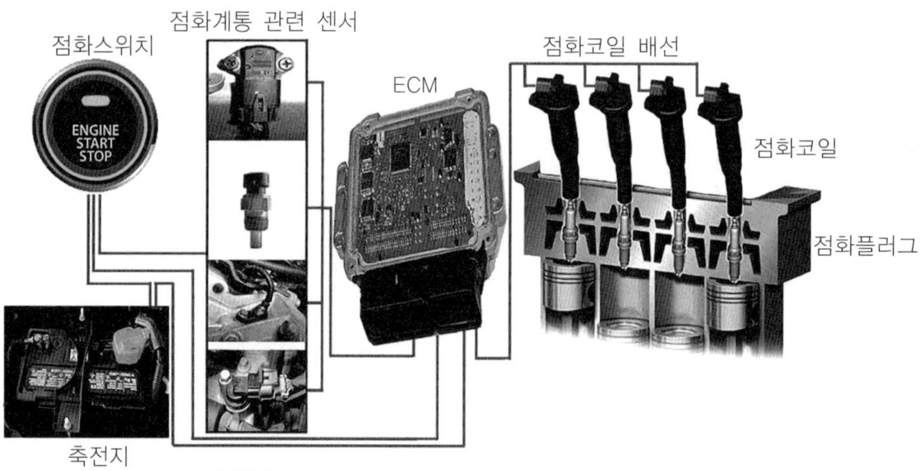

그림 5-1. 전자 점화장치의 구조

1.1 점화장치의 요구조건

① 발생 전압이 높고 여유 전압이 클 것

② 점화시기 제어가 정확할 것

③ 불꽃 에너지가 높을 것

④ 잡음 및 전파 방해가 적을 것

⑤ 절연성이 우수할 것

1.2 점화장치의 분류

점화장치는 아래 표에 나타낸 바와 같이 단속기 접점방식(CI), 트랜지스터 방식(TI), 세미 트랜지스터 방식(SI), 전자배전 점화장치(DLI)로 나누어진다.

[점화장치의 분류]

구 분	1차 전류 단속방법	진각방식	고전압 분배방식
단속기 접점방식 점화장치 (CI : conventional ignition)	기계방식 (접점사용)	기계방식 (진공이용)	기계방식
트랜지스터 점화장치 (TI : transistorized ignition)	전자방식	기계방식 (진공이용)	기계방식
세미 트랜지스터 점화장치 (SI : semi-transistorized ignition)	전자방식	전자방식	기계방식
전자배전 점화장치 (DLI : distributor less ignition)	전자방식	전자방식	전자방식

[1] 접점 점화장치(contact point ignition system)

배터리를 고전압 발생의 에너지원으로 사용하며 일차회로의 전류단속은 접점을 이용하여 2차 코일에 고전압을 발생시킨다.

[2] 전자 점화장치(electronic ignition system)

1차 코일의 전류를 차단하여 제어하는데 기계적 접점 대신에, 자석과 코일을 사용한 트랜지스터를 스위치 역할을 시켜 유도된 2차코일의 고전압을 이용하여 점화플러그에 점화를 일으킨다.

[3] 세미 트랜지스터 점화장치(semi-transistorized ignition)

1차 전류의 단속은 트랜지스터가 하고 포인트는 신호를 보내기만 하는 미소 전류로 하여 포인트가 타는 것을 적게 만든 방식이다.

[4] 무배전기 점화장치(distributor less ignition system)

기계적인 배전부를 없애고 전자제어부에 의하여 고전압을 배전하는 전자배전방식으로 점화시기를 전자적으로 계산하여 전자진각을 이용하기 때문에 내구성이 강하고 진각 폭에 제한이 없다. 점화시기를 결정하는 가장 중요한 정보는 엔진의 부하(즉, 흡기량)와 회전속도이다. ECM은 부하에 대한 정보를 순간 필요 공기량 또는 감지한 흡기질량으로부터 얻는다.

1.3 연소와 점화시기(ignition timing)

연소실 내에서 점화플러그에 스파크를 발생시켜 혼합가스가 연소 폭발하여 최대 압력이 될 때까지는 일정시간이 걸린다. 엔진을 가장 좋은 효율로 작동시키려면 크랭크 각도가 상사점 후 10° 전후에서 최고 폭발압력이 될 수 있도록 혼합가스를 점화시켜야 한다.

일반적으로 기계식 단속방법에서 포인트가 열려 이점에 도달하는데 까지는 시간적 지연이 있는데 이때 최고 압력에 도달할 때까지의 시간을 점화 지연(ignition delay)이라고 부르고 보통 포인트가 열리기 시작하여 상사점까지의 크랭크축의 각도로 표시한다.

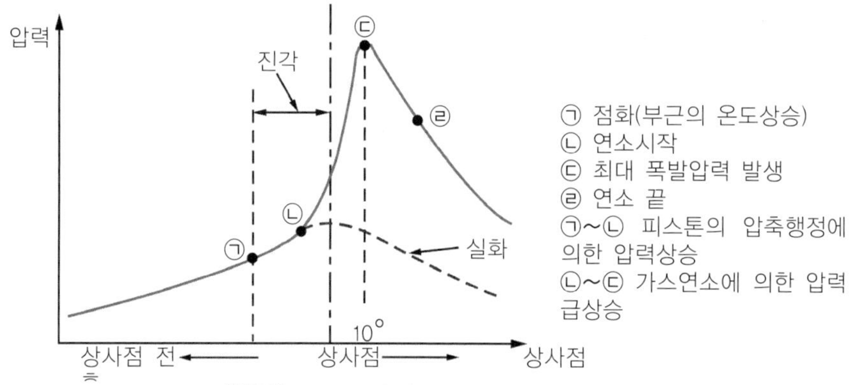

그림 5-2. 정상 연소과정

1.3.1 점화시기의 필요성

점화시기는 가솔린 내연기관 자동차의 출력을 결정하는 직접적인 요인 중 하나로서, 점화시기에 따라 실린더내의 압력이 달라지며 그것이 출력으로 연결된다. 가솔린엔진의 점화시기에서 최고의 폭발압력이 크랭크각 ATDC(상사점 후) 10° 전후에 있을 때 가장 효율이 좋다는 실험적인 실증이 있으며, 이것을 파워 타이밍이라 한다. 점화시기가 파워 타이밍보다 너무 빠르면 노킹현상이 일어나고, 너무 늦으면 최고 폭발압력이 낮아지는 결과가 되어 두 경우 모두 출력저하를 가져온다. 그러므로 가솔린 엔진에서는 이상 연소를 억제하면서 어떠한 운전조건에서도 파워 타이밍을 유지하여 최대의 효율을 얻는 것이 필요하다. 또한 파워 타이밍은 엔진의 회전수 변동과 부하의 변동에 따라 연동되기 때문에 그 변화에 대응한 적절한 장치들이 필요하다.

1.3.2 연소과정과 적정 점화시기

전자 점화장치에서 트랜지스터의 베이스 전류가 ON되었다가 OFF될 때 점화플러그에서는 고전압에 의한 불꽃이 발생되고 이 불꽃에 의해 실린더 안의 압축된 혼합기가 착화되어 연소하기 시작한다. 이때 실린더 안의 압력이 최대로 될 때까지는 어느 정도의 시간이 필요하다.

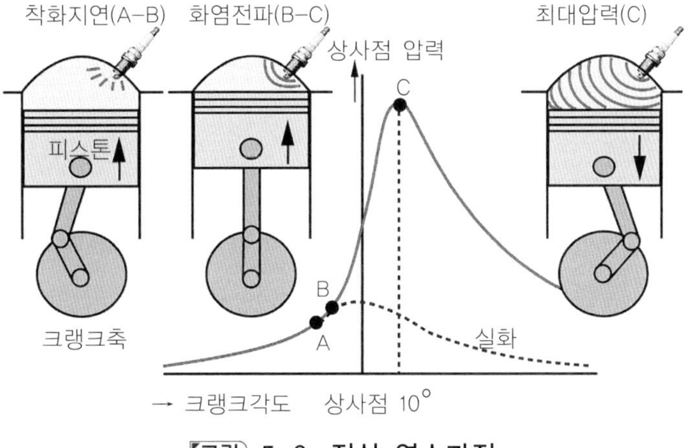

그림 5-3. 정상 연소과정

[1] 전기적 지연(A이전)

전기적 지연은 신호발전기에서 OFF 신호로부터 점화플러그의 불꽃발생까지 걸리는 시간으로 그림의 A점 이전의 시간이다.

접점식인 경우에는 접점이 열리기 시작하여 접점 불꽃이 완전히 사라질 만큼의 넓이까지 열려서 1차 전류가 단속될 때까지의 기계적 지연이 포함된다. 전기적 지연이란 2차 코일의 상호유도전압이 상승하여 2차회로의 총합 저항을 이겨내고 점화플러그에 불꽃이 발생될 때까지의 모두 약 0.05ms 정도의 지연을 말한다. 이것은 엔진 회전수에는 그다지 크게 영향을 미치지 않는 범위이다.

[2] 착화지연(A-B사이)

그림 3의 A점에서 점화플러그의 불꽃이 발생하면, 발생된 불꽃은 접지전극이 냉각되어 소염작용이라는 방해를 받는다. 이 방해를 극복한 중심전극과 접지전극사이의 혼합기가 활성화하여 화염 핵(화염 전파될 만큼의 에너지를 갖는 불씨)을 형성하는 데는 어느 정도의 시간이 필요하다. 이렇게 연소실 내의 압축된 혼합기에 착화 가능할 정도의 유효한 화염 핵이 발생될 때까지의 기간(A-B사이)을 착화지연이라 한다.

착화지연 기간 중에는 아직 화염 핵에 의한 혼합기의 연소가 주위에 넓게 퍼진 상태가 아니기 때문에 착화에 의한 실린더 내의 압력변화는 거의 없다고 볼 수 있다. 이 착화지연 기간을 좌우하는 변동요소로는 주로 옥탄가가 있으며, 이 밖에 혼합기의 온도, 혼합비, 압력 등이 다소 영향을 준다. 따라서 착화 지연시간은 연료가 결정되면 항상 일정하며, 이것을 크랭크 각으로 볼 때 착화지연기간에 필요한 크랭크 각은 저속 시에는 작고 고속 시에는 크게 됨에 따라 회전수에 대한 점화시기 조정이 필요하게 된다.

[3] 화염전파(B-C사이)

그림 3의 B점에서 점화플러그의 양전극 사이에서 화염이 혼합기에 착화되어 화염전파가 시작된 후 C점의 최대압력(peak power)에 도달할 때까지 급격히 압력이 상승하는 과정을 화염전파 기간이라고 한다. 이 기간의 변동 요소로는 엔진의 부하상태, 실린더 내에 흡입된 혼합기의 와류에 의한 변화가 있으며, 회전수가 올라가면 올라간 만큼 와류도 심해지고 화염전파 속도로 빨라지게 된다.

저속 고하중(급경사로)에서는 실린더 내에 많은 혼합기가 흡입되어 압축 압력도 높아지고 화염전파 속도도 빨라지며 또한 요구되는 크랭크 각은 작아진다. 그리고 내리막길 등의 경부하시에는 흡입 혼합기도 적고 압축압력도 낮아져서 화염전파 속도도 늦어지며, 필요로 하는 크랭크 각은 커진다.

이렇게 엔진에 걸리는 부하에 따라 최대압력의 C점이 변하기 때문에 부하에 의한 점화시기의 조정을 필요하게 되는 것이다.

1.3.3 엔진 회전변동에 따른 진각

엔진의 최대 효율을 얻기 위해서는 점화플러그에서 발생된 불꽃이 화염 핵을 만들고, 그 화염 핵이 혼합기의 분자를 활성화시켜 화염으로 확대되어 최대 폭발압력에 이르며, 이 최대 폭발압력의 위치가 상사점을 지난 후 크랭크 각 10° 부근일 때 최대의 효율을 얻을 수 있다. 따라서 파워 타이밍보다 점화시기가 빠르면, 조기점화에 의한 노킹이 일어나 출력이 떨어진다. 또한 점화시기가 너무 늦어도 최대 폭발압력이 낮아져 엔진출력이 떨어진다.

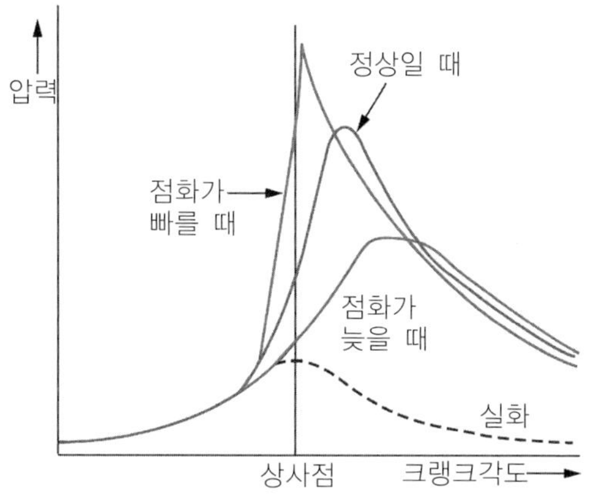

그림 5-4. 점화시기와 연소실의 압력

점화신호로 TR이 OFF되어 연소실 내의 압력이 최대 폭발압력에 도달할 때까지의 시간을 모두 3.0ms(3/1,000초)가 걸린다고 가정할 때, 엔진이 750rpm으로 회전할 경우 3ms를 크랭크 회전각으로 바꾸면

$$\text{1초당 회전수 } \frac{750[\text{rpm}]}{60[\text{초}]} = 12.5$$

$$\text{1회전에는 } \frac{1}{12.5} = 0.08 = 80\text{ms}$$

$$\text{3ms를 크랭크 각도로 바꾸면 } \frac{3[\text{ms}]}{80[\text{ms}]} \times 360° = 13.5°$$

이다.

따라서 3ms의 경우에 크랭크 각도로 13.5° 움직이는 결과가 되므로 750rpm에서 엔진이 회전하여 상사점 후(ATDC) 10°의 위치에서 최대 폭발압력을 얻으려면, 그것보다 13.5°전, 즉 상사점 전(BTDC) 3.5°의 위치에서 TR을 OFF시켜 점화플러그에 불꽃을 일으켜야 한다. 마찬가지의 경우로 엔진 회전수 3,000rpm 경우는

1초당 회전수 $\frac{3000[\text{rpm}]}{60[\text{초}]} = 50$

1회전에는 $\frac{1}{50} = 0.02[\text{초}] = 20[\text{ms}]$

3ms 회전수 $\frac{3[\text{ms}]}{20[\text{ms}]} \times 360° = 54°$

이다. 즉, 상사점 후 10°의 위치에서 적정 동력이 되기 위해서는 그것보다 54°전 (BTDC 44°) 위치에서 점화신호를 보내야만 한다.

TR 점화신호 발신 후 최대 폭발압력에 이르기까지의 시간이 3ms로 변하지 않는다고 가정할 때 엔진 회전에 비례하여 계산상으로 점화시기를 빠르게 하면

750rpm → BTDC 3.5° 점화신호

3,000rpm → BTDC 44° 점화신호

6,000rpm → BTDC 98° 점화신호

이처럼 점화신호 발생 시기를 빨리 해야만 ATDC 10°에서 적정 동력을 얻을 수 있다.

그러나 실제 엔진에 있어서는 회전상승과 더불어 흡입 혼합기의 유속이 빨라지고, 이에 따른 와류도 좋아 착화 후의 화염전파 속도가 빨라진다. 즉 TR의 점화신호에서 최대 폭발압력에 이르는 시간(앞의 예로 3ms)이 짧게 된다. 이상과 같은 이유로 엔진 회전 속도의 상승에 대응하여 점화시기를 빠르게 해줄 장치가 필요하며 기계식은 배전기 내의 거버너가 있고 전자식은 엔진 rpm의 신호를 받아 ECM 내부의 점화시기 제어 프로그램이 제어하게 되는 것이다.

1.4 고압의 발생원리

공기 중에는 많은 원자(atom)가 있는데 이들은 (+)이온과 (−)이온으로 나누어져 공기 중에 정체되어 있다. 그림 5와 같이 스위치(포인트)가 차단될 때 접촉표면은 급격히 감소하고 따라서 저항이 급격히 증가하는 순간 온도가 증가한다. 이때 두 전극에 고전압을 인

가하면 이온은 움직이며 상호결합에 의한 중성상태가 된다.

이온화현상으로 인하여 이온의 수는 급히 증가하고 전극사이에 충분한 수의 이온들이 배열되었을 때 전류는 이온들에 의해서 강한 스파크로 변환되어 전류는 흐르게 된다. 공기를 통해 흐르는 전기적 에너지를 전기장(electrical field)이라 하며 도체가 날카로울수록 강해진다.

(a) 불완전 접촉　　(b) 아크 발생

그림 5-5. 접점의 접촉 불량에 의한 불꽃발생

그림 6과 같이 회로에 흐르는 전류를 차단하면 최초는 스파크방전 발생 후 아크(arc) 방전이 함께 발생한다. 그러므로 실질적인 점화는 스파크와 아크방전이 함께 발생된다. 도체의 온도가 증가하면 자유전자의 움직임은 더욱 활발해지며 고온에 도달하면 자유전자는 도체를 이탈하기 시작한다. 접점이 떨어지는 순간, 열전자는 도체의 가장자리를 통해 이동된다.

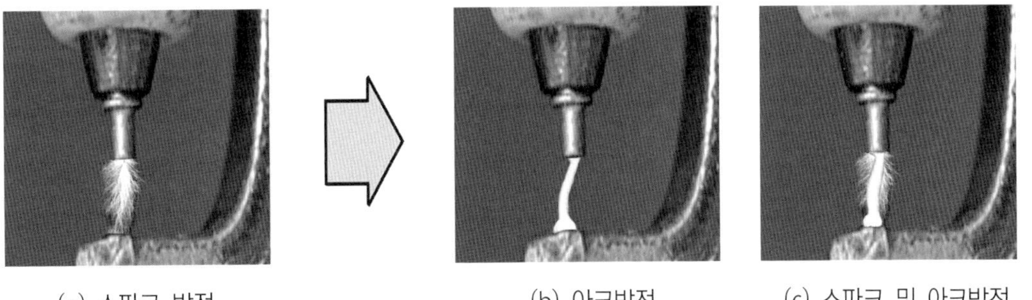

(a) 스파크 방전　　(b) 아크방전　　(c) 스파크 및 아크방전

그림 5-6. 아크방전

1.4.1 점화 요구전압

자동차의 점화플러그를 맑은 날 공기 중에 노출시키고 시동모터로 엔진을 돌리면 점화플러그에서 발생하는 전압은 약 2,000~3,000V 정도에서 불꽃이 일어난다. 그런데 대기

조건이 아니라 엔진의 연소실이 연료와 공기의 혼합물이 피스톤에 의해 압축을 받아 공기 밀도가 상당히 높아져 있으면 불꽃방전을 일으킬 수 있는 조건이 상당히 달라진다. 연소실에서는 공기 중에서와 같이 2,000~3,000V의 전압으로는 도저히 방전을 일으킬 수 없고 그 약 10배인 20,000~30,000V의 고전압이 있어야 한다. 이렇게 높은 전압이 필요한 주요 이유는 공기밀도가 달라졌기 때문이다.

점화플러그가 요구하는 점화전압은 불꽃 방전을 위해 필요한 이론적 최대 고전압이다. 점화플러그의 점화전압은 불꽃이 실제로 전극을 가로질러 도약하는 전압이다. 고전압은 전극사이에 자력을 유도하여, 불꽃간극은 이온화되어 전도성을 갖는다. 점화장치에서 발생하는 고전압인 점화 유효전압(available ignition voltage)은 30,000V를 초과할 수 있다. 예비전압은 점화 유효전압과 점화플러그의 최소 요구전압 사이의 차이이다.

점화플러그의 노화과정에 따라 중심전극과 접지전극의 간극이 커지므로 최소 점화전압은 증가한다. 실화(ignition miss)는 노화과정이 요구전압이 유효전압을 초과하는 지점보다 앞서는 경우에 발생한다. 따라서 점화요구 전압에 영향을 미치는 요소는 다음과 같다.

[1] 점화플러그와 점화요구 전압

점화플러그 전극사이의 거리를 간극(gap)이라 하며 불꽃방전이 일어날 때 전압변화는 그림 7과 같으며 불꽃시작의 최대전압이 점화요구전압이다.

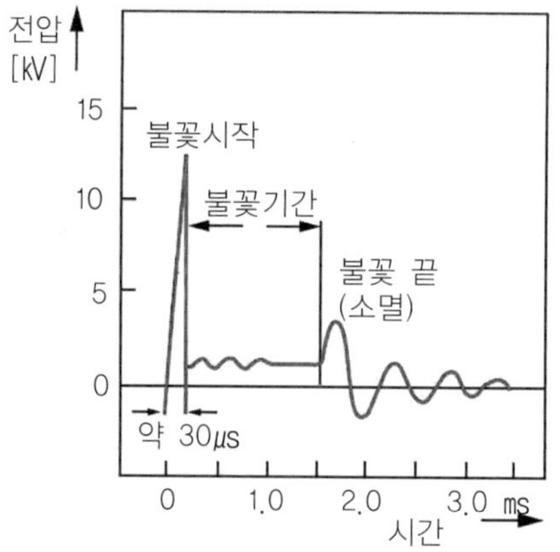

그림 5-7. 점화플러그 전극사이 전압

(1) 전극의 간극

점화플러그 전극의 간극이 클수록 점화요구전압은 그림 8과 같이 높아진다.

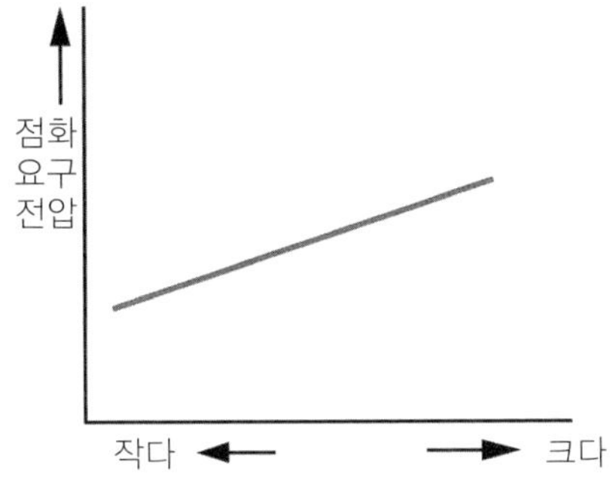

그림 5-8. 점화플러그 간극과 점화 요구전압

(2) 전극의 극성

작은 전극 크기가 전기장(electrical field)의 강도(intensity)를 증가시킨다. 이렇게 증가된 자력은 요구전압을 감소시키기 위해 사용될 수 있다. 점화플러그의 중심전극의 열은 쉽게 전도되지 않으므로 그 부위는 매우 뜨겁다. 그림 9에 나타낸 바와 같이 접지전극은 열전도가 크기 때문에 온도가 낮다. 뜨거운 쪽의 전자들은 쉽게 방출, 이동되므로 중심전극이 (-)전극으로 된다. 실제의 점화플러그 극성은 점화코일에 의해 결정된다.

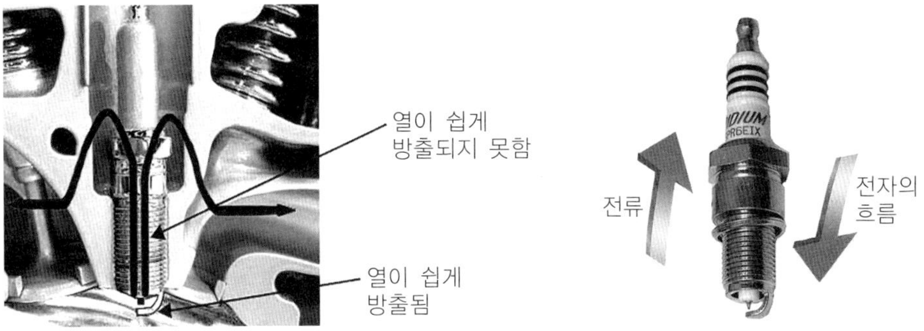

그림 5-9. 전극의 특성

(3) 전극 소재

전극의 전자 작동기능(electron work function)은 전도체 소재에 따라 다르므로, 전극 소재는 점화전압에 영향을 미친다.

(4) 절연 표면

전극사이의 일부 또는 전체 전자 이동이 절연체를 따라 발생하면 절연체 표면의 전자는 점화전압을 감소시킨다.

(5) 전극의 상태

불꽃방전은 날카로울수록 쉽게 일어나므로 새로운 점화플러그는 점화 요구전압이 낮다. 그리고 다른 모든 조건이 일정할 때 점화플러그 전극의 간극은 점화 요구전압에 직접적인 영향을 미친다.

[2] 압축압력과 점화 요구전압

압축압력을 제외한 모든 조건이 일정한 경우 점화요구 전압도 압력에 대해 일정한 관계를 가진다. 즉, 그림 10(a)에 나타낸 바와 같이 압축압력이 높아지면 점화요구 전원도 높아진다. 그 이유는 압력이 증가하면 혼합가스의 밀도가 증가하여 이온들의 움직임이 활발해지지 못하기 때문이다.

대기압 하에서는 2,000~3,000V에서 방전이 되지만 압축 압력이 10kgf/㎠ 정도로 되면 방전전압은 10,000V 이상이 되어야 한다. 즉 불꽃방전의 점화요구 전압은 불꽃 간극과 압축압력에 관계한다.

(a) 압축압력과 점화요구전압 (b) 혼합가스 온도와 점화요구전압

「그림」 5-10. 압축압력 및 혼합가스의 온도와 점화요구 전압

[3] 혼합가스의 온도와 점화 요구전압

그림 10(b)에 나타낸 바와 같이 점화플러그의 전극 또는 혼합가스의 온도가 높아지면 점화요구 전압이 낮아진다. 온도가 높아지면 두 전극 사이에서 쉽게 이온화가 일어나기 때문이다. 추운 겨울날 아침 엔진의 시동이 어려운 이유는 온도가 낮아 점화요구 전압이 상승하고, 습도가 증가하면 전극의 온도가 낮아져서 방전 전압은 다소 높아야 한다.

[4] 엔진의 회전속도 및 부하와 점화요구 전압

① 엔진 시동할 때 : 엔진을 시동할 때에는 전극과 흡입 혼합가스의 온도가 낮기 때문에 매우 높은 점화요구 전압이 요구된다.

② 공회전할 때 : 엔진의 온도가 상승하면 전극과 흡입 혼합가스의 온도가 증가하기 때문에 점화요구 전압이 낮아진다.

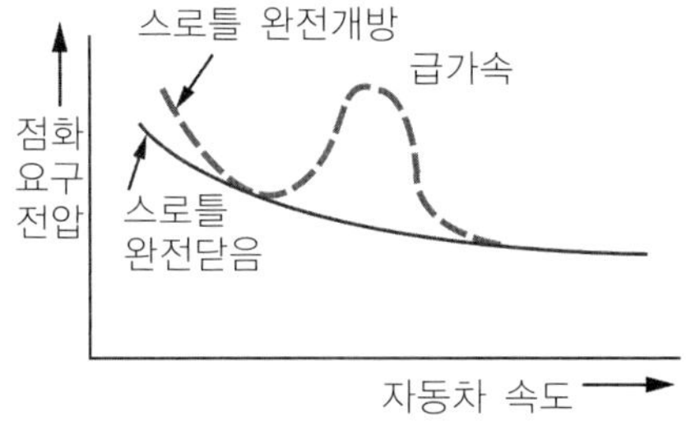

그림 5-11. 엔진부하와 점화요구 전압

③ 주행할 때 : 엔진의 회전속도와 부하가 증가하는 동안 전극과 흡입 혼합가스의 온도가 증가하여 점화요구 전압이 낮아진다. 그런데 부하(스로틀 열림 정도)가 크게 증가하면 압축압력 역시 증가하게 되고 점화요구 전압은 다시 증가하게 된다.

④ 가속할 때 : 스로틀밸브를 갑자기 열고 급가속을 할 때 압력 역시 급격히 상승한다. 이와 더불어 점화요구 전압 역시 급격히 높아지게 되는데 급 가속할 때 나타나는 엔진의 흔들림 현상도 점화장치의 부조에 기인한다.

1.4.2 자기유도 작용(self induction action)

자기유도 작용이란 그림 12(a)에 나타낸 바와 같이 스위치를 닫아 철심에 감은 코일에 전류를 공급하면 철심에 자력선이 형성되는 순간 그림 12(b)에 나타낸 바와 같이 코일에는 철심에 자력선이 형성되는 것을 방해하는 방향으로 전류가 흘러 전압이 유기 된다. 즉, 스위치를 닫으면(ON으로 하면) 전류가 흐르는 방향과 반대방향으로 유도 기전력이 유기 된다. 또 코일의 자기유도 작용은 그림 12(c)에 나타낸 바와 같이 전류가 흐르는 상태에서 그림 12(d)에 나타낸 바와 같이 스위치를 신속하게 열면(OFF시키면) 소멸하는 자력선을 지속시키려는 방향으로 전류를 흐르게 하여 전압이 코일에 유기된다.

이와 같이 코일에 흐르는 전류를 단속(ON/OFF)하면 코일의 자력선이 증가 또는 감소될 때 그 변화를 방해하는 방향으로 전류를 흐르게 하여 전압이 유기된다. 즉, 코일 자신에 흐르는 전류를 변화시키면 코일과 교차하는 자력선도 변화되기 때문에 코일에는 그 변화를 방해하는 방향으로 기전력이 발생되는 현상을 자기유도작용이라 한다.

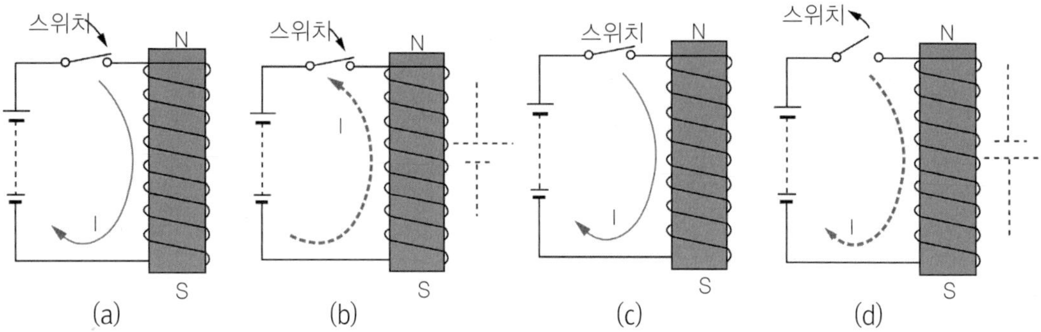

그림 5-12. 자기유도 작용

1.4.3 상호유도 작용(mutual induction action)

상호유도 작용이란 철심에 2개의 코일을 감고 A코일에 교류를 공급하면 B코일에는 2개 코일의 권선비율에 비례하는 전압이 유도되는 현상을 말한다. 즉 그림 13과 같이 1차 코일과 2차 코일의 2개의 코일을 동일 철심에 감고 1차 코일에 흐르는 전류를 변화시키면 철심에 의해 공통화 된 자력의 영향으로 2차 코일에도 기전력이 발생한다. 여기서 직류일 때는 스위치를 개폐하면 전구에 불이 들어오며 교류는 통전하면 곧바로 전구가 켜진다.

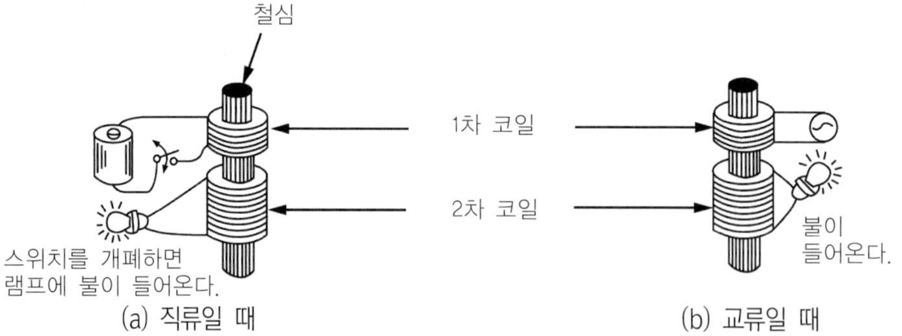

그림 5-13. 직류와 교류의 상호유도 작용

기전력은 그림 14와 같이 1차 코일과 2차 코일의 권수비율에 따라 2차 코일에 발생하는 기전력이 결정된다. 점화코일의 1차 코일과 2차 코일의 권수비율은 1 : 100 정도이므로 자기유도 전압을 200V로 하면 2차코일 기전력인 최대출력은 200V×100= 20,000V(20㎸)

가 된다. 이에 따라 2개의 코일 중에서 한 쪽에 흐르는 전류의 크기나 방향을 변화시키면 철심에 형성되는 자력선의 방향도 변화되기 때문에 다른 코일에는 전압이 유기된다.

이와 같이 하나의 전기 회로에 자력선의 변화가 생기면 그 변화를 방해하려고 다른 전기 회로에 기전력이 발생되는 현상을 코일의 상호유도 작용이라 한다.

$$2차코일에\ 유도되는전압 = 1차전압 \times \frac{2차코일권수}{1차코일권수}$$

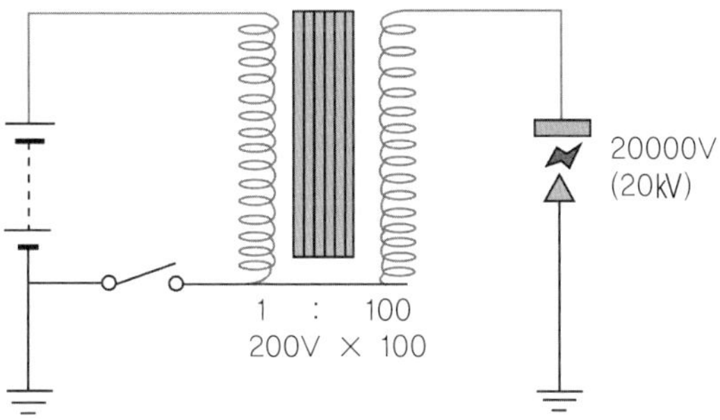

그림 5-14. 권수비율에 의한 기전력

1.4.4 점화코일 발생전압의 극성

점화코일의 1, 2차 코일은 그림 15에 나타낸 바와 같이 같은 방향으로 감겨 있으며, 1차 코일에 전류를 공급한 후 그 전류를 차단할 때 발생하는 역기전력과 같은 방향의 역기전력이 2차 코일에서도 발생한다. 2차 코일의 끝과 1차 코일의 시작을 결선하면, 마치 하나의 코일을 연속하여 한꺼번에 감은 것과 같다. 따라서 2차 코일에 발생하는 역기전력과 1차 코일에 발생하는 역기전력은 각각 분리되지 않고 합쳐진 전압으로 고압단자와 (-)단자(저압)에 나타난다.

그러나 이때 발생한 1차 코일의 역기전력을 Dz에 의해 소비되므로, 2차 코일의 역기전력이 점화플러그에 가해진다. 점화플러그에 가해지는 전압의 극성은 접지전극이 (+), 중심전극이 (-)의 전압으로 가해져 일반적인 축전지 전원회로와는 반대로 된다.

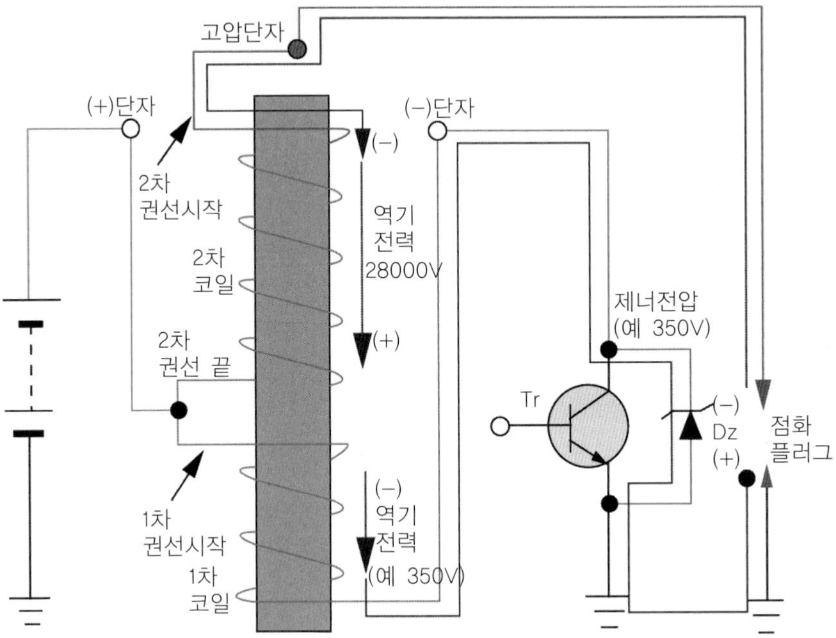

그림 5-15. 점화코일의 결선

점화플러그의 전압극성이 축전지 전원과 반대인 경우 전극형상이 방전될 때 (-)전압이 유리하다.

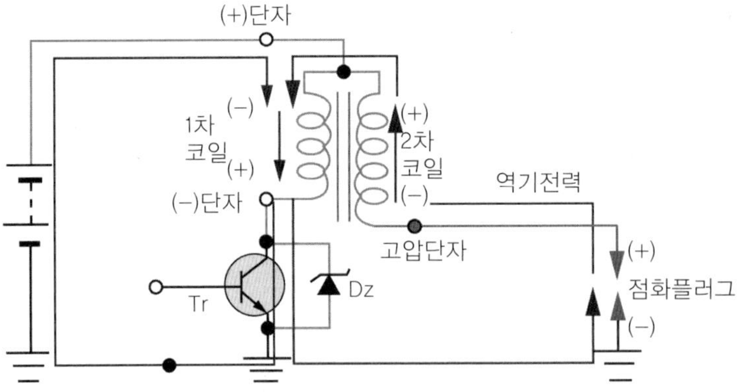

그림 5-16. 점화코일의 발생전압

그림 17은 침상전극과 판상전극을 조합하여 높은 전압을 가할 때 전압의 극성과 방전전압의 관계를 나타낸 것이다. 이 점화 간극사이에서 약 4㎜ 이하의 간극을 두고 방전시키면, 침을 (-)로 하고 접지를 (+)로 할 때 낮은 전압에서의 방전성능이 용이함을 알 수가 있다.

점화플러그의 중심전극과 접지전극과는 위의 예와 같이 극단적이지는 않지만, 접지전극 쪽이 평탄하고 또 점화간극도 약 1㎜ 정도를 사용하기 때문에 중심전극을 (-)로 하는 것이 유리하다.

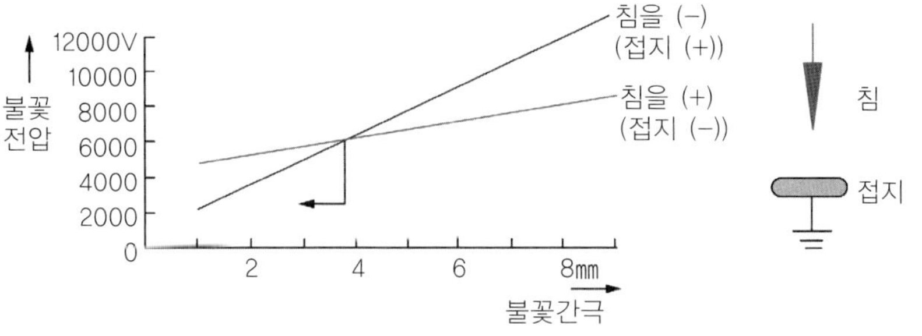

그림 5-17. 전압의 극성과 방전전압

점화플러그의 중심전극과 접지전극이 받는 온도차이는 그림 18에서와 같이 각각의 전극에서 받은 열의 방산경로를 보면, 접지전극은 중심전극에 비해 짧은 거리에서 실린더헤드로 열이 방출이 된다. 따라서 접지전극의 온도는 낮고 중심전극의 온도는 높은 상태가 되며, 이때 전류는 온도의 낮은 쪽으로부터 높은 쪽으로 흐르기 쉽게 된다. 따라서 점화플러그에 중심전극은 높은 온도가 되므로 중심전극으로부터 접지전극으로 향한 전자가 이동하기 쉬우며, 전자는 (-)의 전기를 향하여 전류가 흐르기(방전) 쉽다.

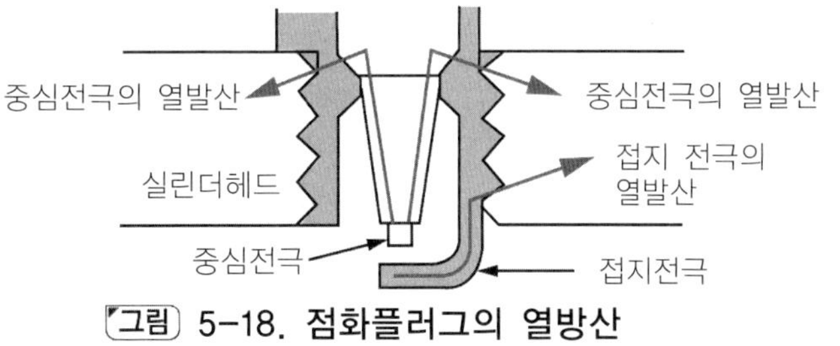

그림 5-18. 점화플러그의 열방산

2 점화장치의 구성

2.1 배전기 어셈블리(distributor assembly)

배전기 어셈블리는 배전기(distributor), 단속기(breaker), 진각 장치(advancer) 및 구동부로 구성되어 있으며 캠축에 의해 구동된다. 배전기는 1차회로의 전류를 단속하는 단속기의 역할과 2차 코일에서 발생한 고전압을 점화순서에 따라 각 점화플러그로 분배하는 역할을 한다.

2.1.1 접점식 점화장치(contact point ignition system)

그림 19는 접점식 점화장치의 개요도를 나타낸 것으로, 점화스위치를 작동시키면 축전지 또는 발전기의 전류는 배전기 내부의 단속기 접점으로 흐른다. 이때 접점이 닫혀 있으면 전류는 접점을 통해 접지되어 1차 코일에 자력선을 발생시킨다. 엔진이 회전하여 접점이 열리는 순간 흐르던 전류는 차단되고 급격한 자력선 감소(변화)로 인한 고전압(10,000~30,000V)이 2차 코일에 유도된다. 이 고전압은 배전기와 점화케이블을 통하여 점화플러그에서 불꽃방전을 일으키고, 이 불꽃에 의하여 연소실 내의 혼합기가 점화되어 연소가 이루어진다. 이때 고압이 발생되기 전에 축전지 전류가 흐르는 길을 1차 회로라 하고, 상호유도작용에 의해 발생된 고전압이 흐르는 길을 2차 회로라 한다.

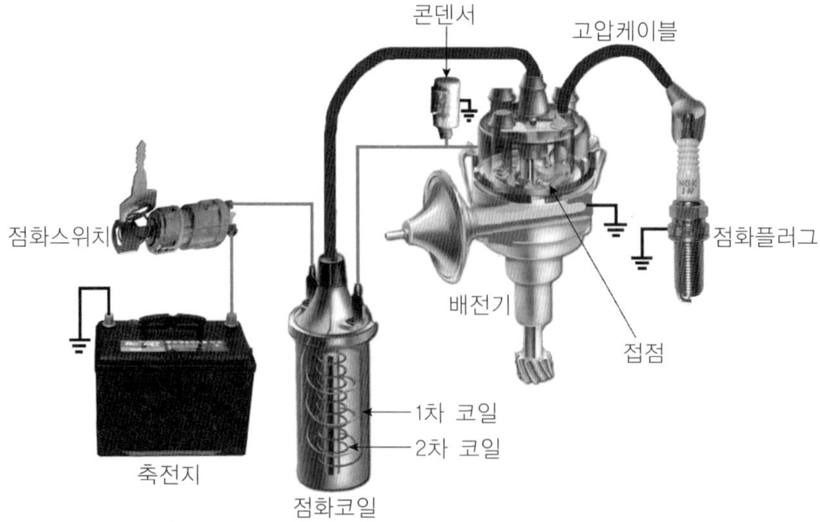

그림 5-19. 접점식 점화장치의 개요도

그림 20은 접점식 배전기의 구조를 나타낸 것이다. 배전기는 점화 2차 코일에서 발생된 고전압을 실린더헤드에 설치된 점화플러그로 점화순서에 따라 분배하는 역할을 하는 것으로 캠, 단속기, 점화 진각기구, 콘덴서, 배전기 캡(distributor cap), 로터(rotor) 등으로 구성되어 있다.

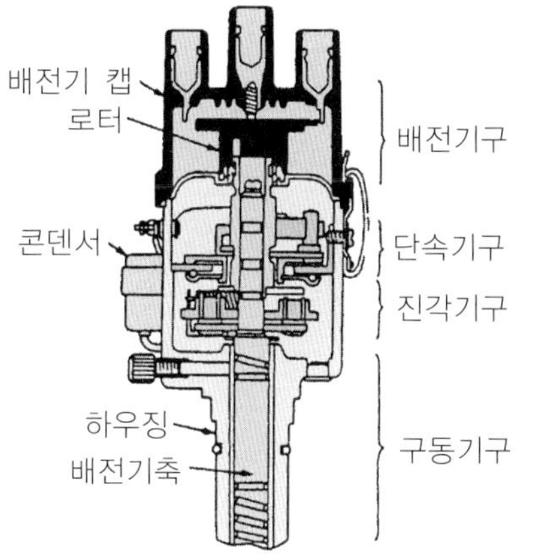

그림 5-20. 접점식 배전기의 구조

[1] 단속기

단속기는 1차 코일에 흐르는 전류를 단속하여 2차 코일에 고전압을 발생시키는 부분으로 그림 21과 같은 구조이며, 접점식에서는 접점단속기 암, 캠, 콘덴서 등으로 구성되어 있고, 캠은 단속기 암의 접점을 개폐하며, 실린더 수와 동일한 수의 로브(robe) 형상으로 되어 있으며 4행정 사이클 엔진의 경우 크랭크축의 1/2, 2행정 사이클 엔진의 경우 크랭크축과 동일한 회전수로 회전된다.

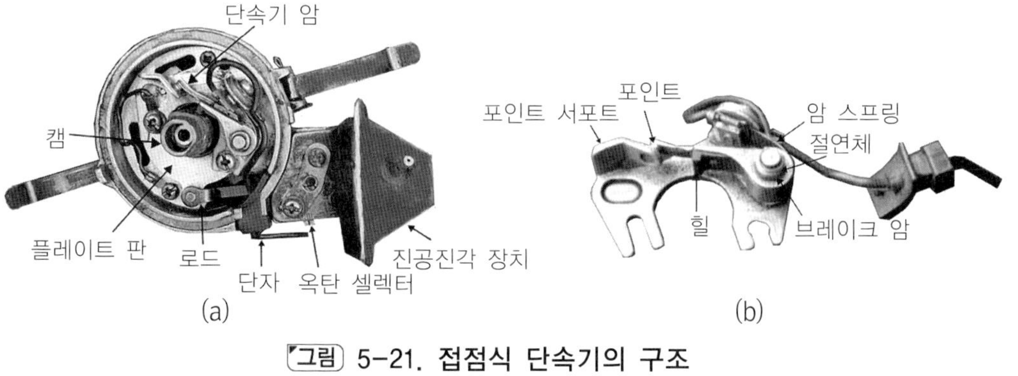

그림 5-21. 접점식 단속기의 구조

[2] 접점간극

접점간극은 엔진에 따라 다르나 대략 0.5㎜ 정도이며 이 접점간극에 따라 점화시기가 달라진다. 접점간극이 너무 작으면 점화시기가 늦어지고 간극이 너무 크면 빨라진다. 접점은 소손을 방지하기 위하여 융점이 높은 백금이나 텅스텐강 등으로 만들고 스프링 장력이 너무 세면 러빙 블록이나 캠의 마멸이 빨라지고 장력이 약하면 고속 운전에서 접촉이 나빠져 실화의 원인이 된다.

캠각(cam angle, dwell angle) 이란 접점식 단속기에서 접점이 닫혀 있는 동안의 캠이 회전한 각도를 말하고 무접점식에서는 폐로율 즉, 1차 코일에 전류가 흐르는 시간을 말한다. 일반적으로 캠각은 다음 식으로 구할 수 있다.

$$\text{캠각} = \frac{360°}{\text{실린더수}} \times \frac{60}{100}$$

[3] 축전기(condenser)

1차 전류가 차단되면 1차 코일에는 유도된 전류 때문에 불꽃 방전(arc)이 발생한다.

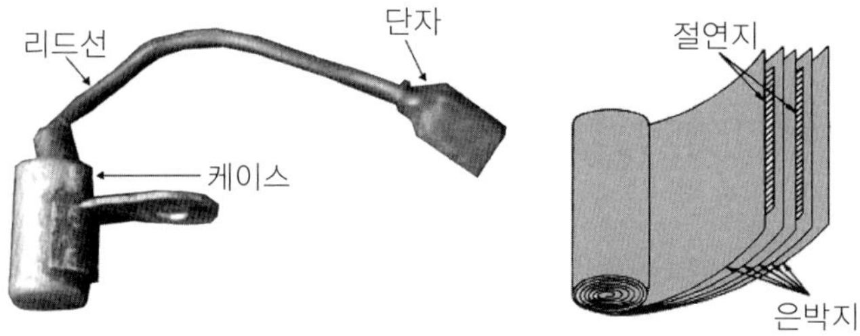

『그림』 5-22. 축전기의 구조

이 아크는 접점을 소손시키고 1차 코일에 생기는 자력의 변화가 완만해져 2차 코일에 발생 전압을 저하시킨다. 이와 같은 것을 방지하기 위하여 콘덴서는 접점과 병렬로 연결되어 1차 전류 발생시 접점 사이의 아크를 흡수하여 소손을 방지하고 1차 전류의 차단시간을 짧게 하며, 접점이 닫혔을 때 축전되어 있던 전하를 방출하여 2차 전압을 높인다.

접점이 개폐될 때 불꽃 방전으로 오존(O_3)이 발생되며, 오존은 산화작용이 활발하기 때문에 배전기 캡에 환기구멍을 두고 있다. 축전기는 절연지(콘덴서 페이퍼)로 절연된 두 장의 은박지(주석박판)를 감아서 케이스에 넣은 것으로써 은박지 한 장은 케이스에 접지되고, 다른 한 장은 외부로 나와 있는 리드선에 접속되어 있는 종이 콘덴서(정전 용량 : 0.25~0.3㎌)이다.

[4] 진각기구

점화시기가 지나치게 빠르면(진각) 압축행정 중에 폭발 압력이 상승하여 노킹을 발생하게 되고, 지나치게 늦으면(지각) 배기가스로 열손실이 증가하기 때문에 어느 경우나 출력이 저하되는 원인이 된다. 그리고 엔진 회전수가 증가하면 점화에서 최대 폭발압력 발생시점까지 걸리는 시간이 짧아지므로 점화시기를 진각시킬 필요가 있다.

또, 엔진 부하가 클 경우(스로틀 개도 증대) 연소속도가 증대되므로 점화시기를 진각 시켜야 한다. 이와 같이, 엔진의 회전수의 변화와 엔진의 부하 변동에 따라 점화시기를 조정하는 장치를 진각기구라 하며, 그림 23과 같은 원심 진각기구는 원심력에 의해 원심추가 엔진회전수 1,200~3,000rpm 사이에서 작동을 하고 점화진각의 변화량은 0~8°이며, 그림 24와 같은 진공 진각기구는 흡기관의 부압을 이용 단속기판을 배전기축 회전방향의 반대방향으로 이동시켜 점화시기를 빨리해주는 장치로 엔진회전수가 600~2,500rpm사이에서 작동을 하고 점화진각의 변화량은 0~15°이다.

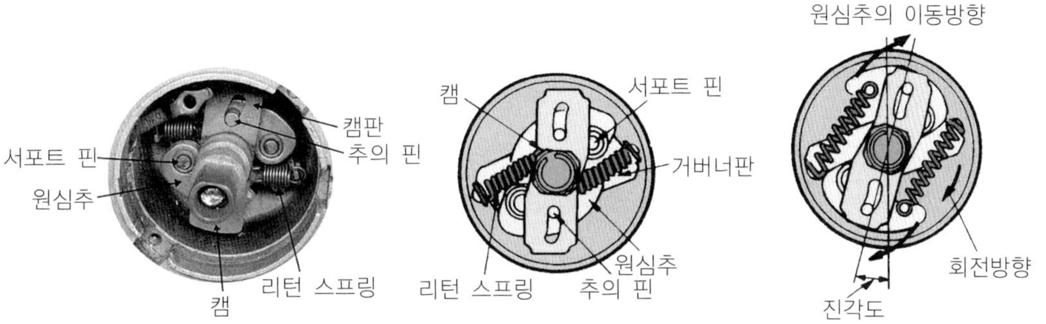

그림 5-23. 원심 진각장치의 구조 및 원리

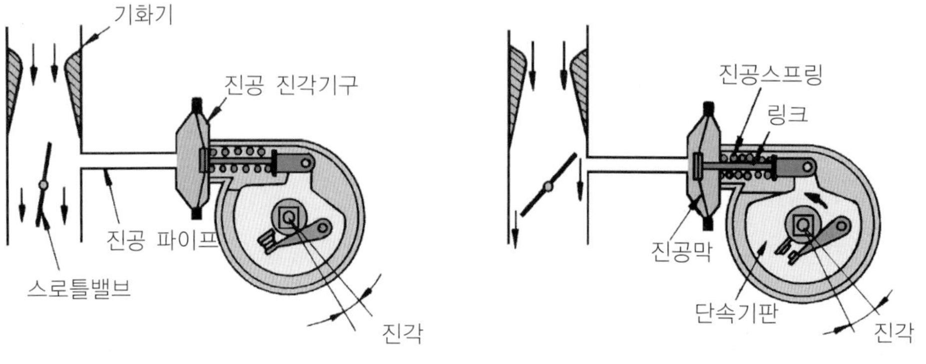

(a) 고부하시 (b) 저부하시

그림 5-24. 진공 진각장치의 구조 및 원리

한편, 옥탄가 셀렉터(octane selector)는 진공 진각기구의 일부로 구성되어 있으며, 엔진 상태에 맞는 연료의 옥탄가를 선정할 수 있다.

그림 25는 옥탄 셀렉터로 엔진의 출력 증가나 연료의 경제성을 도모하려면 노킹이 일어나지 않는 고옥탄가의 연료를 사용하여야 한다. 옥탄가가 높은 연료는 연소 속도가 늦으므로 점화시기를 진각 시키고, 저 옥탄가의 연료일 때는 점화시기를 늦출 필요가 있다. 옥탄가가 높은 연료의 경우 A방향으로 돌려서 점화시기를 빠르게 해주고, 옥탄가가 낮은 연료를 사용할 때에는 R방향으로 돌려 점화시기를 늦추어 준다.

일반적으로 옥탄가 셀렉터의 1눈금은 크랭크축의 약 2～3° 정도에 해당되고 회전수가 600~2,500rpm 사이에서 작동하며 점화진각의 변화량은 0~15°이다.

그림 5-25. 옥탄가 셀렉터

2.1.2 트랜지스터식 점화장치

접점식 점화장치는 기계식 접점을 사용하여 1차 전류를 단속함으로써 고전압을 얻으므로 접점 접촉면의 소손, 이상마멸, 고속회전에서 단속기의 떨림(chattering)이나 코일 통전시간의 감소 등에 의하여 실화 및 점화시기가 변화되는 단점을 가지고 있다.

상기와 같은 단점을 보완하기 위하여 접점 대신 트랜지스터를 이용하여 1차 전류를 단속하는 세미 트랜지스터식(semi transistorized ignition system)이 개발되었으나, 트랜지스터를 작동시키는 베이스 전류는 배전기 접점에 의하여 단속되므로 단속기 암에 의한 기계적 단점을 완전히 제거할 수 없다. 따라서 접점 대신 정확한 점화시기를 검출할 수 있는 점화신호 발생 기구를 사용하여 무접점화한 것이 풀 트랜지스터식 점화장치(full transistorized ignition system)이다. 트랜지스터식 점화장치는 점화신호를 발생시키는 방법에 따라 발전식, 전자파 차단식, 광선 차단식이 있다.

[1] 세미 트랜지스터식 점화장치

세미 트랜지스터식 점화장치는 접점, 트랜지스터, 점화코일 등으로 구성되어 있으며, 트랜지스터의 컬렉터(collector) 전류를 점화코일의 1차 쪽으로 흐르게 하고 단속기로 베이스 전류를 제어하여 1차 전류를 단속시킨다. 단속기에 걸리는 전류는 기존 방식보다 작은 전류임과 동시에 비유도성이므로 접점에 불꽃이 거의 발생되지 않는다. 따라서, 접점에 흐르는 전류는 트랜지스터를 작동시키기 위한 미소전류이므로 접점 손상이 거의 발생되지 않으므로 접점의 수명이 향상된다. 그리고 트랜지스터에 의한 확실한 1차 전류의 차단이 가능하며 고속에서도 차단 전류의 감소가 적으므로 저속에서 고속에 이르기까지 높은 2차 전류를 발생시킬 수 있다. 그러나 기존의 단속기를 사용하므로 고속에서 접점의 채터링 현상이 발생하므로 2차 전압의 저하가 발생된다.

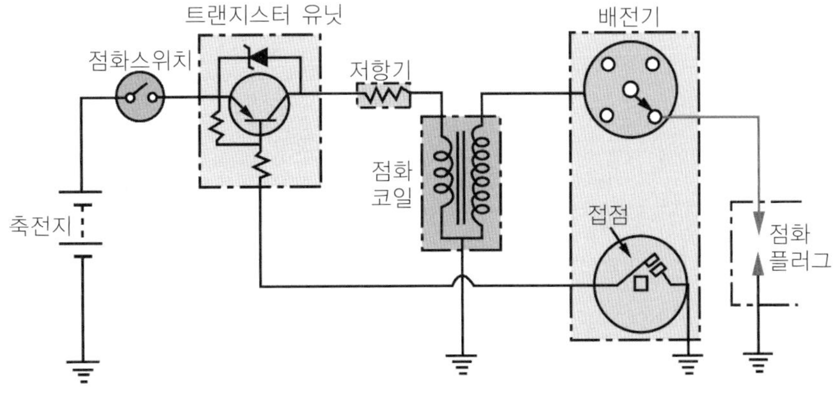

그림 5-26. 세미 트랜지스터식 점화장치의 회로

[2] 풀 트랜지스터식 점화장치

풀 트랜지스터식 점화장치는 배전기축에 실린더 수와 같은 수의 돌기를 가지는 시그널 로터(signal rotor)와 마그넷, 픽업코일(pickup coil)로 구성된 신호 발생기구(signal generator)가 있고, 시그널 로터의 회전에 의하여 전기적 점화신호를 발생시켜 트랜지스터를 제어하여 1차 전류를 단속시키는 방식이다.

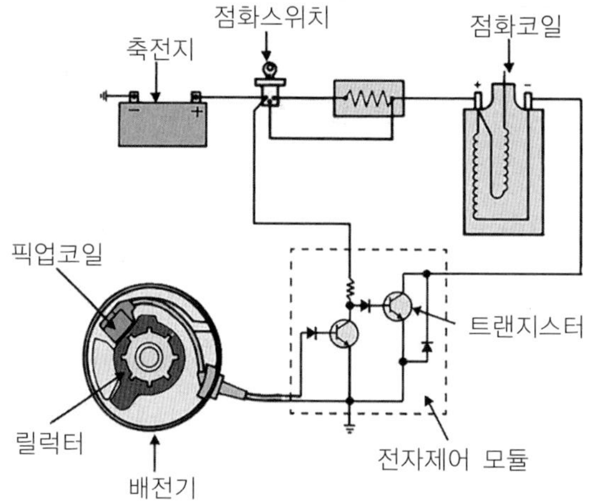

그림 5-27. 풀 트랜지스터방식의 작동원리

이 방식은 접점 대신 점화신호 발생기를 이용하기 때문에 무접점식 점화장치라고도 하며 접점식에서 발생되는 문제가 거의 발생되지 않는다. 또, 기계적인 접점에서는 그림 28에 표시한 바와 같이 회전수가 높아질 때 접점의 단락기간이 단축되어 2차 전압이 저하된다. 이 때문에 고 에너지 점화를 하기 위해서는 트랜지스터방식, 또는 사이리스터방식 등을 이용하여 단락시간을 확보하고, 광범위한 속도 범위에 걸쳐 고 에너지를 확보할 수 있도록 고안되어져 있다.

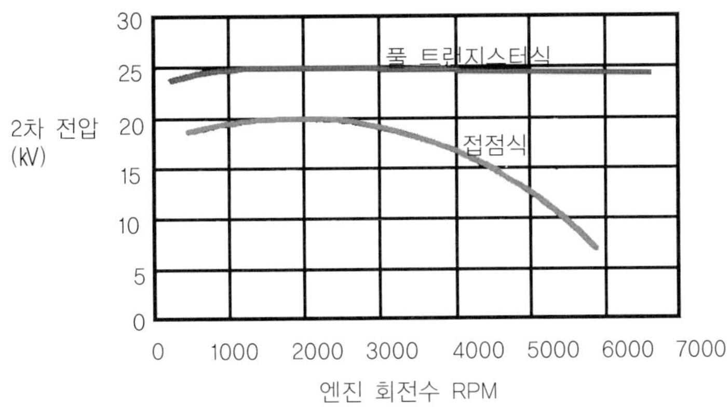

「그림」 5-28. 풀 트랜지스터방식의 2차 방전전압 특성

2.1.3 자석식 점화장치(magneto ignition system)

자석식 점화장치는 축전지 대신 영구자석(마그넷)을 이용한 자석식 교류발전기에서 발생된 전기적 에너지를 전원으로 하는 점화장치로서 축전지가 장착되어 있지 않는 2륜 차량, 양수기용 엔진 등과 같은 소형 엔진에서 많이 사용되고 있다. 이 방식에는 전기자 회전형과 자석(magnetic rotor) 회전형이 있다.

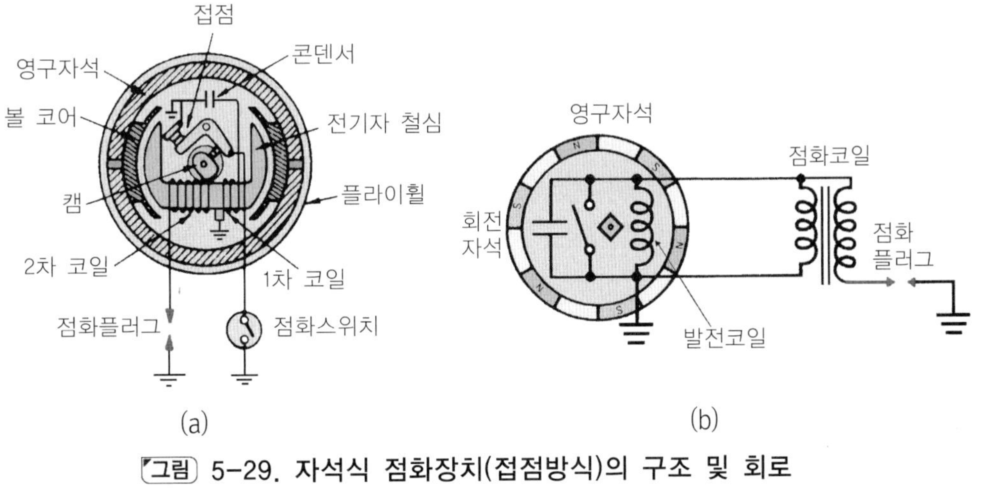

「그림」 5-29. 자석식 점화장치(접점방식)의 구조 및 회로

2.1.4 콘덴서 방전식 점화장치(condenser discharged ignition system)

기존의 점화장치는 점화코일에 1차 전류를 흐르게 한 다음 단속기구로 전류를 단속하여

2차 코일에 점화에 필요한 고전압을 얻는 방식이나, 콘덴서 방전식 점화장치는 약 400V 정도의 전압을 콘덴서에 충전해 두고 적절한 점화시기에 점화코일의 1차 코일에 급격히 방전함으로써 2차 코일에 고전압을 발생시키는 점화방식이다. 콘덴서의 충전용 직류전압을 얻기 위해서는 트랜지스터를 이용한 DC-DC 컨버터를 이용하는 방식과 마그넷을 이용한 발전방식이 있다.

그림 30은 DC-DC 컨버터 방식 콘덴서 방전식 점화장치의 회로를 나타낸 것이다. 점화스위치를 닫으면 축전지의 직류는 발진회로에서 교류로 변환되어 변압기로 승압된다.

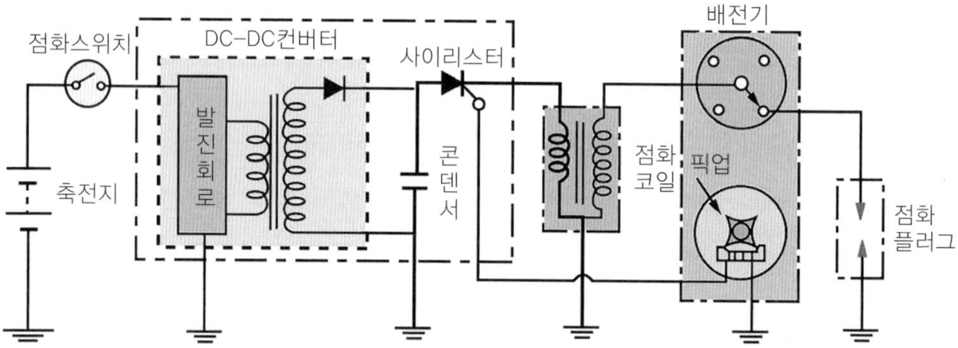

그림 5-30. 콘덴서 방전식 점화장치의 회로

이것을 다이오드로 정류하면 높은 전압이 얻어진다. 즉, 12V의 축전지 전압은 DC-DC 컨버터에 의하여 약 400V의 직류 전압으로 변환되어 콘덴서에 충전된다. 이때, 사이리스터(thyristor)는 차단 상태로 되어 있으나 점화시기에 사이리스터 게이트에 신호가 입력되면 캐소드(cathod)와 애노드(anode)는 도통되어 콘덴서에 충전되어 있던 전기에너지는 사이리스터의 점화코일 1차 회로를 통해서 방전된다. 이 1차 코일의 급격한 전류변화에 의해서 2차 코일에 승압이 신속하게 이루어져 고전압이 유기되며, 방전이 끝나면 사이리스터는 차단상태로 되어 콘덴서는 다시 충전된다.

2.2 점화코일(ignition coil)

점화코일은 표류 자계를 감소시키기 위해 2차 코일은 박판철심에 직접 감겨 있고, 철심을 통해 점화코일 캡의 중앙 2차 코일단자에 접속되어 있다. 철심에는 고전압이 작용하므로 철심은 절연되어야 하며 베이스에는 추가로 절연체가 삽입된다. 1차코일은 2차코일 주변에 있다. 절연된 점화코일 캡은 배터리 전압을 위한 단자가 설치되어 있고 고전압 타워와 대칭적으로 배열되어 단속기에 연결되는 단자가 설치된다.

열은 금속 플레이트 재킷을 통해 케이스로 분산되며 점화코일은 넓은 클램프로 차체에 고정되어 있어 이 금속 밴드를 통해 가능한 많은 열이 분산된다. 점화코일은 개자로형과 폐자로형이 있다.

[개자로형과 폐자로형 코일의 장·단점]

항 목	개자로형	폐자로형
내열성	고온에서 컴파운드 샐 경우 있음	충진물 흘러 나오지 않음
내진성	내부 부품규격 엄격하게 관리할 필요 있음	내부 코일부품이 일체로 되어 진동에 영향 없음
내부방전	내부 오일공간이 있는 경우 냉각시 공간이 있음	내부공간이 없어 유리함
1차측 서지전압	자속 유출 큼	자속 유출 작음
2차 전압	20,000~25,000V	30,000V 이상
가격	싸다	비싸다

2.2.1 개자로형 점화코일

자동차용 점화코일은 개자로형이 주류를 이루어 사용되어 왔다. 구조는 원통형의 철이나 알루미늄 등의 금속 안에 컴파운드 또는 오일을 넣어 만들었다. 코일의 중심부 철심은 자력선의 손실과 열 발생을 감소시키기 위해 얇은 규소 강판을 겹치거나 말아서 만들었고, 이 철심 봉에 2차 코일과 1차 코일이 감겨져 있다.

개자로형 점화코일은 1차 코일의 전류에 의해서 발생하는 자속이 철심의 중심을 통한 후 공기 중으로 통하기 때문에 자속의 손실이 많으므로 2차 전류의 손실이 커진다. 따라서 코일의 자속 경로가 대기 중으로 열렸다고 하여 개자로(開磁路)형이라고 한다. 개자로형의 1차 코일은 0.5~1㎜의 동선이 200~300회 정도 감겨 있고, 2차 코일은 0.05~0.1㎜ 정도의 동선으로 약 20,000~30,000회 정도 감겨 있다. 또한 1차 코일의 방열을 잘 시키고 발생한 자속을 가능한 많이 2차 코일의 중간을 통과시키기 위해 2차코일 바깥쪽에 1차 코일을 감아 놓았다.

1차 코일과 2차 코일은 같은 방향으로 감겨 있고, 2차 코일의 권선 시작은 2차 단자(고압단자)에 접속되고, 2차코일 권선 끝은 1차 코일의 권선 시작(+측 단자)과 연결되어 있다.

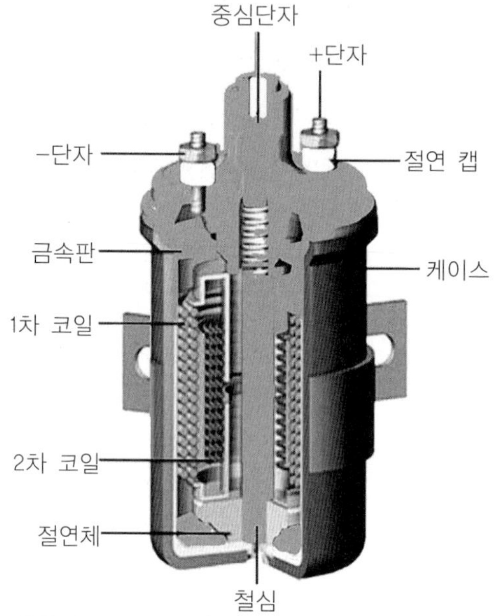

그림 5-31. 개자로형 점화코일의 구조

점화코일에서는 1차 코일에 장시간에 걸쳐 비교적 큰 전류가 흘러서 코일의 온도가 상승하는 것을 방지하기 위해 점화코일 외부에 1차 저항을 부착하기도 한다. 엔진 시동시에는 1차 저항 쪽의 전류를 차단하고 전원 전압을 직접 다이오드를 통해 흐르게 하여 보다 강한 2차 전압을 이용해 엔진 시동을 쉽게 한다.

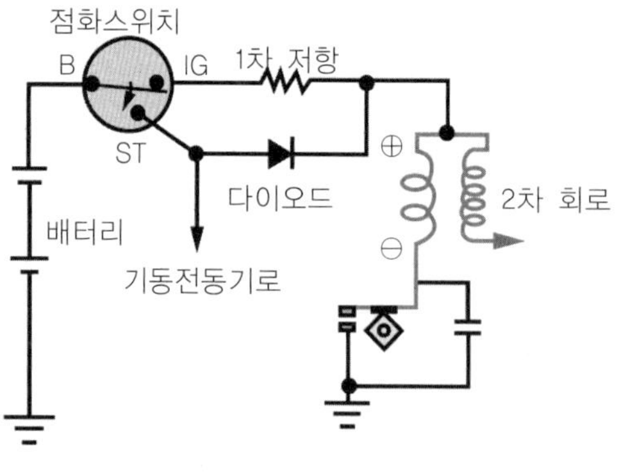

(a) 1차 저항을 사용한 점화회로

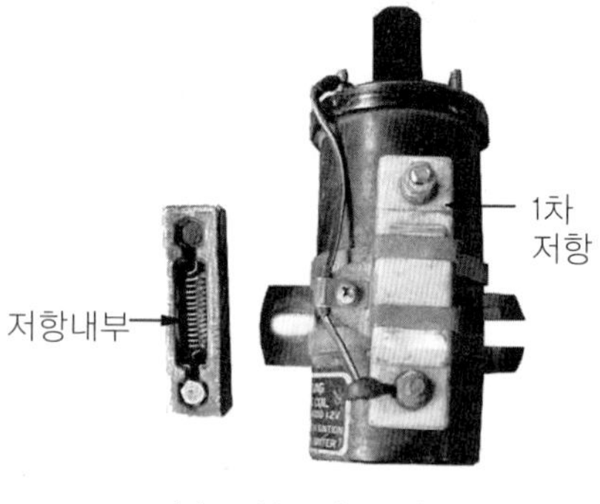

(b) 1차 저항 부착

그림 5-32. 외부 1차 저항회로 및 부착도

2.2.2 폐자로형 점화코일

폐자로형 점화코일은 4각 철심의 안쪽에 1차 코일을 감고 바깥쪽에 2차 코일을 감아 개자로형과는 반대로 되어 있다. 이것은 자속의 경로가 대기로 개방되어 있는 개자로형과는 달리 4각의 철심으로 자로(磁路)를 만들었기 때문에 철심만을 통해 돌아오도록 소형화된 것이 특징이다.

자속이 공기 중으로 통할 때보다 약 1만배 정도 자속이 잘 통하는 성질이 있어 자속의 손실이 거의 없기 때문에 높은 2차 전압을 발생시킬 수가 있다. 개자로형 점화코일에서는 보통 20,000~25,000V의 고전압을 얻는데 비하여 폐자로형 점화코일에서는 30,000V 이상의 고전압을 얻을 수 있는 장점이 있다.

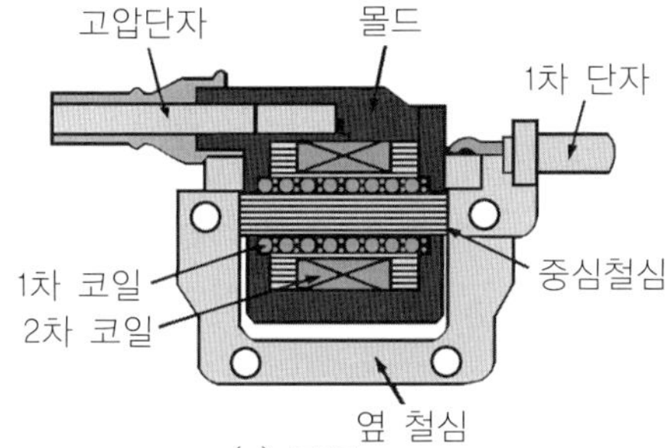

(a) 구조

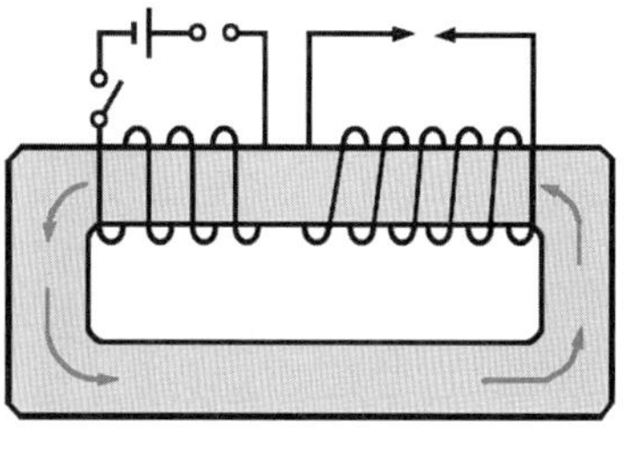
(b) 작동원리

(c) 외형

그림 5-33. 폐자로형 점화코일의 구조와 작동

[1] 싱글 스파크(single spak) 점화코일

각 실린더 마다 한 개씩, 1차 코일과 2차 코일이 함께 집적된 점화코일이 직접 스파크 플러그에 설치된다. ECM은 크랭크앵글 센서와 캠 앵글 센서가 제공하는 신호에 근거하여 점화 1차 코일을 점화순서에 따라 ON/OFF시킨다.

점화코일이 실린더별로 장착되어 개별적으로 이를 제어할 수 있으므로 실린더별로 점화시기를 제어할 수 있으므로 노크가 발생하는 실린더만큼 선택적으로 점화시기를 지각시킬 수 있는 장점이 있다. 1차코일은 2차코일 보다 굵기가 굵은 반면 감긴 횟수는 적다. 권선비는 대략 1 : 150 ~ 1 : 200 정도이다.

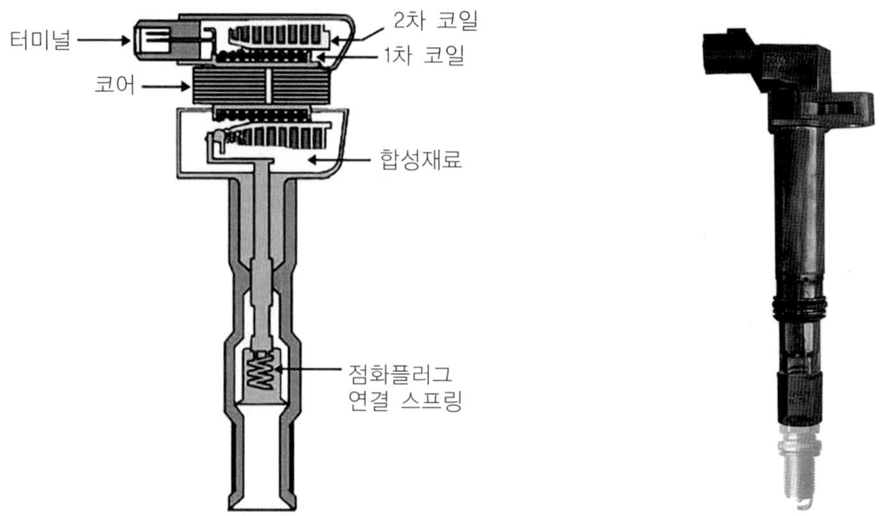

(a) 구조 (b) 외형

「그림」 5-34. 싱글 스파크 점화코일의 구조 및 외형

재료는 구리를 사용하고, 철심(코어)이 대기로 노출된 형식도 있다. 2차 코일은 1차코일의 바깥쪽에 위치하며 세그먼트(segment)속에 분산되어 감겨있다. 절연재료가 세그먼트에 균일하게 분산되어 1차 코일과 2차 코일을 절연시키는 구조로서 고전압에 대한 절연 능력이 우수하다.

합성재료(mould compound)는 고전압이 흐르는 모든 부품과 에폭시수지간의 접착을 좋게 한다. 철심이 보통은 이 합성재료 몰딩 속에 매입되어 있으며 내부 고전압 단자에 스파크 플러그가 연결된다. 점화코일 단자(terminal)에는 1차 전류 ON/OFF신호, 전원, 실화 감시용 단자 등이 있다.

[2] 듀얼 스파크(dual spark) 점화코일

듀얼 스파크 점화코일은 1사이클에 각 스파크플러그에서 불꽃이 2회 발생한다. 따라서 싱글 스파크 점화코일에 비해 스파크플러그의 열부하가 증대되며 전극의 마모도 빠르다.

(1) 단순 듀얼 스파크 점화코일

1차 코일이 철심(코어)을 감싸고 다시 2차 코일이 1차 코일을 감싸고 있는 구조이다. 2차 코일은 1차 코일과 절연되어 있으며 출력단자가 2개이다. 2개의 고전압 단자에는 각각 별개의 스파크플러그와 연결된다. 일부 형식에 따라서는 1개의 스파크플러그는 점화코일과 직접 연결되고, 나머지는 점화케이블을 통해 연결되는 형식도 있으며 4기통 엔진에는 2개, 6기통 엔진에는 3개의 점화코일이 필요하다.

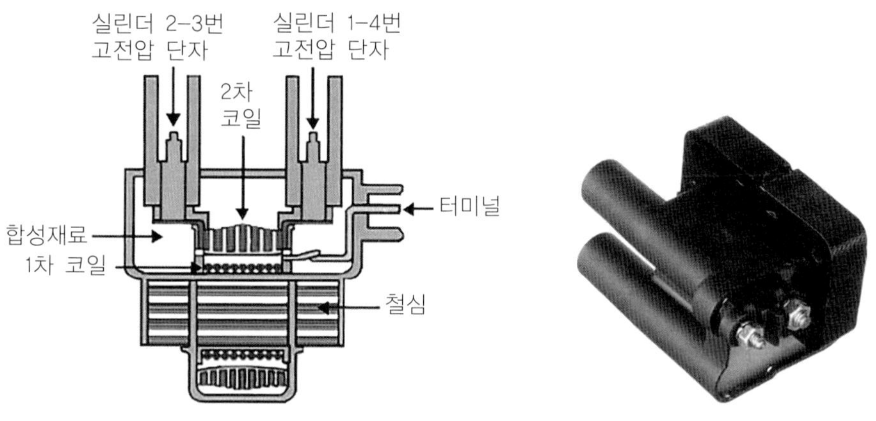

(a) 구조 (b) 외형

그림 5-35. 듀얼 스파크 점화코일의 구조 및 외형

1차 전류는 ECM이 제어하며, 점화시기를 제어하는 시스템은 싱글 스파크 점화코일처럼 ECM은 크랭크앵글 센서와 캠 앵글 센서가 제공하는 신호에 근거하여 점화 1차 코일을 점화순서에 따라 ON/OFF시킨다. 단지 1차 전류를 단속하였을 때 2개의 스파크플러그에서 동시에 불꽃이 발생된다. 1개의 불꽃은 폭발행정의 실린더에서 다른 1개의 불꽃은 배기행정의 실린더에서 발생한다. 이때, 점화전압은 압축행정의 실린더에서 두 전극사이에 절연성 연료입자가 훨씬 많이 존재하기 때문에 훨씬 높게 나타난다. 또, 2차 코일에 설정된 전류방향으로 인하여 점화불꽃은 1개의 스파크플러그에서는 중심전극에서 접지전극으로 다른 1개의 스파크플러그에서는 접지전극에서 중심전극으로 튀게 된다. 결국 4기통 엔진은 1-4실린더, 2-3실린더가 동시에 불꽃을 발생한다.

(2) 4-스파크 점화코일

4-스파크 점화코일은 4기통 엔진용이며, 1차 코일이 2개, 2차 코일은 1개인 구조를 가

진다. 2차 코일의 양단에는 각각 2개씩의 출력단자가 있으며, 각 출력단자에는 다이오드가 반대로 되어 있다. 이들 출력단자가 4개의 스파크플러그와 연결된다.

2개의 듀얼 스파크 점화코일이 1개의 하우징 안에 집적된 형식이다. 설치와 연결이 간단한 장점이 있다.

그림 5-36. 4-스파크 점화코일

2.3 점화케이블(ignition cable)

점화케이블은 점화코일의 2차 단자와 점화플러그를 연결하는 절연전선이다. 점화케이블의 한 쪽 끝은 황동제의 태그(tag)를 통하여 점화플러그 단자에 끼워지고 다른 한 쪽은 점화코일의 점화플러그 단자 또는 배전기 캡의 중심단자에 끼워진 후 수분이 들어가지 못하도록 고무제의 캡이 씌워져 있다.

점화케이블의 일반적 구성은 주석 또는 납 등으로 도금 처리한 동선을 몇 가닥 꼬아 이루어진 심선도체를 중심에 위치시켜 그 외주 면에 설정두께의 고무로 절연 층을 확보한 후 다시 그 위에 비닐 또는 실리콘 등으로 피복 처리한 것과, 또 글래스화이버 또는 아라미드 화이버와 같은 높은 인장력을 갖는 섬유사로 된 심선도체 위에 미세한 탄소분말로 피막 처리한 전도층위에 절연물과 전선의 외측면 역할을 하도록 제적저항률이 약 $10^{15}\Omega \cdot cm$ 정도의 고무를 직접 피복하여서 된 것, 또는 심선도체위에 전도층으로 피막처리 후 그 위에 절연물을 피복하고 전선에 힘을 부가하기 위해 글래스화이버를 편조하거나 전선의 외측 면을 피복한 것 또는 심선도체위에 전도층으로 피막처리 후 그 전도 층에 지름이 약 0.04~0.07㎜ 정도의 니켈-크롬 합금 선으로 감아 그 전체의 외경을 약 1~4㎜가 되게 하여 절연물을 피복처리하고 글래스화이버를 편조하거나, 편조 후 전선의 외측 면을 피복 처리하여 구성되어 있다.

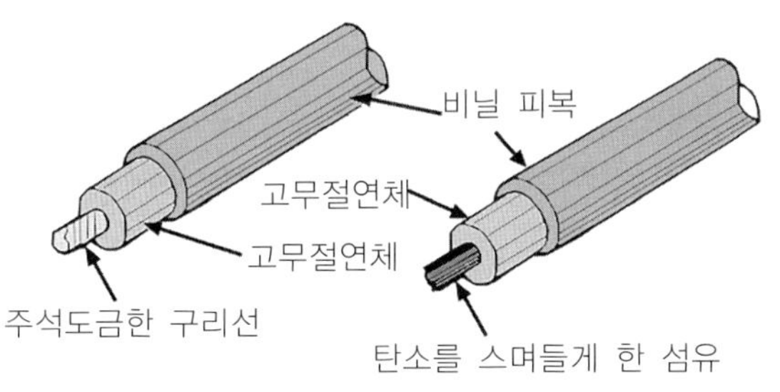

(a)

(b)

그림 5-37. 점화케이블의 구성

자동차에서 불꽃 방전이 일어나면 고주파의 전기 진동이 발생되어 전기 회로에 고주파 간섭에 의한 잡음 전파가 공중에 방사되어 무선기기에 대한 통신장애의 원인이 되므로 이것을 없애기 위해서는 고주파 발생에 따른 잡음을 방지하기 위해 불꽃 발생원에 대해 병렬로 콘덴서를 연결하거나, 불꽃 발생원의 주위를 금속으로 실드하거나, 회로에 저항을 직렬로 연결하여 진동 전류를 감쇠시키는 방법을 사용하는데 어느 경우에나 본래의 기능을 손상시키지 않아야 하는데 고압회로에서는 콘덴서나 금속 실드의 방법은 성능 저하를 초래하므로 점화케이블 전체에 10㏀의 저항을 둔 TVRS (television radio suppress cable)를 사용한다.

2.4 점화플러그(spark plug)

2.4.1 점화플러그의 개요

점화플러그(spark plug)는 실린더헤드에 설치되어 있으며, 실린더 내의 압축된 혼합가스에 고압 전기로 불꽃을 일으키는 역할을 한다. 이때 불꽃에너지(높은 전압)는 점화코일에서 발생하여 고압케이블(high tension cable)을 통해 각 실린더의 점화플러그에 공급된다.

점화플러그는 구조가 간단하지만 가혹한 조건에서 사용되기 때문에 엔진성능에 직접 영향을 준다. 점화플러그는 하우징(housing), 절연체(insulator), 전극(electrode)의 3가지 주요부분으로 구성되어 있다.

2.4.2 점화플러그의 구비조건

[1] 전기 절연성이 좋을 것

점화플러그는 고전압으로 작동되며 순간적으로 40,000V 이상의 높은 전압이며, 이 전압이 점화플러그에 가해질 때 전극간극(gap) 이외는 누전이 되지 않아야 되고 높은 고온과 전압 부하에서도 전기저항이 충분히 유지되어야 한다. 때문에 높은 절연성을 갖는 알루미나 자기, 산화알루미늄, 운모 등을 주로 사용한다.

[2] 내열성이 클 것

점화플러그는 2,000℃ 이상의 높은 연소온도에 충분한 내열성을 지녀야 한다. 또 흡입행정에서는 대기온도에 가깝게 냉각을 하므로 급열과 급냉을 반복하여 열응력에 잘 견디는 내열성이 요구된다.

[3] 열전도율이 클 것

점화플러그는 고온가스에 노출되므로 고열을 실린더헤드를 통해 냉각하지 않으면 전극의 산화가 급격히 진전되어 쉽게 마모된다. 따라서 고온가스에 노출되어도 점화플러그 끝단의 온도는 850℃ 이상 올라가지 않도록 자체적인 열 분산(열전도율)이 좋아야 하며, 850℃ 이상이 되면 조기점화의 원인이 된다.

[4] 기계적인 강도가 클 것

연소실 내의 압력은 약 0.9~70bar사이를 반복한다. 일반적으로 생활하는 대기압 상태가 1기압으로, 평균 대기압 대비 최대 70배 이상의 압력이 가해지는 상황에서 연소실의 기밀을 유지할 수 있어야 한다. 또한 엔진 회전에 의한 진동에 견딜 수 있는 기계적 강도도 요구된다.

[5] 기밀유지가 잘 될 것

압축행정과 폭발행정에서 높은 압력에 의한 가스의 누설이 없도록 기밀성이 요구된다.

[6] 내구성이 좋을 것

연소가 발생하면 고온에 의해 금속이 급속히 산화가 증대되어 전극이 쉽게 마모되고 혼합기의 화학 반응이 발생하게 된다. 이때 카본이나 부식성 물질이 점화플러그 표면에 퇴적하여 점화플러그 표면을 변화시킬 수 있게 된다. 따라서 이러한 화학반응에 충분히 견딜 수 있는 내식성이 요구되므로, 장시간에 걸쳐 내부식성이 강한 Ni- Cr 합금을 사용한다.

[7] 내 오손성이 클 것

점화플러그를 오손시키는 물질은 카본(carbon)이다. 카본은 통전성이 좋은 물질이기 때문에 점화플러그 애자부분에 퇴적되면 전류가 누전되어 점화플러그 양쪽 전극사이의 불꽃방전이 약해져 실화가 일어나게 된다. 그러나 카본은 약 500℃ 이상의 온도에서 연소되는 자기청정 작용을 한다.

[8] 불꽃 방전성이 좋을 것

가는 전극을 사용할 경우에는 전극의 산화 소모를 감소시키고, 내구성을 향상시켜야 하기 때문에 특수 금속, 즉 백금 등을 사용하여 전극을 가늘게 하면 불꽃 방전성과 착화성을 향상시키는 효과가 있다.

[9] 착화성이 좋을 것

전극을 가늘게 하여 전극의 온도를 높이고, 화염 핵이 닿을 때 전극에 의해 열을 빼앗기지 않는 형상 즉, 날카로운 곳이나 모서리 어느 부분을 사용하여 이곳으로부터 불꽃 방전이 이루어지도록 하여야 하며, 희박한 혼합가스에도 착화성이 좋아야 한다.

2.4.3 점화플러그 구조 및 특성

점화플러그의 구조는 크게 중심전극, 접지전극과 절연체, 단자, 본체 등으로 이루어져 있다. 끝부분에는 스파크를 일으키는 접지전극과 플러그의 중심을 이루는 중심 전극이 위치한다.

단자는 플러스 전극의 배선이 연결되어 중심 전극으로 보내고 단자 주위에는 플러스 전극과 마이너스 전극을 절연하는 세라믹으로 된 절연체가 위치하고, 그 위에는 육각 너트와 마이너스 전기통로가 되는 점화플러그 본체(하우징)가 장착된다.

(a)

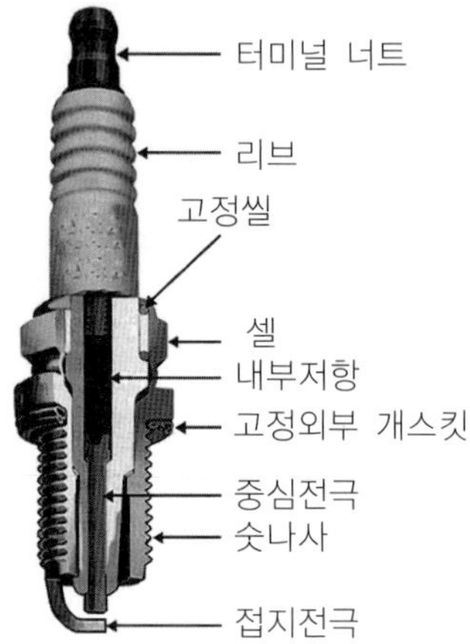

(b)

그림 5-38. 점화플러그의 구조

[1] 점화플러그의 구조

(1) 터미널 너트(terminal stud)

강철 단자 스터드는 특수 전도성 유리실을 이용하여 기밀성을 유지하여 절연체에 부착되며 유리실은 중심 전극과의 접속의 역할을 한다.

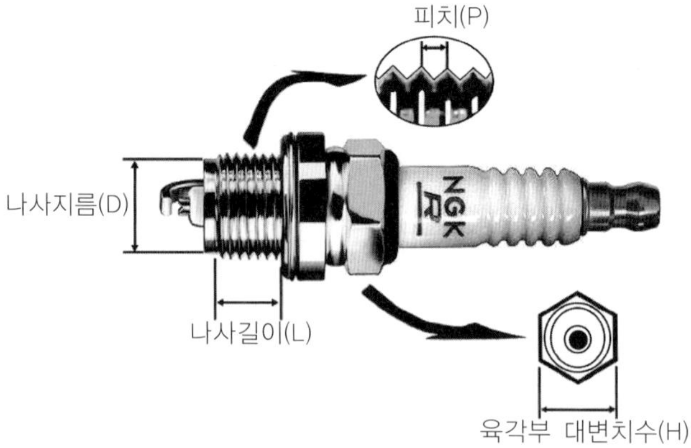

그림 5-39. 점화플러그 설치부분의 규격

(2) 하우징(housing)

점화플러그의 외곽을 구성하며, 절연체의 지지 및 실린더헤드에 설치되는 부분을 하우징이라 한다. 상단은 점화플러그 렌치(wrench)를 사용할 수 있도록 나사산이 있으며, 맨 끝 부분에는 접지전극이 용접되어 있다. 점화플러그는 높은 온도에 의한 접지전극의 산화가 쉬워 이에 견딜 수 있도록 니켈-크롬 합금을 주로 사용한다.

(3) 절연체(insulator)

절연체는 높은 온도에서도 높은 절연저항을 유지해야 하고 열전도성, 기계적 강도 등이 커야 한다. 따라서 내열성, 절연성이 높은 알루미나 자기로 이루어져 있으며 접속부 표면은 유약 처리를 하여 습기와 먼지가 표면에 달라붙지 않도록 하며 고압 전류의 플래시 오버를 방지하기 위한 리브가 설치되어 있다.

(4) 셀(shell)

셀은 강철로 제작되어 실린더헤드에 있는 점화플러그를 보호하기도 하며 윗부분은 육각형으로 되어 렌치를 이용하여 조립 및 탈거를 할 수 있도록 하였다.

(5) 중심전극(center electrode)

중심전극은 특수 전도성 실을 이용하여 기화성을 유지하여 절연체에 부착된다.

(6) 접지전극(ground electrode)

셀에 접착되어 있고 대개 직사각형이며 중심전극에 대한 접지전극의 위치에 따라 프런트 전극과 사이드전극으로 구분한다. 접지전극의 사용수명은 열 분산 능력에 좌우된다.

[2] 전극(electrode)

전극은 중심전극과 접지전극으로 되어 있으며, 엔진의 연소가스의 순간 최고온도는 1,200℃에 이르고 연소실 온도는 2,000~2,500℃를 반복적으로 교차되는 공간에 전극은 노출되어 있고 20,000~40,000V의 고전압에 견뎌야 한다. 50kgf/㎠의 폭발압력과 가솔린 연소가스에 의한 화학적인 부식에 견디어 내야 한다.

이러한 가혹조건을 만족하기 위해서는 고온에서의 절연성이 우수하고 열전도성이 우수하며 열 충격(급열, 급냉), 그리고 기계적 강도가 우수해야 한다. 구리계열은 구리가 녹는점이 낮은 관계로 니켈과 크롬을 합금하여 사용하고 백금족 원소로는 레늄, 오스뮴, 이리듐, 백금 등이 있다.

(1) 재질에 의한 분류

1) 일반 점화플러그(copper core plug)

전극은 고온의 연소가스에 노출되기 때문에 내열성, 내부식성이 우수한 니켈합금, 크롬합금이나 니켈-망간합금 등이 사용된다. 중심전극은 접지전극보다 고온이므로 지름이 약 2.5㎜인 중심전극 내에 열전도성이 좋은 구리를 넣은 것도 있다.

중심전극은 특수 유리분말에 구리분말을 혼합한 후 고온에서 용융시켜 만들거나 중심전극과 중심축을 일체로 만들어 중심축의 주위에 특수 분말(cement)을 충전하여 만드는 방법이 있다. 몸체에 니켈 도금이 되어 있어 니켈플러그 라고도 한다.

2) 이리듐점화플러그(iridium spark plug)

스파크가 발생되는 발화 부 양쪽 간극 중 중심전극 전극의 재질이 이리듐이라는 재료의 얇은 0.5㎜ 철심을 말한다. 이리듐을 소재로 한 것은 수명이 길고, 녹는점이 2447℃로 높고 밀도는 철의 3배인 22.4로 금속 중 가장 무겁고 노킹이 발생해도 녹아내리거나 전극이 잘 파손되지 않는 특성 때문이다.

또 중심전극이 가늘어 불꽃이 튈 때 최저 방전전압인 요구전압을 낮출 수 있어 시동능력 뛰어나고, 색이 변하거나 그을음이 잘 생기지 않으며, 부식에도 잘 견디는 등 여러가지 장점을 가지고 있다. 이리듐 점화플러그의 수명은 일반플러그 보다 약 5배정도 길고, 가속력은 0.7초 단축, 연비는 3.5% 향상이 되며 엔진출력은 1% 정도 향상된다.

3) 백금 점화플러그(platinum plug)

불꽃이 발생(폭발 에너지 발생)되는 발화부 간극에 백금으로 코팅하여 간극의 오염과 훼손을 방지한 점화플러그이다. 이리듐 플러그의 하위 기종으로 일반 점화플러그보다 수명이 길고 녹는점이 1770℃, 밀도는 21.4이다. 이리듐 플러그보다는 녹는점이 낮아 손상을 줄이고자 전극의 모양이 넓적하며 시동성은 떨어진다. 하지만 가격이 저렴하고 그을림 부식에 대한 내구성은 이리듐 같이 높다.

그림 5-40. 백금 점화플러그와 이리듐 점화플러그

(2) 전극 간극

전극의 간극은 중심전극과 접지 전극사이의 틈새로 전극 간극이 클수록 점화 요구전압이 높아지며, 간극이 작으면 점화 요구 전압은 낮아진다. 즉, 간극이 좁으면 아크를 만드는 전압은 낮아지지만 짧은 스파크는 혼합기에 최소 에너지를 전달하여 실화(ignition miss)를 일으킨다. 이 두 전극사이에 간극은 0.7~1.1㎜ 정도의 간극을 두고 불꽃을 일으키며 중심전극의 굵기가 작을수록 방전과 불꽃의 전파속도가 빨라진다.

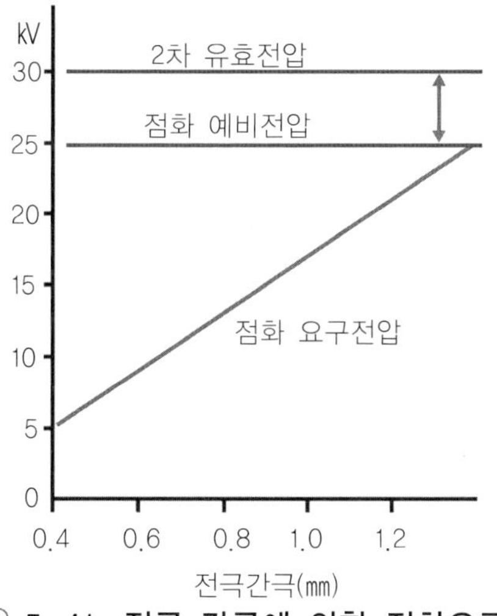

그림 5-41. 전극 간극에 의한 점화요구 전압

[3] 점화플러그의 특성

(1) 점화플러그 열값에 따른 분류

점화플러그는 열값에 따라 열형, 표준형, 냉형으로 구분한다.

1) 열형 플러그(hot type plug)

절연체의 노스(nose) 면적이 넓어 더 많은 열을 흡수하므로 열 분산이 낮다.

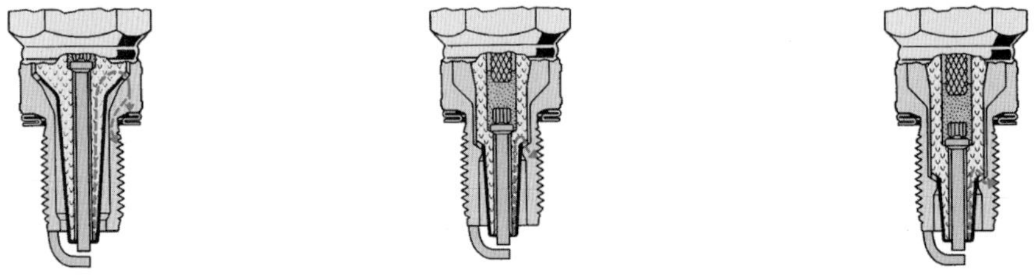

(a) 열형 플러그　　(b) 표준형 플러그　　(c) 냉형 플러그

그림 5-42. 점화플러그의 종류

2) 표준형 플러그(standard type plug)

절연체 노스(nose) 면적이 열형보다 작아 열 흡수가 더 낮으며, 열 분산은 더 높다.

3) 냉형 플러그(cold type plug)

절연체 노스(nose) 면적이 작아 열을 거의 흡수하지 못하며, 짧은 열전도 통로를 통한 열 분산성이 우수하다.

(2) 점화플러그의 열가와 온도

열가(熱價)는 점화플러그가 연소실에서 받은 열의 방산정도를 말하며, 점화플러그의 열적 특성을 표시한다. 연소실에서 받은 열량에 대하여 방산되는 열량의 정도가 큰 것을 냉형 점화플러그라 하고, 반대로 받은 열량에 대해 방산되는 열량의 정도가 적은 것을 열형 점화플러그라 한다.

열가의 표시는 점화플러그 형식명의 중간에 숫자로 표시하며, 그 숫자는 각 제조회사마다 다르다. 예를 들면, 일본식 표기방법은 열가의 숫자가 높으면 냉형(cold type)플러그로 열가의 숫자가 낮으면 열형(heat type)플러그이다. 미국/유럽식 표기방법은 냉형은 작은 숫자로 열가를 표시하고 열형은 큰 숫자로 표기를 한다.

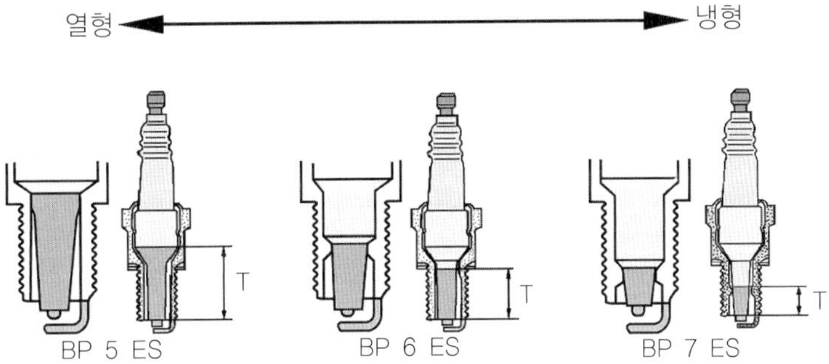

(a) 열형 (b) 표준형 (c) 냉형

그림 5-43. 점화플러그의 길이와 열가와의 관계

열값을 결정하는 최대의 요소는 열을 받는 면의 길이이다. 그림 43(c)는 열을 받는 길이(T)가 짧고, 받는 열량도 그만큼 작아 하우징 쪽의 방열경로 또 짧기 때문에 방열량이 크다. 이것을 냉형 점화플러그라 하고 고속·높은 압축비 엔진에서 사용한다. 열형 점화플러그는 열을 받는 면적이 커(화염을 받는 표면적이 넓을 때) 열을 많이 받으며, 방열경로가 길어 냉형에 비해 열을 많이 지니고 있다.

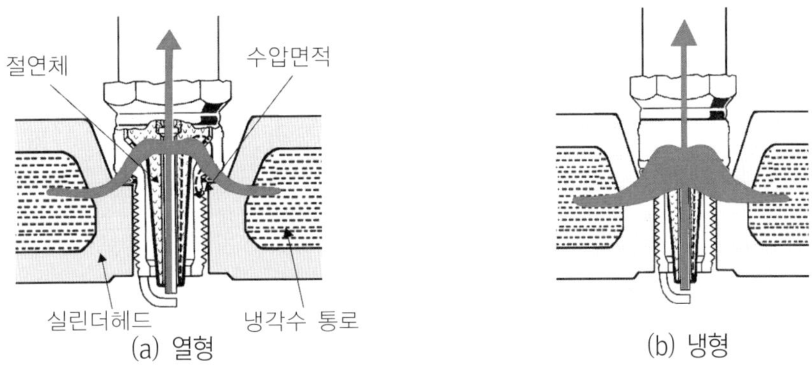

(a) 열형 (b) 냉형

그림 5-44. 방열 경로와 열가

1) 열가를 결정하는 요인

점화플러그의 열이 방산되는 경로는 그림 45와 같으며, 점화플러그 전극부분의 온도를 결정하는 것은, 점화플러그가 연소가스로부터 받은 열량과 방산한 열량과의 차이로 결정되며, 열값을 결정하는 요인은 다음과 같다.

① 화염이 접촉되는 부분의 표면적

② 절연체 및 전극의 열전도율

③ 바깥쪽으로 노출되는 부분의 표면적

④ 연소실의 형상과 체적

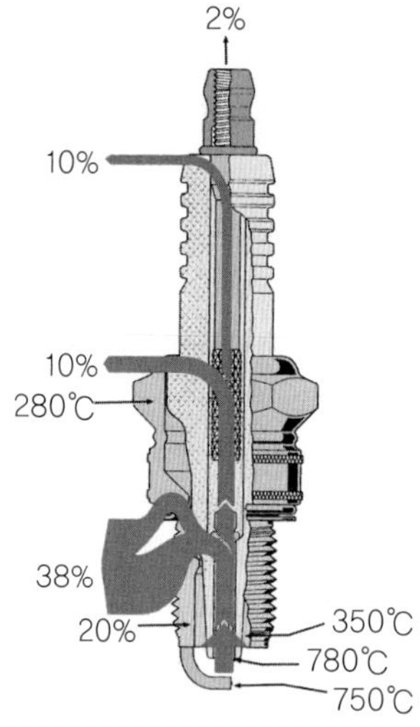

그림 5-45. 점화플러그의 열전도 및 방열

2) 자기 청정온도(self cleaning temperature)

엔진이 냉각된 상태에서 공회전을 하거나 저속주행을 하게 되면, 점화플러그의 전극부분에 카본(carbon)이 퇴적한다. 엔진이 냉각된 상태에서 저속회전을 하면, 냉각된 점화플러그와 농후한 혼합가스에 의해 연소과정에서 카본 발생량이 많아져 점화플러그에도 카본이 퇴적된다.

카본은 전기를 잘 통하는 양도체이기 때문에 점화플러그에 카본이 퇴적되면 고압 전류가 누전되어 실화를 일으킨다. 특히 절연저항이 10MΩ 이하로 떨어지면 더욱 더 실화가 일어날 가능성이 커진다. 이러한 카본은 450℃ 이상이 되면 연소되어 없어지는 성질이 있다. 따라서 엔진운전 중에는 가능한 한 빨리 점화플러그 전극부분의 온도를 450℃ 이상 올려 줄 필요가 있다.

그러나 전극부분의 온도가 너무 상승하여 950℃ 이상 되면, 조기점화 현상을 일으키기 때문에 950℃ 이상 되지 않도록 해야 한다. 점화플러그 전극부분의 온도가 너무 높아지면, 압축과정 중에 혼합가스를 자연 착화시켜 노킹을 동반한 엔진의 출력저하를 초래하는 것을 조기점화(pre-ignition)라 한다.

점화플러그는 950℃ 이상이 되면 조기점화가 일어날 가능성이 크며, 이런 현상은 고속으로 주행할 때 일어나기 쉽다. 이렇게 점화플러그의 전극부분 자체의 온도에 의해 카본 등에 의한 오손을 청소하는 작용을 자기청정 작용이라 하고, 그 청정작용이 완전히 이루어지는 온도를 자기청정 온도라 한다. 자기청정 온도는 500℃부터 시작하여 950℃ 이하의 범위가 이 자기청정 온도에 해당한다.

(3) 저항 점화플러그(resistor spark plug)

가솔린엔진의 점화장치에서는 고압전기에 의한 불꽃발생으로 매우 많은 전파 잡음이 발생한다. 일반적인 전장부품에서는 특별히 문제될 만한 전류 변화도 없고 잡음 전파도 발생하지 않으나, 고압전기에 의한 불꽃은 단위시간 당 전류변화량이 매우 크고 전파의 발생량도 비례하여 증가한다.

불꽃전자가 공기 중의 기체분자와 충돌하여 공기를 이온화(원자중의 전자를 궤도로부터 분리되어 전기를 띠는 현상)될 때 전자가 가속해 가는 과정중의 충돌 등에 따라 전자 방전의 불규칙한 이동으로 잡음 전파를 다량 발생한다. 이러한 전기불꽃에 의한 잡음전파는 다양한 주파수를 포함하고 있어 차량의 AM·FM라디오, TV, 무전기, 내비게이션(navigation) 등에 악영향을 준다.

점화플러그에서 발생하는 불꽃은 실린더헤드와 블록으로 밀폐되어 있으나, 고압케이블을 통한 전류변화가 이루어져 고압케이블이 안테나로 되어 공기 중으로 잡음 전파를 발신한다. 이러한 잡음 전파를 방지하기 위한 방법으로 고압케이블의 재료를 실리콘을 사용하거나 저항을 넣은 저항 고압케이블을 사용하여 잡음 전파방지 등의 방지기로 사용되기도 하며, 점화플러그의 내부에 저항을 넣은 저항 점화플러그(resister spark plug)를 사용하기도 한다.

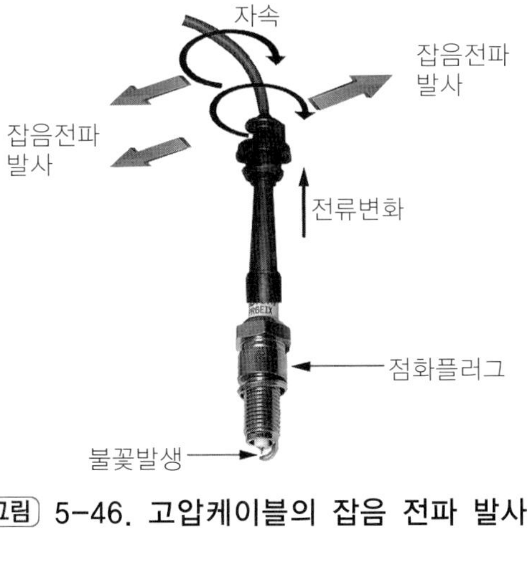

「그림」 5-46. 고압케이블의 잡음 전파 발사

저항 점화플러그는 그 구조에 따라 권선형, 솔리드형(solid type) 및 모노리스형(monolithic type)의 3종류가 있다.

권선형과 솔리드형은 스프링을 사용하여 저항체(약 5㏀)를 고정하는 형식이며, 이 형식은 접촉불량 등으로 인한 내구성의 문제점이 있다. 반면에 모노리스형은 높은 온도에서 구워 일체로 고정하기 때문에 성능이 안정된다. 여기에서 약 5㏀ 저항을 넣게 되면 착화성의 저하가 우려되겠으나, 착화에 필요한 에너지에 대해 점화코일에서 발생하는 에너지가 충분한 여유가 있기 때문에 저항을 넣어도 아무런 영향이 없으며 잡음방지 효과를 나타낸다. 또한 출력도 일반 플러그에 비해 저하되지 않는다.

(4) 점화플러그의 소염작용

전극간극이 어느 한도 이하가 되면 아무리 불꽃에너지를 크게 하더라도 착화가 불량해진다. 이 간극을 소염거리라고 하며, 이는 차가운 냉각작용에 의해 불꽃 핵이 성장하지 못하고 소염되는 것이다. 이를 점화플러그 소염작용이라 한다.

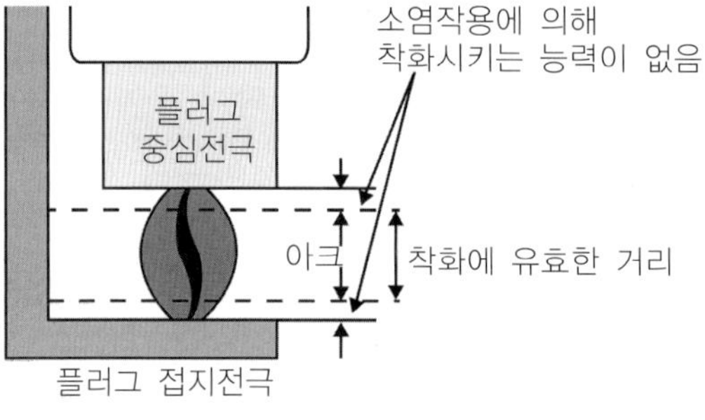

「그림」 5-47. 점화플러그의 소염작용

(5) 당량비와 착화성

정적연소기에 연료-공기를 당량비(공기과잉율의 역수 : equivalence ratio, Ψ) 변화에 따라 예혼합시킨 후 점화를 한 경우(당량비 < 1 : 희박, 당량비= 1 : 이론혼합비, 당량비 > : 농후혼합비), 당량비 0.7의 경우(희박가연 한계영역) 중심전극의 소염작용에 의해 초기 화염핵이 오뚜기 모양으로 변해간다. 당량비 1.1에서 가장 화염의 성장이 빠르며, 농후하거나 희박할수록 화염전파가 느려진다.

$$당량비(\psi) = \frac{1}{\lambda} = \frac{실제\ 연료공기비}{이론\ 연료공기비}$$

[4] 점화플러그의 형식

점화플러그의 형식은 BP5ES—11, PFR5A—11, BRE527Y—11 등으로 표시하며 형식에 따른 세부 내용은 아래 표와 같다.

그림 5-48. 점화플러그의 형식

[점화플러그 형식]

B 〈나사지름〉	P 〈구조/특징〉	5 〈열 가〉	E 〈나사길이〉	S 〈구조/특징〉	-11 〈플러그 간극〉
A ··············18㎜ B ··············14㎜ C ··············12㎜ D ··············10㎜ E ··············18㎜ BC ···········14㎜	P 절연체 (돌출타입) R 저항타입 U Semi—연면 (연면 방전타입)	2 열형 4 5 ↑ 6 7 8 ↓ 9 10 11 12 13 냉형	E 19.0㎜ H 12.7㎜	S 표준타입 Y V-파워플러그 V V 플러그 VX VX 플러그 K 외측 2극전극 M 2극 로타리용 전극 Q 4극 로타리용 전극 B CVCC 엔진용 J 2극 사방전극 C 사방전극	9 ······0.9㎜ 10 ··· 1.0㎜ 11 ··· 1.1㎜ 13 ··· 1.3㎜ -L ···중간열가 -N ···외측전극

P 〈플러그 종류〉	F 〈나사지름〉	R 〈저항형식〉	5 〈열가〉	A 〈추가기호〉	−11 〈플러그간극〉
P : 백금 플러그 Z : 돌출형 플러그	육각대변치수 F :∅14×19㎜ 육각대변 16.0㎜ G :∅14×19㎜ 육각대변 20.6㎜ J :∅12×19㎜ 육각대변 18.0㎜ F :∅10×12.7㎜ 육각대변 16.0㎜	R : 저항타입	5 열형 6 ↕ 7 냉형	A, B, C···	−11: 1.1㎜

B 〈나사지름〉	R 〈저항형식〉	E 〈나사길이〉	5 〈열가〉	2 〈절연체 돌출지수〉	7 〈발화위치〉	Y 〈중심전극〉	−11 〈플러그간극〉
				(2 :2.5M)	(7 : 7.0㎜) (9 : 9.5㎜)	(선단 V홈)	(11: 1.1㎜)

3 컴퓨터 제어방식의 점화장치

3.1 컴퓨터 제어방식 점화장치의 개요

이 방식은 엔진의 작동상태(회전속도·부하 및 온도 등)를 각종 센서로 검출하여 컴퓨터(ECM)에 입력시키면 컴퓨터는 점화시기를 연산하여 1차 전류의 차단 신호를 파워 트랜지스터로 보내어 점화코일의 2차 코일에서 높은 전압을 유기하는 방식이다. 그리고 컴퓨터가 점화시기를 제어하며, 점화코일도 폐자로형(몰드형)을 사용한다.

종류에는 HEI와 DLI(또는 DIS)가 있으며, 다음과 같은 장점이 있다.

① 저속·고속 운전영역에서 매우 안정된 점화 불꽃을 얻을 수 있다.

② 노킹이 발생할 때 점화시기를 자동으로 늦추어 노킹 발생을 억제한다.

③ 엔진의 작동상태를 각종 센서로 검출하여 최적의 점화시기로 제어한다.

④ 높은 출력의 점화코일을 사용하므로 완벽한 연소가 가능하다.

3.2 HEI(high energy ignition : 고강력 점화방식)의 구조와 작동

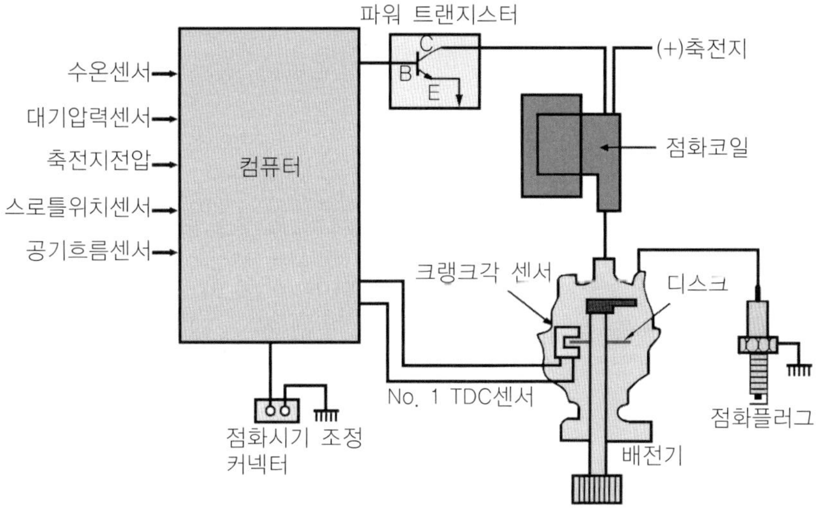

작동흐름도

센서 → 컴퓨터 → 파워 트랜지스터 → 점화코일

「그림」 5-49. HEI의 구성도

3.2.1 점화스위치(IG switch)

자동차에서 사용하는 점화스위치는 축전지로부터의 (+)전원을 여러 조건에 만족할 수 있도록 상황에 따라 전원을 분배하여 여러 전장부품들이 특별한 조건에서 작동될 수 있도록 하는 일을 한다.

[점화스위치 조건별 작동 특성]

단자 / 조건	AM	ACC	IG1	IG2	START
OFF	●				
ACC	●	●			
ON	●	●	●	●	
START	●		●		●

[1] B+(상시) 전원

AM단자는 축전지 (+)전원과 연결되어 있으며, 점화스위치의 위치에 따라 전원을 분배하기 위한 상시전원이다. 즉 점화스위치 없어도 항상 작동되어야 할 비상등, 제동등, 실내등, 경음기, 도어 잠금 제어 릴레이 등의 부하 전원이다.

[2] ACC 전원

ACC 전원은 기본적으로는 자동차에 사용되는 액세서리 부품의 작동에 필요한 전원을 공급한다. 그 대표적인 예로 라디오, 카세트, 담배 라이터 등을 들 수 있으며, 최근의 자동차에는 다양한 기능의 전장부품(오디오, 비디오장치, 블랙박스, 내비게이션)이 사용되므로 ACC전원이 증가되고 있다.

[3] IG_1 전원

IG_1 전원은 엔진 컴퓨터, 연료펌프 릴레이, 점화코일 등 주로 엔진 구동에 관계된다. 엔진을 시동할 때 대부분의 축전지 전류는 기동전동기를 구동하는데 사용되어야만 원활한 시동이 가능하므로 기동전동기 이외의 전장부품에는 축전지 전류를 소비하지 않는 것이 좋다. 그러나 엔진이 시동되기 위해서는 기동전동기를 포함한 최소한의 부품과 또 장치의 특성상 크랭킹(cranking) 중에도 작동되어야만 하는 부품에 대해서는 크랭킹 중에도 전원이 공급되어야 한다.

따라서 IG_1전원은 이러한 장치들에 대한 작동전원을 공급하는 단자이다. 이외에도 많은 전장부품에 전원을 공급하는데 IG_1전원은 점화스위치 ON상태에서 AM단자와 연결되지만, 크랭킹 상태에서도 AM단자와 연결되기 때문에 IG_1전원과 연결된 장치는 크랭킹 중에도 작동된다.

[4] IG_2전원

IG_2전원은 계기판, 전조등, 에어컨, 윈드 실드와이퍼, 에탁스(ETACS) 등 주로 자동차 주행에 관계된다. IG_2전원은 점화스위치 ON상태에서는 AM단자 전원과 연결되지만 크랭킹 상태에서는 차단되며, 일반적인 전장부품에 사용된다.

[5] ST(start) 전원

ST전원은 엔진을 크랭킹(cranking)할 때 기동전동기를 작동시키기 위한 것이다.

3.2.2 파워 트랜지스터(Power TR)

파워 트랜지스터는 컴퓨터로부터 제어신호를 받아 점화코일에 흐르는 1차 전류를 단속하는 역할을 하며, 구조는 컴퓨터에 의해 제어되는 베이스(base), 점화코일 1차 코일의 (-) 단자와 연결되는 컬렉터(collector), 그리고 접지되는 이미터(emitter)로 구성된 NPN형이다. 파워 트랜지스터의 작용은 다음과 같다.

점화스위치를 ON으로 하면 축전지 전압이 점화 1차 코일에 흐른다. 크랭크 각 센서의 점화신호가 컴퓨터에서 파워 트랜지스터를 단속시켜 점화 1차 코일에 흐르는 파워 트랜지스터를 통하여 단선과 접지를 반복한다.

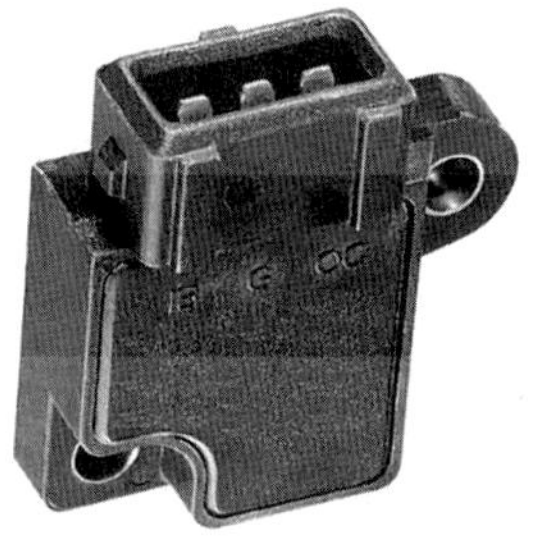

(a) 외형

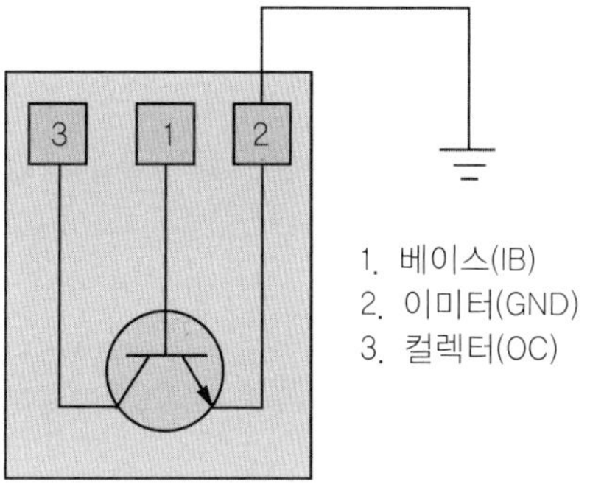

(b) 배선도

그림 5-50. 파워 트랜지스터의 외관과 배선

그리고 점화 시기는 컴퓨터가 연산하며, 파워 트랜지스터 베이스의 전류흐름이 차단되면 점화 1차 전류가 차단되며, 이 작동으로 점화코일의 2차 코일에 높은 전압이 유기되며, 이 높은 전압은 배전기 로터에 의해 점화플러그로 보내진다.

3.2.3 크랭크 각 센서와 상사점 센서

[1] 옵티칼 방식(optical type)

(1) 옵티칼 방식의 구조

옵티칼 방식은 크랭크 각 센서, 상사점 센서, 배전기축과 함께 회전하는 디스크, 점화코일에서 유도된 높은 전압을 점화순서에 따라 배분하는 로터(rotor) 등으로 구성되어있다. 또 유닛 어셈블리에는 4실린더 엔진용은 디스크를 설치한 2종류의 슬릿(slit)을 검출하기 위한 발광다이오드와 포토다이오드가 2개씩 들어있으며, 펄스신호로 컴퓨터에 입력시킨다.

크랭크 각 센서와 제1번 실린더 상사점 센서는 디스크와 유닛 어셈블리로 구성되어 있으며, 디스크에는 금속제 원판으로 주위에는 90° 간격으로 4개의 빛 통과용 크랭크 각 센서용 슬릿이 있고, 안쪽에는 1개의 제1번 실린더 상사점 센서용 슬릿이 있다. 6실린더 엔진용의 상사점 센서는 제1, 3, 5번 실린더의 상사점을 검출하여 펄스신호로 컴퓨터로 입력하여 컴퓨터에서 이 신호를 기준으로 연료 분사분서를 결정하도록 한다. 디스크는 2가지 형식이 있는데, 그 하나는 디스크 바깥둘레에 1°검출용 슬릿 360개와 안쪽에는 120° 검출용 슬릿이 6개 설치되는 방식과, 또 다른 하나는 디스크 바깥둘레에 크랭크 각 센서용 슬릿 6개와 안쪽에 상사점 센서용 슬릿이 4개 있는 방식이 있다.

(2) 옵티칼 방식의 작동

발광다이오드와 포토다이오드사이에서 디스크가 회전하면 발광다이오드에서 방출된 빛은 디스크의 슬릿을 통하여 포토다이오드에 전달되거나 차단된다. 이때 포토다이오드가 빛을 받으면 역방향으로 통전이 되며, 이 전류는 비교기(comparator)에 약 5V의 전압이 들어가 검출되며 컴퓨터로 5V가 입력된다. 이 상태에서 디스크가 더 회전하여 포토다이오드로 들어가는 빛이 차단되면 인가되는 전압이 0V가 된다. 이 작용을 반복하여 유닛 어셈블리에서 펄스신호로 컴퓨터에 입력시킨다. 4개의 크랭크 각 센서용 슬릿에서 얻어지는 신호는 엔진의 회전속도를 연산하는 기준 신호이며, 각 실린더의 피스톤이 압축 상사점의 정 위치에 있는지를 검출하여 제1번 실린더 상사점 센서용 슬릿에서 얻어지는 신호에 의해 제1번 실린더에 대한 기초신호를 식별하여 컴퓨터가 연료 분사순서를 결정하는데 사용한다.

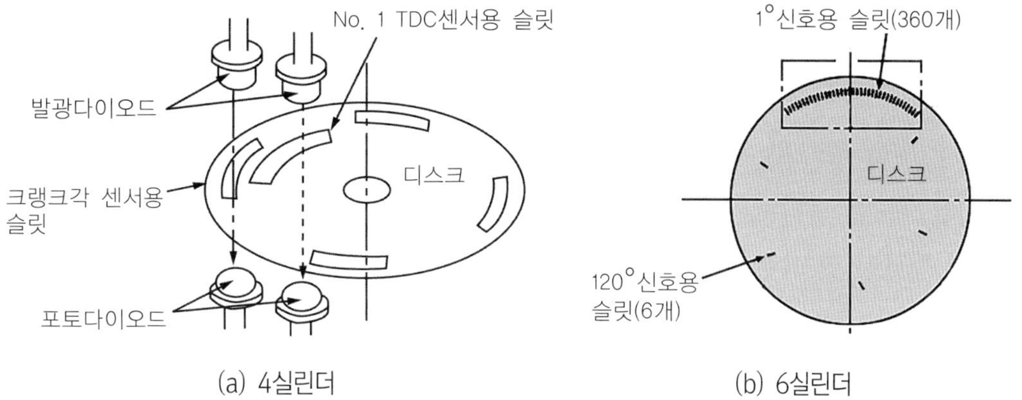

「그림」 5-51. 유닛 어셈블리의 구성

「그림」 5-52. 4실린더용 크랭크 각 센서와 제1번 실린더 상사점 센서의 작동

그리고 점화시기 진각조정은 크랭크 각 센서의 신호에 의하여 엔진 회전속도를 측정하고, 공기유량 센서(AFS)를 이용하여 흡입공기량을 계측한 후 공기량과 엔진 회전속도 사이의 비율 즉, 엔진의 부하를 연산한 다음 그 결과에 따라 최적의 점화시기를 결정한다. 6실린더 엔진용도 작동방법은 4실린더용과 같다.

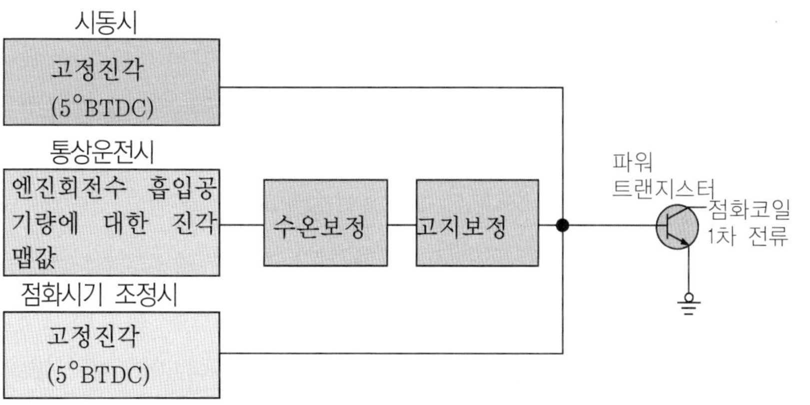

「그림」 5-53. 점화시기 진각조절

[2] 인덕션방식(induction type)

인덕션방식은 톤 휠(ton wheel)과 영구자석을 이용하는 것이다. 이 방식은 제1번 실린더 상사점 센서 및 크랭크 각 센서의 톤 휠을 크랭크축 풀리 뒤에 설치하고 크랭크축이 회전하면 엔진 회전속도 및 제1번 실린더 상사점의 위치를 검출하여 컴퓨터로 입력시키면 컴퓨터는 제1번 실린더에 대한 기초신호를 식별하여 연료 분사순서를 결정한다.

제1번 실린더 및 크랭크 각 센서의 구조는 영구자석 주위에 코일을 감아 톤 휠이 회전하면 에어 갭(air gap)의 변화에 따라서 유도된 펄스신호를 컴퓨터로 입력시키면 제1번 실린더 상사점과 엔진의 회전속도를 검출한다.

(a) 톤휠, 크랭크각 센서

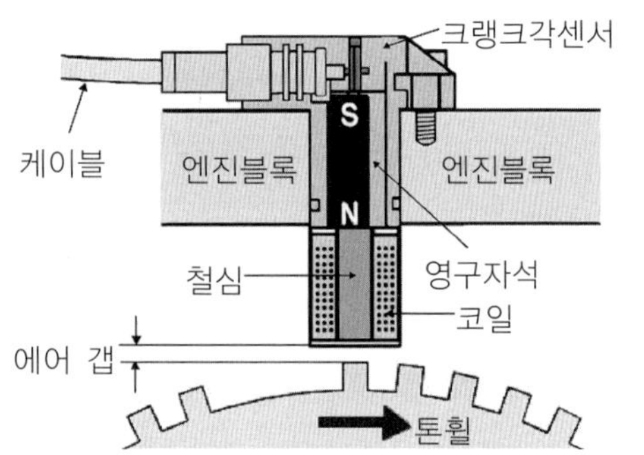

(b) 크랭크각 센서의 구조

그림 5-54. 인덕션방식의 구조

[3] 홀센서 방식(hall sensor type)

홀센서는 홀 소자인 게르마늄(Ge), 칼륨(K), 비소(As) 등을 사용하여 얇은 판 모양으로 만든 반도체 소자로 홀 효과를 이용한 스위치로서 펄스 발생기로 이용된다. 이 센서의 장점은 인덕티브 센서와는 다르게 신호 전압의 크기가 엔진의 회전속도와 관계없이 일정하기 때문에 아주 낮은 회전속도도 감지할 수 있다. 또, 전압 파형이 디지털 타입이므로 ECM에서 별도의 신호처리(AC-DC 컨버팅)를 할 필요가 없다.

센서 휠의 구조 및 설치 위치는 인덕티브 방식과 동일하며, 구조는 그림 55(b)에 나타낸 것과 같다. 그림 55(a)에서 2개의 영구자석사이에 홀 소자를 설치하고 전류(Iv)를 공급하면 홀 소자 내의 전자는 공급전류와 자속의 방향에 대하여 각각 직각방향으로 굴절이 된다. 이에 따라 단면 A_1은 전자과잉 상태로 되고, 단면 A_2에는 전자가 부족하여 A_1과 A_2사이에는 전위차가 생겨 홀 전압(U_H)이 발생한다. 전류(I_V)가 일정할 때 홀 전압(U_H)은 자속 밀도에 비례하며, 출력전압이 매우 작으므로 OP AMP를 이용하여 증폭시켜 신호로 사용한다.

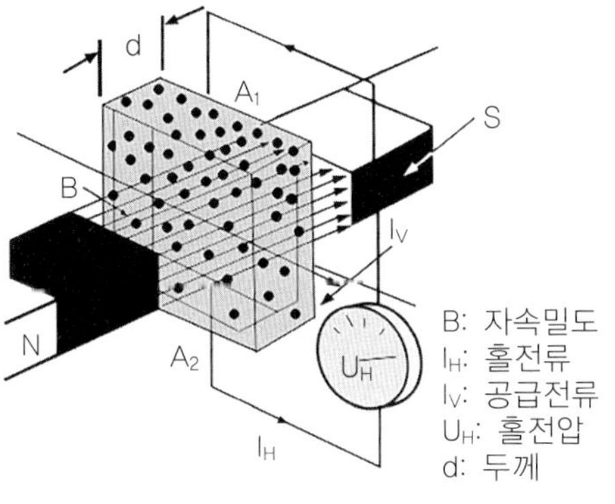

(a) 홀 효과

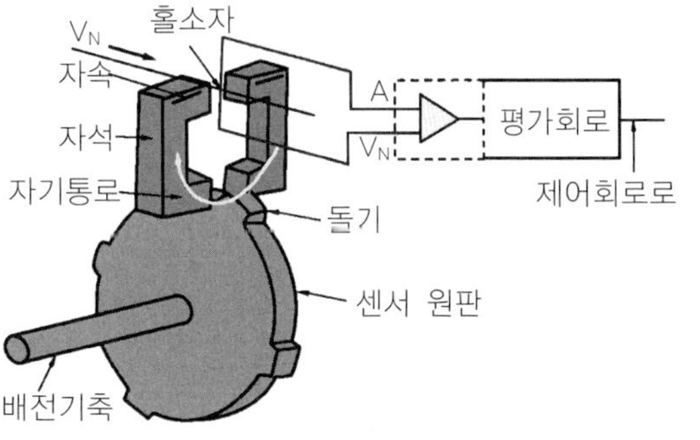

(b) 홀센서

(c) 홀 센서 설치상태

「그림」 5-55. 홀 효과 및 센서의 구조

3.2.4 점화시기 보정

[1] 점화시기의 보정요소

엔진의 점화시기의 가장 큰 변화요인은 엔진 회전속도 변화와 부하 변화이며, 그 밖에 엔진의 난기상태, 대기압력 상태 및 연료 등이 약간의 영향을 준다. 예전의 점화시기 조정장치에서는 엔진 회전속도에 따른 점화시기 조정은 원심 진각장치가 부하에 대한 조정은 진공 진각장치가 이용되었으며, 냉각수 온도 및 대기압력 상태에 대한 진각보정은 엔진 부압에 의한 보조진공 진각을 사용하였다.

점화시기 = 초기기준 점화시기 + 기본점화 진 각 도 + 냉각수 온도보정 진 각 도 + 고지보정 진 각 도

(초기기준 점화시기 ⇩ 5° 상사점 전, 기본점화 진각도 ⇩ 부하 및 회전속도에 의한 진각)

그러나 전자제어장치에서는 크랭크 각 센서(crank angle sensor)로 엔진 회전속도를 측정하고, 공기유량 센서(air flow sensor)를 이용하여 흡입공기량을 측정한 후 기본 점화시기를 결정한 다음, 엔진의 각종 상태를 보정하여 가장 적절한 점화시기를 결정한다.

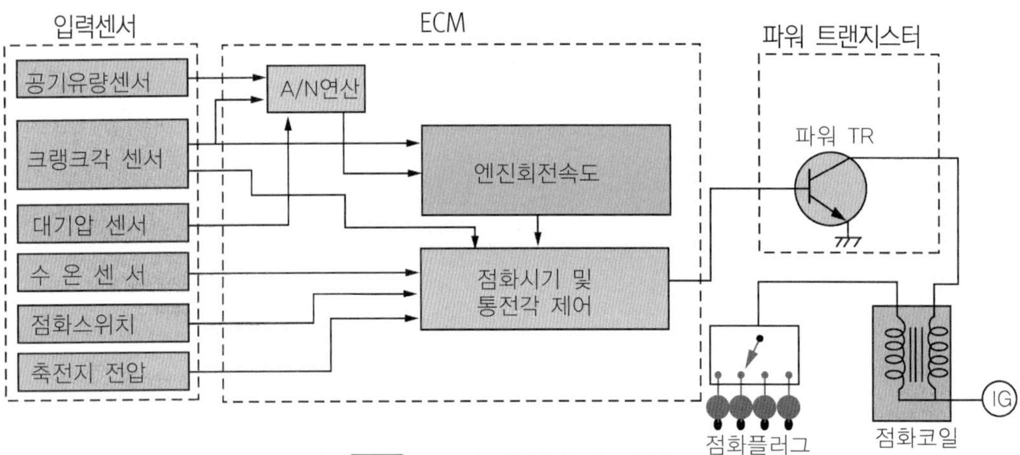

「그림」 5-56. 점화시기 제어

운전 상태에 대한 기본 점화진각은 그림 57(a)처럼 ECM 내에 기억된다. 시동시에는 CAS신호에 의해 BTD 5°에 고정한다. 또한 통상 운전시에는 크랭크 앵글 센서(CAS) 신호(T)를 계측한 후 크랭크 각 1°의 시간(t)을 구한다.

따라서

$$t = \frac{T}{180} \quad [\text{여기서, } 180° = \frac{720°(\text{크랭크축 2회전})}{\text{4실린더}}]$$

가 된다. 이때 그림 57(b)처럼 상사점 전 75°를 기준으로 점화시기(T_1)를 계산하여 냉각수 온도에 대한 보정을 한다. 예를 들어 상사점 전 20°에서 점화하는 경우에는 $T_1 = t \times (75 - Z) = t \times (75° - 20°) = 55t$(초)가 된다. 초기 기준 점화신호는 점화시기 조정 커넥터

단자를 접지할 때 상사점 전 5°로 고정되며 이는 공전상태에서 점화시기를 확인할 때 사용한다.

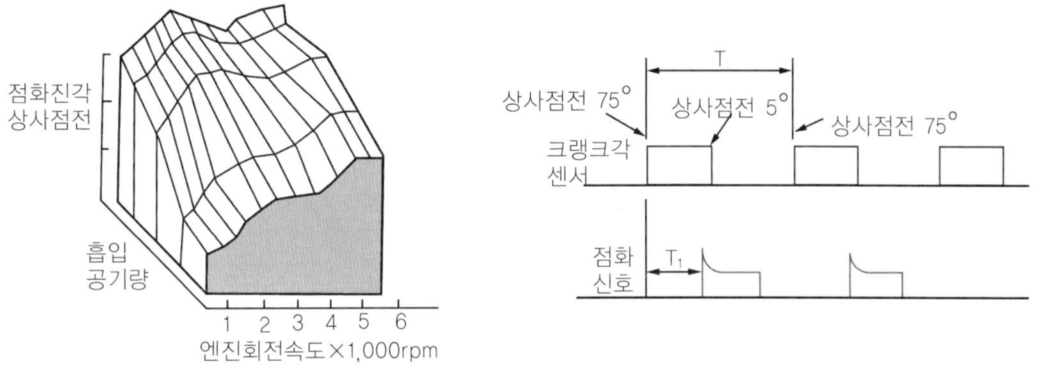

(a) 기본점화 진각 (b) 점화시기 특성도

그림 5-57. 기본점화 진각과 점화시기 특성

[2] 점화시기 제어기구

점화시기를 제어하기 위해서는 그림 58에서 나타낸 구성도와 같이 각종센서, 컴퓨터, 액추에이터의 3부분으로 나눌 수 있으며, 액추에이터 부분인 파워 트랜지스터를 제어하여 이 파워 트랜지스터가 ON-OFF됨에 따라 1차 전류를 ON-OFF 한다.

파워 트랜지스터를 제어하기 위해서는 엔진의 각종 상황을 검출하는 센서, 즉 크랭크 각 센서, 공기유량 센서, 수온센서, 차속센서 등으로 검출한 후 컴퓨터에 입력하여 차량 운전 조건에 가장 적절한 점화시기 값을 연산하여 파워 트랜지스터를 제어한다.

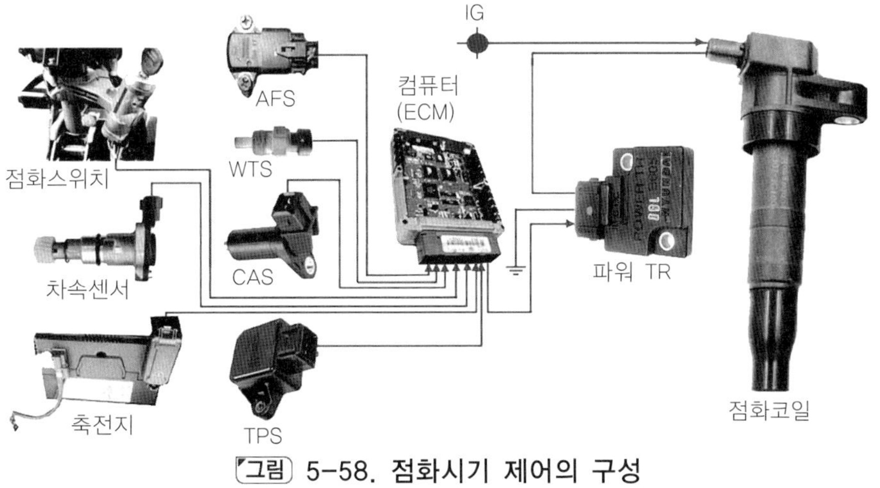

그림 5-58. 점화시기 제어의 구성

여기서 점화시기 제어에 가장 기초가 되는 것은 흡입공기량의 측정(공기유량 센서)과 크랭크 각 센서에서 입력되는 120° 및 1° 신호에 의해, 엔진 회전속도 및 피스톤 위치가 판독된다.

3.3 전자배전 점화장치(DLI : distributor less ignition)

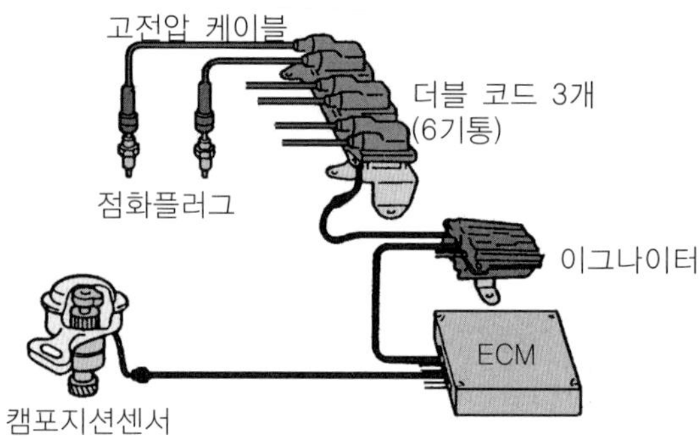

「그림」 5-59. DLI 점화장치의 구성부품

3.3.1 전자배전 점화장치의 종류

전자배전 점화장치(DLI : distributor less ignition)는 DIS(direct ignition system) 또는 무배전기 점화장치라고도 부른다. 자동차 제작회사마다 다르지만 기본 형식에 따라 다음과 같이 나눌 수 있다.

- 전자배전 점화장치
  - 코일 분배방식
    - 동시 점화방식
    - 독립 점화방식
  - 다이오드 분배방식 - 동시 점화방식

코일 분배방식은 높은 전압을 점화코일에서 점화플러그로 직접 배전하는 방식이며, 1개의 점화코일이 2개의 실린더에 동시에 점화를 시키는 동시 점화방식과 1개의 코일이 1개의 실린더에 점화시키는 독립 점화방식이 있다. 다이오드 분배방식인 경우는 고압 전류의 방향을 다이오드에 의해 제어하는 방식을 말하며 동시 점화방식이다.

[1] 동시 점화방식

이 방식은 듀얼 점화방식(dual ignition type) 이라고도 하며, 2개의 실린더에 1개의 점화코일로 압축상사점과 배기상사점에 있는 각각의 점화플러그에 동시에 점화시키는 장치이다. 4번 실린더는 배기상사점에 1번 실린더는 압축상사점에 점화시켰지만 4번은 압축압력이 낮기 때문에 방전에너지도 작게 되어 점화플러그의 불꽃은 약하고 공회전과 저속 운전시의 토크 변동이 억제되는 등의 운전성이 향상된다.

이러한 동시 점화방식의 특징은 다음과 같다.

① 배전기로 고전압을 배전하지 않기 때문에 누전이 발생하지 않는다.

② 배전기 내의 에어 갭이 없어 로터와 고압 단자사이의 전압 에너지 손실이 적다.

③ 배전기 캡 내로부터 발생하는 전파 잡음이 없다.

④ 진각 폭에 제한을 받지 않는다.

[2] 독립 점화방식

이 방식은 각 실린더마다 1(점화코일)+1(점화플러그)방식에 의해 직접 점화하는 장치이며, 이 점화방식도 동시점화의 특징과 같고 다음 사항이 추가된다.

① 고압케이블인 센터 코드와 각 점화플러그로 고압의 전기를 공급하는 플러그 코드가 없기 때문에 에너지의 손실이 거의 없다.

② 각 실린더 별로 점화시기 제어가 가능하기 때문에 반전 연소제어가 쉽다.

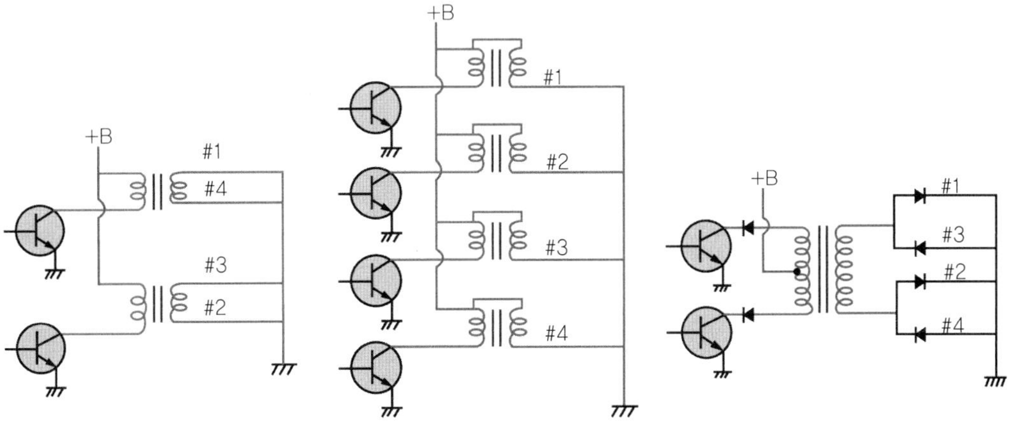

(a) 동시(듀얼) 점화방식　(b) 독립 점화방식　(c) 동시(다이오드분배) 점화방식

그림 5-60. 점화방식의 종류

3.3.2 전자배전 동시 점화장치

대부분 DLI장치의 점화코일은 폐자로(閉磁路)형으로 소형 경량화 하였고, 1개의 점화코일로 2개의 실린더에 동시에 점화하는 동시 점화방식을 사용한다. 즉, 점화코일의 1차 전류가 파워 트랜지스터에서 차단될 때, 2차 쪽에는 (+)와 (−) 양극성의 높은 전압이 동시에 발생한다. 따라서 (+)출력 쪽에 다이오드가 조립되어 있다.

실린더 내의 압축압력이 높을 때는 높은 전압의 방전이 어렵다. 압축압력이 높을수록 공기분자의 밀도가 크고 점화플러그의 전극 간극사이에 있는 기체 분자의 수가 많기 때문이다. 기체분자의 밀도가 높은 전극사이를 높은 전압에 의한 전자의 가속으로 각각의 공기분자와 충돌하여 공기 분자만의 전자를 튕겨내야(이온화)하나, 그 다음의 공기분자와 충돌하기까지의 분자의 밀도가 높기 때문에 가속하는 거리가 짧아 충분한 전자의 가속이 되지 않기 때문에 속도가 약해진다.

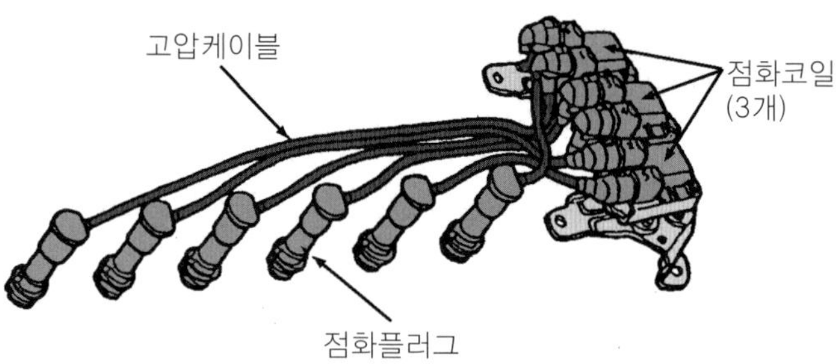

그림 5-61. 전자배전 방식의 점화코일

따라서 압축압력이 높을수록 점화플러그에 더 높은 전압을 가하여 가속하는 힘을 강하게 해야 한다. 그리고 배기행정에 있는 실린더에서의 방전은 대기에 화염을 전파하는 경우와 같다. 즉, 대기 중에서는 1㎜의 점화플러그 간극일 경우에 약 1,000V 정도의 낮은 전압으로도 화염전파 방전이 가능하며, 압축행정이 점화플러그와 비교할 때 방전에 대해서는 거의 무저항이라고 볼 수 있다.

이런 과정으로부터 압축행정에 있는 점화플러그를 직렬로 배열 하고 그림 68과 같이 높은 전압을 가해도 배기행정의 점화플러그는 거의 저항을 받지 않기 때문에 대부분의 전압이 압축행정에 있는 점화플러그에 높은 전압을 가한다. 따라서 이 높은 전압은 일반적인 점화장치에서 1개의 점화플러그에 화염을 전파시키는 경우와 비교해도 방전전압에는 거의 변화가 없다.

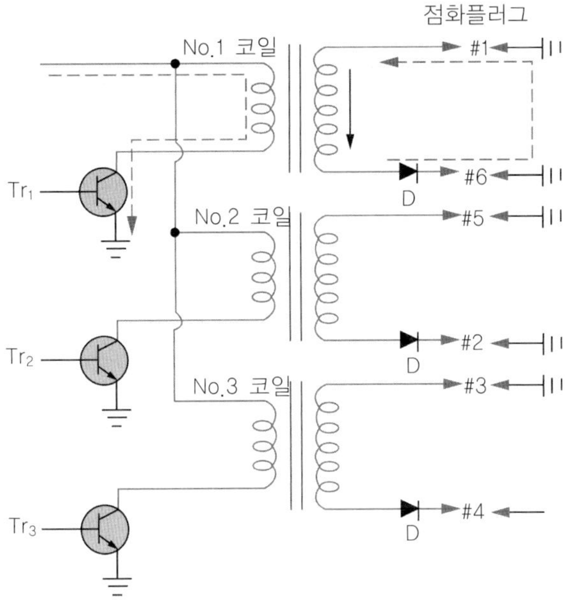

그림 5-62. 동시점화 장치의 고전압 발생

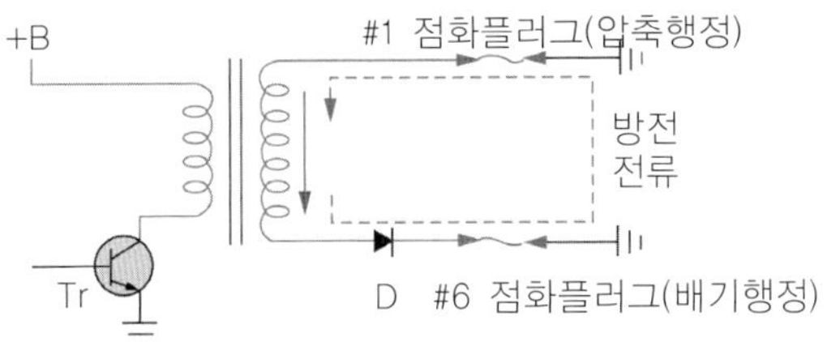

그림 5-63. 2개 실린더 동시 점화방식

3.3.3 전자배전 독립 점화장치

4실린더 엔진의 경우 독립 점화방식에는 각 실린더의 점화플러그마다 각각의 점화코일이 있고, 1차 전류를 단속하는 4개의 파워 트랜지스터가 별도로 작동한다. 파워 트랜지스터는 컴퓨터로부터 점화신호를 받아 OFF할 때 점화코일 2차 쪽에 높은 전압을 발생시켜 점화플러그에서 방전된다. 독립 점화방식은 동시 점화방식과 같이 1개의 2차코일 양단에 점화플러그를 사용하지 않기 때문에 1번~4번 점화플러그에 방전이 된다.

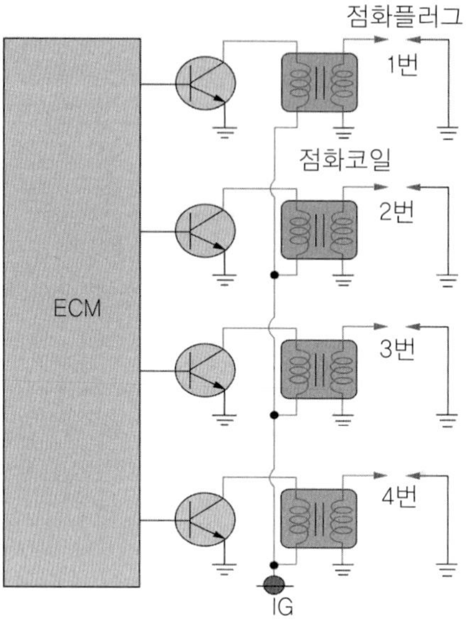

「그림」 5-64. 전자배전 독립 점화장치

Chapter

6

충전장치

01 충전장치의 개요
02 발전기의 원리
03 발전기의 구조와 작용
04 시동발전기(HSG : hybrid starter generator)

1 충전장치의 개요

자동차에 부착된 모든 전장부품인 점화장치, 연료분사장치, 각종 전자제어장치, 등화장치 및 그 밖의 전기장치를 정상적으로 작동시키기 위해서는 발전기나 축전지로부터 전력을 공급받아야 한다. 그러나 축전지는 방전량에 제한이 따르고, 엔진 시동을 위해 항상 완전 충전상태를 유지하여야 한다. 이를 위해 설치된 발전기를 중심으로 한 일련의 장치들을 충전장치라 한다. 충전장치는 엔진의 크랭크축에 의하여 구동되는 발전기와 발생한 전압을 일정한 전압으로 제어하기 위한 조정기(레귤레이터), 충전상태를 표시하는 충전경고등과 축전지로 구성되어 있다.

그림 6-1. 충전장치의 구성

발전기에는 직류와 교류로 구분하며 직류발전기는 DC발전기(direct current generator)라 하고, 전기자 코일에 발생한 교류를 정류자와 브러시에 의하여 직류로 정류되어 출력을 얻는 방식이다. 최근의 자동차에 사용되는 발전기는 교류발전기에 IC 조정기를 내장한 것을 대부분 사용한다.

교류발전기(alternating current generator)는 3상 교류를 실리콘 다이오드에 의하여 정류하여 직류 출력을 얻는 방식으로 충전장치가 구비해야 할 조건은 다음과 같다.

① 소형·경량이며 출력이 클 것

② 회전속도 범위가 넓고 저속으로 주행할 때에도 충전이 가능할 것

③ 출력전압이 안정되어 다른 전기회로에 영향을 주지 않을 것

④ 전파방해의 원인이 되는 불꽃발생이나 전압에 맥동이 없을 것

⑤ 정비가 쉬워야 하며, 내구성이 우수할 것

⑥ 소음이 적어야 한다.

2 발전기의 원리

2.1 발전기와 플레밍의 오른손법칙

유도기전력의 방향은 (+), (−)도체를 움직이는 운동의 방향과 자력선의 방향에 따라서 결정이 되는데 이들 방향의 관계는 다음과 같다.

오른손 엄지손가락, 인지, 장지를 서로 직각이 되게 하고 인지를 자력선의 방향에, 엄지손가락을 도체의 운동방향에 일치시키면 장지가 유도 기전력방향을 표시한다. 이 법칙을 플레밍의 오른손법칙이라 한다. 도체에 전류계를 접속한 후 도체를 상하로 움직이면 전류계의 지침은 좌우로 흔들리며, 도체의 움직임이 빠르면 빠를수록 전류계의 지침이 크게 흔들리게 되는데 이것은 기전력이 발생하기 때문이다.

그림 6-2. 플레밍의 오른손법칙

2.2 발전기와 렌츠의 법칙(Lenz's law)

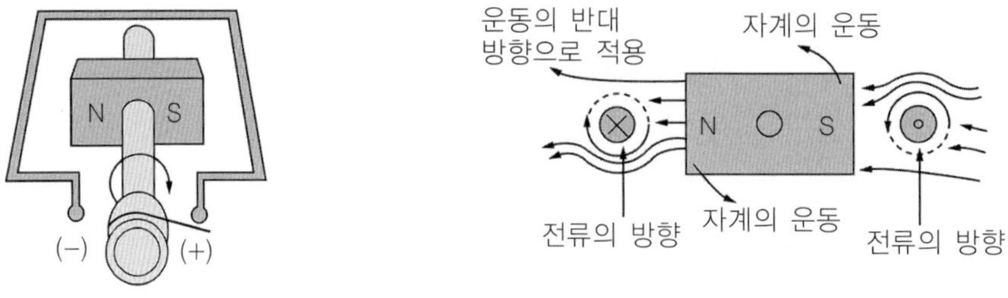

그림 6-3. 렌츠의 법칙에 의한 발전기의 원리

발전기의 이론은 렌츠의 법칙을 통해서도 알 수 있다. 전기 회로에서 발생하는 유도 기전력은 폐회로를 통과하는 자속의 변화에 반하는 유도 자기장을 만드는 방향으로 발생한다. 자석을 오른쪽으로 회전시키면 자력선은 자석을 왼쪽으로 회전시키려고 한다.

2.3 실제 자동차의 발전기원리

2.3.1 로터회전과 기전력의 발생

자동차의 발전기에서 발전하는 전류는 3상의 교류전류이다. 알터네이터에서는 영구자석 대신에 회전자석을 사용한다. 회전자석의 코일을 로터(rotor) 코일이라고 부르며 발전기로부터 전류를 공급받는 코일을 스테이터(stator) 코일이라 한다.

여자전류는 로터 코일을 통하여 슬립링(slip ring)으로 보내어진다. 앞서 말했듯이 로터 코일의 극(pole)에 오른손 법칙을 적용하고 스테이터 코일에 의한 기전력의 발생에 렌츠의 법칙을 적용한다면 알터네이터의 이론은 쉽게 이해할 수 있다.

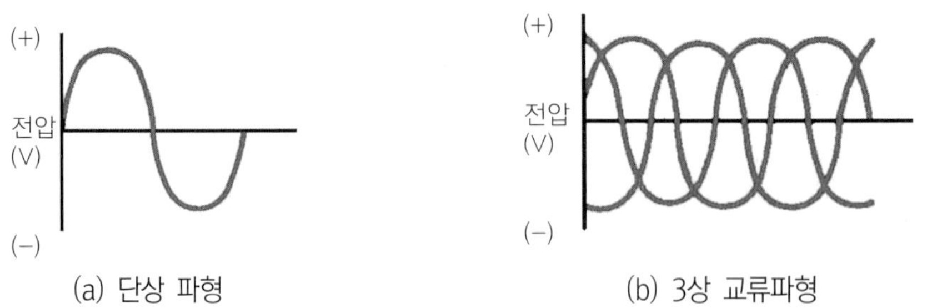

그림 6-4. 단상과 3상 교류파형

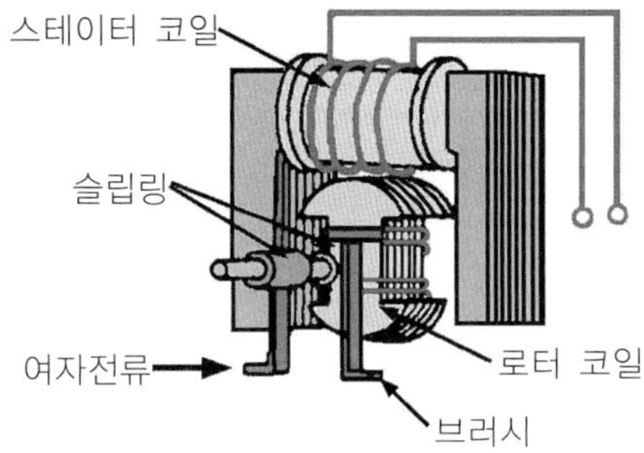

그림 6-5. 발전기의 구조

다음 그림 6은 로터의 회전에 따른 기전력의 변화를 나타냈고 이때 발생하는 전압은 단상 파형으로 그림 7에 나타냈다. 그림 6의 (a)와 (c)의 위치에서는 자력선 수의 증감이 없기 때문에 자계의 운동은 없다. 따라서 스테이터 코일에 의한 전압의 발생은 0V이다.

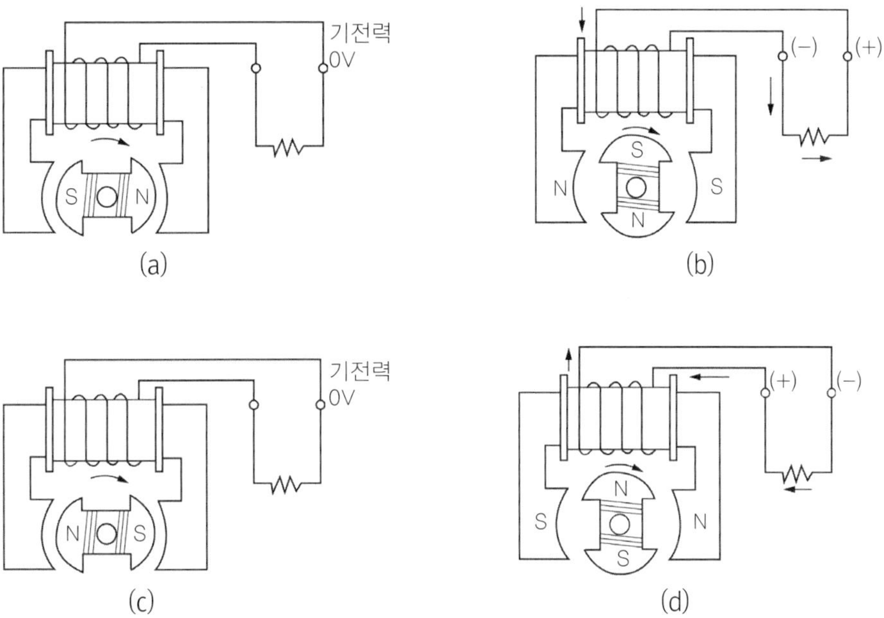

그림 6-6. 로터의 회전력에 의한 기전력의 변화

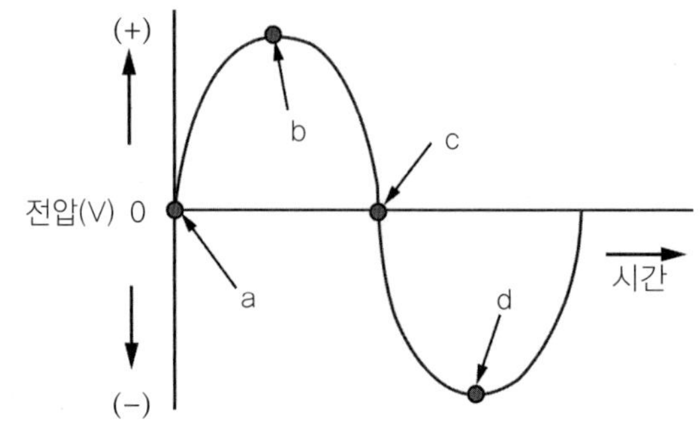

「그림」 6-7. 단상파형

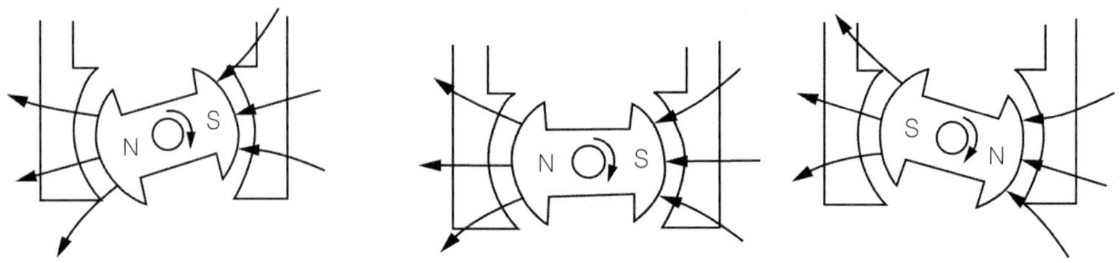

(a) 자력선 증가 (b) 자력선 최대 (c) 자력선 감소

「그림」 6-8. 자력선의 변화

2.3.2 3상 교류의 발생

3개의 스테이터 코일(stator coil : 기전력 발생코일)이 서로 120°의 각도로 배열된 것을 3상 교류발전기라 한다. 전압은 로터가 120°회전할 때 3개의 스테이터 코일에서 생성된다. 스테이터 코일의 결선방법에는 Y결선방법(star connect)과 델타 결선방법(⊿ connect)이 있다.

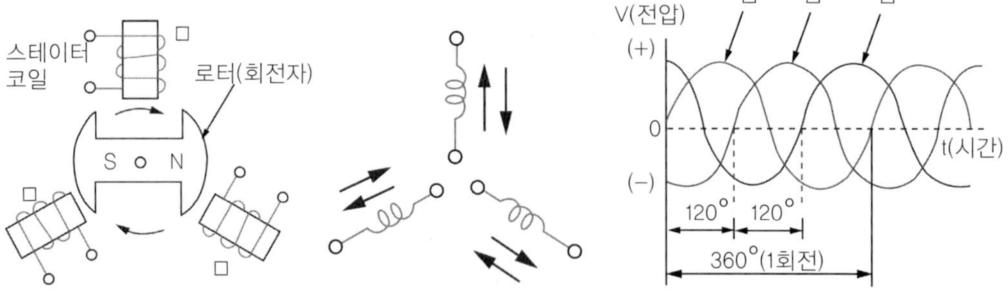

(a) 3상 교류의 발생 (b) 3상 교류 파형

「그림」 6-9. 3상 교류의 발생과 교류파형

각 스테이터 코일에 생성된 전압은 그림 9(b)와 같이 그래프 상에서 120°위상차를 가진 3개의 파형으로 나타낼 수 있으며, 이 스테이터 코일에서 발생된 전압을 그림 10(c)와 같이 상전압이라 부른다. 이때 각 단자사이의 전압 ⓐ-ⓑ, ⓑ-ⓒ 그리고 ⓒ-ⓐ를 선간전압이라 부른다.

자동차의 교류발전기는 3상 교류를 실리콘 다이오드로 정류시켜 직류로 변환시키며, 각 선 사이의 최대 전압차이를 이용할 수 있도록 되어 있다. Y결선시 선간전압은 상전압의 $\sqrt{3}$ 배가 되며, 델타 결선시에는 선간전압과 상전압이 동일하다.

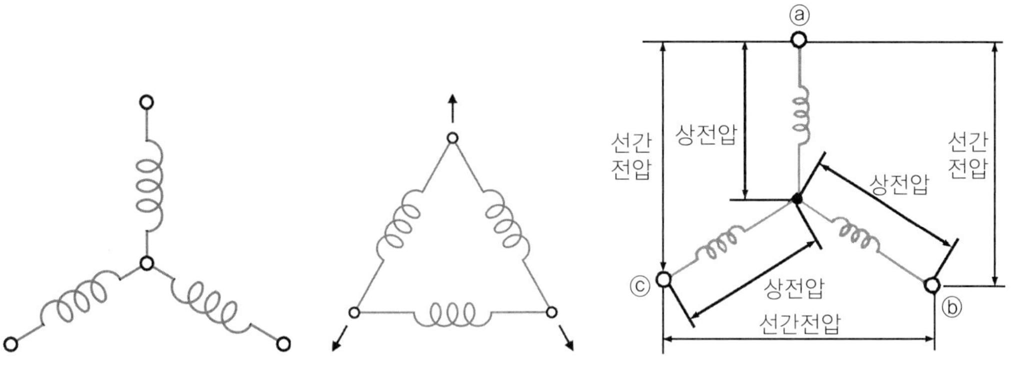

(a) Y결선　(b) 델타결선　(c) 선간전압

그림 6-10. 스테이터 코일의 결선과 선간전압

2.3.3 발전기의 정류작용

정류(整流)란 교류를 직류로 변환하는 것을 말하며, 정류의 방식에는 여러 종류가 있으나 교류발전기에서는 실리콘 다이오드를 사용하여 3상 교류를 정류를 하므로 이에 대해서만 설명하도록 한다. 그림 11에 나타낸 바와 같이 Y결선된 3상 교류발전기의 3개 출력단자에 3개의 다이오드를 접속하고 중성점과의 사이에 부하를 접속하면 그림 (b)와 같은 정류전류가 얻어진다. 이것을 3상 교류 반파정류라 한다.

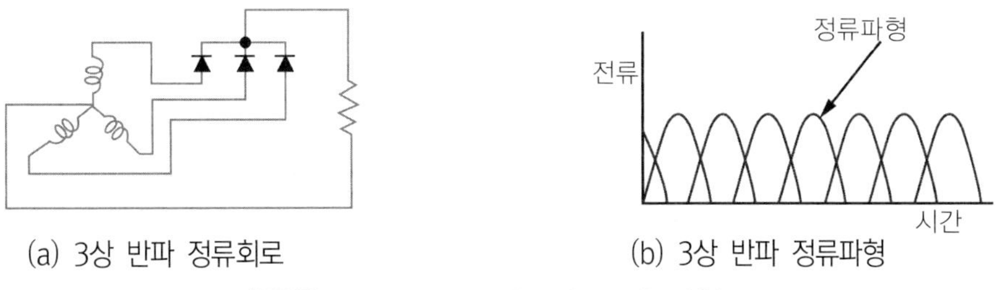

(a) 3상 반파 정류회로　(b) 3상 반파 정류파형

그림 6-11. 반파 정류회로 및 파형

그림 12는 6개의 다이오드를 브리지 접속하여 3상 교류발전기의 각 출력단자에 접속한 것으로 이 방식은 3상 교류를 정류하는데, 이것을 3상 교류 전파정류라 한다.

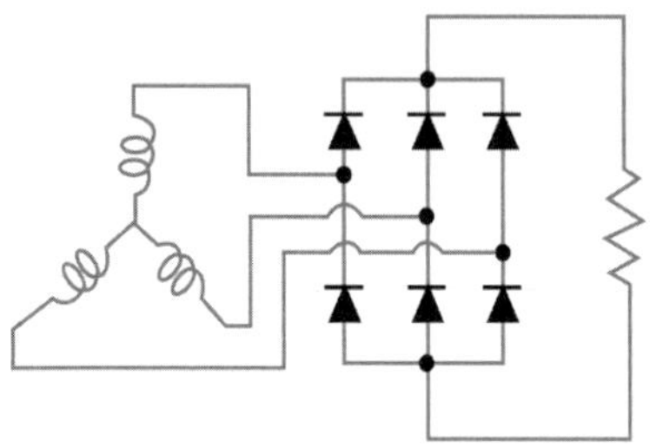

(a) 3상 전파 정류회로

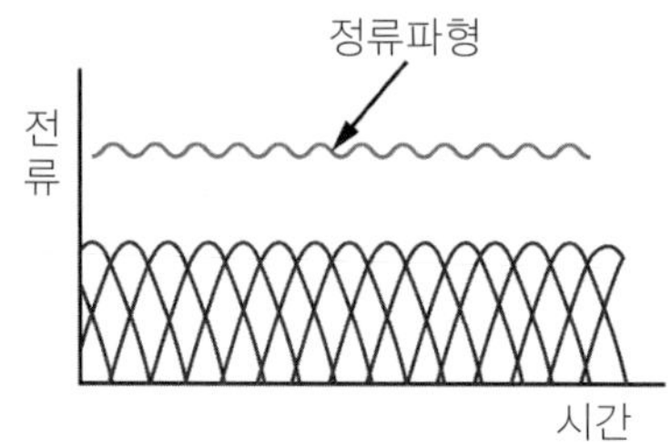

(b) 3상 전파 정류파형

그림 6-12. 3상 전파 정류회로 및 파형

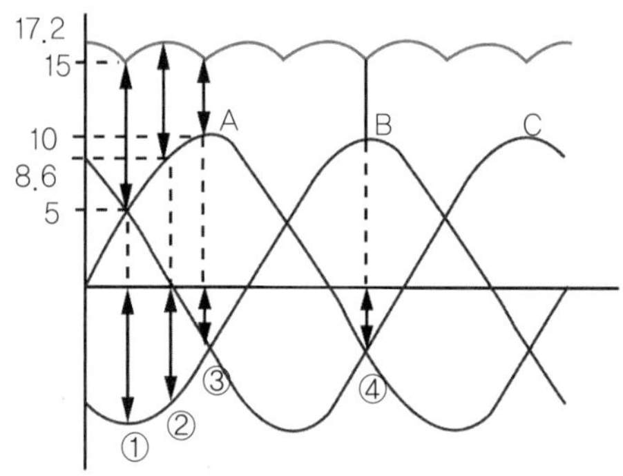

(a)

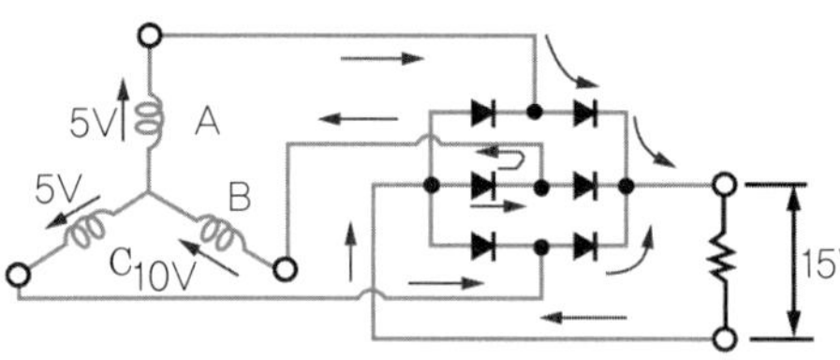

(b) ①위치에서

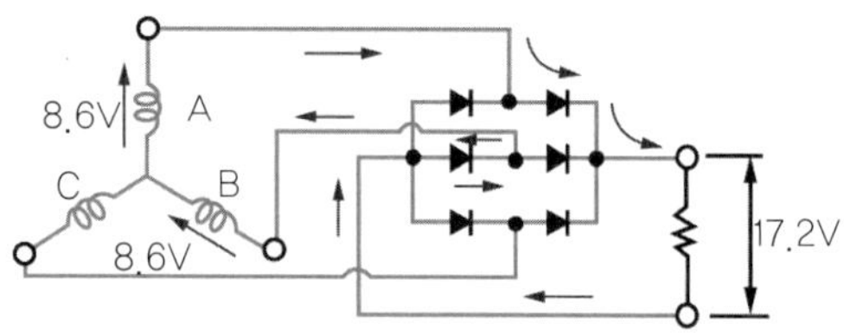

(c) ②위치에서

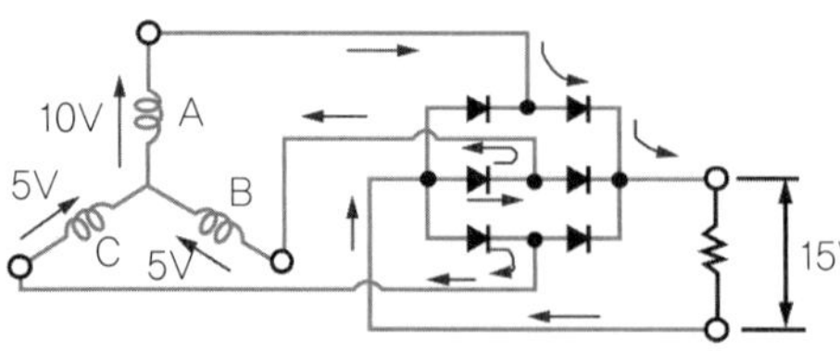

(d) ③위치에서

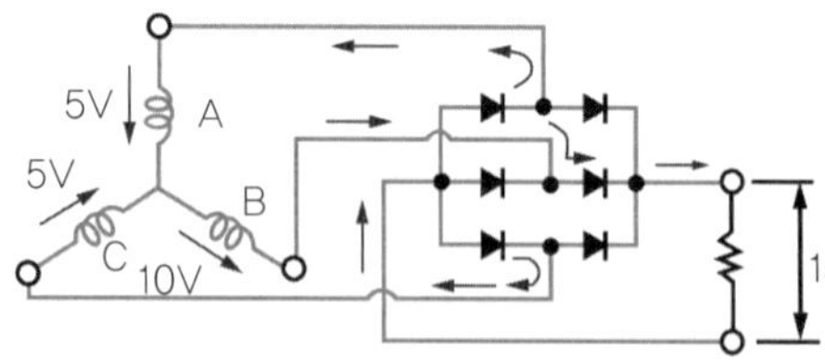

(e) ④위치에서

그림 6-13. 3상 교류의 전파정류

그림 14는 발전기에서 발생한 3상 교류가 6개의 다이오드에 의하여 정류되는 것을 나타낸 것이지만 이 방식으로는 그림 위쪽에 나타낸 것과 같이 맥동이 매우 작은 전류가 얻어진다. 여기서 3개의 코일이 함께 연결된 부분을 중성점(neutral point)이라 하며 파형은 아래 그림과 같다. 이 파형의 실효치는 출력전압이 1/2이다.

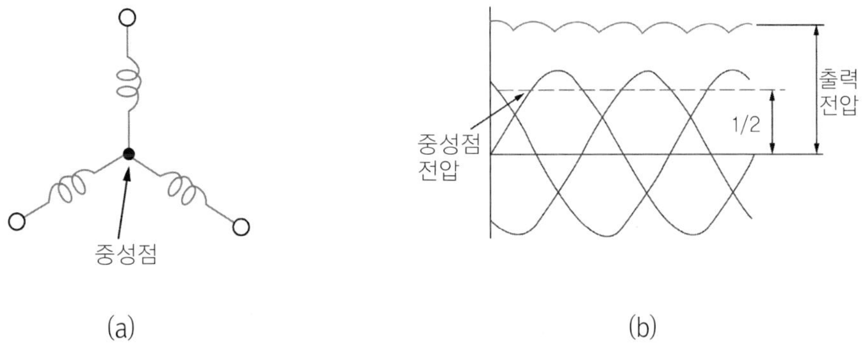

그림 6-14. 중성점과 중성점 전압

2.3.4 다이오드 정류특성

[1] 단상 반파 정류회로 : 다이오드 1개

① 직류 전압

$$E_d = \frac{\sqrt{2}}{\pi} V = 0.45\,V$$

V : 상전압, 실효값, 교류전압

② 직류 전류

$$I_d = \frac{E_d}{R} = \frac{\sqrt{2}}{\pi} \cdot \frac{V}{R} = 0.45\frac{V}{R}$$

③ 위상 제어시 직류 전압

$$E_{do} \frac{\sqrt{2}}{2\pi} V(1 + \cos\alpha)$$

α : 점호각

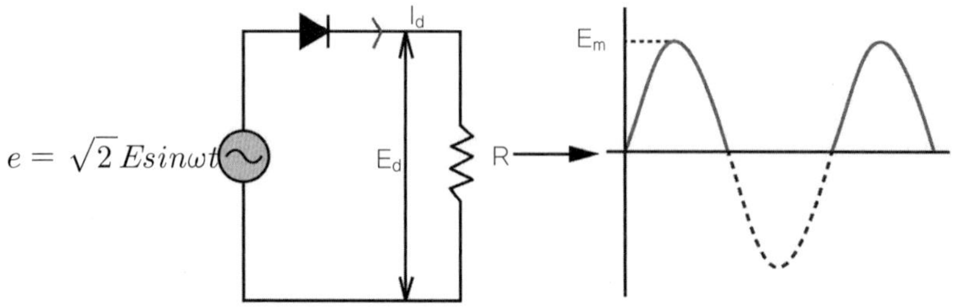

그림 6-15. 단상 반파 정류회로

④ 최대 첨두 전압(PIV)

㉮ 전압강하 무시 : PIV= π E_d

㉯ 전압강하 존재 : PIV= π (E_d+e)

[2] 단상 전파 정류회로 : 다이오드 2개, 4개

① 직류 전압

$$E_d = \frac{2\sqrt{2}}{\pi}V = 0.9V$$

② 직류 전류

$$I_d = \frac{E_d}{R} = \frac{2\sqrt{2}}{\pi} \cdot \frac{V}{R} = 0.9\frac{V}{R}$$

③ 위상 제어시 직류 전압

$$E_{do} = \frac{\sqrt{2}}{\pi}V(1+\cos\alpha)$$

④ 최대 첨두 전압

㉮ 다이오드 2개 : PIV= $2\sqrt{2}V$

㉯ 다이오드 4개 : PIV= $\sqrt{2}V$

[3] 3상 반파 : 다이오드 3개

Ed= 1.17VEd

[4] 3상 전파 6상 반파 : 다이오드 6개

Ed=1.35V

[5] 다이오드 보호

① 과전압 : 다이오드 추가 직렬접속

② 과전류 : 다이오드 추가 병렬접속

[6] 맥동율

$$\text{맥동율} = \frac{AC}{DC} \times 100$$

① 단상전파 : 48%

② 3상반파 : 17%

3 발전기의 구조와 작용

3.1 발전기의 구비조건

자동차용 발전기의 형식과 구조는 각종 전기장치에 전원을 공급하고 축전지를 충전하는 용량에 따라 달라진다. 발전기 자체에서는 교류(AC)를 발생시키지만, 축전지를 충전시키고, 전기장치에 전원을 공급하기 위해 직류(DC)를 필요로 한다.

① 모든 전기부하에 직류를 공급할 것.

② 전기부하가 공급되고 있는 상태에서도 축전지의 충전을 유지하고 급속충전이 가능하도록 예비전력을 보유할 것.

③ 발전기에 걸린 부하와 상관없이 엔진의 전체 회전속도 범위에 걸쳐 최대한 일정한 전압을 유지할 것.
④ 내부부품은 진동, 고열, 온도변화, 먼지, 습기 등에 견딜 수 있는 튼튼한 구조일 것.
⑤ 설치가 간편하고 경량화 구조일 것.
⑥ 소음이 낮고 수명이 길 것.

3.2 직류발전기(direct current generator)

직류발전기는 자장을 형성하는 계자철심(pole shoe)과 계자코일(field coil)이 하우징에 고정되어 있고, 전기자(armature)가 회전하여 교류를 발생시킨다. 전기자코일에서 발생된 전류는 정류자(commutator)로 비교적 간단히 직류로 정류되고, 이와 같이 얻어진 직류를 브러시(brush)를 거쳐 전기장치와 배터리로 공급하게 된다.

3.2.1 DC 발전기의 원리

자계 내에 도체를 설치하고 도체를 움직여 자장을 수직으로 끊으면 도체에 전기가 유도된다. 이것은 도체가 자력선을 끊음으로 해서 도체에서 보면 자력선의 변화가 생긴 것이고 이러한 현상은 렌츠의 법칙에 의해 유도 기전력이 발생한 것이고 이것은 자기유도작용에 의한 역기전력과 같다. 도체에 흐르는 전기는 AC이나 정류자와 브러시를 통과 하면서 정류작용을 하여 나오는 전기는 DC이다.

그림 6-16. DC 발전기

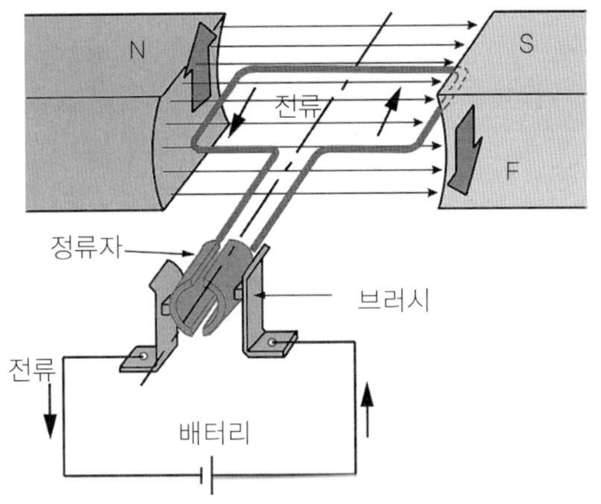

「그림」 6-17. DC 발전기의 원리

3.2.2 직류 발전기의 구조

[1] 전기자(armature)

전기자는 계자코일 안쪽에서 회전하면서 전류를 발생시킨다.

[2] 계자철심 및 계자코일

요크에 고정된 계자철심에 계자 코일이 감겨있고 이곳에서는 자속을 발생하여 자계를 형성하며 구조는 시동전동기와 같으나 계자 코일이 전기자 코일과 병렬로 된 분권식이기 때문에 계자 코일이 가늘고 권선수가 많아 흐르는 전류는 약한 편이다.

[3] 정류자(commutator)

2개의 슬립링 대신에, 1개의 슬립링을 두 조각으로 하여 한 쌍의 정류자 편(commutator segment)으로 하면, 전기자 코일이 회전할 때마다 브러시와 접촉하는 정류자편이 바뀐다. 이렇게 되면 브러시에는 교류 대신에 심하게 맥동하는 직류전압이 유도된다. 즉, 정류자(commutator)는 정류기와 같은 기능을 한다.

맥동이 적은 직류전압을 유도하기 위해서 정류자편이 접속하는 전기자 코일의 수를 증가시켜, 브러시와 접촉할 때 직류로 정류되도록 한다. 이 경우 브러시와 접촉되지 않은 코일에서 유도된 전압은 이용할 수 없다.

[4] 브러시(brush)

뒤쪽 브래킷에 고정된 브러시 홀더에 끼워져 정류자와 접촉하여 전기자에서 발생한 AC전류를 DC로 정류하는 작용을 하며 엔진의 가동과 동시에 항상 회전하기 때문에 정류작용이 잘되고 마멸이 비교적 적은 흑연계 브러시를 사용한다. 브러시는 정류자와 접촉이 좋아야 하기 때문에 브러시 스프링으로 0.5~2.0kgf의 힘으로 눌려 있고 마모 한계는 1/3이다.

[5] 발전기 조정기(regulator)

조정기의 역할은 발전기의 전압과 전류를 일정하게 유지하는 것과 축전기로부터 발전기로 전기가 역류하는 것을 방지하고 계자코일에 흐르는 전류를 저항을 이용 가감하여 출력을 제어하는 것이다.

(1) 전압 조정기

계자코일에 직렬로 저항을 설치하여 발생전압이 규정 전압보다 높아지면 계자코일에 흐르는 전류를 저항으로 통하도록 하여 계자 철심의 자화력을 감소시켜 발생전압을 낮추고 발생전압이 낮아지면 계자코일에 흐르는 전류를 저항을 우회 하게하여 전압을 회복시켜 발전기의 발생전압을 일정하게 유지시킨다.

(2) 전류 조정기

발전기에 큰 부하가 걸려 많은 전류를 발생하게 되면 발전기가 소손되는데 이것을 방지하기 위해 발생 전류가 커지면 계자코일에 흐르는 전류를 작게 하고 발생전류가 작아지면 계자코일에 흐르는 전류를 회복시켜 발생전류를 제어한다.

(3) 컷 아웃 릴레이

발전기의 출력이 축전지의 용량보다 작으면 릴레이 접점이 떨어져 있고 발전기의 출력전압이 12.6~13.8V가 되면 접점이 붙도록 되어 있어 발전기로부터 출력이 없거나 작을 때 축전지의 전류가 발전기로 역류되는 것을 방지한다.

3.2.3 직류 발전기의 단점

① 정류장치인 정류자는 작동 중 브러시와 마찰하여 회전한다. 허용 최대 회전속도를

초과하면 정류자가 과열되고 브러시의 수명이 현저하게 단축되며 전기자에 기계적인 부하가 증대되기 때문에 회전속도 범위가 제한적이다.

② 엔진 공회전 시에는 발전전압이 매우 낮다. 따라서 공회전 중 전기장치를 많이 사용할 경우 배터리의 충전이 어렵게 되며 방전속도가 빨라진다.

③ 구조적으로 출력을 증대시키기 이해서는 크기와 중량이 현저하게 증가한다.

④ 정류자 브러시의 마모가 커서 비교적 자주 수리를 해야 한다.

3.3 교류 발전기(alternating current generator)

교류 발전기는 고정부분인 스테이터(고정자), 회전하는 부분인 로터(회전자), 로터의 양 끝을 지지하는 엔드 프레임(end frame) 그리고 스테이터 코일에서 유기된 교류를 직류로 정류하는 실리콘 다이오드로 구성되어 있다.

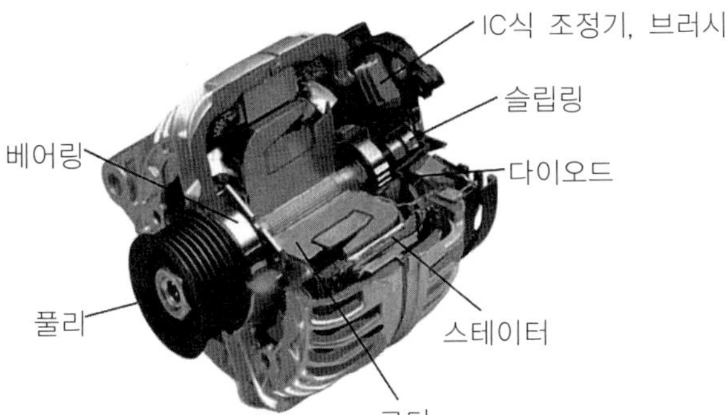

그림 6-18. 교류발전기의 구조

로터는 엔진의 크랭크축 풀리에 의해 벨트로 구동되며, 회전중인 로터코일에는 브러시와 슬립링을 통하여 여자전류가 공급된다. 그리고 스테이터 코일에 발생한 3상 교류는 6개의 실리콘 다이오드에 의하여 정류되어 외부단자에 직류로 출력된다.

3.3.1 자동차용 교류 발전기의 특징

① 엔진이 공회전할 때에도 충전전류를 발생한다.

② 교류를 정류하기 위하여 3상 브리지 회로에 다이오드를 이용한다.

③ 발전기의 전압이 축전지 전압보다 낮으면 다이오드가 전류를 차단한다.

④ 기계적 효율은 교류발전기가 직류발전기보다 높다.

⑤ 교류발전기는 진동, 고온, 먼지, 습기 등 외부적 영향을 견딜 수 있다.

⑥ 회전방향과 상관없이 작동할 수 있다.

⑦ 출력에 비해 직류발전기 보다 가볍다.

⑧ 정류자 브러시가 없어 수명이 길다.

⑨ 직류발전기의 역류방지용으로 사용하던 컷아웃 릴레이가 필요 없다.

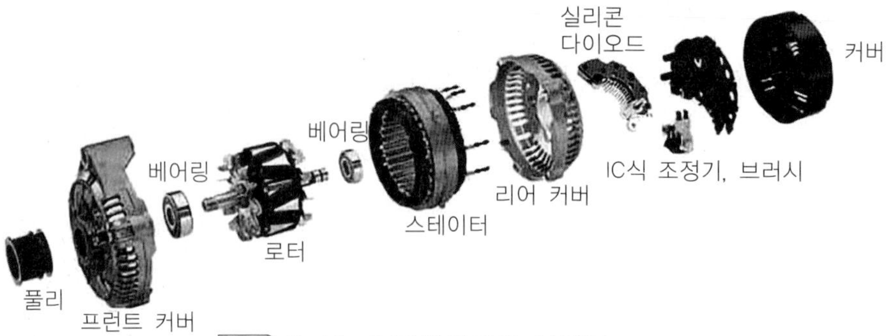

그림 6-19. 교류발전기의 분해도

3.3.2 스테이터(stator)

스테이터는 결선하는 방법에 따라 Y결선과 델타결선으로 구분하며, 다음과 같은 특성을 가지고 있다.

① 3상 교류발전기로 각각 120°로 고정된 스테이터 코일(전압발전 코일) 3개와 중앙에서 회전하는 로터코일로 구성되었다.

② 자동차용 교류발전기는 3상 교류를 전파 정류하여 연속적으로 전압을 공급한다.

③ Y 결선은 스타결선(star connection)이라고도 하며, 특징은 다음과 같다.

㉮ 3개의 코일 한쪽을 공통점으로 접속하고 다른 쪽을 출력 선으로 끌어낸다.

㉯ 중성점 N(neutral point)은 3개의 스테이터 코일이 함께 연결된다.

㉰ 저속회전에서도 높은 전압이 발생된다.

㉱ 선간전압은 상 전압의 $\sqrt{3}$ 배로 저속에서 높은 기전력을 얻을 수 있다.

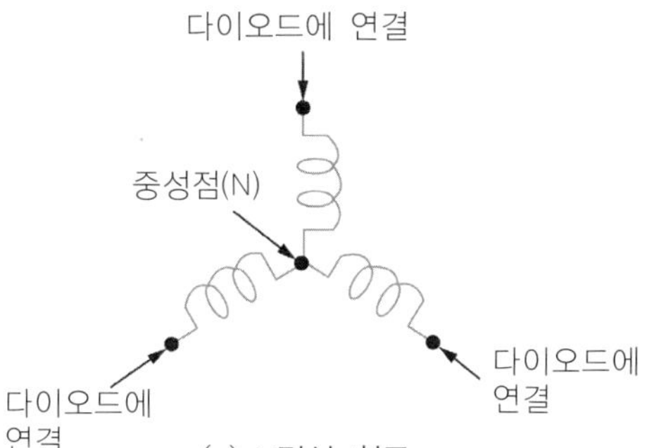

(a) Y결선 회로

(b) Y결선 스테이터

(c) Y결선 단면도

「그림」 6-20. Y결선 형식

④ 델타 결선은 삼각형 결선(delta connection)이라고도 하며 다음과 같은 특징이 있다.

㉮ 3개의 코일을 2개씩 차례로 접속하고 각각의 접속점을 출력선으로 이용한다.

㉯ 선간전류는 각 상 전류의 $\sqrt{3}$ 배로 큰 출력을 요구하는 경우에 사용된다.

스테이터는 성층한 철심(core)에 독립된 3개의 코일이 감겨져 있고, 이 코일에서 3상 교류가 유기된다.

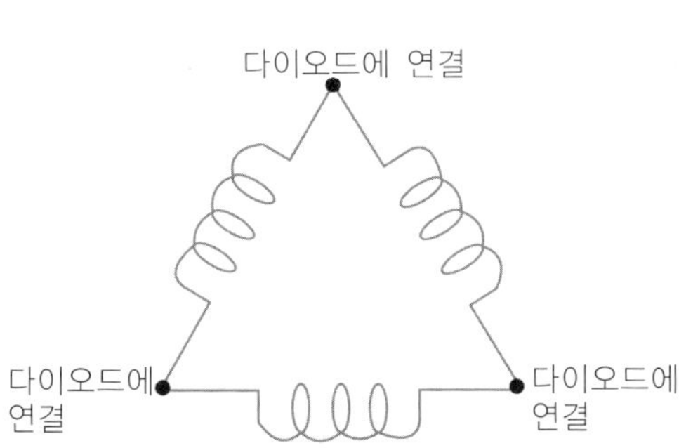

(a) 델타 결선회로

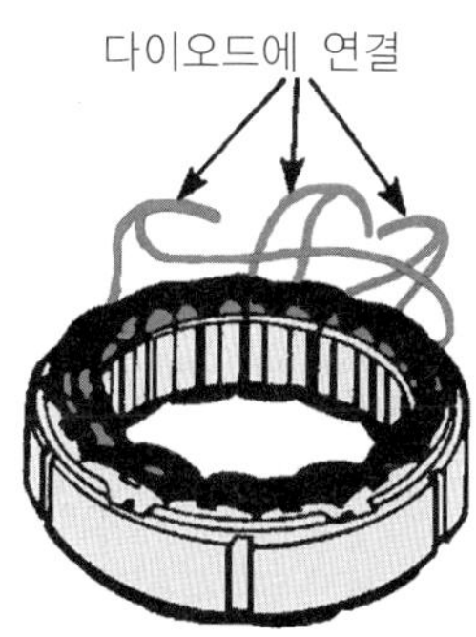

(b) 델타 결선 스테이터

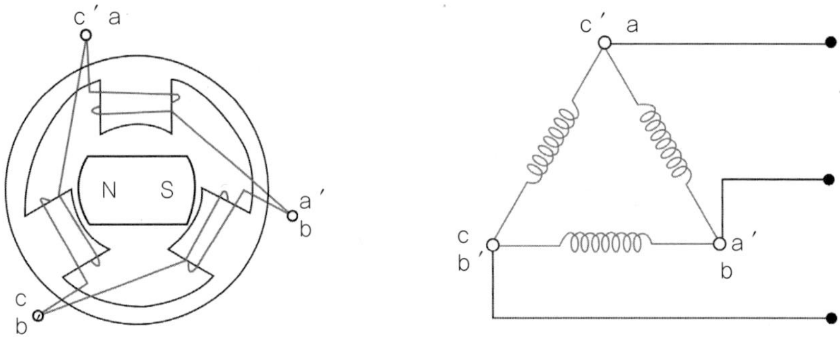

(c) 델타결선 단면도

그림 6-21. 델타 결선 형식

스테이터 철심은 철심주위에서 자속의 크기가 변화하는 경우가 많기 때문에 히스테리 손실과 맴돌이 전류손실이 발생하는 현상을 감소시켜 로터철심과 함께 자기회로를 형성하기 위하여 0.8~1.2㎜의 얇은 규소강판을 몇 장 겹쳐서 고정한 것으로 그 안쪽에 스테이터 코일을 설치하기 위해 원형으로 형성되는 코어 내주 면에는 24~36개의 슬릿이 형성되어 작동 중에는 로터의 자극에서 나온 자속의 통로가 된다.

스테이터 코일은 절연 피복 구리선을 슬릿에 감아 넣고 이것을 차례차례로 접속한 것을 1조로 한다. 그리고 코일피치는 자극간극으로 동일하게 되어 있다. 이와 같은 코일 군을 서로 120도 씩 겹쳐서 3조로 설치하여 3상 결선으로 한다.

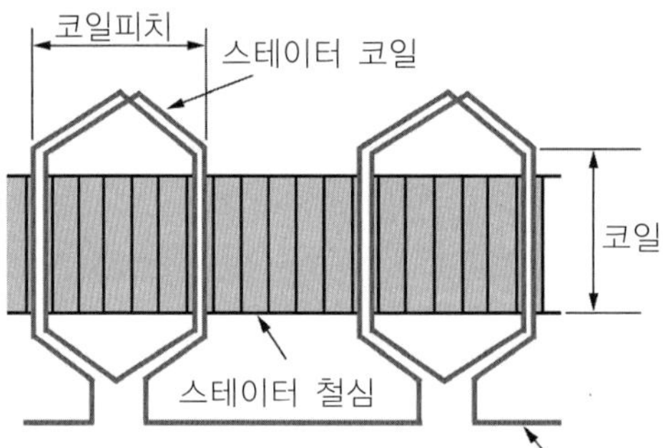

그림 6-22. 스테이터 코일의 형상

3.3.3 로터(rotor)

로터는 전자석으로 로터철심, 로터 코일, 슬립링으로 구성되어 있다. 로터코일에 흐르는 전류를 여자전류라 하며, 이 전류는 브러시 → 슬립링 → 로터코일 → 슬립링 → 브러시의 경로로 흐른다. 슬립링에는 로터의 전류전환 기능이 없기 때문에 로터의 자극은 변하지 않는다.

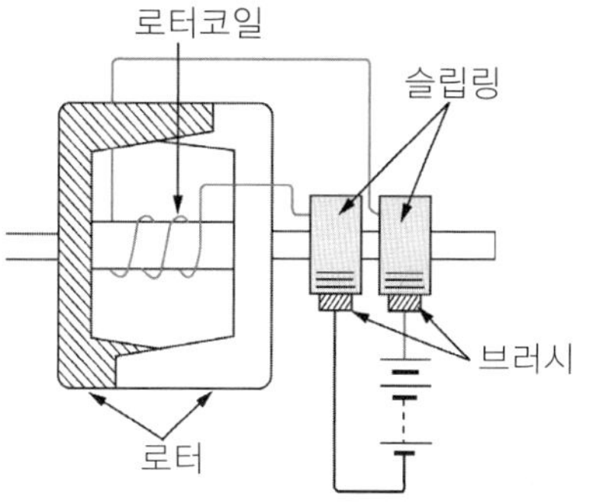

그림 6-23. 여자전류의 경로

[1] 로터 코일(rotor coil)

로터 내에 설치되어 전류가 흐르면 로터를 전자석으로 만드는 기능을 한다.

[2] 슬립링(slip ring)

슬립링은 브러시와 접촉하여 로터코일 양끝과 연결되어 있으며, 로터 축과 절연되며 로터 코일에 전류가 일정방향으로 공급되게 한다.

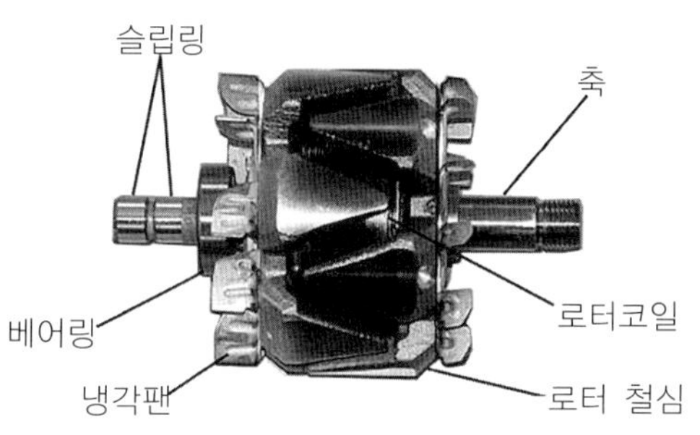

(a) 로터의 구조

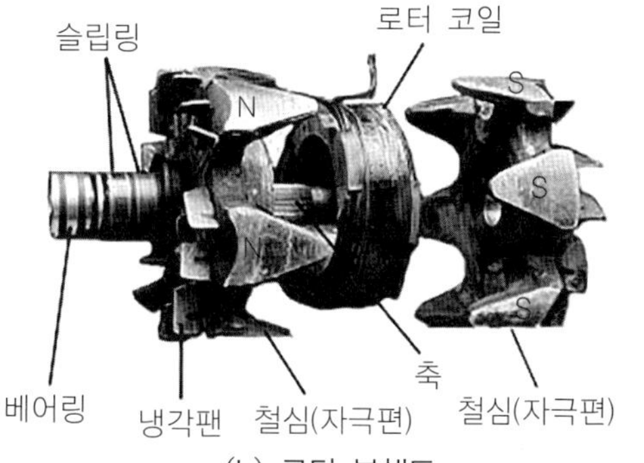

(b) 로터 분해도

그림 6-24. 로터의 구조와 분해도

3.3.4 렉티파이어(정류기, rectifier)

다이오드(diode)를 사용하여 교류를 직류로 변환하여 차량에 공급되는 전원으로 사용하는 기능을 가지고 있는 게 바로 렉티파이어이다. 열에 취약한 다이오드를 보호하기 위하여 방열효과를 극대화하기 위한 방법으로 히트싱크(heat sink)를 사용한다.

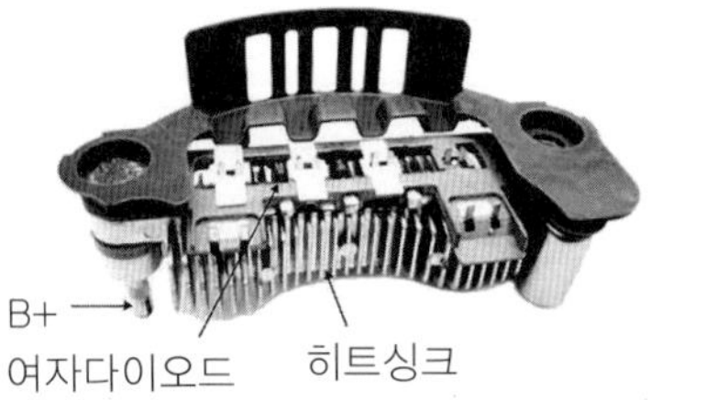

「그림」 6-25. 렉티파이어

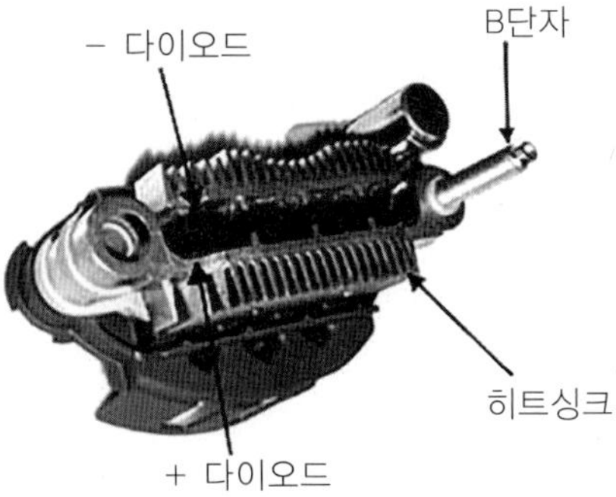

「그림」 6-26. 다이오드의 구조

정류기라고도 부르는 다이오드는 스테이터 코일에서 발생하는 3상 교류를 정류하여 직류로 변환시켜 주는 작용과 역전류 방지작용을 하며, (+)측과 (-)측에 다이오드를 각각 3~4개씩 홀더에 설치하고, 여자 다이오드를 3개 더 두고 있다.

3.3.5 레귤레이터(regualtor)

레귤레이터는 알터네이터의 부하와 회전속도에 관계없이 전압을 항상 일정하게 유지하는 기능을 유지하는 기능을 하며 브러시 폴더와 일체형인 구조가 많다. 그림 27의 가운데 원형의 홈에 튀어 나온 막대가 브러시이고, 그 위쪽으로 사각형 방열핀 안쪽에 레귤레이터가 들어있는 구조이다.

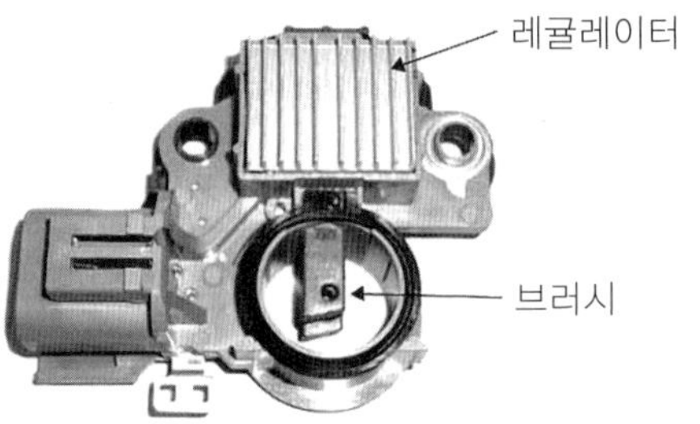

「그림」 6-27. 브러시와 전압조정기

3.3.6 브러시(brush)

브러시의 재질은 내마모성이 우수하고 전압강하가 낮으며, 슬립링은 마모시키지 않는 조건이어야 한다. 일반적으로 슬립링의 재질이 구리인 경우에는 전기흑연 또는 금속흑연이 스테인리스인 경우에는 금속흑연이 사용된다.

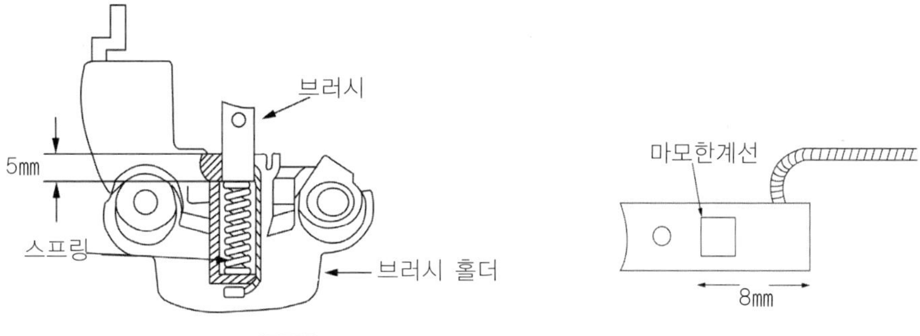

『그림』 6-28. 브러시의 구조

브러시 홀더는 합성수지 성형부품이 사용되며, 전압조정기를 발전기 내부에 내장하는 경우에는 브러시홀더와 전압조정기를 일체로 하는 경우가 많다.

3.4 교류발전기의 작동

교류발전기의 회로는 그림 29와 같다. 먼저 점화스위치를 ON으로 하면 전류는 축전지에서 볼티지 레귤레이터를 통하여 F단자 → (+)브러시 → 슬립링 → 로터코일 → 슬립링 → (-)브러시 → E단자(접지)의 경로로 2~3A의 전류가 흐른다. 이 전류에 의하여 로터코일이 자화되어 자속이 발생된다.

로터는 일종의 전자석으로 전자석 코일에 전류를 흐르게 하여 자화하는 것을 여자(勵磁)라 하며, 이 전류를 여자 전류라 한다. 여기서는 전압조정기를 IC를 방식의 작동원리에 대해서만 설명하도록 한다.

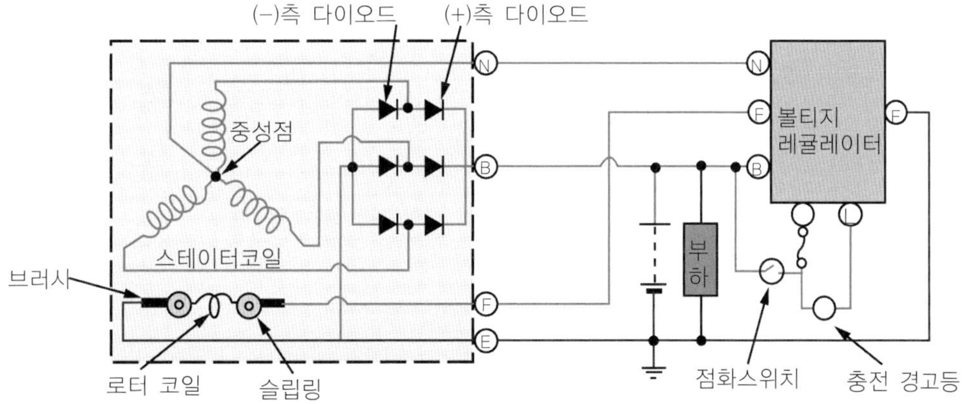

『그림』 6-29. 교류발전기의 충전회로

3.4.1 IC 전압조정기의 특징

① 부하 또는 온도에 관계없이 안정된 출력을 얻을 수 있다.

② 접점이 없기 때문에 수명이 길다.

③ 소형이므로 교류발전기에 내장이 쉽다.

3.4.2 IC 전압조정기의 작동

[1] 점화스위치를 ON으로 하였을 때

점화스위치가 ON일 때 트랜지스터 Tr_2와 Tr_3가 ON(축전지 → 점화스위치 → R단자 → Tr_2 ON → Tr_3 ON)이 되므로 여자전류는 축전지 → 점화스위치 → 체크 릴레이 코일 L단자 → 로터코일의 F단자 → Tr_3 → 접지로 흐른다. 이 경우 체크 릴레이 코일에서 전압강하가 일어나 1~3[V] 정도 감소된 전압이 로터코일에 공급된다. 여기서, 체크 릴레이가 작동되어 충전경고등이 점등된다.

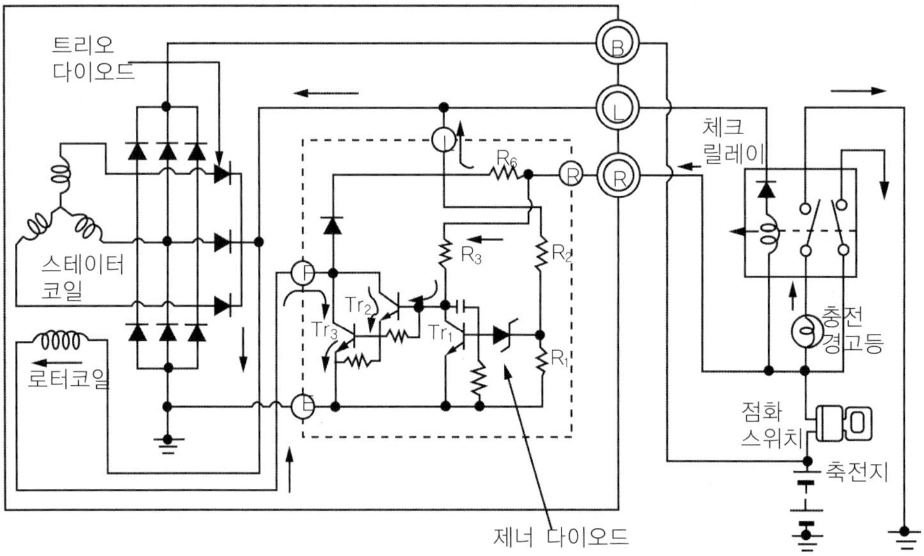

그림 6-30. 점화스위치를 ON으로 하였을 때

[2] 엔진 회전속도가 낮을 때

엔진이 시동되면 여자전류는 교류발전기 자체에서 공급한다. 전류는 트리오 다이오드에서 로터코일을 거쳐 F단자와 Tr_3를 거쳐 접지된다. 전압이 발전되면 L단자 전압과 B단자

전압이 체크 릴레이 코일에 동일한 전압으로 걸리게 되므로 충전경고등이 소등된다. 발전 전압이 낮을 때는 전류가 트리오 다이오드 L단자 → R_2 → Dz로 흐르지만 제너다이오드 Dz의 전압보다 낮기 때문에 Tr_1은 OFF 상태가 된다.

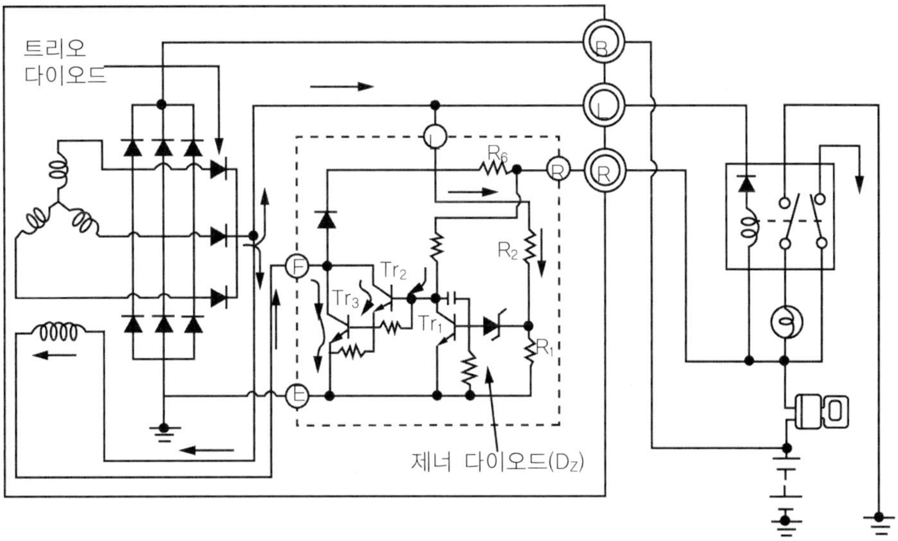

그림 6-31. 엔진의 회전속도가 낮을 때 회로작동

[3] 엔진 회전속도가 증가할 때

엔진 회전속도가 증가하면 전압은 제너다이오드 Dz를 통전시키는 전압까지 상승하여 전류는 제너다이오드 Dz를 통하여 Tr_1이 ON되면 Tr_2와 Tr_3은 OFF되고 여자전류는 급격히 감소한다. 여자전류가 감소하면 발전전압도 감소하여 제너다이오드 Dz에 가해지는 전압도 감소한다.

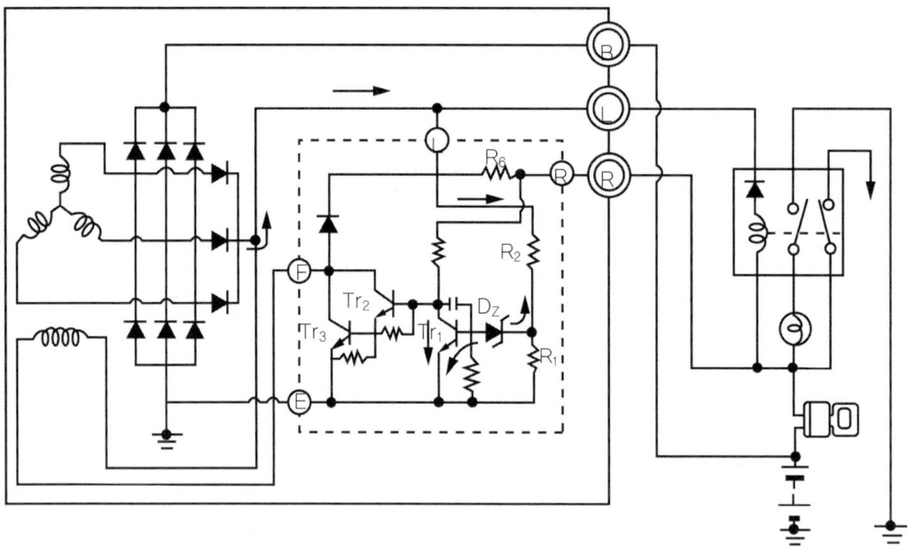

「그림」 6-32. 엔진의 회전속도가 증가할 때 회로작동

따라서 Tr_1은 OFF되고 Tr_2와 Tr_3은 ON되어 전압을 다시 상승시킨다. 이러한 작동을 반복하여 발전전압을 조정한다.

4 시동발전기(HSG : hybrid starter generator)

4.1 시동발전기의 개요

하이브리드 자동차는 2종류의 배터리를 사용한다. 하나는 일반 차량과 같은 납산 배터리이며 나머지 하나는 리튬 고전압 배터리를 사용한다. 시동발전기를 사용하지 않는 차량은 납산배터리의 전원을 이용해 스타터 모터로 시동을 걸지만 엔진과 벨트로 연결된 시동발전기 설치 차량은 고전압 배터리의 전기에너지를 이용하여 엔진 시동을 걸어주고 고전압 배터리의 충전율 저하시 엔진의 동력을 이용하여 발전하고 고압 배터리에 전기 에너지를 공급시킨다. 시동발전기는 영구자석형 동기모터(PMSM : permanent magent synchronous motor)로 수냉식이다.

「그림」 6-33. 시동발전기(HSG)

4.2 시동발전기의 특징

① 하이브리드 차량에서 납산배터리(시동배터리)의 역할은 각종 제어기(ECM, HPCU 등), 오디오, 등화류, 도어록, 썬루프 등에 사용된다.

② 엔진시동은 납산배터리(시동배터리)가 아닌 리튬배터리로 전원을 공급받아 HSG(일반 차량의 스타트 모터 역할)가 시동을 건다. 역으로 리튬배터리 충전이 필요한 상황에서는 엔진의 힘으로 HSG가 역회전하며 알터네이터처럼 작동하여 리튬배터리로 충전을 한다. 리튬배터리는 정차 시 히터의 온수공급을 위한 펌프, 에어컨 컴프레서, 자동변속기 오일펌프, 브레이크 유압을 만드는데도 사용된다.

③ HSG를 구동하고 제어하는 것은 HPCU(hybrid power control unit)가 담당을 하는데 HPCU는 납산 배터리(시동배터리)로 전원을 공급받기 때문에 납산 배터리(시동배터리) 방전시 하이브리드 차량도 시동이 불가하다.

④ HPCU 내부에 LDC(DC-DC컨버터)가 리튬배터리의 고압전기를 변환시켜 납산 배터리(시동배터리)를 충전시킨다.

4.3 시동발전기의 작동

4.3.1 첫 시동 후 저속주행(모터로만 주행)

① 납산배터리의 전력을 통해서 HPCU를 가동한다.

② HCPU가 리튬전지를 제어한다.

③ 리튬전지는 납산 배터리를 충전하는 동시에 변속기 내부의 구동 모터에 전력을 공급한다.

④ 구동모터는 차량의 바퀴를 구동시킨다.

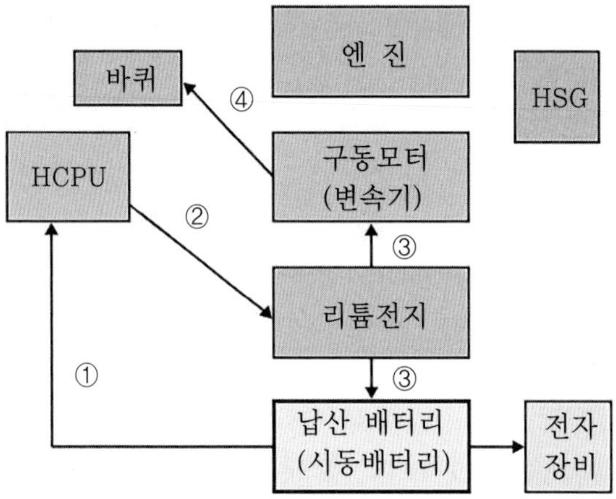

그림 6-34. 첫 시동 후 저속주행

4.3.2 가속 혹은 언덕 등판시

① 가속을 시작하여 엔진과 모터 모두 자동차를 움직인다.

② 첫 시동 후 저속주행(모터로만 주행)은 유지된다.

③ 리튬 배터리가 HSG에 전력을 공급한다.

④ HSG가 엔진을 스타트(일반 내연기관 차량의 스타터 모터 역할)한다.

⑤ 엔진이 바퀴를 함께 움직인다.

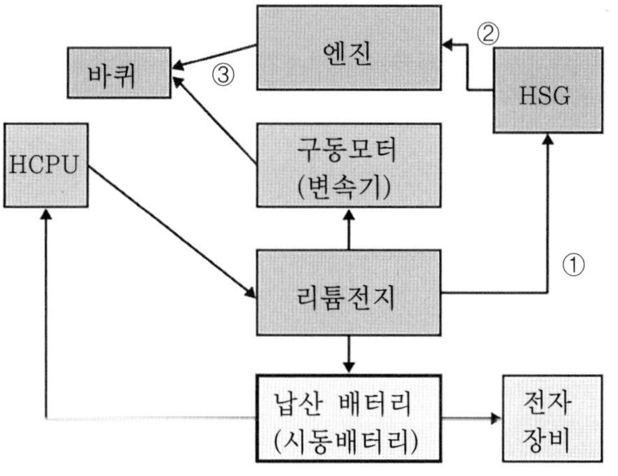

그림 6-35. 가속 혹은 언덕 등판시

4.3.3 정속 주행시

① 정속 주행으로 엔진이 차량 구동과 리튬 배터리 충전을 진행한다.

② HPCU와 납산 배터리(시동 배터리)는 동일하게 역할 한다.

③ 엔진의 구동력을 통해서 HSG 회전하며 내연기관 차량의 발전기 역할을 한다.

④ HSG로 발전된 전력으로 리튬전지를 충전한다.

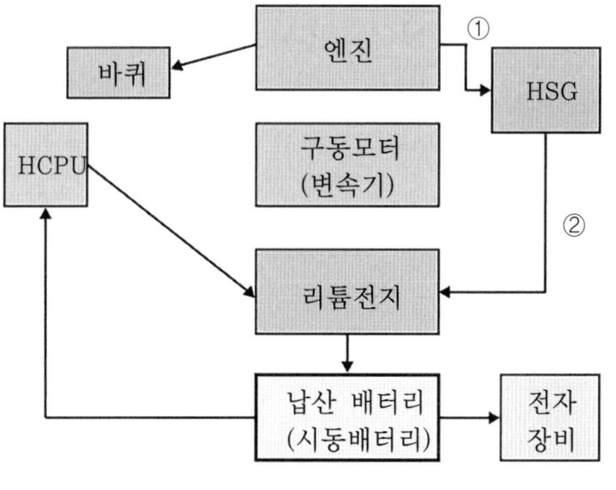

그림 6-36. 정속 주행시

4.3.4 악셀 오프시

① 악셀을 땐 상황에서 차량의 타력(관성)을 통한 회생제동과 엔진에 의한 발전이 동시

작동 중이다.

② 엔진의 구동으로 HSG가 회전하므로 리튬전지를 충전시킨다.

③ 차량의 타력(관성)으로 구동모터를 회전시킨다.

④ 바퀴가 구동모터를 회전시키므로 회생제동으로 전기에너지를 리튬전지를 충전시킨다.

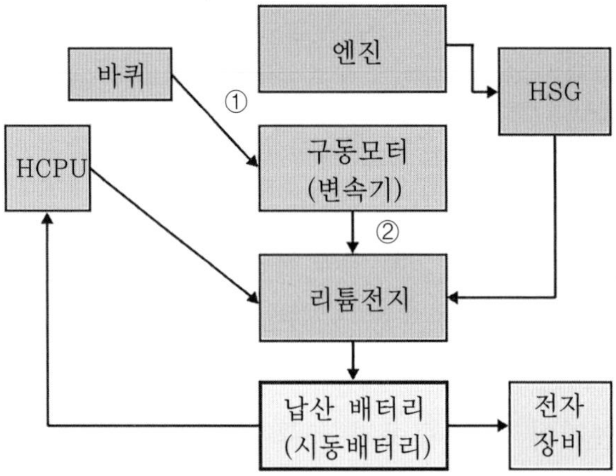

「그림」 6-37. 악셀 오프시

4.3.5 엔진 정지 후 회생제동 단독 작동

① 차량의 타력(관성)으로 구동모터를 회전시킨다.

② 바퀴가 구동모터를 회전시키므로 회생제동으로 전기에너지를 리튬전지를 충전시킨다.

③ 엔진과 HSG 작동은 중지된다.

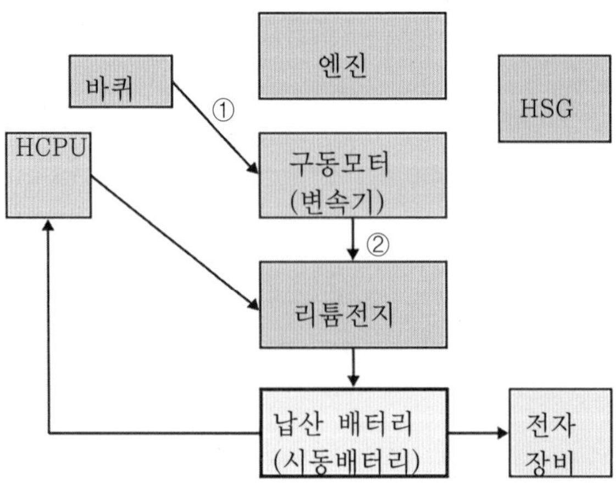

「그림」 6-38. 엔진 정지 후 회생제동 단독 작동

Chapter

7

자동차 차체 전기장치

1 자동차용 전선

자동차는 소재 기술의 발달과 IT 기술의 접목으로 전선과 커넥터의 증가로 전선의 도전성과 접속구의 신뢰성이 확보되지 않으면 여러 가지 전기적인 문제를 유발할 수 있으며 차량의 중량 증가로 이어지게 된다. 이러한 이유로 자동차용 전선은 도체 저항이 낮고 내유성, 난연성, 내마모성 등이 요구되며 또한 가벼워야 한다.

자동차에서 사용하는 전선은 시동장치, 충전장치, 조명장치 등에 사용되는 저압 전선과 점화장치에 사용되는 고압전선 그리고, 제어회로에 사용되는 제어용 전선 등이 있으며 피복재료에 따라 PVC, 합성고무 전선으로 구분되며, 자동차 부품의 다양화로 인한 하니스(harness) 증가로 전선의 유연성과 내마모성 및 차량 경량화를 요구하므로 세선화 된 전선의 사용이 요구되고, 엔진의 높은 출력 및 엔진 주위의 온도, 배기가스 규제로 인한 내열전선의 사용이 요구된다.

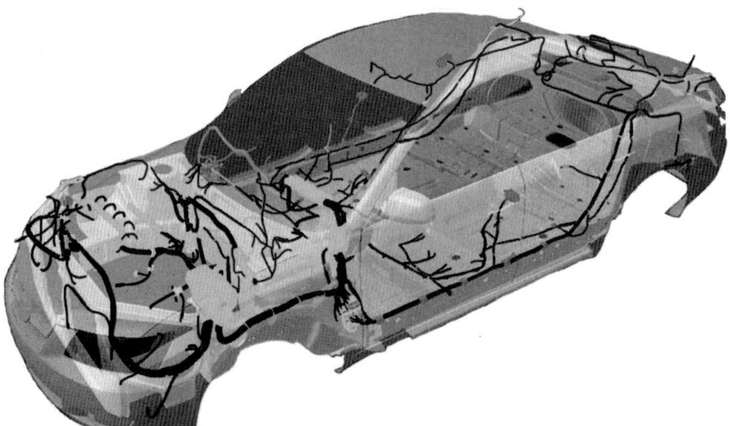

그림 7-1. 자동차의 각종 배선 설치상태

1.1 전선의 종류(온도에 따른 분류)

① AV(automotive vinylon) : 80℃(자동차용 저압 전선)

② AVX(automotive vinyl extra) : 90℃(내열 자동차 비닐)

③ AEX(automotive polyethylene extra) : 110℃(고압 전선)

1.2 전선호칭 치수에 따른 규격과 허용전류

호칭 단면적 (㎟)	가닥 수	안지름	바깥지름 (피복포함)	도체저항 ohm/m	허용전류(A) 30℃기준	허용전류(A) 40℃기준	허용전류(A) 50℃기준
0.5	7	0.32	2.2㎜	0.0325	13	9	8
0.85	11	0.32	2.4㎜	0.0205	17	12	10
1.25	16	0.32	2.7㎜	0.0141	22	15	13
2.0	26	0.32	3.1㎜	0.0087	30	20	17
3.0	41	0.32	3.8㎜	0.0055	40	27	23
5.0	65	0.32	4.6㎜	0.0035	50	37	32
8.0	50	0.45	5.5㎜	0.0023		47	
15.0	84	0.45	7.0㎜	0.0014		59	

1.3 전선의 피복 색깔

도체는 순도 99.9% 이상의 전기용 황 인동선을 가공한 전기용 연동선이나 주석도금 연동선을 주로 사용한다. 절연체는 사용 환경 및 특성에 맞는 재질을 도체 위에 동심원상으로 피복한다.

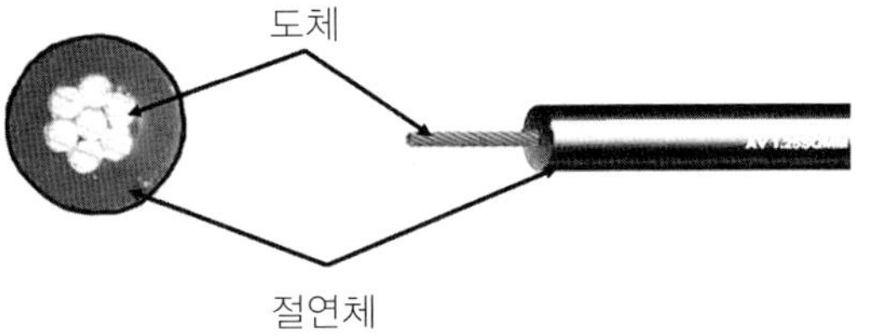

그림 7-2. 도체와 절연체

전선을 구분하기 위한 전선의 색깔은 전선 피복의 바탕색, 보조 줄무늬 색깔의 순서로 표시한다.

AVX-0.5GR(Y)

AVX : 내열 자동차용 배선
0.5 : 전선 단면적(0.5㎟)　G : 바탕색(녹색)
R : 줄무늬 색(빨간색)　Y : 튜브 색(노란색)

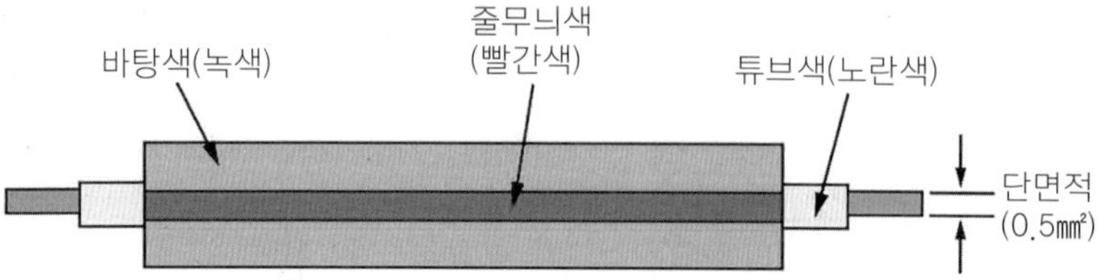

그림 7-3. 전선의 피복 색상표시

[와이러링 칼라지정 약어]

기호	영 문	색	기호	영 문	색
B	BLACK	검정색	O	ORANGE	오렌지색
Be	BEIGE	베이지색	P	PINK	분홍색
Br	BROWN	갈색	Pp	RURPLE	자주색
G	GREEN	녹색(초록색)	R	RED	빨간색
Gr	GRAY	회색	T	TAWNY	황갈색
L	BLUE	청색(파란색)	W	WHITE	흰색
Lg	LIGHT GREEN	연두색	Y	YELLOW	노란색
Ll	LIGHT BLUE	연청색(하늘색)			

1.4 특수 전선

[1] 차폐 전선(쉴드 케이블 : shield cable)

센서 및 비디오 신호등의 미세 신호 NOISE 차폐용으로 사용된다.

[2] TWIST(꼬임) 전선

두 전선을 꼬아 자계에 의한 유도를 방지하며 스피커신호등의 "+", "-"신호 NOISE 차폐용으로 사용된다.

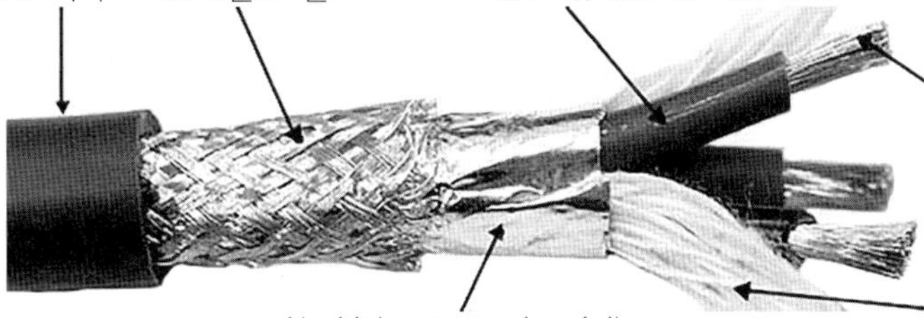

(a) 차폐 전선

(b) TWIST 전선

「그림」 7-4. 특수 전선

1.5 자동차 전선

자동차용 저압 전선은 차량 실내에 적용되는 자동차용 저압 비닐 전선(Automobile Vynil, AV)과 엔진룸과 같이 고열 부위에 적용되는 자동차용 저압 내열선(AVX), 그리고 신호전달용이나 전기적인 노이즈 차폐용 전선으로 자동차용 저압 비닐 절연 쉴드선(Automobile Vynil Shield wire, AVS) 등으로 보통 구분하고 있다.

1.5.1 전선 및 전선의 구분

전선을 배선할 때 한선씩 처리하는 경우도 있지만 대부분 같은 방향으로 설치될 전선을 다발로 묶어 처리하는 경우가 많다. 이런 전선 묶음을 전선 하니스(wiring harness) 또는 간단히 하니스라 한다. 하니스로 배선을 하면 전선이 간단해지고 작업이 쉬워진다. 자동차용 하니스는 한조 이상으로 구성되며, 일반적으로 하니스를 구분하는 기호는 다음과 같다.

[하니스 구분 기호]

구분기호	하니스명	장착위치
E	엔진전선 하니스	엔진 룸
M1	메인전선 하니스	실내 및 대시패널
C	제어용 전선 하니스	엔진 룸, 실내
I	계기판 하니스	계기판, 대시패널
R	뒤 트렁크 하니스	트렁크
M7	루프전선 하니스	루프
D	도어전선 하니스	도어
T	TCU 전선 하니스	변속기 제어 구성부품
J	정션박스 하니스	엔진 룸, 실내

1.5.2 하니스 커넥터 구별

하니스는 엔진룸 정션박스(junction box)와 점화스위치 등을 통해 각 와이어 하니스 가지로 전원을 공급하기 위한 메인 와이어 하니스와 엔진룸 정션박스나 점화스위치를 통해 시동회로와 전조등 회로 등에 전원과 신호를 전송하기 위한 엔진 와이어 하니스, 그리고 메인 하니스나 실내 정션박스를 통해 클러스터와 AV 시스템에 전원과 신호를 전송하기 위한 인스트루먼트 와이어 하니스, 메인 와이어 하니스나 실내 정션박스를 통해 도어스위치 등의 전원과 신호를 전송하기 위한 도어 와이어 하니스, 메인 와이어 하니스나 실내 정션박스를 통해 리어 콤비네이션 램프(Rear Combination Lamp) 등에 전원과 신호를 전송하기 위한 리어 와이어 하니스 등으로 나누어져 있다.

하니스에 붙어있는 커넥터의 구별은 하니스 구분기호와 커넥터번호의 조합으로 나타낸다.

[1] 부품과 와이어링 연결

E 10 -1

E : 엔진 와이어링 하니스 기
10 : 메인 커넥터 일련번호
-1 : 보조 커넥터 일련번호

[2] 와이어링간의 연결

M R 01

M : 메인 와이어링 하니스 기호
R : 리어 와이어링 하니스 기호
01 : 커넥터 일련번호

[3] 정션 박스와의 연결

I/P-A

I/P : 실내 정션박스를 나타내는 약어
A : 실내 정션박스내 커넥터 명칭

E/R-A

E/R : 엔진룸 정션박스를 나타내는 약어
A : 엔진룸 정션박스내 커넥터 명칭

1.5.3 하니스 종류

[1] 메인 하니스

실내 C/PAD에 장착되며 실내 및 트렁크까지의 전원공급 및 오디오 클러스터, 각종 UNIT류의 작동을 지원한다.

[2] 프런트 하니스

엔진룸 전방에 위치하며 차량의 모든 전원공급 및 램프류나 차량냉각 성능 작동을 지원한다.

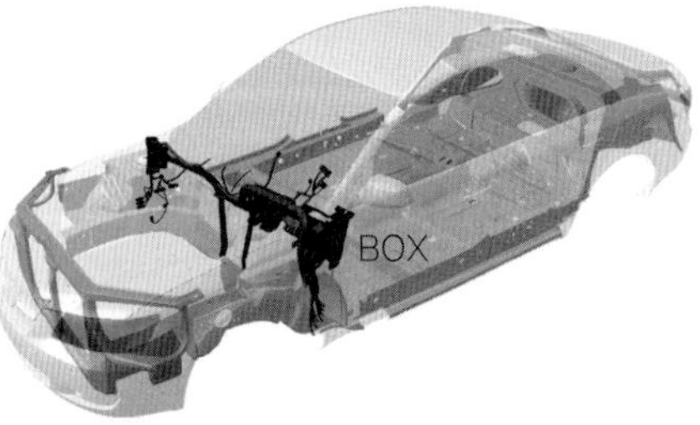

[그림] 7-5. 메인 하니스

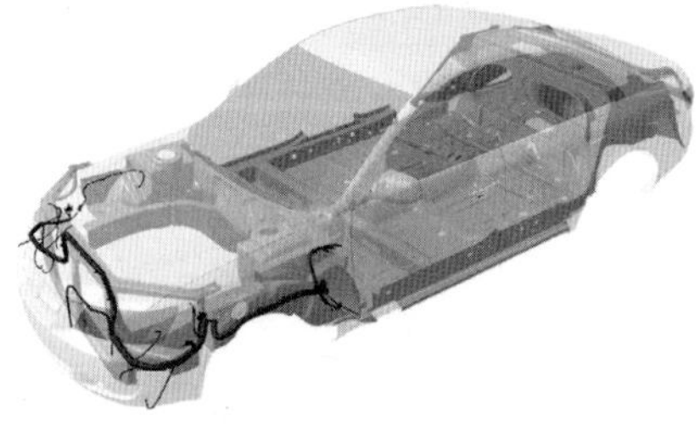

[그림] 7-6. 프런트 하니스

[3] 플로워 L/H 하니스

실내 운전석 카페트 밑에 배선되며 트렁크 및 리어 도어 측에 장착되는 전장품을 동작지원 한다.

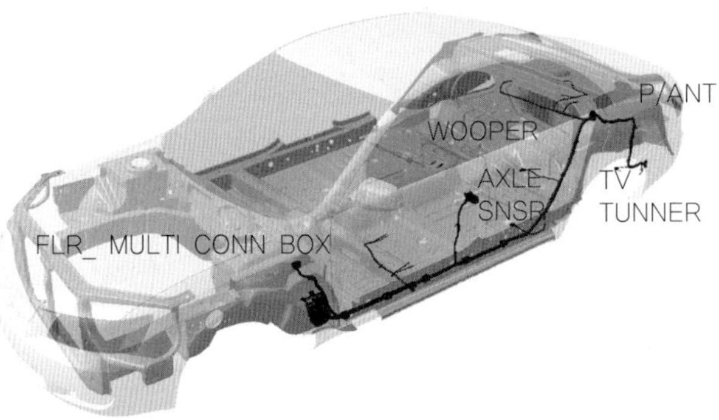

[그림] 7-7. 플로워 L/H 하니스

[4] 플로워 R/H 하니스

실내 조수석 카페트 밑에 배선되며 트렁크 및 리어 도어 측에 장착되는 전장품을 동작지원한다.

[5] 컨트롤 하니스

엔진룸 중 엔진 및 TM에 배선되며 엔진 가동과 관련된 각종센서 및 ECM/TCU측에 동작 지원한다.

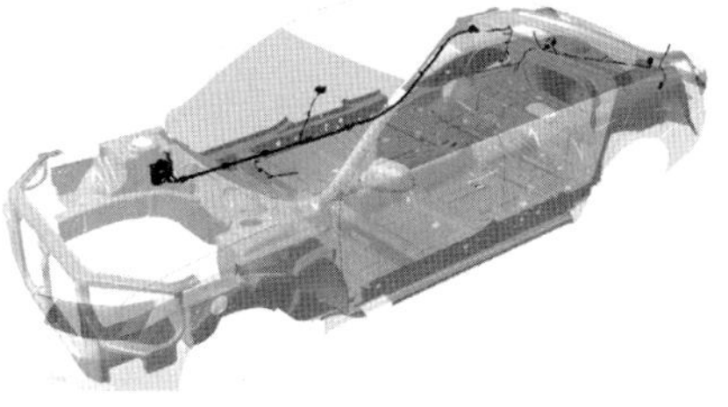

그림 7-8. 플로워 R/H 하니스

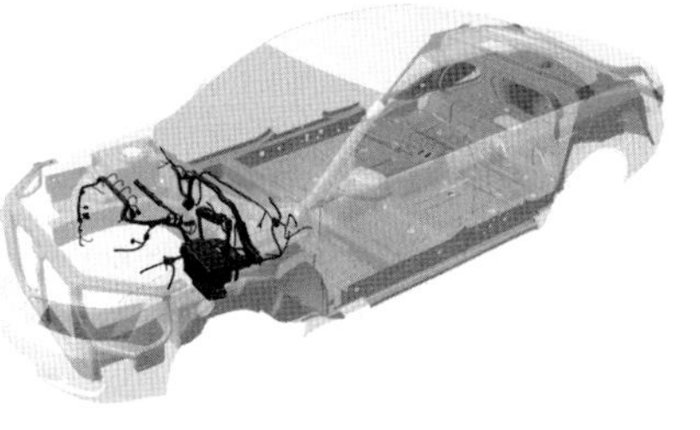

그림 7-9. 컨트롤 하니스

[6] 에어백 하니스

실내 및 엔진룸에 장착된 에어백 관련센서 및 UNIT를 동작 지원하며 하니스 색은 노란색(SAFETY 부품)이다.

[7] 루프 하니스

ROOF에 배선되며 SUNROOF 및 각종 실내 LP 동작을 지원한다.

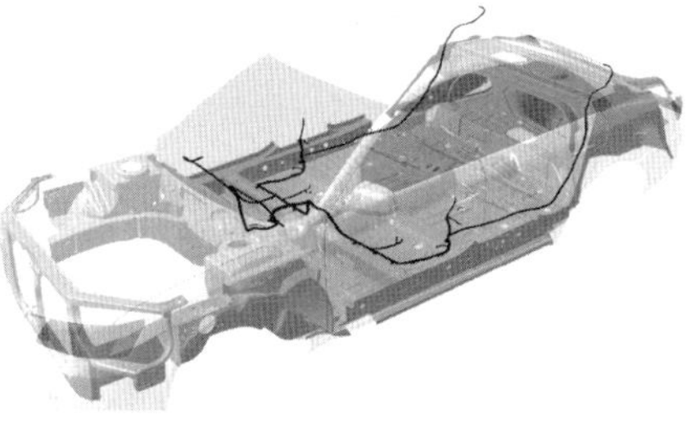

그림 7-10. 에어백 하니스

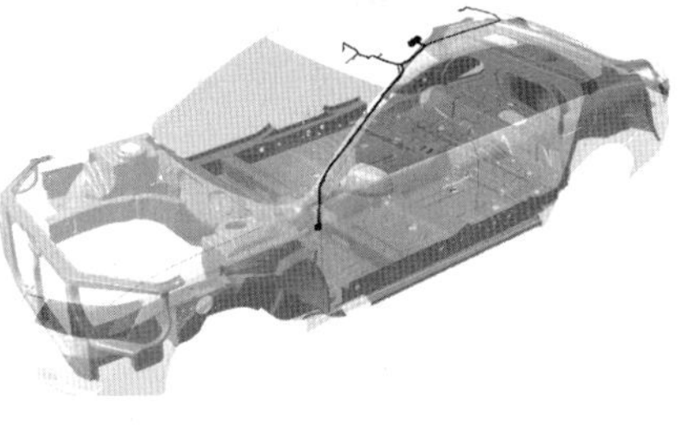

그림 7-11. 루프 하니스

[8] 트렁크 리드 하니스

TRUNK OPEN 관련 차체에 배선되며 TAIL/STOP/RR FOG LP 등을 동작 지원한다.

[9] 도어 하니스

차량 도어에 장착되며 P/WDW, DR LOCK, O/S MIRROR 등과 같은 전장품의 동작을 지원한다.

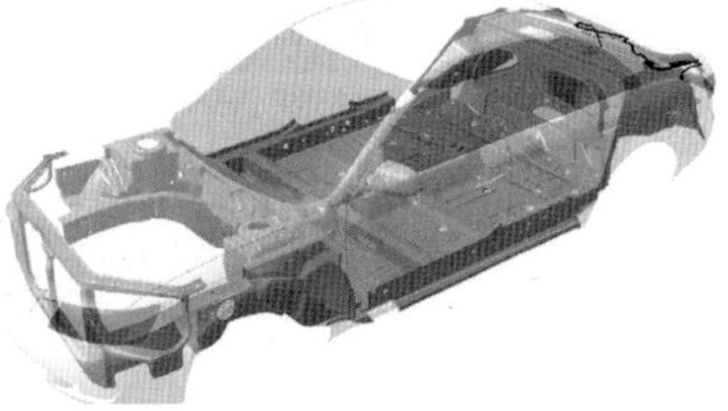

【그림】 7-12. 트렁크 리드 하니스

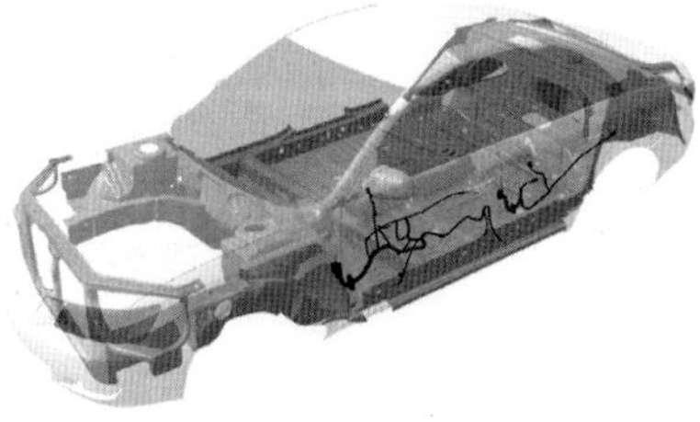

【그림】 7-13. 도어 하니스

1.5.4 전선의 배선방식

[1] 단선방식

단선방식은 부하의 한 끝을 자동차 차체나 프레임에 접지하는 것이다. 전선은 전원 쪽의 한 선만으로 충분하나, 접지 쪽에서 접촉 불량이 발생하거나 큰 전류가 흐를 때에는 전압강하가 커진다. 주로 작은 전류가 흐르는 회로에 사용된다.

[2] 복선방식

복선방식은 접지 쪽에도 전선을 사용하는 방식으로 접지 불량 등에 의한 전압강하가 생기지 않는다. 비교적 큰 전류가 흐르는 회로에 사용되나 전선이 많아지는 단점이 있다.

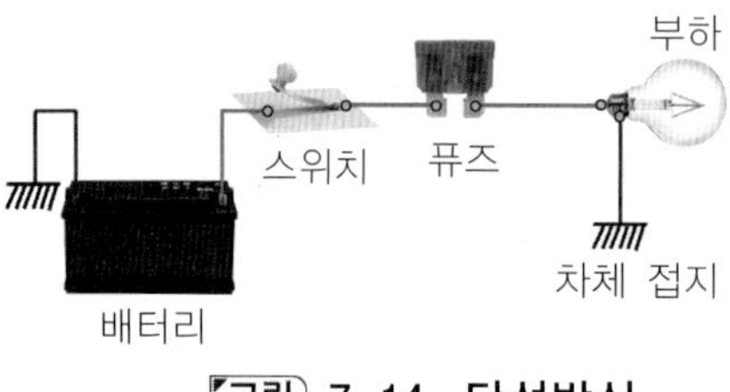

【그림】 7-14. 단선방식

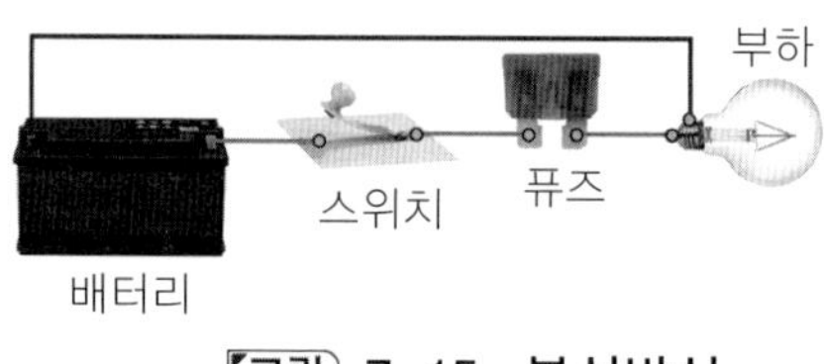

【그림】 7-15. 복선방식

1.6 조명 용어

[1] 광원(luminous source)

광원이란 빛의 원천을 말한다. 자연 빛인 태양빛, 달빛은 물론이고 자동차의 전조등, 실내의 각종 조명으로부터 나오는 빛 등을 광원이라 한다.

[2] 광속(luminous flux)

밝기 휘도에 대해서 빛을 측정하여 평가한 양이 광속으로, 광원에서는 빛의 다발이 사방으로 방사되며, 사람의 눈은 그 방사된 빛의 다발의 일부를 빛으로 느낀다. 이 빛의 다발을 을 광속(Φ)이라 하며 광속이 많이 나오는 광원은 밝다고 한다. 광속의 단위는 루멘(lumen, Lm)이다.

[3] 광도(luminous intensity)

광원의 밝기를 나타내는 양(빛의 세기)으로 단위는 캔들(candle, cd)이며, 1캔들은 광원에서 1m 떨어진 $1m^2$의 면에 1루멘(Lm)의 광속이 통과하였을 때의 빛의 세기이다.

[4] 조도(illuminance)

어떤 면에 투사(投射)되는 광속을 면의 면적으로 나눈 것을 말한다. 즉 조사되는 면의 생각 하고 있는 점에서의 광속밀도이다. 조도의 단위는 룩스(lux, Lx)이다. 1lux란 1㎡의 면적위에 1lm의 광속이 균일하게 비춰질 때를 말한다.

피조면의 밝기를 표시하는데 사용하며, 피조면의 조도는 광원에 비례하고 광원에서의 거리의 2승에 반비례한다. 즉 광원에서 r(m)떨어진 빛의 방향에 수직한 피조면의 조도를 E(Lx), 그 방향의 광원의 광도를 I(cd)라 하면, $E = \frac{I}{r^2}$ (Lx)로 표시된다.

[5] 휘도(luminance)

빛이 발산하여 도달하는 면을 어느 방향에서 볼 때 그것이 어느 정도 밝아 보이는가를 나타내는 양으로 눈부심의 뜻으로 단위는 cd/㎡이다. 기호는 L이다.

[6] 투과율(brightness)

입사광에 대한 투과광의 비율이다.

[7] 빛(light)

전자파의 일종으로 사람의 눈을 통해 밝기로서 감지될 수 있는 가시광선이라고 불리는 파장이며, 넓게는 적외선과 자외선을 포함한다. 파장이 0.4~0.75㎛인 것으로, 빛에는 직진・반사・굴절의 세 가지 성질이 있다.

[8] 잔상(after image)

어떤 사물에 비춰지는 빛이 반사되어 지각할 수 있는 사물은 그 사물의 색깔뿐만 아니라 재질의 상태에 따라 달라진다.

[9] 밝기(brightness)

눈에 도달하는 빛에 대한 주관적 느낌 측정된 밝기와는 비례하지 않는다.

[10] 명도(value)

색의 어둡고 밝음을 표현하는 것으로 순백을 100으로 순흑을 0으로 측정한다.

[11] 가시광선(visible light)

가시광선은 전자파의 스펙트럼 중 380~780㎚사이의 파장을 말하며 파장의 길이가 짧은 쪽으로부터 긴 쪽으로 이른바 일곱 가지의 색(보라색부터 빨강색까지)으로 나뉜다. 가시광선이라고 불리는 파장을 가지는 빛들이 모여서 나타내는 것이 색이다. 빛의 파장에는 ㎚(나노미터)라는 단위가 사용되며 이것은 1㎜의 100만분의 1(1㎚= 1 × 10^{-6}㎜)이라는 길이를 나타낸다.

2 등화장치(lighting system)

등화장치(lighting system)는 조명, 지시, 신호, 경고 및 각종 전기회로로 되어 있으며, 등화장치를 회로별로 분류하면 다음과 같다.

구 분	종 류	용 도
조명등	전조등 안개등 후진등 실내등 계기등	야간 운행을 위한 조명 안개 속에서 안전운전을 위한 조명 후진 방향을 조명 실내조명 계기판의 각종 계기를 조명
표시등	차고등 차폭등 주차등 번호등 미등	자동차의 높이를 표시 자동차의 폭을 표시 자동차 주차 표시 번호판을 표시 자동차의 뒤쪽을 표시

구 분	종 류	용 도
신호등	방향지시등 제동등	자동차의 선회방향을 신호 풋 브레이크 작동을 신호
경고등	유압 경고등 충전 경고등 연료 경고등 엔진점검 경고등 안전벨트 경고등 AIR BAG 경고등 트렁크 열림 경고등 ABS 경고등 ECS 경고등	유압이 규정 이하일 때 경고 충전되지 않을 때 경고 연료보유량이 규정 이하일 때 경고 엔진 제어장치가 고장일 때 경고 안전벨트 미착용 일 때 경고 에어백이 고장일 때 경고 트렁크 열림 경고 ABS 고장일 때 경고 ECS 고장일 때 경고

2.1 전구의 종류

전구는 전압을 공급하면 즉시 정격전력(W)에 도달 하도록 설계되어 있으나 스위치를 ON으로 한 순간은 정격전류의 10배 이상의 전류가 흐르므로 일반적으로 전구 부하에 사용하는 접점, 릴레이 용량은 전구의 정격전류보다 높게 설정한다. 자동차에서 사용하는 전구는 여러 가지가 있으며 종류는 그림 16에 나타낸 바와 같다.

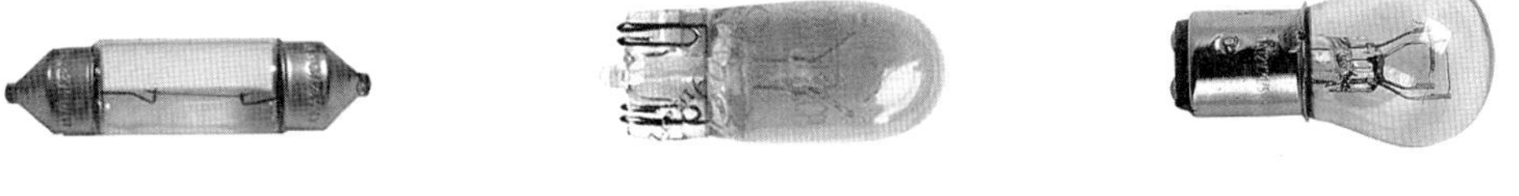

(a) 룸램프용 전구 (b) 조명용 전구 (c) 더블 전구

(d) 싱글전구　　(e) 할로겐 라이트 전구(세미실드형)　　(f) LED 전구

그림 7-16. 전구의 종류

2.2 전조등(head light)

2.2.1 전조등의 구성

전조등은 자동차 앞에 부착되어, 밤에 주행할 때 앞을 환하게 비추기 위해 설치된 전등을 말한다. 전조등은 렌즈, 반사경, 필라멘트의 3부분으로 되어 있다. 필라멘트에서 발생한 빛은 반사경에서 반사되어 원통형의 빛의 다발로 렌즈로 통과한다. 렌즈는 원통모양의 빛의 다발을 좌우로 넓게 하여 운전자의 시야를 넓게 해준다.

전조등에는 실드빔형과 세미 실드빔형이 있다. 램프에는 2가지가 있으며, 1개는 먼 곳 장거리(100m)의 도로를 비추는 상향빔(high beam)이 있고, 다른 하나는 시내를 주행할 때나 교행(郊行)할 때 대향 자동차나 사람이 현혹되지 않도록 광도를 약하게 하고, 단거리(30m)의 도로를 비추는 하향 빔(low beam)이 있다. 최근 출시된 차량은 대부분 LED 광원을 채택하여 차량의 외형에 포인트를 주려는 미관상의 목적이 더 큰 편이다.

[1] 실드빔형(shield beam type)

실드빔형(shield beam type)은 렌즈, 반사경, 필라멘트가 일체로 되어있으며, 그 내부에 진공을 한 다음 불활성가스(Ar, N gas)를 넣어 그 자체가 하나의 전구가 되게 한 것이며, 밀봉되어 있기 때문에 물이나 먼지가 들어가지 않아 반사경이 흐려지지 않고, 광도의 변화가 적지만 필라멘트가 끊어지면 렌즈나 반사경에 이상이 없어도 전조등 전체를 교환을 하여야 한다.

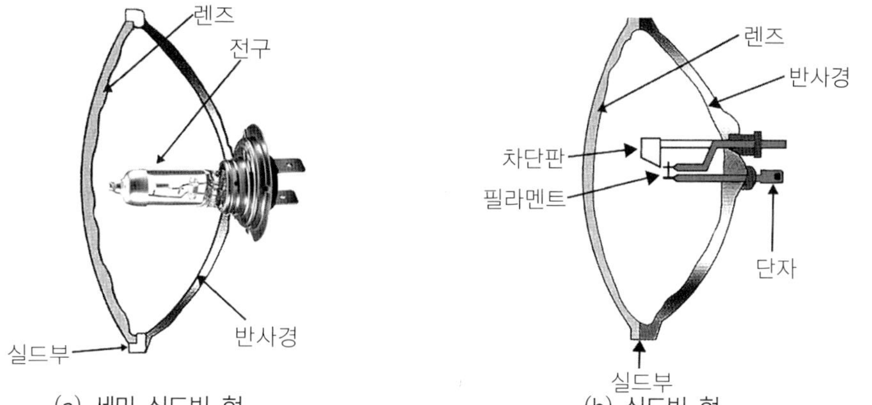

(a) 세미 실드빔 형 (b) 실드빔 형

그림 7-17. 전조등의 종류

[2] 세미 실드빔형(semi shield beam type)

세미 실드빔형은 렌즈와 반사경은 녹여 붙였으나 전구는 별개로 설치하도록 되어 있으며, 전구의 필라멘트가 끊어지면 전구만 교환하면 된다. 그러나 전구의 설치부분에 약간의 공기의 유통이 있기 때문에 반사경이 흐려지기 쉽다.

2.2.2 할로겐램프

필라멘트에 전류가 흐르면 열이 발생되는데 이 열이 빛으로 변한다. 이때 필라멘트는 높은 온도로 증발되기 때문에 전구 내면에 침착되어 검은색을 띠어 광도를 저하시킨다. 이러한 현상을 방지하고 필라멘트의 수명을 증대시키기 위해 전구 내부를 진공으로 하고 할로겐가스를 주입한다.

할로겐은 비활성 기체이므로 다른 물질과 반응을 잘하지 않는다. 그림 18(b)과 같이 텅스텐 필라멘트가 증발하면 텅스텐 증기는 할로겐과 결합하여 열운동에 의해 전구 내를 떠돌아다니다가 다시 필라멘트에서 할로겐과 텅스텐이 분리되어 텅스텐에 달라붙는 할로겐화 사이클을 통해 흑화현상을 방지하는 기능이 있다. 이러한 이유로 할로겐램프는 다른 전구에 비해 수명이 길다.

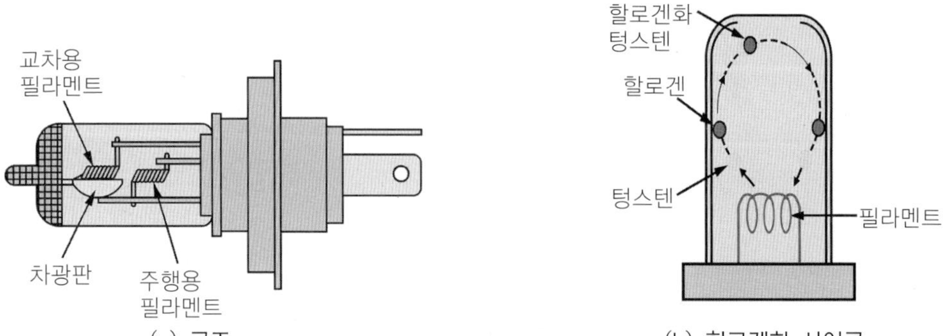

(a) 구조 (b) 할로겐화 사이클

그림 7-18. 할로겐램프

2.2.3 방전 헤드램프(HID : hight intensity discharge)

방전 헤드램프는 최근에 많이 사용되는데 구조는 필라멘트 대신 텅스텐 전극이 설치되어 있으며, 전구(발광 관) 내에 크세논(Xe)가스, 금속 할로겐화물(metal halide)이 봉입되어 있다.

전조등 제어용 컴퓨터가 축전지로부터 12V를 받아 승압시켜 텅스텐 전극사이에 순간적으로 약 20,000V 이상의 펄스를 발생시키면 먼저 크세논가스가 활성화되면서 청백색의 빛을 발생시킨다. 이 상태에서 전구 내의 온도가 더욱 더 상승하면 수은이 증발하여 아크 방전이 일어나고, 더욱 더 온도가 상승하면 금속 할로겐화물이 증발하면서 유리전자가 발생되는데, 이 유리전자가 금속원자와 충돌하면서 높은 휘도의 빛을 발생시킨다. 이러한 이유로 고휘도 방전 전조등(HID : hight intensity discharge)이라고도 한다.

할로겐램프에 비해 약 2배 정도 밝으며, 태양광선에 가까운 백색의 자연광선을 얻을 수 있을 뿐만 아니라 소비전력은 이전의 약 1/2 정도이며, 수명은 필라멘트에 비해 2배 정도이나 텅스텐 전극에 높은 전압을 안정적으로 공급하기 위해 전조등 제어용 컴퓨터가 필요하다.

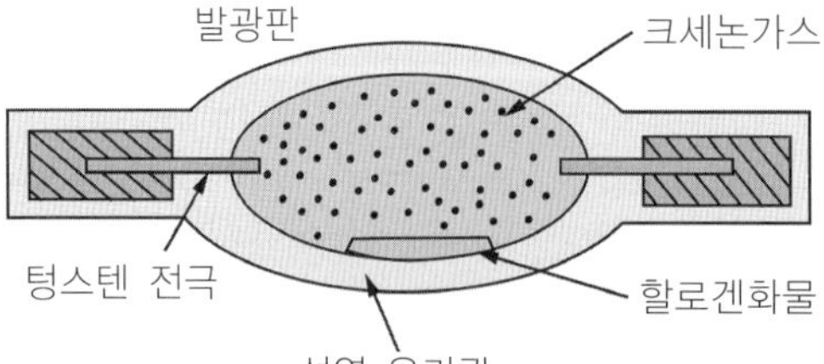

(a) 구조

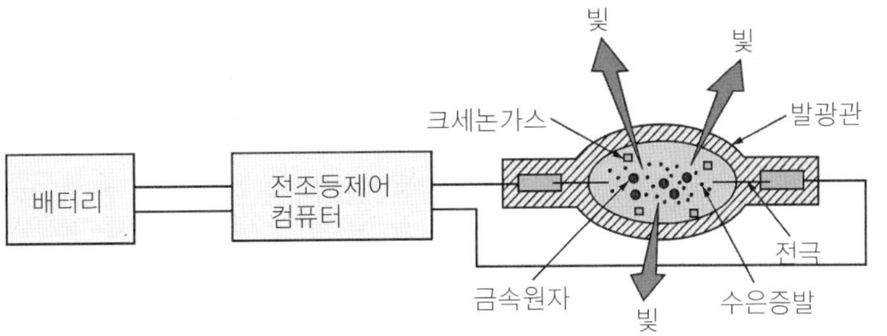

(b) 발광원리

「그림」 7-19. 방전 헤드램프의 발광원리

2.2.4 LED 전조등

LED 전조등은 보다 나은 시야를 확보해 주고, 눈부심 현상 감소는 물론 색온도 조작도 가능해 태양광과 거의 근접한 환경을 조성할 수 있는 기능성과 안전성을 갖고 있으며, 14W LED 램프는 65W 표준 할로겐램프와 대등한 밝기 성능을 갖고 있기 때문에 에너지 절감 측면에서도 뛰어난 성능을 가지고 있다. 또한 LED의 최대 수명이 10만 시간으로 자동차 수명보다 길고, 오랫동안 광량을 유지할 수 있는 내구성을 갖고 있어 광원을 교체할 필요도 없고, 광원의 교체를 고려한 공간 설계도 필요 없으며, 헤드램프 내부에 LED 광원을 매립해 넣을 수도 있게 되었다.

LED전조등시스템은 다수의 LED유닛의 집합체이다. 시스템은 냉각체를 포함한 LED 칩, 경우에 따라 반사경 및 자유형 렌즈로 구성되어 있다. 개별 LED유닛은 제어 일렉트로닉에 의해 "ON" 또는 "OFF"된다. 할로겐램프의 효율(와트당 광출력)은 30lm/W 수준이며, HID 램프의 경우 80lm/W 수준의 높은 효율을 나타낸다.

LED 헤드램프는 1500m/W 수준의 고휘도로 HID 램프보다 더 우수한 효율을 나타낸다. 헤드램프로서의 충분한 광량을 가진 고휘도 백색 LED가 공급되더라도 우선 방열설계 기술 및 방열 재료의 경량화가 요구되고, LED전조등은 자동차 엔진에서 발생하는 열 그리고 히터, 라디에이터 등에서 발생하는 열에 의해 95℃ 수준의 차량 구동 환경에 노출되어 있고, 밀폐된 헤드램프의 내부에 배치된 LED 소자 자체에서도 열이 발생하기 때문에 LED 소자가 열화 되어 광량이 감소하고, 수명도 단축된다. 따라서 LED 소자의 신뢰성 저하를 방지하기 위한 방열 구조기술, LED의 자체 발열에 따른 문제를 해결하기 위한 PCB, Heat Sink, Reflector 등의 방열 구조 설계기술의 적용으로 열저항 3K/W 이하 수준의 방열시스템이 필요하며, 방열핀, 방열팬 적용에 따른 소재의 경량화도 매우 중요하다.

[광원에 따른 램프의 종류 및 특성]

종 류	기본원리	장 점	단 점
Halogen Lamp	전구 안에 할로겐 물질을 주입하여 텅스텐의 증발을 억제한 램프	-가격이 저렴함 -교환 쉬움 -대체성이 우수함	-수명이 짧음 -소비전력이 높음 -부품의 크기가 큼
HID Lamp	고전압을 이용하여 방전관 내의 전자와 금속물질을 충돌, 방전시켜 발광	-높은 광량으로 뛰어난 야간 시인성 제공 -태양광과 유사하여 야간 운전시 눈의 피로도 감소	-점화기(ignitor), 안정기(ballast)등 별도 부품이 필요 -가격이 높음
LED Lamp	여러개의 LED를 연결하여 자동차의 전구로 사용함	-수명이 길다 -광도가 높다 -사용전력이 낮다	-가격이 높음

2.2.5 전조등의 회로

전조등은 야간에 시야를 확보하고 비상시에는 보행자 또는 다른 운전자에게 경고를 주기 위해 하향등(low beam)과 상향등(high beam)으로 구성된다. 하향등은 짧은 거리를 비추도록 하여 상대방 운전자의 시야 방해를 일으키지 않도록 하기 위해 광도를 약간 낮추었으며, 상향등은 먼 가리를 비출 수 있기 때문에 광도가 크다.

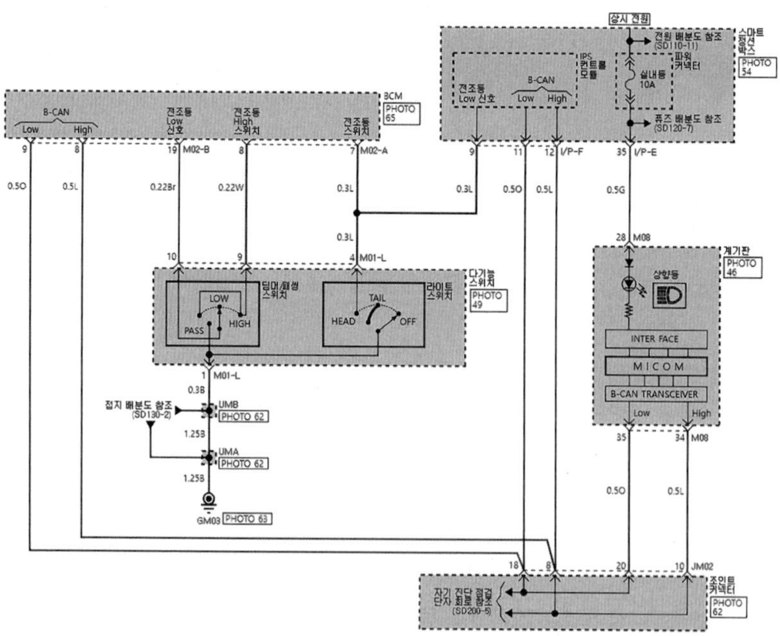

(a)

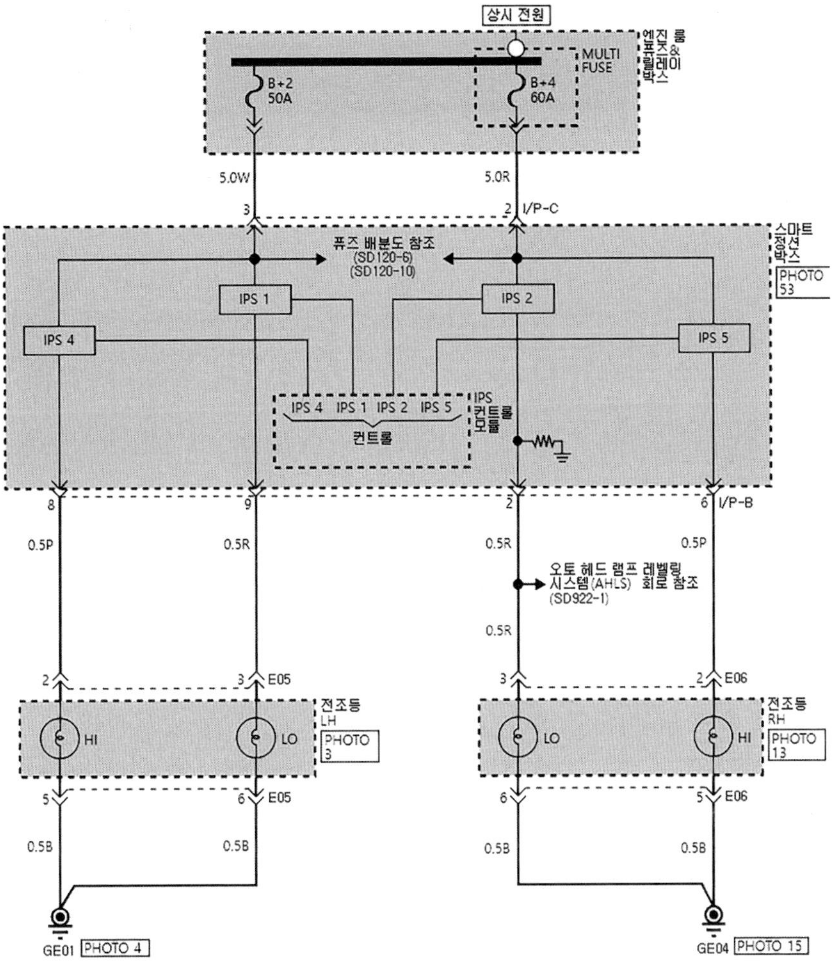

(b)

「그림」 7-20. 전조등 회로도

한편, 패싱 빔(passing beam)은 점화스위치가 OFF상태에 있더라도 디머 스위치를 패싱 위치로 하면 상향등이 점등된다. 전조등 회로는 축전지, 전조등 릴레이, 디머스위치, 라이트 스위치, 전조등으로 구성되며 전조등회로의 전류흐름은 다음과 같다.

연결상태	전류의 흐름	결과
전조등 스위치 ON (전조등 하향) ※점화스위치 ON상태	• 점화스위치(좌측 상단) 전원 → 점화스위치 퓨즈 → 전조등 릴레이 코일(좌, 우 동시) → 전조등스위치(좌측 하단) → 접지 • 축전지 전원(우측 상단) → 퓨즈블링크 → 전조등 릴레이 스위치(좌, 우 동시) → 전조등퓨즈 → 전조등 LO (좌, 우) → 접지	전조등 릴레이 작동 전조등 하향 켜짐
전조등 상향스위치 ON ※전조등 ON유지상태	축전지 상시전원(우측 상단) → 퓨즈블링크 → 전조등 릴레이스위치(좌, 우) → 전조등퓨즈 → 전조등 HI(좌, 우) → 상향 스위치 → 접지	전조등 상향 켜짐
전조등 인디케이트	축전지 상시전원(우측상단) → 퓨즈블링크 → 전조등 릴레이 스위치(좌측) → 전조등퓨즈 → 상향 인디케이트 퓨즈 → 상향 인디케이트 → 전조등 상향스위치 → 접지	상향 인디케이트 켜짐
전조등패싱(플레쉬) ON (전조등스위치 OFF)	• 점화스위치 → 전조등 릴레이 코일 → 패싱(플레쉬)스위치 → 접지 • 축전지 상시전원(우측상단) → 퓨즈블링크 → 전조등 릴레이 스위치(좌,우) → 전조등퓨즈 → 전조등 상향(좌, 우) → 플레시 스위치 → 접지	전조등 상향 켜짐

2.3 방향지시등

방향지시등은 보행자 또는 다른 운전자에게 진행방향을 미리 알려 사고를 미연에 방지하고 교통의 흐름을 원활하게 한다. 방향지시등 스위치를 조작하였을 때 방향지시등을 점멸시키는 플래셔 유닛의 종류에는 전자 열선방식, 축전기방식, 수은방식, 스냅 열선방식, 바이메탈 방식, 열선방식 등이 있다.

전자 열선방식 플래셔 유닛은 열에 의한 열선(heat coil)의 신축(伸縮)작용을 이용한 것이며, 중앙에 있는 전자석과 이 전자석에 의해 끌어당겨지는 2조의 가동접점으로 구성되어 있다. 방향지시기 스위치를 좌우 어느 방향으로 넣으면 접점 P_1은 열선의 장력에 의해 열려지는 힘을 받는다. 따라서 열선이 가열되어 늘어나면 닫히고, 냉각되면 다시 열리며 이에 따라 방향지시등이 점멸하게 되고 접점 P_2는 파일럿 등을 점멸시킨다.

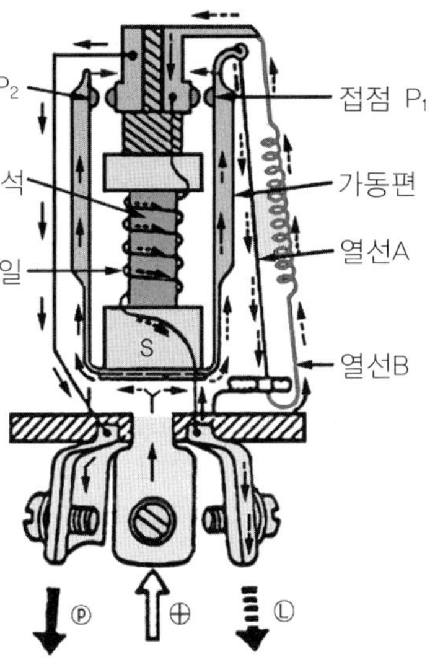

[그림] 7-21. 전자 열선식 플래셔 유닛의 구조

안전기준에 따르면 등광색은 황색 또는 호박색으로 1등당 광도는 50~1,050cd의 범위에 있어야 한다. 한편, 방향지시등의 점멸주기는 매분 60~120회의 일정한 주기를 가져야 한다.

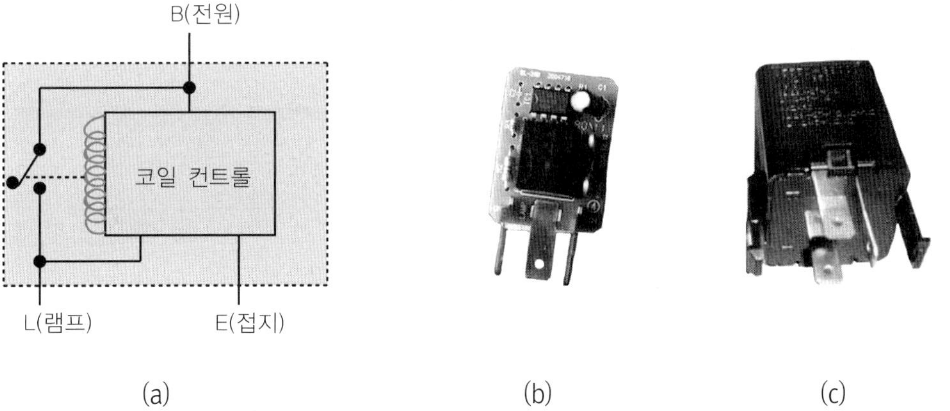

[그림] 7-22. 코일 컨트롤 방식 회로 및 방향지시등 릴레이

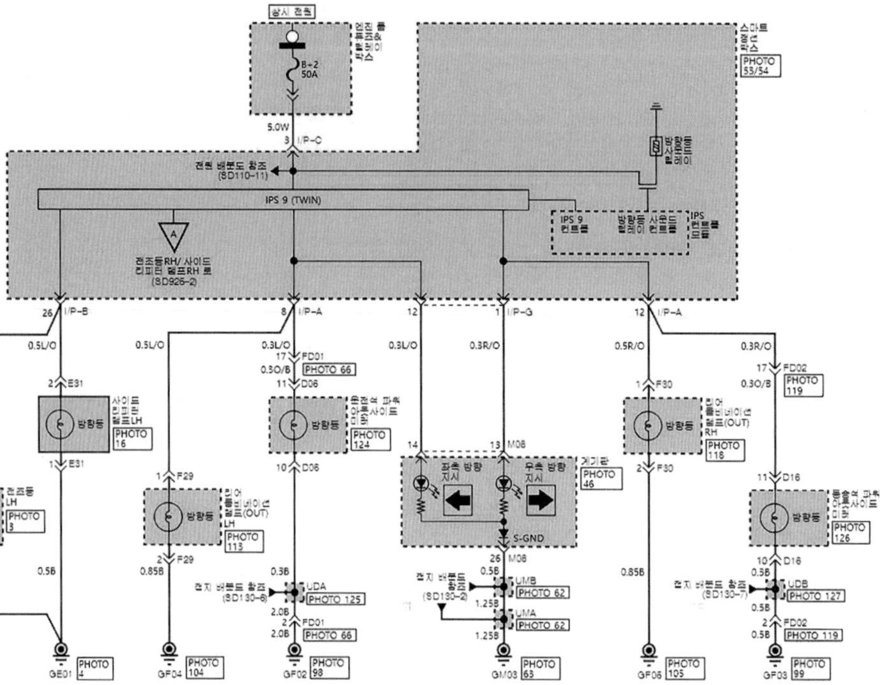

(a)

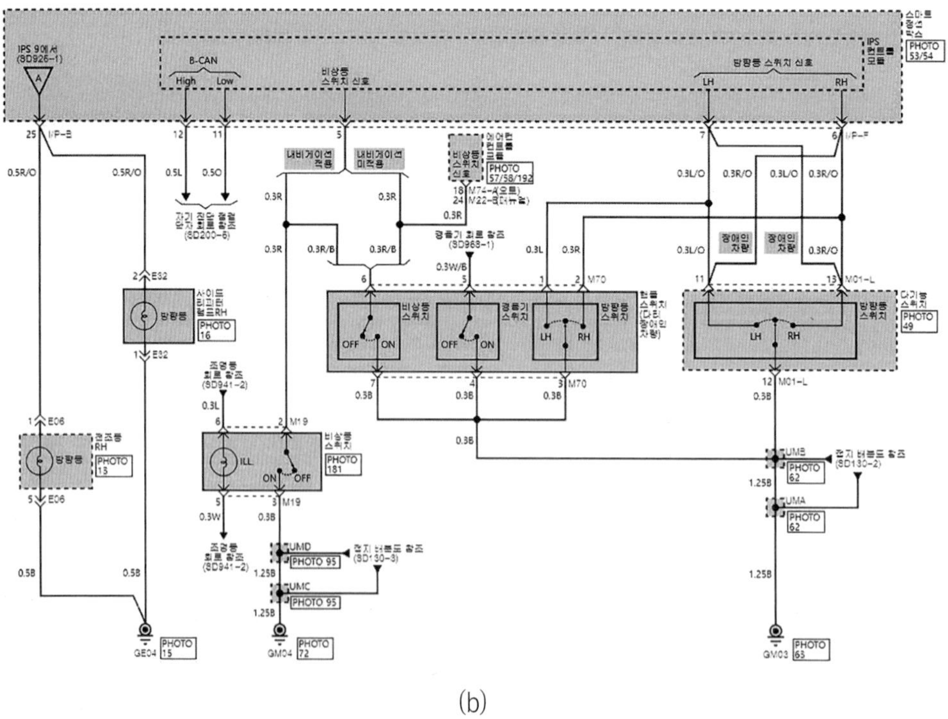

(b)

그림 7-23. 방향지시등 및 비상등의 회로도

2.4 안개등(fog lamp)

전조등의 빛이 안개 속을 통과하면 산란되어 먼 거리까지 도달하지 못하지만, 안개등은 빛의 파장이 긴 빛을 사용하기 때문에 일반적인 빛에 비하여 산란이 적어 같은 조건에서 빛이 멀리까지 비춰지기 때문에 악천후 속에서 자신의 위치를 알리기 위한 것이다. 따라서 안개 때문에 잘 보이지 않아도, 멀리서 다가오는 상대 운전자에게는 안개등의 불빛이 보여서로 안전하게 운행할 수 있게 한다.

2.5 미등(tail lamp)

미등은 야간에 주행하거나 정지하고 있을 때 자동차가 있는 것을 뒤차에 알리는 표시등이다. 미등은 미등으로만 사용하는 단독방식과 제동등과 겸용으로 사용하는 겸용방식이 있으며, 겸용방식의 전구에는 2개의 필라멘트가 있으며, 제동등을 작동시킬 때는 그 광도가 3배 이상 증가되어야 한다.

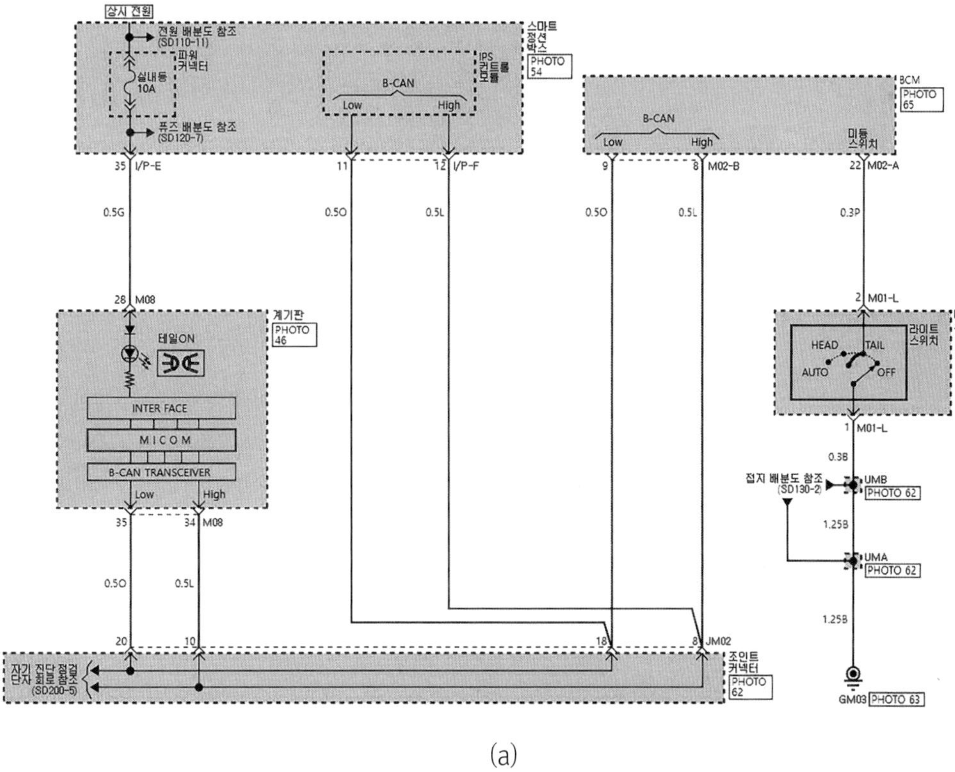

(a)

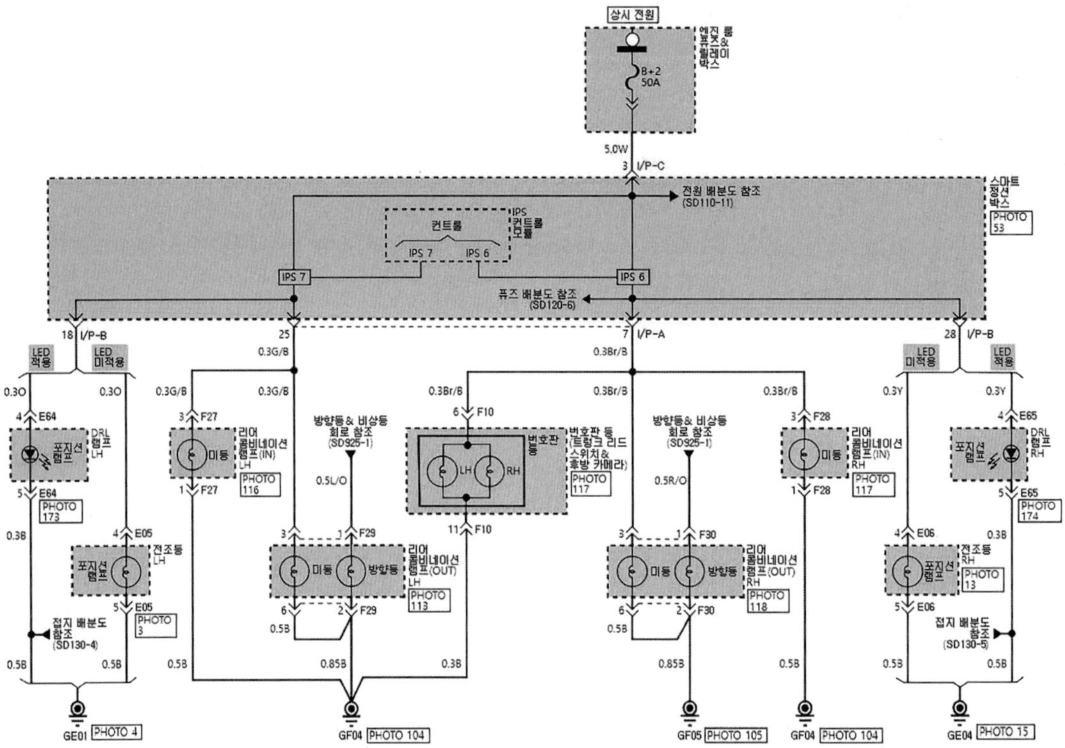

(b)

그림 7-24. 미등, 번호등 회로도

미등작동은 라이트 스위치를 작동하면 라이트 스위치에 와 있던 전원이 접지가 되어 미등 릴레이가 작동하고 릴레이 접점이 붙어 상시 전원이 흘러 좌우측의 미등 전구에 전원을 공급하게 되어 미등 및 번호등이 작동하게 된다.

2.6 번호등(license plate lamp)

번호등은 자동차의 뒷면에 설치된 번호판을 조명하는 것으로 전조등 미등 스위치의 조작 시 점등되어야 하며 광원이 눈에 직접적으로 보여서는 안 되며, 등록번호 숫자 위의 어느 부분에서도 8룩스(Lux) 이상이어야 한다.

2.7 제동등(stop lamp)

제동등은 브레이크 페달을 밟았을 때 뒤차에 제동함을 알리는 것으로 제동장치의 작동에 따라 점등되며, 제동등 스위치는 브레이크 페달을 밟으면 스위치의 접점이 접속되어 점등되는 기계방식과 마스터 실린더안의 유압이 높아지면 유압에 의하여 다이어프램(diaphragm)이 밀려서 접점이 접속되는 유압방식이 있다.

제동등의 작동은 평상시 정지등 스위치에 와있던 작동 전원이 브레이크 페달을 밟으므로 제동등 스위치가 작동하게 되고 제동등 스위치에 와있던 상시전원이 뒤 좌우 콤비네이션 램프의 제동등에 전원을 공급하게 되고 제동등은 상시 작동전원에 의해 제동등은 작동하게 된다.

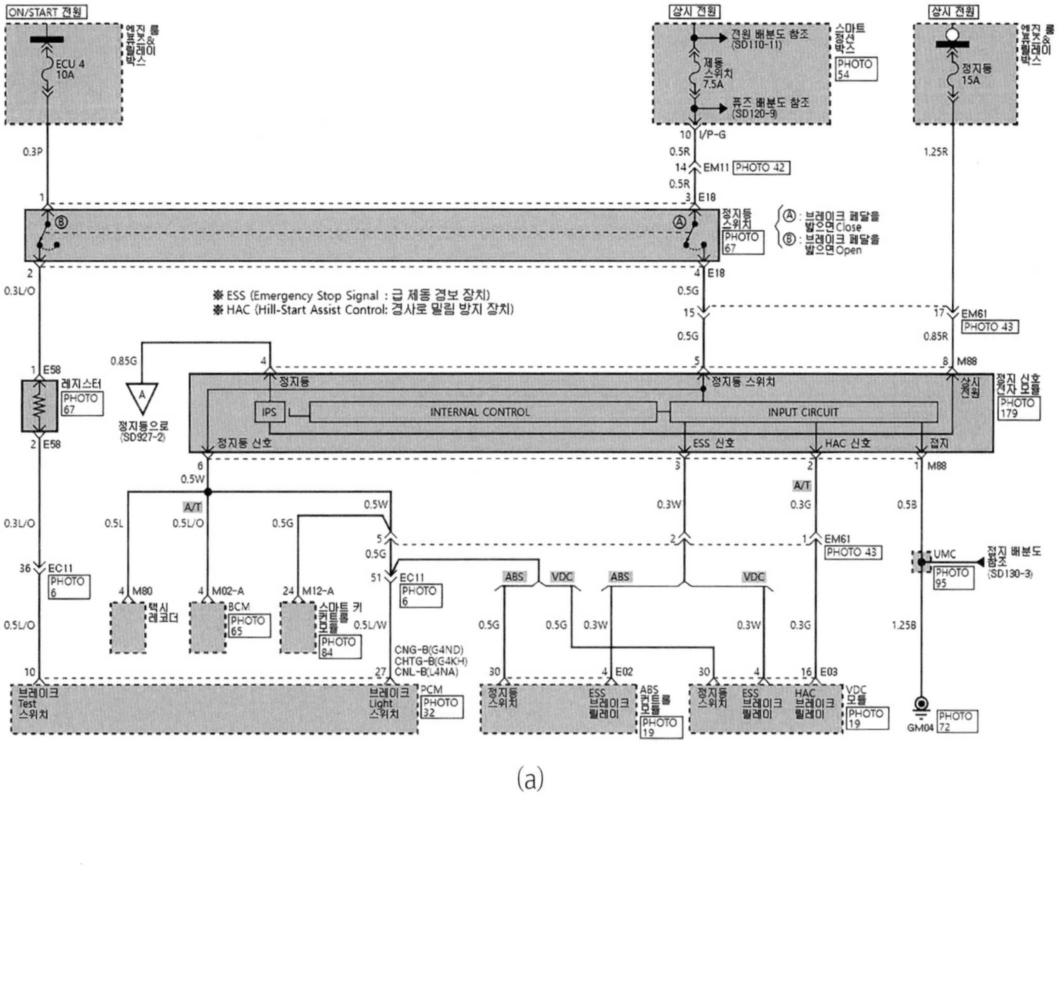

(a)

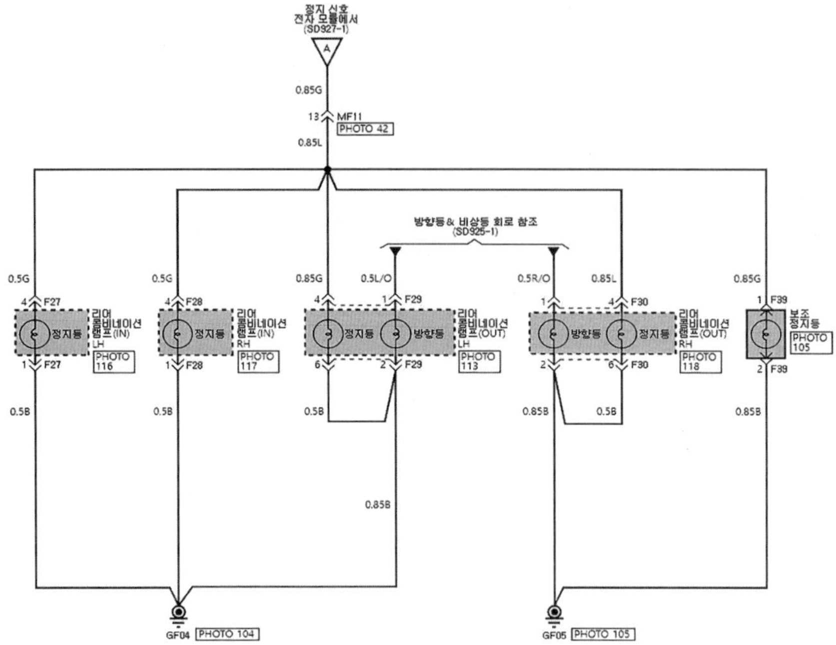

(b)

그림 7-25. 제동등 회로도

제동등 스위치 스위치는 브레이크페달에 의해 ON, OFF되는 스위치이다. 브레이크 페달을 밟으면 페달에 눌려 있던 스위치 푸시로드가 해방되기 때문에 접점이 연결되어 제동등을 점등하고 브레이크 페달을 놓으면 푸시로드가 눌려 접점이 차단되어 제동등이 소등된다.

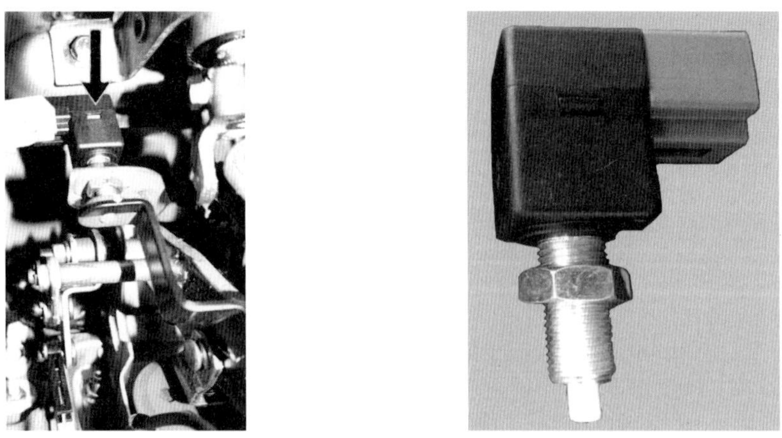

(a) (b)

그림 7-26. 제동등 스위치 설치위치 및 제동등 스위치

2.8 후진등(back up lamp)

변속기 레버를 후진 위치로 하였을 때 점등되는 후진 방향의 조명등이다. 후퇴등 이라고도 한다. 자동차가 후진하고 있음을 후속차에게 알리는 등으로 전구는 21~27W정도이다.

평상시에 후진등 스위치에 와있던 작동 전원이 변속 레버를 후진으로 하면 후진등 스위치가 작동하게 되고 후진등 스위치에 있던 상시전원은 뒤 좌・우 콤비네이션 램프의 후진등에 전원을 공급하게 되고 후진등은 상시접지와 작동 전원에 의해 후진등은 작동하게 된다.

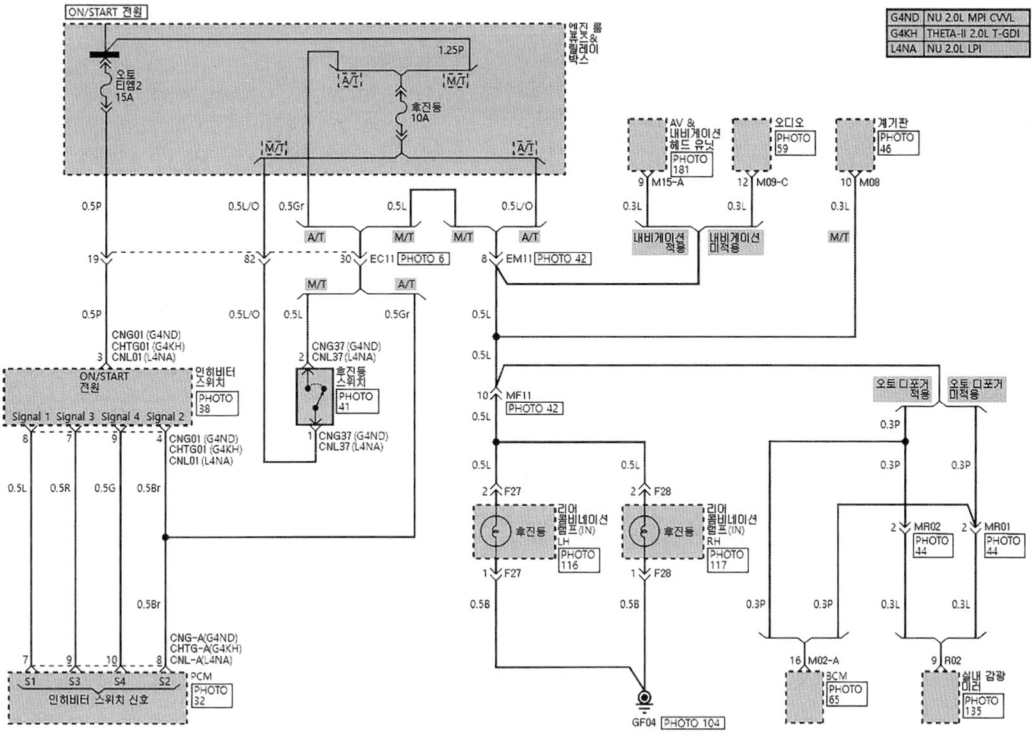

「그림」 7-27. 후진등 회로도

2.9 실내등

가까운 실내 천장의 중앙이나 윈드실드 가까운 장소에 설치되어 차량의 어두운 실내를 환하게 조명하기 위한 등으로, 룸 라이트 또는 룸 램프라고도 한다.

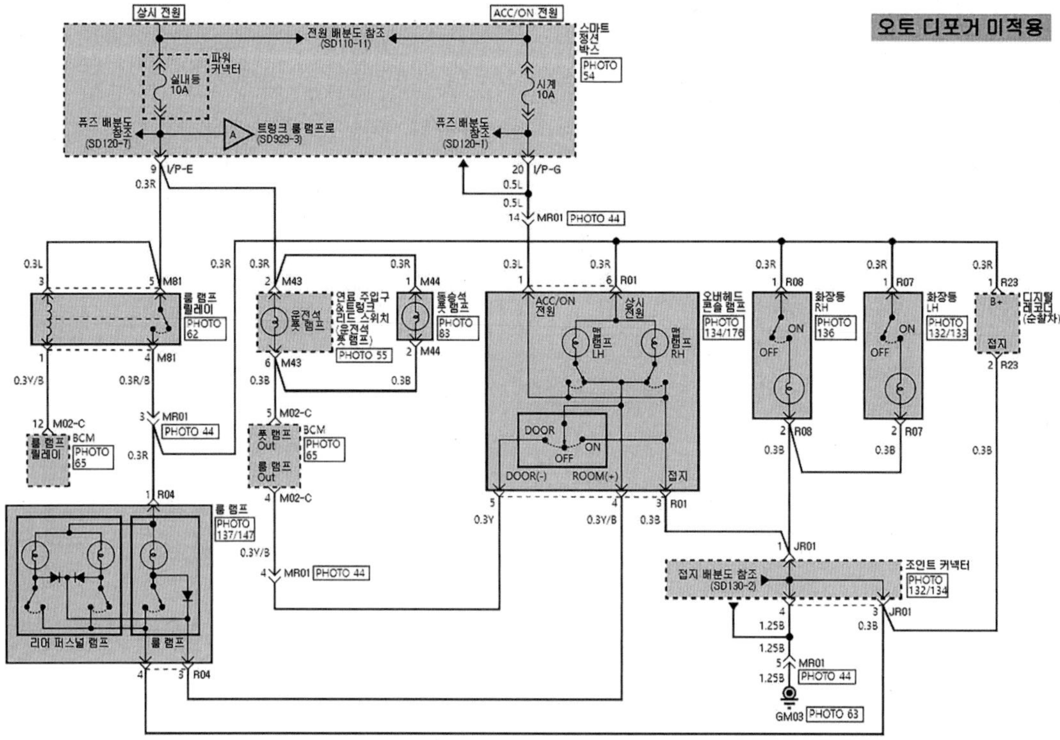

「그림」 7-28. 실내등 회로도

3 안전장치

3.1 윈드 실드와이퍼(windshield wiper)

비 또는 눈이 내리는 날, 차량을 운행할 때 윈드 실드와이퍼가 작동하지 않거나 작동하더라도 앞면 창유리를 깨끗이 닦아주지 못하면 운전자의 시야가 방해되어 사고의 위험이 있으므로 윈드 실드와이퍼가 제 성능을 발휘하기 위해서는 앞면 창유리와 접촉되어 움직이는 와이퍼 블레이드 상태나, 와이퍼 암 및 와이퍼 모터 등을 항상 최적의 상태로 유지하여야 한다.

윈드 실드와이퍼 구성부품은 와이퍼스위치, 와이퍼 모터, 와이퍼 암, 와이퍼 블레이드 등으로 되어 있으며, 윈드 실드와이퍼 모터는 영구자석(페라이트자석)을 사용하는 제3브러시 방식이다.

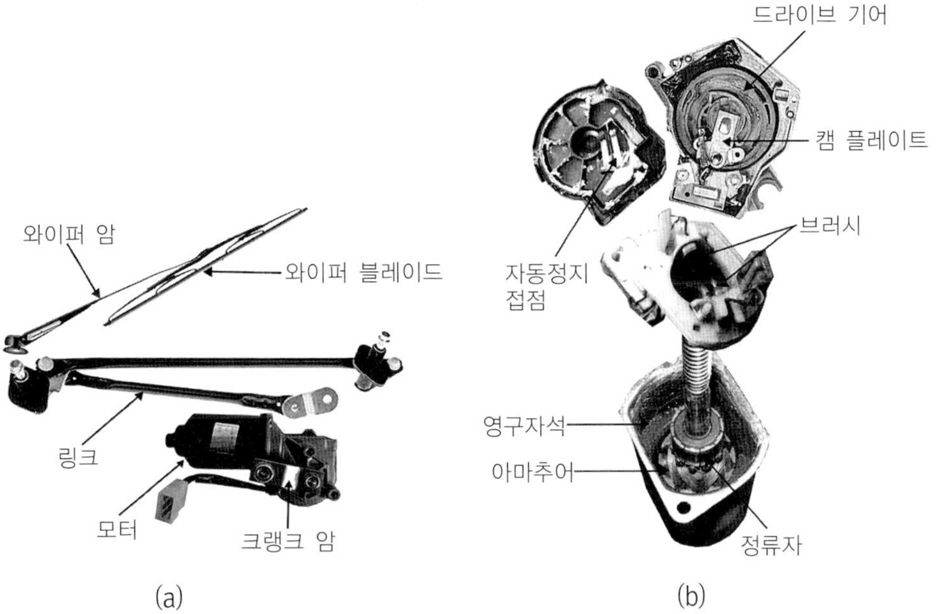

「그림」 7-29. 와이퍼 구조 및 모터의 구조

3.1.1 링크기구

링크기구는 좌우의 와이퍼 블레이드를 연동시키는 것이며, 전동기 회전축이 회전되고 있는 것에서는 왕복운동으로 변환시키는 일도 한다. 운동방법에는 좌우의 와이퍼 암을 평행하게 이동시키는 평행 연동형, 서로 마주하여 작동하는 대향 연동형 및 한쪽의 작동시점을 늦게 하여 서로 교차 작동하게 하는 교차 연동형이 있다.

3.1.2 와이퍼 암 및 블레이드

와이퍼 암은 그 한 끝에 지지된 와이퍼 블레이드를 유리면에 접촉시키고, 프로텍션 박스(protection box)를 통하여 링크 또는 전동기 구동축과 결합하는 역할을 한다. 일반적으로 두 개의 와이퍼 블레이드가 같은 방향으로 움직이는 탠덤방식과 하나의 와이퍼 블레이드로 전체 앞 유리를 닦는 싱글 암 와이퍼, 와이퍼가 앞 유리창(윈드쉴드) 바깥쪽으로 좌우로 펼쳐지는 버터플라이 방식(오버랩 타입)으로 구분된다.

와이퍼 블레이드는 와이퍼 암과 연결되는 클립 부분의 형상과 와이퍼의 몸체가 되는 프레임의 모양에 따라 클립부분은 U자(또는 C자) 모양의 U-클립과 멀티클립(M형, T형)이 사용되고 있다.

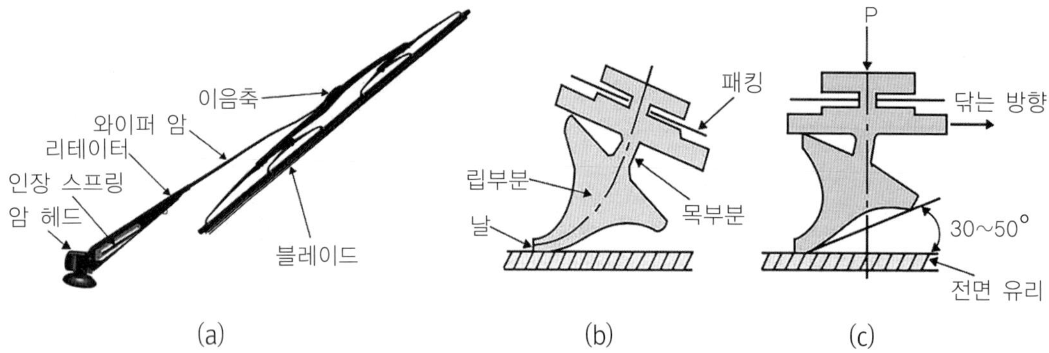

그림 7-30. 와이퍼 암 및 와이퍼 블레이드 각도

와이퍼 블레이드를 고정해 주는 프레임은 크게 일반형(프레임방식 또는 힌지타입)과 프레임이 없는 플랫타입(프레임리스) 와이퍼 블레이드나 하이브리드 타입(관절형) 와이퍼 블레이드가 적용되고 있다.

이외에도 블레이드의 재질도 천연고무나 클로로플랜 합성고무는 발포고무, 실리카 고무제품 등 다양한 재질이 사용되고 있으며, 탄소성분인 그라파이트나 나노코팅 등을 통해 유리와 마찰력을 줄이고 닦임 성능 개선 및 내구성을 향상시켰으며, 평면 유리용과 곡면 유리용이 있다. 와이퍼는 와이퍼 블레이드와 와이퍼암, 인장스프링, 이음축 등으로 구성되어 있다. 와이퍼 블레이드의 접촉 각도는 전면 유리와의 접촉각도가 너무 크거나 적으면 닦는 상태가 나빠지며, 전면 유리는 블레이드를 마모한다. 그러므로 전면 유리와의 접촉각도는 30~50° 정도를 유지하도록 해야 한다.

3.1.3 윈드 실드 와이퍼의 작동

축전지(+)에서 전원 브러시로 전류가 공급된다. 와이퍼 스위치를 저속(low)위치로 하면 전류가 전원 브러시에서 저속 브러시를 통해 와이퍼 스위치를 통하여 접지로 흐르면서 저속으로 작동한다. 고속일 때는 전원 브러시로 들어간 전류가 고속 브러시를 거쳐 와이퍼 스위치를 통해 접지로 흐르면 고속이 된다.

한편, 작동 중에 와이퍼 스위치를 OFF로 하면 와이퍼 모터가 곧바로 정지하는 것이 아니고, 반드시 블레이드가 앞 유리 가장 아래쪽에 위치하여야만 자동 정위치 접점이 닫히면서 정지된다. 작동속도의 변화는 저속일 때는 전류의 흐름 경로를 길게 하고, 고속일 때는 전류의 경로를 짧아지므로 속도가 높아진다.

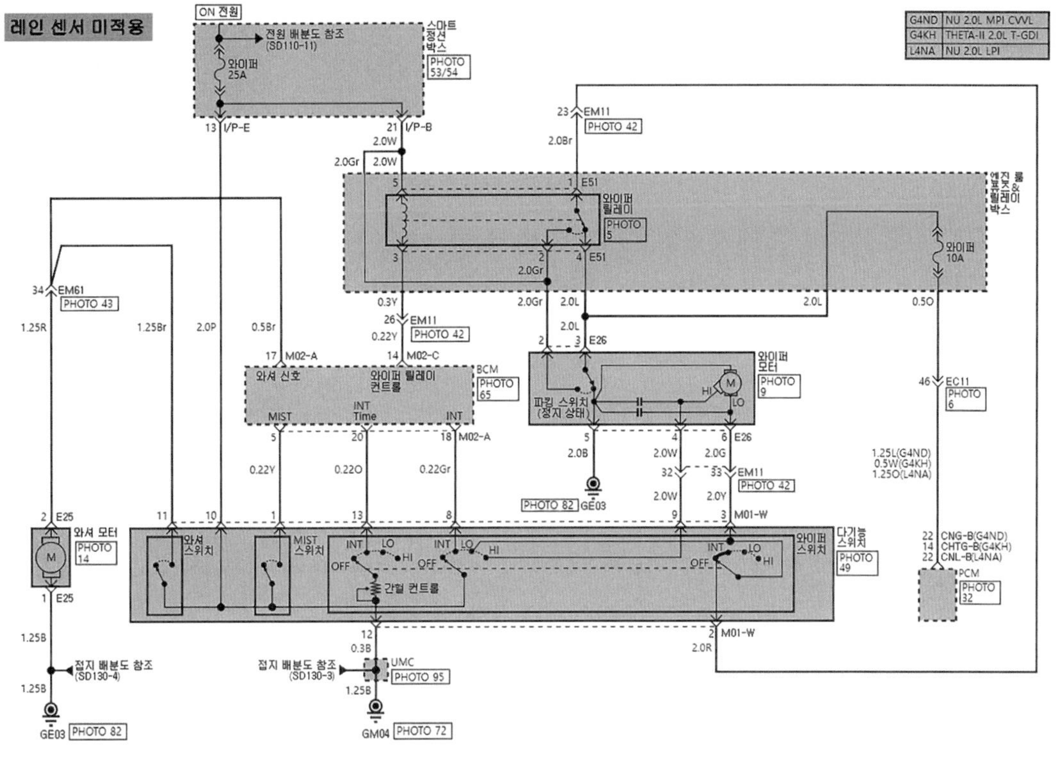

그림 7-31. 와이퍼 회로도

3.2 경음기(horn)

경음기는 전기방식과 공기방식으로 구분되며, 공기방식은 공기압축기를 설치하고 있는 대형 차량에서 사용된다. 일반적인 차량용으로는 전기방식이 주로 사용되고 있으며, 전기방식에는 맴돌이형, 나팔형, 마이크로폰형(microphone type) 등이 있다. 진동판의 진동수에 따라 고음·중음·저음 경음기로 분류할 수 있으며, 이들 경음기를 세트로 사용하면 음량과 음질이 우수한 합성음을 얻을 수 있다.

최근에는 자동차의 고속 주행화에 따라 지향성(指向性)이 강하고 멀리까지 소리가 퍼지며, 소형·경량으로 만들기 쉬운 평형 경음기가 비교적 많이 사용된다. 경음기의 소리가 너무 크면 소음이 되므로 자동차용 경음기는 자동차 전방 2m에서 소음을 측정하였을 때

음압은 90～110㏈ 범위에 음색은 기본 주파수 250~580사이클/초에 들어가야 한다. 소리가 발생하는 시간당의 에너지를 음의 세기(deci-bell, ㏈)라 하고 이 소리가 사람의 귀에 주는 느낌을 소리의 크기(phon, ph)라 한다. 같은 세기(㏈, 데시벨)의 소리이라도 주파수에 따라 사람이 느끼는 크기(ph, 폰)가 달라진다.

3.2.1 공기방식 경음기

압축공기를 이용할 수 있는 대형 자동차에 많이 사용되며, 베이스 위에 인청동으로 만든 진동판을 놓고 그 위에 프레임을 설치하고 음도를 고정시킨 다음 경음기의 입 끝이 진동판에 접하도록 조정하여 고정시킨 구조로 되어 있다.

3.2.2 전기방식 경음기

전자석에 의하여 진동판을 진동시키는 방식이며, 음량 조정스크루로 음의 크기를 조정할 수 있다.

[1] 평형 경음기

평형으로 되어있으며, 진동판에 진동자를 설치하고 가동판과 철심의 충격에 의해 진동에 변화를 준다. 예리한 음색과 지향성이 양호한 특징을 가지고 있기 때문에 최근에 많이 쓰이고 있다.

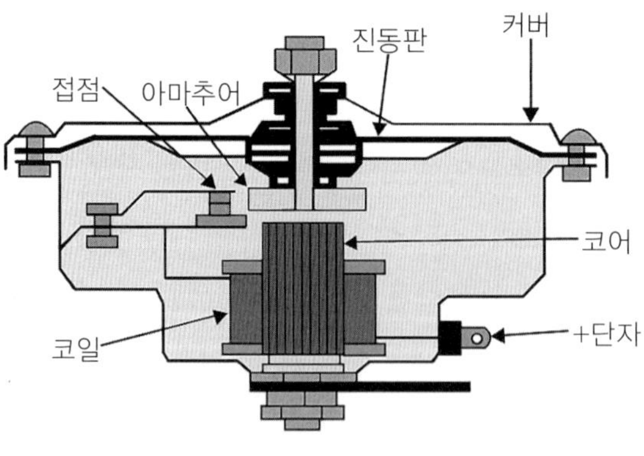

그림 7-32. 평형 경음기

[2] 맴돌이형 경음기

나선형의 음도를 가지므로 소형으로 제작할 수 있다. 따라서 설치위치에 제약을 받지 않는 장점이 있다.

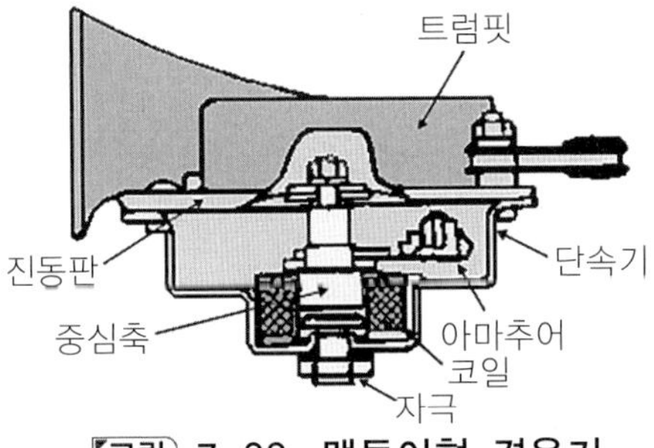

「그림」 7-33. 맴돌이형 경음기

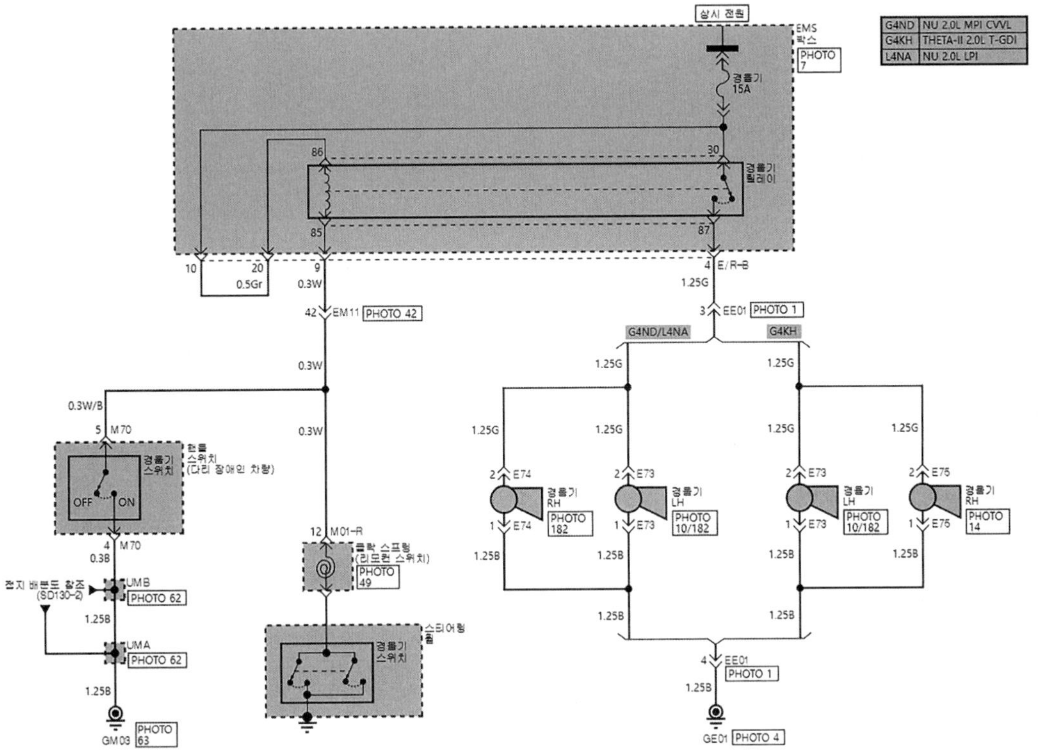

「그림」 7-34. 경음기 회로도

4 계기판

교통안전을 도모하고 쾌적한 운전할 수 있도록 하기 위하여 운전 중인 차량상황을 알기 쉽도록 계기판(instrumental panel)에 계기를 부착한다. 주요 계기에는 속도계, 전류계(또는 충전 경고등), 유압계(또는 유압 경고등), 연료계, 수온계 등이 있으며, 그밖에 차량 종류에 따라서는 엔진 회전속도계, 운행기록계 등이 있다. 차량에 사용되는 유압계, 연료계, 온도계 등 대부분이 전기로 작동되며, 계기부분과 유닛부분으로 구성되어 있다.

그림 7-35. 계기판

4.1 디스플레이장치

디스플레이(display, 표시)장치는 전자장치 중에서 가장 중요한 구성요소의 하나이며, 차량의 전자장치의 디스플레이는 측정결과를 운전자에게 읽기 쉽고 알기 쉬운 형태로 표시하여야 한다. 초기 차량의 디스플레이는 전기-기계적이었다. 즉, 속도계, 전류계 및 연료계 등이 기계형식의 것이다. 그 후 제작비 절감을 위해서도 계기 대신에 경고등을 쓰기 시작하게 되었고 경고등은 일종의 전기-광(光)방식의 디스플레이라 생각할 수 있다.

4.1.1 발광 다이오드(LED : light emission diode)

발광 다이오드는 전류가 흐르면 빛을 내도록 된 물질로 만들어진 반도체이다. 발광다이오드 표시기는 작은 도트 또는 장방형의 세그먼트를 늘어놓는 것으로 구성되어 있다. 도트(dot)나 세그먼트(segment)를 임의로 점멸하는 것에 의해 숫자나 문자가 형성된다.

4.1.2 액정표시(LCD : liquid crystal display)

LCD는 두 편광 필터사이에 위치한 액체 결정 물질로 만들어진다. 액정표시의 알맹이는 회전 네마틱 액정이라고 하는 특수한 액체이다.

전기가 LCD에 적용되면 전기장이 분자의 꼬임을 발생시키는데, 첫 번째 필터를 통과할 때 액체 결정 주위를 순환하며 두 번째 필터를 통과하면 반사 화면에 광점을 생성한다. 전기장이 없을 때에는 분자가 꼬이지 않아 빛이 통과할 수 없기 때문에 화면에 어두운 점이 발생한다. 각종 장치에서 발생하는 여러 가지 전기적인 정보를 시각정보로 변화시켜 전달하는 전기소자이다. 자기발광성이 없어 후광이 필요하지만 소비전력이 적고 휴대용으로 편리해 널리 사용하는 평판 디스플레이이다.

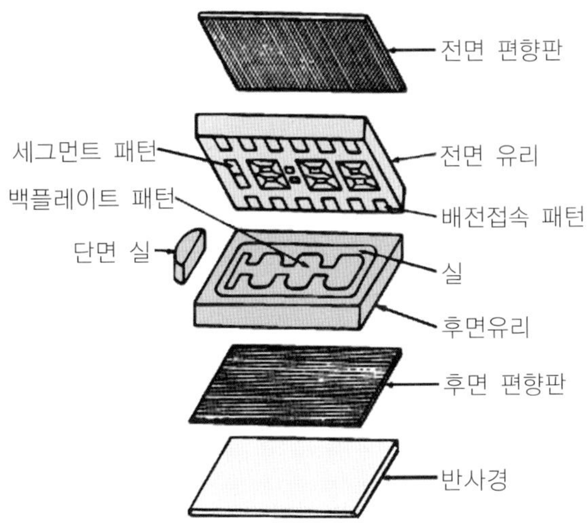

그림 7-36. 액정표시(LCD)의 구성

4.1.3 형광 디스플레이(VFD : vacuum fluorescent display)

차량의 디스플레이장치에 폭넓게 쓰이는 것으로 형광 디스플레이(VFD)가 있다. 이 디스플레이는 양극, 음극, 그리드 전극으로 이루어진 3극 진공관을 응용한 디스플레이다. 음극에서 내보낸 열전자가 음극과 양극사이에 위치한 그리드 전극으로 제어 및 가속화되어, 양극에 있는 형광체(표시소자)에 부딪힘에 따라 발광하는 표시 소자이다. 이 디스플레이 속에는 필라멘트가 있고 이 필라멘트는 가열되면 자유전자를 방출하는 물질로 코팅되어 있다. 방출된 자유전자는 비교적 높은 전압으로 가속되어 애노드(anode : 양극)를 향해 튄다.

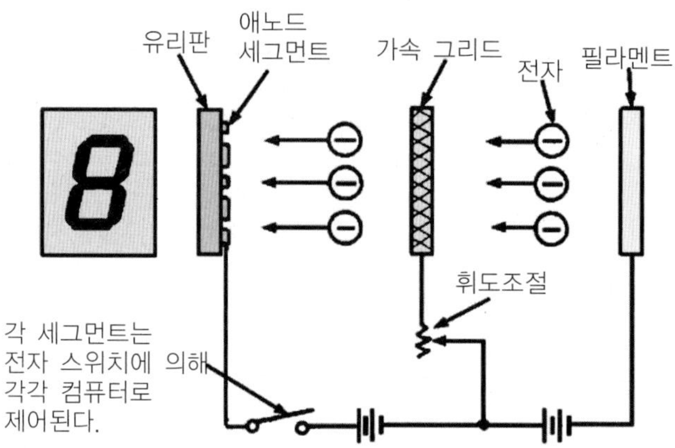

그림 7-37. 형광 디스플레이의 원리

전자가 애노드에 닿으면 여기에 코팅된 형광물질이 발광하며 대부분의 형광 디스플레이에 쓰이는 형광 물질은 청록색의 빛을 발생하지만 현재는 적색에서 청색까지 9가지가 있다.

열전자를 받은 형광체 자체가 발광하는 자발광 소자이기 때문에 시야각이 넓고 선명한 표시가 가능하고 시인성이 뛰어나며, 형광체의 형상을 인쇄 등을 통해 자유롭게 만들 수 있어 임의적인 문자 및 패턴을 만들 수 있다.

4.2 트립 정보 컴퓨터

차량의 전자장치 중 가장 널리 알려진 것으로 트립 정보장치가 있다. 이 장치는 대단히 많은 기능을 가지고 있으며 다음과 같은 유용한 정보를 표시할 수 있다.

① 현재 연료 소비율

② 평균 연료소비율

③ 평균 주행속도

④ 현재 위치(전 여행 거리에 대한)

⑤ 현재까지의 여행 시간

⑥ 연료 보유량

⑦ 주행 가능 거리

⑧ 도착 예상시간

⑨ 현재 시각

⑩ 엔진 회전속도

⑪ 엔진 냉각수 온도

⑫ 주행거리 당 평균 연료비용

4.3 계기장치

4.3.1 속도계(speed meter)

속도계에는 자동차의 시간당 주행속도(km/h)를 나타내는 속도지시계와 총 주행거리를 나타내는 적산거리계(total counter), 일정한 주행거리를 측정할 수 있는 구간거리계(trip counter) 등이 같이 조립되어 있으며, 그 종류에는 자기방식 속도계, 전기방식 속도계, 전자방식 속도계가 있다.

타이어의 유효반지름은 타이어에 걸리는 하중의 크기나 차량의 주행속도에 따라 다소 변화하므로 실제 주행속도와 속도계의 지시속도와는 약간의 오차가 생긴다. 주행속도 표시의 오차는 평탄한 수평 노면에서의 속도가 매시 40km(최고속도가 매시 40km 미만인 자동차에 있어서는 그 최고속도)인 경우 그 지시 오차가 정(+) 25%, 부(-) 10% 이하이어야 한다.

[1] 자기식 속도계

타이어의 회전속도에 비례하는 회전속도를 변속기 출력축으로부터 출력된 플렉시블 케이블 축을 통하여 계기판에 부착된 속도계를 구동 시킨다.

속도계는 와전류로 인한 전자력과 헤어 스프링(hair spring)에 의해 플렉시블 케이블의 회전속도가 자동차는 637rpm일 때 60km/h를 지시하도록 되어 있다.

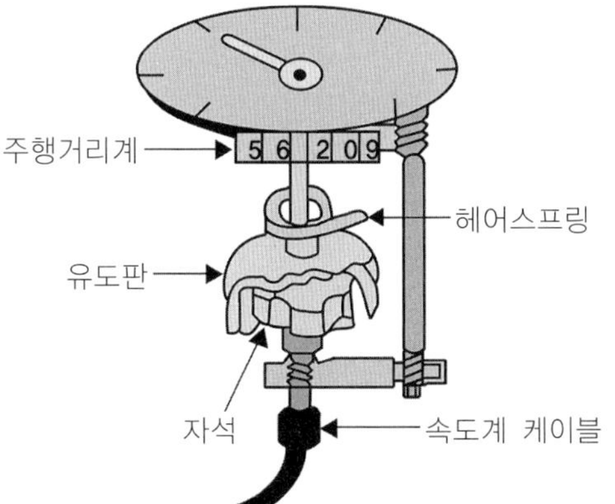

그림 7-38. 속도계

[2] 전기식 속도계

주행속도 신호 발신부분과 표시부분으로 되어 있으며, 주행속도 지시 기구는 플렉시블 케이블 축을 사용하지 않고, 엔진 회전속도계에 사용되는 가동 코일형 전류계를 사용한다.

가동 코일형 전류계는 영구자석과 가동코일의 전자력에 의한 회전력을 이용하여 리드스위치, 홀 집적회로, 자기 저항소자 등을 작동시켜 전기적 펄스(pulse)로 검출한다. 검출한 펄스를 전자회로를 이용하여 펄스 수에 비례하는 전류의 크기에 따라 회전속도계에 회전속도를 나타내게 한다.

[3] 전자식 속도계

표시부분과 주행속도 신호 발신부분으로 되어 있으며, 표시부분은 주행속도 표시기구가 전자회로와 형광 표시판, 발광 다이오드, 액정 등의 표시기로 되어 있다. 주행속도 표시기구는 시간기준 발신기가 있으며, 주행속도 신호 발신부분에서 보낸 신호를 일정기간 계수하고, 계수 완료 후의 값을 기억하여 일정 시간마다 주행속도를 표시한다.

[4] 적산거리계(total counter)

적산거리계는 구동축의 회전을 받아 웜과 웜기어에 의하여 적산회전계에 전달된다. 적산링의 회전순서는 가장 낮은 자리(1눈금 100m)의 링이 1회전하면 다음 숫자 링의 1눈금인 1km를 적산하며, 일반적으로 6개의 숫자 링으로 주행거리를 적산하도록 되어 있다. 적산거리계에 나타난 주행 총거리는 자동차의 수명, 중고차를 구입할 때의 예측판단, 주행거리에 의한 점검 및 부품교환 시기를 파악하는데 이용된다.

(a) 적산 거리계 (b) 구간 거리계

그림 7-39. 적산거리계의 종류

[5] 구간 거리계(trip counter)

구간 거리계는 숫자 링이 4자리로서 구조는 적산 거리계와 같고 구동방식도 적산거리계와 같이 웜 기구로 구동된다. 구간 거리계는 어느 구간 또는 어느 기간에 주행한 거리를 알고 싶을 때 사용한다. 출발 또는 시작 시점에 임의의 손잡이를 돌리거나 캠을 누르면 적산계는 0으로 돌아와 다시 새로운 거리를 적산하도록 되어 있다.

4.3.2 냉각수 온도계

온도계는 엔진이 작동하고 있는 동안의 온도를 표시하는 계기이며, 여기서는 현재 사용하고 있는 밸런싱 코일 방식에 대해 설명한다.

[1] 밸런싱 코일방식

밸런싱 코일방식의 수신부분은 2개의 코일과 가동철편 및 지침으로 되어 있고 송신부분은 서미스터를 사용한다. 이 방식은 L_1, L_2 두 코일에서 각각 발생하는 자기력의 균형점에 가동철편이 위치하게 되어 냉각수 온도가 높을 때에는 서모 유닛의 r_3 저항 값은 낮아지고 전류 I_1은 커지며(L_1의 자기력증가) I_2는 감소(L_2의 자기력 감소)하게 된다.

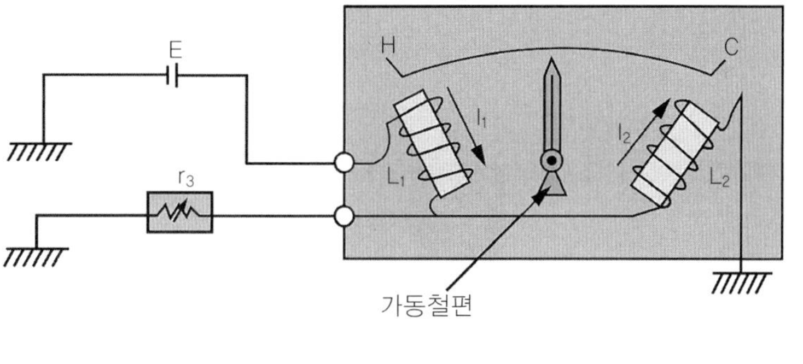

그림 7-40. 밸런싱 코일방식 온도계의 회로

따라서 가동철편은 L_1쪽으로 끌리게 되고 지침은 H(high)점을 가리키게 된다. 반대로 냉각수 온도가 낮을 때에는 서모유닛의 r_3 저항 값은 높아지고 전류 I_1은 감소하며(L_1의 자기력 감소) 전류 I_2는 증가(L_2의 자기력 증가)한다. 따라서 가동철편은 L_2쪽으로 끌리며 이로 인하여 지침은 C(cool)점을 지시하게 된다.

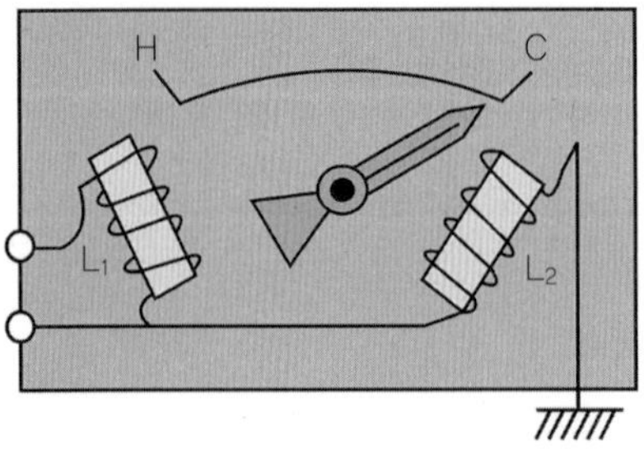

(a) L_2자력이 강하다(온도가 높을 때)

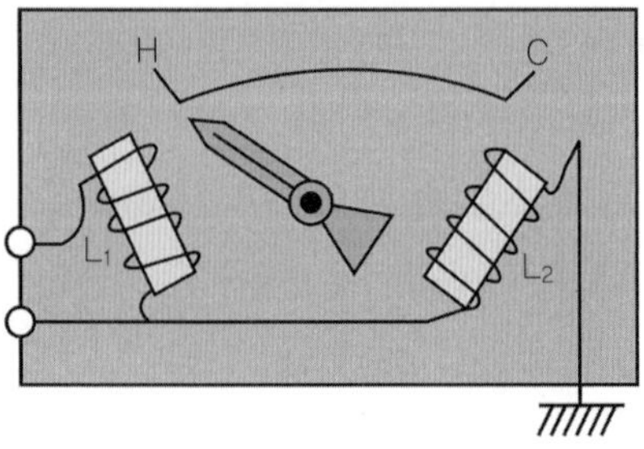

(b) L_1자력이 강하다(온도가 낮을 때)

그림 7-41. 밸런싱 코일방식

[2] 경고등 방식

경고등 방식은 송신부분에 바이메탈을 사용하는 방식과 서모 페라이트 방식(thermo ferrite type) 온도센서를 사용하는 것이 있다. 바이메탈 방식은 냉각수 온도가 규정 값 이상이 되면 바이메탈이 작용하여 접점을 닫아 운전석의 경고등이 점등된다. 서모 페라이트 방식의 온도센서는 어떤 온도에 도달하면 자력선을 통과시키지 못하는 합금금속(Mn-Zn계)을 자석사이에 넣고 리드 스위치를 장치한 것으로 접점이 항상 열려 있는 상시 개로형과 항상 닫혀 있는 상시 폐로형이 있다.

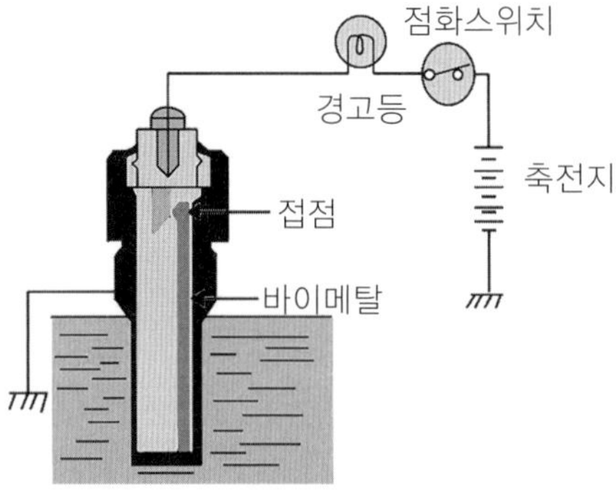

그림 7-42. 바이메탈 경고등

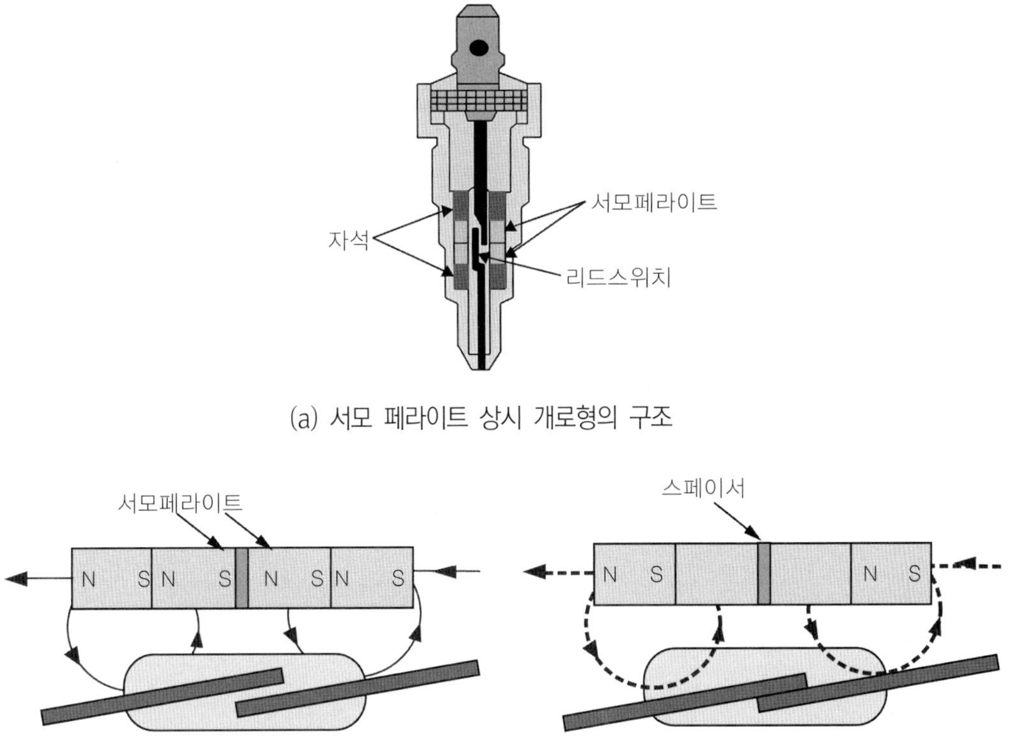

(a) 서모 페라이트 상시 개로형의 구조

(b) 서모페라이트 저온일 때(접점off)　　(c) 서모페라이트 고온일 때(접점on)

그림 7-43. 서모 페라이트 상시 개로형의 원리

상시 개로형은 서모 페라이트 2개 사이에 비자성체인 스페이서를 넣은 것으로 리드 스위치는 그림 42(b)와 같이 항상 열린 상태로 되어 있으며, 일정온도 이상이 되면 그림 42(c)에서와 같이 서모 페라이트는 비자성체가 되어 자속이 통과되지 못하여 스위치를 닫아 경고등을 점등한다.

4.3.3 연료계

연료계는 연료탱크 내의 연료보유량을 나타내는 계기이며, 현재로 주로 밸런싱 코일 방식을 사용하므로 이를 설명하도록 한다.

[1] 밸런싱 코일방식

밸런싱 코일방식은 L_1, L_2 두 코일에서 각각 발생하는 자기력의 균형점에 가동철편이 위치하게 되어 연료보유량이 많을 때 뜨개가 뜨고 r_3 저항 값은 낮아지고 전류 I_1은 커지며

(L_1의 자기력증가) I_2는 감소(L_2의 자기력 감소)하게 된다. 따라서 가동철편은 L_1쪽으로 끌리게 되고 지침은 F(full)점을 가리키게 된다.

반대로 연료보유량이 적을 때에는 뜨개의 뜨임이 적어 r_3 저항 값은 높아지고 전류 I_1은 감소하며(L_1의 자기력 감소) 전류 I_2는 증가(L_2의 자기력 증가)한다. 따라서 가동철편은 L_2쪽으로 끌리며 이로 인하여 지침은 E(empty)점을 지시하게 된다.

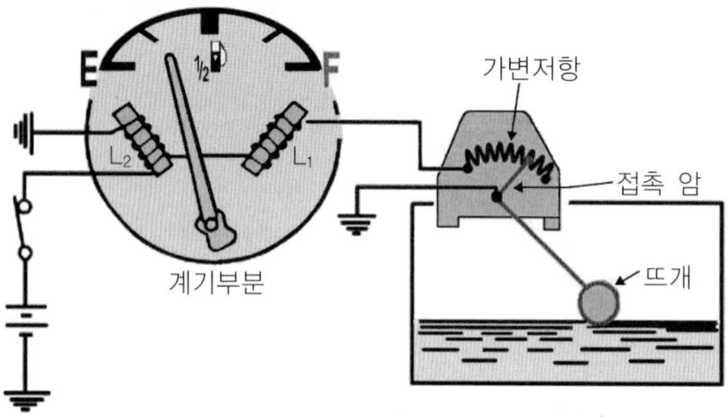

그림 7-44. 밸런싱 코일방식 연료계

[2] 연료 경고등

연료 경고등은 연료계와 병렬로 형성되어있으며, 연료보유량이 규정값 이하가 되면 서미스터가 작동하여 경고등이 점등된다. 서미스터가 연료 속에 잠겨 있을 때에는 저항이 커 점등되지 않으며, 연료가 부족하여 서미스터가 노출이 되면 기화열에 의하여 저항값이 작아져서 경고등이 점등된다.

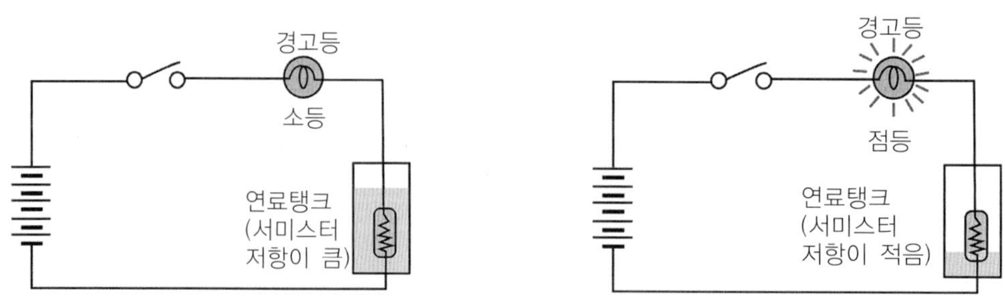

(a) 서미스터가 연료 속에 잠길 때 (b) 서미스터가 연료밖에 있을 때

그림 7-45. 연료 경고등

4.3.4 유압계와 유압경고등

[1] 밸런싱 코일방식

밸런싱 코일방식은 가변 저항방식이라 하며, 송신부분은 유압에 의한 다이어프램의 위치에 따라 저항이 변화하는 가변저항기 부분이고 수신부분은 가동철편에 지침이 고정되며, 2개의 전자석 코일로 구성되어 두 코일에 흐르는 전류 값에 의하여 지침이 움직이면서 유압을 지시한다.

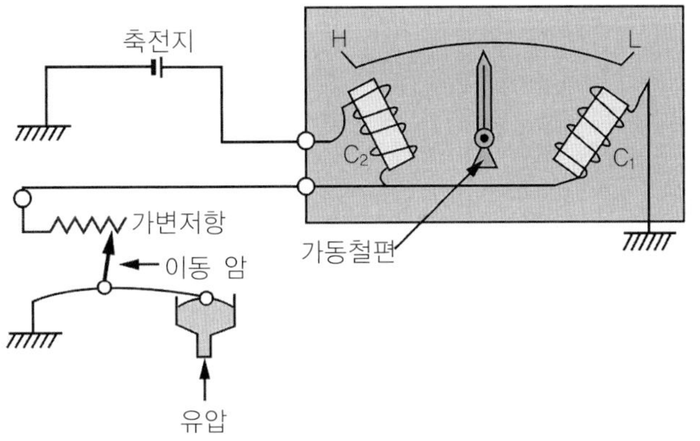

그림 7-46. 밸런싱 코일방식 유압계

[2] 유압 경고등

유압 경고등은 압력스위치 내에는 유압으로 작동되는 다이어프램과 접점이 있다. 유압이 높아 규정압력이 되면 다이어프램은 스프링을 밀어 올려 접점을 열기 때문에 경고등이 소등되고, 반대로 유압이 낮으면 스프링의 장력이 다이어프램이 밀어 올리는 힘보다 약하기 때문에 접점이 닫혀 경고등이 점등된다.

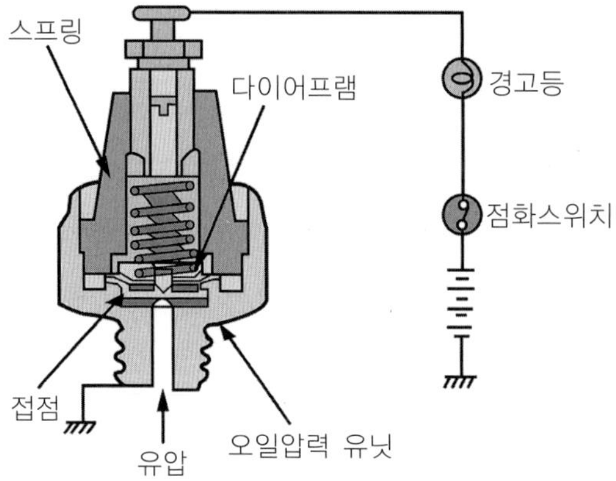

(그림) 7-47. 유압 경고등

4.3.5 브레이크액 경고등

브레이크 오일탱크(tank) 내에 있는 리드 스위치와 뜨개에 의해서 경고등이 작동한다. 이 등은 주차 브레이크 지시등과 공용으로 되어 있다. 이 경고등은 주차 브레이크 레버를 당겼을 때 점검할 수 있으며, 그때 등에는 불이 들어온다.

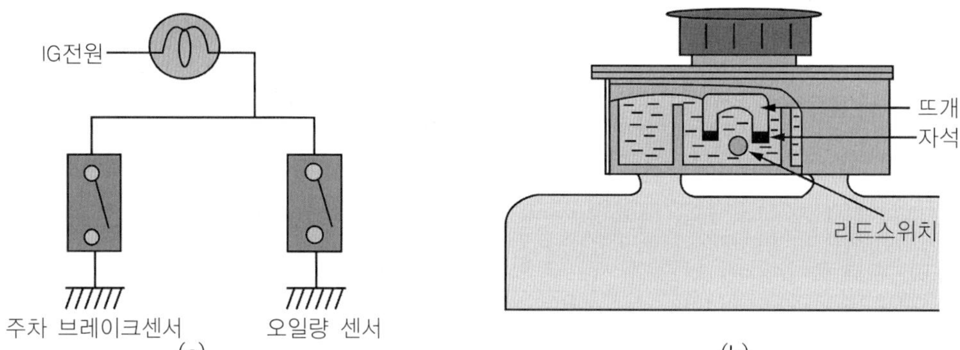

(그림) 7-48. 브레이크액 경고등

4.3.6 와셔액 경고등

브레이크액 경고등과 같은 방법을 사용하며, 뜨개와 리드스위치가 사용된다.

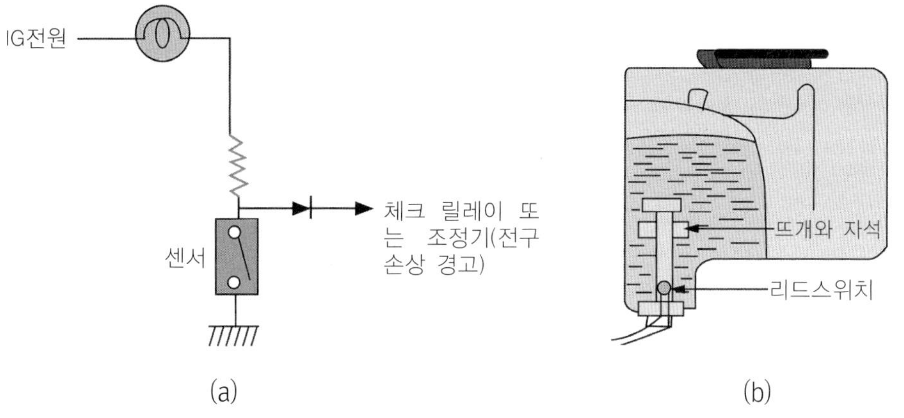

「그림」 7-49. 와셔액 경고등

4.3.7 제동등(stop lamp) 및 미등(tail lamp) 단선 경고등

제동등이나 미등의 전구가 손상될 경우 전류가 감소한다. 이 감소량은 리드 스위치의 체크 릴레이에서 탐지된다.

[1] 정상 작동상태

정상의 경우 정상적으로 전류가 흐르고 리드 스위치는 ON상태에 있게 되며, 트랜지스터의 베이스에 인가된 전압도 0(V)로 유지된다.

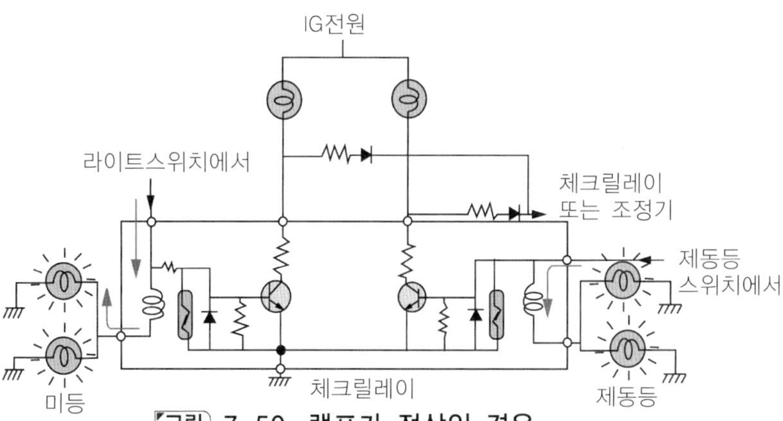

「그림」 7-50. 램프가 정상인 경우

[2] 전구에 손상이 발생한 경우

제동등 또는 미등의 전구가 손상되면 전류가 감소하므로 리드 스위치가 OFF상태로 되며 트랜지스터에 베이스 전류가 흐르므로 경고등이 점등된다.

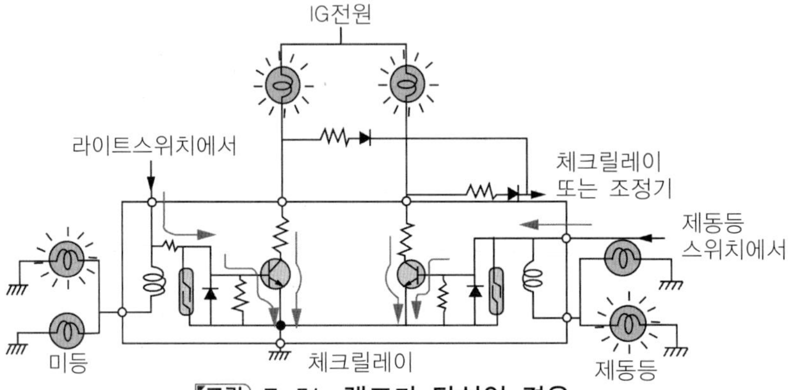

「그림」 7-51. 램프가 단선인 경우

4.3.8 브레이크 디스크 패드(disc pad) 마모 경고등

브레이크 패드 검출용 리드 선이 디스크 패드에 들어 있다. 패드가 약 2.5㎜ 정도 안으로 들어가 있을 때 리드 선은 디스크와 접촉하게 된다. 이때 회로가 차단되고 트랜지스터가 작동하여 램프에 불이 들어온다. 이 경고등은 센서(sensor)가 OFF되었을 때 점등된다.

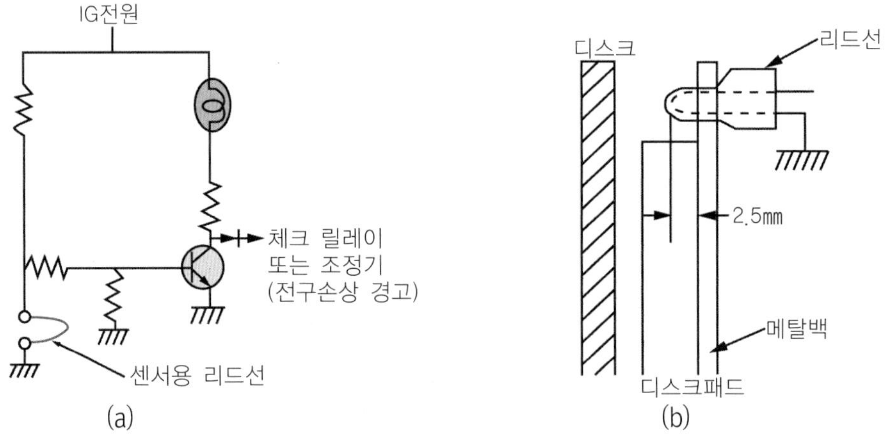

「그림」 7-52. 디스크 패드 마모 경고등

5 자동차 통신

5.1 자동차 통신의 개요

통신은 어떠한 정보를 전달하는 것이다. 자동차가 출시된 이후 지금까지 좀 더 나은 성능과 안락한 주행을 위하여 소비자들의 심리가 커져만 간다. 조금 더 힘세고 안전하고 편안한 자동차를 요구하는 것이다. 이에 대응하기 위해 자동차에는 많은 ECU와 편의장치가 적용되면서 하나씩 장착된 각종 전장 부품들은 차량 내부에 수많은 부품들과 전기 배선들을 형성시켰다.

최근, 자동차 설계단계에서 차량 내부의 전기배선, 와이어링 하니스는 신차 설계 시, 최우선 대상으로 고려하고 있다. 반면에 배선도 추가되면서 그에 따른 고장도 많이 발생되고 있다. 그리고 자동차 통신을 기반으로 하는 자동차 와이어링 하니스는 앞으로도 운전자의 편의와 차량의 지능화를 위하여 지속적으로 늘어날 것으로 예상된다. 차량의 급속한 전기전자화에 따라 수많은 전장 부품들이 각각의 독립적인 배선으로 연결되고 있는데 이것은 배선시스템을 복잡하게 하고 전체적인 차량의 중량을 증가시키고 있다.

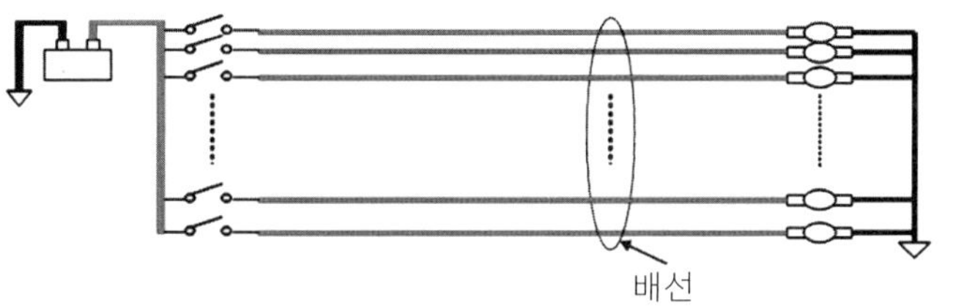

(a) 기존 시스템

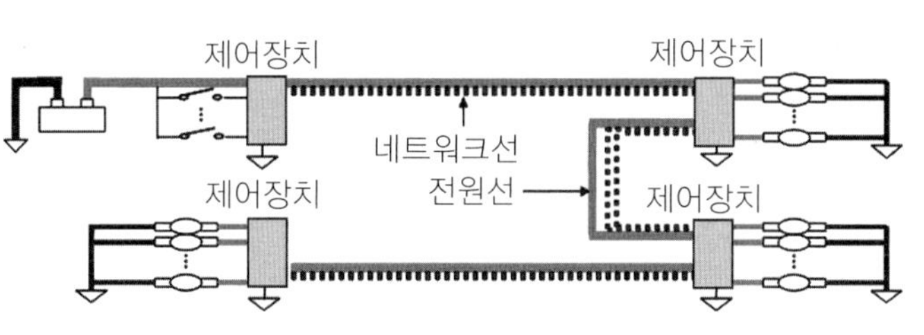

(b) 네트워크 기반의 배선

「그림」 7-53. 기존 자동차의 배선과 네트워크 기반의 배선

또한, 일대일로 연결되는 배선장치는 스위치나 모터의 유무, 모델간의 기능변화에 따라 수많은 다양성을 발생시킴으로써 시스템의 설계와 변화에 큰 장애가 되고 있다. 이를 극복하기 위한 방법 중에 하나로 항공에 사용되어 온 Fly-by-Wire(항공기를 조종할 때 조종기기를 전선으로 연결하여 유압장치나 모터를 이용하여 컴퓨터가 제어하도록 하는 조종방식) 개념을 도입한 복합 전선시스템이 제안되었다.

반도체와 컴퓨터 기술의 급속한 발달과 더불어 배선을 통한 일대 일의 신호전달 대신에 직렬통신 기술을 이용하여 정보를 전달하기 위한 연구와 실험들이 활발하게 전개되었다. 이 당시 개발된 대표적인 차량용 프로토콜(Protocol, 통신규약으로 일종의 통신할 때 지켜야 할 규칙)이 Bosch의 CAN, 미국 자동차 공학회(SAE)의 J1850 등이 있었다. 이러한 추세에 따라 세계 유수의 자동차 제조회사들이 자사 제품에 네트워크를 적용하기 위한 시도를 하였고, 자동차의 각 ECU에 통신을 적용, 공통으로 알아야 하는 정보를 서로 공유하게 된 것이다.

현재는 독일 Bosch사가 제창한 CAN이 차량 네트워크의 표준으로 정착되고 있으며 최근에는 차량 내부 멀티미디어 기기의 탑재가 증가됨에 따라 고속화 요구를 수용할 수 있는 새로운 네트워크의 개발 및 적용이 활발히 진행 중에 있다.

5.2 자동차 통신의 종류

5.2.1 LAN(local area network)

LAN은 비교적 가까운 거리에 위치한 소수의 장치들을 서로 연결한 네트워크를 말한다. 일반적으로 하나의 사무실, 하나 또는 몇 개의 인접한 건물을 연결한 네트워크이다. 랜은 버스형, 링 또는 루프형, 스타형의 3종류로 크게 나눌 수 있다.

적용분야는 ① 호스트 컴퓨터를 중심으로 하는 랜, ② OA(사무자동화) 기기를 주체로 하는 랜, ③ FA(공장자동화)·LA(연구실자동화) 기기를 주체로 하는 랜, ④ 음성기기 접속을 주체로 하는 랜, ⑤ 감시제어기를 접속하는 랜을 들 수 있다. 디지털식 구내 통신 교환 장치(디지털 PBX)도 랜의 한 형태라고 볼 수 있다.

전송매체로는 페어케이블, 동축 케이블, 광섬유 케이블 등을 사용하고 있는데, 광섬유 케이블의 경우는 데이터뿐만 아니라 음성도 전송할 수 있는 장점이 있다.

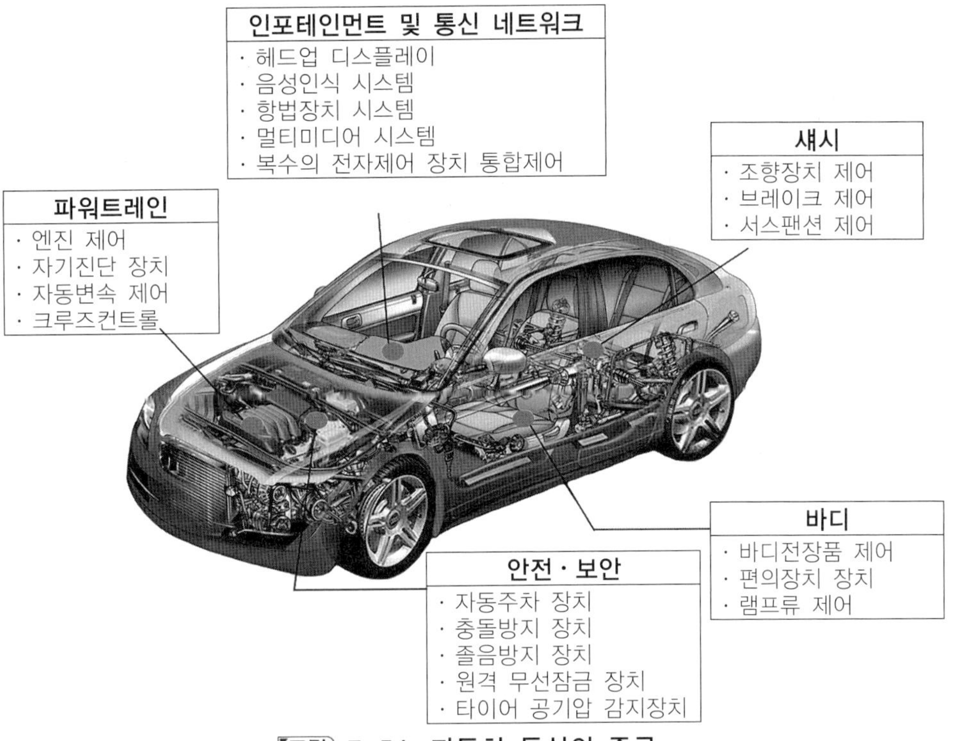

그림 7-54. 자동차 통신의 종류

5.2.2 LIN(local interconnect network)

LIN은 주로 ECU와 능동센서 및 능동 액추에이터 간의 데이터 전송에 사용된다. LIN은 간단하며, 느린 12V, 단선 버스이다. LIN은 마스터-슬레이브(master-slave) 원리에 따라 작동한다. 신호형태 및 프로토콜(protocol, 컴퓨터 간에 정보를 주고받을 때의 통신방법에 대한 규칙과 약속)은 표준화되어 있다.

LIN은 CAN이 적용되는 부분 중에서 데이터 전송량이 적은 바디의 서브 통신용으로 적용되고 있으며, 한 가닥의 일반 전선으로 최대 20Kbps의 전송 속도와 최대 64개의 노드를 지원할 수 있다.

5.2.3. CAN(controller area network)

CAN은 벤츠의 요구에 의해 독일의 자동차 부품 메이커인 Bosch에서 차량 내 전자 제어 유닛(ECU, electronic control unit)과 같은 각종 제어 장치들을 직렬 통신방식을 이용해 차량 네트워크로 연결하기 위해 개발하였으며, 1993년에 ISO에서 국제 표준 규격으로 제정되었다.

CAN통신은 주로 자동차 안전시스템, 편의 사양 시스템들의 ECU들 간의 데이터 전송 그리고 정보 및 통신시스템과 엔터테인먼트시스템의 제어 등에 사용되며, CAN은 고장방지기능을 지원하는 Low Speed CAN과 High Speed CAN으로 꼬여 있거나 또는 피복에 의해 차폐되어 있는 2가닥 데이터 배선을 통해 데이터를 전송하고 최대 통신 속도는 1Mbps이며 125Kbps를 기준으로 Low Speed CAN(차량 바디계)과 High Speed CAN(차량 제어계)로 나누어지며 여러 가지 ECU들을 병렬로 연결하여 우선순위대로 처리하는 방식이다.

5.2.4 MOST(media oriented systems transport)

MOST는 환경에 강하면서도 비용대비 효과가 높은 통신으로 네트워크가 필요한 자동차 멀티미디어 네트워크용으로 1998년 Daimler cyrysler, harmann/becker, BMW, OASIS에 의해 개발되었으며, 모든 종류의 자동차 멀티미디어 애플리케이션(오디오, 비디오, 네비게이션)을 위한 차량 내부 통신 프로토콜이다.

현재 광통신을 이용하여 25Mbps의 전송속도와 64개의 노드를 지원하고, 현재 150Mbps까지 전송속도를 확대하기 위한 개발을 진행 중에 있다. 그리고 상대적으로 고가인 광케이블을 대체하기 위하여 일반 전선으로도 통신이 가능하도록 개발 중에 있다. MOST는 멀티미디어와 인포테인먼트 애플리케이션을 위한 멀티미디어 네트워크이다.

5.2.5 IDB(intelligent transport system data bus)-1394

IDB-1394는 가정용으로 사용 중인 IEEE 1394를 기본으로 하고 있기 때문에 DVD, CD changer, 오디오, 비디오 디스플레이뿐만 아니라 디지털카메라나 게임기 같은 가전제품과 연결하여 사용할 수 있는 장점이 있으며 광통신을 이용하여 400Mbps의 전송 속도를 보장하고 있다. 현재 미국과 일본 완성차 업체를 중심으로 적용을 검토하고 있다.

5.2.6 D2B(digital data bus)

D2B는 디지털 오디오, 비디오와 기타 고속의 동기 비동기 신호를 최고 11.2Mbps의 속도로 송수신할 수 있는 멀티미디어 데이터 통신으로 UTP(unshielded twisted pair)나 하나의 광섬유로 구성되며, 모듈의 추가나 기능의 확장을 위하여 별도의 와이어 하네스 변경

이 필요하지 않은 장점을 가지고 있다.

5.2.7 블루투스(bluetooth)

블루투스는 핸드폰, PDA, 노트북과 같은 정보기기 장치들 간의 양방향 근거리 통신을 복잡한 전선 없이 저가격으로 구현하기 위한 근거리무선통신 기술과 표준 및 제품을 총칭한 것이다. 블루투스의 기술개발과 시장형성을 위해 구성된 통신, 컴퓨터, 네트워크 관련 유수 회사들의 협력체 SIG(블루투스, special interest group)에 의해 사실상 표준안이 마련되었다.

블루투스의 특징은 SIG 가입회원사에 대해서는 블루투스의 기술에 대한 로열티를 받지 않는 무허가(open license) 정책이다. 기술개발의 발전속도가 매우 빠르고, 시장형성 속도도 빠르다. 사용자의 현재 욕구인 양방향 근거리무선통신을 가장 빠른 시일 내에, 가장 저렴하게 제공할 수 있다는 것이 블루투스의 장점이다.

블루투스의 단점은 최대 1Mbps의 전송속도로 피코네트(piconet)이라는 망 구성으로 7개의 기기들 간 가상(Ad-hoc) 통신망을 구성한다. 블루투스의 장점은 H/W 뿐만 아니라 소프트웨어부분에서도 완성 임박하고 많은 관심집단 멤버들이 참여하고 있어, 사용자의 현재 욕구를 낮은 가격에 만족시킬 수 있다. 차량 내부에 장착되어 있는 정보통신기기를 비롯한 각종 차량 제어기가 급증하면서 시스템 연계를 위한 배선이 급증하고 있다. 이 같은 문제를 해결하기 위하여 대두된 것이 블루투스이다.

5.2.8 FlexRay

자동차의 각 제어 시스템 접속에는 표준 네트워크로서 CAN이 채용되어 여러 가지 정보를 공유하는 고도의 시스템 제어를 실현해 왔다. 그러나 자동차를 둘러싼 사회의 요구는 환경보호, 쾌적한 주행, 안정성의 추구이다. 이 때문에 환경보호를 위하여 유압제어시스템으로부터 전기제어시스템으로 바뀌는 것으로, 차체 중량 경감과 치밀한 시스템 제어가 배기가스의 저감이나 연비의 향상으로 나타나고 있다.

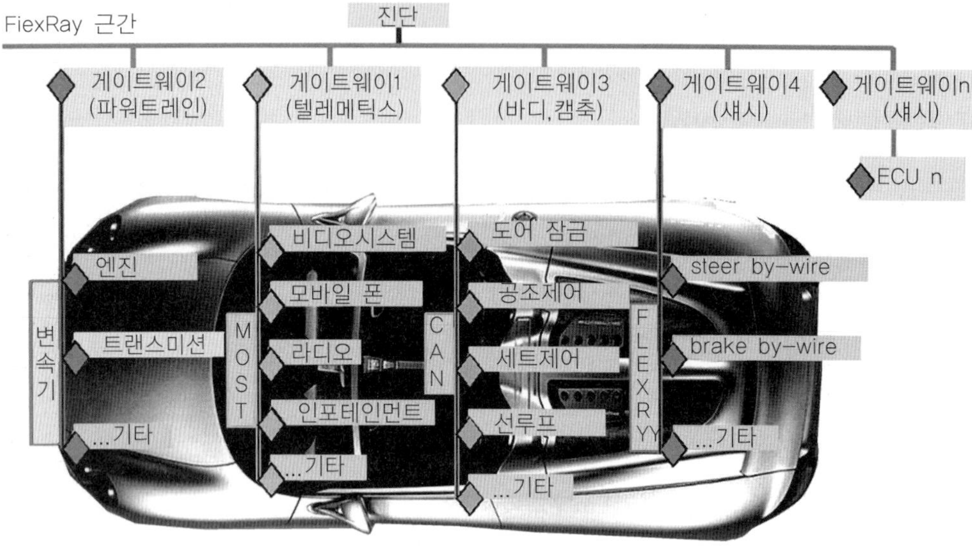

그림 7-55. Flexray 네트워크 구조

자동차가 지속적으로 안전을 개선하고 성능을 증대하며 환경 영향을 줄이고 승차감을 향상시키기 위해서는 반드시 자동차 ECU간 통신되는 데이터의 속도, 양 그리고 안정성이 증대되어야 한다. 고급 컨트롤 및 안전 시스템(여러 개의 센서, 액추에이터, ECU 통합)은 기존의 표준인 CAN이 제공하는 것보다 월등한 동기화와 성능을 요구한다.

CAN버스를 활용하는 차량에서 더욱 높은 대역폭이 요구됨에 따라 차세대 임베디드(embedded, PC이외의 장비에 사용되는 칩) 네트워크가 필요하게 되었다. OEM업체, 툴 공급업체, 최종 사용자들과 수년간의 협력을 통해 FlexRay 표준은 차세대 차량의 새로운 문제점을 처리할 수 있는 in-vehicle(차량내의) 통신 버스로 부상하였다.

또한 X-by-Wire(기존 차량에서 유압 라인이나 기계적으로 연결되어 작동하는 조향·현가·제동시스템을 전기신호로 제어하도록 한 시스템)로 대표되는 By 와이어시스템(steer by wire, brake by wire, drive by wire 등)이란 배선에서 유래된 말로 기존의 차량에서 기계 또는 유압시스템에 의한 연결에 의해서 사용되는 시스템을 전자 제어기가 포함된 전기적 연결로 대치되는 것을 뜻한다. 이 경우 기계적 연결 또는 유압시스템의 중량이 절감될 수 있고 또한 유압시스템의 배압을 위해서 사용되는 엔진의 부하를 경감시킬 수 있기 때문에 연비의 향상이라는 장점을 확보할 수 있다.

그러나 그보다 더 큰 이점은 전자 제어에 의한 보다 세밀한 제어가 가능하여 배기가스의 보다 정밀한 저감이나 차량 안정성을 확보 할 수 있다. 또한, 기존의 기계적 연결이 가져

왔던 디자인의 제약을 극복할 수 있는 장점을 가지고 있다. 예를 든다면 스티어링 휠(steering wheel)은 둥근 형태로 운전자의 앞쪽에만 존재할 수 있었으나 Joystick 등으로 스티어링 휠의 대체가 가능하다.

자동차 제어장치사이의 데이터 전송량은 비약적으로 증가하여 고속, 고 신뢰성의 데이터 전송이 불가결하게 요구될 것이고, 이와 같이 향후 차량제어의 핵심적인 위치에 있는 X-by-Wire의 기술의 중심적인 역할을 하는 것이 FlexRay Protocol이다.

FlexRay는 Byteflight(안전시스템 버스) 통신시스템과 효율적인 빠른 데이터 전송 속도를 가진 time-triggered 통신시스템에 기초를 두는 것이 필요하므로 이러한 종류의 시스템들은 근래에는 TTP(time-triggered-protocol)를 기초로 하여 프로토 타입 애플리케이션의 개발에 관한 daimler chrysler의 경험에 바탕을 두고 있다. Byteflight는 특히 수동적 안전시스템(에어백)에서의 사용을 위해 BMW에 의해 개발되었으나 능동적 안전 시스템의 필수 요건들을 충족시키기 위하여 Byteflight는 FlexRay 컨소시엄에 의해 더욱 개발되었다.

FlexRay의 적용분야는 ESP, ABS, A/T 등의 높은 신뢰성이 요구되는 X-By Wire시스템의 차내 통신에 대해 주목을 끌고 있는 프로토콜이다. CAN과 같이 이벤트 트리거형의 엑세스 제어 프로토콜에서는 이벤트의 발생에 맞추어 노드가 통신 요구를 내기 때문에 1개의 노드가 통신경로를 점거해 지연이 생기는 현상이 발생한다.

그러나, FlaxRay가 채용하고 있는 타임 트리거 통신시스템에서는 각 노드마다 일정한 타이밍에 송신권을 주는 통신방식이며, 통신의 버스 내부에 미리 필요한 시간의 슬롯을 정의한 버스시스템을 설계함으로서 지연이 생기지 않게 되어 이 문제를 해결할 수 있고, 높은 신뢰성을 유지하는 것이 가능하게 되어 있다. 그리고 데이터 전송속도는 최대 10Mbps로 이것은 CAN Network의 10배에 상당하는 고속 데이터 전송속도를 갖고 있다.

[LIN, CAN, FlexRay의 비교]

버스	LIN	CAN	FlexRay
속도	40Kbit/s	1Mbit/s	10Mbit/s
와이어	1	2	2 또는 4
일반 어플리케이션	차체 전자기기 (미러, 파워 시트, 액세서리)	파워트레인 (엔진, 변속기, ABS)	고성능 파워트레인, 안전(Drive-by-wire, 액티브 서스펜션, 적응 크루즈 컨트롤)

이외에도 콘트롤러 LSI(large-scale integration, 대규모 집적회로)나 송·수신 LSI를 1 노드당 2개씩 탑재해 전송 매체도 2겹으로 하여 신뢰성을 높일 수 있어 노드가 고장이 발생하여도 1계통은 백업으로서 동작하게 되어 있다.

[적용 분야별 전송속도]

Class	적용시스템(예)	통신속도	비고
Class A	램프, 도어, 파워 윈도우, 진단 통신, 전동거울, 파워시트 & 스위치 등의 입력신호	10kbps 이하	1. K-라인 통신 2. LIN 통신
Class B	바디전장 모듈 간의 정보 교환, 클러스트 등	40kbps 내외	1. J1850 2. 저속 CAN통신
Class C	엔진 컨트롤, 변속기 컨트롤, 브레이크 컨트롤, 현가장치 컨트롤, 조향장치 컨트롤 등 계통간의 정보 교환	최대 1Mbps	고속 CAN통신
Class D	Navigation, 인터넷 CD, DVD, Phone 신호등의 멀티미디어 통신	1Mbps 이상	1. Flexray 2. MOST 3. IDB-1394

5.3 통신방법의 종류

자동차에서 정보를 공유하는 것은 자동차 내의 여러 개의 ECM 등이 자신이 필요한 신호, 정보 등을 배선을 통해서 주고받는 것이다. 자동차에서 사용하고 있는 통신의 방법은 다음과 같다.

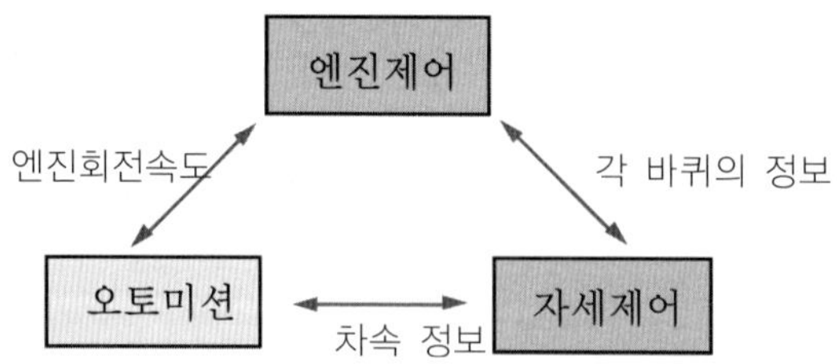

그림 7-56. 자동차에서의 정보의 공유

5.3.1 직렬통신과 병렬통신

[1] 직렬통신

컴퓨터에서 주변장치와 통신하는 방식으로 순서에 따라서 순차적으로 데이터를 주고받는 통신방법이다.

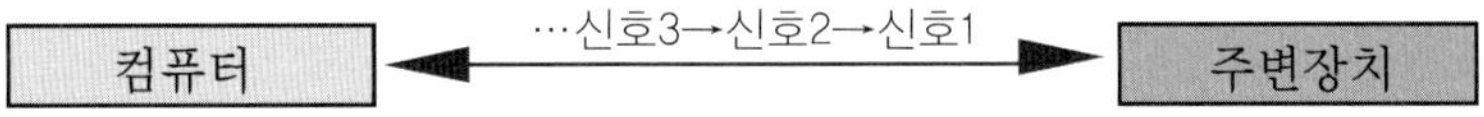

그림 7-57. 직렬통신

[2] 병렬통신

한번에 여러 개의 데이터를 전송할 수 있는 방법이다. 데이터를 몇 개의 회로로 나누어서 동시에 전송하므로 빠르게 전송할 수 있으나 설치비용이 비싼 단점이 있다.

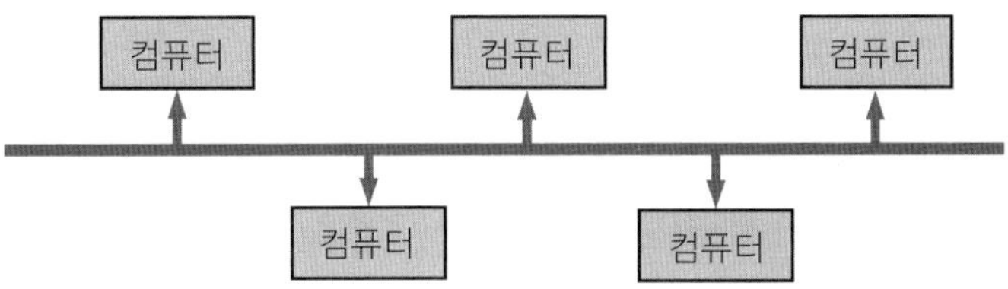

그림 7-58. 병렬통신

[직렬통신과 병렬통신의 비교]

	직렬통신	병렬통신
기능	한 번에 한 비트씩 전송	여러 개의 비트가 한 번에 전송
장점	가격이 저렴하고 거리의 제한이 적다.	직렬통신에 비해 속도가 빠르며 효과적임
단점	전송속도가 느리다.	거리의 제한이 있으며 전송 노선의 비용이 비싸다.
예	PWM, 시리얼통신	MUX통신, CAN통신, LAN통신

5.3.2 비동기통신과 동기통신

[1] 비동기통신

정보를 전달할 때 고정된 속도를 갖지 않고 약정된 신호를 기준으로 속도나 시기를 맞추는 통신 방법으로 전압의 저하 또는 방해를 받아서 데이터가 손실될 수 있다. 따라서 오류를 검출하는 패리티체크를 반드시 한다.

[2] 동기통신

송수신할 때 주파수와 위상을 맞추어서 송신하는 통신방법이다. 통신데이터 사이의 시간적 차이를 없애기 위해 별도의 클럭선을 설치하거나 데이터 정보 내에 클럭 정보를 포함시킨다.

5.3.3 단방향 통신과 양방향 통신

[1] 단방향 통신

정보의 흐름이 한 방향으로만 일정하게 전달되는 통신방법으로 라디오, 텔레비전 등이 이에 해당된다.

그림 7-59. 단방향 통신의 예

[2] 양방향통신

동시에 양방향 전송이 가능한 것으로 이는 데이터를 수신하고 있는 동안에도 보내고 싶은 데이터를 송신할 수 있어 전송 능률이 높다. 보통 통신 회선을 통하여 어떤 방향에 데이터를 전송하려면 2개의 선이 필요하다. 통상 반이중에서는 2개의 선이 있으면 충분한데, 이것을 송신과 수신에 바꾸어 가며 사용한다. 선을 2개만 사용하는 방식을 2선식(2W)이라고 한다. 한편 양방향에서는 4선식(4W)을 사용하는데, 이것에 의해 송신과 수신의 양쪽 선이 확보된다.

정보의 흐름이 양방향으로 동시에 전달되는 통신으로 전화기 등이 이에 해당된다.

[3] 반이중통신

정보의 흐름을 교환은 할 수 있지만 동시에 통신할 수는 없는 통신으로 무전기 등이 이에 속한다.

[4] 시리얼통신

단방향, 양방향통신이 모두 가능하지만 동시에 출력되지는 않고 순차적으로 출력되는 방식이다. 자동차의 자기진단기 통신이 이에 해당된다.

5.4 단방향 통신과 양방향 통신

5.4.1 단방향 통신

정보를 주는 ECU와 정보를 받고 액추에이터를 실행하는 ECU와 통신하는 방법이다. 하나의 컨트롤 유닛에서 또 다른 컨트롤 유닛으로 정보를 일방적으로 주는 통신 방법이다. 정보를 받은 컨트롤 유닛은 받은 정보에 따라서 액추에이터를 구동시킨다. 자동차에서는 MUX통신, PWM통신, 단방향 LAN통신이 이에 해당된다.

「그림」 7-60. 단방향 통신

[1] MUX통신

MUX통신(multiplex)은 다중통신이라고도 한다. 운전석 도어 모듈은 ETACM과 양방향 통신을 하여 정보를 서로 주고받는다. 운전석 도어 모듈은 조수석 도어 모듈에 정보를 주는 단방향 통신을 한다. 조수석 도어 모듈은 정보를 출력하지 못하고 수신만 한다. 차량의 시동을 걸어서 운전석 도어 모듈과 조수석 도어 모듈에 전원을 공급한다.

「그림」 7-61. MUX통신의 예

운전자가 조수석 창문을 열기 위해서 스위치 2를 작동시키면 에탁스모듈(ETACM)과 조수석 도어 모듈로 MUX통신 신호가 전달된다. 조수석 도어 모듈에서는 통신 데이터를 판별하고 조수석 파워 윈도우 모터를 작동시켜서 창문을 내린다. 이렇게 하면 통신을 사용하지 않는 차량의 회로 보다 배선을 많이 줄일 수 있으므로 차량의 무게도 줄고 비용 및 고장부위도 줄일 수 있게 된다.

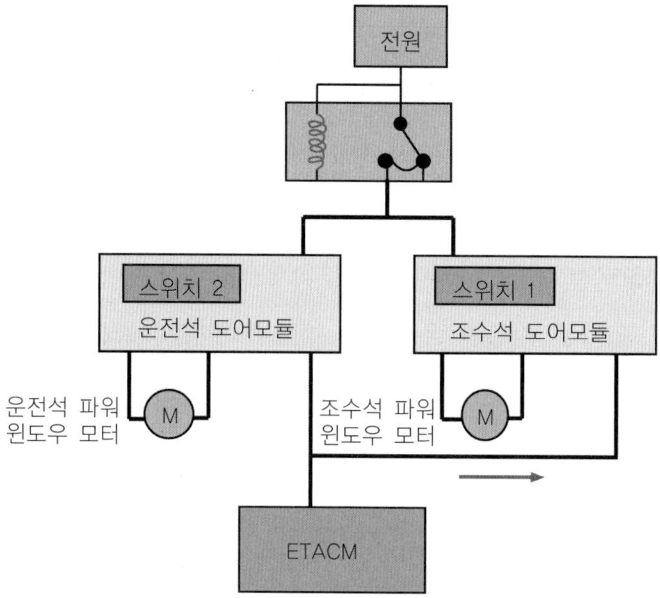

그림 7-62. MUX통신

[2] PWM통신(펄스 폭 변조 : pulse width modulation)

PWM통신은 듀티 신호를 사용하는 PWM방식을 사용하여 통신을 하는 방법이다. 엔진 ECM에서 자동변속기 TCM에 스로틀 포지션 센서의 값을 전달할 때 PWM방식의 통신을 사용한다.

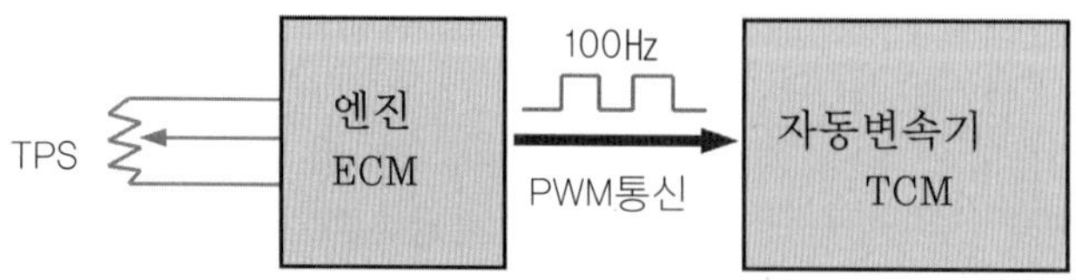

그림 7-63. PWM통신 1

듀티란 주파수 1사이클을 ON부분과 OFF부분으로 나누고 1사이클 중에서 ON되는 시간을 %로 나타낸 것이다.

$$D = \frac{T}{P} \times 100\%$$

D : 듀티 주파수
T : 신호가 활성화되는 시간
P : 신호의 총 기간

운전자가 스위치를 조작하면 운전석 도어 모듈은 해당되는 창문의 동작신호를 통신선에 출력한다. 세이프티 ECU는 자신에 맞는 신호가 입력되면 자신에 연결된 모터를 구동하여 파워 윈도우를 작동시킨다.

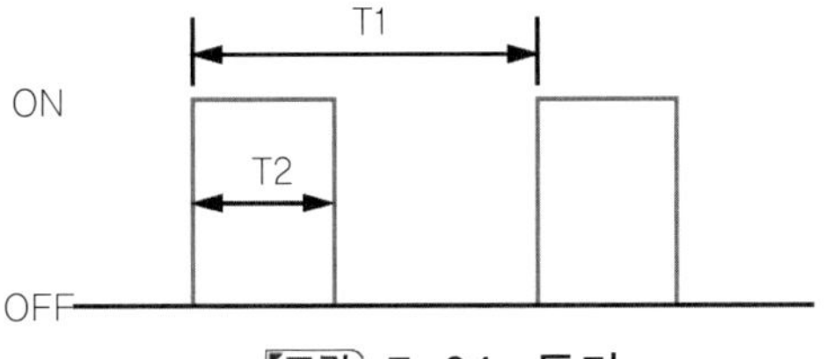

그림 7-64. 듀티

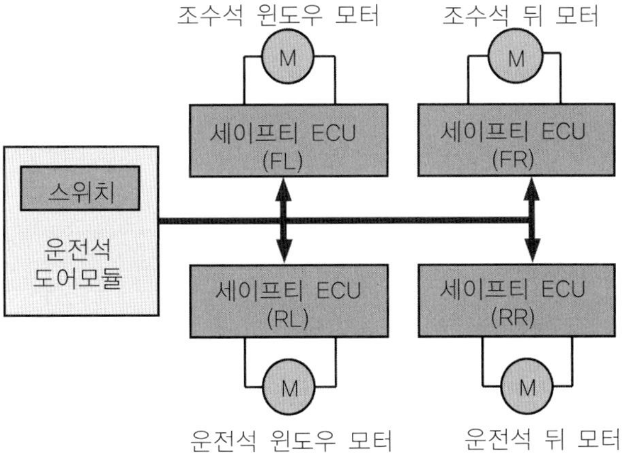

그림 7-65. PWM통신 2

5.4.2 양방향 통신

[1] 양방향 통신의 개념

양방향통신이란 ECU간에 서로의 정보를 주고받는 통신방법을 말한다. 단방향 통신과는 달리 ECU가 정보를 주기도 하고 받기도 하므로 양방향으로 정보가 전달될 수 있다.

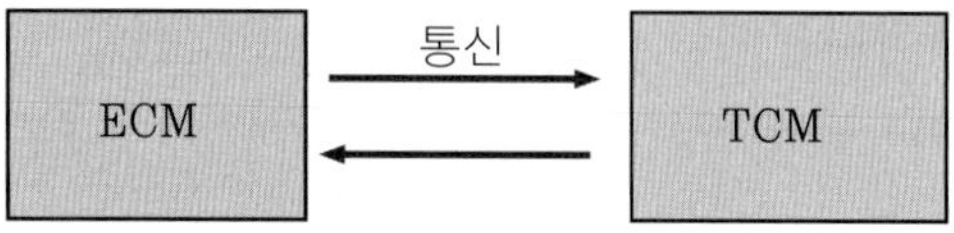

「그림」 7-66. 양방향 통신

[2] CAN(controller area network)통신

양방향 통신의 대표적인 것은 CAN통신이다. CAN통신은 ECU간의 디지털 직렬통신을 제공하기 위해 1988년 BOSCH와 INTEL에서 개발한 차량용 통신시스템이다. CAN통신은 고온, 충격, 진동, 노이즈가 많은 환경. 즉, 열악한 환경에서도 잘 견디기 때문에 차량에 적용될 수 있다. 또한 채널식 통신법으로 한 개의 배선으로 여러 신호를 보낼 수 있으므로 각 단위의 배선을 대폭 줄일 수 있다.

현재 차량에서 CAN통신은 엔진 ECM과 자동변속기의 통신 그리고 편의장치 제어 통신 등에 사용되고 있다. ETACM, I/P ECU, 운전석 도어모듈, 조수석 도어모듈이 서로 통신을 하여 정보를 주고받는다. 두 개의 통신라인(BUS-A, BUS-B)을 사용하여 서로의 정보를 전송하며 자신에게 필요한 정보만을 사용한다. CAN통신은 HIGH SPEED CAN과 LOW SPEED CAN이 있다.

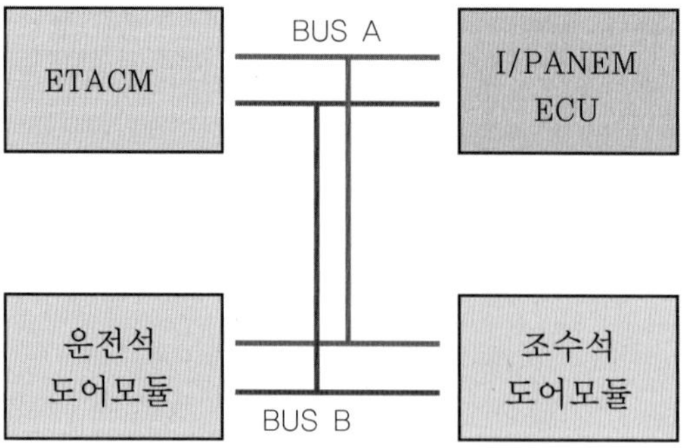

「그림」 7-67. CAN통신시스템

(1) CAN통신의 특징 및 장점

CAN통신은 여러 개 ECU를 병렬로 연결하여 데이터를 주고받는 통신방법이다. CAN 버스를 통해서 통신선 상에 데이터를 띄어놓고 필요한 데이터에 접근(access)한다. 특징과 장점은 다음과 같다.

① **다중 주인(multi master) 통신방식 :** CAN버스는 다중 주인(multi master) 방식으로 통신하므로 통신버스를 여러 노드(node)들이 공유하면서 언제든지 버스를 사용할 수 있다.

② **표준 프로토콜이므로 시장성이 뛰어나다 :** 많은 업체들이 경쟁적으로 CAN칩을 제작하고 있으며, 비용 또한 비교적 저렴하다. CAN 프로토콜은 호스트 CPU에 내장된 CAN 컨트롤러 칩이나, 호스트 CPU에 장착된 CAN 주변장치에서 실행된다.

③ **간단한 구조 :** CAN_High, CAN_Low 두 개의 신호로 통신하므로 단 2개의 선이 필요하다. 그러므로 많은 모듈이 추가되더라도 사용되는 전선의 양을 획기적으로 줄일 수 있다.

④ **노이즈(noise, 잡음)에 매우 강하다 :** CAN BUS는 twist pair 2선으로 되어있어 전기적 잡음(noise)에 강해 메시지를 보호할 수 있다.

⑤ **ID 값을 이용한 우선순위 :** 자동차의 ECU들은 고유한 ID 값을 가지고 있다. ID 값은 낮을수록 우선순위가 높은데, CAN에서는 수신 필터가 있어 필터를 어떻게 설정하느냐에 따라 설정된 ID 값을 특정 그룹 또는 전체 수신해 우선순위를 결정한다. 주소가 아닌 ID 값으로 메시지 내용과 우선순위가 결정되며 이는 시스템 제어 속도와 안전성을 향상할 수 있다. 특히 BUS를 이용하므로 연결선 수를 대폭 줄일 수 있으며 이는 자동차의 무게와도 직결되므로 매우 중요하다.

⑥ **고속 및 원거리 통신 :** CAN통신은 최대 1Mbps에 달하는 고속통신을 제공하며, 보통 통신속도가 500Kbps~1Mbps 속도로 CAN통신이 가능하다. 또한, 최대 1,000m까지 원거리 통신이 가능하다.

⑦ **PnP(PLUG & PLAY) 기능 :** PLUG & PLAY기능(꽂으면 실행된다는 뜻으로, 컴퓨터 실행 중에 주변장치를 부착해도 별다른 설정 없이 작동함을 뜻한다)을 제공해서 CAN 제어기(controller)를 버스에 간편하게 연결하고 끊을 수가 있어서, 여러 장치를 추가하고 제거하기가 매우 쉽다.

⑧ 하드웨어적인 오류보정이 있다.

⑨ **실시간 메시지 통신을 할 수 있다 :** 한번에 8개의 데이터를 전송하는 HW 패킷을 제

공한다. 보통 RS232/RS485 통신에서는 패킷통신을 위해 사용자가 일일이 패킷형식을 만들어 주고 수신 받을 때도 그런 해석이 필요하지만 CAN은 8바이트 데이터를 담는 HW 패킷 통신을 기본으로 한다. 따라서 사용자는 데이터 버퍼에 데이터를 쓰고 전송만 하면 그 외 모든 처리는 HW가 알아서 한다. 분산제어 분야 적용이 용이하다.

⑩ 우선순위가 있다.

(2) HIGH SPEED CAN통신

1) 전압 레벨

CAN-H와 CAN-L가 2.5V 전압을 기준으로 상승 하강을 하는 통신방법이다. 데이터의 전송속도, 처리속도가 매우 빠르고 정확하다. 빠른 전송으로 인해 노이즈발생이 있어 오디오, A/V시스템에 영향을 줄 수 있다.

2) 통신

TX(송신부 : transmitter)로 입력된 신호를 RX(수신부 : receiver)로 출력하고 이에 해당하는 데이터를 CAN-L과 CAN-H로 출력한다.

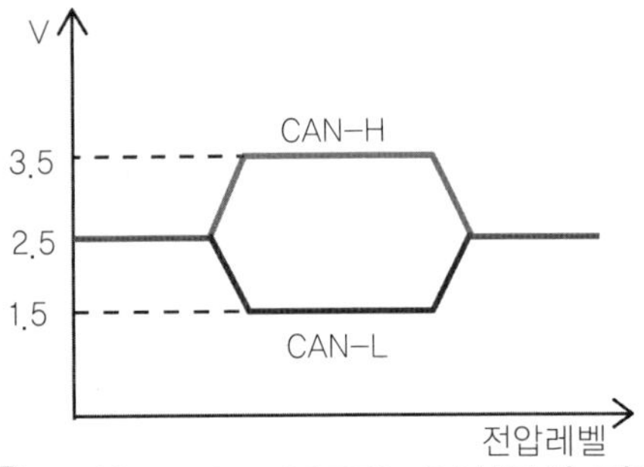

그림 7-68. HIGH SPEED CAN통신 전압레벨

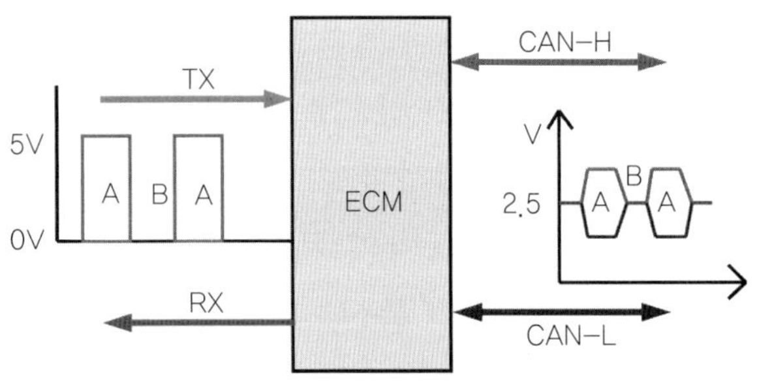

그림 7-69. HIGH SPEED CAN통신

(3) LOW SPEED CAN통신

CAN-L은 5V의 전압이 걸려 있다가 데이터가 출력되면 1.4V의 전압으로 하강된다. CAN-H는 약 0V의 전압이 걸려 있다가 데이터가 출력되면 3.5V로 상승한다.

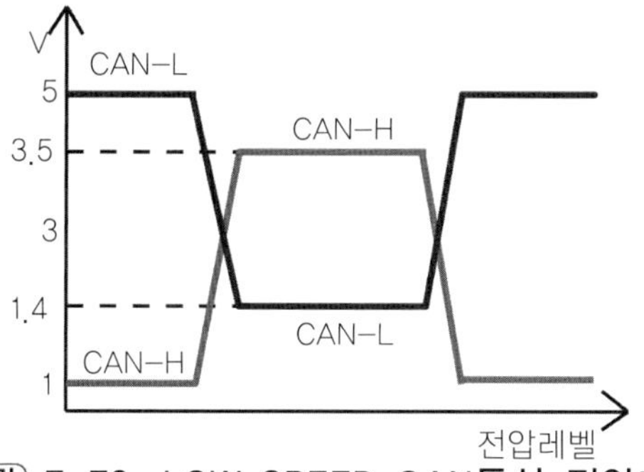

「그림」 7-70. LOW SPEED CAN통신 전압레벨

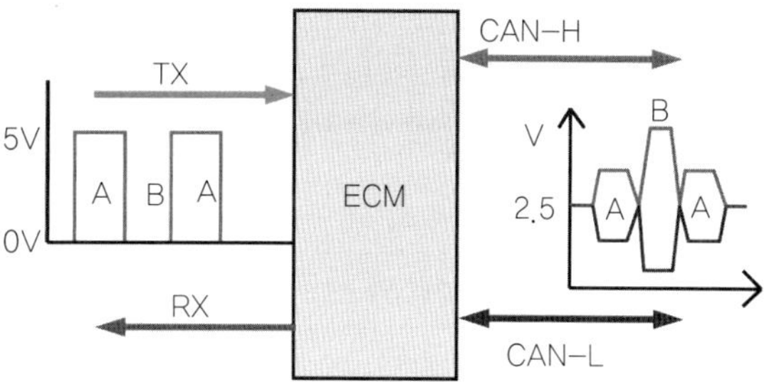

「그림」 7-71. LOW SPEED CAN통신

CAN-H와 CAN-L는 같은 시섬에서 전압이 변환한다. 속도와 정보처리 속도가 조금 느리지만 잡음 발생이 적어 자동차 ECM의 통신방법으로 사용된다.

(4) 통신의 저항

자동차에서는 ECU들이 배선으로 연결되어 있고 그 배선의 길고 짧음으로 저항이 틀려져서 통신라인의 전압이 틀릴 수 있다. 0과 1을 정확하게 구별할 수 없어 데이터의 혼란이 생길 수 있다.

CAN통신은 전압에 대해 민감하기 때문에 ECU의 내부에 일정한 전압을 유지시키기 위해 저항을 설치한다. 끝단이 절단된 채로 되어 있는 통신케이블에 높은 주파수의 신호를 흐르게 하면 절단면에서 반사된 신호와 원래의 신호가 섞여 신호를 읽어 낼 수가 없게 된다. 이 현상을 방지하기 위해 저항의 저항값을 변화시켜 통신하는 ECU 들의 전압을 똑같이 맞추는 것이다. 이 저항을 "종단저항(terminating resistance)"이라고 한다. 통신라인에 약 120Ω의 저항이 있다. 이 저항에 의해 일정 전압 레벨이 이루어져 정상적인 데이터 통신이 이루어진다.

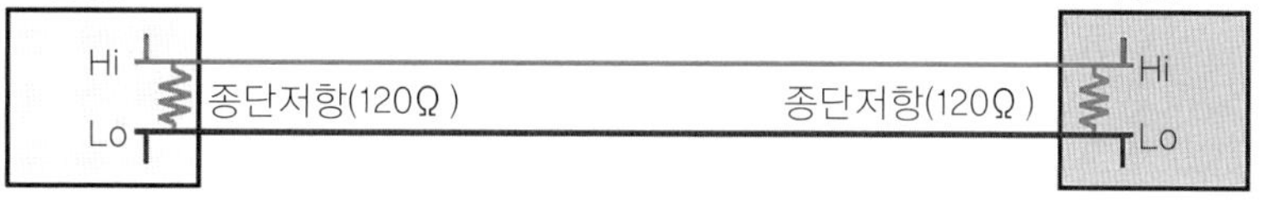

「그림」 7-72. 종단저항

(5) CAN 프레임의 구조

데이터 프로토콜은 데이터 메시지의 구조를 결정하며, 표준화되어 있다. CAN 데이터 버

스에서, 메시지의 길이는 128bit까지이다. 이들은 서로 연속된 필드(field)로 분할되어 있다. CAN-버스 등급 C에서 클록 주파수가 5㎑인 경우, 128bit의 메시지를 전송하는 데는 약 0.25ms가 소요된다. CAN 통신은 프레임이라고 하는 패킷(packet)으로 데이터를 전송한다.

프레임이란 하나의 메시지를 이루는 필드 또는 bit들의 집합을 말하며 CAN 프레임은 다음과 같은 분할 구역(section)으로 구성되어 있다.

① SOF(start of frame) 비트 : 메시지의 시작을 의미하는 주요한 비트로 버스의 노드(node)를 동기화하기 위해 사용된다.

② Identifier(ID) : 식별자로서 메시지의 내용을 식별하고 메시지의 우선순위를 부여한다. CAN 메시지에 있는 ID의 길이에 따라서 표준 CAN과 확장 CAN 두 가지 양식(mode)으로 구분된다. 표준 CAN은 11 비트 식별자이고, 확장 CAN은 29비트 식별자로 구분된다.

③ Control : 데이터의 길이(DLC)를 의미한다.

④ Data : 전달하고자 하는 내용을 의미한다.

⑤ CRC : 프레임의 송신 오류 및 오류 검출에 사용된다.

⑥ ACK 비트(Bit) : 오류가 없는 메시지가 전송되었다는 것을 의미하는 비트로서, CAN 제어기는 메시지를 정확하게 수신했다면 ACK(Acknowledgement) 비트를 전송한다. 전송 노드는 버스 상에서 ACK 비트의 유무를 확인하고 만약 ACK 비트가 발견되지 않는다면 재전송을 시도한다.

⑦ EOF(end of frame) 비트 : 프레임의 끝을 나타내고 종료를 의미한다.

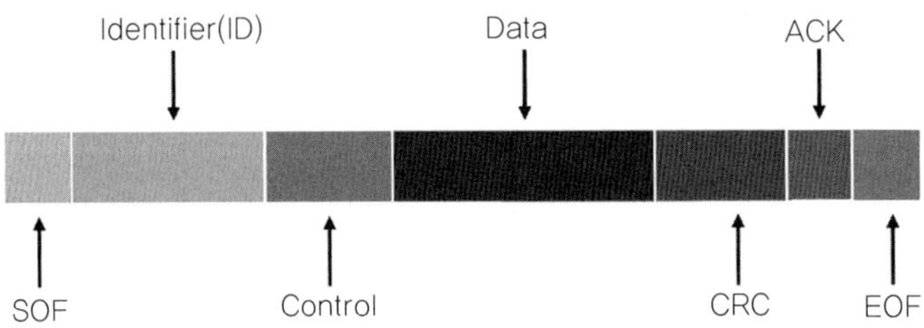

그림 7-73. CAN 프레임

[3] 3선 동기통신

3선 동기통신이란 CAN통신 중의 하나로서 ECU가 3개의 선을 사용해서 통신을 하는 것이다. 이 3선 동기통신은 CLOCK선이 반드시 있어야 한다. 이 통신은 문자나 비트(Bit)를 시작과 정지 코드 없이 전송이 되며 각 비트의 정확한 시작과 종료시간이 예측 가능하게 된다. 3선 동기통신의 사용 예를 들면 운전석 도어모듈과 조수석 도어 모듈, ETACM이 통신을 하면서 SCK(serial clock)에 의해서 데이터의 시간적 차이를 막아준다.

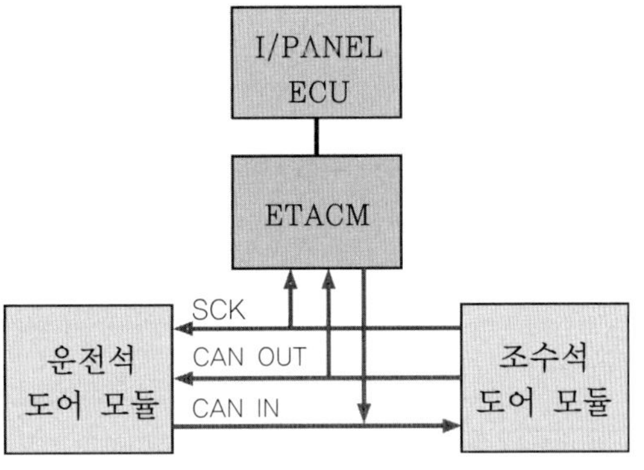

그림 7-74. 3선 동기통신

5.5 ECU통신

5.5.1 ECU통신의 필요성

자동차 기술의 발달로 각각의 ECU들이 가지고 있는 정보를 서로 공유해야할 필요성이 대두되었다. 만약 ECU들의 정보를 공유하기 위해 1개마다 배선을 설치하게 되면 정보의 항목과 양과 배선이 너무 많아지게 되는 단점이 발생하게 된다. 이 경우 통신을 이용하게 되면 배선의 양도 줄일 수 있으며 공유할 수 있는 정보의 항목도 제한되지 않게 된다. 통신을 사용하지 않으면 배선의 수가 많이 늘어날 수밖에 없다.

그림 76은 스로틀위치, 엔진회전속도, 차속, 에어컨스위치 신호 등 여러 가지의 엔진이 필요로 하는 신호를 각 배선으로부터 받아 제어하고 자동변속기의 경우도 각종 신호를 각각의 다른 신호 배선에서 받아서 제어를 한다.

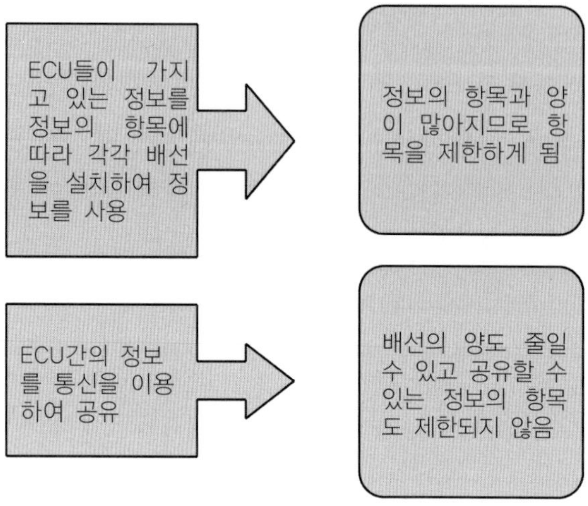

「그림」 7-75. 통신의 필요성

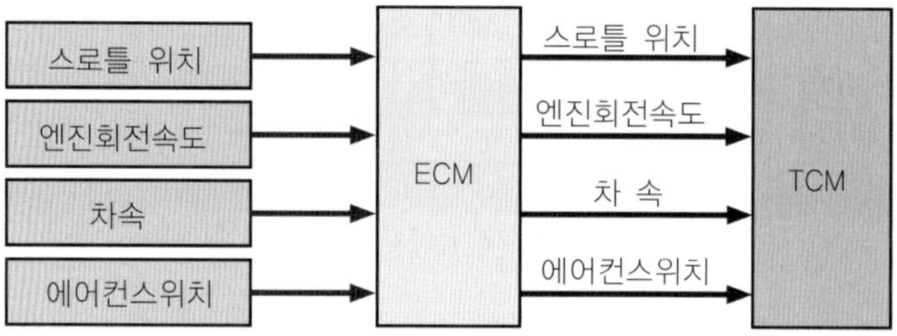

「그림」 7-76. 통신을 사용하지 않는 경우 1

그림 77은 1개의 통신선을 사용하여 여러 신호를 전달할 수 있다. 또한 엔진과 자동변속기가 상호 제어를 하게 될 때 배선수를 줄이고 보다 효과적으로 제어할 수 있다.

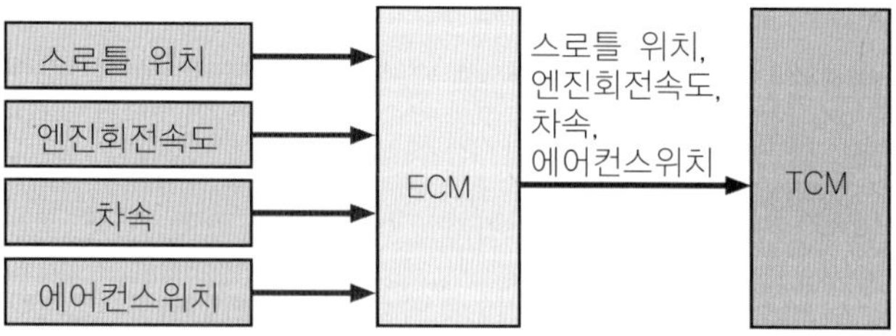

「그림」 7-77. 통신을 사용하는 경우 1

통신을 하지 않는 경우 엔진이 필요로 하는 신호를 각각의 센서로부터 각각의 배선을 통해서 제공받고 자동변속기의 신호도 각각의 배선을 통해 엔진 ECM에서 받아 제어를 한다.

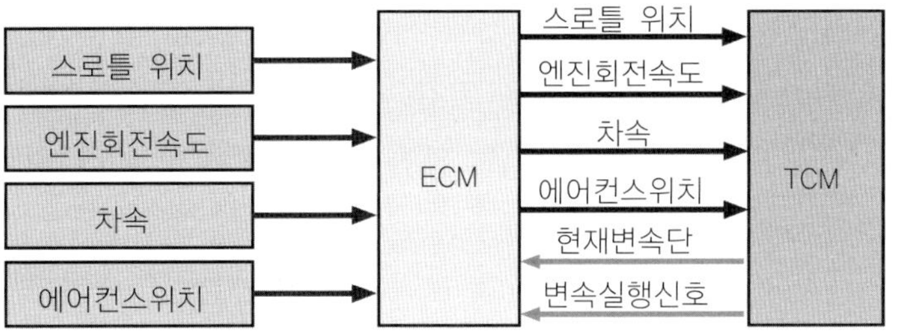

「그림」 7-78. 통신을 하지 않는 경우 2

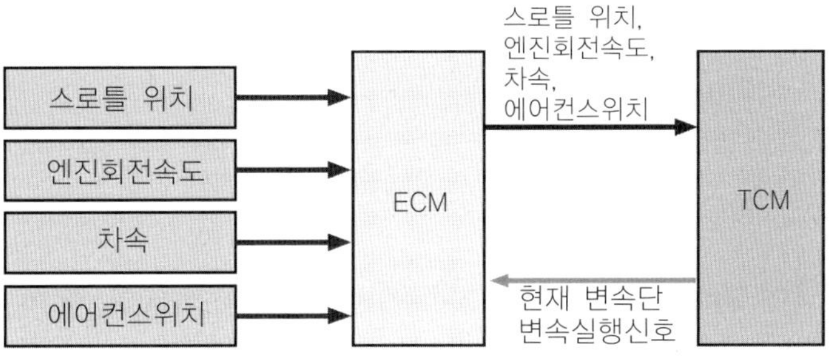

「그림」 7-79. 통신을 사용하는 경우 2

반면에 통신을 사용하게 되면 1개의 통신선을 사용해서 엔진 ECM과 자동변속기 TCM은 여러 가지 신호를 주고받을 수 있다.

5.5.2 ECM통신의 내용

통신을 통해 엔진 ECM이 다른 ECU에게 주는 신호는 엔진회전수, 스로틀개도, 엔진토크, 차속, 엔진온도 등의 정보를 가지고 있어서 TCM, ABS ECU에 이러한 정보를 전달해 준다.

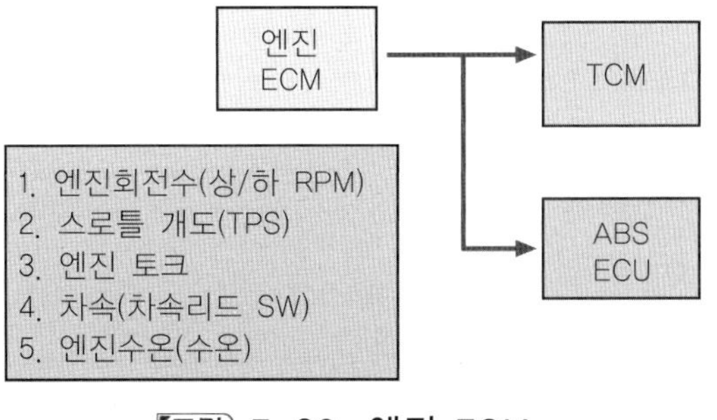

「그림」 7-80. 엔진 ECM

자동변속기 TCM은 현재의 변속상태, 변속 시의 충격이 있는지 또는 언제 변속을 하는지를 알고 있다. 따라서 기어 위치, 토크 저감 요구신호, ATF온도, 댐퍼클러치 작동 유무, TCM TYPE, TCM ERROR 유무 신호 등을 엔진 ECM과 ABS ECU에 전달한다.

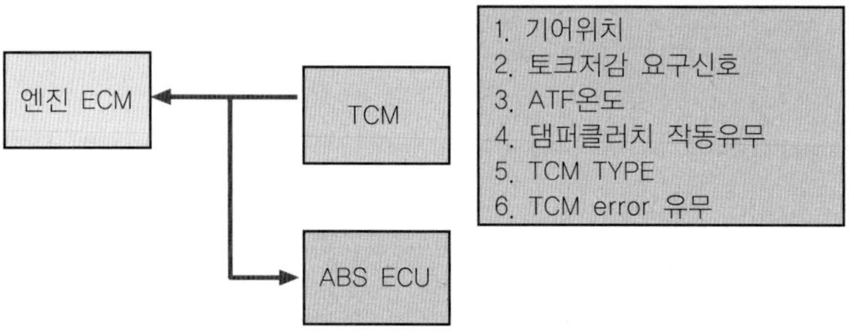

그림 7-81. 자동변속기 TCM

ABS 컨트롤 유닛에 TCS가 포함되면 TCS제어 도중에 변속을 하게 되면 TCS 제어에 문제가 되기 때문에 변속단 유지 요구 신호를 엔진 ECM과 TCM에 전달한다.

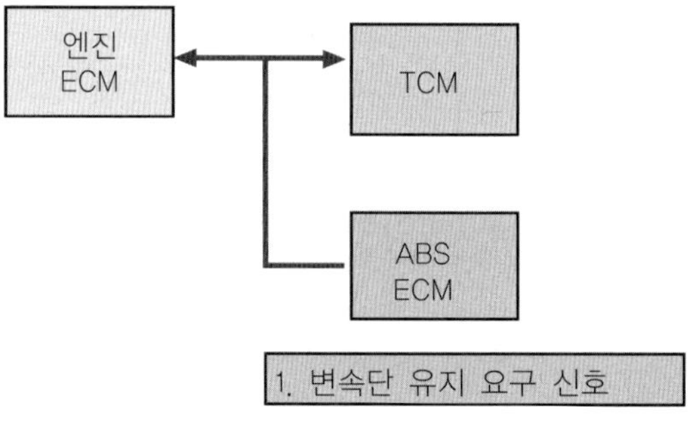

그림 7-82. ABS ECU

Chapter

8

자동차 편의장치

1 자동차 편의장치의 개요

최근 들어 자동차의 전자제어화가 가속되면서 보다 편리하고 안전하게 운전조작을 할 수 있게 되었다. 운전자는 가속페달, 브레이크 페달 및 조향핸들만 조작하면 각종 응용 제어장치가 작동한다.

자동차를 더 쾌적하고 편안하게, 그리고 편리하게 이용할 수 있게 다양한 편의장비들은 운전자와 탑승자의 안락성이나 편의성을 위한 것이지만, 보다 근본적으로는 운전 집중도를 높여서 탑승자의 보호를 위한 안전장치를 비롯하여 서비스 지시장치 등이 스스로 작동되는 시대가 온 것이다. 본 장에서는 운전자나 승객의 안전과 서비스를 향상시키기 위해 설치된 자동차의 응용 제어장치에 대해 설명하도록 한다.

2 계측장치

2.1 연료보유량 계측장치

연료탱크 내의 연료보유량을 계측할 때는 MUX(multi plexor)의 스위치는 연료센서의 출력을 AD(analog/digital)컨버터에서 변환시킨 후 컴퓨터의 CPU로 보낸다. 일반적으로 연료센서는 연료탱크를 가득 채웠을 때 뜨개(float)가 한쪽 옆으로 향하도록 탱크 중앙부분에 설치한다. 센서의 포텐셔미터(potentiometer)는 정전압 전원과 연결되어 일정한 전류가 흐른다. 포텐셔미터의 와이퍼 암(가동접점)은 뜨개에 기계적으로 운동하기 때문에 뜨개위치, 즉 연료보유량에 대응하는 분할전압이 얻어진다.

연료탱크의 형상이 단순하지 않기 때문에 연료센서의 출력전압이 그대로 연료보유량에 비례한다고 단정할 수 없다. 따라서 연료센서의 출력전압과 연료탱크의 연료보유량의 관계를 미리 컴퓨터의 메모리에 디지털코드(digital cord)로 기억시켜둔다.

센서출력은 AD컨버터에서 디지털 수치로 변환되어 컴퓨터에 입력된다. 그 값에 따라 특정의 메모리 로케이션(memory location)이 어드레스(address)되어 실제의 연료보유량을 읽을 수 있다. 그 다음 컴퓨터는 그 수치를 디스플레이(display)의 형식에 따라 아날로그 또는 디지털신호로 변환하여 DEMUX를 거쳐 디스플레이에 송출한다. 컴퓨터를 이용하여 신호처리를 실행하기 때문에 연료의 출렁거림을 보정할 수 있다.

자동차가 도로를 주행할 때 연료가 출렁거리므로 뜨개는 정지 상태에서 나타내야 할 위치를 중심으로 상하로 진동한다. 이때 컴퓨터는 연료센서의 출력을 몇 회 샘플링하여 그 평균값을 산출한다. 이 평균값을 이용하여 앞에서 설명한 바와 같이 연료센서 → 출력 → 연료보유량의 테이블을 지시하므로 실제 연료보유량을 알 수 있다.

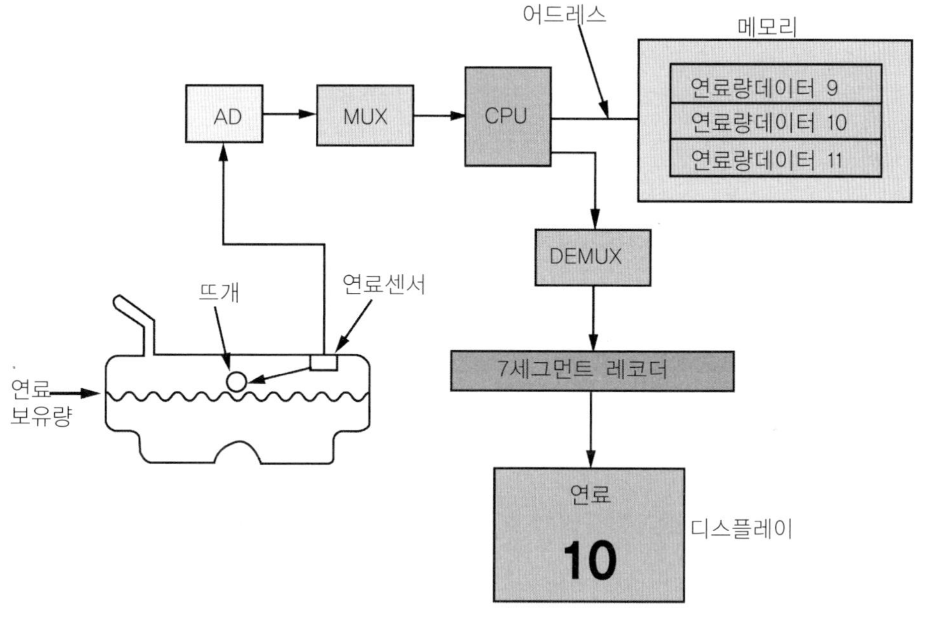

그림 8-1. 연료보유량 계측장치

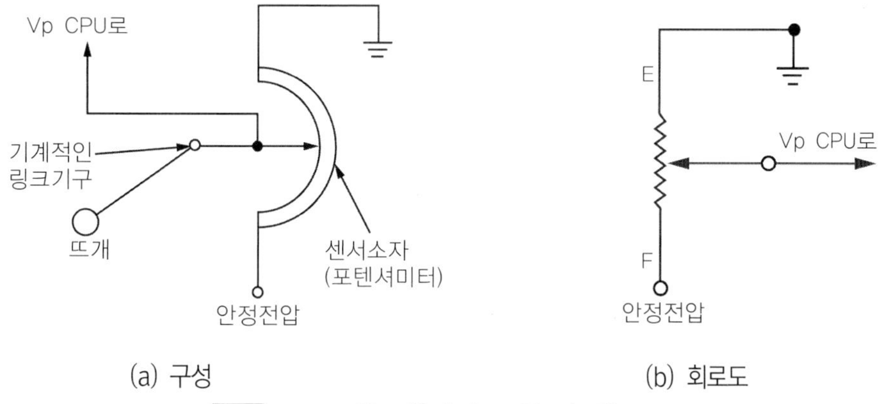

그림 8-2. 연료센서의 구성 및 회로도

2.2 냉각수 온도 계측장치

냉각수 온도 계측장치의 블록선도는 그림 3과 같다. 냉각수 온도의 측정에 쓰이는 수온센서는 부특성 서미스터이다. 부특성 서미스터는 온도가 상승하면 저항값이 저하한다. 그림 4에 회로구성과 온도-출력전압의 관계를 나타내었다. 수온센서의 출력전압은 적당한 타임 슬롯(시간 폭)사이에 샘플링 되어 AD컨버터에 의해 디지털수치로 변환된다. 컴퓨터는 이 값을 메모리에 저장되어 있는 온도 상한 값과 비교한다.

만약 냉각수 온도가 한계값을 초과하면 경고를 위해 디스플레이를 작동시키는 신호를 출력시킨다. 한편 온도값을 표시하는 경우에는 센서출력-냉각수 온도의 룩업 테이블(look-up table)을 메모리 내에 기억시켜 두어야 한다.

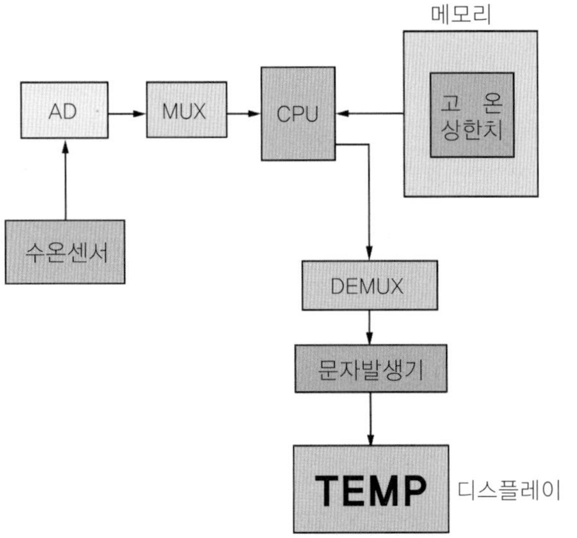

그림 8-3. 냉각수 온도 계측장치

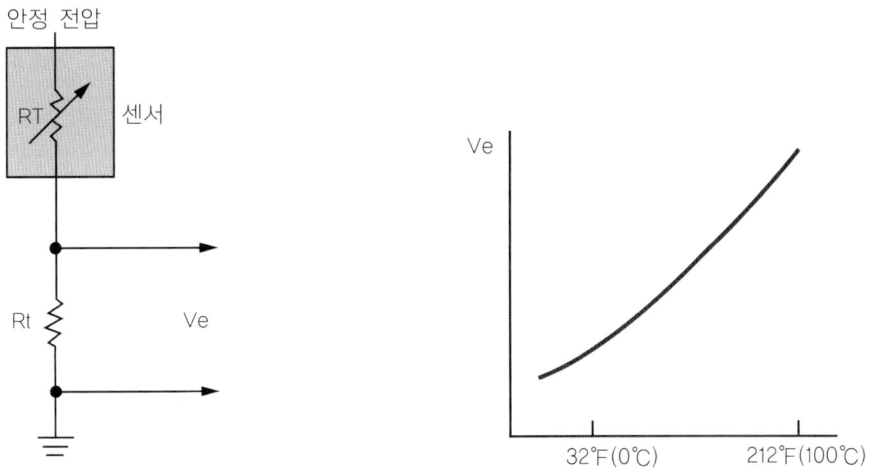

(a) 회로도　　(b) 출력 V와 온도 T의 관계

「그림」 8-4. 냉각수 온도센서의 회로도와 출력관계

2.3 유압 계측장치

엔진의 유압이 허용 한계 값보다 낮아지면, 경고 메시지가 표시된다. 유압이 허용 한계값 이하로 내려간 경우 운전자에게 알려주는 것이 매우 중요하다. 또 유압이 규정값 이상으로 상승하는 경우도 있으나 이런 경우의 경고는 그다지 실행되지 않고 있다. 유압의 계측장치의 예를 그림 5에 나타내었고, 그림 6에 가변저항 방식의 유압센서를 나타내었다.

유압센서는 압력에 의해 저항값이 변화하므로 이것과 직렬로 연결된 저항의 양끝의 전압이 유압에 비례한다. 주어진 타임 슬롯(시간 폭)사이에 유압센서의 출력전압이 MUX에 의해 샘플링 되어, AD컨버터에서 디지털 수치로 변환된다. 컴퓨터는 이 디지털 수치를 읽어 메모리에 저장된 유압의 허용 한계값과 비교한다. 만약 유압 허용값 이하 또는 허용값 이상이라고 판단되면 경고등을 작동시키는 신호가 DEMUX를 거쳐 출력된다. 그리고 연료보유량 계측장치와 마찬가지로 룩업 테이블을 준비하여 컴퓨터에서 실제의 유압 값을 표시하는 것도 가능하다. 디지털 디스플레이의 구동을 아날로그 디스플레이에 표시할 때에는 DA(digital analog)컨버터가 필요하다.

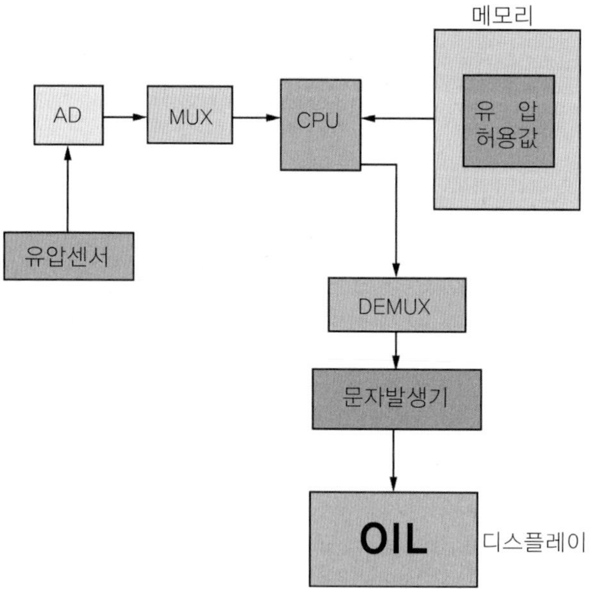

『그림』 8-5. 유압 계측장치

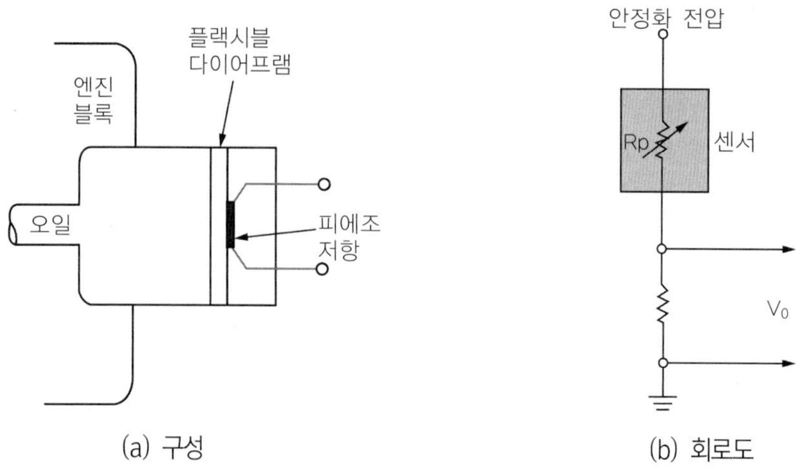

『그림』 8-6. 유압센서의 구성과 회로도

2.4 주행속도 계측장치

자동차 주행속도 계측원리는 구동축이 주행속도에 비례하는 회전속도로 회전하기 때문에 이 회전속도를 플렉시블 케이블(flexible cable)을 통하여 차속센서(vehicle speed sensor)로 전달한다. 차속센서는 펄스신호를 발생한다. 이 펄스신호를 컴퓨터가 연산하여 주행속도를 산출하고 디스플레이에 표시한다.

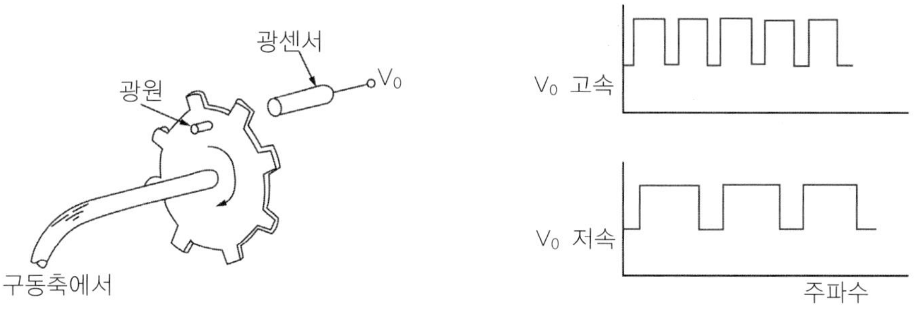

(a) 구성 (b) Vo대주파수(스피드)

그림 8-7. 차속센서의 구성과 출력 주파수

주행속도 계측과정은 구동축에 접속된 플렉시블 케이블이 원판(disc)을 회전시킨다. 원판 양쪽에는 광원과 광센서(차속센서)가 설치되어 있으며, 원판의 홈이 통과할 때마다 빛을 ON/OFF하므로 광센서에서는 펄스출력을 발생시킨다. 광센서의 매초 당 펄스출력(주파수)는 원판의 홈(slot)수와 주행속도에 비례한다.

$f = N \cdot S \cdot K$

f : 펄스출력(매초)
N : 원판의 홈(slot) 수
S : 주행속도
K : 종감속 기어의 감속비율이나 바퀴의 크기에 의해 결정되는 비례 수

그림 8에 나타낸 바와 같이 차속센서로부터의 출력펄스는 샘플링 게이트를 통해 디지털 카운터에 보내진다. 샘플링 게이트는 전자스위치이며, ON/OFF는 컴퓨터에서 정밀하게 제어한다. 샘플링 게이트가 열려 있는 시간 t사이에 이곳을 통과하는 펄스는 디지털 카운터에서 계측된다. 계측된 펄스 수는 다음과 같다.

$P = t \cdot N \cdot S \cdot K$

즉, 계측 수 P는 주행속도 S에 비례한다. 컴퓨터는 수치 P를 읽어 카운터를 제로(0)로 리셋하여 다음의 계측에 대비한다. 계측한 수치는 필터링을 실행한 후 컴퓨터가 디스플레

이에 주행속도를 표시하기 위한 신호를 출력한다. 디지털 디스플레이의 경우는 컴퓨터가 직접 구동한다. 단위의 표시는 mile/h, km/h이며, 선택이 가능하다. 아날로그 디스플레이를 사용하는 경우에는 DA컨버터가 필요하다.

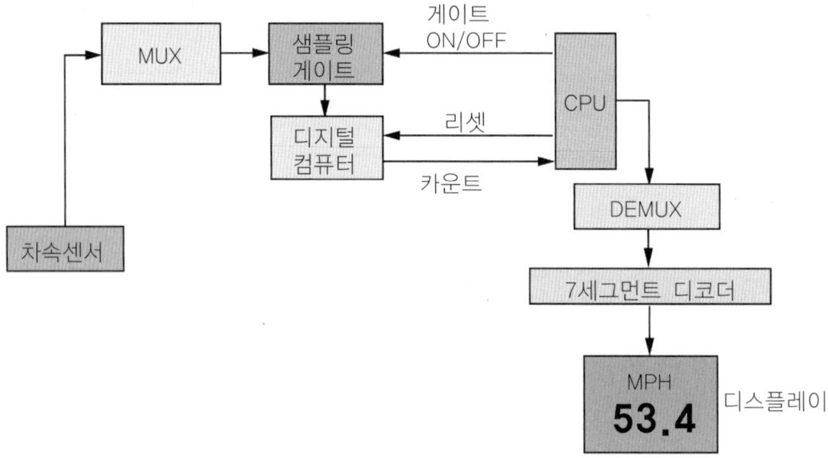

「그림」 8-8. 주행속도 계측과정

3 파워 윈도우 회로구성 및 작동

파워 윈도우 스위치를 조작하여 각 도어의 윈도우 레귤레이터에 내장된 파워 윈도우 모터를 구동하여 창문을 개폐하는 것이다.

3.1 파워 윈도우 회로 작동

3.1.1 평상시

평상시 파워 윈도우 회로의 경우는 점화스위치 "ON"과 관계없이 작동할 수 있도록 상시 전원을 파워 윈도우 릴레이로 작동 전원을 공급하고 하지만 파워 윈도우의 일반적인 작동은 점화스위치 "ON"상태에서 작동하여야 하므로 파워 윈도우 릴레이의 작동은 에탁스에 의해 작동하도록 되어있다. 접지의 경우 파워 윈도우 메인 스위치 내부회로와 각 도어의 윈도우 스위치 내부회로를 거쳐 전 파워 윈도우 모터의 양단에 접지를 공급하여 작동대기 하고 있다.

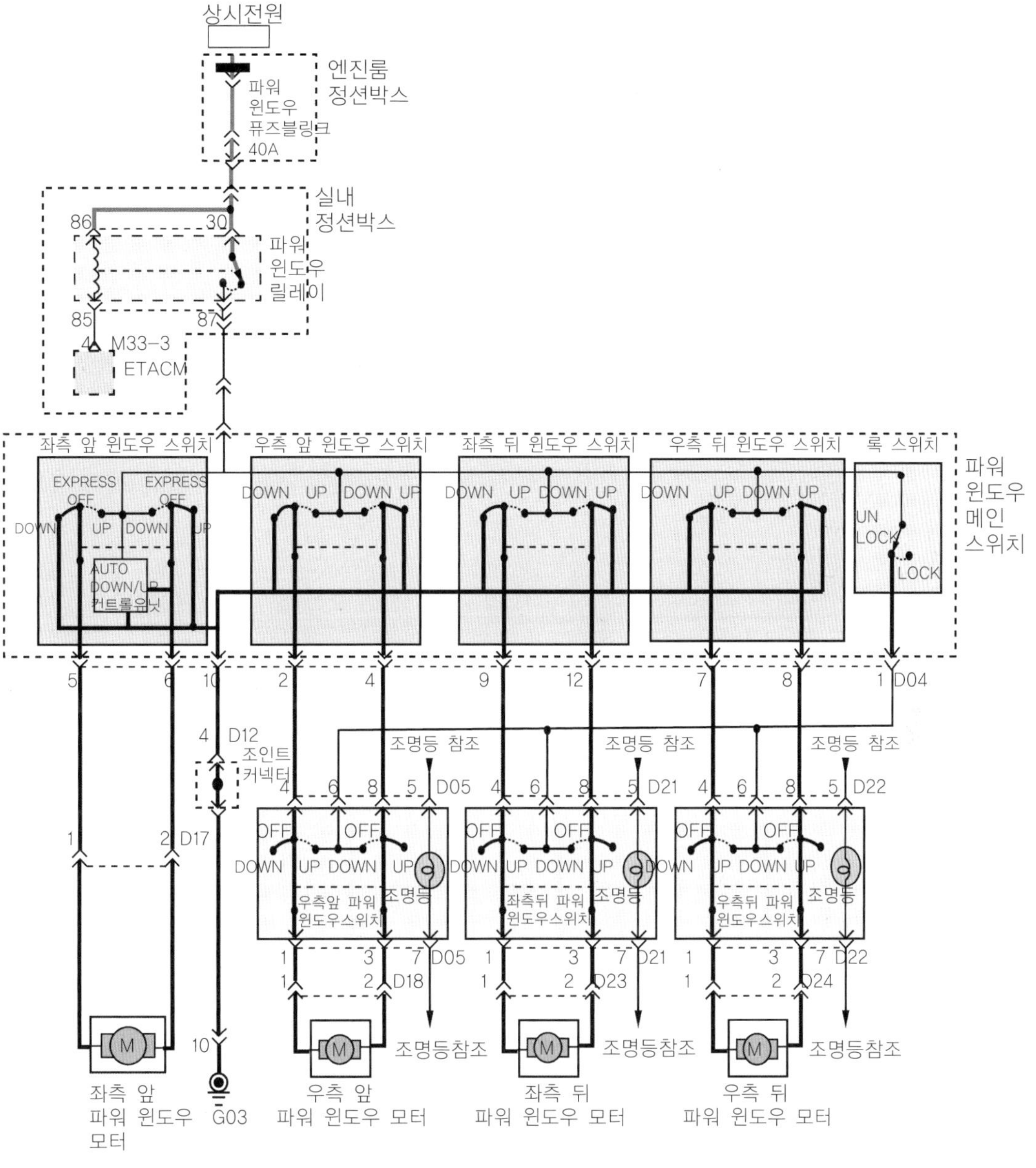

그림 8-9. 파워 윈도우 평상시 회로

3.1.2 점화스위치 ON일 때 에탁스에 의한 파워 윈도우 릴레이 작동

점화스위치 ON일 때 에탁스에 의한 파워 윈도우 릴레이 작동은 기존의 파워 윈도우 회로에서는 파워 윈도우 릴레이는 점화스위치 "ON"일 때 파워 윈도우 릴레이가 작동하도록 되어 있었으나 파워 윈도우 타이머 기능이 추가됨으로 인해 파워 윈도우 릴레이의 작동이 에탁스에 의해 작동하도록 되어 있다.

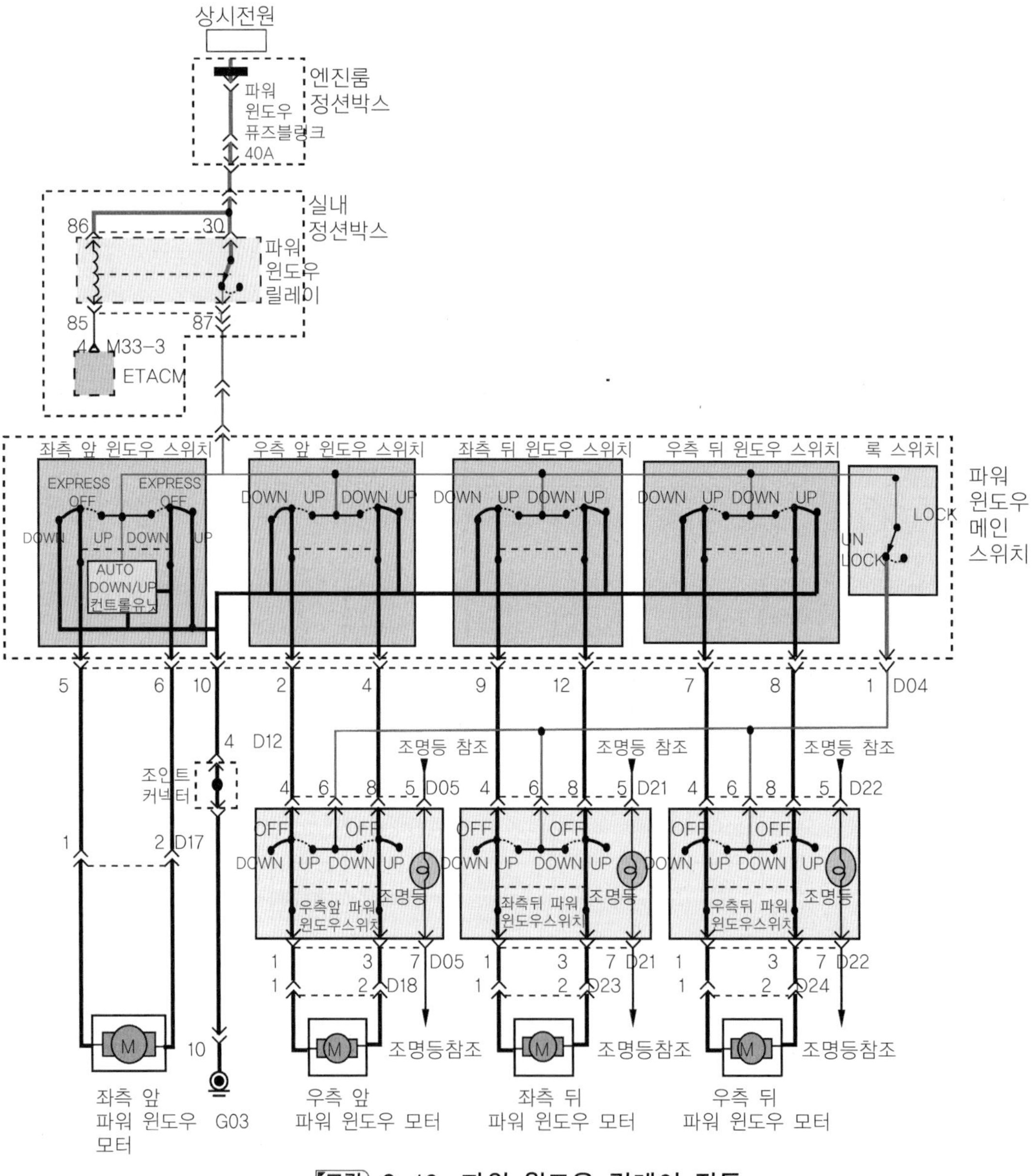

[그림] 8-10. 파워 윈도우 릴레이 작동

파워 윈도우 회로의 작동은 점화스위치 “ON”일 때 상시전원을 파워 윈도우 릴레이로 작동 전원이 공급되고 있는 상태에서 에탁스에 의해 작동 접지가 공급되고 릴레이가 작동하게 되어 파워 윈도우 메인스위치의 각 도어 스위치로 전원을 공급하게 된다.

또, 록 스위치의 상태에 따라 다른 도어에 설치되어 있는 파워 윈도우 스위치로 전원을 공급하도록 되어 있다.

3.1.3 파워 윈도우 메인 스위치를 작동할 때

파워 윈도우 메인 스위치에서의 작동의 경우 파워 윈도우 스위치를 작동하는 동안에 계속 눌려 운전자가 선택하는 위치까지 파워 윈도우를 이동시키는 기능을 사용한다. 파워 윈도우 메인 스위치에서 작동은 평상시에 파워 윈도우 릴레이에서 공급받은 전원이 각 스위치의 접점 ❶에 전원을 공급하고 또 다른 한쪽 스위치접점 ❷에 접지를 공급한다.

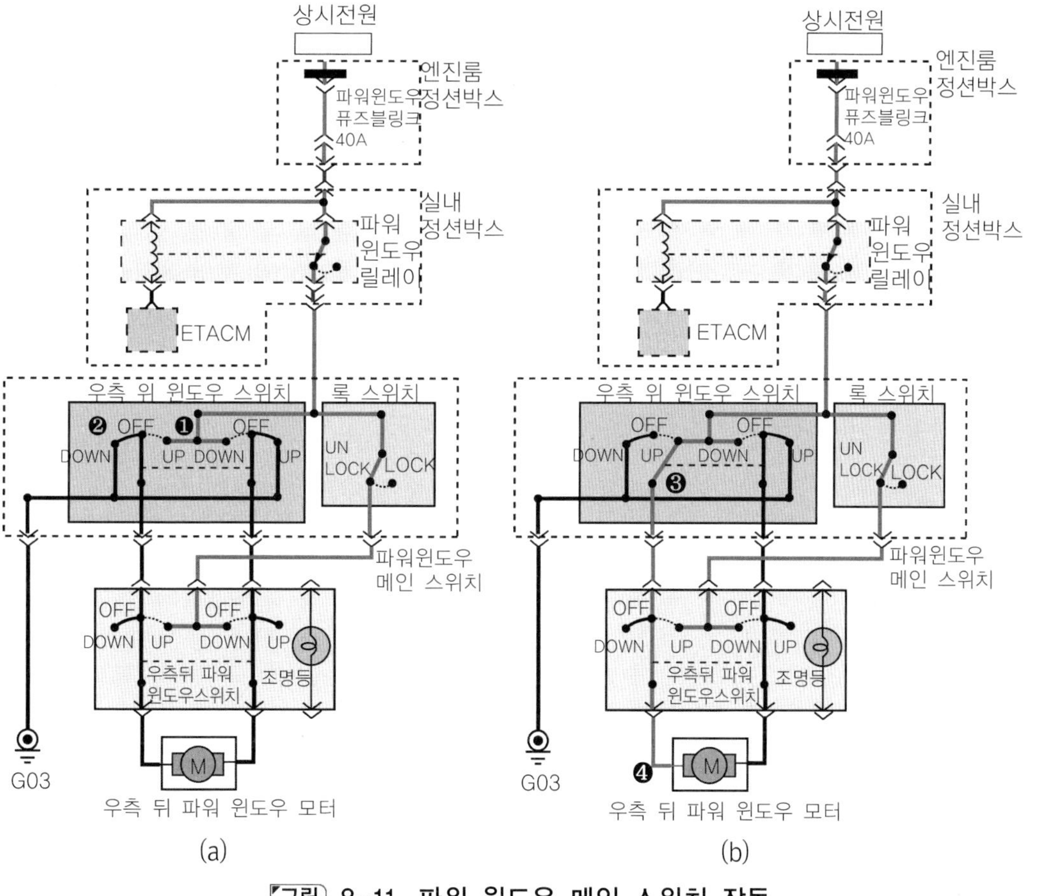

[그림] 8-11. 파워 윈도우 메인 스위치 작동

이때 메인 스위치를 운전자에 의해 UP 또는 DOWN으로 스위치를 작동하게 되면 UP 또는 DOWN스위치의 접점이 전원이 와있던 접점 ❸과 연결을 하게 되어 해당 모터로 전원 ❹에 공급하며 해당 모터는 파워 윈도우 스위치에 의해 양단에 접지가 공급되어 있는 상태에서 한쪽으로 전원이 공급되는 형태이므로 이에 해당하는 방향으로 모터가 회전하여 파워 윈도우를 작동시킨다.

또, 다른 방향의 파워 윈도우의 작동도 이와 같이 작동하게 된다. 즉 파워 윈도우의 UP 또는 DOWN의 작동은 파워 윈도우 스위치에 의해 작동 모터의 극성을 바꾸어 UP 또는 DOWN의 작동을 할 수 있도록 되어 있다.

3.1.4 파워 윈도우 각 도어 스위치에서 작동할 때

파워 윈도우 각 도어 스위치에서 작동할 때에도 같은 원리로 탑승자에 의해 각 도어의 파워 윈도우 스위치를 UP 또는 DOWN으로 스위치를 작동하게 되면 UP 또는 DOWN스위치의 접점이 전원이 와있던 접점 ❶과 연결을 하게 되어 해당 모터로 전원 ❷를 공급하게 되고 해당 모터는 파워 윈도우 스위치에 의해 양단에 접지가 공급되어 있는 상태에서 한쪽으로 전원이 공급되는 형태이므로 이에 해당하는 방향으로 모터가 회전하게 되어 파워 윈도우를 작동시킨다.

단, 각 도어의 파워 윈도우 스위치의 경우 파워 윈도우 메인 스위치의 록(LOCK)스위치에 의해 전원을 공급받으므로 록 스위치에서 전원을 공급하지 않으면 운전석을 뺀 다른 도어의 파워 윈도우 스위치는 작동하지 않는다. 이것은 다른 탑승자에 의해 위험의 요소가 있을 때 작동하기 위함이다.

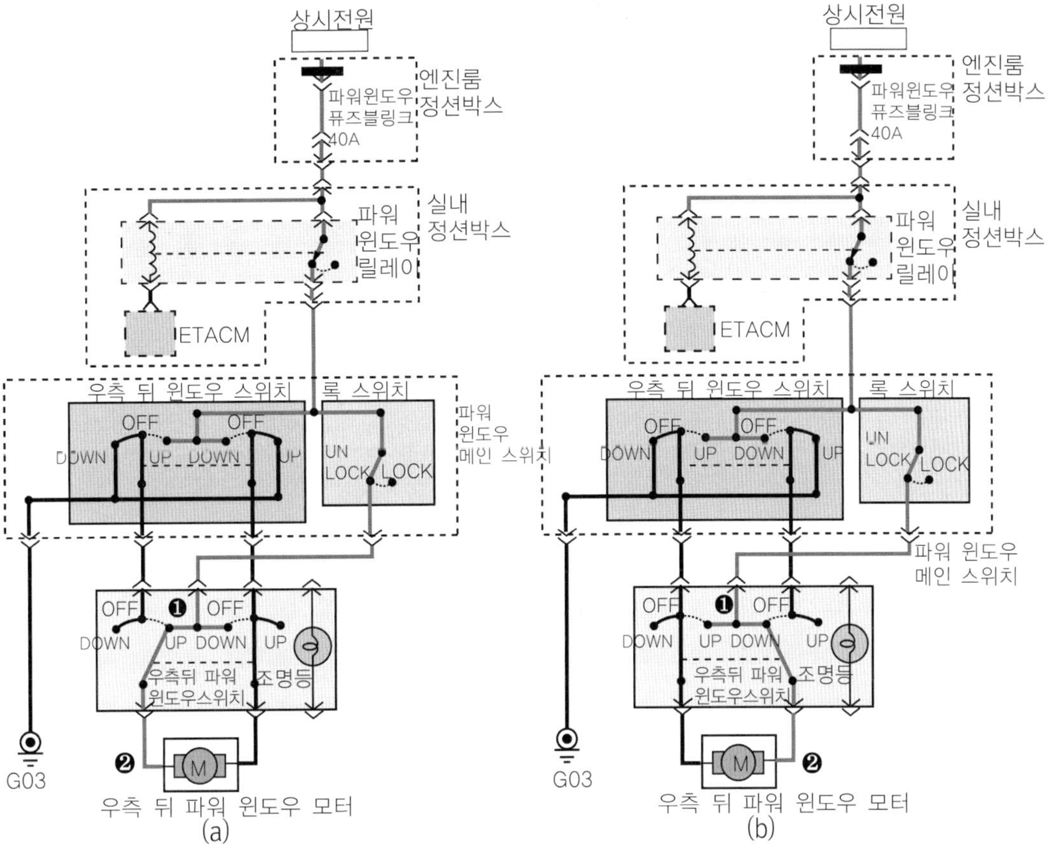

「그림」 8-12. 파워 윈도우 각 도어 스위치 작동

3.1.5 파워 윈도우 자동 스위치를 작동할 때

파워 윈도우 자동 작동의 경우 파워 윈도우 스위치를 작동하는 동안에 계속 눌려야 하는 불편을 덜어 주기 위해 사용되는 스위치이며 차종에 따라 그 기능이 조금씩 다를 수 있으며 여기서는 가장 일반적으로 사용되는 운전석 자동하강(auto down) 기능이며 윈도우가 자동으로 올라가는 경우도 있기는 하지만 사고의 위험성 때문에 사용을 하지 않고 있으며 장애물이 걸릴 경우 자동으로 다운하는 기능이 있는 세이프티 파워 윈도우의 경우에만 자동 상승(auto up) 기능을 사용한다.

운전석 자동하강의 작동은 평상시에 파워 윈도우 릴레이에서 공급받은 전원이 스위치 접점에 오고 또 AUTO DOWN/UP제어 유닛으로 전원 ❶이 공급되고 또 다른 한쪽 스위치 접점에 접지와 AUTO DOWN/UP제어 유닛으로 접지 ❷를 공급하게 된다.

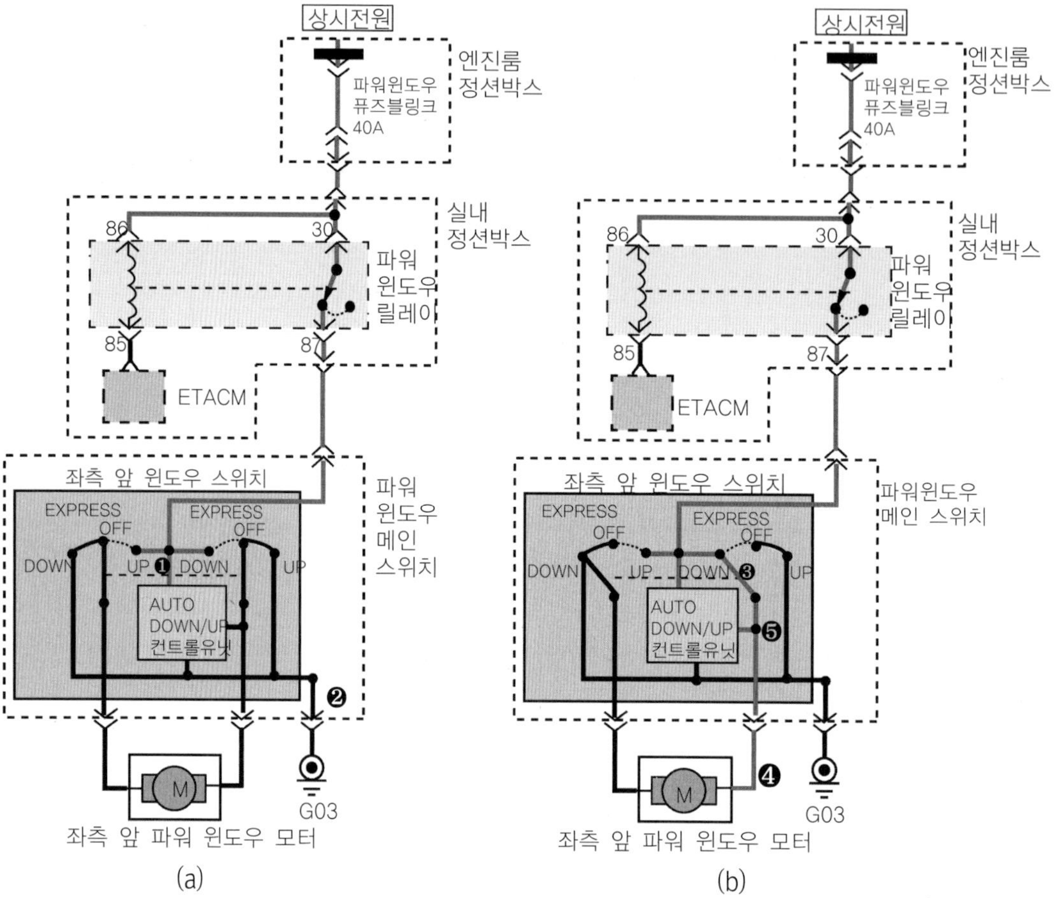

그림 8-13. 파워 윈도우 자동스위치 작동(1)

이때 스위치를 운전자에 의해 DOWN으로 스위치를 작동하게 되면 DOWN스위치의 접점 이 전원이 와있던 접점 ❸과 연결을 하게 되어 해당 모터로 전원 ❹를 공급하게 되고 해당 모터는 파워 윈도우 스위치에 의해 양단에 접지가 공급되어 있는 상태에서 한쪽으로 전원이 공급되는 형태이므로 이에 해당하는 방향으로 모터가 회전하게 되어 파워 윈도우를 작동시킨다.

이때 스위치 작동에 의해 작동전원을 공급하면서 AUTO DOWN/UP제어 유닛의 작동여부를 알려주는 단자 ❺로 전원이 공급하게 되어 AUTO DOWN/UP제어 유닛은 AUTO DOWN 제어를 실행하도록 할 수 있도록 한다.

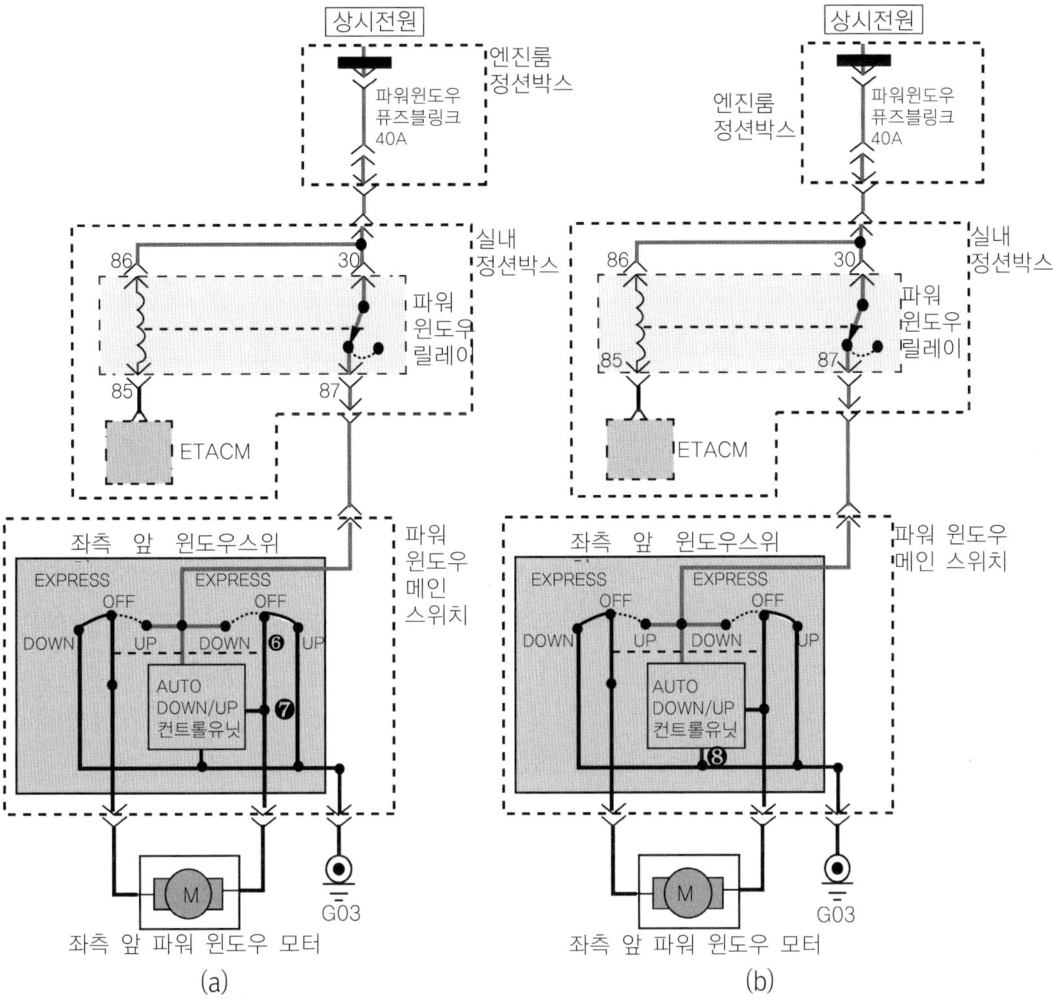

그림 8-14. 파워 윈도우 자동스위치 작동(2)

이때 DOWN으로 누르고 있던 스위치 ❻을 놓게 되면 전원을 공급하던 스위치 접점이 떨어지게 되어 모터로 공급하던 전원이 차단되지만 AUTO DOWN/UP제어 유닛에서 작동 전원 ❼을 계속 공급하여 모터가 계속 작동할 수 있도록 한다.

그러나 모터가 계속 회전을 하게 되면 윈도우는 최대로 다 내려오게 될 것이다. 그런데도 모터의 회전을 계속하게 된다면 모터의 손상 및 관련 배선이 손상되는 현상이 발생될 수 있다.

이런 손상을 방지하기 위해 일반적으로 AUTO DOWN/UP 제어 유닛에서는 윈도우는 최대 회전하였을 경우 전류의 상승을 이용하여 기존의 작동에 소모되던 전류보다 상승할 경우 최대로 작동하였다고 판단하여 AUTO DOWN 제어 ❽을 멈추게 된다.

3.1.6 록 스위치가 작동할 때

록 스위치의 작동은 운전석을 뺀 다른 도어의 파워 윈도우 스위치에서 윈도우 작동이 되지 않도록 하기 위해 있는 스위치이다. 이것은 운전 중 파워 윈도우 스위치 작동으로 인해 발생되는 위험성(어린이의 장난 등)을 방지하기 위해서 사용된다.

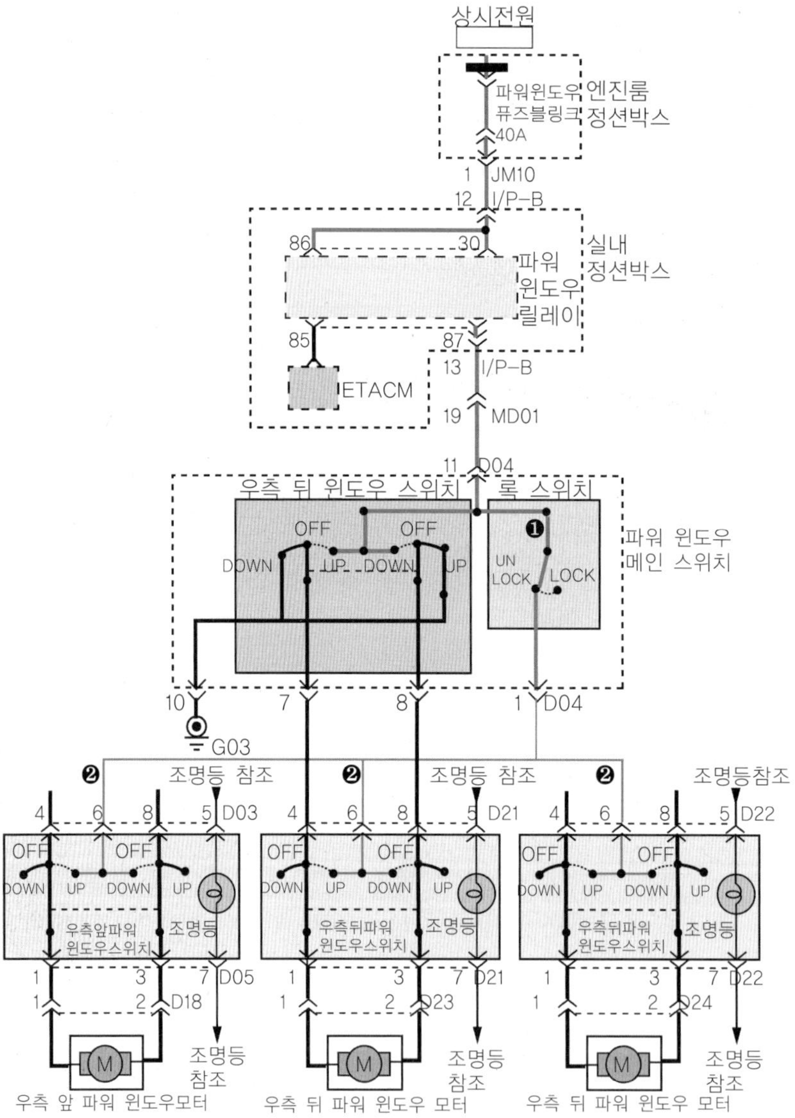

「그림」 8-15. 록 스위치 작동(1)

일반적으로 운전석을 뺀 다른 도어의 파워 윈도우 스위치에서 윈도우 작동은 파워 윈도우 메인 스위치에 록 스위치 ❶에 의해 각 도어의 파워 윈도우 스위치로 작동전원 ❷를 공급하도록 되어있다. 이 상태에서 록 스위치 ❸을 작동하여 각 도어의 파워 윈도우 스위치로 공급되는 ❹의 작동전원을 차단함으로서 운전석을 뺀 다른 도어의 파워 윈도우 스위치에서 윈도우 작동이 되지 않도록 한다.

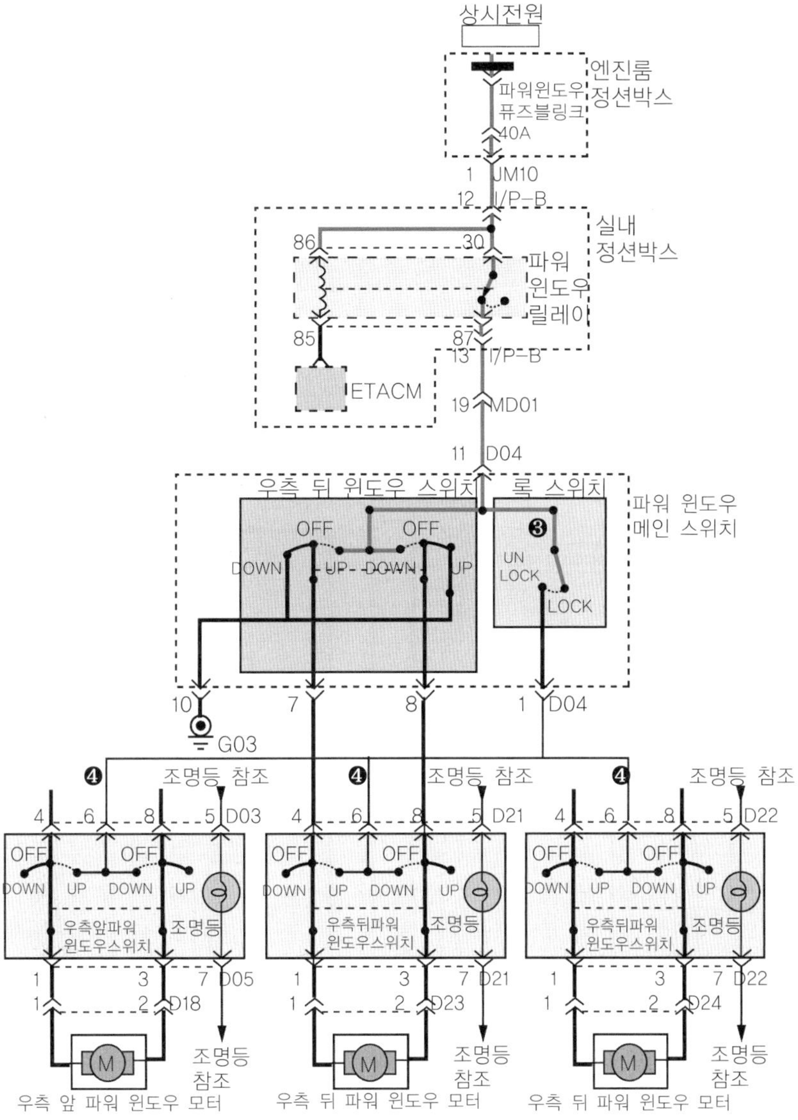

「그림」 8-16. 록 스위치 작동(2)

3.2 도어 록/언록 회로의 구성 및 작동

도어를 잠그는 장치로서 도어 록 스위치에 의해 전체의 도어를 록/언록을 할 수 있으며 운전석 또는 조수석 로브를 이용하여 전체의 도어를 록/언록할 수 있고 또 리모컨에 의해 전체의 도어를 록/언록할 수 있다.

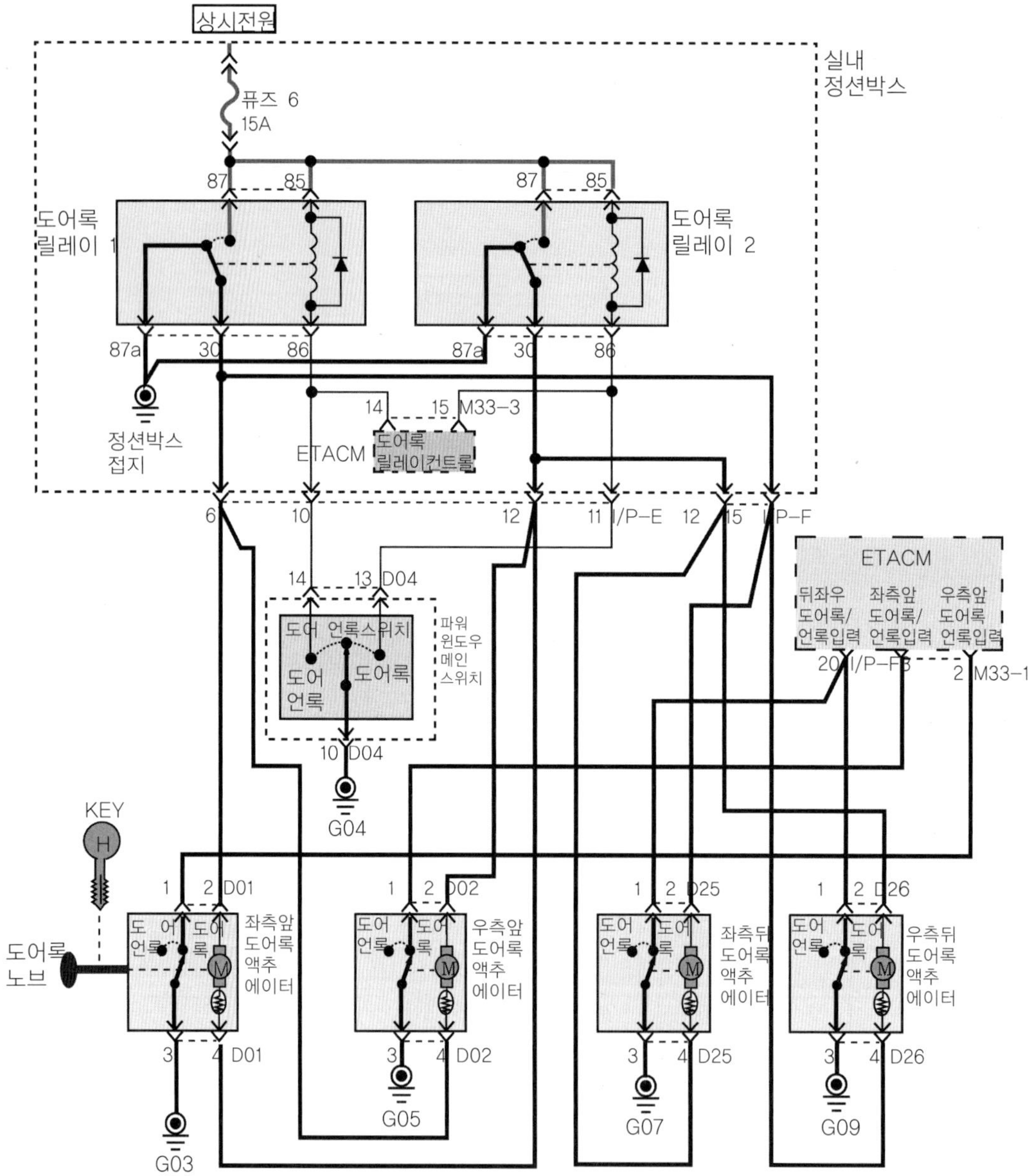

그림 8-17. 도어록/언록의 회로

3.2.1 평상시 도어 록/언록회로 작동

평상시 도어 록/언록회로의 경우는 점화스위치 "ON"과 관계없이 작동하여야 하므로 상시전원이 도어 록 릴레이 1, 2에 코일 전원과 릴레이 접점전원을 공급하고 있고 록 릴레이 1, 2는 3웨이 릴레이이므로 한쪽의 접점은 접지와 연결되어 있는 구조로 되어있다.

3.2.2 메인스위치 록이 작동할 때

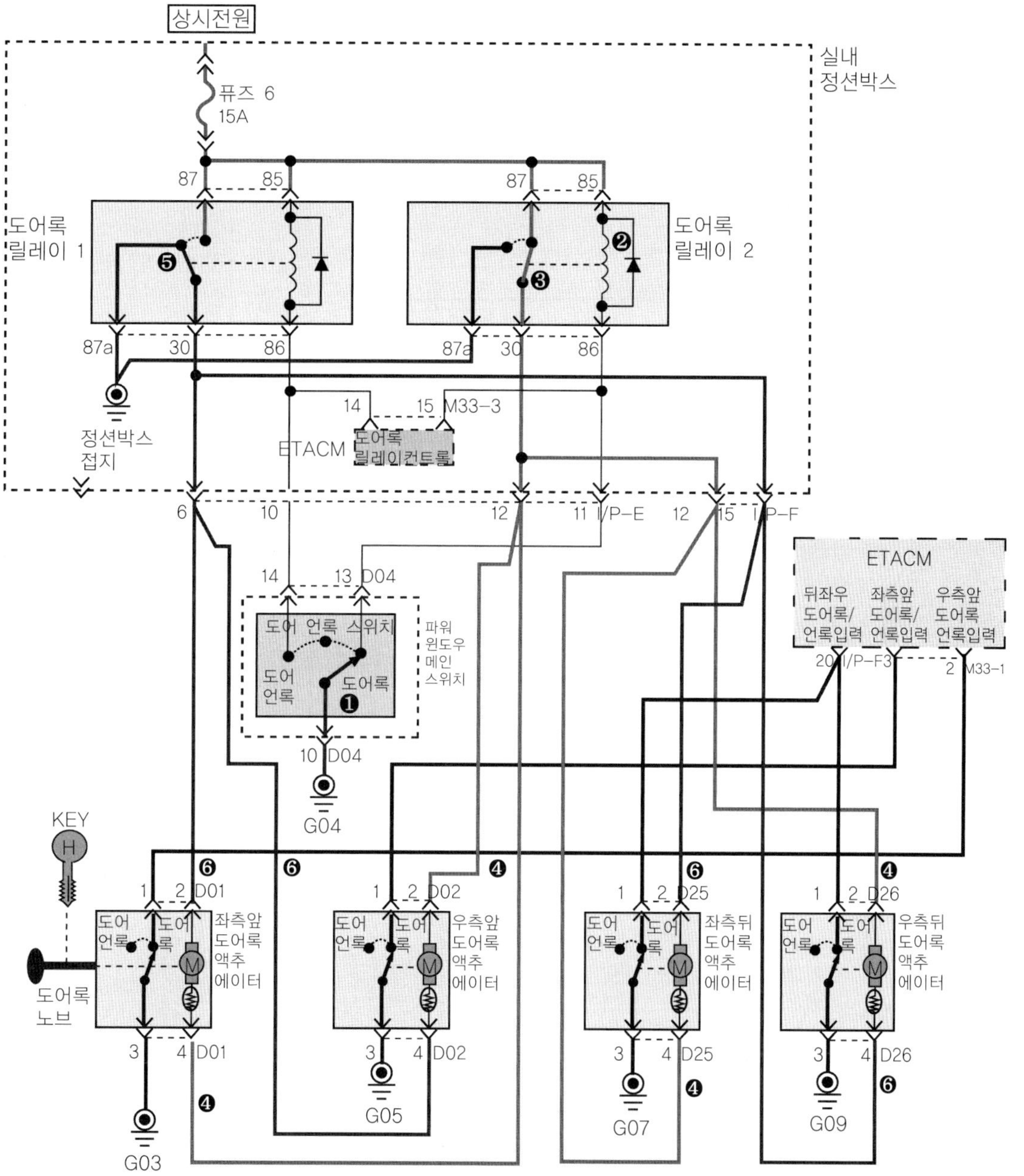

「그림」 8-18. 메인스위치 록 작동회로

메인스위치 록이 작동할 때 파워 윈도우 메인스위치에서 록 위치 ❶로 작동하면 록 스위치에 연결된 릴레이 작동접지가 도어 록 릴레이 2의 솔레노이드 ❷를 작동하게 되고 도어 록 릴레이 2의 접점이 작동 전원 쪽의 접점 ❸과 연결하게 되어 작동전원이 각각의 도어 액추에이터로 전원을 록 방향 쪽에 해당하는 전원 ❹를 연결하게 되어 도어 록이 작동하게 된다. 이때 접지는 도어 록 릴레이 1이 노멀상태에서 접지 ❺와 연결되어 있어 접지가 작동 접지를 각각의 도어 액추에이터로 접지 ❻을 공급하게 된다.

3.2.3 메인스위치 언록이 작동할 때

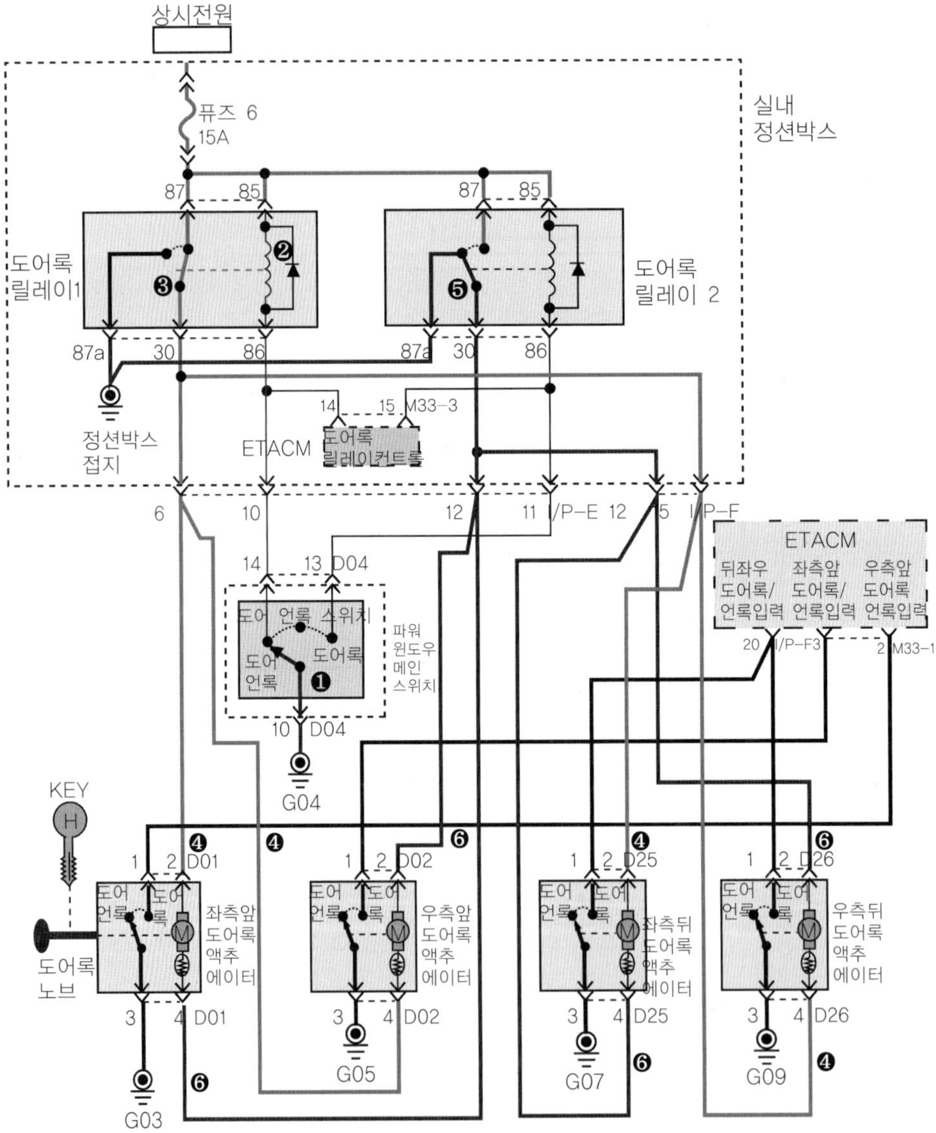

그림 8-19. 메인스위치 언록 작동회로

메인스위치 언록이 작동할 때에는 록이 작동할 때와 같이 파워 윈도우 메인스위치에서 언록 위치 ❶로 작동하면 언록 위치에 연결된 릴레이 작동 접지가 도어 록 릴레이 1의 솔레노이드 ❷를 작동하게 되고 도어 록 릴레이 1의 접점이 작동 전원 쪽의 접점 ❸과 연결하게 되어 작동전원이 각각의 도어 액추에이터로 전원을 언록 방향 쪽에 해당하는 전원 ❹를 연결하게 되어 도어 언록이 작동하게 된다.

이때 접지는 도어 록 릴레이 2가 노말 상태에서 접지 ❺와 연결되어 있어 접지가 작동 접지를 각각의 도어 액추에이터로 접지 ❻을 공급하게 된다.

3.2.4 에탁스에 의해 록이 작동할 때

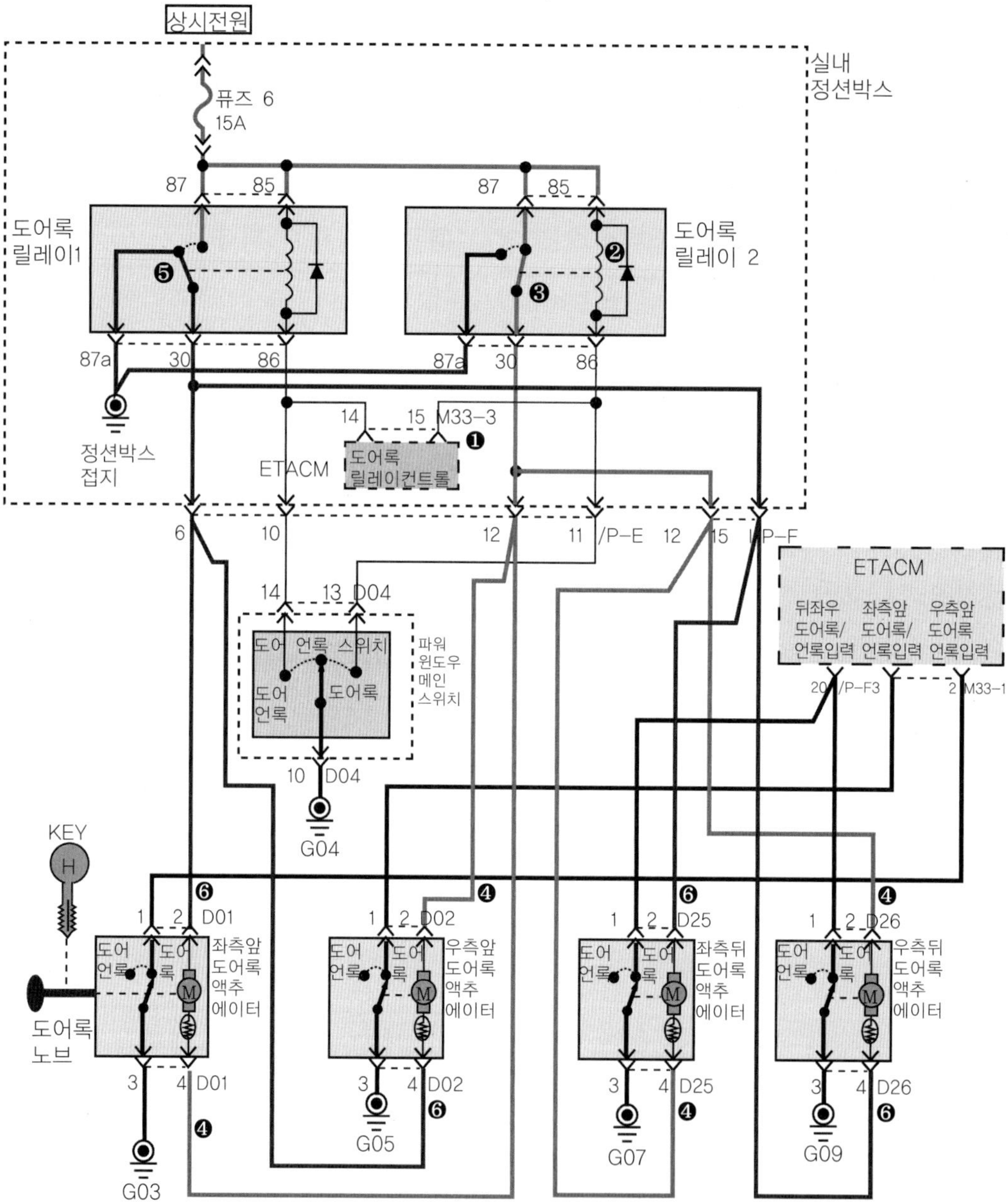

[그림] 8-20. 에탁스에 의한 록 작동회로

에탁스에 의해 록 작동은 일반적으로 리모컨에 의해 록이 될 경우나 에탁스에서 자동 도어 록 기능에 의해 작동하게 되고 록의 작동은 기존의 도어 록 스위치에서 릴레이의 솔레노이드를 작동하던 과정을 에탁스에서 수행하는 것이다.

에탁스에서 도어 록을 수행을 해야 할 경우 에탁스의 도어 록 제어 단자 ❶에서 도어 록 릴레이 2의 솔레노이드로 접지 ❷를 공급하여 작동하게 되고 도어 록 릴레이 2의 접점이 작동 전원 쪽의 접점 ❸과 연결하게 되어 작동전원이 각각의 도어 액추에이터로 전원을 록 방향 쪽에 해당하는 전원 ❹를 연결하게 되어 도어 록이 작동한다. 이때 접지는 도어 록 릴레이 1이 노멀 상태에서 접지 ❺와 연결되어 있어 접지가 작동 접지를 각각의 도어 액추에이터로 접지 ❻에 공급하게 된다.

3.2.5 에탁스에 의해 언록이 작동할 때

에탁스에 의해 언록작동의 경우도 리모컨에 의해 록이 될 경우나 에탁스에서 충돌이 발생하였을 때 언록기능에 의해 작동하게 되고 언록의 작동의 경우도 기존의 도어 록 스위치에서 릴레이의 솔레노이드를 작동하던 과정을 에탁스에서 수행하는 것이다.

에탁스에서 도어 언록을 수행을 해야 할 경우 에탁스의 도어 록 제어단자 ❶에서 릴레이 작동 접지가 도어 록 릴레이 1의 솔레노이드 ❷를 작동하게 되고 도어 록 릴레이 1의 접점이 작동 전원 쪽의 접점 ❸과 연결하게 되어 작동전원이 각각의 도어 액추에이터로 전원을 언록 방향 쪽에 해당하는 전원 ❹를 연결하게 되어 도어 언록이 작동하게 된다.

이때 접지는 도어 록 릴레이 ❷가 노멀 상태에서 접지 ❺와 연결되어 있어 접지가 작동 접지를 각각의 도어 액추에이터로 접지 ❻을 공급하게 된다.

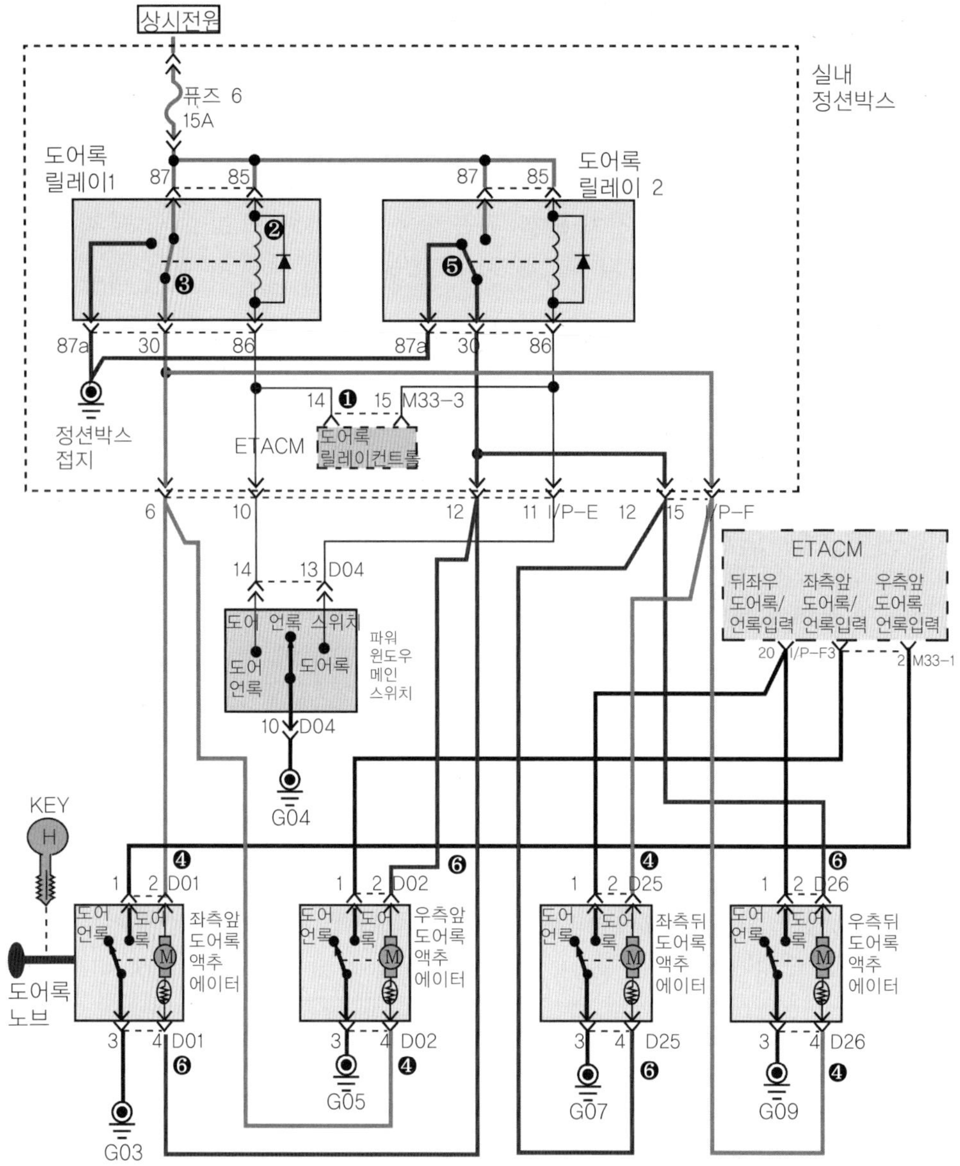

「그림」 8-21. 에탁스 언록 작동회로

4 종합 경보장치(ETACS)

4.1 종합 경보장치의 개요

ETACS는 electronic time alarm control system의 머리글자를 하나씩 따서 만들어진 합성어이며 이 합성어를 소리 나는 대로 읽으면 에탁스라는 말이 된다. 이 단어들을 그대로 풀이하면 전자(electronic), 시간(time), 경보(alarm), 제어(control), 장치(system)란 뜻이 되며, 여기서 알 수 있듯이 차량 전기장치중 시간에 의하여 동작하는 장치 또는 경보를 발생시켜 운전자에게 알려주는 통합장치라 할 수 있다.

종합 경보장치(total warning system)는 자동차 운전의 편리성과 안전운전을 도모하기 위하여 각종경보와 조작 장치들을 하나의 컴퓨터로 종합 제어하는 장치이며, 최근에 많은 자동차에서 사용하고 있다. 종합 경보장치는 경보 제어기능과 관련 장치 제어기능 등으로 나눌 수 있다.

그림 8-22. ETACS의 역할

최근에는 입출력 편의 사양의 증가에 따라 와이어 하니스(wire harness)의 증가를 억제하기 위해 장치 간 CAN이나 LIN의 직렬통신을 통한 MUX시스템(multiplex system)이 적용되고 있다.

EATCS시스템의 입력부는 기본적으로 각종 도어 스위치, 와이퍼 스위치, 기능에 따라서는 미등 스위치나 파킹 브레이크(parking brake) 스위치, 시트벨트(seat belt) 스위치 등이 입력요소로 추가된 것이 일반적이다. 반면 출력부에는 안전운행에 필요한 경고등, 차임벨, 도어 록 액추에이터나 파워 윈도 모터를 제어하기 위한 릴레이(relay) 등이 구성돼 있다. 제어부에는 8bit나 16bit MCU를 사용하는 것이 일반적이다. 제어부 내부는 입력 신호를 매칭(matching)하기 위한 인터패스 회로와 MCU, 출력부를 구동하기 위한 드라이브 회로로 구성된다. 제어부 내부에는 전원 전압의 불안정을 감시하기 위한 워치 독(watch dog) 회로나 파워 레귤레이터 회로가 있다.

입력부는 주로 스위치 회로의 신호를 입력으로 사용하고 있어 인터패스 회로는 간단한 R-C 회로로 구성된다. 출력부는 주로 각종 경고등 및 릴레이를 구동하는 신호를 출력으로 사용하고 있어 저전류 구동에 적합한 파워 TR이나 다링톤 TR 어레이(darlington TR array)를 사용하고 있다. 이 밖에 경고등과 같이 필라멘트 전구를 사용하는 제어 회로는 약 500mA 이하인 저전류를 제어한다. 그러나 TR를 구동회로로 사용하는 경우 설계시 초기 과전류를 충분히 고려해 드라이브 회로를 설계하고 있다.

ETACS시스템의 기능은 기본적으로 안전 운행을 하기 위한 점화스위치(키) 미회수 경보, 도어 열림 경보, 안전띠 미착용 경보, 전조등 및 실내등 미소등 경보 등의 기능이 있으며, 관련 장치제어는 윈드 실드와이퍼 및 와셔 제어, 뒷유리 열선제어, 도어 록 제어, 파워 윈도우 제어, 트렁크 및 후드제어 등으로 나눌 수 있다. 종합경보장치는 자동차 메이커에 따라 다양한 종류와 제어기능을 갖추고 있다.

[종합 경보장치의 종류 및 기능]

종 류	경보 및 제어기능	세부 제어기능
ETWIS(electronic time warning indicated system)	점화스위치 관련 정보기능	① 점화스위치 미회수 및 도어 록 해제기능 ② 점화스위치 키 구멍 조명기능(약 10~20초)
	도어 록 및 도어 열림 경보기능	① 일정 주행속도(약 20km/h) 이상으로 주행할 때 자동도어 록 작동 기능 ② 주행할 때 도어 열림 상태 경보
	안전띠 미착용 경보	안전띠 미착용 경보(약 10초)
CPU(central processing unit)	전조등, 실내등 제어기능	① 전조등 ON, 점화스위치 OFF 후 도어 열었을 때 경보 ② 도어 스위치와 연계, 일정 시간(약 5초) 조명 후 서서히 감광기능
	와셔 제어기능	윈드 실드와이퍼 작동할 때 와셔 연동 기능
	파워윈도 제어기능	점화스위치 OFF 후 일정시간(약 1분) 작동 지연기능
	뒷유리 열선 제어기능	열선 시간(10~30분) 작동기능
DECS(daewoo electronic control system)	점화스위치 회수 경보 기능	점화스위치 미회수 경보 기능
	안전띠 미착용 기능	안전띠 미착용 경보(약 10초)
	전조등 소등 경보	전조등 ON, 점화스위치 OFF 후 도어를 열 때 경보 기능
	윈드 실드와이퍼 작동시간제어	윈드 실드와이퍼 간헐 제어기능
ICU (integrated control unit)	파워윈도 시간제어	파워윈도 작동 지연기능
	뒷유리 열선 시간제어	열선 시간(약 20분) 작동 제어
ETACS (electronic time & alarm control system)	점화스위치 관련 정보기능	점화스위치 회수 잊음 및 키 구멍 조명기능
	도어 열림 경보기능	주행 중 도어 열림 경보 기능
	시트벨트 경보기능	안전띠 미착용 경보(약 10초)
	와셔 연동 윈드 실드와이퍼 제어기능	윈드 실드와이퍼와 와셔 연동 제어기능
	실내등 감광기능	실내등 약 5초간 감광기능
	파워윈도 제어기능	점화스위치 OFF 후 파워윈도 작동기능
	도어 록 제어기능	중앙 집중방식 도어 록 제어기능
	열선 타이머 제어기능	뒷유리 및 사이드 미러 열선 작동시간 제어
	트렁크 및 후드 제어기능	트렁크 및 후드 열림 제어
	키 리스 엔트리 기능	점화스위치를 사용하지 않고 도어 록을 제어

4.2 종합 경보장치의 기능 및 작동조건

[종합 경보장치의 입·출력 다이어그램]

입력요소		제어요소		출력요소
·와이퍼, 와셔 스위치 ·뒤 유리 열선 ·시트벨트 스위치 ·각종 도어스위치 ·차속 센서 ·미등 스위치 ·AC 발전기 L 단자 ·트렁크 열림 스위치 ·점화스위치 삽입 스위치 ·파워 윈도우 스위치	➡	ETACS ECU	➡	·와셔 연동와이퍼 ·뒤 유리 열선 타이머 ·시트벨트 경고 ·감광 룸램프 ·점화스위치 키 홀 조명 ·파워 윈도우 타이머 ·도어 열림 차임벨 ·속도감응 간헐와이퍼 ·램프 자동 소등 ·도난 경보 릴레이 ·점화스위치 OFF후 도어언록

4.2.1 와셔 연동 윈드 실드와이퍼 제어

① 와셔 연동 윈드 실드와이퍼 제어는 와셔 스위치를 작동시켰을 때 0.6초 후에 윈드 실드와이퍼에 출력을 보내어 2회 작동시킨다. 또 와셔 스위치가 OFF되면 2.5~3.8초 동안 윈드 실드와이퍼를 작동시킨다.

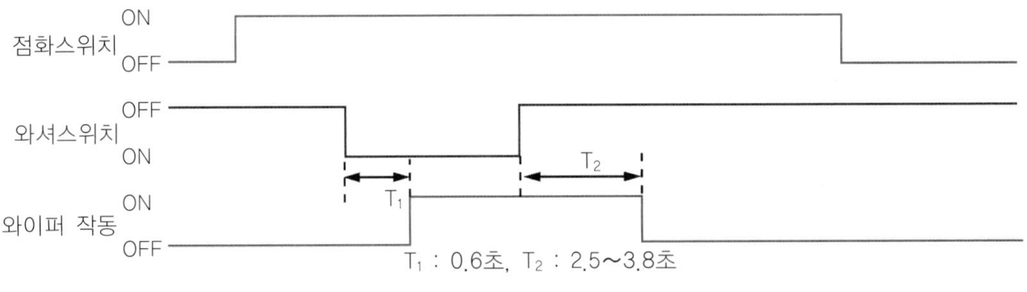

그림 8-23. 와셔 연동 윈드 실드와이퍼 작동

② 간헐 와이퍼작동 중에 와셔 스위치를 0.6초 이상 ON으로 하면 와셔와 연동하는 윈드 실드와이퍼의 출력을 실행한다. 그러나 와셔 스위치 ON시간이 0.2~0.6초로 짧으면 윈드 실드와이퍼 작동을 1회만 실행시킨다.

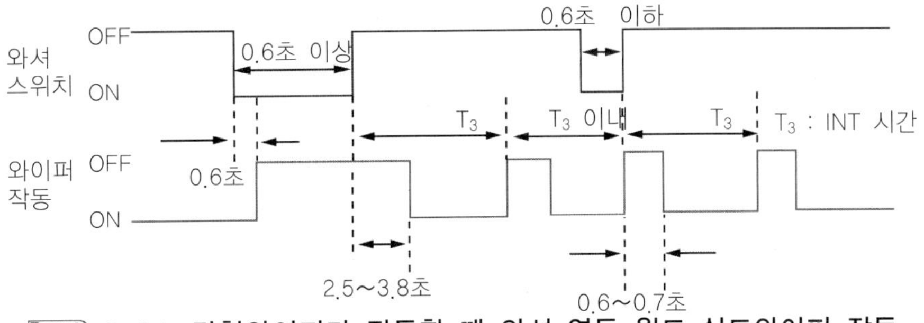

『그림』 8-24. 간헐와이퍼가 작동할 때 와셔 연동 윈드 실드와이퍼 작동

4.2.2 와이퍼 미스트(안개) 제어(wiper mist control)

와셔 스위치 ON으로 한 후 시간이 0.2~0.6초일 경우 윈드 실드와이퍼 모터구동을 단 1회만 하며, 이때 와셔모터는 작동하지 않는다.

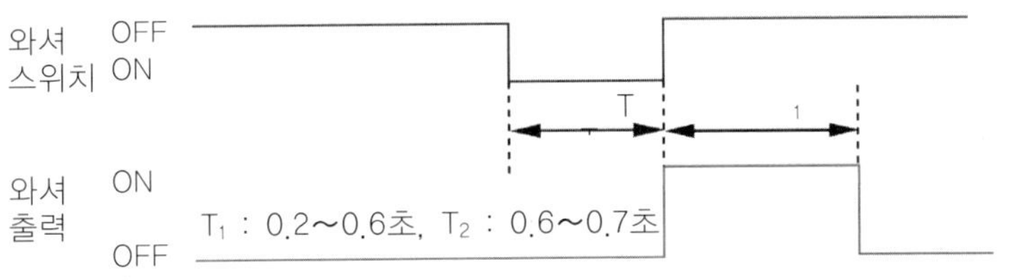

『그림』 8-25. 와이퍼 미스트 제어

4.2.3 열선 타이머 제어(사이드 미러 열선 포함)

① 교류발전기 "L"단자 ON 후 열선스위치를 ON하면 열선이 약 15분간 작동된다.

② 열선 스위치는 원터치 방식이기 때문에 열선 출력 중 다시 열선 스위치를 ON으로 하면 열선작동이 정지된다.

③ 열선 출력 중 점화스위치를 OFF로 하면 열선 작동도 정지된다.

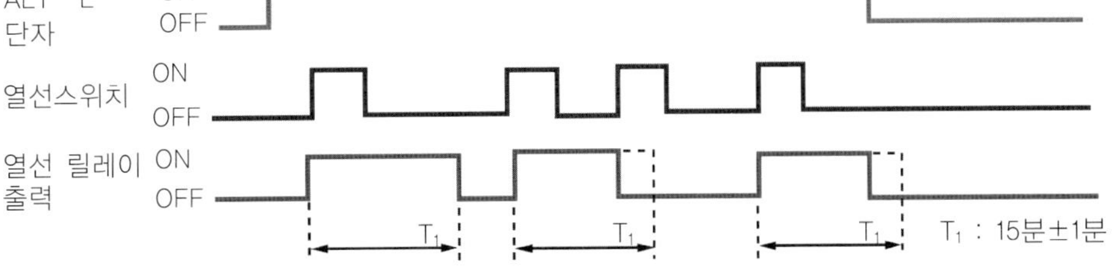

『그림』 8-26. 열선 타이머 제어

4.2.4 안전벨트 경고 제어(seat belt warning control)

① 점화스위치를 ON으로 하면 종합 경보장치는 안전벨트 경고램프를 0.6초 주기로 차임벨은 0.9초 주기로 듀티율 50%로 6초 동안 경고등을 작동한다.

② 6초 이내에 점화스위치를 OFF했을 때 경고램프와 차임벨은 정지된다.

③ 6초 이내에 안전벨트 스위치가 OFF되면 즉, 안전벨트를 착용하면 차임벨은 즉시 멈추고 계기판의 안전벨트 경고램프는 잔여시간 동안 점등 후 소등된다.

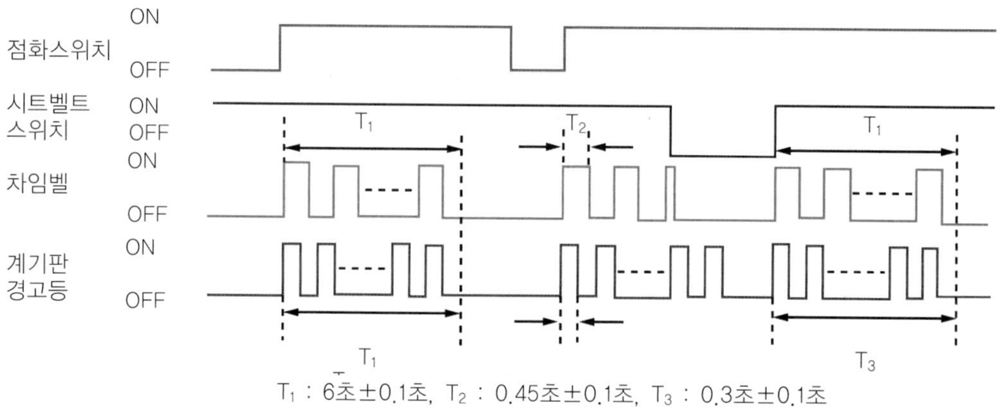

그림 8-27. 안전벨트 경고 제어

4.2.5 감광형 룸램프 제어

① 도어가 열리면 도어스위치가 ON되고, 룸램프가 점등된다.

② 룸램프 점등상태에서 도어가 닫히면 도어스위치는 OFF되고, 즉시 75% 정도 서서히 감광하여 5~6초 후에 소등된다.

③ 감광 작동 중 점화스위치를 ON으로 하면 즉시 룸램프는 소등된다.

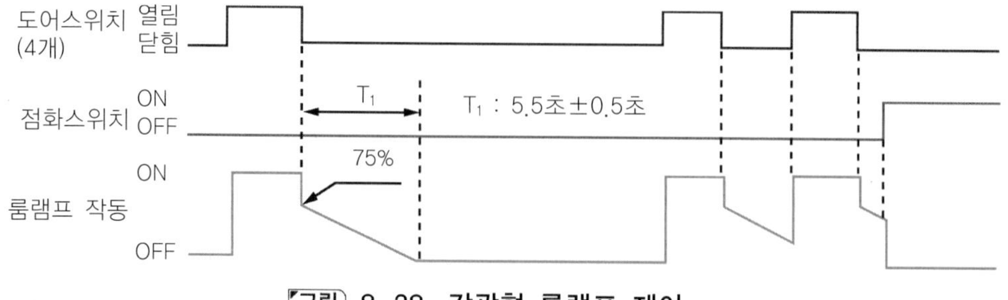

그림 8-28. 감광형 룸램프 제어

4.2.6 점화스위치 키 홀 조명

① 점화스위치를 OFF로 한 상태에서 운전석도어를 열면 키 홀에 조명등이 점등된다.

② 점화스위치 키 홀 조명이 작동된 상태에서 운전석 도어를 닫으면 10초간 키 홀 조명 후 소등된다.

③ 위 ①, ② 작동 중 점화스위치를 ON하면 즉시 키 홀 조명을 OFF시킨다.

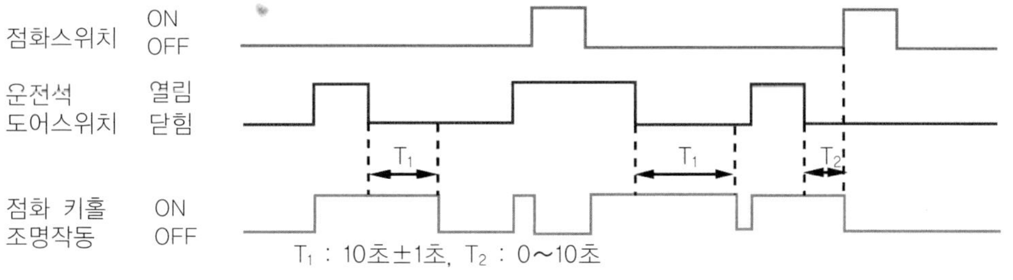

그림 8-29. 점화스위치 키 홀 조명 제어

4.2.7 파워 윈도우 제어

① 점화스위치를 ON으로 하면 파워 윈도우 릴레이에 출력을 보낸다.

② 점화스위치를 OFF하면 파워 윈도우 릴레이 출력을 30초 동안 유지하여 점화스위치를 빼낸 후에도 파워윈도를 작동시킬 수 있다.

③ 위 조건 내에서 운전석 도어 또는 조수석 도어를 열면 파워 윈도우 릴레이 출력을 30초 동안 연장한다.

④ 작동 중 운전석 도어 또는 조수석 도어를 닫을 경우 파워 윈도우 릴레이 출력을 즉시 정지시킨다.

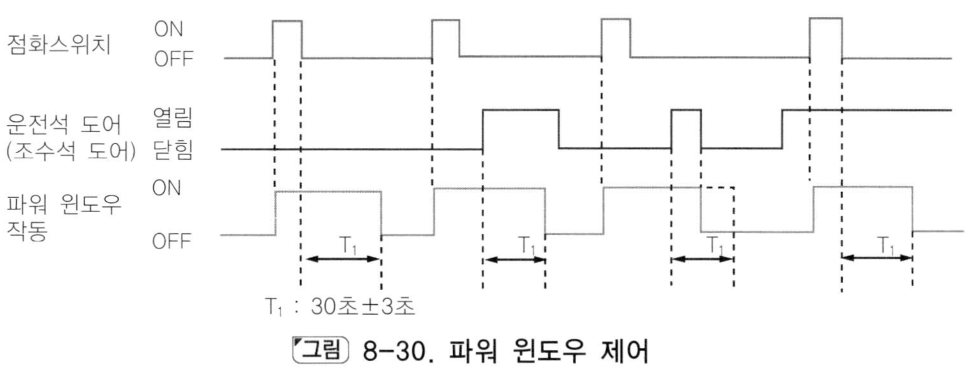

그림 8-30. 파워 윈도우 제어

4.2.8 차속 감응형 간헐 윈드 실드와이퍼 제어

차속센서의 신호를 입력받아 주행속도의 변화에 따라 간헐 윈드 실드와이퍼의 간헐시간을 제어하여 주행 중 빗물을 정확히 제어한다. 즉, 주행 중 와이퍼 스위치를 간헐(INT)위치에 두고 주행하면 주행속도에 따라 간헐시간을 연산하여 윈드 실드와이퍼 작동시간을 변화시킨다.

[1] 주행속도의 입력

1초간 입력 펄스 수에 의해 주행속도를 계산한다.

$$1(\text{펄스/sec}) = \frac{60\text{km/h} \times 60\text{sec}}{63.7 \times 4\text{펄스}} = 1.41\text{km/h}$$

[2] 주행속도의 산출

1초 동안 입력된 펄스 수를 계산하여 구하고 다음과 같이 전회의 값과 비교하여 주행속도가 큰 쪽을 간헐시간 산출용 주행속도로 한다.

$$V = \max(V_{new},\ V_{old})$$

Vnew : 현재속도
Vold : 전회 주행속도

[3] 간헐 시간비율(주행속도 : 0km/h)

간헐시간 설정은 간헐 스위치의 저항 값(입력전압)을 받아들어 간헐 시간비율을 구한다. 간헐 시간비율은 설정 노브의 SLOW(100%)부터 FAST(0%)까지 어느 위치에 볼륨이 있는가를 표시하는 것으로 입력 전압에 대해 보정을 실행한다.

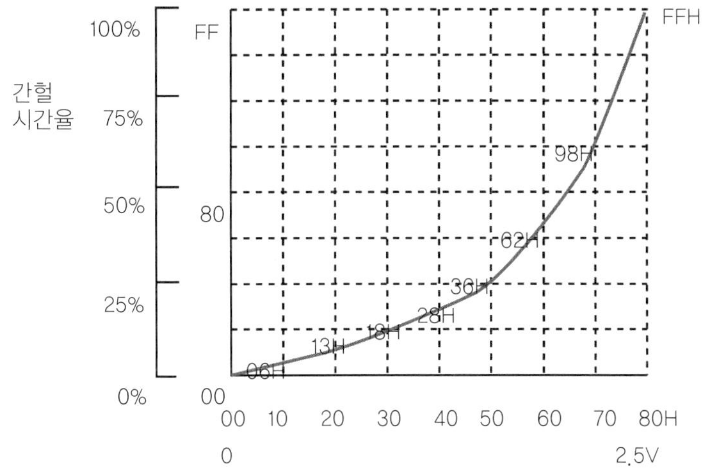

그림 8-31. 간헐 시간비율에 따른 입력전압

4.2.9 도어 록 제어(door lock control)

[1] 자동 도어 록 제어

① 점화스위치 ON에서 주행속도 40km/h 이상의 상태를 2~3초 이상 계속 유지하고 전 도어 중 하나라도 언록(unlock, 해제)상태일 경우 모든 도어를 록 시킨다.

② 40km/h 이상으로 주행 중 언록 조작을 하여도 자동적으로 도어를 록 시킨다.

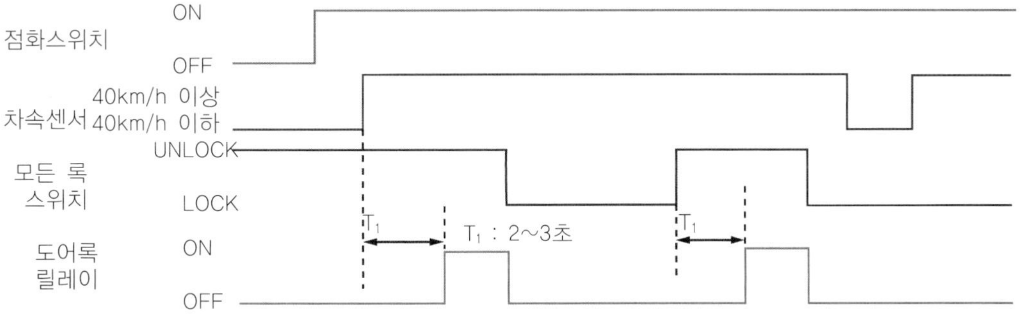

그림 8-32. 자동 도어 록 제어

[2] 점화스위치 OFF 후 언록 제어

점화스위치를 OFF하면 모든 도어 중 하나라도 록 상태일 경우 전체 도어를 언록 시킨다.

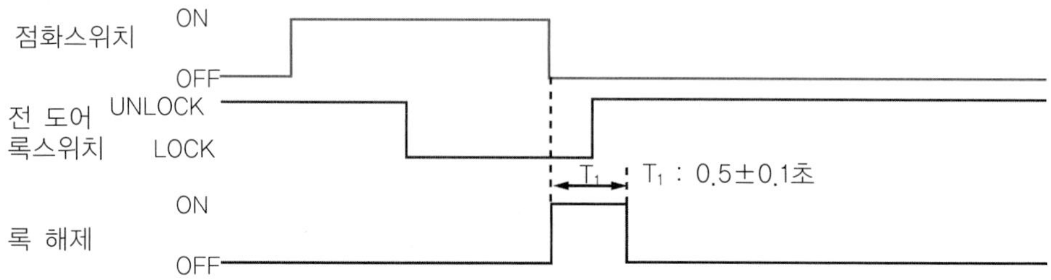

그림 8-33. 점화스위치 OFF 후 해제 제어

[3] 자동 도어 언록 기능

자동차 주행 중 도어 록 상태에서 충돌이 발생할 경우 자동으로 언록 시켜 신속하게 부상자를 구호할 수 있도록 하는 기능이다

① 자동차가 충돌을 하였을 때 에어백 컴퓨터(ECU)로부터 에어백 전개신호를 입력받아 즉시 언록 출력을 실행한다.

② 자동 도어 언록 기능은 모든 도어 록 조건에 우선하여 처리한다.

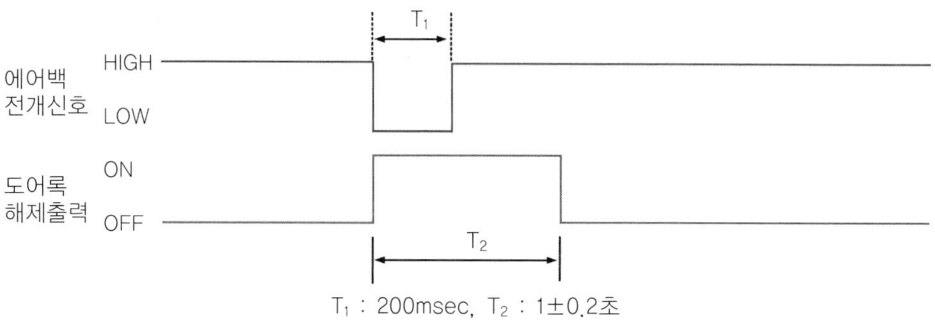

그림 8-34. 자동 도어 언록 기능

4.2.10 미등 자동소등(lamp auto cut)

운전자가 미등을 점등시킨 상태에서 점화스위치를 OFF로 한 후 자동차에서 내리면 자동적으로 미등을 소등시켜 축전지가 방전되는 것을 방지하는 기능이다.

① 미등스위치가 점등된 상태에서 점화스위치를 OFF하고, 운전석 도어를 열면 미등은 자동적으로 소등된다.

② 점화스위치가 ON된 상태에서 운전석 도어를 연후 점화스위치를 OFF시키면 미등은

자동적으로 소등된다.

③ 자동소등 후 다시 미등스위치를 OFF 후 ON으로 하면 미등은 점등이 되고 자동소등 기능은 해제된다.

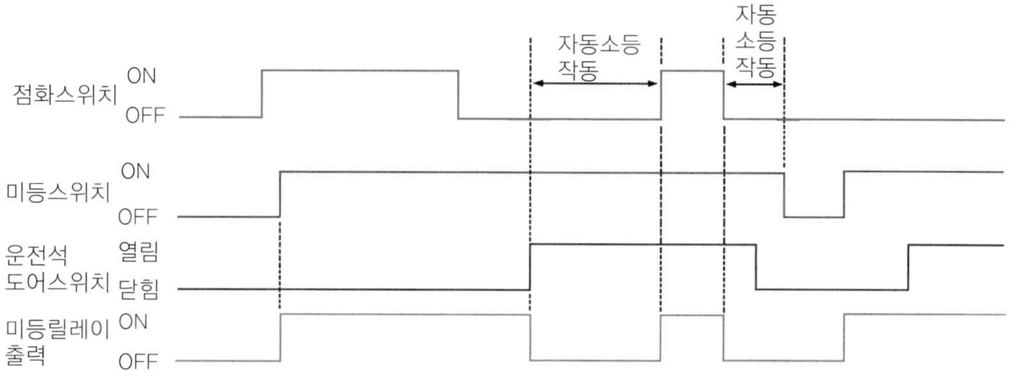

「그림」 8-35. 미등 자동소등 제어

4.2.11 점화스위치 회수기능(reminder control)

① 점화스위치를 키 홀에 삽입한 상태에서 운전석 도어를 열고 LOCK할 경우 5초 동안 UNLOCK 출력시켜 도어 록이 불가능하게 하여 점화스위치가 꽂힌 상태에서 도어 록을 작동시키는 것을 방지한다.

② 작동해제는 점화스위치를 빼거나 운전석 도어를 닫으면 출력은 정지한다.

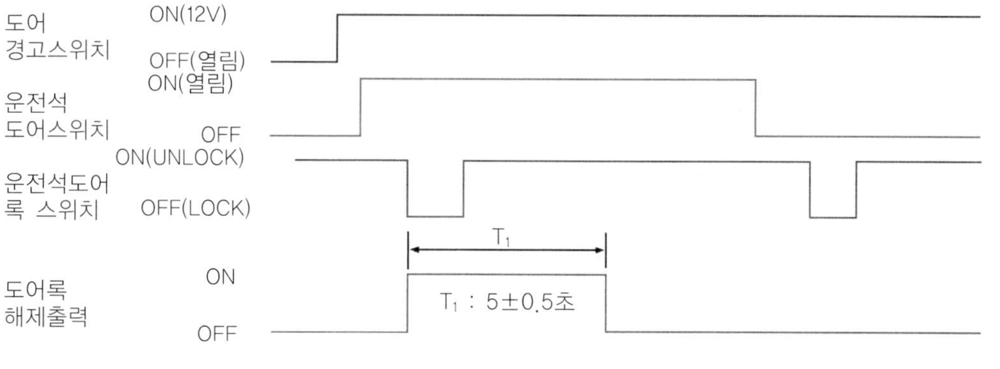

「그림」 8-36. 점화스위치 회수기능

4.2.12 도어 열림 경고 제어

① 점화스위치를 키 홀에 삽입한 상태에서 운전석 도어를 열면 버저 출력을 0.9초 주기 DUTY 50%로 계속 출력시킨다.

② 점화스위치를 키 홀에서 빼내거나 운전석 도어를 닫으면 출력은 즉시 멈춘다.

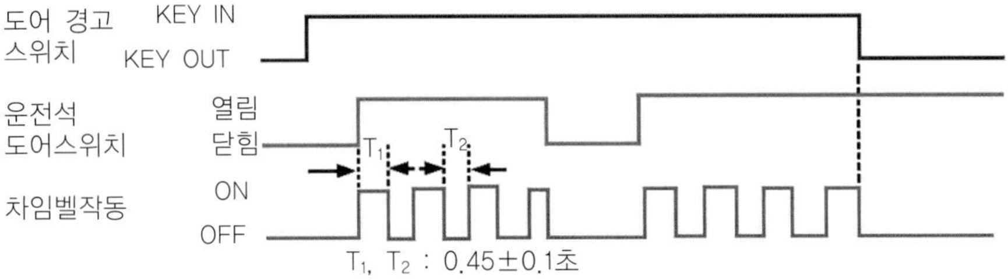

그림 8-37. 도어 열림 경고 제어

4.2.13 버글러 알람기능

[1] 경계(ARM) 기능

① 점화스위치를 키 홀로부터 빼내고 모든 도어가 닫힌 상태에서 리모컨의 LOCK신호를 수신하면 도어 록 출력을 ON하고, 도어 록 확인 후 비상 경고등 2회 점멸 및 버저를 0.1초로 1회 출력하면서 경계상태로 된다.

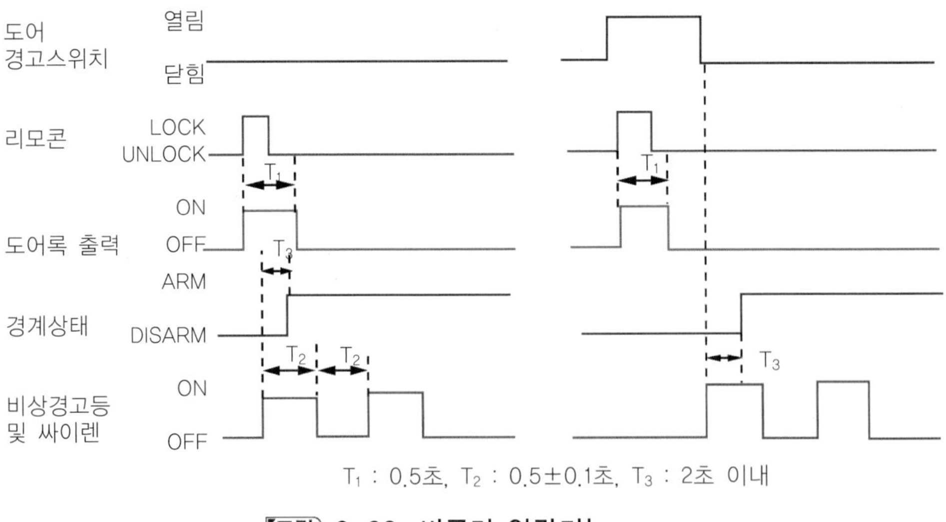

그림 8-38. 버글러 알람기능

② 도어 후드, 트렁크 중 어느 하나라도 열림 상태에서 리모컨의 록 신호를 수신한 경우 도어 록 출력만 ON하고, 비상 경고등 및 버저 출력은 발생하지 않는다.

③ 위 ②항 후 열림 상태에 있는 것을 닫을 경우 비상 경고등을 2회 출력 및 버저 1회 출력한 후 경계상태로 된다.

④ 경계상태 진입은 리모컨의 록 신호를 수신한 경우에만 가능하고 도어 키에 의해 록을 한 경우에는 경계상태로 되지 않는다.

[2] 경계 해제(disarm)기능

리모컨(TX)의 언록 신호를 수신한 경우 도어 언록 출력을 ON하고, 비상 경고등을 1회 출력한 후 경계 해제상태가 된다(싸이렌 출력 없음).

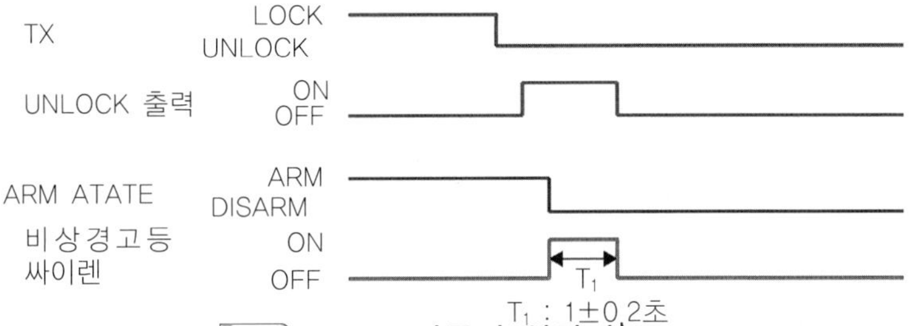

「그림」 8-39. 버글러 알람기능

[3] 경보(alarm) 기능

① 경계모드에서 각종 도어 중 1개 이상이 열림이 발생할 경우 버글러 알람 릴레이를 ON하여 점화스위치에 의한 기관의 시동을 금지하고, 비상 경고등 및 버저 출력을 27초 ON, 10초 OFF를 3회 작동한다.

② 경보 중에 도어가 닫힌 상태가 되어도 잔여 시간동안 계속 경보하며, 다시 열린 경우에는 다시 3회 경보한다.

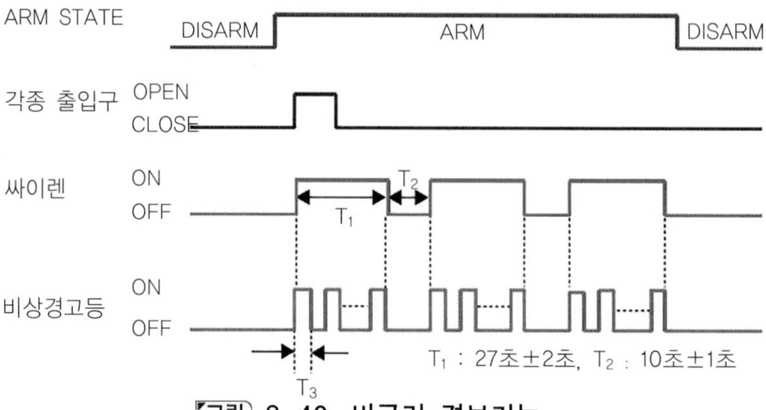

그림 8-40. 버글러 경보기능

[4] 경보 조건

① 경보 중 새로운 경보조건이 발생한 경우 : 버글러 알람 릴레이는 ON상태를 유지하면서 비상 경고등 및 사이렌 경보는 기존 잔여 시간만 출력한다.

② 경보 중 리모컨에 의한 언록할 경우 : 도어 언록 출력을 0.5초 ON하고 비상 경고등, 사이렌 및 버글러 알람 릴레이 출력을 OFF하고 경계 해제상태로 된다.

③ 경보 중 열린 도어를 닫힘 상태에서 리모컨으로 록할 경우 경계상태 진입하는 조건과 동일하게 경계상태로 진입한다.

④ 경보 중 도어 열림 상태에서 리모컨으로 LOCK할 경우

㉮ 경보 중 도어가 열림 상태에서 리모컨의 록을 수신한 경우 록 출력을 0.5초 ON한 후 도어 록 상태를 확인하고 비상 경고등, 버저 및 버글러 알람 릴레이 출력을 OFF한다.

㉯ 열려있는 도어를 닫을 경우 비상 경고등 2회, 버저 1회 출력 후 경계상태로 된다.

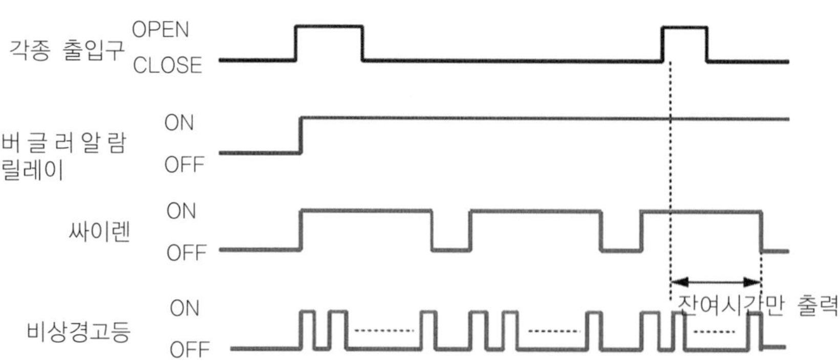

그림 8-41. 버글러 경보조건

⑤ 경보 중 점화스위치를 ON하면 30초 후에 경보를 해제한다.

⑥ 경보 3회 출력 후 각종 도어가 닫힘 상태, 도어 록 상태에서 도어가 다시 열릴 때에는 부저경보 3회 다시 출력하고 버글러 알람 릴레이는 ON상태를 유지한다.

⑦ 경보 3회 출력 후 각종 도어가 닫힘 상태에 있고 도어 언록 상태에서 도어가 열릴 때에는 비상 경고등과 부저는 출력은 하지 않으나 버글러 알람 릴레이는 ON상태를 유지한다.

⑧ 축전지를 떼어낼 때

㉮ 후드 열림 상태에서 축전지를 떼어낸 후 다시 설치할 경우 버글러 알람 릴레이는 ON되며 버저 경보를 3회 출력한다.

㉯ 후드 닫힘 상태에서 축전지를 설치할 경우 버글러 알람 릴레이는 ON상태를 유지하고 버저 경보는 출력은 하지 않는다.

4.2.14 키 리스 엔트리(key less entry)기능

점화스위치를 사용하지 않고 리모컨으로 도어를 록/언록 시키는 기능이다.

[1] 작동조건

점화스위치가 키 홀로부터 분리된 후 리시버의 기억위치 스위치가 OFF의 위치에 있는 상태로서 송신기로부터 록/언록 신호를 수신하여 도어 록/언록 출력을 한다.

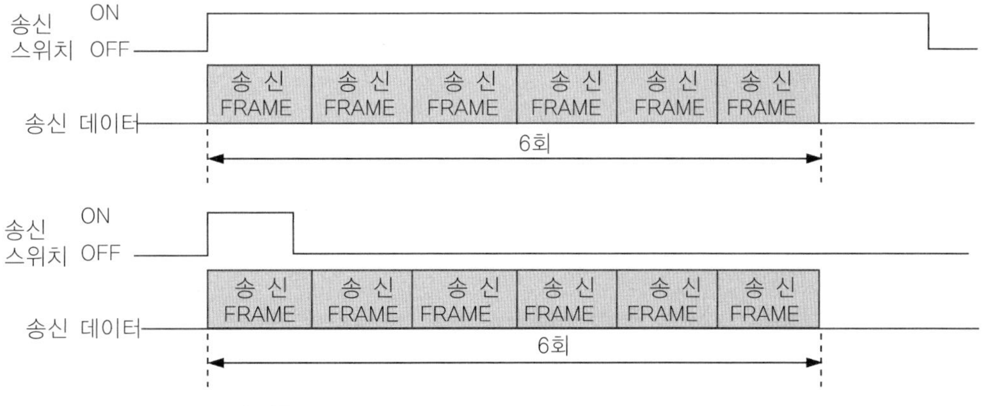

그림 8-42. 키 리스 엔트리 송신기 신호

[2] 송신기로부터의 신호

송신기의 스위치를 누르면 송신신호(송신 FRAME)를 6회 송신한다.

[3] 송신기(TX) 스위치별 신호

도어의 록/언록 스위치를 동시 작동할 때는 록 스위치를 우선으로 한다.

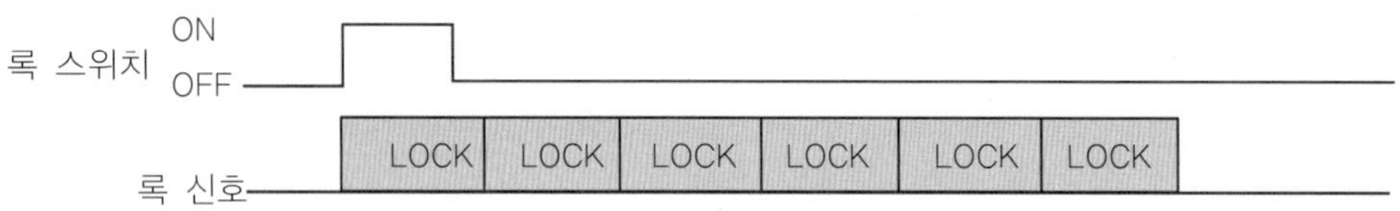

(a) 록 스위치 조작

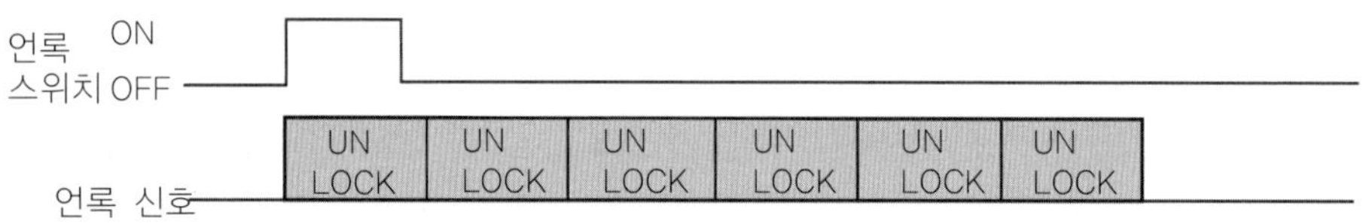

(b) 언록 스위치 조작

「그림」 8-43. 키 리스 엔트리 송신기 스위치별 신호

5 스마트키 시스템(SMK : smart key system)

5.1 스마트키 시스템의 개요

스마트키 시스템이란 자동차 리모컨시스템과 시동시스템을 통합한 시스템을 말한다. 스마트키를 소지한 사용자가 스마트키를 소지한 상태에서 차량 근처에 가면 별도의 키 삽입이나 조작 없이도 차량 도어를 개폐하거나 엔진을 시동시킬 수 있는 방식으로, 고유 식별 정보를 내장하고 있는 스마트키가 차량에 설치된 전자제어장치로 상기 고유 식별 정보를 전송하고 상기 스마트키 전자제어장치는 수신된 상기 고유 식별정보를 판독하여 사용자 인증 절차를 확인하고 운전자가 도어 손잡이를 당기면 자동으로 도어록이 해제되어 도어를

열수 있으며, 운전석에 앉아 버튼을 누르기만 하여도 시동이 가능하도록 스마트키 전자제어장치는 차량의 도어 개폐 또는 엔진제어 명령을 수행할 수 있다.

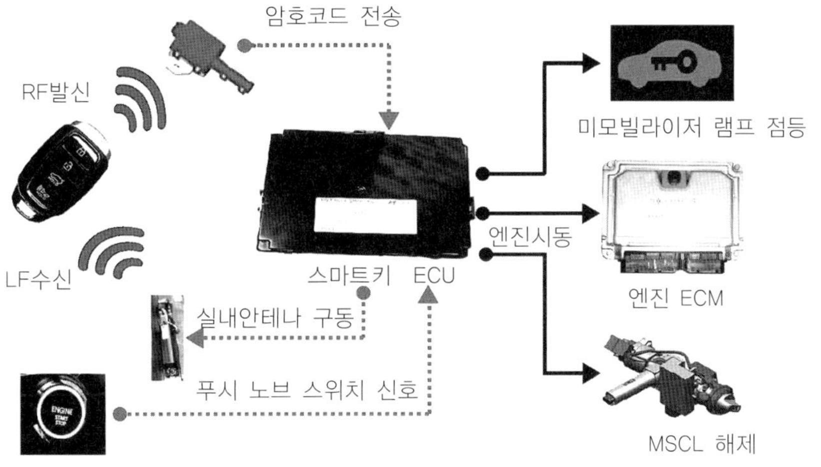

「그림」 8-44. 스마트키 개요

[기존차량과 스마트키 차량의 입·출입 및 시동방법]

항목	기존차량	스마트키 차량
도어 열림	-키 삽입 후 언록 방향 회전 -리모컨 언록 버튼 조작	스마트키 소지한 상태에서 도어핸들 터치
도어 잠금	-키 삽입 후 록 방향 회전 -리모컨 록 버튼 조작	스마트키 소지한 상태에서 도어 핸들의 록 버튼 누름
트렁크 open	리모컨 트렁크 open 버튼 조작	스마트키 소지한 상태에서 트렁크 리드 핸들 당김
엔진 시동	키 삽입 후 이그니션 스위치 조작	로터리 노브 회전 조작(푸시 노브 스위치 누른 상태)

5.2 스마트키 시스템의 원리

차량에 설치된 감지 센서가 운전자의 스마트키를 인지하여 리모컨이나 키의 사용 없이 버튼 조작만으로 도어 잠금/해제 및 시동을 켜고 끌 수 있는 첨단 시스템으로 보안 기능 강화를 위해 이모빌라이저 기능을 내장하고 있다. 이는 크게 스마트키(Smart key) 시스템과 버튼식 시동장치로 분류가 되는데, 주요 기능으로 스마트키를 휴대한 채 도어 핸들 버튼을 누르면 도어 열림 및 잠금, 트렁크 열림 등이 가능한 패시브 엔트리(Passive

Entry), 엔진을 시동하는 패시브 스타트(Passive Start), RF 통신에 의한 도어 열림 및 잠금, 트렁크 열림 등이 가능한 리모트 키레스 엔트리, 원격 시동이 가능한 리모트 엔진 스타트 등이 있다. 그리고 버튼 시동장치(SSB : Start & Stop Button)는 누름 횟수에 따라 전원이 분배되도록 입력하는 버튼과 입력 신호에 따라 OFF, ACC, IGN, ST로 구분된 전원단에 전원을 분배하는 전원분배 모듈(PDM : Power Distribution Module)) 그리고 이를 제어하는 IPM(inter panel module)으로 구성되어 버튼을 누르는 횟수와 시간에 따라 OFF → ACC → IGN → ST로 변경된다.

현재 사용되는 스마트키(Smart Key)는 거의 대부분 Keyless Go기능을 가지고 있다. Keyless Go는 스마트키를 주머니에서 꺼내지 않고 차에 접근(0.7~1m)만 하면 자동으로 인식하는 기능이다. 스마트키 시스템은 자동차 제조사마다 시스템방식이나 편의 시스템 추가 장착 등으로 약간의 차이는 있으나, 기본적으로 스마트키가 작동되는 방식은 차량에 장착된 안테나와 키에 장착된 안테나 간의 통신을 통해서 작동이 이루어지며, 스마트키에 인증 요청 신호를 송신하는 LF(low frequency)신호의 송신과정과 스마트키로부터 인증 응답 신호를 수신하는 RF(radio frequency)신호의 수신 과정에 의해 이루어지게 된다.

이 경우 RF 신호에 비하여 상대적으로 저주파 대역을 갖는 LF 신호의 송신 거리 제한에 의해 스마트키가 차량에 가까이에 있는 경우에만 차량은 스마트키로부터 인증 응답 신호를 수신할 수 있다.

Keyless Go는 2개의 주파수를 사용한다. 433.92㎒의 RF 주파수와 125㎑의 LF 주파수를 사용한다. 자동차는 LF신호를 계속해서 보내고 스마트키가 자동차에 접근하면 스마트키는 활성화되고 LF신호의 ID를 검사한 후 RF 신호를 자동차 쪽으로 송신한다. 즉, 스마트키에서 LF는 수신에 사용되고 RF는 송신에 사용된다. LF신호의 강도로 스마트키가 자동차 안에 있는지 밖에 있는지를 판단한다.

LF신호에는 전력이 함께 전송되기 때문에 스마트키의 배터리가 방전되었을 때는 스마트키를 차종에 따라 시동버튼이나 키홀더에 최대한 가까이 접근 시켜 시동버튼을 누르면 된다. Keyless Go 기능의 스마트키는 버튼을 누를 때만이 아니라 항상 신호를 받기 때문에 보안에 취약하다. 시동 방식에는 두 가지가 있는데, 버튼 타입과 로터리 타입이 있다.

5.2.1 버튼 타입

브레이크를 밟지 않고 버튼을 누를 경우 ACC/ON/OFF의 3단계를 반복하게 되며, 겨울철 등에는 일부러 ON상태를 몇 초간 유지하여 예열단계를 수행하기도 한다. 단, 최근의 차들은 브레이크를 밟고 버튼을 눌러도 자체적으로 외부온도 및 여러 복합적인 요인들을 조합하여 자체 예열을 시킨 후 시동을 건다.

(a) 버튼 타입

(b) 로터리 타입

「그림」 8-45. 스마트키 타입

5.2.2 로터리 타입

키박스에 돌리는 키가 매립된 것 같은 형식으로, 문 잠금 및 잠금 해제 등은 다른 스마트키들 처럼 진행되지만 시동을 걸 때에는 키를 돌려서 시동을 건다. 시동을 걸어도 키박스에서 키를 분리하지 못한다.

5.3 스카트키 시스템의 구성품

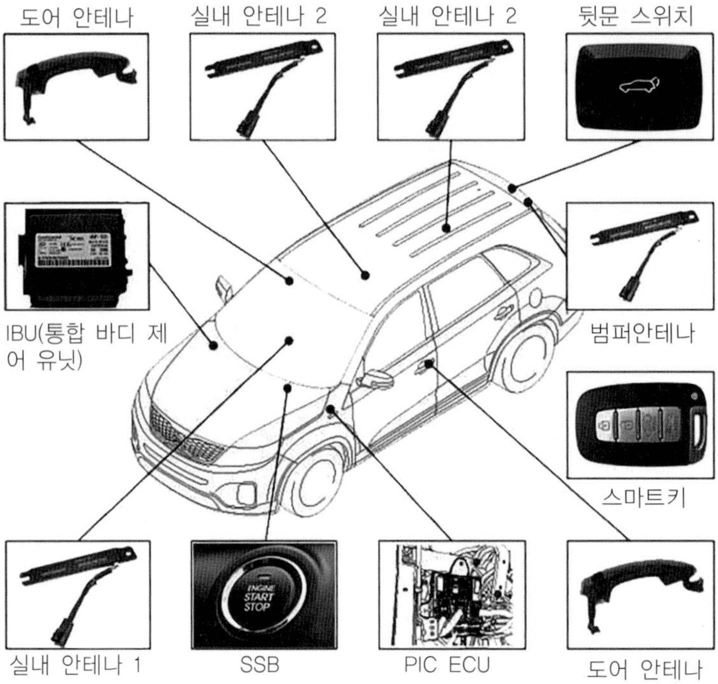

그림 8-46. 스마트키 시스템의 구성도

5.3.1 PIC(personal IC card) ECU

PIC ECU는 "PASSIVE ACCESS", "PASSIVE UNLOCKING", "PASSIVE 인증"등 모든 기능을 관리한다. PIC ECU는 커패시티브(capacitive)센서, 록 버튼, 브레이크 페달신호, KEY IN CONTACT 등의 입력을 받고, 외부 안테나와 내부 안테나를 같이 출력 제어하며 차량의 다른 부품들과 CAN통신을 한다.

PIC FOB와의 통신에서는 PIC ECU 내부에서 변조된 FOB확인 요구 신호를 송신하고 FOB로 부터의 응답신호를 수신하는 수신기로부터 FOB확인 신호를 수신한다.

「그림」 8-47. PIC ECU

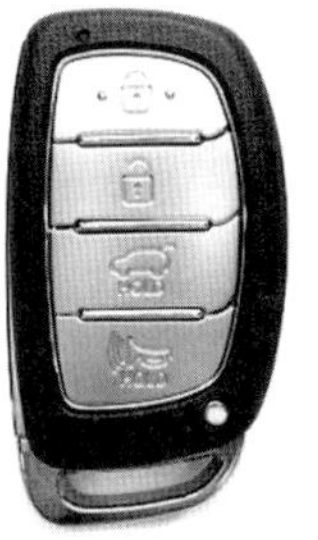

「그림」 8-48. 스마트키

5.3.2 PIC FOB

스마트키에는 스마트 IC, 트랜스폰더가 내장되어 있어 리모컨기능을 한다. PIC FOB시스템에서는 FOB는 두 개이며, 기능은 다음과 같다.

① 수동적인 동작 : FOB 확인(challenge) 요구 신호를 PIC ECU로부터 수신하면 자동적으로 응답 신호를 송신한다.

② 3가지 기능의 푸쉬 버튼(록/언록/트렁크)

③ 비상시 도어 개폐용 기계적인 키

④ 배터리 불량이나 통신 장애시 사용하는 자동 응답 장치(transponder)

5.3.3 안테나(antennas)

[1] 내부 및 외부 안테나

차량 실내 및 외부에 인덕티브(inductive) 안테나가 장착되어 있다. 안테나는 PIC ECU의 안테나 구동 전류를 자기장의 변화로 변형시켜 PIC의 확인 요구 신호를 수신한다. 차량 외부에는 3개의 안테나가 장착되어 있고, 이중 도어핸들(운전석, 조수석)의 2개 안테나는 프런트 도어 주변 2곳을 담당하며, 리어 범퍼에 장착된 안테나는 트렁크 주변을 담당한다. 차량 실내와 트렁크 부분에는 5개의 실내 안테나가 있으며, 2개의 안테나는 passenger, 다른 2개의 안테나는 hat shelf(뒤 선반), 그리고 1개는 트렁크 부분을 담당한다.

[2] 이모빌라이저 백업 안테나

비상시 트랜스폰더(transponder)를 확인하기 위해 자성의 확인(challenge) 요구 신호를 출력 및 수신한다.

[3] 외부 수신기

PIC FOB의 확인(transponder) 신호가 PIC ECU 외부에 장착되어 있는 수신기에서 수신되고, 이는 시리얼 통신으로 PIC ECU에 전달된다.

5.3.4 도어핸들(door handle)

프런트 도어의 도어 핸들(운전석, 조수석)은 주파수 신호를 출력하도록 페라이트 안테나가 적용되어 있으며, 커패시티브 센서와 록(lock)기능을 수행하기 위한 버튼이 장착되어 있다.

[1] 록 버튼(lock button)

PIC FOB가 수신거리 내에 있을 때 록 버튼을 누르면 전 도어가 잠긴다. 그리고 도난 경계 진입 조건이 되면 경계 모드로 진입한다.

[2] 커패시티브 센서(capacitive sensor)

PIC FOB가 수신거리 내에 있을 때 사용자의 손이 핸들(핸들 안쪽의 센서위치)에 닿는 순간 도어가 언록 되는 기능을 말하며 도난 경계 상태는 해제된다. 그리고 사용자의 손이 핸들에 닿으면 언록이 되기까지의 시간은 220ms 이내로 규정하고 있다.

[3] 도어 래치(door latch)

사용자가 도어 핸들을 잡아당길 때 너무 빨리 당기면 도어록이 해제 되지 않고 잼(jam) 되는 경우가 있다. 그래서 잼이 되어도 다시 한 번 도어 핸들을 잡아당기면 열릴 수 있도록 anti jam latch를 적용하고 있다.

5.3.5 메카트로닉 스티어링 록(MSL : mechatronic steering lock) 장치

MSL은 차량의 허가를 받지 않은 사용을 금지할 때 스티어링 휠을 블로킹(blocking)하기 위해 필요하다. 엔진 시동시 페일 세이프 기능은 트랜스폰더가 장착된 스마트키로 수행할 수 있다. 스마트키가 MSL에 삽입되었을 때, BCM이 스마트키가 차량에 적합한 것으로 인증하게 되면, MSL장치의 잠김을 해제하게 된다.

그러나 PIC의 경우 키를 직접 삽입하여 돌리지 않고 passive start 기능을 수행하여야 하기에 무선통신에 의한 사용자 확인 및 이모빌라이저 기능이 필수적이다. MSL장치는 운행 중 스티어링이 잠기는 것을 방지하기 위하여 PIC노브는 자동변속기 변속레버가 "P"위치에서만 "lock"으로 회전된다. 즉 MSL장치는 자동변속기 변속레버가 "P"위치에서만 key inter lock이 되도록 스티어링과 변속레버가 케이블에 의해 연결되어 있다. MSL노브에는 스마트키를 꼽을 수 있는 홀이 있는데 이를 key in switch라고 한다.

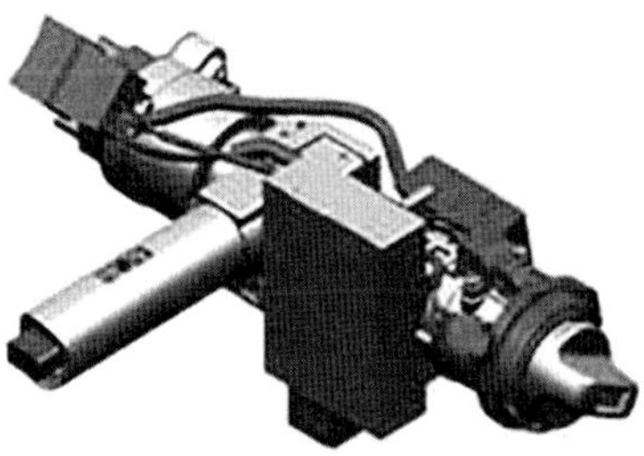

그림 8-49. MSL

5.3.6 인터페이스 유닛(IFU : interface unit)

IFU는 PIC인증 데이터로 엔진 시동명령을 수행하며 통신에 의한 엔진 시동 불가시 스마트키 삽입 후 트랜스폰더 인증으로 MSL 록 해제 및 시동 인증이 가능하다. 또한 리모컨에 의한 록, 언록, 트렁크 열림 작동시 받은 데이터를 번역 중계하여 BCM으로 전달한다.

5.3.7 전원 분배 모듈(PDM : Power Distribution Module)

① 스마트 키 ECU 에서 전원 이동 명령 수신 릴레이 제어 → ACC · IG1 · IG2 · ST

② 스마트 키 홀더와 시리얼 통신 : 트랜스폰더 정보 수신 → 림폼 시동

③ 스마트 키 홀더 & 시동 버튼(SSB) LED 제어

④ 시동 버튼(SSB) 스위치#2 입력 모니터링

⑤ ESCL 전원/접지 제어 & ESCL 언록 스위치 입력 모니터링

⑥ 차속(ABS ECU) & 엔진 RPM(엔진 ECU) 신호 입력 모니터링

⑦ 전원공급 릴레이 & PDM CPU 고장진단

5.3.8 스타트 스톱 버튼(SSB : Start Stop Button)

① SMK 및 PDM에 전기적 신호를 주어 전원 이동 및 시동 ON/OFF

② LED 소등·점등·점멸(황색, 녹색)을 통해 전원 이동 상태 및 고장 상태 표시

5.3.9 스마트 키(SMK : Smart Key) 홀드

① 코일 안테나를 내장하여 스마트 키 정보(TP)를 PDM으로 전송(림폼 시동)

② 스마트 키 IN 스위치를 내장하여 삽입·탈거 신호를 PDM에 입력

③ LED 점멸을 통해 스마트 키 시스템 관련 경보 표시

5.4 스마트키의 기능

[스마트키 기능]

기 능	세부내용
키레스엔트리 기능	일반 차량 리모컨 기능과 같이 도어 록, 도어 언록, 트렁크 언록 제어 기능(도어록 시 도난경계 진입)
스마트키 인증에 의한 도어 언록	PIC 포브 소지 시 도어핸들의 터치 센서를 만지는 것만으로 도어가 언록되는 기능
스마트키 인증에 의한 도어 록	PIC 포브 소지 시 도어핸들의 록 버튼을 누르는 것만으로 도어가 록되는 기능(도어록시 도난경계 진입)
스마트키 인증에 의한 트렁크 언록	PIC 포브 소지 시 트렁크를 별도의 조작없이 열수 있는 기능
스마트키 인증에 의한 MSL 해제	PIC 포브 소지 시 무선 인증에 의해 실내의 MSL 노브 잠김을 해제하고 시동이 가능한 기능
스마트키 인증에 의한 시동	PIC 포브 소지 시 무선 인증에 의해 시동이 가능한 기능
림프홈 시동(트랜스폰더에 의한 시동)	PIC 포브의 어떠한 고장 발생 시 일반 이모빌라이저와 동일하게 PIC 포브를 MSL 노브에 삽입 시 트랜스폰더를 인증하여 MSL 노브 해제 및 시동을 가능케 하는 일
경고등 제어	계기판의 PIC 램프를 통해 시스템의 상태를 운전자에게 알려주는 기능

5.4.1 도어 언록(passive access or passive entry) 기능

PIC 스마트키는 자유공간의 외부 안테나로부터 최소 0.7m에서 최대 1m 범위 안에서, 도어 핸들에 부착된 외부 안테나를 통해 차량으로부터 송신된 스마트키 요구 신호를 수신하고 이를 해석한다.

커패시티브(capacitive) 센서가 부착된 어떤 도어 핸들에 운전자가 접근하는 것은 운전자가 차량 실내로 진입하기 위한 의도를 나타내며 이는 시스템 트리거(trigger)신호로 인식된다. 즉, PIC 스마트키를 가지고 있는 운전자가 차량에 접근하여 도어 핸들을 터치하면 도어 핸들 내에 있는 안테나는 유선으로 PIC ECU에게 신호를 보낸다.

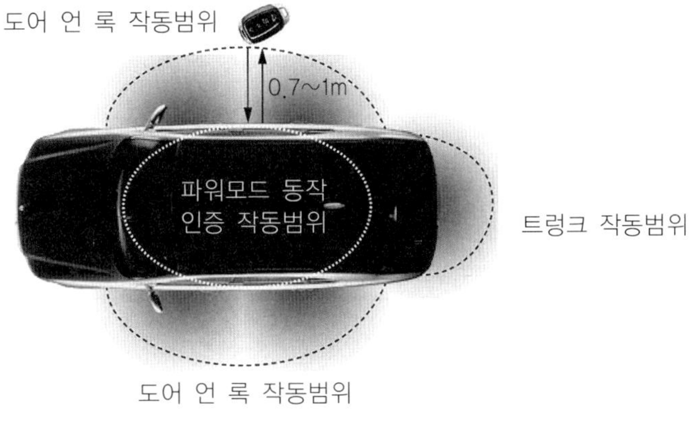

그림 8-50. 스마트키의 작동범위

신호를 받은 PIC ECU는 다시 도어 핸들의 안테나를 통해 PIC 스마트키 확인 요구 신호를 무선으로 보내게 되고 PIC 스마트키는 응답신호를 무선으로 외부 수신기에 데이터를 보낸다. 데이터를 받은 외부 수신기는 유선(시리얼 통신)으로 PIC ECU에게 데이터를 보내게 되고, PIC ECU는 차량에 맞는 스마트키라고 인증을 한다. 그리고 PIC ECU는 CAN 통신을 통해 unlock 메시지를 운전자 도어 모듈과 BCM으로 보낸다. 그러면 운전석 도어 모듈은 unlock 릴레이를 작동시키고, BCM은 방향지시등 릴레이(비상등)를 0.5초간 2회 작동시켜 도난경계 또한 해제시킨다.

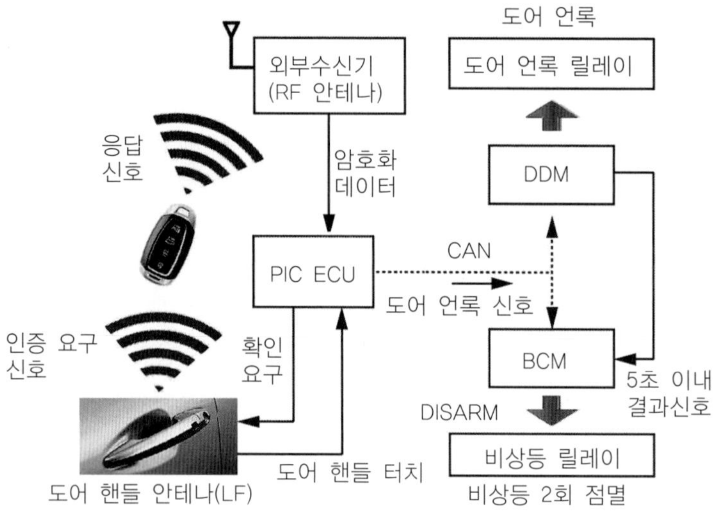

그림 8-51. 도어 언록 작동 다이어그램

5.4.2 도어 록(passive locking, exit)

운전자가 PIC 스마트키를 가지고 있다면 간단한 조작으로 도어록 및 도난경계 진입이 가능하다.

록 버튼을 누르는 것은 운전자가 차량을 잠그기 위한 의도를 나타내며 이는 시스템 트리거(trigger)신호로 인식된다. 즉, 전 도어가 닫힌 상태(OFF)에서 도어 핸들에 있는 록 버튼을 누르면 도어 핸들은 PIC ECU로 신호를 보낸다. 신호를 받은 PIC ECU는 다시 도어핸들의 안테나를 통해 PIC스마트키 확인 요구 신호를 무선으로 보내게 되고, PIC 스마트키는 응답 신호를 외부 수신기로 보낸다. 신호를 받은 외부 수신기는 유선(시리얼 통신)으로 PIC ECU에게 데이터를 보내게 되고 PIC ECU는 차량에 맞는 스마트키라고 인증을 한다.

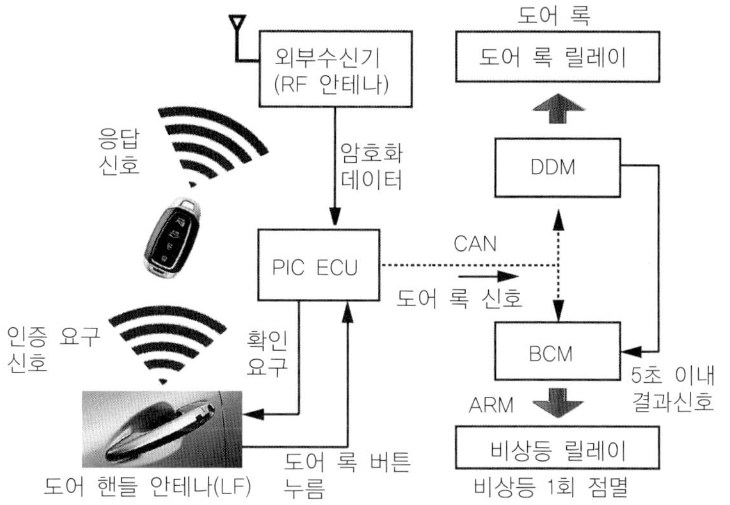

그림 8-52. 도어 록 작동 다이어그램

동시에 PIC ECU는 CAN 통신을 통해 록 메시지를 운전석 도어 모듈과 BCM으로 보낸다. 운전석 도어 모듈은 록 릴레이를 작동시키고, BCM은 방향 지시등 릴레이(비상등)를 1초간 1회 작동시키고 도난 경제 상태로 진입한다. 만약, 차량 내부에 스마트키가 있다면 PIC ECU는 내부의 스마트키가 locking 명령을 수신하는 것을 방지하기 위해 내부 안테나에 작동 중지 명령을 보낸다.

5.4.3 트렁크 오픈(passive access trunk)

트렁크 리드 스위치를 누르는 것은 운전자가 차량의 트렁크를 열기 위한 의도를 나타내며 이는 시스템 트리거(trigger)신호로 인식된다. 즉, 트렁크 리드 스위치 버튼을 누르면 리드 스위치는 PIC ECU에게 신호를 보낸다. 신호를 받은 PIC ECU는 다시 범퍼 안테나를 통해 PIC 스마트키 확인 요구 신호를 무선으로 보내게 되고, PIC 스마트키는 응답 신호를 무선으로 외부 수신기로 데이터를 보낸다.

데이터를 받은 외부 수신기는 응답이 맞으면 유선(시리얼 통신)으로 PIC ECU에게 데이터를 보내게 되고 PIC ECU는 차량에 맞는 스마트키라고 인증을 한다. 인증이 되면 PIC ECU는 CAN 통신을 통해 트렁크 오픈 메시지를 BCM으로 보낸다. BCM은 트렁크 리드 릴레이를 구동하여 트렁크를 오픈한다.

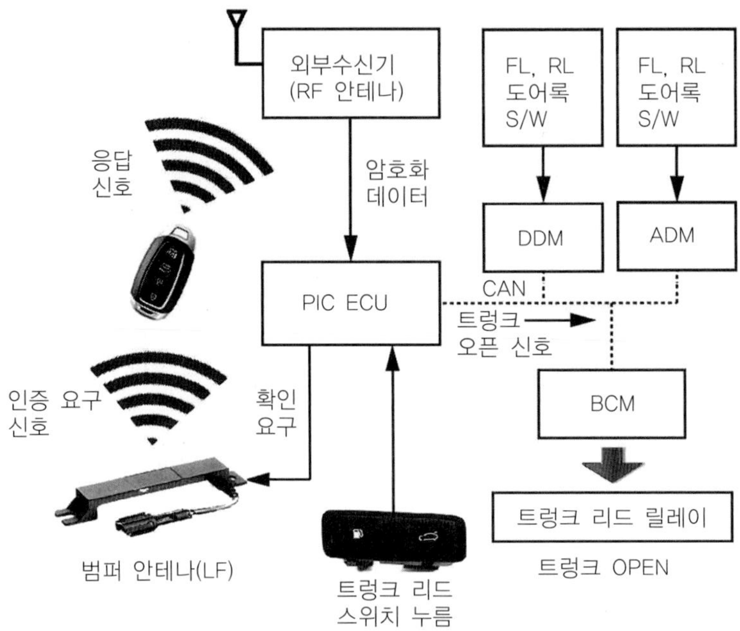

「그림」 8-53. 트렁크 오픈 작동 다이어그램

또한 트렁크가 닫히면, PIC ECU는 차량 밖에 있는 스마트키로 인해 트렁크가 다시 열리는 것을 방지하기 위해 범퍼 안테나에 작동 중지 명령을 보낸다. 그리고 PIC ECU는 트렁크 내부에 PIC 스마트키가 있는지 확인한다. 만약 유효한 PIC 스마트키라면 PIC ECU는 BCM으로 트렁크 리드 릴레이를 구동하기 위한 오픈 신호를 보낸다.

5.4.4 파워모드 동작을 위한 스마트키 인증(ignition, stop)

파워모드 스위치 동작은 이그니션 스위치를 통해 수행한다. PIC시스템은 PIC ECU에 의해 메카트로닉 스티어링 록 장치(MSL : mechatronic steering lock)가 해제된 후에 운전자에게 엔진시동(크랭킹)과 정지(시동 OFF) 뿐만 아니라 파워모드의 조작(OFF, ACC, IG)을 허용한다.

파워모드 인증을 위해 브레이크를 밟으면 브레이크 스위치는 PIC ECU에게 신호를 보낸다. 신호를 받은 PIC ECU는 다시 실내 안테나를 통해 PIC 스마트키 확인 신호를 무선으로 보내게 되고 PIC 스마트키는 응답 신호를 무선으로 외부 수신기에 데이터를 보낸다.

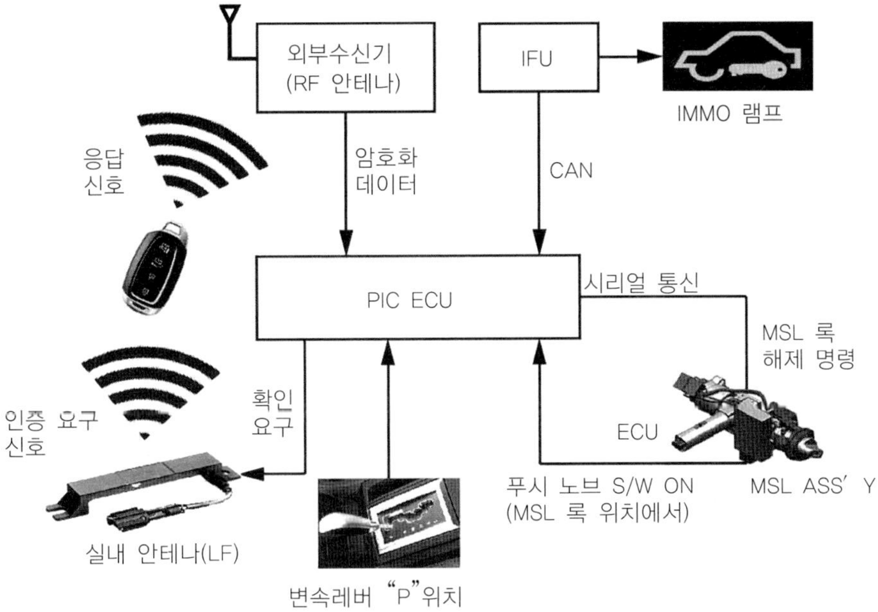

그림 8-54. 파워모드 동작을 위한 스마트키 인증 작동 다이어그램

데이터를 받은 외부 수신기는 응답이 맞으면 유선(시리얼 통신)으로 PIC ECU에게 데이터를 보내게 되고 PIC ECU는 차량에 맞는 스마트키라고 인증을 한다. 인증이 되면 PIC ECU는 유선을 통해 MSL에게 해제 메시지를 송신하고 신호를 받은 MSL은 키 박스 lock을 해제하고 파워 모드의 조작을 허용한다. 파워 모드의 조작을 허용하고 난 후 약 10초 이내에 조작(돌리지)하지 않으면 MSL은 다시 lock이 된다. 이를 해제하기 위해서는 브레이크 스위치를 밟아 인증을 다시 받아야 한다.

5.4.5 파워 모드 동작을 위한 스마트키 인증(시동)

이 기능은 MSL 노브 해제 상태에서 노브를 IG로 돌리면 인증된 스마트키의 경우 시동이 가능하고, 그렇지 않은 경우 시동이 되지 않는 기능이다. 일반적인 이모빌라이저 기능과 같다.

노브를 IG 위치로 ON하면 PIC가 IFU로 스마트키 인증 신호를 보낸다. 이때 IFU는 엔진 ECM에게 시동 허가 신호를 보내게 되고, 엔진 ECM은 스타팅시 연료분사가 가능하게 제어 하므로 엔진은 시동이 된다(이모빌라이저 기능).

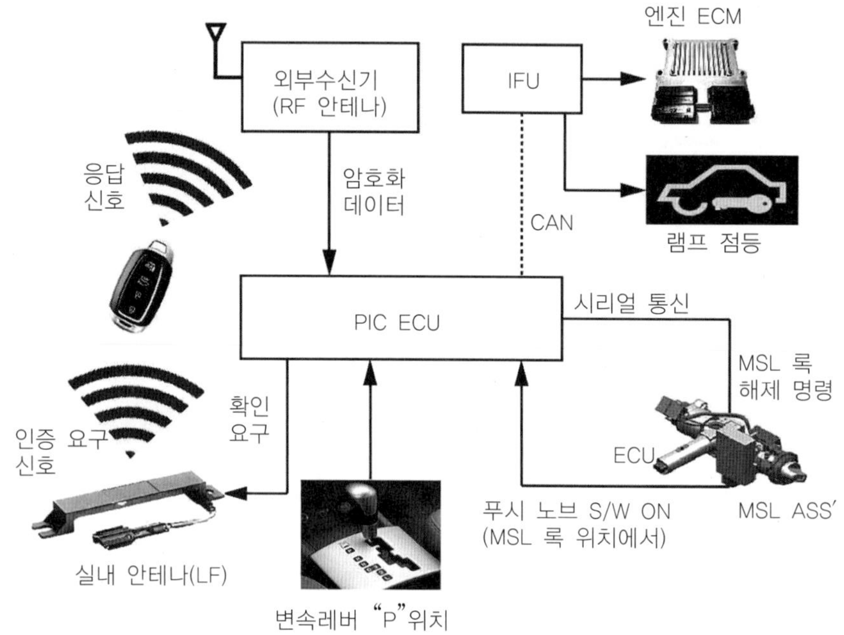

그림 8-55. 파워모드 동작을 위한 스마트키 인증(시동) 작동 다이어그램

5.4.6 림프홈(limp home)

이 기능은 "limp home 시동"이라 불리는 기능이며, 스마트키의 배터리 방전이나, 외부 수신기 등의 불량으로 인한 MSL 록 해제 및 시동 불가시 스마트폰키를 노브의 홈에 삽입 또는 별도의 스마트키 삽입구에 스마트키를 삽입함으로서, MSL 해제는 물론 시동도 가능하게 하는 일종의 보완 기능이다.

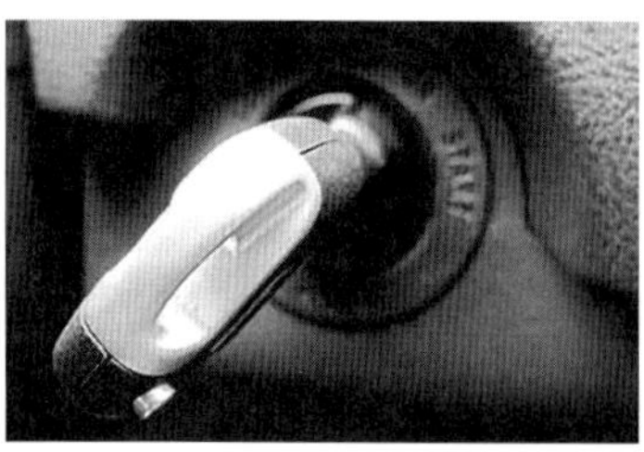

(a) 노브에 삽입방식

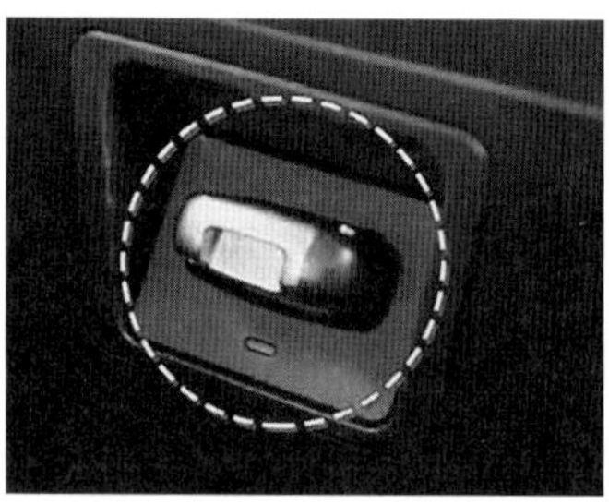

(b) 별도의 스마트키 삽입구에 삽입방식

그림 8-56. 스마트키 불량으로 인한 스마트키 삽입

이 기능은 스마트키를 노브에 삽입 또는 별도의 스마트키 삽입구에 스마트키를 삽입하면

스마트키 내에 내장된 트랜스폰더(일반 이모빌라이저와 동일)에 작동되는데, 스마트키가 노브에 삽입되면 이 신호는 IFU(BCM)로 입력되고, 이때 IFU(BCM)는 안테나 코일을 구동시켜 스마트키에 내장된 트랜스폰더와 무선으로 통신한다.

「그림」 8-57. 스마트키 안테나 코일

IFU(BCM)는 통신 수행 후 트랜스폰더에 대한 인증 성공시(정보를 분석하여 암호와 핀코드가 일피) 통신라인을 통해 PIC 유닛과 엔진 ECM으로 정보를 전달한다. 따라서 IFU(BCM)는 이 정보에 의해 경고등을 제어하는 한편, MLS 유닛으로 lock 해제 신호를 보내 MSL을 해제하게 되고, 동시에 엔진 ECM은 시동이 가능하게 제어한다.

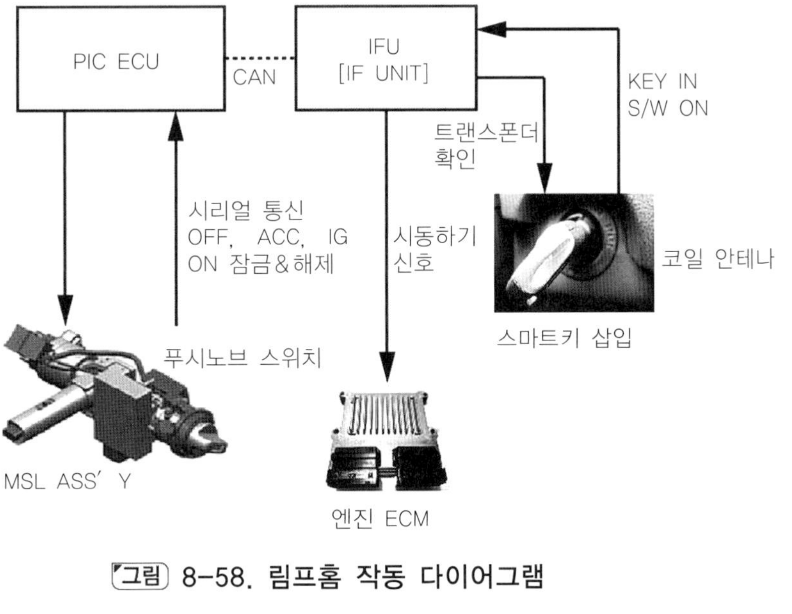

「그림」 8-58. 림프홈 작동 다이어그램

5.4.7 경고등 제어

[1] 램프모드 상태

이모빌라이저 램프 구동은 시스템의 상태에 따라 BCM 또는 IFU가 ON/OFF 제어한다.

[2] 램프 표시에 따른 시스템 상태

(1) 정상적인 경우

① 트랜스폰더에 의해 인증된 경우

조 건	IG OFF인 경우	IG ON시 인증 실패
램프 상태	최대 10초간 점등	2초간 점등

② 스마트키(PIC 리모컨)에 의해 인증된 경우

조 건	IG OFF인 경우	IG ON시 인증 실패
램프 상태	최대 10초간 점등	2초간 점등

③ 빠른 재시동 : IG OFF중에 10초간 램프 점등

④ 도어를 열고 닫을 경우

조 건	IG OFF인 경우	IG ON시 인증 실패
램프 상태	10초간 다시 점등	이전 램프 상태 유지

(2) 비정상인 경우

① 트랜스폰더에 의한 인증 실패 : 깜박거림

② PIC 리모컨에 의한 인증 실패 : 깜박거림, IG ON시 깜박거림은 IG OFF시에도 계속 되며 새로운 IG OFF/ON시 인증이 실패하면 깜박거림은 다시 시작한다.

③ 재시동 시간 초과

조 건	BCM 시간 초과	인증요구 취소
램프 상태	OFF	OFF

④ 도어 열림/닫힘시 PIC 리모컨 이탈(out)발생

조 건	IG OFF인 경우	IG ON시 인증 실패
램프 상태	램프 OFF/부저 OFF	기존램프 상태 유지/부저ON

⑤ 트랜스폰더 키 out : OFF(인증요구 취소)

⑥ 포브로 ACC OFF : OFF(인증요구 취소)

⑦ 브레이크 해제하고 포브로 10초 이내에 ACC ON : OFF(인증요구 취소)

⑧ MSL 과열 또는 MSL 해제 안됨(통신 문제로 인한) : OFF(인증요구 취소)

(3) IG ON으로 전환

① IG ON 시 인증 성공 : 램프 ON

② IG ON 시 인증 실패 : 램프 깜박거림

③ IG ON 시 인증 성공 및 EMS 통신 실패 : 2초 후 램프 OFF(빠른 재시동 진행 중일 경우에도 2초 후 램프 OFF)

[3] 디스플레이 및 경고 등

① 스마트 키 이탈 경보(도어 닫을 때)

② ESCL 미 잠김 경보

③ ESCL 미 해제 경보

④ ESCL 고장 경보

⑤ 키 리 마인드 경보#1, #2

⑥ 도어 록 경보#1, #2, #3

⑦ 트렁크 재 열림 경보

6 오토라이트 제어장치

6.1 오토라이트 제어장치의 개요

주위의 밝기에 따라 자동적으로 미등이나 전조등의 점등 및 소등을 하는 것을 오토라이트 제어장치라고 한다.

크래쉬 패드 상단에 위치한 조도센서(광량센서)를 이용하여 주위 조도 변화에 따라 운전자가 다기능 스위치를 조작하지 않아도 AUTO MODE에 위치하면 자동으로 미등 및 전조등을 점등, 소등 제어한다. 주행 중 터널 진출입시 또는 비, 눈, 안개 등으로 주위 조도 변경 시에도 작동한다.

6.2 입·출력 및 시스템

6.2.1 입·출력 다이어그램

입력		제어		출력
-오토라이트 스위치 -점화스위치(시스템 전원) -검출조도 조정용 INPUT → TAIL LAMP용 -검출조도 조정용 INPUT → 헤드램프용 -접지	⇨	-오토라이트 제어유닛 -CPU -TR1 작동 -TR2 작동	⇨	-미등 릴레이 작동 → 미등 점등 -헤드램프 릴레이 작동 → 전조등점등

6.2.2 입·출력시스템의 구성

[1] 입력부

라이트스위치는 수동위치와 AUTO위치를 선택할 수 있도록 되어 있으며, auto light 시스템은 AUTO위치에서만 주위의 밝기에 따라 전조등과 미등을 자동으로 점등 또는 소등시킨다. 수동위치에서는 운전자가 직접 라이트를 작동시켜야 한다. 조도 센서는 빛의 밝기를 감지하는 센서로 자동차의 앞 유리 중간 밑 부분에 장착된다.

(a) 조도센서 설치위치

(b) 조도센서

「그림」 8-59. 조도센서

[2] 제어부

제어컴퓨터는 라이트스위치와 조도센서의 입력 값에 의해 전조등 및 미등의 점등과 소등 여부를 결정하여 신호를 보낸다.

[3] 출력부

출력부는 자동차의 전조등과 미등으로 구성되며, 제어컴퓨터의 명령을 받아 점등 및 소등이 된다.

6.3 작동 및 점등조건

6.3.1 스위치 기능별 작동

① IG KEY를 ON 후 다기능 스위치를 OFF, TAIL, HEAD, AUTO스위치 순서로 작동한다.

② 다기능 스위치를 TAIL 또는 HEAD에 위치하면 MANUAL 스위치 조작에 의한 TAIL 램프 또는 HEAD 램프를 점등, 소등한다.

③ 다기능 스위치를 AUTO에 위치하면 주위 빛의 명암에 따라 오토 라이트 유닛 내부의 포토 다이오드에 의해 CPU 내부회로에서 이미 설정된 전압과 같은 경우, TAIL 및 HEAD LAMP를 자동으로 점등, 소등하게 된다.

④ 다시 미등 및 전조등 스위치를 수동으로 조작하면 센서에 의한 빛의 명암에 따라 점등, 소등하지 않고 스위치 조작에 의해 점등, 소등이 된다.

⑤ IG KEY 제거시 전 LAMP는 소등된다.

[점등 및 소등조건]

조건 \ 램프	미등		전조등	
	조도(LUX)	전압(V)	조도(LUX)	전압(V)
점등	23.1±1.4	0.78±0.04	6.2±1.4	0.36±0.04
소등	48.1±1.4	1.38±0.04	12±1.4	0.52±0.04

6.3.2 작동회로 설명

라이트스위치를 AUTO 모드에 위치하면 AUTO 라이트 유닛 5번 단자는 라이트 스위치를 통해 어스되므로 해서 H(12V) → L(0V)로 떨어진다. 이때 AUTO 라이트 유닛은 미등 및 헤드라이트 점등 준비 상태가 된다.

[1] 미등 점등회로 설명

미등 점등은 AUTO 라이트 유닛 4번 단자의 조도센서에 감지조도가 점등조건에 도달하면 조도검출용 전압이 입력되어 AUTO라이트 유닛 내부의 TR_1의 베이스 전류를 주고, 미등 릴레이를 통해 유닛 2번 단자에서 대기하고 있던 전원이 TR_1를 거쳐 유닛 1번 단자로 어스 됨으로 해서 미등 릴레이가 ON된다.

만일 주위가 밝아져서 감지조도가 미등 소등조건에 도달하면(조도검출용 입력전압이 소등조건으로 되면) AUTO라이트 유닛 내부의 TR_1의 베이스 전류가 차단되고, 미등릴레이를 통해 흐르던 전류가 TR_1에서 차단되어 미등릴레이가 OFF되어 미등이 꺼진다.

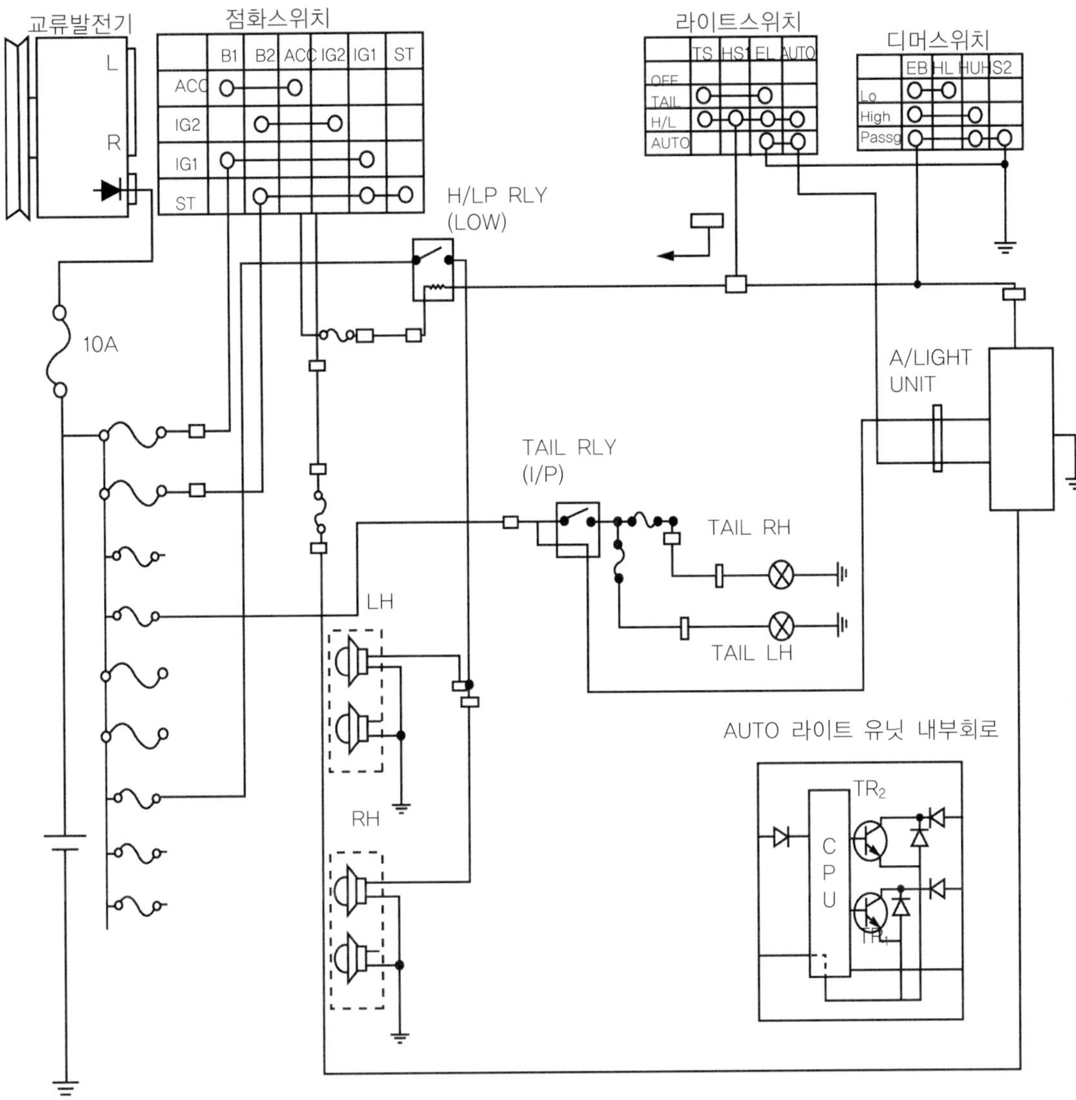

「그림」 8-60. 오토라이트의 전기회로도

[2] 헤드라이트 점등회로 설명

점등준비 조건은 상기와 같고 헤드라이트 점등은 AUTO 라이트 유닛 4번 단자의 조도 센서에 감지조도가 점등조건에 도달하면 조도검출용 전압이 입력되어 AUTO 라이트 유닛 내부의 TR_2의 베이스 신호를 주고, 헤드라이트 LOW 릴레이를 통해 유닛 3번 단자에서 대기하고 있던 전원이 TR_2를 거쳐 유닛 1번 단자로 어스 되므로 해서 헤드램프 LOW 릴레이가 ON된다.

헤드램프 LOW 릴레이가 ON되면 B+ 전원이 릴레이를 거쳐 램프에 전원이 공급되어 헤드라이트가 점등된다. 만일 주위가 밝아져서 감지조도가 소등조건에 도달하면(조도검출용 입력전압이 소등조건으로 되면) AUTO 라이트 유닛 내부의 TR_2의 베이스 전류가 차단되고, 헤드램프에 LOW릴레이가 OFF되어 헤드램프가 꺼진다.

7 후진 및 선회 경고장치

7.1 후진 및 선회 경고장치의 개요

후진 및 선회 경고장치는 도로상의 장애물을 검출하고 경보를 울려 충돌을 방지하는 장치이다. 이 장치의 센서는 소형이며, 전력소비가 적은 레이더 장치를 사용하는데 큰 물체가 있는 커브길 등에서는 레이더 빔을 반사하기 때문에 오 경보의 원인이 되기 쉽다. 이를 방지하기 위해 커브길 주행 중 검출한 물체가 그 자동차와 같은 차로 상에 있는 장애물인지의 여부를 조사하기 위해서 커브의 곡률 반지름을 측정한다. 그리고 커브에 경사가 없는 경우에는 앞바퀴의 조향각도로 곡률 반지름을 측정한다.

레이더 빔의 조사각도와 커브의 반지름이 주어지면, 컴퓨터는 곧 레이더 빔을 반사하는 물체가 자동차와 같은 차로 상에 있는지를 판단하도록 계산을 실행한다. 레이더 발신기는 연속파형 모드보다는 펄스파형 모드로 작동시키는 것이 좋은 효과를 얻을 수 있다.

펄스파형 모드의 경우는 매우 짧은 시간간격으로 발신기의 스위치가 ON/OFF 된다. 발신기가 OFF인 기간 중에 수신기는 반사 신호를 찾는다. 펄스파형으로 발신된 마이크로파의 진로 상에 반사물체(장애물)가 존재하면, 그것에 반사한 펄스가 수신기로 되돌아온다. 마이크로파가 발사된 후 장애물에서 반사되어 되돌아 올 때까지의 시간 t는 장애물까지의 거리 R에 비례한다.

레이더장치는 이 시간을 정확히 측정하여, 장애물까지의 거리를 산출한다. 그리고 자동차의 주행속도는 지면에서 반사될 펄스신호의 도플러(doppler) 효과로 측정한다(도플러효과에 의한 주파수의 변화량은 이동 물체의 속도에 비례한다). 레이더 파형은 지면에서의 반사는 각도가 낮고, 거리가 짧기 때문에 일정한 방향으로 장애물로부터의 반사와 구별할 수 있다.

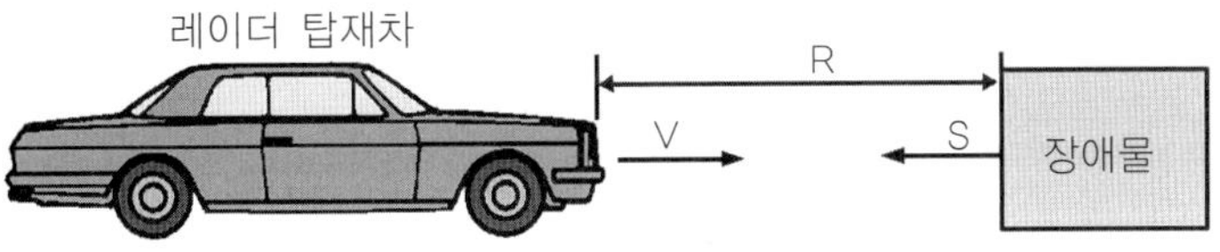

그림 8-61. 충돌방지 경보장치

7.2 후진 및 선회 경고장치의의 구성

후진 및 선회 경고장치(back corner warning system)는 초음파의 특성(초당 340 m/s의 전송속도로 이동)을 이용하여 주차 또는 저속으로 주행할 때 운전자의 육안으로 검출할 수 없는 사각지대를 검출하여 물체의 근접정도에 따라 경보(지시기, 버저)로 알려주므로서 사전에 일어날 수 있는 사고를 미연에 방지한다.

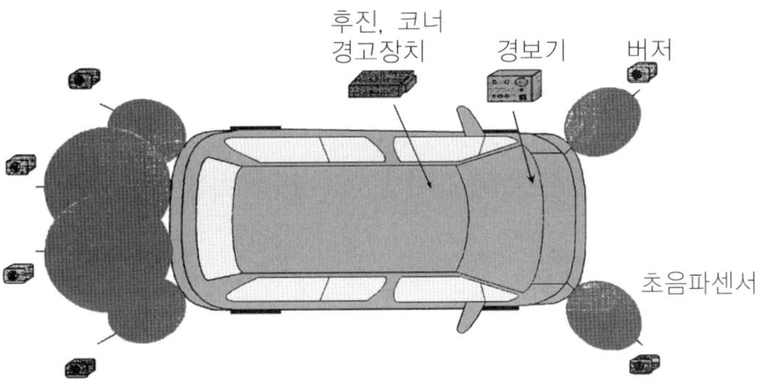

그림 8-62. 후진 및 선회 경고장치의 구조

초음파 센서, 컴퓨터, 경보기 및 버저로 구성된다. 장치의 제어는 6개의 초음파 센서가 입력되어 컴퓨터에서 제어되어 작동램프와 버저를 작동시킨다.

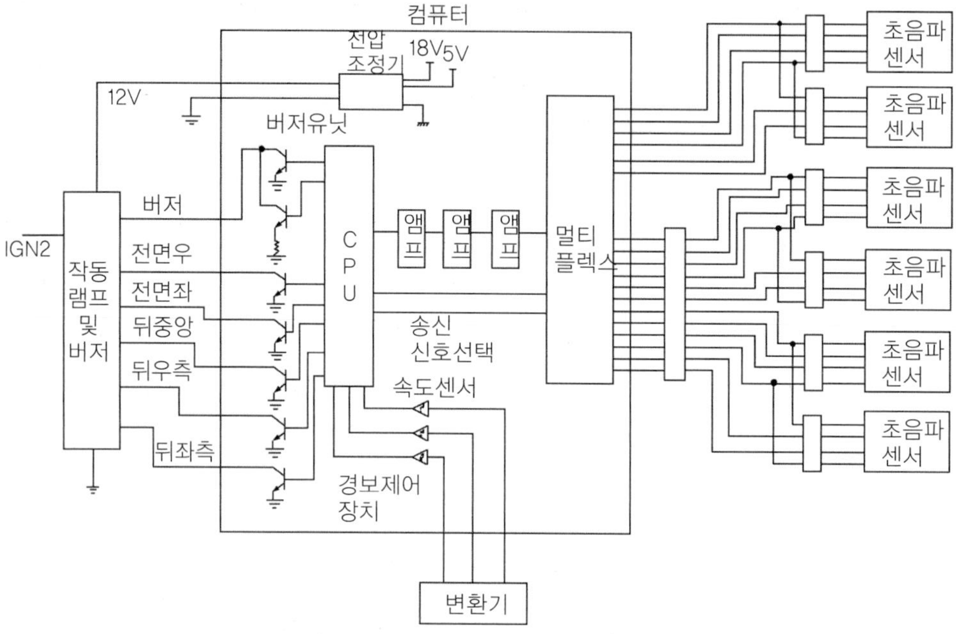

「그림」 8-63. 후진 및 선회 경고장치의 다이어그램

7.3 후진 및 선회 경고장치의 경고방법 및 검출범위

7.3.1 작동신호 및 경고방법

후진을 할 때에는 변속레버를 후진으로 하였을 때, 전진은 주차 브레이크를 풀고 변속레버를 전진으로 하였을 때 작동한다.

[1] 선회 검출

약 30~50㎝ 이내에 장애물을 검출하며, 표시등과 버저를 연동 작동시킨다.

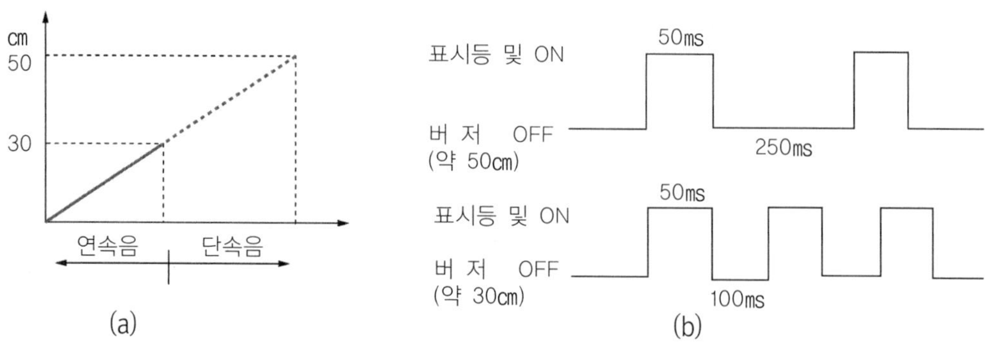

「그림」 8-64. 선회 검출시의 표시등과 버저작동

[2] 후진 검출

후진할 때 장애물이 150~100㎝에 있으면 1차 경보를 하고 장애물이 100~50㎝에 있으면 2차 경보를 장애물이 50~30㎝에 있으면 선회 경보조건과 같은 경보음을 낸다.

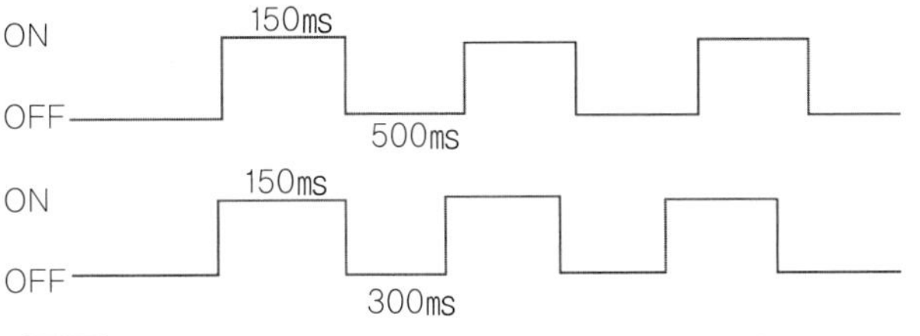

그림 8-65. 후진검출시의 표시등과 버저작동

7.3.2 후진 및 선회 경고장치의 작동

경고장치는 초음파의 전송속도와 초음파의 이동시간을 이용하여 자동차 뒤쪽 및 앞쪽의 장애물을 검출하여 정해진 영역 내에 물체가 있으면, 작동램프 및 버저(buzzer)음으로 운전자에게 경고하는 보조 장치이다.

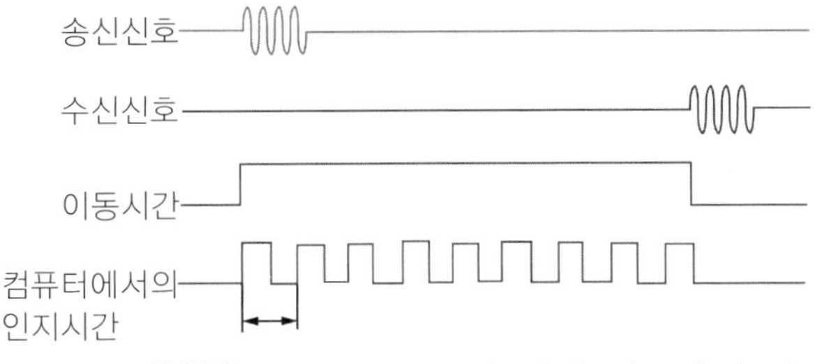

그림 8-66. 후진 및 선회 경고장치 작동

7.3.3 후진 및 선회 경고장치의 검출범위

후진 수평 검출범위는 그림 67(a)와 같고, 앞면 수평 검출범위는 그림 67(b)와 같다.

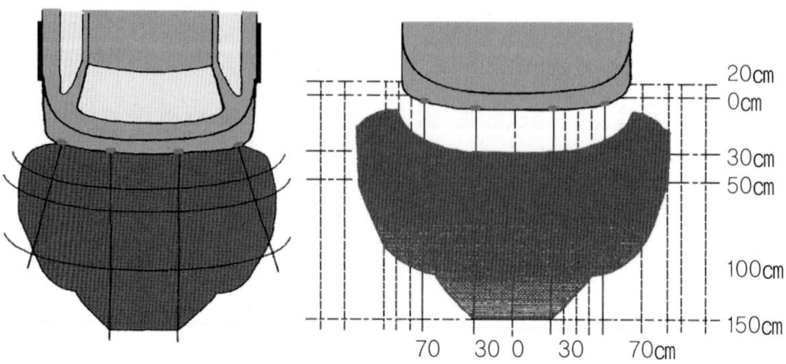

(a) 후진

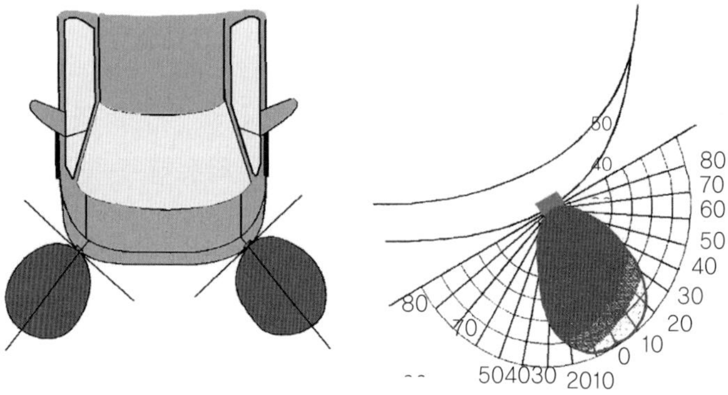

(b) 앞면

「그림」 8-67. 수평검출 범위

8 음성경보 장치(VAS)

8.1 음성경보(VAS)장치의 개요

음성경보 장치(VAS : voice alarm system)는 운전자의 안전과 편의를 돕기 위하여 자동차의 상태를 운전자에게 음성 메시지(message)로 알려줌으로서 자동차 운행의 안전성을 추구하는 장치이다. 음성경보 장치(VAS)의 음성경보 기능은 다음과 같다.

도어 열림, 안전벨트 미착용, 주차브레이크 해제, 엔진오일 부족, 연료부족, 트렁크 열림, 축전지 방전, 상향등 점등, 점화스위치(키) 미회수 등이다.

8.2 음성경보 장치(VAS)의 작동원리

8.2.1 입출력 흐름도

음성경보 장치는 그림 68에 나타낸 바와 같이 자동차 신호를 종합경보 장치부터 수신하여 음성으로 출력한다.

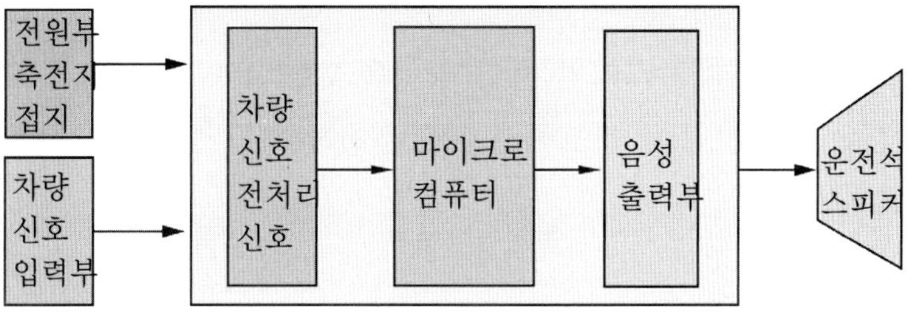

그림 8-68. 음성경보 장치 입·출력도

8.2.2 스위치 작동

경보조건 발생시 경보음 출력 전후 "PUSH"되면 스위치 작동이 안 되는 시점이 발생한다(미작동 시간 3~5초). -오디오 & VAS 스위칭 시간 적용

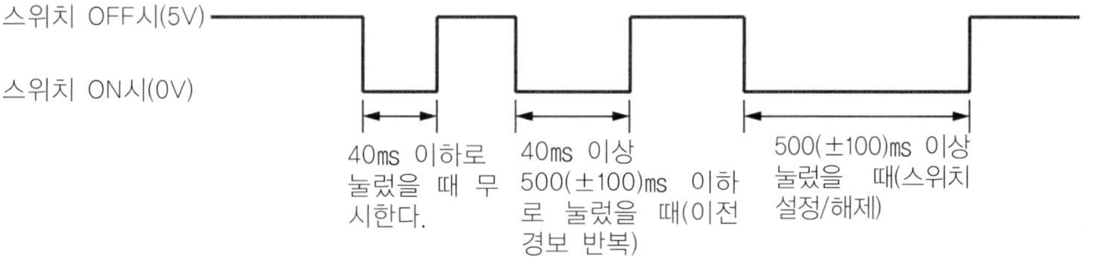

그림 8-69. 스위치 작동

그림 8-70. VAS 스위치

8.3 음성 경보장치의 출력사양

8.3.1 스피커 출력

AV 또는 오디오 운전석(FL) 스피커 출력 라인을 VAS 유니트로 입력시키고 경고 조건일 경우, 릴레이로 스위칭 하여 경고메시지를 운전석(FL) 스피커로 출력 시킨다.

8.3.2 리모트 출력

AV 또는 오디오가 작동 중일 경우는 리모트 출력(12V)을 통과시킴으로 스피커 구동에 문제가 없으나, AV 또는 오디오를 사용하지 않을 때는 VAS유닛에서 리모트 신호를 발생시킨다. 단, VAS유닛 출력 리모트 신호는 5(±5)V이다.

8.3.3 스위치 지시기

자동차의 상태에 따라서 경보기를 해제 또는 설정해 줄 필요가 있다. 스위치에 지시기 램프를 설치하여 경보기의 상태를 운전자에게 알려준다. 경보기를 설정하면 램프 ON, 해제하면 램프가 OFF된다.

8.3.4 리모트 출력

AV 또는 오디오 작동중일 경우는 스피커의 리모트(12V)단이 VAS유닛을 통해 바이패스되어 스피커를 구동시킨다. 음성 출력 리모트 단을 끊으므로 MUTE기능을 대신한다.

8.4 음성경보 장치(VAS)의 기능

음성 경보장치의 기능과 경보문은 다음 표와 같다.

[음성경보 장치의 기능과 경고문]

NO.	기 능	상세내역	경 고 문
1	도어 열림	FL	운전석 문이 열려 있습니다.
		FR	조수석 문이 열려 있습니다.
		RL	뒷좌석 왼쪽 문이 열려 있습니다.
		RR	뒷좌석 오른쪽 문이 열려 있습니다.
2	안전벨트 착용		안전벨트를 착용하셨습니까?
3	주차브레이크 잠김		주차 브레이크가 잠겨 있습니다.
4	엔진오일		엔진오일을 점검하십시오.
5	연료부족		연료가 부족합니다.
6	트렁크 열림	트렁크	트렁크가 열려 있습니다.
7	축전지 방전		축전지가 방전되고 있습니다.
8	상향등 작동		상향등이 켜져 있습니다.
9	점화스위치(키) 미회수		키가 꽂혀 있습니다.

8.4.1 도어 열림 경보

① 엔진시동(교류발전기 "L"단자 입력)직후 도어 상태를 점검하여 도어가 열린 경우에는 우선순위에 따라서 경고문 1회 출력한다(자동차 정지 상태).

② 자동차가 주행할 때 도어 상태를 점검하여 도어가 열린 경우에는 우선순위에 따라서 경고문을 1회 출력한다.

③ 경보주기는 자동차가 주행할 때에는 30(±2)초 간격으로 도어 상태를 점검하여 열린 경우에는 경고음을 1회 출력한다.

④ 도어가 닫혔다가 다시 열렸을 때는 30(±2)초 전이라도 경고음을 출력한다.

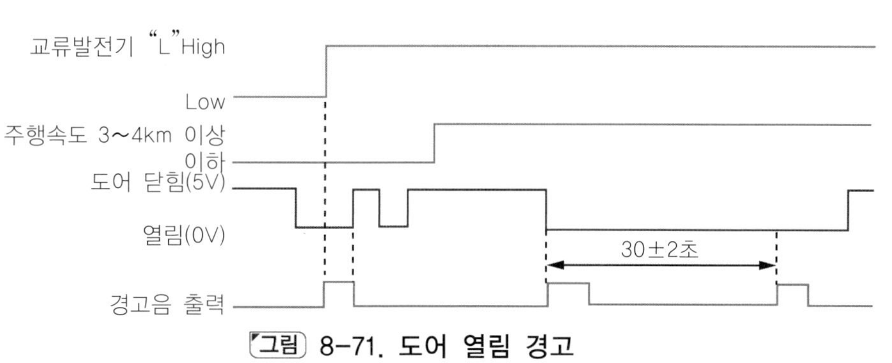

「그림」 8-71. 도어 열림 경고

8.4.2 주차 브레이크 경보

① 경보조건은 자동차 주행속도가 3~4km/h 이상일 때 주차 브레이크가 잠겨 있는 경우에 경고문을 1회 출력한다.

② 경보주기는 그림 72에 나타낸 바와 같이 자동차 주행 중 30(±2)초 간격으로 주차 브레이크를 점검하여 잠겨 있는 경우 다시 경고문을 출력한다.

③ 주차 브레이크가 풀렸다가 다시 잠긴경우 30(±2)초 이전이라도 경고음을 출력한다.

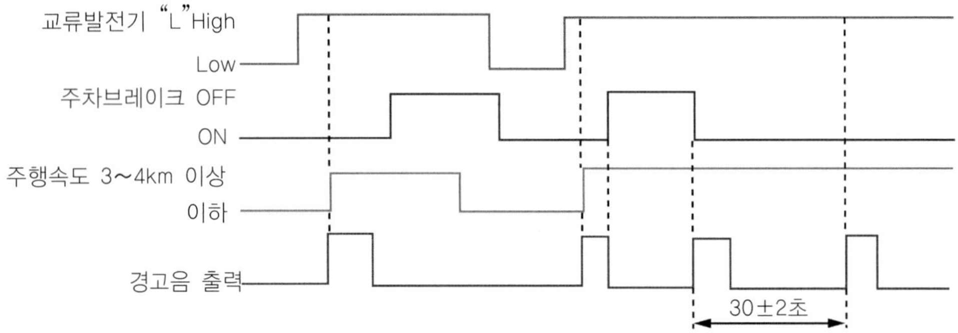

그림 8-72. 주차 브레이크 경고 주기

8.4.3 트렁크 열림 경보

경보조건은 엔진 시동직후 트렁크 상태를 점검하여 트렁크가 열린 경우 우선순위에 따라서 경고문을 1회 출력한다. 그리고 자동차가 주행할 때에도 트렁크 상태를 점검하여 트렁크가 열린 경우 우선순위에 따라서 경고문을 1회 출력한다.

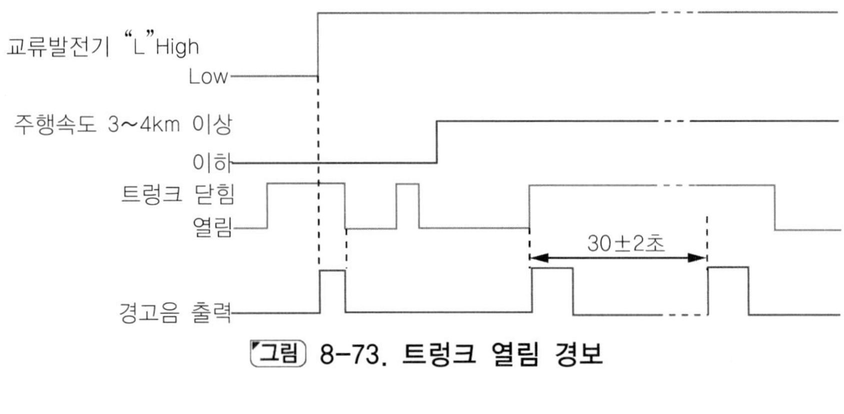

그림 8-73. 트렁크 열림 경보

경보주기는 자동차가 주행할 때에는 30(±2)초 간격으로 트렁크 상태를 점검하여 트렁크가 열린 경우 경고문을 1회 출력하며, 트렁크가 닫혔다가 열린 때에는 30(±2)초 전이라도 경고문을 출력한다.

8.4.4 상향등(high bean) 점등경보

경보조건은 점화스위치가 ON상태이고, 상향등 점등 경고등 ON후 5분(±5초)동안 계속 상향등이 켜져 있는 경우 경고문을 1회 출력한다. 경보주기는 그림 74와 같이 상향등을 ON으로 한 후 5분(±5초)주기로 점검하여 상향등이 켜져 있는 경우 경고문을 1회 출력한다.

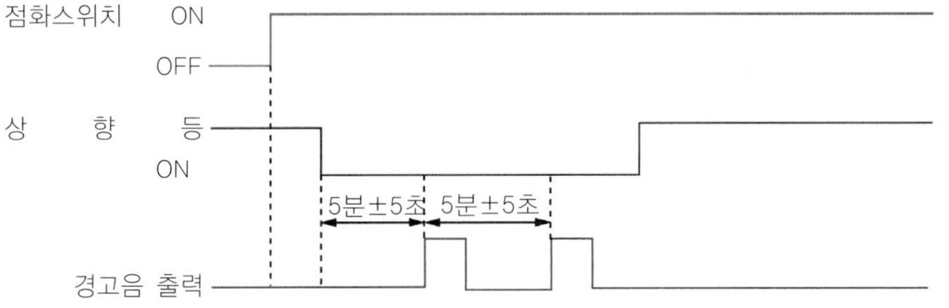

「그림」 8-74. 상향등 점등경보

8.4.5 연료부족 경보

경보조건은 엔진 시동 후 연료부족 경고등이 점등되면 경고문을 1회 출력한다. 경보주기는 그림 75에 나타낸 바와 같이 10분(±5초)마다 경고문을 출력하며, 에러 조치 후 다시 에러 상황이 발생되면 10분 이전이라도 경보한다.

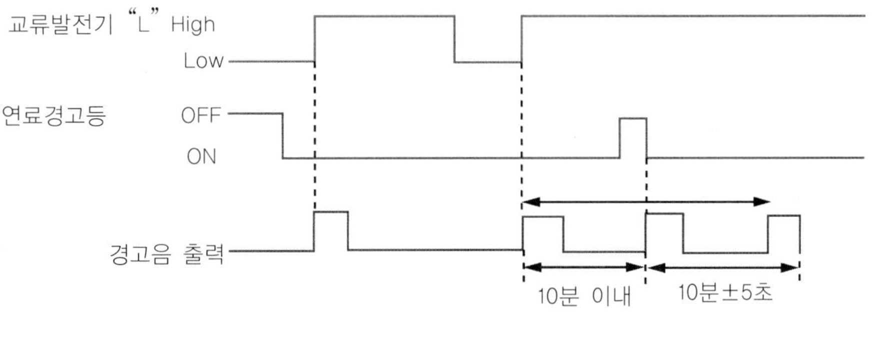

「그림」 8-75. 연료부족 경보

8.4.6 엔진오일 부족 경보

경보조건은 엔진 시동 후 엔진오일 경고등이 점등되면 경고문 1회 출력한다. 경보주기는 그림 76에 나타낸 바와 같이 5분(±5초)마다 경고문을 출력한다. 에러 조치 후 다시 에러 상황이 발생하면 5분 이전이라도 경보를 발생한다.

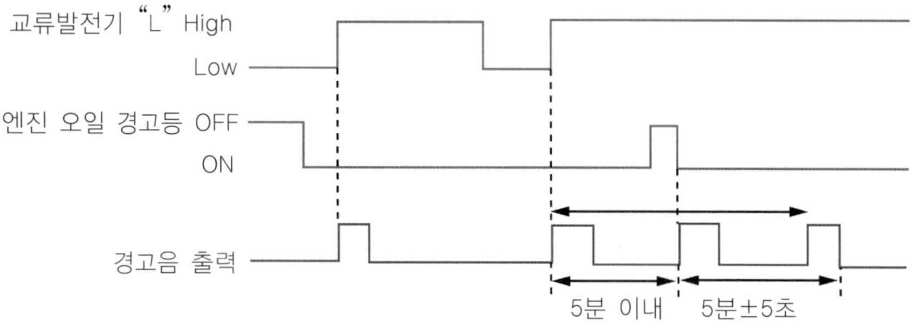

그림 8-76. 엔진오일 부족 경보

8.4.7 안전벨트 미착용 경보

경보조건은 엔진 시동 후 주행속도가 1km/h 이상일 경우 경고문을 1회 출력하고 재시동 이전에는 출력이 없다.

8.4.8 축전지 방전 경보

경보조건은 엔진 시동 후 발전기 L단자 전압이 9.5V(±0.5) 이하로 3초를 경과하면 경고음을 1회 출력한다. 경보주기는 그림 77에 나타낸 바와 같이 경보 출력 후 5분(±5초)간격으로 신호를 점검하여 에러 경고문을 1회 출력한다.

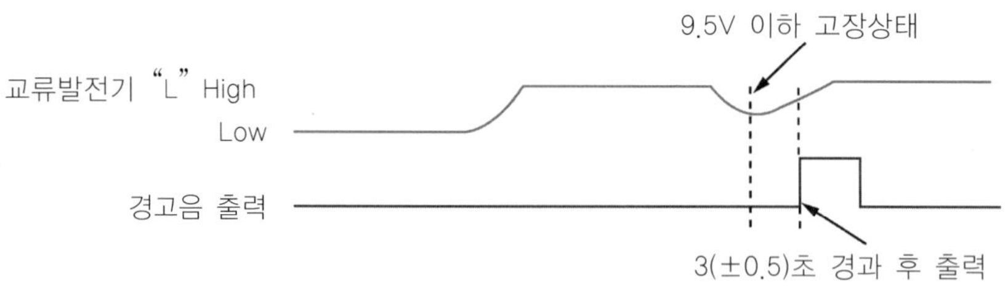

그림 8-77. 축전지 방전 경보

8.4.9 점화스위치(키) 미회수 경보 기능

경보 기능은 점화스위치 ON 상태에서 자동차의 주행속도가 3~4km/h 이하의 경우 점화스위치가 꽂혀 있는 상태에서 운전석 쪽 도어를 열었을 경우 1회 출력한다. 또 점화스위치 OFF이후 30(±2)초 이내에 경고조건이 발생하면 경고문을 1회 출력한다. 슬립(sleep)조건은 그림 78에 나타낸 바와 같이 점화스위치 OFF 이후 30(±2)초를 경과하면 슬립모드에 들어가며, 30초 이내라도 점화스위치를 빼면 슬립모드로 들어간다.

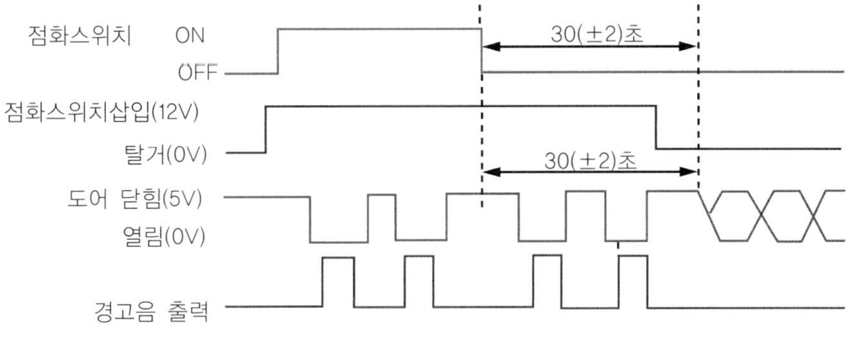

그림 8-78. 점화스위치 미회수 경보기능 슬립조건

8.4.10 썬루프 경고

경보조건은 썬루프가 열린 상태에서 ACC와 점화스위치1 "OFF"되거나 키 리스 스위치가 "ON"상태에서 30(±2)초 경과 후 "SLEEP 모드"로 전환되기 전에 경고문을 1회 출력한다. 두 가지의 어떤 경우든 경고문을 1회만 출력한다.

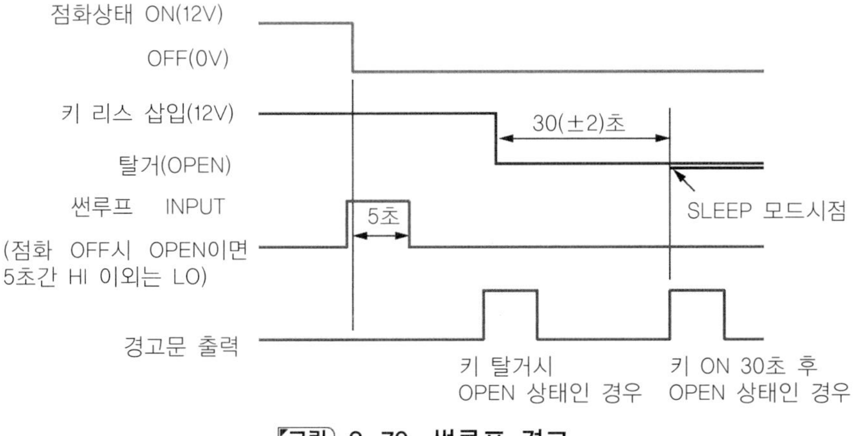

그림 8-79. 썬루프 경고

8.4.11 스피커 입력

AV(audio video) 또는 오디오 운전석(FL) 스피커 출력 선을 음성경보 유닛으로 입력시켜 경고조건이 없을 시는 바이패스(bypass)시키고, 경보조건일 경우는 릴레이로 스위칭하여 경보 메시지를 운전석(FL) 스피커로 출력시킨다.

9 레인센서 윈드 실드와이퍼 제어장치(RSWCS)

9.1 레인센서 윈드 실드와이퍼 제어장치의 개요

종합제어장치가 와이퍼 모터를 제어하는 방식에서 와이퍼 모터 구동시간을 다기능 스위치의 간헐(INT)위치에 놓으면 간헐볼륨 저항 입력신호에 따라 종합제어 장치가 와이퍼 구동시간을 제어하기 때문에 강우량에 따라 운전자가 구동시간을 조절하여야 하는 번거로움이 있다.

레인센서 윈드 실드와이퍼 제어장치는 와이퍼 모터 구동제어를 종합제어 장치 대신 앞창유리의 상단 내면부에 설치한 레인센서 및 유닛에서 강우량을 검출하여 운전자가 스위치를 조작하지 않아도 윈드 실드와이퍼 작동시간 및 저속 및 고속을 자동으로 제어한다.

9.2 레인센서 윈드 실드와이퍼장치의 구성

레인센서 윈드 실드와이퍼 제어장치(RSWCS : rain sensor wiper control system)는 레인센서 및 유닛과 와이퍼 모터, 다기능 스위치로 구성된다.

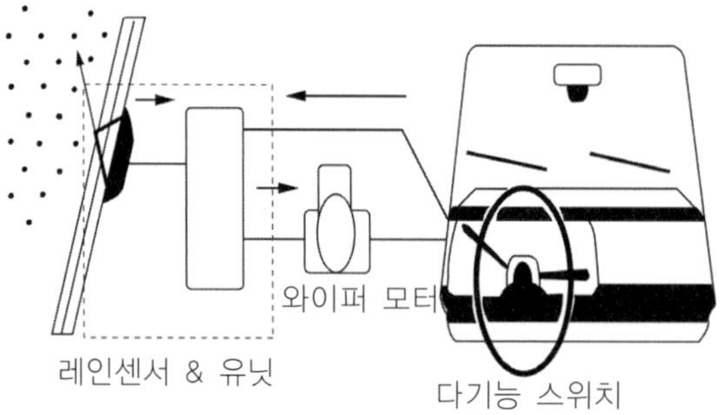

그림 8-80. 레인센서 윈드 실드와이퍼 제어장치 구성도

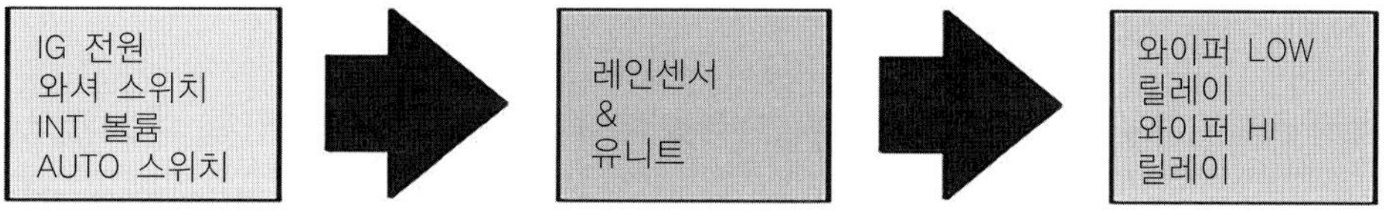

그림 8-81. 레인센서의 작동 흐름도

9.3 레인센서의 작동원리

레인센서는 발광다이오드(LED)와 포토다이오드에 의해 비의 양을 검출한다. 센서 내부에 내장된 발광 다이오드에서 적외선을 방출시키면 유리에 떨어진 빗방울이 적외선 빛을 굴절시킨다. 이를 내장된 포토다이오드가 수신해 그 빛의 양을 연산해서 와이퍼 작동 속도를 결정하게 된다.

레인센서는 0.4mm의 아주 작은 빗방울도 감지할 수 있는 고감도를 지니고 유리 투과율을 스스로 보정하는 서보회로를 지니고 있으며, 앞 창유리의 투과율에 상관없이 일정하게 빗물을 검출하는 기능이 있다. 앞 창유리의 투과율은 발광다이오드와 포토다이오드와의 중앙점 바로 위에 있는 유리 영역에서 결정된다.

레인센서 장착 와이퍼는 운전자가 AUTO위치로 스위치를 조작하면 와이퍼는 1회 먼저 작동해 레인센서의 작동 시작을 알리는 신호를 주게 된다. 와이퍼 스위치를 AUTO 위치에 놓으면 다음과 같은 현상이 나타날 수 있다. 시동 중 OFF에서 AUTO로 선택하거나, AUTO상태에서 시동을 걸면 와이퍼가 1회 움직이게 된다. 이때 다시 OFF로 갔다가 AUTO로 왔을 경우에는 바로 직전에 움직였기 때문에 고무 날 마모 방지를 위해 비가 올 때를 제외하고는 와이퍼가 다시 1회 움직이지 않는다. 비가 그친 후 약 5분 이내에 스위치를 OFF했다가 AUTO에 위치하는 경우 비가 오는 것으로 간주해 1회 정도 와이퍼가 작동한다.

레인센서는 자체 이상이 있는지를 운전자가 스스로 검사할 수 있는 자기진단 기능이 있다. 비가 올 때 SLOW에서 FAST로 1단계씩 올리면 그때마다 1회 와이퍼가 움직이면 정상, FAST에서 SLOW로 1단계씩 내릴 때 와이퍼가 움직이면 이상이 있다는 의미다. 이때는 먼저 와이퍼 고무 날의 마모 상태를 확인하여야 한다. 고무 날에 이상이 있어 유리가 균일하게 닦이지 않으면 정상적인 감지가 되지 않아 오작동을 할 수 있다.

레인센서는 기본적으로 운전자의 취향과 상황에 따른 선택이 바르게 되어야 정확한 작동을 할 수 있다. 그렇지 않으면 전체적으로 빠르거나 느리게 반응해서 오히려 운전자에게 불편을 줄 수 있다.

9.4 장치의 작동모드

레인센서 윈드 실드 와이퍼 제어장치는 기존의 윈드 실드와이퍼 기능 즉, OFF, MIST, LOW, HIGH, 와셔(washer) 기능 이외에 오토 모드(기존의 간헐위치)가 있어 이 오토위치에 놓으면 레인센서에서 유리에 떨어지는 비의 양을 검출하여 윈드 실드와이퍼 작동시간 및 작동속도를 저속 또는 고속으로 자동 제어한다.

[장치 작동 모드]

와이퍼 스위치의 위치	레인센서 작동모드	장치 작동모드
MIST(안개)	MIST	스위치가 MIST위치에 있는 한 와이퍼 모터는 저속으로 구동되며, 와이퍼 블레이드가 작동 후 정위치(park)로 복귀
OFF	OFF	윈드 실드와이퍼가 정위치에 있지 않을 때에는 정위치로 갈 때까지 와이퍼 모터는 저속회전
AUTO	AUTO	AUTO(운전자 성향에 따라 조절가능) AUTO모드는 1~16단계로 검출조절 가능 자동지연(delay) 및 자동속도제어 유리창에 쌓이는 빗물의 검출은 와이퍼 스위치로 조절된다.
저속(LOW)	MANUAL	와이퍼 모터가 45회/분의 저속으로 연속적으로 작동
고속(HIGH)	MANUAL	와이퍼 모터가 70회/분의 고속으로 연속적으로 작동
WASH-DEMAND	WASH	버튼을 누르고 있는 동안 워셔액이 나오고 미리 지정된 횟수만큼 윈드 실드와이퍼가 작동하며, 윈드 실드와이퍼는 와셔 모드 선택 전에 작동모드로 돌아온다.
WASH-PROGRAMMED	WASH	미리 지정된 시간동안 워셔액이 나오고, 지정된 횟수만큼 윈드 실드와이퍼가 작동하며. 윈드 실드와이퍼는 와셔 모드 선택 전에 같은 모드로 돌아온다.

[1] OFF모드

레인센서 & 유닛은 OFF모드 동안 앞 창유리의 상태를 검출하여 와이퍼 스위치가 어느 단계의 검출로 설정되어야 할지를 알 수 있도록 한다. 따라서 OFF모드로 전환할 때 센서의 성능이 최적화 된다.

[2] AUTO모드

OFF에서 AUTO모드로 전환하면 즉각 윈드 실드와이퍼를 1회 작동하여 운전자에게 작동이 시작되었음을 알리고 윈드 실드와이퍼가 1회 작동하고 나면 휴지시간이 유리에 떨어지는 비의 양에 적합한지가 결정될 때까지 윈드 실드와이퍼는 정 위치에서 머문다. 단, 이 작동은 운전자가 설정한 볼륨에 따라 달라진다.

[3] 와셔 모드

레인센서 & 유닛은 와셔스위치 신호를 입력받아 스위치를 작동하면 와이퍼 모터를 저속으로 구동하여 유리를 세척한다(윈드 실드와이퍼 연동 와셔 제어).

[4] 저속(LOW) 및 고속(HIGH)

운전자의 스위치 조작에 따라 와이퍼 모터를 저속, 고속으로 작동시킨다. 이때 윈드 실드와이퍼 작동은 레인센서 & 유닛에서 제어하는 것이 아니라 다기능스위치에서 직접 접지에 의해 작동된다.

9.5 레인센서 및 유닛 작동 특성

[1] 전원 안정시간

전원이 공급되고 250ms 이내에 레인센서에서 유효출력이 나올 때까지 OFF신호를 출력한다. 유효출력은 전원공급 후 2초 후에 가능해진다.

[2] 윈드 실드와이퍼의 작동속도와 회전빈도(frequency)제어

레인센서의 주 기능은 윈드 실드와이퍼 작동속도와 구동 간 지연시간을 조절하고 운전자가 선택한 강우량(즉, 빗물이 유리창을 덮는 정도)을 유지하는 것이다.

설정된 검출과 빗물의 측정량에 따라 레인센서 알고리즘은 작동모드, 즉, AUTO DELAY, AUTO LOW SPEED, AUTO HIGH SPEED를 결정한다. 일단 검출이 설정되면 운전자가 스위치 조작을 하지 않아도 지속적으로 윈드 실드와이퍼 작동이 이루어진다.

[3] 모드 간 전환

레인센서 & 유닛은 AUTO DELAY, AUTO LOW, AUTO HIGH사이의 전환을 원활히 수행한다. 따라서 와이퍼 작동의 시작과 정지가 덜컹거리지 않는다. 작동속도의 전환은 윈드 실드와이퍼가 "내측영역"위치를 통과할 때에만 일어난다.

[4] 조절기능 및 검출성능

레인센서 검출은 와이퍼 스위치에 의해 설정할 수 있다. 검출은 구현된 장치에 따라 1단계에서 16단계까지 설정이 가능하다. 센서 검출을 1단계 이상으로 설정할 수 있는 장치에서는 각 단계가 충분히 구별되어 있기 때문에 빗물의 축적에 대한 모든 운전자들의 취향을 만족시킬 수 있다.

조절범위는 짧은 지연시간(1~5초)에서 긴 지연(20초 이상)까지 넓은 범위로 조절될 수 있어야 약하게 내리는 비에도 대응할 수 있다. 그러나 비가 많이 올 때에는 센서 검출설정에 상관없이 고속으로 연속작동 된다.

[5] AUTO LOW의 응답특성

강우량이 0에서 AUTO LOW모드로 와이퍼를 작동시켜야 할 정도로 바뀔 때 레인센서 & 유닛이 Low 요구 신호를 출력하는 시간은 1초 이하의 휴지기간을 포함하여 8초를 넘지 않는다.

[6] AUTO HIGH의 응답특성

강우량이 0에서 AUTO HIGH모드로 와이퍼를 작동시켜야 할 정도로 바뀔 때 레인센서가 고속(high speed)작동 요구 신호를 출력하는 시간은 9초를 넘지 않는다.

[7] AUTO LOW에서 AUTO HIGH로의 응답특성

강우량이 AUTO LOW모드로 와이퍼를 작동시켜야 할 정도에서 AUTO HIGH 모드로 와이퍼를 작동시켜야 할 정도로 바뀔 때 레인센서가 고속작동 요구 신호를 출력하는 시간은 6초를 넘지 않는다.

[8] AUTO HIGH에서 OFF로의 응답특성

강우량이 AUTO HIGH모드로 윈드 실드와이퍼를 작동시켜야 할 정도에서 0으로 바뀔 때에는 장치가 고속일 때와 저속일 때의 와이퍼 횟수를 카운트하여 총 와이퍼 회수가 12회를 넘지 않는다.

[9] 와이퍼의 즉각 구동(instant wiper)

윈드 실드와이퍼가 와이퍼스위치에 의해 작동될 때, 이 장치는 와이퍼 블레이드로 하여금 내측영역, 정 위치에 돌아가기 전에 유리창을 한 번 닦도록 한다. 이렇게 한 번 윈드 실드와이퍼를 구동하는 것은 더 높은 단계의 검출을 설정하기 위하여 윈드 실드와이퍼 위치를 조작할 때마다 일어난다.

그러나 이는 와이퍼 스위치가 더 낮은 검출위치로 바뀔 때에는 일어나지 않는다. 점화스위치가 OFF이고, 와이퍼 스위치가 임의의 검출 설정 값으로 되어 있는 상태에서 점화스위치가 ON되면 윈드 실드와이퍼의 즉각 구동이 한 번 일어나 운전자에게 작동이 시작되었음을 알린다. 비의 양이 부족하여 AUTO 모드로 윈드 실드와이퍼를 작동시킬 수 없을 때에는 레인센서는 auto delay mode에 길게 머문다.

10 IMS(integrated memory system)

운전자 자신이 설정한 최적의 시트(seat)위치를 메모리 스위치(memory switch)와 포지션 센서(position sensor)에 의해 컴퓨터에 기억시켜 시트위치가 변화하여도 1회의 스위치 조작으로 자신이 설정한 시트위치로 재생시킬 수 있는 기능으로 운전자가 편안한 운전 자세를 유지할 수 있도록 해주는 운전석 파워시트(power seat) 기억장치를 IMS라 한다.

10.1 메모리 파워시트(memory power seat)

10.1.1 메모리 파워시트 구성도

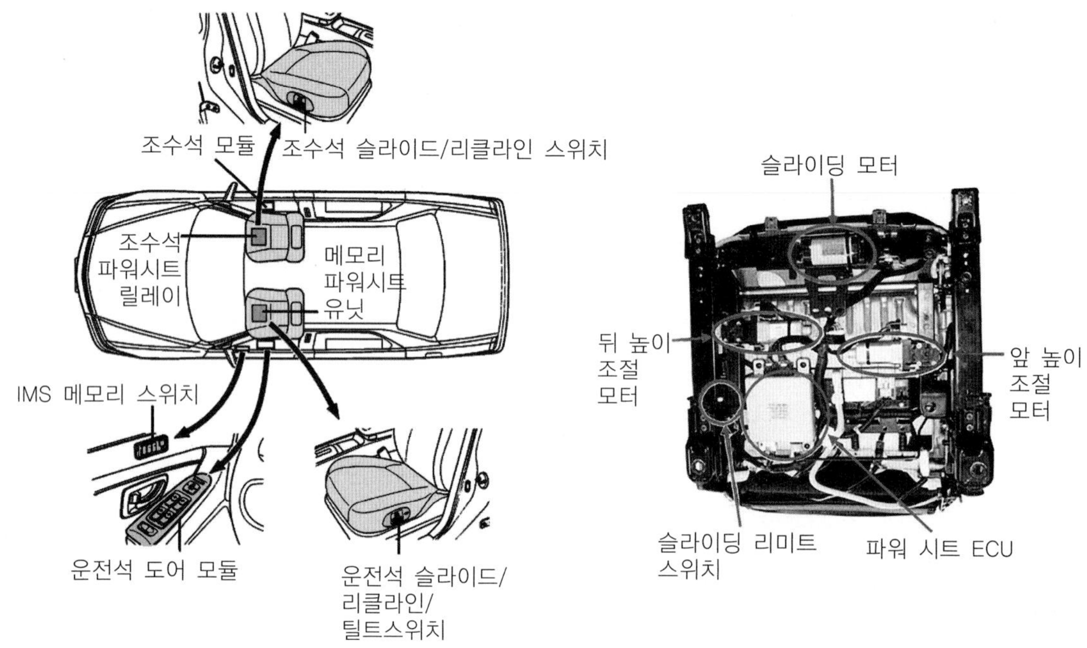

그림 8-82. 메모리 파워시트의 구성도

10.1.2 입 · 출력 다이어그램

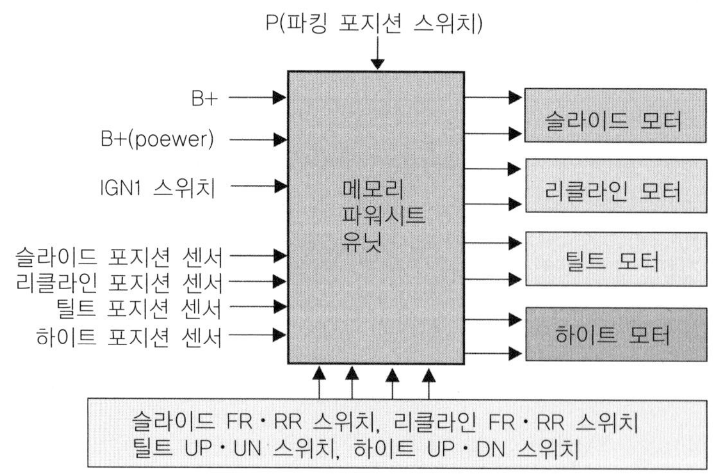

그림 8-83. 입 · 출력 다이어그램

10.1.3 메모리 파워 시트 기능

[1] 메모리 스위치

① 슬라이드 스위치 : 시트를 앞쪽 또는 뒤쪽으로 이동시켜 주는 스위치
② 리클라인 스위치 : 시트 백(seat back)을 앞쪽 또는 뒤쪽으로 기울려 주는 스위치
③ 틸트 스위치 : 시트 앞쪽의 상하위치를 조정하기 위한 스위치
④ 하이트 스위치 : 시트 뒤쪽의 상하위치를 조정하기 위한 스위치

[2] 포지션 센서

포지션 센서는 시트의 슬라이드, 리클라인, 하이트의 이동 량을 감지하기 위한 가변 저항방식이다.

[3] 속도 센서

속도 센서는 주행속도 3km/h 이상에서 작동되는 것을 방지하기 위하여 차량의 주행상태를 감지하는 것이다.

[4] "P"포지션 센서

"P" 포지션 센서는 자동변속기의 주차(parking)에서는 자동 조정을 금지하기 위하여 주차상태를 감지하는 것이다.

[5] 메모리 스위치

① 위치 스위치 1, 2 : 운전자가 설정한 시트, 조향 휠, 밀러의 위치를 기억하거나 재생하는 스위치
② 메모리 스위치 : 운전자가 설정한 시트, 조향 휠, 밀러의 위치를 기억하기 위한 스위치
③ 오토(auto)스위치 : 승차 및 하차 연동 작동을 허가 또는 금지하는 모드로 전환하는 스위치이며, 허가모드와 금지모드를 반복적으로 조작할 수 있다.
   ㉠ auto ON : 승하차 연동제어 가능
   ㉡ auto OFF : 승하차 연동제어 불가능

10.1.4 도어에 있는 버튼에 의한 기억

[1] 기억방법

① 시동 ON 상태에서 자동변속기 레버를 P(주차) 위치

② 좌석, 스티어링 휠, 실외 미러의 위치를 운전자에게 맞게 조절

③ SET 버튼을 누르면 삐 소리 울림, 5초 이내에 기억시키고자 하는 버튼(1번 혹은 2번)을 누름, 정상적으로 기억될 시 삐 소리가 2회 울림

④ 계기판 표시 창에 운전자 1 또는 2설정 저장 되었습니다. 라는 메시지 표시

(a) 메모리 스위치

(b) 메시지 표시

그림 8-84. 메모리 파워시트 스위치 및 기억 메시지 표시

[2] 재생방법

① 시동 ON 상태에서 자동변속기 레버를 P(주차) 위치

② 운전위치를 기억시켜둔 1번 혹은 2번 버튼을 누르시면, 해당 버튼에 기억된 위치로 조절, 정상적인 재생일 경우 소리가 1회 울림

③ 계기판 표시 창에 운전자 1 또는 2설정으로 변경됩니다. 라는 메시지 표시

④ 재생되는 중간에 다른 버튼(1, 2번 버튼 혹은 각 파트 조절 스위치)를 누르면 해당되는 기억은 재생되지 않고 스위치를 누른 상태대로 조절되며 같은 버튼(1번 재생중 1번 버튼을 누르는 등)을 누르면 일시정지 된다.

그림 8-85. 재생 메시지 표시

[3] 승 · 하차 편의 기능

① 변속레버가 P(주차) 위치에 있을 때 시동을 끄고 키를 시동 스위치에서 빼고 운전석 도어를 열면 운전석은 계기판의 사용자 설정에서 설정한 거리만큼 이동하여 스티어링 휠은 최상단, 최전방으로 이동한다.

② 키를 시동 스위치에 꽂으면(혹은 스마트키를 소지한 채 운전석 도어를 닫으면) 운전석과 스티어링 휠은 다시 원위치로 이동한다.

10.2 룸미러 · 전동 틸트 및 텔레스코프

10.2.1 룸미러 · 전동 틸트 및 텔레스코프의 개요

운전자 자신이 설정한 최적의 룸미러 및 조향 휠의 위치를 메모리 스위치와 포지션 센서에 의해 컴퓨터(ECU)에 기억시켜 미러 및 조향 휠 위치가 변화하여도 1번에 자신이 설정한 위치로 재생시킬 수 있다. 그리고 안전상 주행상태에서의 재생 작동을 금지하는 재생 작동금지 기능이 있다.

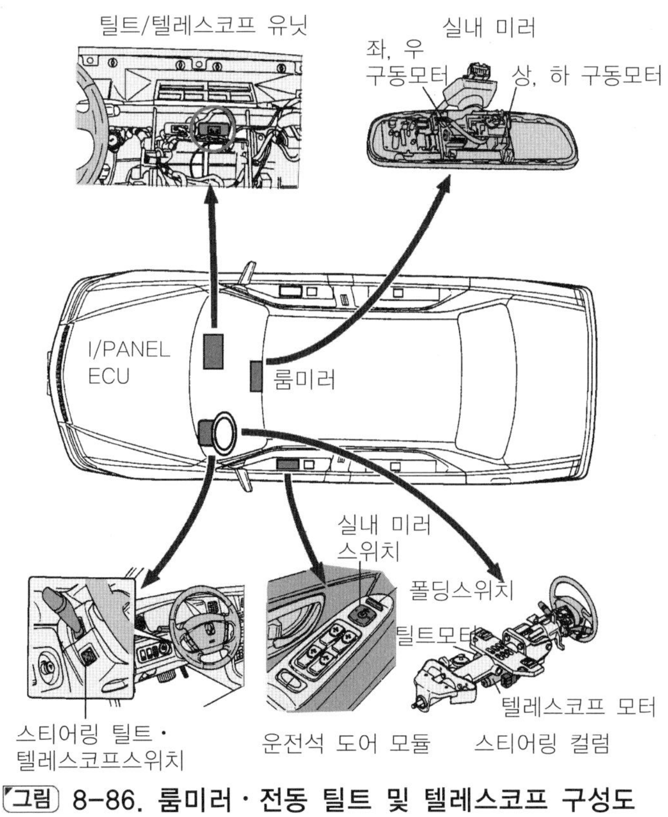

그림 8-86. 룸미러 · 전동 틸트 및 텔레스코프 구성도

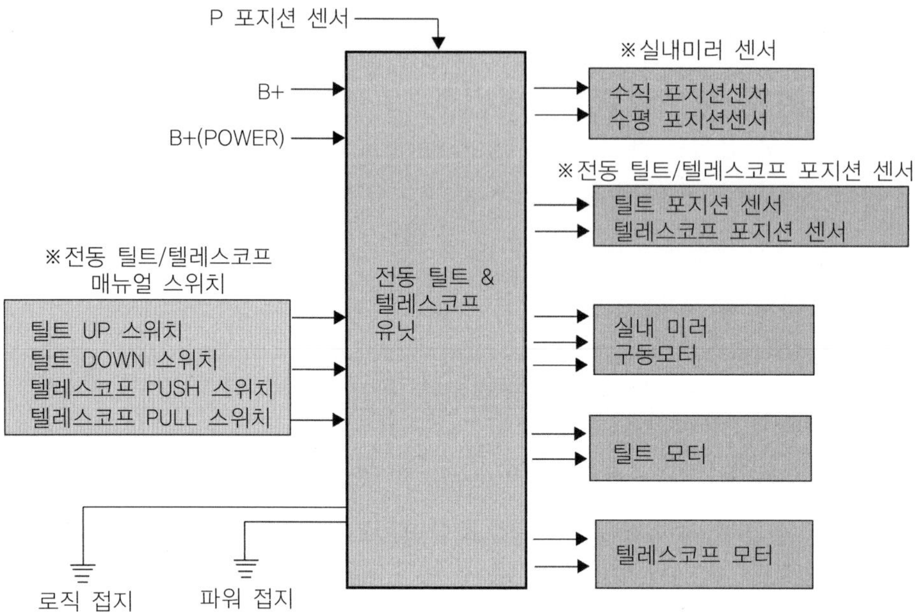

그림 8-87. 입·출력 다이어그램

10.2.2 룸미러·전동 틸트 및 텔레스코프의 기능 및 제어

[1] 룸미러·전동 틸트 및 텔레스코프의 기능

(1) 입력 기능

① 틸트 수동스위치(tilt manual switch) : 조향 휠을 상·하 방향으로 조정하기 위한 스위치

② 텔레스코프 수동스위치(telescope manual switch) : 조향 휠을 앞·뒤 방향으로 조정하기 위한 스위치

③ 틸트 포지션 센서(tilt position sensor) : 조향 휠의 틸트 위치를 감지하기 위한 센서

④ 텔레스코프 포지션 센서(telescope position sensor) : 조향 휠의 텔레스코프 위치를 감지하기 위한 센서

(2) 틸트 및 텔레스코프 포지션 센서의 작동 특성

틸트 및 텔레스코프 포지션 센서는 가변 저항방식으로 틸트 포지션 센서는 위쪽으로 이동시킬 경우에는 저항값이 낮고, 아래쪽으로 이동시킬 때에는 저항값이 높다.

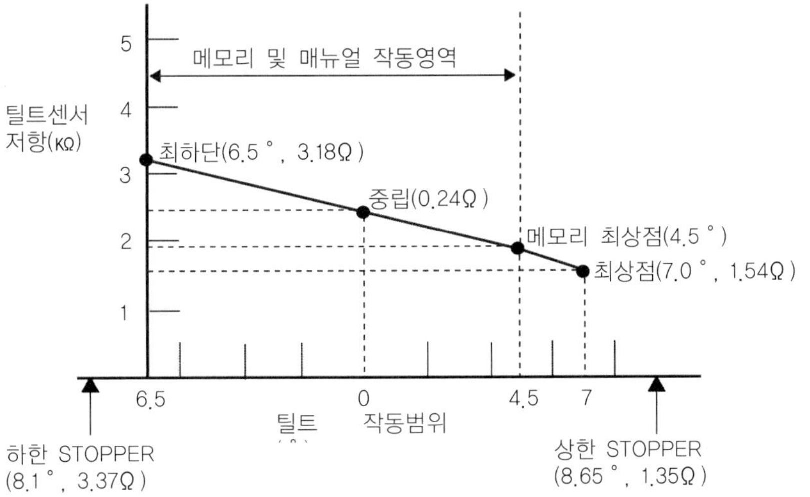

「그림」 8-88. 틸트 포지션 센서의 특징

그리고 텔레스코프 포지션 센서는 뒤쪽으로 이동시킬 때 저항 값이 낮고, 앞쪽으로 이동시킬 때에는 저항 값이 높다.

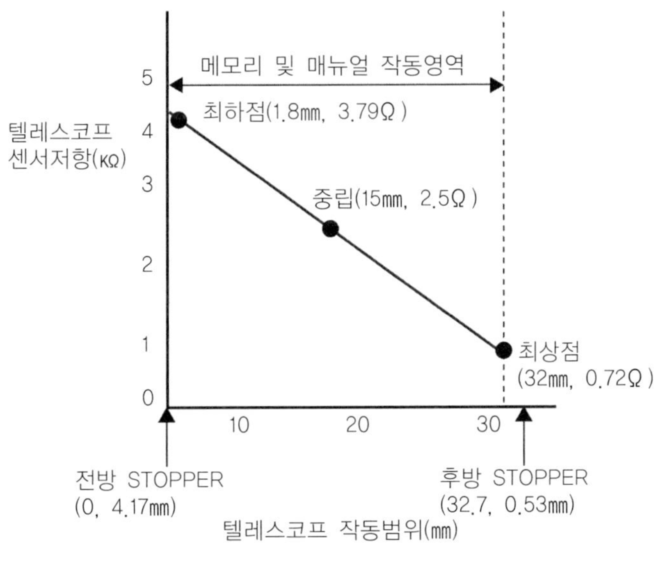

「그림」 8-89. 텔레스코프 포지션 센서의 특징

[2] 룸미러 · 전동 틸트 및 텔레스코프의 제어

(1) 수동 작동

수동 스위치에 의하여 룸미러의 상하 · 좌우 및 조향 휠의 상하 각도와 앞뒤의 길이를 제어할 수 있다.

(2) 재생작동

① 메모리의 기억작동 : 점화스위치 ON과 동시에 수동스위치가 모두 OFF인 경우 룸미러 및 조향 휠의 위치를 기억한다.

② 룸미러 메모리 재생제어

㉮ 시야 범위의 결정 : 시야 범위는 미러 단품에서 기계적으로 제한을 받지 않는 미러 제어범위 또는 센서특성에 영향을 주지 않는 미러 제어범위를 말한다.

제어방향	제어 범위
수직방향	25.5~32.0°(1.5~3.5V)
수평방향	0~5.0°(1.5~3.5V)

㉯ 록(lock) 검출 : 록을 검출하기 위해 타이머를 사용하여 전동기 구동시간을 감시한다.

㉰ 전동기 구동시간 감시 : 구동방향마다 각각 같은 방향으로 구동시간을 감시한다. 같은 방향으로 구동이 20초를 경과하는 경우 전동기 출력을 정지시키고 재생제어를 완료한다.

㉱ 재생 실행시간 감시 : 재생제어 시작으로부터 40초 이내에 재생작동이 완료되지 않을 경우 전동기의 출력을 정지시키고 재생제어를 완료한다.

③ 틸트 · 텔레스코프 재생제어 : 점화스위치 ON과 동시에 수동스위치 모두가 OFF인 경우 시리얼 통신 데이터로부터 위치 재생신호를 수신하면 기억된 틸트 및 텔레스코프 위치에 조향 휠을 자동으로 조정한다.

(3) 승 · 하차 연동제어

① 승 · 하차 연동작동 : IMS 컴퓨터에서 승 · 하차 연동 후퇴신호가 발생하면 틸트 위치

를 위쪽으로 하고 텔레스코프 위치를 앞쪽상태로 자동 조정한다.

② 승 · 하차 연동조건(1) : 틸트 위쪽위치, 텔레스코프 앞쪽위치는 원칙적으로 각 포지션 센서 특징의 “위쪽”제한위치와 “앞쪽”제한위치에 있지만 포지션 센서가 고장난 경우 백업처리로서 전동기 작동시간에 의한 자동 정지처리를 실시한다.

③ 승 · 하차 연동조건(2) : 승 · 하차 연동작동 중에 시리얼 통신 데이터로부터 자동조정금지 또는 수동스위치가 ON으로 된 경우에는 승 · 하차 연동작동을 중지한다.

(4) 그 밖의 제어

① 반전구동 : 구종 중에 전동기를 반대방향으로 구동하는 경우에는 순방향 릴레이를 OFF하고 나서 50m/sec 이후에 반대방향의 릴레이를 구동한다.

② 틸트 및 텔리스코프 동시 작동 : 틸트와 텔레스코프를 동시에 구동하는 경우에는 틸트 작동시작으로부터 50m/sec 이후에 텔레스코프 작동을 시작한다.

③ 위치제어 : 각 전동기의 위치 변화량을 포지션 센서로 항상 감시한다. 위치의 기억은 실행명령이 기억명령인 경우에 실행한다. 위치 재생은 재생 실행명령인 경우 기억위치 데이터와 현재 데이터와의 차이가 0으로 될 때까지 실행한다. 위치의 수동제어는 수동 제어입력을 받아 실행하며 기억, 재생제어에 우선한다.